Engineering Thermodynamics

보고싶은 공업 열역학

상곤·홍성은 공저

Engineering Thermodynamics

서의 구성

Engineering Thermodynamics

Engineering Thermodynamics

머리말

고대로부터 현대에 이르기까지 인간은 늘 열을 잘 다루어 왔으며 그 결과 만물을 지배할 수 있었다. 열의 실체를 본 사람은 아무도 없으나 감각과 경험과 추측으로 열의 근원을 찾아내었고 열에너지의 이동과 에너지 형태의 변환을 이용할 수 있었다.

오늘날 전 산업분야에서 가장 중요한 것 중의 하나가 열에너지를 어떻게 취급하는가이다. 즉 열에너지를 다루는 기술에 따라 산업발전 속도가 좌우된다 하여도 과언이 아니다. 열에너지를 다룰 줄 몰랐다면 자동차, 비행기, 선박과 같은 열기관과 열펌프, 냉동기 등 수많은 문명의 이기를 누릴 수 없었으리라.

이러한 열에 대한 지식을 모아놓은 학문이 열역학이다. 과거 물리학의 한 분야로 출발한 열역학은 시간이 흐를수록 응용분야가 세분화되고 다양해지고 있다. 그러나 열역학을 처음 접하는 독자들에게는 응용은 고사하고 기초 개념만 이해하는 것도 그리 쉽지가 않음을 부인할 수 없다. 이 책의 저자들도 과거 대학과 대학원에서 열역학 분야의 여러 교과목을 수강하였으나 이해하기가 어려웠으며, 오랜 세월을 강의하였으나 이해시키기가 매우 힘든 학문이다. 많은 학생들이 숲을 보지 않고 숲의 나무만 보는 것이 못내 아쉬워 그동안의 경험을 바탕으로 기초라도 이해시키고 싶어 감히 열역학이란 본 책을 집필하게 되었다.

이 책은 열역학에 관한 기초지식을 습득하려는 초급 기술자나 공과대학의 초급 학년에 적합하도록 서술하였으며, 특히 단위에 대한 혼돈의 세상을 살아가는 독자들이 쉽게 이해하도록 많은 예제와 연습문제들을 수록하였다. 각 장들의 연관성을 이해하도록 집필하였다.

노력에도 불구하고 본 책 내용에 많은 실수나 착오가 있으리라 생각되며, 발견하는 대로 빠른 시일 내에 수정보완할 것을 약속드린다. 긴 시간 동안 집필을 도와준 선후배님들과 지인들에게 깊은 감사를 드리며, 끝으로 이 책이 발간되도록 모든 지원과 인내를 아끼지 않으신 건기원 사장님과 편집자 여러분들께 심심한 사의를 표하는 바이다.

2008년 03월　버들동산에서

저자　零虎와 蝴旼

차 례

열역학의 기초

T·H·E·R·M·O·D·Y·N·A·M·I·C·S

열역학 제1법칙

T·H·E·R·M·O·D·Y·N·A·M·I·C·S

완전가스

T·H·E·R·M·O·D·Y·N·A·M·I·C·S

열역학 제2법칙

T·H·E·R·M·O·D·Y·N·A·M·I·C·S

증 기

T·H·E·R·M·O·D·Y·N·A·M·I·C·S

습공기

T·H·E·R·M·O·D·Y·N·A·M·I·C·S

가스 사이클

T·H·E·R·M·O·D·Y·N·A·M·I·C·S

증기 사이클

T·H·E·R·M·O·D·Y·N·A·M·I·C·S

냉동 사이클

T·H·E·R·M·O·D·Y·N·A·M·I·C·S

10

가스 및 증기의 유동

T·H·E·R·M·O·D·Y·N·A·M·I·C·S

11

전 열

T·H·E·R·M·O·D·Y·N·A·M·I·C·S

부 록

T·H·E·R·M·O·D·Y·N·A·M·I·C·S

T·H·E·R·M·O·D·Y·N·A·M·I·C·S

1 열역학의 기초

1 T·H·E·R·M·O·D·Y·N·A·M·I·C·S 열역학의 기초

1-1 열역학의 정의

자연계에는 여러 형태의 에너지가 존재하며 에너지들의 상호작용에 의해 한 형태로부터 다른 형태로 변화한다. 에너지나 에너지의 형태 변화는 반드시 물질의 변화를 가져오며 이러한 물질의 변화는 매우 복잡하면서도 일정한 원리에 의해 이루어진다.

열역학(熱力學, thermodynamics)이란 에너지와 에너지의 형태변화에 따른 물질의 변화를 연구하는 물리학의 한 분야이다. 에너지에 의한 물질의 변화는 열에 의해 물질이 팽창하거나 증발하는 것과 같이 물질 자체는 변화하지 않으면서 물리적 성질(physical properties)만 변하는 물리적 변화, 연소나 화학반응과 같이 물질 자체는 물론 물리적 성질도 변하는 화학적 변화 두 가지로 나눌 수 있다. 열역학이란 열에 의한 물질의 물리적 변화만을 다루는 학문이며, 물질의 화학적 변화를 다루는 분야를 화학열역학(chemical thremodynamics) 또는 열화학(thermochemistry)이라 한다.

열역학 중에서 물질의 열적 성질이나 변화 등을 공업에 응용하는 것을 주로 연구하는 분야를 공업열역학(engineering thermodynamics)이라 한다. 공업열역학은 자동차, 선박, 비행기 엔진, 로켓과 같은 내연기관, 화력발전소, 원자력발전소와 같은 외연기관 등 모든 열기관(heat engine), 공기압축기, 송풍기(blower), 냉동기, 공기조화기 및 열펌프 등 많은 분야에 응용되고 있으며 이들에 관한 기초이론을 본 공업열역학에서 다루게 된다.

다른 모든 과학과 마찬가지로 열역학도 실험적 관찰을 체계적으로 정리한 학문으로 실험적 관찰을 어느 기준에 두는 가에 따라 고전열역학과 통계열역학으로 나눈다. 열에 의한 물질의 변화를 관찰하는 기준을 압력, 체적, 온도와 같이 직접 측정할 수 있는 물리적 상태량(physical quantity)에 두고 고찰하는 거시적 방법(巨視的 方法, macroscopic approach)에 의해 전개하는 열역학이 고전열역학(classical thermodynamics)이며, 물질의 변화를 물질의 구성요소인 무수히 많은 분자의 위치와 운동량을 확률과 통계적인 방법으로 고찰하는 미시적 방법(微視的 方法, microscopic thermodynamics)에 의해 전개하는 열역학이 통계열역학(statistical thermodynamics)이다.

1-2 열역학적 계와 작동물질

내연기관에서 연소에 의한 열을 일로 바꿀 때나 냉동기에서 온도가 낮은 곳(냉동기 내부)의 열을 온도가 높은 곳(냉동기 외부)으로 이동시킬 때에는 반드시 열을 일로 바꾸거나 운반하는 매개물질이 필요하다. 이러한 역할을 하는 매개물질을 작동물질(working substance) 또는 작업물질이라 한다. 작동물질은 열에 의해 압력, 체적 및 온도가 쉽게 변하거나 액화 또는 증발이 쉽게 이루어지는 물질로서 유동할 수 있어야 함으로 보통은 기체나 액체 상태로 존재한다. 따라서 작동물질을 작동유체(working fluid)라 한다. 작동유체는 열역학적 연구의 대상이 되는 물질로서 작동유체의 일정한 양 또는 이들이 존재하는 한정된 영역을 열역학적 계(系, system), 계의 외부를 주위(周圍, surrounding or environment)라 한다. 또한 계와 주위를 구분짓는 일종의 칸막이를 경계(境界, boundary)라 한다.

그림 1-1의 ⓐ는 내연기관의 원리를 도시한 것이다. 그림에서 공기와 연료를 혼합한 혼합가스를 밸브를 통해 실린더로 공급하고 연소시키면 연소가스의 압력과 체적이 급격히 증가(팽창)하므로 피스톤을 오른쪽으로 밀어내 동력(일)을 얻게 된다. 이러한 과정에 의해 열이 일(동력)로 바뀌는 것이다. 여기서 연소가스가 작동유체이며 연소가스가 존재하는 영역 즉 실린더 내부가 계이고 계를 제외한 부분(대기)이 주위이다. 그리고 계와 주위를 구분하는 실린더 벽, 피스톤 헤드 및 실린더 헤드가 경계가 된다.

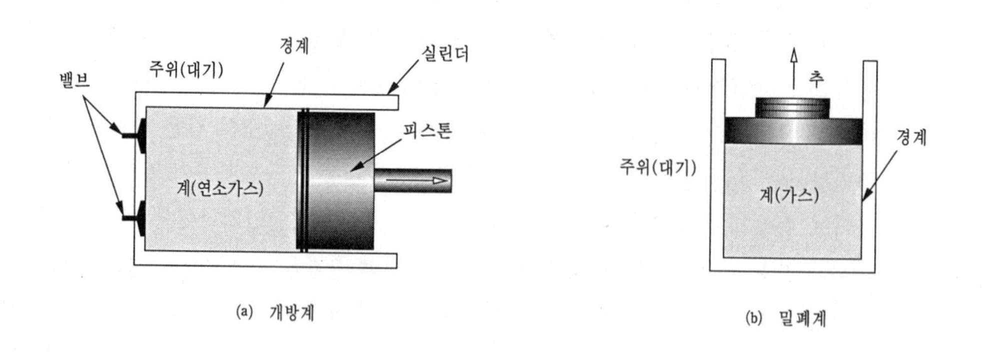

그림 1-1 계, 동작물질 및 주위

위의 예에서 계는 작동유체(연소가스)의 팽창에 따라 변화하며 따라서 경계도 변화함을 알 수 있다. 한편 팽창하며 일을 마친 연소가스는 밸브가 열리면 대기(주위)로 방출됨으로 작동유체가 주위와 계 사이를 출입함을 알 수 있다. 이와 같이 작동유체나 열 또는 일은 경계를 통해 계와 주위 사이를 이동할 수 있으며 작동유체와 열의 이동 유무에 따라 계를 다음과 같이 분류한다.

[1] 개방계

작동유체가 경계를 통해 계와 주위 사이를 이동(출입)하는 계를 개방계(open system)라 하며 그림 1-1(a)와 그림 1-2(a)가 이에 속한다. 개방계에서는 작동유체가 경계를 통해 이동하므로 이 과정(process)을 유동과정(flow process)이라 한다.

[2] 밀폐계

열이나 일은 경계를 통해 계와 주위 사이를 이동할 수 있지만 작동유체는 이동할 수 없는 계를 밀폐계(closed system)라 한다. 그림 1-1(b)에서와 같이 실린더 속에 가스를 채우고 가열하면 작동유체인 가스가 팽창하여 실린더를 위로 밀어 올리므로 일을 하게 된다. 이 경우 열과 일은 경계를 통해 계와 주위를 출입하나 작동유체인 가스는 출입할 수 없다. 밀폐계에서는 경계를 통해 작동유체가 이동할 수 없으므로 비유동과정(non-flow process)이다.

[3] 고립계

경계를 통해 계와 주위 사이를 작동유체, 열 또는 일 모두가 이동할 수 없는 계를 고립계(isolated system) 또는 절연계라 한다.

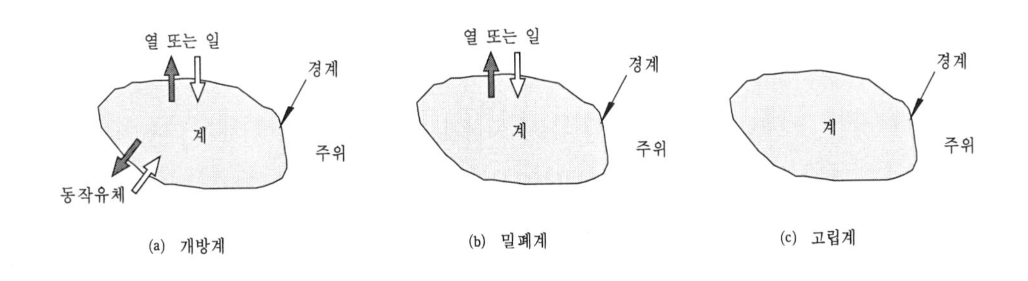

그림 1-2 열역학적인 계의 종류

또한 경계를 통하여 열의 출입이 없는 계를 단열계(adiabatic system)라 부르나 실제 문제를 해결하기 위해서는 복잡한 실제계(actual system)를 단순화시켜 이상계(理想系, ideal system)로 간주하는 경우가 많다.

1-3 열역학적 상태와 상태량

길이, 질량, 시간, 속도 등과 같이 물질의 물리적 상태를 나타내는 것들을 물리량(物理量, physical quantities)이라 하며, 열역학에서 취급하는 물리량들은 열역학적 **상태량**(quantities of thermodynamic state)과 열역학적 상태량이 아닌 것으로 구별한다. 이것은 열역학을 전개하는데 있어 매우 중요한 개념이다. 열역학적 상태량이란 압력, 체적(또는 비체적), 온도와 다음에 설명할 내부에너지, 엔탈피, 엔트로피 등과 같이 물질의 열역학적 상태(狀態, state)를 나타내는 물리량들을 말한다. 상태량들은 하나의 열역학적 상태에서 다른 상태로 변화하는 과정(過程, process), 즉 경로(path)와 관계없이 변화한 후의 상태만을 결정하는 물리량들이며 이러한 상태량들은 독립적으로 그 값이 변화하는 것이 아니고 상호간의 일정한 관계를 가지고 변화한다.

제2장, 제3장 및 제4장에서 정의하는 내부에너지, 엔탈피, 엔트로피 등은 모두 압력, 체적 및 온도의 함수로 표시된다. 따라서 물질의 열역학적 상태는 압력, 체적, 온도 등 세 가지 상태량에 의해 결정된다. 열역학적 상태량을 열역학적 성질(thermodynamic properties)이라고도 한다.

물질의 압력과 온도는 그 물질의 양(질량)이 많을수록 압력이 높아지거나 온도가 높아지는 것이 아니며 이와 같이 물질의 양(질량)과 관계없는 열역학적 상태량들을 **강도성(强度性) 상태량**(intensive properties)이라 한다. 그러나 체적은 물질의 양(질량)이 많아질수록 그 값이 커지므로 물질의 양(질량)에 비례하는 성질을 가지고 있다. 이와 같이 물질의 양(질량)에 관계되는 상태량을 **용량성(容量性) 상태량**(extensive properties)이라 하며 내부에너지, 엔탈피, 엔트로피 등도 용량성 상태량이다. Avogadro(이탈리아의 물리학자)에 의하면 모든 기체 1 kmol은 표준상태(표준대기압, 0℃)에서 약 22.41 m^3의 체적을 갖는다. 예를 들어 수소가스의 경우 1 kmol(≒2 kg)이므로 표준상태에서 수소가스 1 kg은 11.21 m^3의 체적을 차지하며 11.21 m^3/kg이라 표현하며, 수소가스 1 kmol(≒2 kg)은 22.41 m^3의 체적을 차지함으로 22.41 m^3/kmol이라 표현한다. 또한 수소가스 3 kg은 표준상태에서 33.62 m^3의 체적을 차지하며 33.62 m^3이라 표현한다. 이와 같이 용량성 상태량은 기준으로 하는 물질의 양이 무엇인가에 따라 그 값이 달라지므로 표현할 때 각별히 주의하여야 한다. 앞의 예에서 혼란을 피하기 위하여 질량 1 kg의 체적 11.21 m^3/kg을 **비체적**(比體積, specific volume), 물질량 1 kmol의 체적 22.41 m^3/kmol을 **몰체적**(molar volume), 임의 질량(3 kg)의 체적 33.62 m^3을 그냥 **체적**(volume)이라 정의한다.

한편, 내부에너지, 엔탈피, 엔트로피 등은 모두 열량에 관계되는 상태량으로 이들을 **열량성(熱量性) 상태량**(calorific properties)이라 한다.

앞에서 설명한 바와 같이 물질의 상태는 압력, 체적 및 온도 세 가지 상태량에 의해 결정되며 이들 세 상태량 중 어느 두 상태량이 독립적으로 변하면 나머지 하나는 이들 두 상태량의 값에 따라 결정된다. 즉 어느 한 상태량은 나머지 두 상태량의 함수이며 압력을 P, 체적을 V, 온도를 T로 표기하면 이들 사이의 관계는 다음 식으로 나타낼 수 있다.

$$\left.\begin{aligned} &P=f(V,T), \quad V=f(P,T), \quad T=f(P,V) \\ &f(P,V,T)=0 \end{aligned}\right\} \tag{1-3-1}$$

열역학적 상태량 P, V, T 사이의 관계를 나타내는 위의 식들은 물질의 종류에 따라 다르며 물질의 열역학적 상태(특성)를 나타내는 식이므로 **상태식**(狀態式, equation of state) 또는 **특성식**(特性式, characteristic equation)이라 한다. 다음 제3장에서 설명할 완전가스의 특성식을 소개하면 식 (1-3-2)와 같으며 여기서 m은 가스의 질량, v는 위에서 설명한 비체적(단위 질량당 체적), R은 가스의 종류에 따라 정해지는 고유의 값으로 가스정수라 한다.

$$\left.\begin{aligned} &PV=mRT \\ &Pv=RT \end{aligned}\right\} \tag{1-3-2}$$

상태량 사이의 관계식인 상태식은 완전가스의 경우에는 위와 같이 간단하게 나타낼 수 있으나 실제가스에 대한 상태식은 매우 복잡하므로 실험에 의해 결정하든가 또는 실험값과 복잡한 상태식의 결과를 선도로 나타내어 사용하는 것이 편리하다.

이상에서 언급한 열역학적 상태량을 이용하면 밀폐계에서의 물리적 특성은 충분히 나타낼 수 있으나 개방계에 대해서는 충분하지 못하다. 개방계의 경우 계를 출입하는 작동유체의 속도와 위치가 다른 경우가 많으므로 입, 출구에서의 역학적 상태(mechanical state)가 다르다. 따라서 역학적 상태를 나타내기 위해서는 역학적 상태량(mechanical quantities of state)을 정하여야 한다. 역학적 에너지(dynamic energy)인 운동에너지(kinetic energy)와 위치에너지(potential energy)를 결정하는 것은 속도와 압력이므로 이들을 역학적 상태량이라 한다. 이들 두 상태량은 서로 독립적이며 열역학적 상태량과도 독립적이다.

1-4 열평형과 역학적 평형

온도가 서로 다른 동일한 물질로 구성된 두 개의 물체를 접촉시키면 열은 온도가 높은 물체로부터 온도가 낮은 물체로 이동한다. 두 물체를 오랜 시간동안 계속 접촉시켜 놓으면 결국 두 물체의 온도가 같아지고 열 이동도 정지된다. 즉 온도가 서로 다른 두 물체의 열적 비평형상태(unequilibrium state)가 시간의 경과에 따라 열적 평형상태(equilibrium state)에 이르는 것이며 이와 같은 열적 평형상태를 **열평형**(熱平衡, thermal equilibrium)이라 한다. 두 물체가 열평형 상태에 있으면 두 물체의 온도가 같아지므로 『어떤 두 물체가 제3의 물체와 각각 열평형 상태에 있으면 두 물체도 서로 열평형 상태에 있다』 고 말할 수 있다.

이러한 사실은 오랜 기간 동안의 경험을 통해 당연한 것으로 받아들여져 왔으나 1930년대에 이르러 이를 열역학 제0법칙(the zeroth law of thermodynamics)이라 명명하였다. 이렇게 열역학 제0법칙으로 명명한 이유는 열역학 제1법칙과 제2법칙이 공식화된 이후에 명명하였기 때문이다. 열평형의 원리인 열역학 제0법칙을 이용함으로써 온도계를 사용하는 기반이 마련되었다.

그림 1-1(b)에서 계 내의 가스가 외부(주위)보다 온도가 높은 열적 비평형 상태에 있다면 열이 가스로부터 실린더를 통해 외부로 이동하며 실린더 내 압력도 감소하여 피스톤이 아래로 움직인다. 시간이 경과하여 열평형에 이르면 실린더 내부 어느 곳에서도 가스의 온도는 같고 피스톤도 정지하며 가스의 온도와 외부의 온도가 같아진다.

만일 피스톤 위에 놓여 있는 추를 모두 제거하면 가스가 피스톤에 작용하는 힘과 피스톤이 가스를 누르는 힘이 같아질 때까지 피스톤은 위로 움직이고 시간이 경과하여 두 힘이 같아지면 피스톤은 정지한다. 이러한 상태를 **역학적 평형상태**(mechanical equilibrium state) 또는 기계적 평형상태라 한다.

열역학적 문제에서는 이러한 열평형과 역학적 평형 이외에 물질 조성에 관계되는 **화학적 평형**(chemical equilibrium)도 고려해야 할 경우가 있으며 이들 세 가지 평형 조건을 **열역학적 평형**(thermodynamic equilibrium)이라 한다.

1-5 과정과 상태변화

계 내의 작동유체가 임의의 한 열역학적 상태에서 다른 상태로 변화하는 것을 상태변화(change of state)라 하고 이때의 변화 경로를 과정(process)이라 한다. 그림 1-1 (b)에서 추를 모두 제거하는 경우 열역학적 상태는 계가 평형상태에 있을 때, 즉 피스톤이 움직이기 전과 움직임을 멈춘 후에만 정의할 수 있다. 그런데 실제의 과정이 평형상태에 도달하지 않을 때 일어난다면 다시 말해서 과정 중에 있는 계의 상태를 어떻게 정의할 것인가? 이를 위하여 **준정적(準靜的) 과정**(quasi-static process)이라는 이상적인 과정을 도입한다.

준정적 과정이란 열역학적 상태가 평형상태로부터 무한히 작게 비평형 상태로 벗어나는 과정을 말하며 각 순간마다 평형상태에 있다고 볼 수 있다. 따라서 계의 준정적 과정은 평형상태의 연속이라고 생각해도 좋다. 많은 과정은 준정적 과정에 매우 가까우며 실제로 이렇게 취급하여도 무방한 경우가 많다. 그림에서 추를 하나씩 제거한다면 이 과정은 준정적 과정으로 생각할 수 있다.

상태변화에는 가역변화와 비가역변화 두 가지가 있다. 어떤 계가 임의의 과정을 거쳐 하나의 열역학적 상태로부터 다른 열역학적 상태로 변화할 경우, 주위에 아무런 변화를 남기지 않고 다시 반대방향으로 변화하여 원래의 열역학적 상태로 되돌아갈 수 있을 때 이 변화를 **가역변화**(可逆變化, reversible change)라 하며 원래의 열역학적 상태로 되돌아갈 수 없을 때의 변화를 **비가역변화**(非可逆變化, irreversible change)라 한다. 엄밀히 따지면 자연계에서는 가역변화가 존재할 수 없으나 준정적 과정에 의한 변화나 해석의 단순화를 위해 가역변화로 취급하는 경우가 많다. 작동유체의 상태변화는 그 종류가 매우 다양하지만 열역학에서 다루는 중요한 변화로는 다음과 같은 것들이 있다.

[1] **정압변화**(定壓變化, constant pressure change)
작동유체가 상태변화를 하는 동안 압력이 일정한 변화를 말하며 **등압변화**(等壓變化, isobaric change)라고도 한다.

[2] **정적변화**(定積變化, constant volume change)
작동유체가 상태변화를 하는 동안 체적이 일정한 변화를 말하며 **등적변화**(等積變化, isometric change)라고도 한다.

[3] **등온변화**(等溫變化, isothermal change)
작동유체가 상태변화를 하는 동안 온도가 일정한 변화를 말하며 **정온변화**(定

溫變化, constant temperature change)라고도 한다.

[4] 단열변화(斷熱變化, adiabatic change)

작동유체가 상태변화를 하는 동안 계에 열의 출입이 없는 상태에서의 변화를 말한다.

[5] 폴리트로픽변화(polytropic change)

상태변화를 하는 동안 작동유체의 압력과 체적의 관계가 $PV^n = C$를 만족시키는 변화로 위의 4가지 상태변화를 포함하여 모든 상태변화를 포함하는 일반적인 상태변화를 말한다.

작동유체는 위의 상태변화 중 어느 두 가지 이상의 변화를 계속해서 되풀이함으로써 열에너지를 운반, 저장하거나 또는 일로 변환시킨다. 작동유체가 반복적으로 계속되는 상태변화들의 일정한 주기 즉 임의의 한 상태로부터 두 가지 이상의 상태변화를 거쳐 다시 처음의 상태로 되돌아오는 순환과정을 사이클(cycle)이라 한다.

사이클을 이루는 상태변화의 종류에 따라 사이클을 가역사이클(reversible cycle)과 비가역사이클(irreversible cycle)로 나눈다. 사이클을 이루는 상태변화가 모두 가역변화들로만 구성된 사이클을 가역사이클이라 하고, 사이클을 이루는 상태변화 중 어느 한 변화라도 비가역변화인 사이클을 비가역사이클이라 한다. 자연계에는 엄밀히 말하면 비가역변화만 존재하므로 비가역사이클만 존재한다. 그러나 열역학적 해석을 단순화하기 위해 준정적 과정을 조합하면 가역사이클로 생각할 수 있다.

1-6 SI단위

물리적 특성을 나타내는 물리적 성질(물리량)을 표시하는 방법으로 단위(單位, units)를 사용한다. 단위는 기본물리량을 어떻게 정의하는가에 따라 절대단위계, 중력단위계, 국제단위계 등 세 가지로 크게 나눈다. 모든 분야에서의 혼돈을 방지하기 위해 현재에는 국제단위계만 사용하도록 법으로 규제하고 있으므로 여기에서는 국제단위계에 대해서만 설명하기로 한다. 그러나 아직도 사회에서는 절대단위계와 중력단위계를 많이 사용하고 있으므로 이들 두 단위계에 대한 것을 부록에 수록하였다.

국제단위계(international units system)는 1948년 제9회 국제도량형총회(CGPM)에서 모든 나라가 채택할 수 있는 실용적인 단위계를 확립할 것을 국제도량형위원회(CIPM)가 받아들여 확정된 단위계로 하나의 물리량의 단위는 한 개만 채택함을 원칙으로 하고 있다. 국제단위계의 어원은 프랑스어인 Le Systeme International d'Unites 에서 유래되었으며 SI단위계라고도 한다. SI단위계는 그 동안 여러 차례 수정을 거듭하여 현재는 7개의 기본단위, 2개의 보조단위 및 고유명칭을 갖는 19개를 포함하는 조립단위로 구성되어 있다.

표 1-1 SI단위계의 기본단위

물리량	길 이	질 량	시 간	전류의 세기	열역학적 온도	물질량	광 도
단위 명칭	meter	kilogram	second	ampere	kelvin	mole	candela
단위 기호	m	kg	s	A	K	mol	Cd

표 1-2 SI단위계의 보조단위

물 리 량	평 면 각	입 체 각
단위 명칭	radian	steradian
단위 기호	rad	sr

SI단위계는 MKS 절대단위계를 모체로 하여 기본단위를 정하였으나 그간 습관적으로 많이 사용되었던 중력단위계(공학단위계)는 SI단위계의 질량 대신 힘(중량)을 기본단위로 채택한 것이 가장 큰 차이였다. 따라서 큰 혼란을 피하기 위해 질량과 힘의 관계를 다시 한 번 정리할 필요가 있다.

힘은 질점의 운동에 관한 Newton의 제2법칙(가속도의 법칙)으로부터 정의된다. 즉

$$F = ma \tag{1-6-1}$$

여기서 힘(F)은 질량(m)과 가속도(a)의 곱으로 표시되므로 질량이 1 kg인 물체에 힘이 작용하여 그 물체의 가속도가 1 m/s^{2}로 될 때 그 물체에 가해진 힘을 1 N으로 정의한다. 따라서 1 N의 힘은

$$1\,\mathrm{N} = 1\,\mathrm{kg} \times 1\,\mathrm{m/s^2} = 1\,\mathrm{kg \cdot m/s^2} \tag{1-6-2}$$

와 같다. 표 1-3은 고유명칭을 갖는 SI 조립단위를 나타낸 것이며 표 1-4는 접두어를 나타낸 것이다.

표 1-3 고유명칭을 갖는 SI단위계의 조립단위

물 리 량	고 유 명 칭	기호	표 시
주파수(frequency)	hertz	Hz	s^{-1}, 1/s
힘(force)	newton	N	$kg \cdot m/s^2$
압력(pressure), 응력(stress)	pascal	Pa	N/m^2
에너지(energy), 일(work), 열량(quantity of heat)	joule	J	N·m
공률(工率), 동력(power), 방사속(flux of radiation)	watt	W	J/s
전기량(quantity of electricity), 전하(electric charge)	coulomb	C	A·s
전위(electric potential), 전위차(electric potential differential), 기전력(electromotive force)	volt	V	W/A, J/C
정전용량(electric capacitance)	farad	F	C/V
전기저항(electric resistance)	ohm	Ω	V/A
콘덕턴스(conductance)	siemens	S	Ω^{-1}, A/V
자속(magnetic flux)	weber	Wb	V·s
자속밀도	tesla	T	Wb/m^2
인덕턴스(inductance)	henry	H	Wb/A
광속(luminous flux)	lumen	lm	Cd·sr
조도(illuminance)	lux	lx	lm/m^2
섭씨온도(셀시우스도)	degree celsius	℃	(t)℃ = (T)K − 273.15
방사능(radioactivity)	becquerel	Bq	s^{-1}, 1/s
흡수선량(吸收線量)	gray	Gy	J/kg
선량당량(線量當量)	sievert	Sv	J/kg

표 1-4 SI단위 접두어

접 두 어	기 호	크 기	접 두 어	기 호	크 기
요타(yotta)	Y	10^{24}	데시(deci)	d	10^{-1}
제타(zetta)	Z	10^{21}	센치(centi)	c	10^{-2}
엑사(exa)	E	10^{18}	밀리(mili)	m	10^{-3}
페타(peta)	P	10^{15}	마이크로(micro)	μ	10^{-6}
터라(tera)	T	10^{12}	나노(nano)	n	10^{-9}
기가(giga)	G	10^{9}	피코(pico)	p	10^{-12}
메가(mega)	M	10^{6}	펨토(femto)	f	10^{-15}
킬로(kilo)	k	10^{3}	아토(atto)	a	10^{-18}
헥토(hecto)	h	10^{2}	젭토(zepto)	z	10^{-21}
데카(deca)	da	10^{1}	욕토(yocto)	y	10^{-24}

표 1-5 SI단위와 병행하여 사용되는 단위

물 리 량	명 칭	기 호	SI단위로 나타낸 값
시 간	분	min	1 min=60 s
	시	h	1 h=60 min=3600 s
	일	d	1 d=24 h=1440 min=86,400 s
평 면 각	도	°	$1° = (\pi/180)$ rad
	분	′	$1' = (1/60)° = (\pi/10{,}800)$ rad
	초	″	$1'' = (1/60)' = (1/3600)° = (\pi/648{,}000)$ rad
부 피	리 터	l 또는 L (1)	$1\ L = 10^{-3}\ m^3$
질 량	톤	t	$1\ t = 10^3\ kg$
에 너 지	전자볼트	eV (2)	$1\ eV = 1.6021773349 \times 10^{-19}$ J

위첨자 (1) : 리터의 기호 “L”은 글자 “l”(L의 소문자)과 숫자 “1”과 혼동할 염려가 있어 채택한 것으로 우리나라에서도 “L”을 사용하기로 결정하였음(ℓ,㎖ 등은 틀림)

위첨자 (2) : 전자볼트는 하나의 전자가 진공 중에서 1 볼트의 전위차를 지날 때 얻어지는 운동에너지임.

1-7 열과 온도

신체의 일부를 어떤 물체에 접속시키면 차거나 뜨거운 감각을 느끼게 되는데 이것은 그 물체가 가지고 있는 열(heat)이 강하고 약함에 따른 것이다. 열이 고온의 물체(고열원)에서 저온의 물체(저열원)로 이동하는 것은 익히 알고 있는 자연현상이며 열의 본질에 대해서는 여러 가지 학설이 있다.

Rumford는 실험에 의해 열은 물질이 아니고 물체를 구성하는 분자의 운동에너지의 한 형태라는 결론을 내렸으며 Davy는 열은 마찰이나 충돌에 의해서도 생긴다는 것을 밝혔다. 1843년 Mayer, Joule 등에 의해 열(heat)이 일(work)과 같은 에너지의 한 형태임이 밝혀짐으로써 열역학의 기초가 확립되었다. 즉 열은 에너지의 한 형태로서 역시 에너지의 다른 형태인 일과 본질상으로 다를 바 없다.

이상에서 말한 바와 같이 열이란 물체를 구성하는 분자가 운동함으로써 생기는 에너지의 한 형태이며 한 물체에서 다른 물체로 이동할 때 열에너지(thermal energy)라 부른다. 물체를 구성하는 분자의 운동이 활발해지면 물체는 뜨거워지고 분자의 운동이 둔해지면 차가워진다. 즉 열은 물체의 온도를 변화시키는 원인이며 온도차에 의해 열에너지가 이동한다.

온도와 열의 관계는 수위와 수량과의 관계와 같다. 중력에 의해 물이 수위가 높은 곳에서 낮은 곳으로 흐르듯 열도 온도가 높은 곳에서 낮은 곳으로 이동하며 열의 많고 적음에는 무관하다. 온도(溫度, temperature)란 어떤 물체가 보유하고 있는 열에너지의 강도를 물리량으로 나타낸 것이며 양적으로 나타낸 물리량이 열량(熱量, quantity of heat)이다.

1-8 온도 눈금

물체가 차거나 더운 정도를 감각적으로 느끼는 것은 사람에 따라 차이가 심하여 신뢰할 만한 것이 되지 못할 뿐만 아니라 수량적이지 못하다. 온난의 정도를 수량적으로 나타내는 하나의 수단이 온도이며, 이를 측정하기 위한 계측장치가 온도계(thermometer)이다.

온도계의 원리는 물질의 열팽창, 전기저항, 기전력, 복사에너지 등 여러 가지 물리적 성질을 이용한다. 예를 들면 수은온도계는 수은(Hg)의 열팽창을 이용하여 온도를 측정하며 열전대(熱電帶, thermocouple)는 열에 의해 금속선에 발생하는 기전력(起電力, electromotive force)을 이용하여 온도를 측정하는 장치이다. 또한 기체온도계는 수소(H_2), 헬륨(He), 질소(N_2) 등 완전가스(perfect gas)에 가까운 성질을 갖는 기체를 이용하여 정확한 온도를 측정할 수 있다.

온도 눈금(scale)은 먼저 2개의 기준점을 정하고 두 기준점 사이의 간격을 일정하게 나누어 온도 눈금으로 정해야 모든 온도계에서 측정한 온도가 같을 수 있으며 온도 눈금을 정하기 위한 기준점을 온도정점(溫度定點, fixed point of temperature)이라 한다.

표 1-6 온도계의 종류

방 법	물리적 성질		온도계의 종류
접 촉 식	열팽창	고 체	봉의 열팽창, 금속코일 바이메탈
		액 체	수은온도계, 알코올온도계, 압력형 온도계
		기 체	가스온도계(수소, 헬륨, 질소)
	기전력의 변화		열전대
	전기저항의 변화		측온저항체, 저항온도계
	상태의 변화		제겔콘, 써모칼라(thermo-color)
무접촉식	전복사에너지량의 변화		광고온계(光高溫計)
	복사에너지의 최대파장 변화		색온도계, 적외선 온도계

[1] 섭씨와 화씨 눈금

1954년 이전에는 표준대기압(760 mmHg, 101.325 kPa)하에서 순수한 물의 빙점(氷點, ice point)과 증기점(蒸氣點, steam point or boiling point)을 온도정점으로 사용하였다. 이러한 온도 눈금으로는 섭씨와 화씨가 있다. 섭씨(centigrade degree or Celsius degree)는 스웨덴의 천문학자인 Anders Celsius(1701~1744)가 제안한 것으로 빙점을 0도, 증기점을 100도로 정하고 그 사이의 간격을 100등분한 눈금을 1도(기호 ℃)로 정한 것으로 미터단위를 쓰는 나라에서 많이 사용하였다.

그리고 화씨(Fahrenheit degree)는 독일의 물리학자인 Daniel Fahrenheit(1686~1736)가 제안한 것으로 빙점을 32도, 증기점을 212도로 정하고 그 사이의 간격을 180등분한 눈금을 1도(기호 °F)로 정한 것으로 미국과 영국 등에서 주로 사용하였다. 같은 온도의 섭씨온도와 화씨온도를 각각 t_c℃, t_F°F로 표시하면 이들 사이에는 다음과 같은 관계가 성립한다.

$$t_c = \frac{5}{9}(t_F - 32), \qquad t_F = \frac{9}{5}t_c + 32 \tag{1-8-1}$$

[2] 절대온도 눈금

1954년 제10회 국제도량형총회에서는 섭씨의 온도정점을 단일 정점과 이상기체의 온도 눈금으로 하기로 정하였다. 그 이유는 온도계의 눈금은 온도계에 사용하는 물질에 따라 두 온도정점이 일치할지라도 중간의 눈금들은 물질마다 열팽창계수가 온도에 따라 다르기 때문에 정확히 일치한다고 볼 수 없기 때문이다. 예를 들면, 수은 온도계가 50℃를 가리킬 때 알코올 온도계는 50.7℃를 가리킨다. 그러나 수소, 질소 등과 같은 이상기체(ideal gas)에 가까운 성질을 갖는 기체는 열팽창계수가 거의 일정하다. 따라서 이상기체에 가까운 성질을 갖는 기체를 이용하는 기체온도계를 이용하면 정밀도가 높은 온도를 측정할 수 있다. 그리고 국제도량형총회에서 단일 온도정점으로 물의 3중점(三重點, tripple point)이 채택되었다. 순수한 물의 고상(얼음), 액상(물), 기상(수증기)이 평형을 유지하며 공존하는 상태를 물의 삼중점이라 하며 0.01℃이다.

일반적으로 이상기체는 압력이 일정할 때 온도가 1℃ 상승함에 따라 0℃에서의 체적의 1/273.15만큼씩 체적이 증가한다. 즉 α=1/273.15가 이상기체의 열팽창계수이며 이것은 온도가 1℃ 상승할 때마다 0℃ 압력의 1/273.15씩 증가하는 것과 같다. 따라서 이상기체는 일정한 체적에서 온도가 1℃씩 감소함에 따라 0℃때의 1/273.15씩 압력이 감소하므로 -273.15℃에 도달하면 기체의 압력은 0이 된다. 이것은 그와 같은 극저온에서는 기체의 분자운동이 정지되기 때문이라 생각된다. 따라서 -273.15℃는 최저극한의 온도이며 이 온도로부터 눈금 간격을 정한 온도를 절대온도(絶對溫度, absolute temperature)라 하고 -273.15℃를 절대영도(絶對零度, absolute zero point)라 한다. 절대온도는 제4장에서 논의되는 열역학 제2법칙을 이용하여 어떠한 특정물질의 물리적 성질과도 관계가 없는 온도로 정의되는 열역학적 온도(thermodynamic temperature)와 일치한다.

절대온도에는 캘빈도(Kelvin degree)와 랭킨도(Rankine degree)가 있다. 캘빈도는 절대영도로부터 온도 눈금의 간격을 섭씨와 같이 정한 온도로서 처음 제안한 스코틀랜드의 물리학자 William Thomson(Lord Kelvin으로 알려짐)의 이름을 따 단위를 K로 하고 기호를 T로 표기한다. 랭킨도는 절대영도로부터 화씨와 같은 온도 눈금으로 정한 절대온도로서 제안자인 William Rankine의 이름을 따 단위를 °R로 표기한다. 화씨와 랭킨도는 SI단위에서는 사용하지 않는 온도눈금이므로 사용하지 않도록 한다. 그러나 아직도 습관적으로 많이 사용함으로 이들의 관계를 참고하기 바란다. 여기서 켈빈도와 랭킨도를 각각 $T(\text{K})$, $T(°\text{R})$이라 하면 나타내면 섭씨와 화씨와의 관계는 다음과 같다.

$$\left.\begin{aligned} T(\text{K}) &= t_c + 273.15 \fallingdotseq t_c + 273 \\ T(°\text{R}) &= t_F + 459.67 \fallingdotseq t_F + 460 \end{aligned}\right\} \quad (1\text{-}8\text{-}2)$$

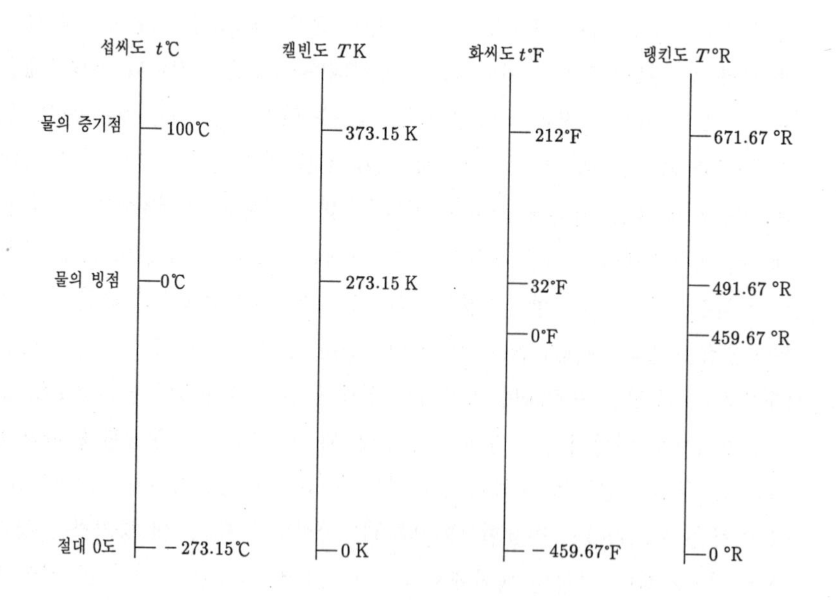

그림 1-3 각종 온도 눈금의 관계

[3] 국제 실용온도 눈금

일반 온도계에 의해 측정되는 온도는 이상기체를 이용하는 기체온도계에 의한 온도, 즉 열역학적 온도와 약간의 오차를 갖는다. 따라서 가능한 한 열역학적 온도에 접근하는 온도의 실용적인 눈금을 제정할 필요가 있어 1927년 국제도량형위원회에서 채택한 것이 국제 실용온도 눈금이다. 이것은 일정하고도 쉽게 재현할 수 있는 보조 온도정점들을 정한 것으로 2회의 수정을 거쳐 1968년 확정하였다.(IPTS-68) 국제 실용온도 눈금은 보조 온도정점 사이에 내삽법(內揷法, interpolation)을 적용하기 위하여 어떤 온도측정 장치의 눈금과 국제 실용온도 눈금과의 관계가 공식에 의해 주어진다. 표 1-8은 1968년에 개정된 국제 실용온도 눈금을 정의하는 데 이용한 정점의 온도를 나타낸 것이다.

표 1-7 국제 실용온도를 정의하는 정점의 온도

온 도 정 점	T_{68} (K)	t_{68} (℃)
평형수소의 3중점	13.81	−259.34
평형수소의 증기점(33.33 kPa)	17.042	−256.108
평형수소의 증기점(760 mmHg)	20.28	−252.87
네온의 증기점(760 mmHg)	27.102	−246.048
산소의 3중점	54.361	−218.789
산소의 증기점(760 mmHg)	90.188	−182.962
물의 3중점	273.16	0.01
물의 증기점(760 mmHg)*	373.15	100
아연의 응고점(760 mmHg)	692.73	419.58
은의 응고점(760 mmHg)	1235.08	961.93
금의 응고점(760 mmHg)	1337.58	1064.43

T_{68}, t_{68}은 국제 실용 Kelvin 온도와 국제 실용 섭씨온도임.
*은 물의 증기점 대신 주석의 응고점(231.9681℃)를 사용하여도 무방함.

예제 1-1

35.6℃ 는 절대온도로 얼마인가?

풀이 식 (1-8-2)를 이용하면 $t=35.6$℃이므로

$$T=t+273.15=35.6+273.15=308.75\ \text{K} \fallingdotseq 308.8\ \text{K}$$

1-9 열 량

열은 물체를 구성하는 분자운동에 의한 에너지의 한 형태라고 정의하였다.(1-7절 참조) 온도가 높은 계와 온도가 낮은 계가 접촉하면 두 계의 온도차에 의해 에너지가 경계를 통해 전달된다. 이 에너지가 열에너지이며 그 양을 열량이라 한다.

열량(Q로 표기)과 일량(W로 표기)은 열역학적 상태가 변화하는 경로에 따라 그 값이 달라지므로 **경로함수**(經路函數, path function)라 하며 수학적으로는 불완전미분이다. 즉 계가 상태 1에서 상태 2로 변화할 때 변화 중의 열량이나 일량은 변화하는 경로에 따라 값이 다르지만 열역학적 상태량은 아니다. 따라서 미분의 수학적 표시도 완전미분과 구별하기 위하여 미소(微小) 열량 dQ, 미소 일량 dW 대신 δQ와 δW를 사용한다. 상태변화 중의 전체 열량과 일량을 구하려면 미소 열량과 일량을 아래와 같이 적분하면 된다.

$$\left.\begin{aligned}\int_{상태1}^{상태2}\delta Q &= \int_1^2 \delta Q = {}_1Q_2 = Q_{1,2}\\ \int_{상태1}^{상태2}\delta W &= \int_1^2 \delta W = {}_1W_2 = W_{1,2}\end{aligned}\right\} \tag{1-9-1}$$

그러나 열역학적 상태량인 압력, 체적, 온도, 엔탈피, 엔트로피 및 내부에너지는 상태변화의 경로와는 무관하며 변화 전, 후의 절대값에만 관계되므로 **점함수**(點函數, point function)라 한다. 계가 상태 1에서 상태 2로 변화할 때 상태변화 중 열역학적 상태량, 예를 들어 압력(기호 P로 표기)의 변화를 구하려면 어느 순간의 미소 압력변화 dP를 적분하면 된다.

$$\int_{상태1}^{상태2} dP = \int_1^2 dP = P_2 - P_1 \tag{1-9-2}$$

여기서 dP는 완전미분이다.

열량은 일과 형태만 다를 뿐 에너지이며 SI 단위에서는 모든 형태의 에너지 단위로 주울(joule, 기호 J로 표기)을 사용한다. 1 J이란 어떤 물체에 1 N의 힘을 작용시켜 물체가 힘과 같은 방향으로 1 m 만큼 변위를 일으키는 에너지 양과 같다.(표 1-3 참조)

$$1\,\mathrm{J} = 1\,\mathrm{N} \times 1\,\mathrm{m} = 1\,\mathrm{N \cdot m} \tag{1-9-3}$$

참고로 과거에 많이 사용되었던 열량의 공학단위 kcal와 J의 관계는 아래와 같다.

$$1\,\mathrm{kcal} = 4186\,\mathrm{J} = 4.18\,\mathrm{kJ} \tag{1-9-4}$$

1-10 비 열

종류가 다른 두 물체를 가열할 때 동일한 열을 가하였다 하더라도 두 물체의 온도가 똑같은 양만큼 올라가지 않으며, 같은 종류의 물체라도 질량에 따라 온도가 올라가는 양이 서로 다르다. 이것은 물체마다 열에 의해 온도가 변화하는 비율이 다르며 같은 물체라도 질량에 따라 온도가 변화하는 비율이 다름을 의미한다. 따라서 열에 의해 온도가 변화하는 비율의 정도를 하나의 물리량으로 정의할 필요가 있으며 이 물리량이 바로 비열(比熱, specific heat)이다. 비열은 단위질량(1 kg)의 물질을 단위온도(1℃=1 K)만큼 변화시키는데 필요한 열량으로 정한다. 열이동 과정에서 어느 순간 질량이 m kg인 물체에 미소열량 δQ J을 가하였더니 그 물체의 온도가 dT K만큼 미소하게 증가하였다면 dT는 δQ에 비례하고 질량 m에 반비례함이 실험에 의해 밝혀졌다. 즉

$$\delta Q \propto m\, dT$$

의 관계가 성립하며 이 식에서 비례상수를 c로 놓으면

$$\delta Q = mc\,dT \tag{1-10-1}$$

이 된다. 여기서 비례상수 c는 물질에 따라 정해지는 상수이며 이것을 그 물질의 비열이라 한다. 만일 가열하는 동안 물체의 온도가 t_1℃(T_1 K)에서 t_2℃(T_2 K)로 변했다면 그 동안의 가열량(Q J)은 식 (1-10-1)을 적분하면 구할 수 있다.

비열 c가 가열 구간 t_1℃에서 t_2℃까지 일정하다고 가정하면 가열량 Q는

$$\int_{T_1}^{T_2} \delta Q = \int_{T_1}^{T_2} mc\,dT = mc\int_{T_1}^{T_2} dT$$

$$Q_{1,2} = mc(T_2 - T_1) \tag{1-10-2}$$

그런데 비열 c는 온도의 범위에 따라 그 값이 변화한다. 즉 비열은 온도의 함수이므로 비열을 온도의 함수 형태인 $c=c(T)$로 나타내면 식 (1-10-1)과 (1-10-2)는 다음과 같다.

$$\left.\begin{aligned}&\delta Q = m\,c(T)\,dT\\&Q_{1,2} = m\int_{T_1}^{T_2} c(T)\,dT\end{aligned}\right\} \qquad (1\text{-}10\text{-}3)$$

이와 같이 비열이 온도의 함수인 경우, 가열 구간 t_1℃에서 t_2℃ 사이 비열의 평균값을 평균비열(mean specific heat)이라 정의한다. 평균비열을 c_m이라 하면 다음과 같아진다.

$$c_m = \frac{Q_{1,2}}{m(T_2 - T_1)} = \frac{1}{(T_2 - T_1)}\int_{T_1}^{T_2} c(T)\,dT \qquad (1\text{-}10\text{-}4)$$

그러므로 식 (1-10-2)는 다음과 같이 쓸 수 있다.

$$Q_{1,2} = m\,c_m(T_2 - T_1) \qquad (1\text{-}10\text{-}5)$$

위의 식들을 이용하면 온도가 다른 여러 물질들을 혼합하였을 때 열평형 후 평형온도를 구할 수 있다. 지금 질량이 각각 $m_1, m_2, m_3, \cdots$인 물체의 평균비열과 혼합 전 온도를 각각 $c_1, c_2, c_3, \cdots$, $t_1, t_2, t_3, \cdots$이라 하고 물체들을 혼합하였을 때 화학적 변화와 열손실이 없다고 가정하여 혼합 후 평형온도 t_m을 구해 보자. 온도가 높은 물체는 열을 방출하고 온도가 낮은 물체는 열을 흡수하여 모든 물체들의 흡열량과 방열량의 대수적 합이 0 이어야 하므로 식 (1-10-2) 또는 (1-10-5)를 적용하면

m_1인 물체에 대해 $Q_{1,m} = m_1 c_1(T_m - T_1)$
m_2인 물체에 대해 $Q_{2,m} = m_2 c_2(T_m - T_2)$
m_3인 물체에 대해 $Q_{3,m} = m_3 c_3(T_m - T_3)$
$\vdots \qquad\qquad \vdots$

$$\begin{aligned}Q_{1,m} + Q_{2,m} + Q_{3,m} \cdots &= m_1c_1(T_m - T_1) + m_2c_2(T_m - T_2)\\&\quad + m_3c_3(T_m - T_3)\cdots\\&= 0\end{aligned}$$

위 식을 정리하여 혼합 후 평형온도 T_m을 구하면

$$T_m = \frac{m_1 c_1 T_1 + m_2 c_2 T_2 + m_3 c_3 T_3 + \ldots}{m_1 c_1 + m_2 c_2 + m_3 c_3 + \ldots} = \frac{\Sigma m_i c_i T_i}{\Sigma m_i c_i} \qquad (1\text{-}10\text{-}6)$$

절대온도와 섭씨온도 사이의 관계가 $T = t + 273$임을 고려하면

$$t_m = \frac{m_1 c_1 t_1 + m_2 c_2 t_2 + m_3 c_3 t_3 + \cdots}{m_1 c_1 + m_2 c_2 + m_3 c_3 + \cdots} = \frac{\Sigma m_i c_i t_i}{\Sigma m_i c_i} \qquad (1\text{-}10\text{-}7)$$

비열은 물질에 열이 가해지는 상태에 따라 그 값이 달라진다. 기체는 고체나 액체와 달리 이러한 조건에 따라 절대적인 영향을 받는다. 예를 들면 기체를 압력이 일정한 상태에서 가열할 때와 체적을 일정하게 유지하고 가열할 때 온도상승에 차이가 생긴다. 즉 정압일 때와 정적일 때의 비열이 다르다. 그러나 액체와 고체의 경우는 기체와는 달리 정압과 정적에서 비열의 차이가 거의 없으므로 실용상 구분하여 쓰지 않는다.

기체의 경우 압력이 일정할 때의 비열을 정압비열(specific heat at constant pressure, c_p로 표기), 체적이 일정할 때의 비열을 정적비열(specific heat at constant volume, c_v로 표기)이라 하며 항상 $c_p > c_v$이다. 그리고 정적비열에 대한 정압비열의 비를 비열비(比熱比, ratio of specific heat, κ로 표기)라 한다.(제3장 참조)

$$\left(\kappa = \frac{c_p}{c_v}\right) > 1 \qquad (1\text{-}10\text{-}8)$$

예제 1-2

어떤 밀폐계에 1.2 kg의 가스가 들어 있다. 여기에 68 kJ의 열을 가했더니 가스의 온도가 20℃에서 105℃로 상승하였다. 가열하는 동안의 평균비열을 구하여라. 단, 열손실은 무시한다.

풀이 $m = 1.2$ kg, $Q = 68$ kJ, $t_1 = 20$℃, $t_2 = 105$℃이므로 식 (1-10-5)를 이용하면

$$c_m = \frac{Q_{1,2}}{m(T_2 - T_1)} = \frac{68}{1.2 \times (105 - 20)} = 0.67 \text{ kJ/kgK}$$

예제 1-3

온도가 200℃인 20 kg의 구리를 냉각수를 이용하여 1.15 MJ의 열을 제거하였다. 구리의 평균비열이 0.3831 kJ/kgK 이라면 냉각 후 구리의 온도는 얼마인가? 단, 열손실은 무시한다.

풀이 t_1=200℃, m=20 kg, Q=-1.15 MJ=-1150 kJ, c_m=0.3831 kJ/kgK 이므로 식 (1-10-5)를 이용하면 냉각 후 온도 t_2는

$$T_2 = T_1 + \frac{Q}{m\,c_m} = (200+273) + \frac{-1150}{20\times 0.3831} = 322.91\ \mathrm{K}$$

따라서 $t_2 = T_2 - 273 = 322.91 - 273 = 49.91$℃

※ 열을 흡수(가열, 흡열)하는 것은 "+", 열을 방출(냉각, 방열)하는 것은 "-"로 계산함에 유의할 것.

예제 1-4

구리 4.5 kg을 가열하였더니 온도가 15℃에서 75℃로 되었다. 구리의 비열이 0.3831 kJ/kgK이라면 가열량은 얼마인가? 단, 열손실은 무시한다.

풀이 m=4.5 kg, t_1=15℃, t_2=75℃, c=0.3831 kJ/kgK 이므로 식 (1-10-2)를 이용하면

$$Q = m\,c\,(T_2 - T_1) = 4.5\times 0.3831\times(75-15) = 103.44\ \mathrm{kJ}$$

예제 1-5

500℃, 6 kg의 쇠공을 10℃의 물 40 L 속에 넣었다. 열평형 후 물의 온도를 구하라. 단, 쇠공과 물의 평균비열은 각각 0.452 kJ/kgK, 4.186 kJ/kgK이며 열손실은 무시한다.

풀이 m_i=6 kg, t_i=500℃, t_w=10℃, m_w=40 kg(다음 절 참조, 물의 밀도=1 kg/L), c_i= 0.452 kJ/kgK, c_w=4.186 kJ/kgK 이므로 식 (1-10-6)을 이용하면

$$T_m = \frac{m_i c_i T_i + m_w c_w T_w}{m_i c_i + m_w c_w} = \frac{6\times 0.452\times(500+273) + 40\times 4.186\times(10+273)}{6\times 0.452 + 40\times 4.186}$$
$$= 290.81\ \mathrm{K}$$

따라서 열평형 후 온도는 $t_m = T_m - 273 = 290.81 - 273 = 17.81$℃

만일 식 (1-10-7)을 이용하면

$$t_m = \frac{m_i c_i t_i + m_w c_w t_w}{m_i c_i + m_w c_w} = \frac{6\times 0.452\times 500 + 40\times 4.186\times 10}{6\times 0.452 + 40\times 4.186} = 17.81℃$$

로 되어 같은 결과를 얻는다.

예제 1-6

0.08 m^{3}의 물에 700℃, 3 kg의 철구를 넣었더니 열평형 후 물의 온도가 18℃로 되었다. 물의 온도는 얼마나 상승하였는가? 단, 철과 물의 비열은 각각 0.452 kJ/kgK과 4.186 kJ/kgK이며 물과 용기와의 열교환은 무시하고 열손실은 없는 것으로 가정한다.

풀이 m_w=80 kg, t_i=700℃, m_i=3 kg, t_m=18℃, c_i=0.452 kJ/kgK, c_w=4.186 kJ/kgK이며, 물의 처음 온도를 t_w라 하면 열손실이 없으므로 물의 흡열량과 철구의 방열량의 대수합이 0이어야 한다. 즉, 물의 흡열량+철구의 방열량=0 이므로 식 (1-10-2)를 이용하면

$$m_w c_w (T_m - T_w) = m_i c_i (T_m - T_i) = 0$$

여기서 물의 온도상승을 Δt_w라 하면 $\Delta t_w = t_m - t_w = T_m - T_w$이므로 위의 식으로부터

$$\Delta t_w = \frac{m_i c_i (T_i - T_m)}{m_w c_w} = \frac{3 \times 0.452 \times (700 - 18)}{80 \times 4.186} = 2.76℃$$

예제 1-7

질량이 1.2 kg인 알루미늄 그릇에 15℃의 물 20 L가 담겨 있다. 여기에 250℃의 구리봉 10 kg을 넣었다. 열평형을 이룬 후 물의 온도는 얼마로 되겠는가? 단, 외부로의 열손실은 없으며 알루미늄과 구리의 비열은 각각 0.896 kJ/kgK, 0.385 kJ/kgK이다.

풀이 m_a=1.2 kg, $t_a = t_w$=15℃, m_w=20 kg, t_c=250℃, m_c=10 kg, c_a=0.896 kJ/kgK, c_c= 0.385 kJ/kgK, c_w=4.186 kJ/kgK이므로 평형 후 온도 t_m은 식 (1-10-7)을 이용하면

$$t_m = \frac{m_a c_a t_a + m_w c_w t_w + m_c c_c t_c}{m_a c_a + m_w c_w + m_c c_c}$$

$$= \frac{1.2 \times 0.896 \times 15 + 20 \times 4.186 \times 15 + 10 \times 0.385 \times 250}{1.2 \times 0.896 + 20 \times 4.186 + 10 \times 0.385} = 25.21℃$$

1-11 잠열과 현열

물질은 고체, 액체, 기체 등 세 가지 상(相, phase) 중 어느 한 형태로 존재하며 열에너지를 얻거나 방출하면 **상변화**(change of phase)가 일어난다. 일반적으로 상변화에는 6가지가 있으며, 일정한 압력에서 단위질량(1 kg)의 물질이 온도 변화 없이 상변화하는데 필요한 열을 **잠열**(潛熱, latent heat)이라 한다.

예를 들어 액체에 열을 가하면 대부분의 열은 액체의 온도를 상승시키고 극히 일부는 체적팽창에 쓰인다. 따라서 액체의 체적변화는 대단히 작다. 액체가 일정한 압력 하에서 가열되면 온도가 상승하고 각 물질의 증기점(비등점 또는 증발점)에 도달하면 증발(蒸發, vaporization)이 시작되며 온도의 상승은 정지된다. 증발이 진행되는 동안 가한 열에너지의 일부는 물질의 내부에 저장되고 나머지는 체적팽창에 소요된다. 이와 같이 일정한 압력에서 단위질량(1 kg)의 액체를 온도변화 없이 모두 증기

로 상변화(증발)시키는데 필요한 열을 증발의 잠열(latent heat of evaporation) 또는 간단히 증발열이라 한다. 반대로 단위질량의 증기(기체)가 동일한 조건(정압, 등온)에서 액체로 응축(凝縮, condensation)되는데 필요한 열(열을 방출)을 응축의 잠열(latent heat of condensation) 또는 응축열이라 한다.

또한 얼음이 물로 변하는 것과 같이 일정한 압력에서 단위질량의 고체가 온도 변화 없이 모두 액체로 융해(融解, fusion)하는데 필요한 열을 융해의 잠열(latent heat of fusion) 또는 융해열이라 하고 동일한 조건(정압, 등온)에서 액체가 고체로 응고(凝固, solidification)하는데 필요한 열을 응고의 잠열(lsatent of solidification) 또는 응고열이라 한다. 그리고 고체 이산화탄소(상품명 dry ice)와 같은 단위질량의 고체가 일정한 압력에서 온도변화 없이 기체로 모두 승화(昇華, sublimation)하는데 필요한 열을 승화의 잠열(latent heat of sublimation) 또는 승화열이라 하며, 단위질량의 기체가 동일한 조건(정압, 등온)에서 모두 고체로 승화하는데 필요한 열도 승화열이라 한다.

위에 열거한 증발열과 응축열, 융해열과 응고열은 크기는 같지만 증발열과 융해열은 가열과정, 응축열과 응고열은 방열과정에 필요한 잠열이다.

앞 절에서 배운 것과 같이 물체에 열을 가하면 가열량에 비례하여 물체의 온도가 상승한다. 이와 같이 상변화 없이 물체의 온도상승에 필요한 열을 감열(感熱, sensible heat) 또는 현열(顯熱)이라 한다. 잠열량은 다음 식에 의해 구하며 감열량은 식 (1-10-2)와 (1-10-5)를 이용하여 구한다.

$$Q_{fg} = m h_{fg}, \quad Q_{sf} = m h_{sf}, \quad Q_{sg} = m h_{sg} \tag{1-11-1}$$

위의 식에서 Q_{fg}, Q_{sf}, Q_{sg}는 각각 증발열량, 융해열량, 승화열량이며, h_{fg}, h_{sf}, h_{sg}는 각각 증발열, 융해열, 승화열이며 단위는 주로 kJ/kg을 사용한다.

예제 1-8

0℃의 암모니아 증기 1.5 kg을 응축시키는데 1890.99 kJ의 열을 방출하였다. 0℃에서 암모니아의 증발열을 구하여라.

풀이 m=1.5 kg, Q_{fg}=1890.99 kJ 이므로 식 (1-11-1)을 이용하면 증발열 h_{fg}는

$$h_{fg} = \frac{Q_{fg}}{m} = \frac{1890.99}{1.5} = 1260.66 \text{ kJ/kg}$$

예제 1-9

표준대기압에서 10℃의 물 500 L에 100℃의 수증기 20 kg을 유입시켰다. 열평형 후 물의 온도는 몇 ℃로 되는가? 단, 열손실은 없다고 가정하고 물의 비열과 증발열은 각각 4.186 kJ/kgK, 2256.8 kJ/kg으로 계산하라.

풀이 열평형 후 물의 온도를 t_m℃라 하면, 물의 온도가 10℃에서 t_m℃로 될 때까지 물의 흡열량과 100℃인 수증기가 100℃의 물로 응축되었다가 다시 t_m℃로 냉각될 때까지의 방열량의 합이 같아야 한다.

(1) 10℃인 물이 t_m℃로 될 때까지의 흡열량(현열량)

$t_1=10$℃, $m_1=500$ kg, $c=4.186$ kJ/kgK 이므로 식 (1-10-2)를 이용하면

$$Q_{10\to t_m}=m_1c(t_m-t_1) \quad \cdots\cdots\cdots \text{ⓐ}$$

(2) 100℃인 수증기가 응축되어 t_m℃의 물로 냉각될 때까지의 방열량

① 100℃인 수증기가 100℃인 물로 응축되기 위한 방열량(응축열량)

$m_2=20$ kg, 물의 응고열이 $h_{fg}=2256.8$ kJ/kg 이므로 식 (1-11-1)에 의해

$$Q_{fg}=m_2h_{fg} \quad \cdots\cdots\cdots\cdots\cdots\cdots\cdots\cdots \text{ⓑ}$$

② $t_2=100$℃ 물이 다시 t_m℃ 물로 냉각될 때까지의 방열량(현열량)

$$Q_{100\to t_m}=m_2c(t_2-t_m) \quad \cdots\cdots\cdots \text{ⓒ}$$

식 ⓐ=ⓑ+ⓒ의 관계로부터 t_m은

$$t_m=\frac{c(m_1t_1+m_2t_2)+m_2h_{fg}}{c(m_1+m_2)}=\frac{4.186\times(500\times10+20\times100)+20\times2256.8}{4.186\times(500+20)}$$
$$=34.20℃$$

예제 1-10

표준대기압에서 -10℃의 얼음 40 kg을 서서히 가열하여 100℃의 수증기로 모두 증발시키려 한다. 가열량을 계산하여라. 단, 열손실은 없으며, 얼음의 융해열과 비열이 각각 333.6 kJ/kg, 2.093 kJ/kgK이며 물의 비열과 증발열은 각각 4.186 kJ/kgK, 2256.8 kJ/kg이다.

풀이 가열과정을 다음과 같이 4단계로 나누어 생각하면

(1) -10℃ 얼음이 0℃ 얼음으로 될 때까지의 가열량(현열량)

$m=40$ kg, $t_1=-10$℃, $t_2=0$℃, $c_i=2.093$ kJ/kgK 이므로 식 (1-10-2)를 이용하면

$$Q_{-10℃\to0℃}=mc_i(t_2-t_1)=40\times2.093\times\{0-(-10)\}=837.2\text{ kJ}$$

(2) 0℃ 얼음이 0℃ 물로 융해하는데 필요한 융해열량

얼음의 융해열이 $h_{sf}=333.6$ kJ/kg 이므로 식 (1-11-1)을 이용하면

$$Q_{sf}=mh_{sf}=40\times333.6=13,344\text{ kJ}$$

(3) 0℃ 물이 100℃ 물로 될 때까지의 가열량(현열량)
t_3=100℃이고 물의 비열이 c_w=4.186 kJ/kgK 이므로 식 (1-10-2)를 이용하면

$$Q_{0℃\rightarrow 100℃} = mc_w(t_3 - t_2) = 40 \times 4.186 \times (100 - 0) = 16{,}744 \text{ kJ}$$

(4) 100℃ 물이 100℃ 수증기로 증발하는데 필요한 증발열량
물의 증발열이 h_{fg}=2256.8 kJ/kg 이므로 식 (1-11-1)을 이용하면

$$Q_{fg} = mh_{fg} = 40 \times 2256.8 = 90{,}272 \text{ kJ}$$

그러므로 필요한 가열량은 위의 4가지를 모두 합하면

$$Q_{total} = 837.2 + 13{,}344 + 16{,}744 + 90{,}272 = 121{,}197.2 \text{ kJ} = 121.2 \text{ MJ}$$

1-12 압 력

단위면적에 작용하는 수직방향의 힘(수직력)을 압력(壓力, pressure, 기호 P로 표기)이라 정의한다. 압력의 단위는 Pa(pascal)이며 측정 대상에 따라 여러 가지의 실용단위가 사용된다. 많이 쓰이는 실용단위로 kPa, MPa이나 bar가 있다. 1 Pa이란 1 m^{2}의 면적에 1 N의 힘이 수직으로 작용할 때의 압력이다. 즉, 1 Pa=1 N/m^{2}이며 1 bar=10^5 Pa이다. 수직으로 작용하는 힘(하중)을 F(N), 단면적을 A(m^2)라 하면 압력 P는 다음과 같다.

$$P = F/A \tag{1-12-1}$$

[1] 대기압

단위면적을 수직으로 누르는 공기(대기)의 힘을 대기압(大氣壓, atmospheric pressure)이라 한다. 그림 1-4와 같이 속이 절대진공이고 횡단면적이 1 cm^{2}인 유리관을 수은이 담긴 그릇에 수직으로 세우면 대기가 수은을 누르는 힘에 의해 수은이 유리관 속으로 밀려 올라간다. 이때 수은 그릇의 수은 표면으로부터 유리관 속으로 밀려 올라간 수은주의 높이가 바로 대기압이다. 대기압의 기준이 되는 표준대기압(standard atmospheric pressure)은 대기의 온도가 0℃이고 수은에 표준중력가속도(g=9.80665 m/s^2)가 작용하여 밀려 올라간 수은주(단면적이 1 cm^2)의 높이가 760 mm만큼 될 때로 정하였다. 즉 표준대기압은 760 mm 수은주(760 mmHg로 표기)와 같다.

$$\text{표준대기압} = 760\text{mmHg} = 101{,}325 \text{ Pa} = 101.325 \text{ kPa} = 1.01325 \text{ bar} \tag{1-12-2}$$

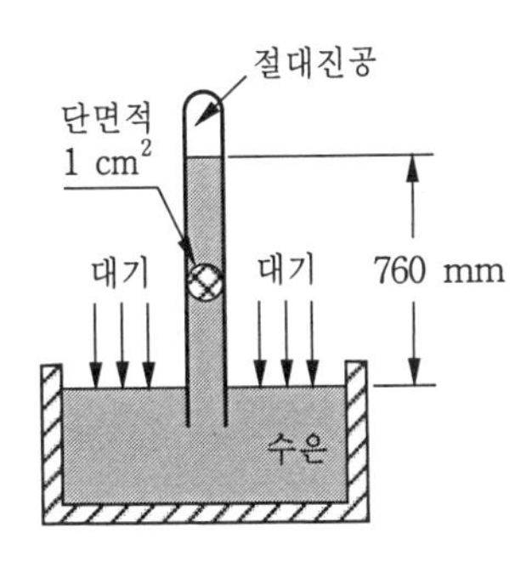

그림 1-4 표준대기압

예제 1-11

0℃에서 수은의 비중이 13.5950889임을 이용하여 표준대기압을 계산하여라.

풀이 수은의 비중이 13.5950889 이므로 수은 1 cm^3의 질량은 13.5950889 g이다. 즉 수은의 밀도는 13.5950889 g/cm^3이다. 그리고 그림 1-4에서 수은의 단면적이 1 cm^2이므로 표준대기압은

$$\text{표준대기압} = \frac{760\text{ mm 수은주가 수직으로 누르는 힘}}{\text{단면적 } 1\text{ cm}^2}$$

$$= \frac{760\text{ mm 수은주의 질량} \times \text{중력가속도}}{\text{단면적 } 1\text{ cm}^2}$$

$$= \frac{760\text{ mm 수은주의 체적} \times \text{밀도} \times \text{중력가속도}}{\text{단면적 } 1\text{ cm}^2}$$

$$= \frac{(1\text{ cm}^2 \times 76\text{ cm}) \times 13.5950889\text{ g/cm}^3 \times 9.80665\text{ m/s}^2}{1\text{ cm}^2}$$

$$= (1.033226756\text{ kg} \times 9.80665\text{ m/s}^2)/\text{cm}^2$$

$$= 10.13249317\text{ N/cm}^2 = 101{,}324.9317\text{ N/m}^2$$

$$\fallingdotseq 101{,}325\text{ Pa} = 101.325\text{ kPa} = 1.01325\text{ bar}$$

예제 1-12

표준대기압을 수은주 대신 단면적이 1 cm^2인 수주(물기둥)로 나타내면 어떻게 되는가?

풀이 물의 밀도는 1 g/cm^3이다. 그러므로 예제 1-11의 계산중 물 1.033226756 kg이 차지하는 체적은1033.226756 cm^3가 된다. 그런데 횡단면적이 1 cm^2이므로 높이는 1033.226756 cm ≒ 10.332 m이다.

즉, 표준대기압은 수주로 10.332 m이다. 이것을 <u>10.332 m*Aq*</u>로 표기한다.

예제 1-13

지름이 80 cm인 피스톤 헤드에 200 N의 힘이 수직으로 작용한다. 피스톤 헤드에 작용하는 압력을 구하여라.

풀이 d=80 mm=0.08 m, F=200 N이므로 압력 P는 식 (1-12-1)로부터

$$P=\frac{F}{A}=\frac{F}{\pi d^2/4}=\frac{200}{\pi\times 0.08^2/4}=39{,}788.74\ \text{Pa} \fallingdotseq 39.79\ \text{kPa}$$

[2] 절대압력, 계기압력과 진공압력

압력계로 측정하는 모든 압력은 대기압을 기준(값이 0)으로 측정한 것으로 대기압과의 차를 측정하는 것이다. 이와 같이 대기압을 기준으로 압력계로 측정한 압력을 계기압력(gage pressure)이라 하고 특별히 구별할 필요가 있는 경우에는 단위 끝에 gage를 덧붙여 Pa,gage로 표기한다. 그런데 계기압력은 대기압을 0으로 하여 측정한 것이므로 대기가 전혀 존재하지 않는 상태 즉 완전진공(perfect vacuum)을 기준(값이 0)으로 압력을 측정할 필요가 있다. 이와 같이 완전진공(또는 절대진공 absolute vacuum)을 기준으로 측정하는 압력을 절대압력(absolute pressure)이라 하며 계기압력과 구별할 필요가 있는 경우에는 단위 끝에 abs를 덧붙여 Pa,abs라 표기한다. 절대압력은 계기압력과 대기압 만큼의 차이가 있으며 계기압력을 P_g, 절대압력을 P, 대기압을 P_a라 하면 이들의 관계는 다음과 같다.

$$P = P_g + P_a \qquad (1\text{-}12\text{-}3)$$

대기압보다 높은 압력을 정압(正壓), 대기압보다 낮은 압력을 부압(負壓) 또는 진공(眞空, vacuum)이라 하며 식 (1-12-3)을 이용할 때에는 "−" 부호를 앞에 붙여 계산한다. 또 진공의 정도를 %로 나타내는 진공도를 사용하기도 하는데 완전진공은 진공도가 100%이며 대기압은 진공도가 0%이다. 예를 들면 표준대기압 상태에서 40 kPa의 진공이란 표준대기압 101.325 kPa과의 차, 즉 61.325 kPa,abs의 절대압력을 말하고 진공도는 40/101.325=0.3948, 즉 39.48%이다. 고진공(高眞空)의 경우는 절대압력을 Torr라는 단위를 사용하기도 하는데 이것은 mmHg와 같다.

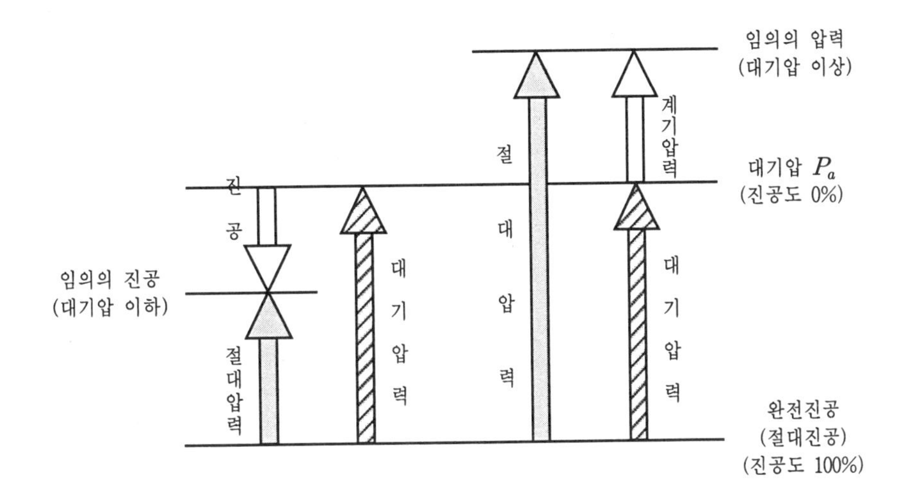

그림 1-5 절대압력, 계기압력, 대기압, 진공의 관계

예제 1-14

어떤 냉동기의 증발기 출구 압력을 진공계로 측정하였더니 0.9 bar이었다. 증발기 출구의 절대압력과 진공도는 얼마인가? 단, 대기압은 101 kPa이다.

풀이 (1) 절대압력

계기압력이 P_g=-0.9 bar=-90,000 Pa=-90 kPa, P_a=101 kPa 이므로 식 (1-12-3)에서

$$P = P_g + P_a = -90 + 101 = 11\ \text{kPa}$$

(2) 진공도

$$\text{진공도} = \frac{|P_g|}{P_a} \times 100 = \frac{|-90|}{101} \times 100 = 89.11\%$$

예제 1-15

위의 예에서 응축기 출구의 계기압력이 9.98 bar라면 응축기 출구의 절대압력은 몇 MPa인가?

풀이 계기압력이 P_g=9.98 bar=998,000 Pa=998 kPa, P_a=101 kPa 이므로

$$P = P_g + P_a = 998 + 101 = 1099\ \text{kPa} = 1.099\ \text{MPa}$$

1-13 비체적, 밀도와 비중

[1] 비체적

같은 물질이라도 물질의 양에 따라 체적이 다르므로 각 물질을 동일한 조건에서 서로 비교하기 위한 하나의 수단으로 비체적(比體積, specific volume)이라는 물리량을 사용한다.(1-3절 참조) 비체적은 물질 양의 조건으로 질량을 택하여 나타내며, 단위질량(1 kg) 당 체적으로 정의한다.

어떤 물체의 질량을 m kg, 체적을 V m^{3}라 하면 비체적 v는 아래와 같다.

$$v = \frac{V}{m} \qquad (1\text{-}13\text{-}1)$$

예제 1-16

안지름이 78 mm인 실린더 안을 피스톤이 100 mm만큼 움직여 35 kg의 작동유체를 흡입하였다. 작동유체의 비체적은 얼마인가?

풀이 안지름 d=78 mm, 변위 l=100 mm, 질량 m=35 kg 이므로 식 (1-13-1)로부터

$$v = \frac{V}{m} = \frac{(\pi d^2/4)\,l}{m} = \frac{(\pi \times 0.078^2/4) \times 0.1}{35} = 1.365 \times 10^{-5}\,\text{m}^3/\text{kg}$$

[2] 밀도

서로 질량을 비교하기 위해 체적을 조건으로 하는 물리량이 밀도(密度, density, 그리스 문자 ρ로 표기)이며, 단위체적(1 m^3)당 질량으로 정의한다. 따라서 밀도는 비체적의 역수와 같다.

$$\rho = \frac{m}{V} = \frac{1}{v} \qquad (1\text{-}13\text{-}2)$$

예제 1-17

비체적이 0.035 m^3/kg인 가스의 밀도와 3 kg이 차지하는 체적은 얼마인가?

풀이 비체적 v=0.035 m^3/kg 이므로 식 (1-13-2)에서 밀도 ρ는

$$\rho = \frac{1}{v} = \frac{1}{0.035} = 28.57\ \text{kg/m}^3$$

또한 질량이 m=3 kg 이므로 체적 V는 식 (1-13-2)에서

$$V=\frac{m}{\rho}=\frac{3}{28.57}=0.105\ \text{m}^3$$

[3] 비중

한편 비중(比重, specific gravity, 기호 $s.g$)이란 물(4℃)과 같은 체적의 질량비를 말하며 단위가 없는 무차원수(무차원, dimensionless number)이다.

$$\text{비중}(s.g)=\frac{\text{물과 같은 체적의 물질의 질량}(m)}{4℃\ \text{순수한 물의 질량}(m_w)}=\frac{\text{물체의 밀도}(\rho)}{4℃\ \text{순수한 물의 밀도}(\rho_w)}$$

그런데 4℃ 순수한 물의 밀도가 $\rho=1\ \text{g/cm}^3=1000\ \text{kg/m}^3$ 이므로 물체의 밀도 ρ, 비체적 v 및 비중 s.g의 관계는 아래와 같다.

$$\left.\begin{aligned}&\rho=1000\times s.g\ [\text{kg/m}^3]\\&v=1/\rho=1/(1000\times s.g)\ [\text{m}^3/\text{kg}]\end{aligned}\right\}\qquad(1\text{-}13\text{-}3)$$

예제 1-18

0℃, 표준대기압에서 공기의 밀도는 약 1.293 kg/m^{3}이다. 비체적과 물에 대한 비중을 구하여라.

풀이 ρ=1.293 m^3/kg 이므로 식 (1-13-3)에서 비체적 v는

$$v=1/\rho=1/1.293=0.7734\ \text{m}^3/\text{kg}$$

그리고 비중 $s.g$는 식 (1-13-3)에서

$$s.g=\rho/1000=1.293/1000=0.001293$$

예제 1-19

비중이 0.705인 물체의 밀도와 비체적을 구하여라.

풀이 $s.g$=0.705 이므로 식 (1-13-3)에서 밀도 ρ는

$$\rho=1000\times s.g=1000\times 0.705=705\ \text{kg/m}^3$$

그리고 비체적 v는 식 (1-13-3)에서

$$v=1/(1000\times s.g)=1/(1000\times 0.705)=0.001417\ \text{m}^3/\text{kg}$$

1-14 일 및 기계적 에너지

[1] 일의 정의

물체에 힘을 가하면 물체는 힘의 방향과 같은 방향으로 움직인다. 즉 물체가 힘에 의해 변위(變位, displacement)를 일으켰다고 한다. 어떤 물체를 힘을 들여 이동시켰을 때 우리는 일을 하였다고 하며, 힘과 힘의 방향과 동일한 방향의 변위와의 곱을 일(work)이라 정의한다. 1-9절에서 설명한 바와 같이 일도 열과 마찬가지로 경로에 따라 그 값이 달라지는 경로함수이며 수학적으로 불완전 미분이다.

그림 1-5(a)에서 물체에 힘 F를 가하여 물체가 미소거리 dx만큼 변위를 일으켰다고 하면 이때 발생한 미소 일량은 $\delta W = Fdx$가 된다. 그림 1-5(b)에서 실린더 내 작동유체의 팽창에 의해 피스톤이 상태 1에서 상태 2까지 변위를 일으키는 경우도 (a)와 마찬가지로 미소 변위 dx에 의한 미소 일량은 $\delta W = Fdx$와 같다. 그러므로 상태 1에서 상태 2까지 변화하는 동안 작동유체에 의해 발생한 전체 일량 W는 이것을 상태 1에서 상태 2까지 적분하면 구할 수 있다. 자세한 것은 제2장에서 다루도록 한다.

$$W_{1,2} = \int_{상태1}^{상태2} \delta W = \int_{상태1}^{상태2} Fdx$$

간단히 쓰면

$$W_{1,2} = \int_1^2 \delta W = \int_1^2 Fdx \qquad (1\text{-}14\text{-}1)$$

식 (1-14-1)에서 힘 F가 일정하고 피스톤이 움직인 거리, 즉 상태 1과 2 사이의 거리를 l이라 하면 일 W는

$$W_{1,2} = F(x_2 - x_1) = F\,l \qquad (1\text{-}14\text{-}2)$$

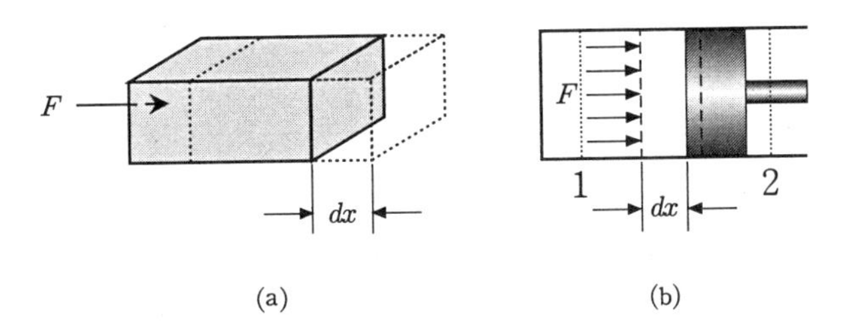

그림 1-5 일의 정의

예제 1-20

질량이 1200 kg인 자동차를 리프트가 2 m 들어 올렸다면 리프트가 한 일은 얼마인가?

풀이 $m=1200$ kg 이므로 먼저 힘을 구하려면 질점의 운동에 관한 Newton의 제2법칙(가속도의 법칙)을 이용한다. 즉, 힘=중량=질량×중력가속도 이므로

$F=mg=1200\ \text{kg}\times 9.80665\ \text{m/s}^2=1200\times 9.80665\ \text{kg·m/s}^2=1200\times 9.80665\ \text{N}$

한편 변위가 $l=2$ m 이므로 리프트가 한 일은 식 (1-14-2)에서

$W=Fl=mgl=1200\times 9.80665\times 2=23{,}535.96\ \text{J}\fallingdotseq 23.54\text{kJ}$

[2] 기계적 에너지

에너지란 물리량을 변화시킬 수 있는 능력, 즉 일을 할 수 있는 능력을 말하며 여러 형태로 존재한다. 일이나 열도 에너지의 한 형태이므로 모든 형태의 에너지는 일이나 열로 나타낼 수 있으며 단위도 일이나 열과 같은 줄(joule, 기호 J)이다.

여러 형태의 에너지 가운데 어떤 기준면에 대하여 높은 곳에 있는 물체가 갖는 위치에너지(potential energy)와 움직이는 물체가 갖는 운동에너지(kinetic energy)를 기계적 에너지(mechanical energy) 또는 역학적 에너지(dynamic energy)라 한다. 이밖에 빛, 전기, 자기(磁器), 소리 등도 에너지이지만 열역학에서는 취급하지 않는다.

비교적 큰 물체의 위치 또는 운동에 의해 발생하는 에너지는 기계적 에너지에 속하고 분자의 운동과 배치에 관계되는 에너지는 열에너지에 속한다. 지금 질량이 m kg인 물체가 기준면으로부터 수직으로 z m 높이에 있을 때 그 물체가 지구 중력에 의해 갖는 힘이 mg (N) 이므로 그 물체의 위치에너지(E_p)는 다음과 같다.

$$E_p=mgz \tag{1-14-3}$$

또한 질량이 m kg인 물체가 $\bar{v}$ m/s의 속도로 움직일 때 갖는 운동에너지(기호 E_k)는 유도과정이 다소 복잡하지만 정리하면 다음과 같다.

$$E_k = \frac{m\bar{v}^2}{2} \tag{1-14-4}$$

예제 1-21

100 m 높이에 있는 60 kg인 물체가 갖는 위치에너지는 얼마인가?

풀이 z=100 m, m=60 kg 이므로 식 (1-14-3)으로부터 위치에너지 E_p는

$$E_p = mgz = 60 \times 9.80665 \times 100 = 58{,}839.9 \text{ J} ≒ 58.84 \text{ kJ}$$

여기서 질량이 60 kg인 물체를 수직으로 100 m 끌어올리는데 필요한 일을 예제 1-20과 같은 방법으로 구해보면 위에서 구한 위치에너지와 같다. 즉 일과 위치에너지는 형태만 다를 뿐 에너지이므로 그 양이 같음을 알 수 있다.

예제 1-22

1 t(톤)의 자동차가 시속 90 km/h의 속도로 달릴 때 갖는 속도에너지는 얼마인가? 단, 공기의 저항은 무시한다.

풀이 m=1000 kg, $\bar{v}$=90 km/h 이므로 식 (1-14-4)로부터 운동에너지 E_k는

$$E_k = \frac{m\bar{v}^2}{2} = \frac{1000 \times (90 \times 1000/3600)^2}{2} = 312{,}500 \text{ J} = 312.5 \text{ kJ}$$

예제 1-23

어떤 높이에 있는 물체의 위치에너지와 이 물체가 자유낙하하여 지면에 도달할 때의 운동에너지가 같음을 증명하여라. 단, 공기의 저항은 무시한다.

풀이 물체의 질량이 m kg, 수직 높이가 z kg이라면 이 물체의 위치에너지는 $E_p = mgz$ (J)이다. 한편, 자유낙하시 지면에 도달할 때 물체의 속도는 $\bar{v} = \sqrt{2gz}$ 이므로 식 (1-14-4)에서 운동에너지 E_k는

$$E_k = \frac{m\bar{v}^2}{2} = \frac{m \times (\sqrt{2gz})^2}{2} = mgz$$

이다. 따라서 위치에너지와 운동에너지가 같음을 알 수 있다.

1-15 동 력

동력(動力, power, 기호 N)이란 단위시간 동안에 소비(발생)하는 에너지의 양으로 정의한다. 동력은 일의 능률을 나타내는 것으로 공률(工率)이라고도 한다. 소비(발생)하는 에너지를 W(J) 또는 Q(J)라 하고 시간을 $\bar{t}$(s)라 하면 동력 N은 다음과 같이 나타낼 수 있다.

$$N = \frac{W}{\bar{t}} = \frac{Q}{\bar{t}} \quad [\mathrm{W}] \tag{1-15-1}$$

동력의 단위는 W(watt)이며 1초 동안에 1 J의 에너지를 소비(발생)하는 것을 1 W(=J/s)라 한다. 이 값은 작기 때문에 실용단위로 kW(kilo watt)를 많이 사용한다.

식 (1-15-1)에서 에너지의 단위는 J(joule)이나 아직도 J 대신 W·s나 KWh를 많이 사용하고 있다. 참고로 1 kWh = 3600 kJ에 해당된다.

예제 1-24

800 kg의 엘리베이터를 50 m/min의 속도로 끌어올리는 전동기의 동력은 얼마인가? 단, 마찰 등에 의한 손실은 무시한다.

풀이 질량이 m=800 kg이고 변위가 l=50 m 이므로 일은 $W=mg$이다. 그리고 시간이 $\bar{t}$ =1 min = 60 s 이므로 식 (1-15-1)로부터 전동기의 동력은

$$N = \frac{W}{\bar{t}} = \frac{mgl}{\bar{t}} = \frac{800 \times 9.80665 \times 50}{60} = 6537.77\ \mathrm{W} \fallingdotseq 6.54\mathrm{kW}$$

연습문제

[1-1] 질량이 40 kg인 물체에 표준 중력가속도가 작용할 때 이 물체가 갖는 힘(무게)은 얼마인가?

답 F=392.27 N

[1-2] 20℃의 물 300 L에 300℃의 강구를 넣었더니 열평형 후 물의 온도가 30℃로 되었다. 열손실이 없는 것으로 보고 강구의 질량을 구하라. 단, 강구의 비열은 0.5 kJ/kgK이다.

답 m=93.02 kg

[1-3] 온도의 함수인 비열이 $c(T)=0.2-0.0003T$ (kJ/kgK)인 물체 2.75 kg을 20℃에서 60℃까지 가열하는 경우에 대해 다음을 구하라.

(1) 가열량 (2) 평균비열

답 (1) Q=11.671 kJ (2) c_m=0.1061 kJ/kgK

[1-4] 15 kg의 공기를 0℃에서 50℃까지 가열하는데 약 753.5 KJ이 소비되었다. 이 온도구간에서 공기의 평균비열을 구하여라.

답 c_m=1.0047 kJ/kgK

[1-5] 10℃의 물 1.2 L에 500℃로 달구어진 쇳덩이 2 kg을 넣었다. 조건이 다음과 같을 때 열평형 후 물의 온도를 구하여라. 단, 쇠와 물의 비열은 각각 0.454 kJ/kgK, 4.186 kJ/kg이다.

(1) 열손실이 없는 경우 (2) 외부로의 열손실이 350 kJ인 경우

★ HINT : 혼합과정에서 열손실($Q_l<0$)이나 열취득($Q_l>0$)이 있는 경우는 식 (1-10-7)을 다음과 같이 수정하여 사용하면 열평형 후 온도를 쉽게 구할 수 있다.

$$T_m=\frac{m_1c_1T_1+m_2c_2T_2+m_3c_3T_3+...+Q_l}{m_1c_1+m_2c_2+m_3c_3+...}=\frac{(\Sigma m_ic_iT_i)+Q_l}{\Sigma m_ic_i} \quad \text{또는}$$

$$t_m = \frac{m_1c_1t_1 + m_2c_2t_2 + m_3c_3t_3 + ... + Q_l}{m_1c_1 + m_2c_2 + m_3c_3 + ...} = \frac{(\Sigma m_i c_i t_i) + Q_l}{\Sigma m_i c_i}$$

(여기서 열손실은 "−", 열취득은 "+" 부호를 붙여 사용한다.)

답 (1) t_m=85.01℃ (2) t_m=26.0℃

[1-6] -30℃인 R134a(CH_2FCF_3) 냉매액 0.6 kg을 정압 하에 -30℃의 증기로 증발시키는데 약 227.5 kJ의 열이 필요하다. -30℃에서 이 냉매의 증발열은 얼마인가?

답 h_{fg}=379.17 kJ/kg

[1-7] 20℃의 물 1톤을 -20℃의 얼음으로 만들기 위해 방출해야 할 열량은 얼마인가? 단, 물의 응고열은 333.6 kJ/kg이며 얼음의 평균비열은 2.093 kJ/kgK이다.

답 Q=-459.18 MJ

[1-8] 50℃ 물 1 L에 -10℃ 얼음 300 g을 넣었다. 얼음이 녹아 열평형을 이룬 후 물의 온도는 몇 ℃가 되는가? 단, 열손실은 무시하고 얼음의 융해열과 비열을 각각 333.54 kJ/kg, 2.093 kJ/kgK으로 계산하여라.

답 t_m=18.92℃

[1-9] 계기압력이 130 kPa로 측정되었다. 이때 대기압이 1 bar이었다면 절대압력은 얼마인가?

답 P=230 kPa

[1-10] 대기압이 1013 hPa일 때 2 bar,abs은 계기압력으로 몇 MPa인가?

답 P_g=0.0987 MPa

[1-11] 진공도 35%는 절대압력으로 몇 kPa인가? 단, 대기압이 1.01 bar이다.

답 P=65.65 kPa

[1-12] 비중이 0.2인 물체의 밀도와 비체적은 얼마인가?

답 ρ=200 kg/m^3, v=0.005 m^3/kg

[1-13] 체적이 7 L인 가스의 질량을 측정해 보니 2 kg이었다. 다음을 구하여라.

(1) 비체적 (2) 밀도 (3) 비중

답 (1) v=0.0035 m^3/kg (2) ρ=285.71 kg/m^3 (3) $s.g$=0.2857

[1-14] 지상으로부터 1000 m 상공의 비행기가 폭탄을 자유낙하 시킨다. 공기의 저항을 무시할 경우 낙하 $\bar{t}$초 후 폭탄의 낙하속도는 $\bar{v}=g\bar{t}$ (m/s)이며, 폭탄의 낙하 수직거리는 $l=g(\bar{t})^2/2$ (m)이다. 폭탄의 질량이 71.38 kg이라 하고 다음을 구하여라.

(1) 낙하 직전 폭탄의 위치에너지 (2) 낙하 2.5초 후 폭탄의 위치에너지
(3) 낙하 2.5초 후 폭탄의 운동에너지 (4) 폭탄이 지상에 도달할 때의 운동에너지

답 (1) $(E_p)_{t=0}$=700 kJ (2) $(E_p)_{t=2.5}$=678.55 kJ
(3) $(E_k)_{t=2.5}$=21.45 kJ (4) $(E_k)_{z=0}$=700 kJ

[1-15] 정격출력이 5 kW인 전기 순간온수기가 있다. 이 전열기 발열량의 60%가 물을 가열하는데 이용된다고 하면 20℃, 300 L의 물을 45℃로 가열하는데 시간이 얼마나 걸리는가?

답 $\bar{t}$=10,465초=2시간 54분 25초

[1-16] 40 kg의 시멘트 100포를 동시에 500 m/min의 속도로 이송시키는 콘베어장치가 있다. 콘베어의 2분간 일량과 동력을 구하라.

답 W=39.23 MJ, N=326.9 kW

[1-17] 시간당 50,000 m^{3}의 LNG를 사용하는 발전소의 열효율이 35%이다. 이 발전소의 출력은 몇 MW인가? 단, LNG의 평균발열량은 43.953 MJ/m^{3}로 계산하여라.

답 N=213.67 MW

2 열역학 제1법칙

2

T·H·E·R·M·O·D·Y·N·A·M·I·C·S

열역학 제1법칙

2-1 에너지 보존의 원리

에너지는 열과 일 외에 역학적 에너지(운동에너지와 위치에너지), 전기에너지, 자기(磁器)에너지, 화학 에너지, 복사에너지 등 다양한 형태로 존재한다. 이러한 에너지들은 형태는 다르지만 어떤 물리량을 변화시킬 수 있는 원인이며 본질적으로는 모두 같다. 따라서 에너지는 한 형태에서 다른 형태로 변환될 수 있다. 어떤 계가 주위와 에너지 교환이 없다면 계가 가지고 있는 에너지의 합은 형태가 아무리 변한다 하여도 항상 일정할 것이다.

다시 말하면 어떤 형태로 존재하던 에너지는 소멸되는 것이 아니라 다른 형태로 전환되어 계속 보존된다는 뜻이다. 만일 계와 주위 사이에 에너지 교환이 있다면 교환되는 양만큼 에너지의 합이 증가하거나 감소한다. 이것을 에너지 보존의 원리(the principle of the conservation of energy)라 한다. 공업열역학에서는 열과 일 및 역학적 에너지만을 취급하고 나머지는 무시해도 활용상 아무 문제가 없다.

열역학의 기초법칙인 열역학 제1법칙(the first law of thermodynamics)은 에너지 보존의 원리가 성립함을 입증하는 것으로 『열과 일은 본질적으로 에너지의 한 형태이며 서로 변환될 수 있다』 고 단순하게 표현할 수 있다. 즉

$$Q = W \tag{2-1-1}$$

와 같이 나타낼 수 있다.

여기서 열역학 제1법칙을 증명하기 위해 동력을 발생하는 기계에 에너지 보존의 원리를 적용해 본다. 기계는 어떤 형태의 에너지를 소비하여(공급받아) 외부로 동력을 발생시키는 장치이다. 즉 『에너지 소비 없이 계속해서 일을 할 수 있는 기계는 존재하지 않는다.』 바꾸어 말하면 "에너지를 공급받지 않고 영구적으로 운동을 지속할 수 있는 기계란 있을 수 없다"는 것이다. 만약 에너지 공급 없이 계속 동력을 발

생시킬 수 있는 기계가 존재한다면 이러한 기관을 제1종 영구운동(perpetual motion of the first kind)을 하는 제1종 영구기관(the perpetual engine of the first kind)이라 말한다. 제1종 영구 운동은 에너지보존의 원리에 위배되므로 실현이 불가능하다.

예제 2-1

시간당 15 MJ의 열을 소비하는 기관의 효율이 38%일 때 발생하는 동력은 얼마인가?

풀이 식 (2-1-1)에 의해 소비에너지는 $Q=W=15$ MJ=15,000 kJ, 시간이 $\bar{t}=1$ h=3600 s, 효율이 $\eta=0.38$ 이므로 발생하는 동력 N은 식 (1-15-1)을 응용하면

$$N=\frac{Q\eta}{\bar{t}}=\frac{15{,}000\ \text{kJ}\times 0.38}{3600}=1.58\ \text{kW}$$

예제 2-2

출력이 20 kW인 기관에서 출력의 20%가 마찰에 의해 열로 바뀌어 소비되고 이 열을 냉각수가 흡수한다면 냉각수 온도는 얼마나 상승하는가? 단, 냉각수 유량은 5 L/min이고 비열은 $c=4.186$ kJ/kgK이다.

풀이 동력이 $N=20$ kW 이므로 열로 바뀌는 동력은 $N_l=20$ kW×0.2=8 kW이다. 즉

$$N_l=4\ \text{kW}=\frac{4\ \text{kJ}}{1\ \text{s}}$$ 이므로

1초 동안에 $Q=4$ kJ의 열이 냉각수를 가열한다. 따라서 1초 당 냉각수 유량 $m=5/60$ (L/s)의 온도 변화량 Δt는 냉각수의 비열이 $c=4.186$ lJ/kgK 이므로 식 (1-10-2)를 이용하면

$$Q=mc(T_2-T_1)=mc\Delta T=mc\Delta t$$ 으로부터

$$\Delta t=\frac{Q}{mc}=\frac{4}{(5/60)\times 4.186}=11.47℃$$

즉, 11.47℃ 상승한다.

2-2 사이클에 대한 열역학 제1법칙의 적용

그림 2-1과 같이 계가 2가지 이상의 상태변화를 거쳐 다시 처음 상태로 되돌아오는 사이클을 이룰 때, 이 사이클에 대해 열역학 제1법칙을 적용하면 『한 사이클 동안 계를 출입하는 열의 합은 한 사이클 동안 계를 출입하는 일의 합과 같다』 고 표

현할 수 있다. 이것을 수학적으로 표현하면 아래와 같다.

$$[Q_{in} - Q_{out}]_{cycle} = [W_{in} - W_{out}]_{cycle}$$

이것을 사이클 적분기호를 사용하여 나타내면 열과 일은 경로함수이며 불완전미분이므로 다음의 식 (2-2-1)과 같이 나타낼 수 있다.

$$\oint \delta Q = \oint \delta W \tag{2-2-1}$$

이 식에서 $\oint \delta Q$와 $\oint \delta W$는 각각 열과 일의 사이클 적분을 뜻하며 한 사이클 동안의 정미열(net heat)과 정미일(net work)을 나타낸다. 한 사이클 동안의 정미열과 정미일을 단순히 $\oint \delta Q = Q$, $\oint \delta W = W$로 나타내면 식 (2-2-1)은 식 (2-1-1)과 같음을 알 수 있다.

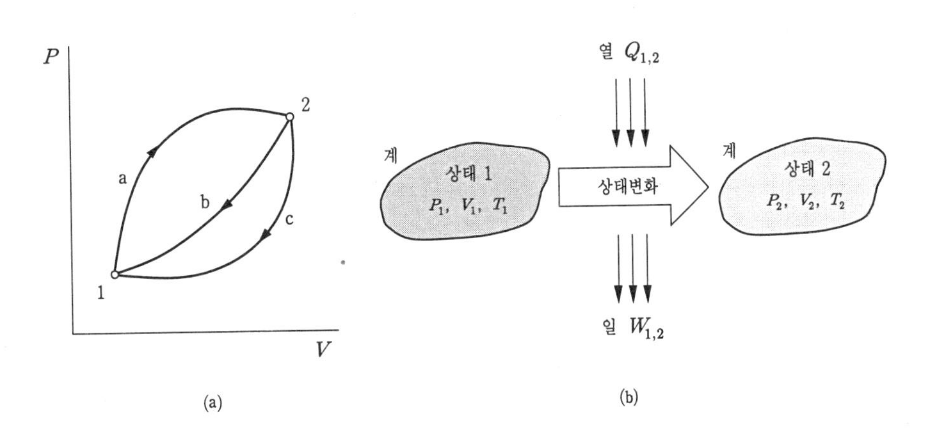

그림 2-1 상태변화에 대한 열역학 제1법칙의 적용

2-3 상태변화에 대한 열역학 제1법칙의 적용

계가 그림 2-1(a)와 같이 상태 1에서 경로 a를 따라 상태 2까지 변화하고 다시 상태 2에서 경로 b를 따라 상태 1로 변화하여 하나의 사이클을 이루는 경우에 대하여 열역학 제1법칙을 적용해 보자. 이 사이클을 상태변화 1→a→2와 상태변화 2→b→1로 나누어 생각하면 식 (2-2-1)은 다음과 같이 쓸 수 있다.

$$\left.\begin{aligned}&\oint \delta Q = \oint \delta W \\ &\int_{1\to a}^{2} \delta Q + \int_{2\to b}^{1} \delta Q = \int_{1\to a}^{2} \delta W + \int_{2\to b}^{1} \delta W\end{aligned}\right\} \quad (2\text{-}3\text{-}1a)$$

이번에는 사이클을 상태변화 1→a→2와 상태변화 2→c→1로 나누어 식 (2-2-1)을 적용하면 다음과 같다.

$$\int_{1\to a}^{2} \delta Q + \int_{2\to c}^{1} \delta Q = \int_{1\to a}^{2} \delta W + \int_{2\to c}^{1} \delta W \quad (2\text{-}3\text{-}1b)$$

식 (2-3-1a)에서 식(2-3-1b)를 빼고 정리하면

$$\int_{2\to b}^{1} \delta Q - \int_{2\to c}^{1} \delta Q = \int_{2\to b}^{1} \delta W - \int_{2\to c}^{1} \delta W$$

$$\int_{2\to b}^{1} (\delta Q - \delta W) = \int_{2\to c}^{1} (\delta Q - \delta W) \quad (2\text{-}3\text{-}1)$$

이 된다. 따라서 $(\delta Q - \delta W)$는 상태 1과 상태 2 사이의 임의의 경로를 따르는 어떠한 과정에 대해서도 항상 같음을 알 수 있다. 다시 말하면 $(\delta Q - \delta W)$는 경로와는 관계없이 상태변화 전, 후의 상태 만에 의해 결정되는 하나의 상태량이며 점함수(1-9절, 1-14절 참조)이다. 또 하나의 상태량 $(\delta Q - \delta W)$이 바로 계의 에너지이며 기호 E로 표기하면 점함수이므로 미분은 dE로 표기하여야 한다. 즉

$$\delta Q - \delta W = dE \;\rightarrow\; \delta Q = dE + \delta W \quad (2\text{-}3\text{-}2)$$

로 된다. 위의 식 (2-3-2)를 상태변화 전, 후인 상태 1에서 상태 2까지 적분하면

$$\int_{1}^{2} \delta Q = \int_{1}^{2} \delta E + \int_{1}^{2} \delta W$$

$$Q_{1,2} = (E_2 - E_1) + W_{1,2} \quad (2\text{-}3\text{-}3)$$

이다.

식 (2-3-3)에서 $Q_{1,2}$는 그림 2-2(b)에 나타낸 것과 같이 상태 1에서 상태 2로 계가 상태변화하는 과정 중에 계로 전달되는 열이고 $W_{1,2}$는 이 과정 중에 계가 외부

(주위)에 대해 한 일이다. 그리고 E_1은 상태변화 전(상태 1) 계의 에너지이고 E_2는 상태변화 후(상태 2) 계의 에너지이다.

2-4 내부에너지

계의 에너지인 상태량 E는 주어진 상태에서 계가 갖는 모든 에너지를 포함하며 계 전체의 운동에너지, 위치에너지, 작동유체 구성분자의 운동 및 위치에 관계되는 에너지, 전기에너지, 자기에너지, 화학적 에너지 등 여러 형태로 존재할 수 있다. 그러나 열역학에서 다루는 에너지로는 주위(외부)에 확실히 나타나는 역학적 에너지(운동에너지와 위치에너지)와 주위에 나타나지 않고 계 내부에만 존재하는 에너지이다. 이와 같이 계 내부에만 존재하는 에너지를 총칭하여 내부에너지(internal energy)라 하며 기호 U로 표기하면 계의 에너지 E는 다음과 같이 나타낼 수 있다.

계의 에너지 = 내부에너지 + 운동에너지 + 위치에너지

$$E = U + E_k + E_p \tag{2-4-1}$$

만일 움직이지 않는 계(또는 물체)에 외부로부터 열이나 일과 같은 에너지가 가해지는 경우 계가 주위(외부)와 더 이상의 열이나 일의 수수(授受)가 없다면 이들 에너지는 계 내부에 모두 저장된다고 생각할 수 있다. 이렇게 계 내부에 저장되는 에너지를 총칭하여 내부에너지라 한다.

외부로부터 에너지가 가해지기 전, 후 운동에너지와 위치에너지의 변화가 없으므로 내부에너지는 변화 전, 후 작동유체의 상태 만에 의해 결정되는 또 다른 상태량(점함수)으로 생각할 수 있다. 계(물체)가 갖는 내부에너지를 좀 더 미시적으로 생각해 보면 물체는 수많은 분자로 구성되며 각 분자들은 끊임없이 불규칙적으로 운동을 하며 또 각 분자들 사이에 작용하는 인력으로 인해 위치에너지를 갖는다. 따라서 계(물체)가 갖는 내부에너지는 그 계를 구성하는 모든 구성분자들의 운동에너지와 위치에너지의 합과 같다고 말할 수 있다.

일반적으로 물체의 온도는 내부에너지에 비례하여 증가하거나 감소하지만 온도를 측정함으로써 내부에너지가 측정되는 것은 아니다. 그 이유는 증발열이나 융해열과 같은 잠열의 대부분도 내부에너지이며 이와 같이 온도에 비례하지 않는 내부에너지도 있기 때문이다. 또한 물체의 온도뿐 만이 아니라 압력과 체적이 변화하여도 내부

에너지는 변화한다. 따라서 내부에너지의 절대치는 알 수 없으나 압력, 체적이나 온도의 변화량을 알면 내부에너지의 변화량도 구할 수 있다.

열역학에서는 m kg의 계(물체) 전체가 갖는 에너지를 사용하는 것보다 다른 계가 갖는 내부에너지와 비교하기 위한 수단으로 단위질량(1 kg)의 작동유체(물체)가 갖는 내부에너지를 사용하는 것이 더 편리한 경우가 많다. 이와 같이 단위질량(1 kg)의 계(물체)가 갖는 내부에너지를 비내부(比內部)에너지(specific internal energy, 기호 소문자 u)라 정의하면 내부에너지 U와의 관계는 다음과 같다.

$$U = mu \text{ [J]}, \quad u = \frac{U}{m} \text{ [J/kg]} \tag{2-4-2}$$

내부에너지 U가 점함수이므로 식 (2-4-1)의 미분형은

$$dE = dU + dE_k + dE_p \tag{2-4-3}$$

로 나타낼 수 있다. 따라서 계의 상태변화에 대한 열역학 제1법칙은 식 (2-3-2)와 식 (2-4-3)으로부터 다음과 같이 쓸 수 있다.

$$\delta Q = dU + dE_k + dE_p + \delta W \tag{2-4-4}$$

위의 식 (2-4-4)이 사이클을 이루는 계에 대한 열역학 제1법칙의 식이며 일반에너지식(the equation of energy)이라고도 한다. 식 (2-4-4)를 상태 1에서 상태 2까지 적분하면 다음과 같다.

$$\begin{aligned} Q_{1,2} &= (U_2 - U_1) + (E_{k_2} - E_{k_1}) + (E_{p_2} - E_{p_1}) + W_{1,2} \\ &= \Delta U + \Delta E_k + \Delta E_p + W_{1,2} \text{ [J]} \end{aligned} \tag{2-4-5}$$

식 (2-4-5)는 계가 상태변화를 할 때 에너지가 열이나 일의 형태로 경계를 통해 계와 주위 사이를 이동할 수 있음을 의미한다.

예제 2-3

정지하고 있는 계에 300 kJ의 열을 공급하였다. 계의 내부에너지가 125 kJ만큼 증가하였다. 이 계가 외부에 대해 한 일은 얼마인가?

풀이 계가 정지하고 있으므로 열을 공급하기 전, 후 계의 운동에너지 변화량과 위치에너지 변화량은 0이다. 즉 $\Delta E_k=0$, $\Delta E_p=0$ 이므로 외부에 대한 일은 식 (2-4-5)로부터

$$W_{1,2}=Q_{1,2}-\Delta U-\Delta E_k-\Delta E_p=300-125=175\ \text{kJ}$$

2-5 밀폐계에 대한 열역학 제1법칙

열역학에서 과정(process)은 비유동과정(non - flow process)과 유동과정(flow process)으로 나누며, 유동과정은 다시 정상유동과정(定常流動過程, steady flow process)과 비정상유동과정(unsteady flow process)으로 나눈다. 정상유동과정은 유체역학에서 말하는 연속방정식이 성립하는 규칙적인 과정이며 비정상유동과정은 연속방정식이 성립하지 않는 불규칙한 과정이다.

밀폐계에서는 작동유체가 유동하지 않으므로 비유동과정에 속하고 개방계에서는 작동유체가 경계를 통해 계와 주위 사이를 출입하므로 유동과정에 속한다. 이 책에서는 밀폐계에서의 비유동과정과 개방계에서의 정상유동과정에 대하여 열역학 제1법칙이 어떻게 적용되는가를 살펴보기로 한다.

[1] 일과 열의 부호

일반적으로 계에 열을 가하면 계의 온도가 상승하고 체적의 증가로 인해 외부에 대하여 일을 하며 때로는 상변화가 일어나는 경우도 있다. 예를 들면 자동차와 같은 내연기관의 경우 실린더 벽과 피스톤으로 둘러싸인 계에 연소에 의해 열을 가하면 실린더 내부에 있는 연소가스(작동유체)의 온도가 상승한다. 또한 연소가스의 온도 상승으로 연소가스의 체적이 팽창하여 피스톤을 밀어내므로 외부에 대해 일을 한다. 그리고 나머지 열은 배기가스 및 실린더 벽을 통해 방출된다. 이와 같이 열은 계로 들어가기도 하며 계에서 주위로 나가기도 한다. 또 계가 외부에 대하여 일을 하기도 하며 반대로 계가 일을 외부로부터 공급받기도 한다(압축기, 냉동기의 경우). 따라서 계에 에너지보존의 원리를 적용하려면 계를 출입하는 에너지(열이나 일)에 대하여 그 부호를 정할 필요가 있다.

계에 열을 공급하여 계가 외부에 대해 일을 하게 함으로써 계를 공업적으로 이용할 수 있으므로 그림 2-2와 같이 계에 공급하는 열을 양(+), 계에서 방출하는 열을 음(−)의 열로 정하는 것이 좋다. 즉 계가 가열되면(흡열하면) "+"열량, 계가 냉각되면(방열하면) "−"열량으로 생각한다. 그리고 계가 외부에 대해 일을 하면 양(+), 반대로 계가 외부로부터 일을 공급받으면 음(−)의 일로 정한다.

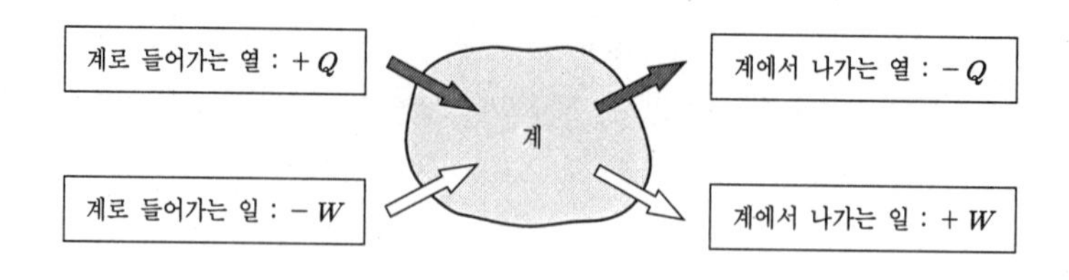

그림 2-2 계를 출입하는 열과 일의 부호

[2] 밀폐계에 대한 일반에너지식

밀폐계(비유동과정)에 대한 열역학 제1법칙의 식을 구하기 위하여 그림 2-3과 같이 실린더, 피스톤과 추로 구성된 밀폐계를 생각해 보자. 계에 열 Q를 공급하기 전(상태 1)에는 작동유체가 피스톤과 추에 작용하는 힘 F와 피스톤과 추의 무게 G가 서로 평형상태를 이루고 있다. 그러나 열 Q를 공급하면 작동유체의 온도와 압력이 상승하고 체적이 증가하여 내부에너지가 증가하므로 평형상태가 깨진다. 따라서 두 힘(F와 G)이 평형상태에 도달할 때(상태 2)까지 피스톤이 위로 움직이므로 계가 외부에 대해 일을 하게 된다. 이러한 현상을 수학적으로 나타내기 위해 미소 열량 δQ가 계에 공급된다고 가정하면 내부에너지도 미소량 dU 만큼 증가하며 외부에 대해서도 미소 일량 δW 만큼 일을 한다고 생각할 수 있다. 그러나 계의 운동에너지와 위치에너지는 변화가 없다고 생각하여도 무방함으로 일반 에너지 식 (2-4-4)는 다음과 같아진다.

$$\delta Q = dU + \delta W \qquad (2\text{-}5\text{-}1)$$

위의 식 (2-5-1)을 밀폐계(비유동과정)에 대한 열역학 제1법칙의 식 또는 일반에너지 식이라 한다. 이 식을 상태 1에서 2까지 적분하면 계에 공급한 열량 Q를 구할 수 있다.

$$Q_{1,2} = (U_2 - U_1) + W_{1,2} = \Delta U + W_{1,2} \quad [\mathrm{J}] \qquad (2\text{-}5\text{-}2)$$

위의 식 (2-5-2)에서 Q와 W는 질량 m kg에 대한 값이다. 비체적이나 비내부에너지와 같이 다른 값들과 비교하기 위해 단위 질량(1 kg)의 작동유체(물체)에 대한 열량이나 일량으로 나타내면 매우 편리하다. 단위 질량(1 kg)에 대한 열과 일을 각각 소문자 q와 w로 표기하면

$$q = \frac{Q}{m} \text{ [J/kg]}, \qquad w = \frac{W}{m} \text{ [J/kg]} \tag{2-5-3}$$

이므로 식 (2-5-1)과 식 (2-5-2)는 다음과 같이 쓸 수 있다.

$$\delta q = du + \delta w \quad \text{[J/kg]} \tag{2-5-4}$$

$$q_{1,2} = (u_2 - u_1) + w_{1,2} = \Delta u + w_{1,2} \quad \text{[J/kg]} \tag{2-5-5}$$

[3] 밀폐계의 일(절대일)

그림 2-3(c)에서 미소 열량 δQ에 의해 작동유체의 압력 P가 단면적이 A인 피스톤에 작용하여 미소 거리 dx 만큼 움직였다면 작동유체가 피스톤에 한 미소 일량 δW는

$$\text{일} = \text{힘} \times \text{거리} = (\text{압력} \times \text{피스톤 단면적}) \times \text{피스톤의 변위}$$

$$\delta W = F \times dx = P \times A \times dx = PdV$$

$$\delta W = PdV \tag{2-5-6}$$

이며 단위 질량(1 kg)에 대해서는

$$\delta w = Pdv \tag{2-5-7}$$

이다. 여기서 dV는 피스톤이 dx 만큼 움직임으로써 증가한 작동유체의 미소 체적이다. 따라서 상태 1에서 상태 2까지 밀폐계가 외부에 대해 한 일은 위의 식들을 적분하면 된다.

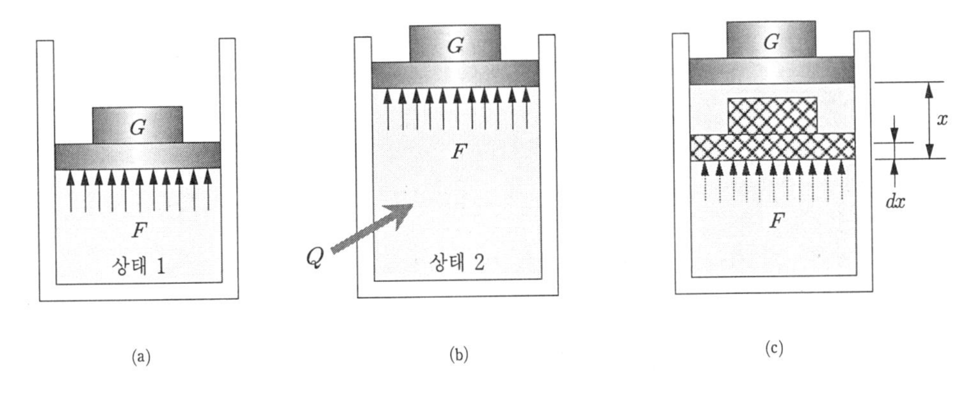

그림 2-3 밀폐계에서의 일

$$W_{1,2} = \int_1^2 P\,dV \quad [\text{J}] \tag{2-5-8}$$

$$w_{1,2} = \int_1^2 P\,dv \quad [\text{J/kg}] \tag{2-5-9}$$

이 일을 밀폐계의 일, 비유동과정의 일, 팽창일 또는 절대일(absolute work)이라 한다. 그러므로 밀폐계에 대한 일반에너지식은 다음과 같이 나타낼 수 있다.

m kg에 대해서는

$$\left.\begin{aligned} \delta Q &= dU + \delta W = dU + P\,dV \\ Q_{1,2} &= (U_2 - U_1) + \int_1^2 P\,dV \quad [\text{J}] \end{aligned}\right\} \tag{2-5-10}$$

단위 질량(1 kg)에 대해서는

$$\left.\begin{aligned} \delta q &= du + \delta w = du + P\,dv \\ q_{1,2} &= (u_2 - u_1) + \int_1^2 P\,dv \quad [\text{J/kg}] \end{aligned}\right\} \tag{2-5-11}$$

예제 2-4

압력이 10 kPa로 일정한 상태에서 체적이 4 m³인 어떤 기체에 100 kJ의 열을 가하였더니 내부에너지가 20 kJ 증가하였다. 가열하는 동안 기체가 외부에 대해 한 일과 기체의 최후 체적을 구하여라.

풀이 (1) 기체가 외부에 대해 한 일

P=10 kPa=일정, $\Delta U = U_2 - U_1$=20 kJ, $Q_{1,2}$=100 kJ 이므로 식 (2-5-2)에서

$$W_{1,2} = Q_{1,2} - \Delta U = 100 - 20 = 80 \text{ kJ}$$

(2) 최후 체적

가열 전 체적이 V_1=4 m³ 이고 절대일의 정의식 (2-5-8)에서 압력이 일정하므로

$$W_{1,2} = \int_1^2 P\,dV = P\int_1^2 dV = P(V_2 - V_1) \text{에서}$$

$$V_2 = V_1 + \frac{W_{1,2}}{P} = 4 + \frac{80}{10} = 12 \text{ m}^3$$

예제 2-5

공기가 3 bar의 일정한 압력 하에 가열되어 체적이 0.35 m^{3}에서 0.15 m^3 만큼 증가하였고 내부에너지도 50 kJ 증가하였다. 공기가 한 일과 공기에 가한 열을 구하여라.

풀이 (1) 공기가 한 일

P=3 bar=300 kPa=일정, $\Delta V = V_2 - V_1$=0.15 m^3 이므로

위의 예제 풀이를 참고하면

$$W_{1,2} = \int_1^2 P dV = P(V_2 - V_1) = P\Delta V = 300\ \text{kPa} \times 0.15\ \text{m}^3 = 45\ \text{kJ}$$

(2) 공기에 가한 열량

$\Delta U = U_2 - U_1$=50 kJ 이므로 식 (2-5-2)에서

$$Q_{1,2} = \Delta U + W_{1,2} = 50 + 45 = 95\ \text{kJ}$$

예제 2-6

2.5 kg의 작동유체에 30 kJ/kg의 열을 가했더니 60 kJ의 일을 하였다. 일을 하는 동안 작동유체의 비내부에너지는 어떻게 되었는가?

풀이 m=2.5 kg, $q_{1,2}$=30 kJ/kg, $W_{1,2}$=60 kJ 이므로 식 (2-5-9)와 식 (2-5-11)에서

$$q_{1,2} = (u_2 - u_1) + w_{1,2} = \Delta u + \frac{W_{1,2}}{m} \text{ 에서}$$

$$\Delta u = q_{1,2} - \frac{W_{1,2}}{m} = 30 - \frac{60}{2.5} = 6\ \text{kJ/kg}$$

즉 비내부에너지가 6 kJ/kg 증가하였다.

예제 2-7

1 m^3, 600 kPa인 어떤 가스 2 kg이 정압 하에 0.6 m^{3}로 되었다. 가스가 상태변화하는 동안 내부에너지가 400 kJ 감소하였다면 가스 1 kg이 한 일과 가한 열량은 각각 얼마인가?

풀이 (1) 가스 1 kg이 한 일

식 (2-5-9)에서 압력 P=600 kPa=일정, m=2 kg, V_1=1 m^3, V_2=0.6 m^3 이므로

$$w_{1,2} = \int_1^2 P dv = P(v_2 - v_1) = P\left(\frac{V_2}{m} - \frac{V_1}{m}\right) = 600 \times \left(\frac{0.6}{2} - \frac{1}{2}\right) = -120\ \text{kJ/kg}$$

부호가 "−"이므로 약속에 의해 외부로부터 120 kJ/kg의 일을 공급받는다.

(2) 가스 1 kg당 가열량

$\Delta U = U_2 - U_1 = -400$ kJ 이므로 식 (2-5-11)을 이용하면

$$q_{1,2} = \Delta u + w_{1,2} = \frac{\Delta U}{m} + w_{1,2} = \frac{-400}{2} + (-120) = -320 \text{ kJ/kg}$$

부호가 "−"이므로 약속에 의해 외부로 320 kJ/kg의 열을 방출한다.

2-6 개방계에 대한 열역학 제1법칙

개방계에서는 열이나 일뿐만이 아니라 작동유체도 출입함으로 그림 2-4와 같이 정상유동을 하는 개방계를 생각해 본다. 관로(pipe line)의 입구인 단면 ①에서 작동유체의 압력을 P_1, 체적을 V_1, 내부에너지를 U_1, 유속을 $\bar{v}_1$, 기준면으로부터의 높이를 z_1이라 하고 출구인 단면 ②에서 작동유체의 압력을 P_2, 체적을 V_2, 내부에너지를 U_2, 유속을 $\bar{v}_2$, 기준면으로부터의 높이를 z_2라 하면 단면 ①을 통해 유입되는 전체에너지 E_1은 작동유체가 유동하는데 필요한 에너지(유동일, flow work)와 식 (2-4-1)에 나타낸 계의 에너지의 합이다. 즉

$$E_1 = U_1 + E_{k_1} + E_{p_1} + \text{flow work}_1 \tag{2-6-1a}$$

이다. 또한 단면 ②를 통해 유출되는전체에너지 E_2는

$$E_2 = U_2 + E_{k_2} + E_{p_2} + \text{flow work}_2 \tag{2-6-1b}$$

이 된다. 그리고 단면 ①과 단면 ② 사이에 외부에서 계로 열량 Q가 들어가고 또 계가 외부에 대해 일 W_t를 한다고 가정하면 에너지보존의 원리에 의해 계로 들어가는 에너지와 나가는 에너지의 합은 같아야 한다. 즉

$$E_1 + Q = E_2 + W_t \tag{2-6-1c}$$

위의 식에서 외부에 대한 일 W_t를 공업(工業)일(technical work)이라 정의하고 유동에너지는 아래와 같이 정의한다.

유동에너지 = 유체의 힘 × 유동거리 = (유체의 압력 × 단면적) × 유동거리
= 유체의 압력 × 체적

즉, 유동에너지는 작동유체의 압력과 체적의 곱이 됨으로 다음과 같이 나타낼 수 있다.

$$\text{flow work}_1 = P_1 V_1, \quad \text{flow work}_2 = P_2 V_2 \tag{2-6-1d}$$

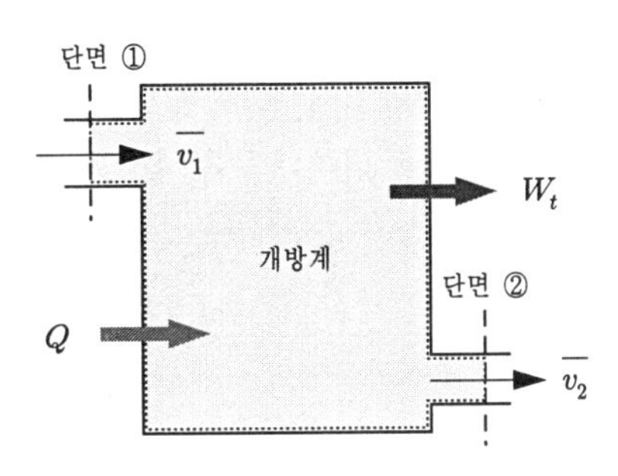

그림 2-4 정상유동을 하는 개방계

그리고 운동에너지는 $E_{k_1} = \left(m\bar{v}_1^2\right)/2$, $E_{k_2} = \left(m\bar{v}_2^2\right)/2$, 위치에너지는 $E_{p_1} = mgz_1$, $E_{p_2} = mgz_2$이므로 식 (2-6-1c)에 대입하여 정리하면 개방계에서의 정상유동과정에 대한 일반에너지 식은 다음과 같다.

$$\begin{aligned} & U_1 + P_1 V_1 + \frac{m\bar{v}_1^2}{2} + mgz_1 + Q \\ & \quad = U_2 + P_2 V_2 + \frac{m\bar{v}_2^2}{2} + mgz_2 + W_t \end{aligned} \tag{2-6-1}$$

[1] 엔탈피

개방계에 대한 에너지 식 (2-6-1)에 내부에너지와 유동에너지의 항이 항상 있으므로 이들 두 항을 하나로 항으로 표시하는 것이 보다 편리하다. 엔탈피(enthalpy, H로 표기)는 내부에너지와 유동에너지의 합으로 정의하며 열역학적으로 매우 중요한 상태량이다.

$$H = U + PV \quad [\text{J}] \tag{2-6-2}$$

이 식에서 엔탈피 H는 질량 m kg의 물체가 갖는 상태량이며 내부에너지와 마찬가지로 다른 질량에 대한 엔탈피와 비교하기 위해 단위질량(1 kg)당 엔탈피인 비엔탈피(specific enthalpy)를 많이 사용한다. 비엔탈피를 h로 표기하면 엔탈피 H와의 관계는 다음과 같다.

$$H = mh \quad [\mathrm{J}], \qquad h = \frac{H}{m} \quad [\mathrm{J/kg}] \tag{2-6-3}$$

식 (2-6-2)에서 우변의 제2항 PV는 유체가 일정한 압력 P에 대해 체적 V를 차지하기 위하여 계 내의 유체를 밀어내는데 필요한 일이다. 따라서 엔탈피란 어떤 상태의 유체가 가지는 에너지이며 유체가 가지고 있는 내부에너지와 체적을 차지하기 위한 유동일(flow work), 즉 기계적 일과의 합을 의미한다.

P, V, U는 상태가 정해지면 결정되는 절대값(상태량)이므로 엔탈피 H 역시 상태만에 의해 결정되는 점함수이다. 식 (2-6-2)를 식 (2-6-1)에 대입하면 개방계의 정상유동에 대한 일반에너지식은 다음과 같아진다.

m kg에 대해서는

$$H_1 + \frac{m\bar{v}_1^2}{2} + mgz_1 + Q = H_2 + \frac{m\bar{v}_2^2}{2} + mgz_2 + W_t \tag{2-6-4}$$

1 kg(단위 질량)에 대해서는

$$h_1 + \frac{\bar{v}_1^2}{2} + gz_1 + q = h_2 + \frac{\bar{v}_2^2}{2} + gz_2 + w_t \tag{2-6-5}$$

만일 식 (2-6-4)와 식 (2-6-5)에서 기준면으로부터의 위치 z_1과 z_2의 차가 크지 않을 때에는 위치에너지를 무시할 수 있으므로 두 식들은 다음과 같이 나타낼 수 있다.

$$\left.\begin{aligned} H_1 + \frac{m\bar{v}_1^2}{2} + Q &= H_2 + \frac{m\bar{v}_2^2}{2} + W_t \\ h_1 + \frac{\bar{v}_1^2}{2} + q &= h_2 + \frac{\bar{v}_2^2}{2} + w_t \end{aligned}\right\} \tag{2-6-6}$$

위치에너지뿐만 아니라 입구 및 출구에서 유체의 속도가 그다지 크지 않은 경우 즉 유속이 30 m/s 이하인 경우는 운동에너지도 무시해도 실용상 아무 문제가 없다. 따라서 이러한 경우 개방계의 정상유동에 대한 일반에너지식은 아래와 같아진다.

$$H_1 + Q = H_2 + W_t, \qquad h_1 + q = h_2 + w_t \tag{2-6-7}$$

보일러의 경우, 열은 출입하지만 보일러가 일을 하지 않으므로 일반 에너지식은

$$Q = H_2 - H_1, \qquad q = h_2 - h_1 \tag{2-6-8}$$

이다. 그리고 밸브에서는 일과 열이 모두 없으므로

$$H_1 = H_2, \qquad h_1 = h_2 \tag{2-6-9}$$

로 된다. 밸브와 같이 변화 전, 후 엔탈피가 같은 등엔탈피변화를 교축(絞縮, throttling)이라 한다. 교축에 대해서는 다음에 자세히 설명하도록 한다.

한편, 단열유동에서는 열의 출입이 없으므로($Q=0$) 일반에너지식은 다음과 같아진다.

$$W_t = H_1 - H_2, \qquad w_t = h_1 - h_2 \tag{2-6-10}$$

그러나 노즐(nozzle), 오리피스(orifice) 등 유체의 유속이 빠른 경우는 운동에너지를 무시할 수 없으므로 일반에너지식은 다음과 같아진다.

$$H_1 + \frac{m\bar{v}_1^2}{2} = H_2 + \frac{m\bar{v}_2^2}{2}, \qquad h_1 + \frac{\bar{v}_1^2}{2} = h_2 + \frac{\bar{v}_2^2}{2} \tag{2-6-11}$$

[2] 개방계의 일(공업일)

공업적으로 이용되는 많은 기계에서는 작동유체가 정상유동하며 연속적으로 일을 하게 된다. 이러한 기계는 유체가 연속적으로 경계를 통해 출입함으로 개방계이며, 개방계에서의 일은 밀폐계에서의 일(절대일)과 다르게 정의한다. 개방계에 대한 일반에너지식 중 단열유동($Q=0$)인 경우, 식 (2-6-10)의 미분형은

$$\delta W_t = -dH \text{ (또는 } \delta w_t = -dh)$$

이다. 그리고 엔탈피 정의식 $H = U + PV$를 전미분하여 dH를 구하고 $\Delta Q = dU + PdV$임을 고려하면

$$dH = dU + PdV + VdP = \delta Q + VdP = VdP \ (\because\ Q = 0 \text{ 이므로 } \delta Q = 0)$$

이다. 따라서 위의 두 식으로부터 공업일의 미분형은 다음과 같음을 알 수 있다.

$$\delta W_t = -VdP \text{ (또는 } \delta w_t = -v\,dP) \tag{2-6-12}$$

작동유체가 상태 1에서 상태 2까지 변화하는 동안의 공업일은 위의 식 (2-6-12)를 적분하면 구할 수 있다.

$$(W_t)_{1,2} = -\int_1^2 VdP, \qquad (w_t)_{1,2} = -\int_1^2 v\,dP \tag{2-6-13}$$

예제 2-8

500 kPa, 0.4 m^3인 가스 8 kg이 가지고 있는 내부에너지가 420 kJ이다. 이 가스의 엔탈피와 비엔탈피를 구하여라.

풀이 (1) 엔탈피

압력 P=500 kPa, V=0.4 m^3, m=8 kg, U=420 kJ 이므로 엔탈피 정의식 (2-6-2)로부터

$$H = U + PV = 420 + 500 \times 0.4 = 620 \text{ kJ}$$

(2) 비엔탈피

식 (2-6-3)을 이용하면

$$h = \frac{H}{m} = \frac{620}{8} = 77.5 \text{ kJ/kg}$$

예제 2-9

압력이 100 kPa인 가스가 용량이 10 m^3인 견고한 용기에 들어 있다. 이 용기에 110 kJ의 열을 가했더니 내부 압력이 200 kPa로 되고 온도가 15℃ 상승하였다. 다음을 구하여라.

(1) 내부에너지 변화량 (2) 엔탈피 변화량

풀이 (1) 내부에너지 변화량

견고한 용기이므로 가스의 체적은 변하지 않는다. 즉 $V_1 = V_2 = C$ 이므로 $dV = 0$이다. 따라서 식 (2-5-10)은

$$\delta Q = dU + PdV = dU$$

으로 된다. 이 식을 적분하면 $Q_{1,2} = U_2 - U_1 = \Delta U$ 이므로 내부에너지 변화량은

$$\Delta U = U_2 - U_1 = Q_{1,2} = 110 \text{ kJ}$$

(2) 엔탈피 변화량

엔탈피 정의식 (2-6-2)를 상태 1과 상태 2에 적용하면

$$H_1 = U_1 + P_1 V_1 \cdots ⓐ, \qquad H_2 = U_2 + P_2 V_2 \cdots ⓑ$$

이다. P_1=100 kPa, P_2=200 kPa, $V_1 = V_2$=10 m^3 이므로
엔탈피 변화량 $\Delta H = H_2 - H_1$은 식 ⓐ－식 ⓑ하여 계산하면

$$\Delta H = H_2 - H_1 = (U_2 - U_1) + V(P_2 - P_1) = 110 + 10 \times (200 - 100) = 1110 \text{ kJ}$$

예제 2-10

작동유체 3 kg의 내부에너지가 335 kJ이고 비엔탈피가 150 kJ/kg이다. 이 유체의 유동에너지는 얼마인가?

풀이 m=3 kg, U=335 kJ, $h = H/m$=150 kJ/kg 이므로 엔탈피 정의식 (2-6-2)에서 유동에너지 PV는

$$PV = H - U = mh - U = 3 \times 150 - 335 = 115 \text{ kJ}$$

예제 2-11

시간당 630 kg의 증기를 공급받아 18.4 kW의 동력을 발생시키는 증기터빈이 있다. 증기터빈 입구와 출구에서 증기의 비엔탈피가 각각 2762.8 kJ/kg, 2469.7 kJ/kg이고 유속이 각각 710 m/s, 370 m/s이다. 증기터빈의 시간당 열손실은 얼마인가?

풀이 증기터빈 동력이 N=18.4 kW 이므로 시간당 발생하는 에너지(일)는 식 (1-15-1)로부터

$$W = Q = N\bar{t} = 18.4 \times 3600 = 66{,}240 \text{ kJ}$$

시간당 증기소비량 m=630 kg, h_1=2762.8 kJ/kg, h_2=2469.7 kJ/kg, $\bar{v}_1$=710 m/s, $\bar{v}_2$=370 m/s 이므로 위치에너지를 무시하면 식 (2-6-4)는

$$H_1 + \frac{m\bar{v}_1^2}{2} + Q = H_2 + \frac{m\bar{v}_2^2}{2} + W_t \text{ 에서}$$

$$Q = (H_2 - H_1) + \frac{m}{2}\left(\bar{v}_2^2 - \bar{v}_1^2\right) + W_t = m(h_2 - h_1) + \frac{m}{2}\left(\bar{v}_2^2 - \bar{v}_1^2\right) + W_t$$

$$= 630 \times (2469.7 - 2762.8) + \frac{630}{2 \times 1000} \times (370^2 - 710^2) + 66{,}240 = -234{,}081 \text{ kJ}$$

계산 결과가 "－" 부호이므로 시간당 234,081 kJ의 열이 방출된다.

예제 2-12

어떤 계에 열을 가했더니 엔탈피가 300 kJ 감소하였다. 20 kg의 작동유체가 외부에 대해 한 공업일이 절대일보다 18 kJ/kg 많았다면 내부에너지 변화량은 얼마인가?

풀이 엔탈피 정의식 $H = U + PV$의 양변을 미분하고 식 (2-5-6)의 $\delta W = PdV$와 식 (2-6-12)의 $\delta W_t = -VdP$ 관계를 대입하면

$$dH = dU + PdV + VdP = dU + \delta W - \delta W_t \quad \rightarrow \quad dU + \delta W = dH + \delta W_t$$

위의 식을 상태 1에서 상태 2까지 적분하면

$$\left.\begin{aligned} (U_2 - U_1) + W_{1,2} &= (H_2 - H_1) + (W_t)_{1,2} \\ \Delta U + W_{1,2} &= \Delta H + (W_t)_{1,2} \end{aligned}\right\} \tag{2-6-14}$$

문제에서 ΔH=-300 kJ, m=20 kg, $w_t - w$=18 kJ/kg 이므로 위의 식 (2-6-14)에서 내부에너지 변화량 ΔU는

$$\Delta U = \Delta H + (W_t)_{1,2} - W_{1,2} = \Delta H + m\{(w_t)_{1,2} - w_{1,2}\}$$
$$= -300 + 20 \times 18 = 60 \text{ kJ}$$

즉 내부에너지가 60 kJ 증가한다.

2-7 $P-V$ 선도

작동유체가 하는 일은 절대일, 공업일 모두 『압력×체적(또는 비체적)』의 형태이므로 압력-체적 선도($P-V$ 선도, pressure-volume diagram) 상에 어떤 형태로 나타나는가를 생각해 본다. 그림 2-5(a)와 같은 피스톤형 내연기관에서 실린더 안의 작동유체에 열을 가하면(실제로는 연소에 의해 공급함) 작동유체가 팽창하며 피스톤을 밀게 됨으로 결과적으로 피스톤이 외부에 대해 일을 하게 된다. 그림 2-5(b)와 같이 실린더 안의 절대압력 P를 평면좌표의 세로축, 실린더와 피스톤 사이의 체적 V를 가로축으로 하여 작동유체의 팽창에 의한 상태변화를 나타내면 곡선 1-2와 같다. 이와 같은 상태변화 중 임의의 한 점을 취하고, 이때 실린더 안의 압력 P가 피스톤 단면적 A에 작용하여 피스톤이 미소거리 dx만큼 이동되었다고 가정하면, 피스톤에 작용하는 힘은 PA이고 이 힘에 의해 작동유체가 하는 미소 일량을 δW라 하면

$$\delta W = PA\,dx = PdV \tag{2-7-1}$$

이 된다. 이 일이 식 (2-5-6)에서 정의한 절대일이며, PdV는 그림에서 빗금 친 부분의 넓이와 같다. 따라서 상태 1에서 상태 2까지 작동유체가 외부에 대해 하는 일은 위의 식을 적분하면 구할 수 있다.

$$W_{1,2} = \int_1^2 PdV \tag{2-7-2}$$

절대일 $W_{1,2}$는 그림 2-5(b)에서 $1\,2\,V_2\,V_1$으로 둘러싸인 음영부분의 면적과 같으며, 혼동할 염려가 없는 경우에는 간단히 W로 표기한다. 절대일 W를 나타내는 면적은 분명히 상태변화를 나타내는 경로(곡선 1-2)에 따라 그 값이 달라짐을 알 수 있다. 이러한 이유로 1장에서 일을 경로함수라 정의하였다.

이번에는 작동유체의 체적이 V인 상태에서 외부로부터 압축을 받아 압력이 dP만큼 증가한 경우를 생각해 보자. 이 경우 작동유체가 외부로부터 받은 미소 일은 $-VdP$(약속에 의해 "−"부호는 외부로부터 받은 일)이며 그림 2-6에서 빗금 친 부분의 면적이 된다. 미소 일 $-VdP$는 식 (2-6-12)에서 정의한 공업일과 같다. 즉,

$$\delta W_t = -\,VdP \tag{2-7-3}$$

이므로 상태 1로부터 상태 2까지 상태변화하는 동안 작동유체가 받은 공업일은 위의 식을 적분하면 구할 수 있다.

$$(W_t)_{1,2} = -\int_1^2 VdP \tag{2-7-4}$$

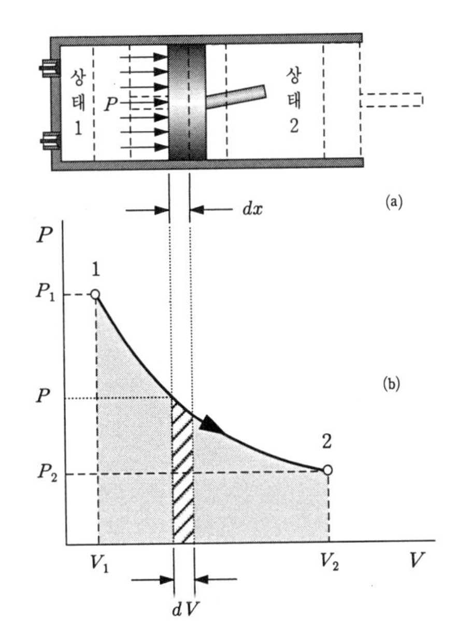

그림 2-5 $P-V$ 선도와 절대일

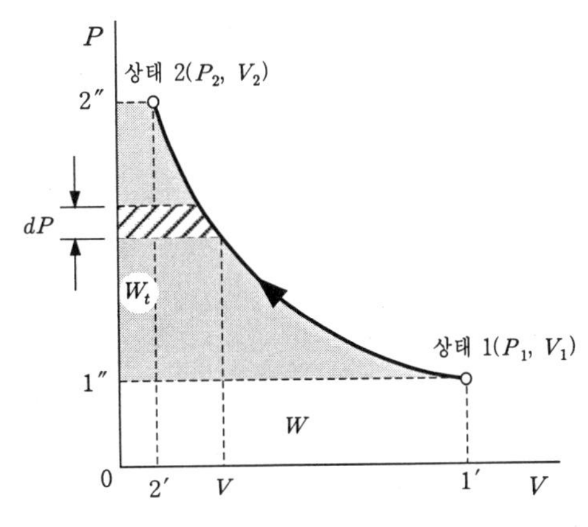

그림 2-6 $P-V$ 선도와 공업일

공업일 W_t는 그림 2-6에서 1 2 2″1″으로 둘러싸인 음영부분의 면적과 같으며, 혼동할 염려가 없는 경우에는 간단히 W_t로 표기한다. 공업일 W_t를 나타내는 면적도 절대일과 마찬가지로 상태변화를 나타내는 경로(곡선 1-2)에 따라 그 값이 달라짐을 알 수 있다.

이상에서 살펴본 바와 같이 $P-V$선도에서는 상태변화하는 동안 동작유체의 압력과 체적의 관계를 알 수 있을 뿐만 아니라 면적으로 일량을 쉽게 구할 수 있어 $P-V$선도를 때로는 일선도(work diagram)라고도 부른다.

예제 2-13

압력이 2 kPa인 어느 기체가 정압 하에 체적이 2.5 m^{3}에서 4.8 m^{3}로 팽창하였다. 팽창에 의한 공기의 절대일은 얼마인가?

풀이 P=2 kPa=일정, V_1=2.5 m^3, V_2=4.8 m^3 이므로 절대일은 식 (2-7-2)로부터

$$W=\int_1^2 PdV=P\int_1^2 dV=P(V_2-V_1)=2\times(4.8-2.5)=4.6\text{ kJ}$$

예제 2-14

압력이 1500 kPa인 보일러 속으로 대기 중의 물(10℃)을 펌프로 압송한다. 물 1 kg당 펌프일은 얼마인가?

풀이 표준대기압으로 보면 압송 전 물의 압력은 P_1=101.325 kPa, 압송 후 물의 압력은 보일러의 압력이 P_g=1500 kPa 이므로 $P_2=P_a+P_g=(101.325+1500)$ kPa이다.
그런데 물은 비압축성 유체이므로 압축 전과 후의 체적이 일정하다고 생각해도 무방함으로 물 1 kg의 체적은 $V=V_1=V_2\fallingdotseq 0.001\text{ m}^3=\text{C}$(일정)이다. 또한 펌프일은 작동유체가 계를 출입하는 개방계이므로 공업일이다. 따라서 식 (2-7-4) 또는 식 (2-6-13)으로부터

$$w_t=-\int_1^2 vdP=-v\int_1^2 dP=v(P_1-P_2)$$
$$=0.001\times\{101.325-(101.325+1500)\}=-1.5\text{ kJ/kg}$$

여기서 "-"부호는 약속에 의해 계(펌프)에 일을 공급해야 한다는 뜻임.

연습문제

[2-1] 출력이 100 kW인 자동차가 있다. 출력의 30%가 냉각수에 의해 흡수되어 물의 온도가 15℃ 상승된다. 냉각수의 유량은 몇 L/min인가?

답 $\dot{m}$=28.67 L/min

[2-2] 150 m 폭포에서 물 1 톤이 자유낙하하여 물이 갖는 에너지가 모두 열로 바뀐다면 그 열은 몇 MJ인가?

답 E_p=1.47 MJ

[2-3] 어떤 계가 외부로부터 270 kJ의 열을 공급받아 내부에너지가 84 kJ 만큼 증가하였다. 계의 압력이 5 bar로 일정하였다면 체적은 어떻게 되었는가?

답 ΔV=0.372 m^3 증가

[2-4] 압력이 600 kPa, 체적이 1 m^{3}인 가스 2 kg이 정압 하에 체적이 0.6 m^{3}로 되었다. 가스가 변화하는 동안 내부에너지가 400 kJ 감소하였다. 다음을 계산하여라.

(1) 가스 1 kg이 외부에 대해 한 일　　(2) 가스 1 kg이 외부로부터 받은 열

답 (1) w=-120 kJ/kg　(2) q=-320 kJ/kg

[2-5] 2 bar, 4 m^{3}의 공기를 정압 하에 550 kJ의 열을 가했더니 체적이 0.45 m^3 만큼 증가하였다. 다음을 구하여라.

(1) 공기의 절대일　　(2) 공기의 공업일

(3) 내부에너지 변화량　　(4) 엔탈피 변화량

답 (1) W=90 kJ　(2) W_t=0　(3) ΔU=460 kJ　(4) ΔH=550 kJ

[2-6] 어떤 작동유체의 압력을 250 kPa로 일정하게 유지시키고 5 MJ의 열을 가했더니 내부에너지가 1.05 MJ 만큼 증가하였다. 가열하는 동안 체적은 어떻게 되었겠는가?

답 ΔV=15.8 m^3 증가

[2-7] 표준대기압의 가스가 12.5 m^3 용기에 들어 있다. 이 용기에 10 kJ의 열을 가했더니 압력이 150 kPa로 되었다. 이 가스의 내부에너지와 엔탈피 변화량을 구하여라. 단 용기는 변하지 않는다고 가정한다.

답 (1) $\Delta U=10$ kJ (2) $\Delta H=618.44$ kJ

[2-8] 작동유체 2.3 kg의 압력과 체적을 측정하니 각각 100 kPa, 2 m^3이었다. 비엔탈피가 125 kJ/kg이라면 내부에너지는 얼마인가?

답 $U=87.5$ kJ

[2-9] 어느 계에 1200 kJ의 열을 가했더니 압력이 300 kPa에서 200 kPa로 감소되고 체적은 4 m^3에서 1.2 m^3 만큼 증가하였다. 내부에너지가 200 kJ 증가하였다면 엔탈피는 어떻게 되었는가? 또 이 계가 한 공업일은 얼마인가?

답 (1) $\Delta H=40$ kJ 증가 (2) $W_t=1160$ kJ

[2-10] 정상유동에서 입구 압력이 10 bar, 비체적이 0.01 m^3/kg, 내부에너지가 168 kJ/kg이고 유속은 30 m/s이다. 또한 출구의 압력은 3 bar, 비체적이 0.04 m^3/kg, 내부에너지가 42 kJ/kg이고 속도는 35 m/s이다. 유동과정에서 계에 50 kJ/kg의 열이 가해졌다면 작동유체 1 kg당 계가 행한 공업일은 얼마인가? 단, 입구는 출구보다 15 m 더 높다.

답 $w_t=173.98$ kJ/kg

[2-11] 증기 200 kg/h가 760 m/s의 속도로 터빈으로 유입되어 240 m/s로 유출된다. 입구와 출구의 엔탈피가 각각 3200 kJ/kg, 2730 kJ/kg이다. 터빈에서의 열손실이 25,000 kJ/h라면 터진의 출력은 몇 kW인가?

답 $N=33.61$ kW

[2-12] 공기가 50 m/s의 속도로 노즐로 유입되어 비엔탈피가 3813 kJ/kg에서 3512 kJ/kg으로 감소되어 유출된다. 노즐에서의 흐름이 정상유동이고 노즐이 단열되어 있으며 입구와 출구의 높이가 같다고 하면 공기의 출구 속도는 얼마인가?

답 $\overline{v_2}=777.5$ m/s

[2-13] 어느 물펌프의 흡입압력과 토출압력이 각각 101 kPa, 750 kPa이다. 펌프의 유효동력이 8 kW라면 펌프가 1분당 토출하는 물의 양은 몇 L인가?

답 V=739.6 L/min

[2-14] 어느 계가 표준대기압을 받으며 외부로 열을 방출하지 않고 체적이 5 m^3에서 2 m^3로 압축되었다. 내부에너지는 어떻게 되었는가?

답 ΔU=304 kJ 증가

[2-15] 열효율이 60%인 증기보일러가 있다. 입구에서 물의 엔탈피가 167.44 kJ/kg이고 출구에서 수증기의 엔탈피가 2436.25 kJ/kg이다. 시간당 300 kg의 수증기를 필요로 한다면 시간당 가열량은 얼마이어야 하는가? 단 위치에너지와 운동에너지는 무시한다.

답 Q=1134.4 MJ

[2-16] 압력이 0.2 MPa일 때 물은 120.23℃에서 증발한다. 같은 온도에서 증발하기 전 물의 비체적은 0.00106084 m^3/kg이고 증발 후 증기의 비체적은 0.885441 m^3/kg이다. 이 압력에서 물의 증발열이 2201.6 kJ/kg이라면 증발하는 동안 엔탈피와 내부에너지 변화량은 얼마인가?

답 (1) Δh=2201.6 kJ/kg (2) Δu=2024.7 kJ/kg

[2-17] 에너지보존의 원리와 열역학 제1법칙의 관계를 설명하시오.

[2-18] 절대일과 공업일의 차이점을 설명하시오.

[2-19] 제1종 영구운동에 대해 설명하시오.

[2-20] $P-V$선도와 일의 관계를 설명하시오.

[2-21] 내부에너지는 어떻게 정의하는가?

[2-22] 엔탈피는 어떻게 정의하는가?

답 [2-17]~[2-22]는 생략

THERMODYNAMICS

3 완전가스

3 T·H·E·R·M·O·D·Y·N·A·M·I·C·S 완전가스

3-1 완전가스의 정의

기체는 공기, 질소, 산소, 연소가스 등과 같이 쉽게 쉽게 액화(液化, liquefaction)되지 않는 것과 열펌프나 냉동기에 사용되는 냉매(冷媒, refrigerant), 증기터빈의 수증기 등과 같이 쉽게 액화되거나 증발(蒸發, vaporization)되는 것으로 나눌 수 있다. 이와 같이 쉽게 액화되지 않는 기체를 가스(gas)라 하고 쉽게 액화되거나 증발되는 기체를 증기(蒸氣, vapor)라 한다. 가스의 경우 대기압에서는 기체로 존재하며 아주 낮은 저온에서만 액화되지만 증기는 대기압에서 약간의 압력이나 온도변화에 의해 쉽게 액화되거나 증발한다.

완전(完全)가스(perfect gas)란 후에 설명할 보일(Boyle)의 법칙, 샬(Charles)의 법칙 및 줄(Joule)의 법칙 등 완전가스의 특성식(상태식)이 엄밀히 성립되는 기체를 말하며, 실제로 존재하지 않는 기체이므로 이상기체(理想氣體, ideal gas)라고도 한다. Boyle의 법칙이나 Charles의 법칙 및 완전가스의 특성식 등은 기체를 구성하는 분자 사이에 분자력이 작용하지 않고 분자의 크기(체적)도 무시할 수 있다는 가정 하에서 유도된 법칙이므로 엄밀히 보면 모든 가스는 완전가스가 아니다. 그러나 공기, 수소, 산소, 질소, 연소가스 등 실제가스(real gas)들은 구성분자 사이의 거리가 멀어 분자 사이에 작용하는 분자력이 아주 작고 체적도 전체 체적에 비해 무시할 수 있을 정도로 작으므로 공학에서는 완전가스로 취급해도 무방하다.

한편, 암모니아(ammonia), 할로겐화 탄화수소가스(상품명 Freon 가스), 탄산가스 등과 같이 냉매로 사용되는 가스나 수증기는 대기압에서도 쉽게 증발, 액화되므로 분자력도 완전가스에 비해 매우 크고 체적도 무시할 수 없어 완전가스로 취급할 수 없다. 따라서 이들은 불완전(不完全)가스(imperfect gas)라 부른다. 그러나 이들도 포화온도보다 훨씬 높은 온도에서는 완전가스에 가까운 성질을 갖는다.

3-2 완전가스의 특성식

[1] Boyle의 법칙

영국의 물리학자 Robert Boyle은 1662년 「모든 완전가스는 온도가 일정하면 그 비체적(또는 체적)은 압력에 반비례한다」고 주장하였다. 이것을 Boyle의 법칙이라 하며 다음의 식으로 나타낸다.

$$Pv = C \text{ (또는 } PV = C) \tag{3-2-1}$$

여기서 C는 비례상수이며 그림 3-1에서와 같이 상태 1의 압력 P_1, 비체적 v_1(또는 체적 V_1)인 가스가 등온($T = C$)하에 상태 2의 압력 P_2, 비체적 v_2(또는 체적 V_2)로 상태변화하였다면 식 (3-2-1)로부터

$$P_1 v_1 = P_2 v_2 \text{ (또는 } P_1 V_1 = P_2 V_2) \tag{3-2-2}$$

$$\frac{v_1}{v_2} = \frac{P_2}{P_1} \text{ (또는 } \frac{V_1}{V_2} = \frac{P_2}{P_1}) \tag{3-2-3}$$

인 관계가 있으며, 그림에서 등온선($T = C$)은 $P-v$선도(또는 $P-V$선도)에서 쌍곡선으로 나타난다. Boyle의 법칙을 Mariotte의 법칙이라고도 한다.

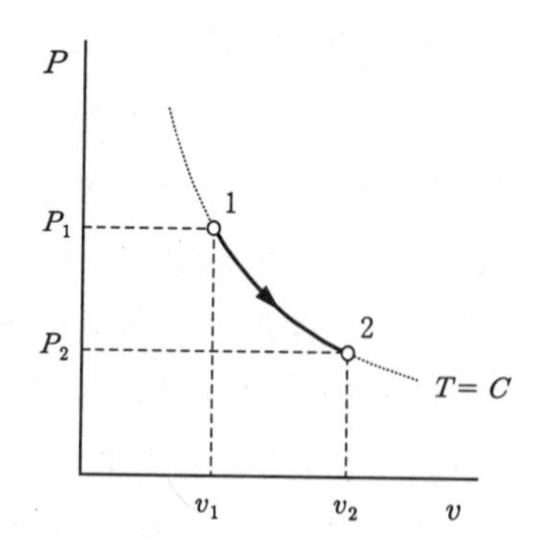

그림 3-1 Boyle의 법칙

예제 3-1

4.5 kg의 공기가 일정한 온도 하에서 체적이 4 m³에서 1.5 m³로 압축되었다. 압축 후 공기의 압력이 250 kPa이라면 압축 전 공기의 압력은 얼마인가?

풀이 $V_1=4\ \text{m}^3$, $V_2=1.5\ \text{m}^3$, $P_2=250\ \text{kPa}$ 이고 $T=C$ 이므로 식 (3-2-3)에서

$$P_1=P_2\frac{V_2}{V_1}=250\times\frac{1.5}{4}=93.75\ \text{kPa}$$

예제 3-2

압력이 200 kPa, 온도가 300 K, 체적이 0.86 m³인 공기의 질량은 약 2 kg이다. 같은 온도에서 압력이 표준대기압으로 되면 공기의 비체적은 얼마로 되는가?

풀이 $P_1=200\ \text{kPa}$, $V_1=0.86\ \text{m}^3$, $m=2\ \text{kg}$, $P_2=101.325\ \text{kPa}$이고 $T=300\ \text{K}=C$ 이므로 식 (3-2-3)에서

$$v_2=v_1\frac{P_1}{P_2}=\frac{V_1}{m}\frac{P_1}{P_2}=\frac{0.86}{2}\times\frac{200}{101.325}=0.85\ \text{m}^3/\text{kg}$$

[2] Charles의 법칙

1782년 프랑스의 Charles은 「압력이 일정할 때 모든 완전가스를 0℃에서 100℃까지 가열하면 가스의 비체적(또는 체적)은 온도가 1℃ 상승할 때마다 0℃ 비체적(또는 체적)의 약 1/273(정확히 1/273.15) 만큼씩 증가한다」고 주장하였다. 이것을 Charles의 법칙이라 하며, 1801년 Gay-Lussac이 이를 증명하였기 때문에 Gay-Lussac의 법칙이라고도 한다. 일정한 압력 하에서 변화 전 가스의 비체적과 온도를 각각 v_1, t_1, 변화 후 가스의 비체적과 온도를 각각 v_2, t_2, 0℃인 가스의 비체적을 v_0라 하면

$$v_1=v_0+v_0\frac{t_1}{273}=\frac{v_0}{273}(273+t_1)=\frac{v_0}{273}T_1 \quad \cdots\cdots \text{ⓐ}$$

$$v_2=v_0+v_0\frac{t_2}{273}=\frac{v_0}{273}(273+t_2)=\frac{v_0}{273}T_2 \quad \cdots\cdots \text{ⓑ}$$

이므로 식 ⓐ를 식 ⓑ로 나누면 다음과 같다.

$$\frac{v_1}{v_2}=\frac{T_1}{T_2} \quad \left(\text{또는 } \frac{V_1}{V_2}=\frac{T_1}{T_2}\right) \tag{3-2-4}$$

그러므로 Charles의 법칙은 「모든 완전가스는 압력이 일정할 때 그 비체적(또는 체적)은 절대온도에 비례한다」고 표현되며 이 관계는 $T-v$선도(또는 $T-V$선도) 상에서 직선으로 나타난다.

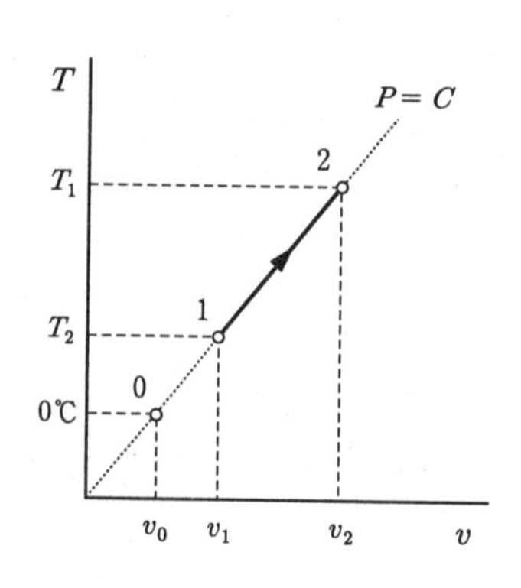

그림 3-2 Charles의 법칙

예제 3-3

3 kg의 공기가 일정한 압력 하에 가열, 팽창되어 온도가 0℃에서 90℃로 되었고 체적은 3.82 m³로 되었다. 팽창 전 공기의 체적은 얼마인가?

풀이 t_1=0℃, t_2=90℃, V_2=3.82 m³이고 $P=C$ 이므로 식 (3-2-4)에서

$$V_1 = V_2\frac{T_1}{T_2} = 3.82 \times \frac{0+273}{90+273} = 2.87\ \text{m}^3$$

예제 3-4

2.5 m³의 공기 1.8 kg이 표준기압 하에서 냉각, 압축되어 1.5 m³, 21℃로 되었다. 냉각 전 공기의 온도는 얼마인가?

풀이 V_1=2.5 m³, V_2=1.5 m³, t_2=21℃이고 P=101.325 kPa=C 이므로 식 (3-2-4)에서

$$t_1 = T_1 - 273 = T_2\frac{V_1}{V_2} - 273 = (21+273) \times \frac{2.5}{1.5} - 273 = 217℃$$

[3] 완전가스의 특성식

가스의 열역학적 상태는 압력 P, 비체적 v(또는 체적 V) 및 절대온도 T에 의해 결정되며, 이들 세 상태량 사이의 관계를 나타낸 식을 특성식(characteristic equation) 또는 상태식(equation of the state)이라 한다. Boyle의 법칙은 완전가스의 압력 P와 비체적 v의 관계를 나타내고, Charles의 법칙은 비체적 v와 절대온도 T의 관계를 나타내므로 두 법칙으로부터 완전가스의 특성식을 유도할 수 있다.

그림 3-3에서 완전가스가 열역학적 상태 1(P_1, v_1, T_1)로부터 상태 2(P_2, v_2, T_2)로 상태변화하는 과정을 편의상 상태 1에서 상태 a의 등온과정과 상태 a에서 상태 2의 정압과정으로 나누어 생각하면

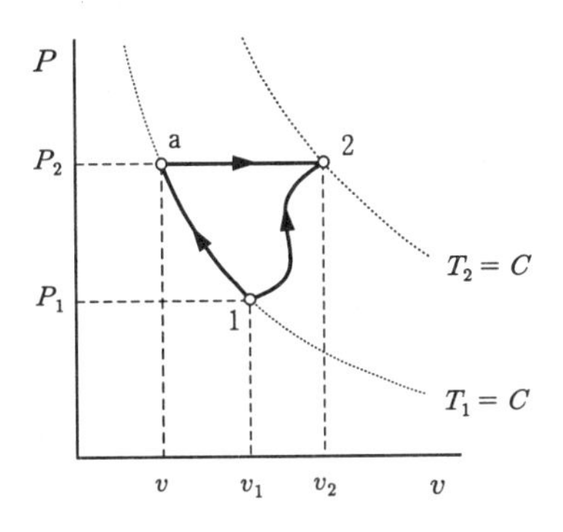

그림 3-3 완전가스의 상태변화

(1) 등온과정 1-a는 Boyle의 법칙으로부터 $P_1 v_1 = P_2 v$ 이므로

$$v = v_1 \frac{P_1}{P_2} \quad \cdots\cdots\cdots\cdots \text{ⓐ}$$

(2) 정압과정 a-2는 Charles의 법칙으로부터 $v/v_2 = T_1/T_2$ 이므로

$$v = v_2 \frac{T_1}{T_2} \quad \cdots\cdots\cdots\cdots \text{ⓑ}$$

따라서 식 ⓐ와 ⓑ에서 상태 a의 비체적 v는

$$v = \frac{P_1 v_1}{P_2} = \frac{v_2 T_1}{T_2} \quad \Rightarrow \quad \frac{P_1 v_1}{T_1} = \frac{P_2 v_2}{T_2}$$

이므로 세 상태량 P, v, T 사이에는 다음과 같은 관계가 됨을 알 수 있다.

$$\frac{Pv}{T} = C(\text{일정}) \cdots\cdots \text{ⓒ}$$

식 ⓒ는 임의상태의 완전가스에 대한 P, v, T의 관계를 나타내는 식이며, 여기서 비례상수 C를 R로 표기하면 다음과 같은 식을 얻는다.

$$Pv = RT \tag{3-2-5}$$

그리고 $v = V/m$ 이므로 식 (3-2-5)에 대입하면

$$PV = mRT \tag{3-2-6}$$

식 (3-2-5)는 단위질량(1 kg)에 대한 특성식, 식 (3-2-6)는 질량 m kg에 대한 특성식이다. 이 식들은 Boyle의 법칙과 Charles의 법칙으로부터 유도된 식이므로 Boyle-Charles의 법칙이라고도 한다.

비체적과 밀도의 관계가 $\rho = 1/v$ 이므로 식 (3-2-5)는 다음과 같이 쓸 수도 있다.

$$P = \rho R T \tag{3-2-7}$$

특성식에서 비례상수 R은 완전가스의 종류에 따라 고유의 값을 갖는다. 이 R을 가스정수(gas constant) 또는 기체상수라 부르며 단위질량(1 kg)의 완전가스를 온도 1 K(1℃)만큼 변화시키는데 필요한 에너지를 뜻한다. R의 단위는 J/kgK이고 실용단위로는 kJ/kgK을 많이 사용한다.

예제 3-5

표준상태(0℃, 표준기압)에서 공기의 비중은 1.2922×10^{-3}이다. 공기의 가스정수는 얼마인가?

풀이 비중이 $s.g = 1.2922 \times 10^{-3}$이므로 밀도는 식 (1-13-3)으로부터 $\rho = 1.2922$ kg/m^{3}이고, $t =$ 0℃, $P = 101{,}325$ Pa 이므로 식 (3-2-7)에서

$$R = \frac{P}{\rho T} = \frac{101{,}325}{1.2922 \times (0 + 273.15)} = 287.07 \text{ J/kgK} \fallingdotseq 0.2871 \text{ kJ/kgK}$$

예제 3-6

3 kg의 산소가 200 L 부피의 압력용기에 들어 있다. 산소가 15℃로 분출된다면 분출되는 산소의 압력은 얼마인가? 단, 산소의 가스정수는 0.2598 kJ/kgK이다.

풀이 $m = 3$ kg, $V = 200$ L$= 0.2$ m^3, $t = 15$℃, $R = 0.2598$ kJ/kgK 이므로 식 (3-2-6)에서

$$P = \frac{mRT}{V} = \frac{3 \times 0.2598 \times (15 + 273)}{0.2} = 1122.34 \text{ kPa}$$

예제 3-7

95 kPa, 15.3 kg의 헬륨가스가 10℃에서 차지하는 체적은 얼마인가? 단, 헬륨의 가스정수는 2.0772 kJ/kg이다.

풀이 $P = 95$ kPa, $m = 15.3$ kg, $t = 10$℃, $R = 2.0772$ kJ/kgK 이므로 식 (3-2-6)에서

$$V = \frac{mRT}{P} = \frac{15.3 \times 2.0772 \times (10 + 273)}{95} = 94.67 \text{ m}^3$$

3-3 일반가스정수

1811년 이탈리아의 Avogadro는『같은 압력과 온도에서 같은 체적 속에 들어있는 모든 가스의 분자 수는 같다』는 것을 증명하였다. 다시 말하면『압력과 온도가 같을 경우 가스의 종류와는 상관없이 같은 분자 수의 가스가 차지하는 체적은 같다』는 것을 의미하며, 이것을 Avogadro의 법칙이라 한다.

물질량의 단위인 mol은 분자량에 g(gram)을 붙인 것이며 실용단위인 kmol은 분자량에 kg(kilogram)을 붙인 것이다. 분자량이 M인 가스 1 kmol은 M kg이며, 가스의 질량(m kg)을 분자량(M)으로 나눈 값을 몰수(mole number, 기호 n)라 한다. 동일한 분자 수의 질량은 분자량(M)에 비례하므로 밀도(단위체적당 질량) 또한 분자량(M)에 비례하여야 한다. 따라서 1 kmol의 가스가 차지하는 체적은 압력과 온도가 같으면 가스의 종류와 상관없이 항상 같아야 한다. Avogadro법칙에 따르면 모든 가스 1 kmol은 22.41 NL의 체적을 차지하며, 그 체적 속에는 6.0221367×10^{23}개의 분자가 존재한다. 여기서 NL(normal liter)의 N은 표준상태(온도 0℃, 표준대기압= 101.325 kPa)를 뜻함으로 완전가스 1 kmol은 0℃, 101.325 kPa에서 22.41 m^3의 체적을 차지하고 그 속에는 6.0221367×10^{23}개의 완전가스 분자가 들어 있다. 다시 말하면 가스의 종류와 상관없이 완전가스 1 kmol(M kg)은 0℃, 101.325 kPa일 때 항상 22.41 m^3의 체적을 가지므로 식 (3-2-6)에서 질량이 M kg(1 kmol)일 때 분자량 M과 가스정수 R의 곱(MR)은 항상 일정하여야 한다.

즉, 완전가스의 특성식 (3-2-6)에서 질량 m kg대신 1 kmol에 해당하는 질량 M kg을 대입하면

$$PV = MRT \tag{3-3-1}$$

이며, 모든 완전가스 1 kmol이 0℃, 101.325 kPa에서 22.41 m^3의 체적을 차지하므로 이 값들을 위의 식 (3-3-1)에 대입하여 MR 값을 구하면

$$MR = \frac{PV}{T} = \frac{101.325\ \text{kPa}\times 22.41\ \text{m}^3}{273.15\ \text{K}} \fallingdotseq 8.313\ \text{kJ/kmol·K}$$

이며, 계산에 사용한 압력과 체적이 정밀한 값이 아니므로 MR의 값은 개략적인 값이다.

여기서 $R_u = MR$이라 표기하고 R_u를 일반가스정수(general gas constant) 또는

만유(萬有)기체상수(universal gas constant)라 한다. 위의 계산보다 더 정밀한 일반 기체상수 R_u의 값은 다음과 같으며 이 값을 가스정수 계산에 이용한다.

$$R_u = MR = 8.3143\ \text{kJ/kmol·K} = 8314.3\ \text{J/kmol·K} \tag{3-3-2}$$

따라서 완전가스의 분자량(M)을 알면 위의 식 (3-3-2)로부터 그 가스의 개략적인 가스정수(R)를 구할 수 있다.

$$R = \frac{R_u}{M} = \frac{8.3143}{M}\ \text{kJ/kgK} = \frac{8314.3}{M}\ \text{J/kgK} \tag{3-3-3}$$

표 3-1 주요 가스의 분자량, 가스정수, 비중 및 비열

가 스	분자식	분자량 M	가스정수 R (kJ/kgK)	공기에 대한 비중	정압비열 c_p (kJ/kgK)	정적비열 c_v (kJ/kgK)	비열비 $\kappa = \frac{c_p}{c_v}$
헬 륨	He	4.0026	2.0772	0.1381	5.238	3.160	1.66
알 곤	Ar	39.948	0.2081	1.379	0.520	0.31	1.66
수 소	H_2	2.01565	4.1249	0.0695	14.200	10.0754	1.409
질 소	N_2	28.0134	0.2969	0.968	1.0389	0.7421	1.400
산 소	O_2	31.98983	0.2598	1.105	0.9150	0.6551	1.397
일산화탄소	CO	27.994915	0.2970	0.967	1.0403	0.7433	1.400
일산화질소	NO	29.997989	0.2772	1.037	0.9983	0.7211	1.384
염화수소	HCl	36.464825	0.2280	1.268	0.7997	0.5717	1.40
수 증 기	H_2O	18.010565	0.4616	0.6220	1.861	1.398	1.33
탄산가스	CO_2	43.98983	0.1890	1.530	0.8169	0.6279	1.301
산화질소	N_2O	44.001063	0.1890	1.538	0.8507	0.6618	1.285
아황산가스	SO_2	63.962185	0.1300	2.264	0.6092	0.4792	1.271
암모니아	NH_3	17.026549	0.4883	0.596	2.0557	1.5674	1.312
아세틸렌	C_2H_2	26.01565	0.3196	0.906	1.5127	1.1931	1.268
메 탄	CH_4	16.0313	0.5187	0.554	2.1562	1.6376	1.317
메틸클로라이드	CH_3Cl	50.480475	0.1647	1.785	0.7369	0.5722	1.288
에 틸 렌	C_2H_4	28.0313	0.2966	0.975	1.612	1.3153	1.225
에 탄	C_2H_6	30.04695	0.2765	1.049	1.729	1.4524	1.20
에틸클로라이드	C_2H_5Cl	64.49613	0.1289	2.228	1.340	1.2109	1.106
프 로 판	C_3H_8	44.06	0.1887	1.521	1.551	1.362	1.139
공 기	-	28.964	0.2872	1.0000	1.005	0.7171	1.400

* 정압비열과 정적비열은 0℃에서의 값

식 (3-3-3)의 방법으로 구한 개략적인 가스정수 R을 식 (3-2-5)와 식 (3-2-6)에 대입하면 완전가스의 특성식은 다음과 같이 나타낼 수 있다.

$$Pv = RT = \frac{8314.3\,T}{M} \quad (\text{또는 } PV = mRT = \frac{8314.3\,mT}{M}) \qquad (3\text{-}3\text{-}4)$$

예제 3-8

분자량이 26.01565인 아세틸렌의 가스정수는 얼마인가?

풀이 M=26.01565 이므로 식 (3-3-3)에서

$$R = \frac{R_u}{M} = \frac{8.3143}{26.01565} = 0.3196\ \text{kJ/kgK}$$

예제 3-9

분자량이 16.0313인 메탄가스 6 kg의 몰수와 가스정수는 얼마인가?

풀이 (1) M=16.0313, m=6 kg 이므로 몰수 n은

$$n = \frac{m}{M} = \frac{6}{16.0313} = 0.374\ \text{kmol}$$

(2) 가스정수

식 (3-3-3)에서

$$R = \frac{R_u}{M} = \frac{8.3143}{16.0313} = 0.5186\ \text{kJ/kgK}$$

예제 3-10

분자량이 31.99인 산소의 가스정수와 40 kg의 산소가 표준상태에서 차지하는 비체적을 구하여라.

풀이 (1) 가스정수

M=31.99 이므로 식 (3-3-3)으로부터

$$R = \frac{8.3143}{M} = \frac{8.3143}{31.99} = 0.2599\ \text{kJ/kgK}$$

(2) 비체적

표준상태이므로 P=101.325 kPa, T=273 K, m=40 kg 이므로 식 (3-2-5)로부터

$$v = \frac{RT}{P} = \frac{0.2599 \times 273}{101.325} = 0.7\ \text{m}^3/\text{kg}$$

3-4 완전가스의 내부에너지

완전가스의 내부에너지도 열역학적 상태량이므로 다른 상태량과 마찬가지로 P, v, T 중 어느 하나의 함수로 표시할 수 있다.

1843년 영국의 물리학자인 James, P. Joule은 완전가스의 내부에너지와 절대온도의 관계를 규명하기 위해 그림 3-4와 같은 실험을 하였다. 실험은 단열된 수조 속에 물을 넣고 물속에 밸브로 연결된 두 개의 견고한 용기 A와 B를 설치하였다. 처음에는 밸브를 잠근 상태에서 용기 A에만 가스를 충전시키고 용기 B는 진공으로 하였다. 충분한 시간이 경과하여 열평형을 되도록 한 후 물의 온도를 측정하고 다시 밸브를 열어 용기 A의 가스가 용기 B로 자유팽창(free expansion)되도록 하였다. 그리고 두 용기의 압력이 평형을 이룬 후 물의 온도를 다시 측정하여 먼저 측정한 온도와 비교하였다. Joule은 여러 종류의 가스와 압력에 따라 위의 실험을 반복하였다. 실험을 하는 동안 가스와 물 사이에 열교환이 없었고 용기가 견고함으로 외부에 대하여 한 일이 없었으며 온도의 변화도 없었다.

실험에서 $\delta q = \delta w = 0$이므로 일반에너지식 $\delta q = du + \delta w$로부터 $du = 0$이다. 즉 자유팽창에 의해 가스의 압력과 비체적이 변하였음에도 불구하고 내부에너지는 변하지 않았으므로『완전가스의 내부에너지는 비체적이나 압력과는 무관하며 절대온도만의 함수』라는 결론을 얻었다. 이것을 완전가스에 대한 Joule의 법칙이라 한다.

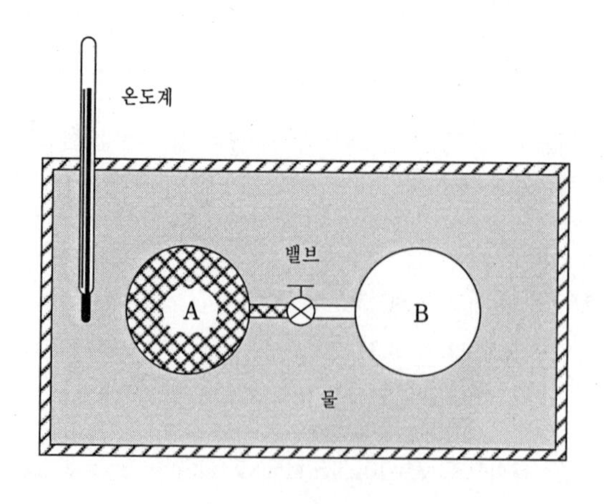

그림 3-4 Joule의 실험장치

그러나 Joule의 실험에서 물의 온도가 변하지 않은 이유는 자유팽창하는 가스의 양에 비해 물의 양이 너무 많았으며, 완전가스에 가까울수록 온도변화가 작다는 것이 후에 정밀한 실험을 통해 밝혀졌다. 일반적으로 가스를 진공 중에 단열팽창시키면 가스의 온도가 약간 내려가며 이 현상을 Joule-Thomson 냉각효과(cooling effect)라 한다.

완전가스의 내부에너지에 대한 Joule의 법칙을 식으로 표현하면 다음과 같다.

$$u = u(T),\quad \left(\frac{\partial u}{\partial P}\right)_T = 0,\quad \left(\frac{\partial u}{\partial v}\right)_T = 0 \tag{3-4-1}$$

3-5 완전가스의 비열

완전가스의 내부에너지는 온도만의 함수이며 열이나 일과 같이 경로(path)에 관계되는 경로함수(path function)가 아니라 상태변화 전, 후의 절대값에만 관계되는 점함수(point function)이므로 그림 3-5에서 등온선 T_1과 T_2선 어디에서나 온도만 같으면 내부에너지는 같아야 한다. 즉, 상태 A와 상태 C의 내부에너지는 온도가 T_1이므로 서로 같으며, 상태 B, D, E의 내부에너지도 서로 같다. 여기서 온도가 T_1인 임의의 상태점 A에서 온도가 T_2인 상태 E로 상태변화하는 경우를 생각하면 경로와 관계없이 내부에너지는 온도만의 함수이므로 A-B변화와 C-D변화의 경우 내부에너지 변화량은 모두 같아야 한다.

[1] 상태변화 A-B

이 변화는 비체적이 일정한 정적변화($v = C$)이므로 $dv = 0$이다. 따라서 일반에너지식 $\delta q = du + \delta w = du + P\,dv$에서

$$\delta q = du \quad \cdots\cdots\cdots\cdots\cdots\cdots\cdots\cdots \text{ⓐ}$$

이다. 또한 비열방정식 $\delta q = c\,dT$에서 정적변화이므로 비열 c 대신 정적비열 c_v를 대입하면

$$\delta q = c_v\,dT \quad \cdots\cdots\cdots\cdots\cdots\cdots \text{ⓑ}$$

이다. 식 ⓐ와 식 ⓑ의 열량이 같으므로 다음의 식을 얻는다.

$$du = c_v dT \tag{3-5-1}$$

위의 식 (3-5-1)은 단위질량(1 kg)의 가스에 대한 식이며, 질량이 m kg인 가스에 대해서는 $u = U/m$이므로 다음과 같다. 즉

$$dU = m c_v dT \tag{3-5-2}$$

이므로 상태변화하는 동안의 내부에너지 변화량은 위의 식들을 적분하면 구할 수 있다.

$$\left.\begin{aligned} \Delta u &= u_2 - u_1 = c_v(T_2 - T_1) \\ \Delta U &= U_2 - U_1 = m c_v(T_2 - T_1) \end{aligned}\right\} \tag{3-5-3}$$

[2] 상태변화 C-D

이 변화는 압력이 일정한 정압변화($P = C$)이므로 내부에너지 변화뿐만 아니라 외부에 대해 일을 한다. 엔탈피 정의식 $h = u + Pv$ 양변을 미분하여 $dP = 0$와 일반에너지식을 고려하면

$$dh = du + Pdv + v\,dP = du + Pdv = \delta q \;\cdots\cdots\; ⓒ$$

또한 비열방정식 $\delta q = c\,dT$에서 정압변화이므로 비열 c 대신 정압비열 c_p를 대입하면

$$\delta q = c_p dT \;\cdots\cdots\cdots\cdots\cdots\cdots\cdots\; ⓓ$$

이다. 식 ⓒ와 식 ⓓ의 열량이 같으므로 다음의 식을 얻는다.

$$dh = c_p dT \tag{3-5-4}$$

위의 식 (3-5-4)는 단위질량(1 kg)의 가스에 대한 식이며, 질량이 m kg인 가스에 대해서는 $h = H/m$이므로 다음과 같다. 즉

$$dH = m c_p dT \tag{3-5-5}$$

이므로 상태변화하는 동안의 엔탈피 변화량은 위의 식들을 적분하면 구할 수 있다.

$$\left.\begin{aligned} \Delta h = h_2 - h_1 = c_p(T_2 - T_1) \\ \Delta H = H_2 - H_1 = m c_p(T_2 - T_1) \end{aligned}\right\} \quad (3\text{-}5\text{-}6)$$

식 (3-5-4)와 식 (3-5-5)에서 『엔탈피도 내부에너지와 같이 온도만의 함수』임을 알 수 있다. 즉 $h = h(T)$이다.

[3] 정압비열(c_p)과 정적비열(c_v)의 관계

정적비열과 정압비열은 식 (3-5-1)과 식 (3-5-4)로부터 각각 다음과 같이 쓸 수 있다.

$$c_v = \frac{du}{dT}, \quad c_p = \frac{dh}{dT}$$

그런데 비열방정식으로부터 $c_v = (\partial q/\partial T)_v$, $c_p = (\partial q/\partial T)_p$이므로 위의 식들은 다음과 같이 나타낼 수 있다. 즉

$$\left(\frac{\partial u}{\partial v}\right)_T = 0, \quad \left(\frac{\partial h}{\partial P}\right)_T = 0$$

$$c_v = \left(\frac{\partial u}{\partial T}\right)_v = \frac{du}{dT}, \quad c_p = \left(\frac{\partial h}{\partial T}\right)_p = \frac{dh}{dT} \quad (3\text{-}5\text{-}7)$$

정압비열과 정적비열의 관계를 알아보기 위해 먼저 가스를 정압 하에 가열하는 경우를 생각해 본다.

완전가스 특성식 $Pv = RT$ 양변을 미분하면 $Pdv + vdP = RdT$이며 정압 $(P = C)$이므로 $dP = 0$이다. 그러므로

$$Pdv = RdT \cdots\cdots\cdots\cdots\cdots\cdots ⓔ$$

일반에너지식 $\delta q = du + \delta w = du + P\,dv$에 식 (3-5-1), 식 ⓓ 및 식 ⓔ를 대입하면

$$c_p dT = c_v dT + RdT$$

가 된다. 따라서 다음과 같은 정압비열 c_p와 정적비열 c_v 사이의 관계식을 얻는다.

$$c_p = c_v + R \quad (3\text{-}5\text{-}8)$$

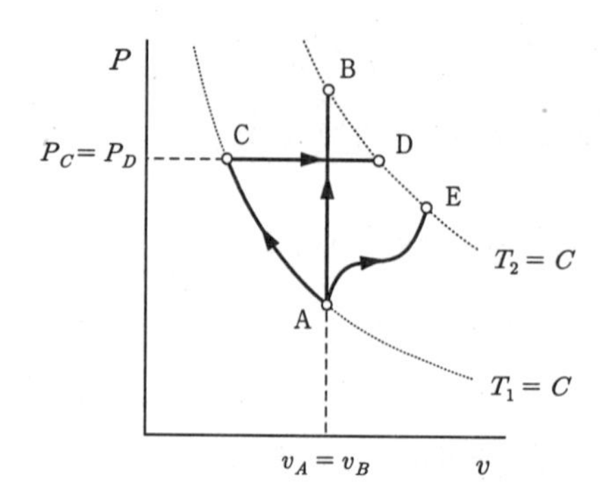

그림 3-5 완전가스의 내부에너지 변화

식 (3-5-8)에서 가스정수 $R > 0$이므로 정압비열이 정적비열보다 큼($c_p > c_v$)을 알 수 있다. 여기서 정압비열 c_p를 정적비열 c_v로 나눈 값을 비열비(比熱比, ratio of specific heat)

$$\kappa = \frac{c_p}{c_v} \tag{3-5-9}$$

로 정의하고, 이것을 식 (3-5-8)에 대입하여 정리하면 정압비열과 정적비열은 다음과 같다.

$$c_p = \frac{\kappa}{\kappa - 1} R, \quad c_v = \frac{1}{\kappa - 1} R \tag{3-5-10}$$

비열비 κ는 분자를 구성하는 원자 수에 관계되며 가스의 종류에 관계없이 구성 원자수가 같으면 비열비는 거의 같다.(표 3-1 참조)

$$\left.\begin{array}{l} \text{1원자 분자 : } \kappa = 5/3 \fallingdotseq 1.67 \text{ (예 ; He, Ar 등)} \\ \text{2원자 분자 : } \kappa = 7/5 \fallingdotseq 1.40 \text{ (예 ; 공기, } O_2, H_2, N_2, CO, HCl \text{ 등)} \\ \text{3원자 분자 : } \kappa = 4/3 \fallingdotseq 1.33 \text{ (예 ; } H_2O, CO_2, SO_2 \text{ 등)} \end{array}\right\} \tag{3-5-11}$$

예제 3-11

분자량이 30인 가스의 정압비열이 0.9983 kJ/kgK이다. 이 가스의 정적비열과 비열비를 구하여라.

풀이 (1) 정적비열
M=30 이므로 먼저 가스정수 R을 구하면 식 (3-3-3)으로부터

$$R=\frac{R_u}{M}=\frac{8.3143}{30}=0.2771\ \mathrm{kJ/kgK}$$

이고 정압비열이 $c_p=0.9983\ \mathrm{kJ/kgK}$ 이므로 식 (3-5-8)에서

$$c_v=c_p-R=0.9983-0.2771=0.7212\ \mathrm{kJ/kgK}$$

(2) 비열비
식 (3-5-9)로부터

$$\kappa=\frac{c_p}{c_v}=\frac{0.9983}{0.7212}=1.384$$

예제 3-12

공기의 분자량은 28.964이다. 정압비열과 정적비열을 구하여라.

풀이 (1) 정압비열
M=28.964 이므로 가스정수 R은 식 (3-3-3)에서

$$R=\frac{R_u}{M}=\frac{8.3143}{28.964}=0.2871\ \mathrm{kJ/kgK}$$

이고 식 (3-5-11)에서 공기의 비열비가 $\kappa\fallingdotseq 1.40$이므로 정압비열은 식 (3-5-10)에서

$$c_p=\frac{\kappa}{\kappa-1}R=\frac{1.40}{1.40-1}\times 0.2871=1.005\ \mathrm{kJ/kgK}$$

(2) 정적비열
정적비열은 식 (3-5-10)에서

$$c_v=\frac{1}{\kappa-1}R=\frac{1}{1.40-1}\times 0.2871=0.7178\ \mathrm{kJ/kgK}$$

예제 3-13

표준기압에서 공기 10 kg을 10℃로부터 100℃까지 정적 하에 가열하는 경우에 대하여 다음을 구하고 상태변화 과정을 $P-V$선도에 도시하여라. 공기의 비열과 가스정수는 표 3-1을 참고하여라.

(1) 공기의 체적 (2) 가열 후 공기의 압력
(3) 가열량 (4) 내부에너지 변화량
(5) 엔탈피 변화량 (6) 상태변화 도시

풀이 (1) 공기의 체적
P_1=101.325 kPa, m=10 kg, t_1=10℃이고 가스정수는 표 3-1에서 R=0.2872 kJ/kgK 이므로 체적 V_1은 완전가스의 상태식 $P_1 V=mRT_1$으로부터

$$V = \frac{mRT_1}{P_1} = \frac{10 \times 0.2872 \times (10 + 273)}{101.325} = 8.021\ \text{m}^3$$

(2) 가열 후 공기의 압력

t_2=100℃ 이므로 완전가스의 상태식 $P_2 V = mRT_2$로부터

$$P_2 = \frac{mRT_1}{V} = \frac{10 \times 0.2872 \times (100 + 273)}{8.021} = 133.556\ \text{kPa}$$

또는 상태식 $PV = mRT$를 변형하면 $\frac{P}{T} = \frac{mR}{V} = C$(일정)하므로 $\frac{P_1}{T_1} = \frac{P_2}{T_2}$에서

$$P_2 = P_1 \frac{T_2}{T_1} = 101.325 \times \frac{100 + 273}{10 + 273} = 133.548\ \text{kPa}$$

※ 앞의 계산에 이용된 V=8.021 m³ 대신 보다 정확한 V=8.02147545 m³를 대입하면 뒤의 계산 결과와 같은 P_2=133.548 kPa이 된다.

(3) 가열량

정적 하에 가열하는 것이므로 비열방정식 $Q = mc(T_2 - T_1)$의 비열 c 대신에 정적비열 c_v를 대입하고, 표 3-1에서 공기의 정적비열이 $c_v = 0.7171$ kJ/kgK 이므로 가열량은

$$Q = mc_v(T_2 - T_1) = 10 \times 0.7171 \times (100 - 10) = 645.39\ \text{kJ}$$

(4) 내부에너지 변화량

식 (3-5-3)에서 내부에너지 변화량은 가열량과 같다. 즉

$$\Delta U = Q = mc_v(T_2 - T_1) = 10 \times 0.7171 \times (100 - 10) = 645.39\ \text{kJ}$$

(5) 엔탈피 변화량

표 3-1에서 공기의 정압비열이 $c_p = 1.005$ kJ/kgK 이므로 식 (3-5-6)에서

$$\Delta H = H_2 - H_1 = mc_p(T_2 - T_1) = 10 \times 1.005 \times (100 - 10) = 904.5\ \text{kJ}$$

(6) 상태변화 도시

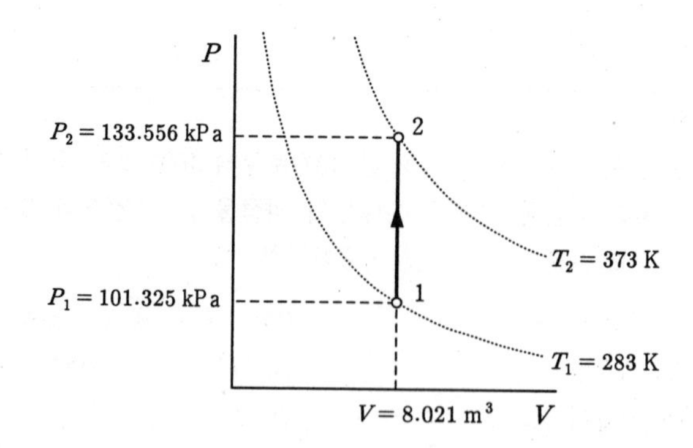

그림 3-6 공기의 정적변화

3-6 완전가스의 가역변화

각종 열기관의 작동유체는 완전가스는 아니지만 완전가스로 취급하여 사이클을 해석하면 매우 편리하다. 작동유체의 사이클을 해석하려면 기관 내 작동유체의 열역학적 상태변화를 고찰하여야 한다. 본 절에서는 이러한 상태변화를 가역변화로 취급하여 가스의 P, v, T 관계(특성식), 절대일 w, 공업일 w_t, 계를 출입하는 열(수수열) q, 내부에너지 변화량 Δu 및 엔탈피 변화량 Δh 등을 알아본다.

[1] 정압변화

그림 3-7과 같이 완전가스가 열역학적 상태 1(P, v_1, T_1)에서 상태 2(P, v_2, T_2)까지 일정한 압력($P = C$)하에 상태변화하는 과정을 정압변화(constant pressure change)라 하며, 등압변화(等壓變化, isobaric change)라고도 한다.

① P, v, T 관계(특성식)

완전가스의 특성식 $Pv = RT$를 상태 1과 2에 적용시키면 $Pv_1 = RT_1$, $Pv_2 = RT_2$이므로 다음과 같은 관계를 얻는다. 이 식이 바로 Charles의 법칙을 나타내는 식이다.

$$\frac{v_1}{T_1} = \frac{v_2}{T_2} = \frac{v}{T} = C \quad \left(\text{또는 } \frac{V_1}{T_1} = \frac{V_2}{T_2} = \frac{V}{T} = C\right) \tag{3-6-1}$$

② 절대일

절대일(밀폐계의 일)의 정의식 (2-5-9)에서 $P = C$이므로

$$w = \int_1^2 P dv = P(v_2 - v_1) = R(T_2 - T_1) \tag{3-6-2}$$

절대일 w는 그림 3-7에서 음영부분의 면적과 같다.

③ 공업일

공업일(개방계의 일)의 정의식 (2-6-13)에서 $P = C$이므로 $dP = 0$이다. 정압변화에서는 공업일은 하지 않는다.

$$w_t = -\int_1^2 v\,dP = 0 \tag{3-6-3}$$

④ 계를 출입하는 열(수수열)

일반에너지식 $\delta q = du + Pdv$ 를 상태 1에서 2까지 적분하면

$$q = \int_1^2 du + \int_1^2 Pdv = (u_2 - u_1) + P(v_2 - v_1) = h_2 - h_1 = c_p(T_2 - T_1)$$

로부터

$$q = \Delta h = h_2 - h_1 = c_p(T_2 - T_1) \tag{3-6-4}$$

이 식은 엔탈피 정의식으로부터 얻을 수도 있다. 엔탈피 정의식 $h = u + Pv$를 전미분하면

$$dh = du + Pdv + v\,dP = \delta q + v\,dP = \delta q \quad (\because \text{ 정압이므로 } dP = 0)$$

이며, 완전가스의 엔탈피 식 (3-5-4)에서 $dh = c_p dT$이므로 위의 식은 $\delta q = dh = c_p dT$가 된다. 이것을 상태 1에서 2까지 적분하면 식 (3-6-4)와 같은 결과를 얻는다.

또는 비열방정식 $\delta q = c_m dT$ 에서 평균비열 c_m 대신에 정압변화에서의 평균비열 c_p를 대입한 식 $\delta q = c_p dT$를 상태 1에서 상태 2까지 적분하여도 된다.

⑤ 내부에너지와 엔탈피 변화량

완전가스의 내부에너지와 엔탈피는 온도만의 함수이므로 식 (3-5-3)과 (3-5-6)에서

$$\left.\begin{aligned} \Delta u &= u_2 - u_1 = c_v(T_2 - T_1) \\ \Delta h &= h_2 - h_1 = c_p(T_2 - T_1) \end{aligned}\right\} \tag{3-6-5}$$

으로 된다. 내부에너지와 엔탈피 변화량은 다른 상태변화에서도 항상 같다.

이상과 같이 정압변화에서 계를 출입하는 열 q는 작동유체의 엔탈피 변화량 Δh와 같으며 내부에너지 변화량 Δu와 절대일 w의 합과 같다.

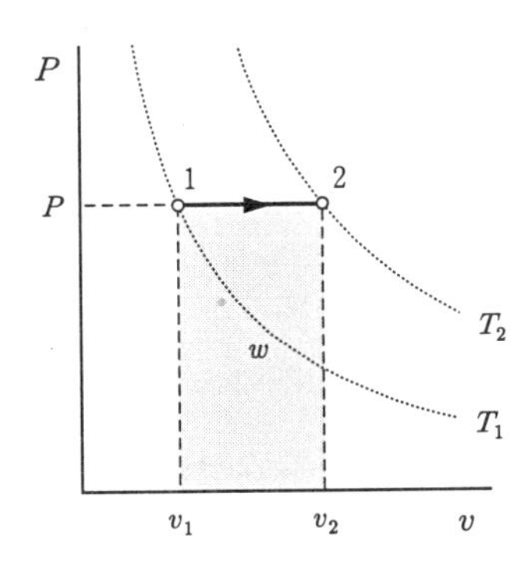

그림 3-7 완전가스의 정압(등압)변화

예제 3-14

0℃, 5 kg의 공기가 일정한 압력 하에서 체적이 2 m³에서 3.5 m³로 팽창하였다. 다음을 구하고 상태변화 과정을 $P-V$선도에 도시하여라. 단, 공기의 가스정수, 정압비열 및 정적비열은 각각 R=0.2872 kJ/kgK, c_p=1.005 kJ/kgK, c_v=0.7171 kJ/kgK이다.

(1) 공기의 압력
(2) 팽창 후 공기의 온도
(3) 가열량
(4) 절대일
(5) 내부에너지 변화량
(6) 엔탈피 변화량
(7) 상태변화 도시

풀이 (1) 공기의 압력

t_1=0℃, m=5 kg, V_1=2 m³, R=0.2872 kJ/kgK 이므로 상태 1에 대한 완전가스의 특성식 $PV_1 = mRT_1$에서 압력 P는

$$P = \frac{mRT_1}{V_1} = \frac{5 \times 0.2872 \times (0+273)}{2} = 196.014\,\text{kPa}$$

(2) 팽창 후 공기의 온도

V_2=3.5 m³ 이므로 상태 2에 대한 완전가스의 특성식 $PV_2 = mRT_2$에서 온도 t_2는

$$t_2 = T_2 - 273 = \frac{PV_2}{mR} - 273 = \frac{196.014 \times 3.5}{5 \times 0.2872} - 273 = 204.75℃$$

또는 식 (3-6-1)을 이용하면

$$t_2 = T_2 - 273 = T_1 \frac{V_2}{V_1} - 273 = (0+273) \times \frac{3.5}{2} - 273 = 204.75℃$$

(3) 가열량

m=5 kg이고 $c_p = 1.005\,\text{kJ/kgK}$ 이므로 식 (3-6-4)를 이용하면 가열량 Q는

$$Q = mq = mc_p(T_2 - T_1) = 5 \times 1.005 \times (204.75 - 0) = 1028.87 \text{ kJ}$$

(4) 절대일

m=5 kg이므로 식 (3-6-2)를 이용하면 절대일 W는

$$W = mw = mP(v_2 - v_1) = P(V_2 - V_1) = 196.014 \times (3.5 - 2) = 294.02 \text{ kJ}$$

(5) 내부에너지 변화량

m=5 kg, c_v=0.7171 kJ/kgK 이므로 식 (3-6-5)를 이용하면 내부에너지 변화량 ΔU는

$$\Delta U = mc_v(T_2 - T_1) = 5 \times 0.7171 \times (204.75 - 0) = 734.13 \text{ kJ}$$

(6) 엔탈피 변화량

정압변화에서는 가열량과 엔탈피 변화량이 같으므로

$$Q = \Delta H = 1028.87 \text{ kJ}$$

(7) 상태변화 도시

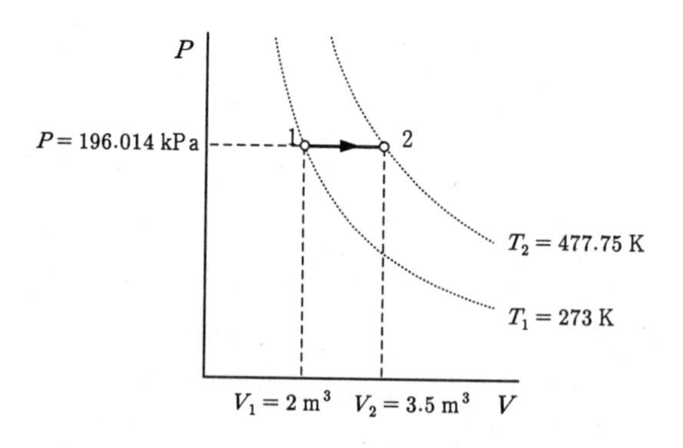

그림 3-8 공기의 정압(등압)변화

예제 3-15

20℃, 0.3 MPa인 수소 2 kg을 정압 하에 냉각시켰더니 체적이 7.5 m³로 되었다. 수소의 비열비가 1.41, 가스정수가 4.125 kJ/kgK일 때 다음을 구하여라.

(1) 냉각 전 수소의 체적
(2) 냉각 후 수소의 온도
(3) 방열량
(4) 내부에너지 변화량
(5) 엔탈피 변화량

풀이 (1) 냉각 전 수소의 체적

t_1=20℃, P=0.3 MPa=C, m=2 kg, R=4.125 kJ/kgK 이므로 상태 1에 대한 완전가스의 특성식 $PV_1 = mRT_1$에서 체적 V_1은

$$V_1 = \frac{mRT_1}{P} = \frac{2 \times 4.125 \times (20 + 273)}{0.3 \times 10^3} = 8.06 \text{ m}^3$$

(2) 냉각 후 수소의 온도

V_2=7.5 m^3 이므로 상태 2에 대한 완전가스의 특성식 $PV_2 = mRT_2$에서 온도 t_2는

$$t_2 = T_2 - 273 = \frac{PV_2}{mR} - 273 = \frac{0.3\times10^3\times7.5}{2\times4.125} - 273 = -0.27℃$$

※ 앞의 예제 3-15와 같이 식 (3-6-1)을 이용하여도 된다.

(3) 가열량

식 (3-5-10)에서 정압비열이 $c_p = \frac{\kappa}{\kappa-1}R$ 이므로 식 (3-6-4)를 이용하여 가열량 Q를 구하면

$$Q = mq = mc_p(T_2 - T_1) = m\frac{\kappa}{\kappa-1}R(T_2 - T_1)$$

$$= 2\times\frac{1.41}{1.41-1}\times4.125\times\{(-0.27)-20\} = -575.1 \text{ kJ}$$

※ "-" 부호는 약속에 의해 방열을 의미함.

(4) 내부에너지 변화량

식 (3-5-10)에서 정적비열이 $c_p = \frac{1}{\kappa-1}R$ 이므로 식 (3-6-5)를 이용하면 내부에너지 변화량 ΔU를 구하면

$$\Delta U = mc_v(T_2 - T_1) = m\frac{1}{\kappa-1}R(T_2 - T_1)$$

$$= 2\times\frac{1}{1.41-1}\times4.125\times\{(-0.27)-20\} = -407.87 \text{ kJ}$$

※ "-" 부호는 내부에너지가 감소하는 것을 의미함.

(5) 엔탈피 변화량

정압변화에서는 가열량과 엔탈피 변화량이 같으므로

$Q = \Delta H = -575.1$ kJ이다.

※ "-" 부호는 엔탈피가 감소하는 것을 의미함.

[2] 정적변화

그림 3-9와 같이 완전가스가 열역학적 상태 1(P_1, v, T_1)에서 상태 2(P_2, v, T_2)까지 일정한 체적($V = C$) 또는 비체적($v = C$)하에 상태변화하는 과정을 정적변화(constant volume change)라 하며, 등적변화(等積變化, isometric change)라고도 한다.

① P, v, T 관계(특성식)

완전가스의 특성식 $Pv = RT$를 상태 1과 2에 적용하면 $P_1 v = RT_1$, $P_2 v = RT_2$이므로 다음과 같은 관계를 얻는다.

$$\frac{P_1}{T_1} = \frac{P_2}{T_2} = \frac{P}{T} = C \tag{3-6-6}$$

② 절대일

절대일(밀폐계의 일)의 정의식 (2-5-9)에서 $v = C$이므로 $dv = 0$이다. 따라서 정적변화를 하는 경우에는 절대일이 없다.

$$w = \int_1^2 P\,dv = 0 \tag{3-6-7}$$

③ 공업일

공업일(개방계의 일)의 정의식 (2-6-13)에서 $v = C$이므로

$$w_t = -\int_1^2 v\,dP = v(P_1 - P_2) = R(T_1 - T_2) \tag{3-6-8}$$

공업일 w_t는 그림 3-9에서 음영부분의 면적과 같다.

④ 계를 출입하는 열(수수열)

일반에너지식 $\delta q = du + P\,dv$에서 $dv = 0$이고 완전가스의 내부에너지 정의식 (3-5-1)에서 $du = c_v\,dT$이므로 $\delta q = c_v\,dT$이다. 이 식을 상태 1에서 2까지 적분하면

$$q = \int_1^2 du = \int_1^2 c_v\,dT = c_v(T_2 - T_1) \tag{3-6-9}$$

이므로 $q = \Delta u = c_v(T_2 - T_1)$이다.

⑤ 내부에너지와 엔탈피 변화량

내부에너지와 엔탈피 변화량은 식 (3-6-5)와 같다. 즉

$$\left.\begin{aligned} \Delta u &= u_2 - u_1 = c_v(T_2 - T_1) \\ \Delta h &= h_2 - h_1 = c_p(T_2 - T_1) \end{aligned}\right\} \tag{3-6-5}$$

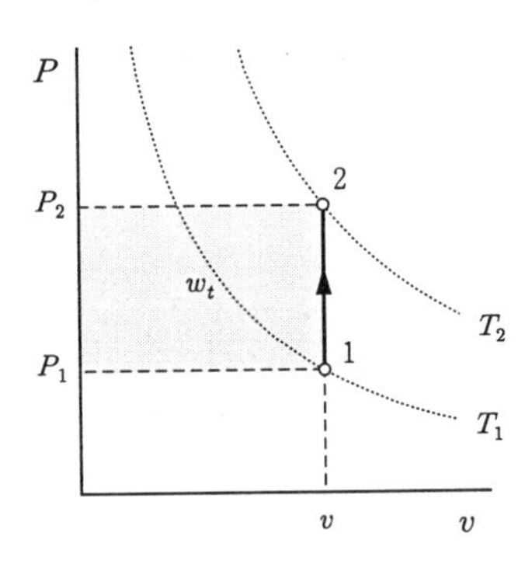

그림 3-9 완전가스의 정적(등적)변화

이상에서 정적변화에서 계를 출입하는 열 q는 모두 내부에너지 변화(Δu)에만 사용되며 외부에 대한 절대일(w)은 없다.

예제 3-16

15℃의 공기 2.5 kg이 0.3 m^{3}의 견고한 용기에 들어 있다. 용기를 가열하였더니 공기의 온도가 50℃로 되었다. 공기의 가스정수, 정압비열 및 정적비열이 각각 0.2872 kJ/kgK, 1.005 kJ/kgK, 0.7171 kJ/kgK일 때 다음을 구하여라.

(1) 가열 전 공기의 압력　　(2) 가열 후 공기의 압력
(3) 가열량　　(4) 내부에너지 변화량
(5) 엔탈피 변화량

풀이 (1) 가열 전 공기의 압력

t_1=15℃, m=2.5 kg, V=0.3 m^3= C, R=0.2872 kJ/kgK 이므로 상태 1에 대한 완전가스 특성식 $P_1 V = mRT_1$에서 압력 P_1은

$$P_1 = \frac{mRT_1}{V} = \frac{2.5 \times 0.2872 \times (15+273)}{0.3} = 689.28\,\text{kPa}$$

(2) 가열 후 공기의 압력

t_2=50℃ 이므로 상태 2에 대한 완전가스의 특성식 $P_2 V = mRT_2$에서 압력 P_2는

$$P_2 = \frac{mRT_2}{V} = \frac{2.5 \times 0.2872 \times (50+273)}{0.3} = 773.05\,\text{kPa}$$

또는 식 (3-6-6)을 이용하면

$$P_2 = P_1 \frac{T_2}{T_1} = 689.28 \times \frac{50+273}{15+273} = 773.05\,\text{kPa}$$

(3) 가열량

$c_v = 0.7171\,\text{kJ/kgK}$이므로 식 (3-6-9)를 이용하여 가열량 Q를 구하면

$$Q = m\,q = mc_v(T_2 - T_1) = 2.5 \times 0.7171 \times (50 - 15) = 62.75 \text{ kJ}$$

(4) 내부에너지 변화량

정적변화에서는 가열량 Q와 내부에너지 변화량 ΔU가 같으므로

$$\Delta U = 62.75 \text{ kJ}$$

(5) 엔탈피 변화량

$c_p = 1.005 \text{ kJ/kgK}$ 이므로 식 (3-6-5)를 이용하면

$$\Delta H = m\Delta h = mc_p(T_2 - T_1) = 2.5 \times 1.005 \times (50 - 15) = 87.94 \text{ kJ}$$

위의 상태변화를 $P-V$선도에 도시하면 아래 그림과 같다.

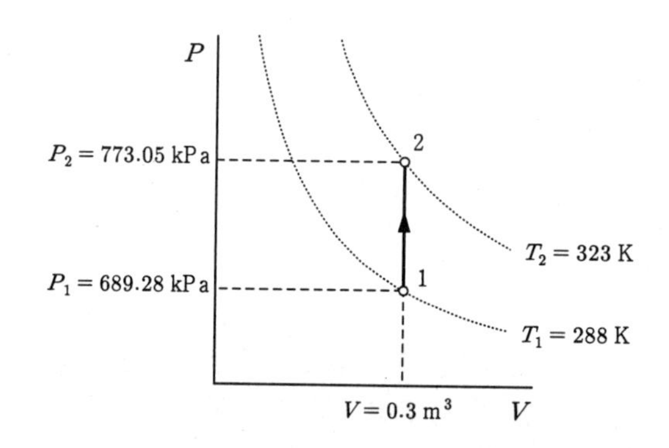

그림 3-10 공기의 정적(등적)변화

예제 3-17

1 kg의 질소가스가 그림 3-11과 같이 정적 팽창된다. 질소의 가스정수와 정적 비열이 각각 296.9 J/kgK, 742.1 J/kgK일 때 다음을 구하여라.

(1) 질소의 비체적 (2) 팽창 전 질소의 온도 (3) 수수열

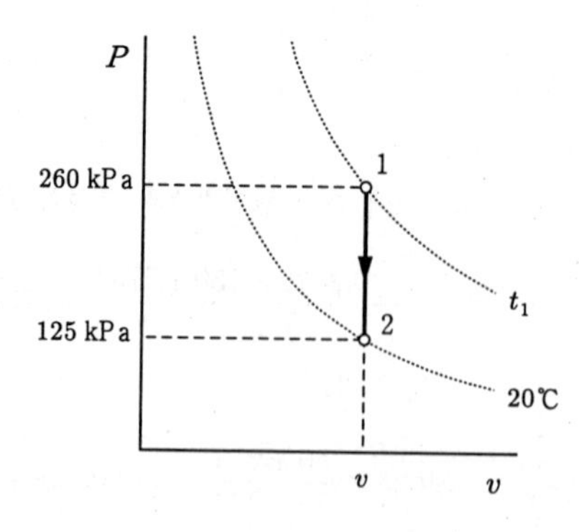

그림 3-11 질소의 정적팽창

풀이 (1) 질소의 비체적

그림에서 팽창 후 질소의 압력이 $P_2 = 125\,\text{kPa}$, 온도가 t_2=20℃이고 R=296.9 J/kgK 이므로 상태 2에 대한 완전가스 특성식 $P_2 v = RT_1$에서 비체적 v는

$$v = \frac{RT_2}{P_1} = \frac{296.9 \times (20 + 273)}{125 \times 10^3} = 0.696\ \text{m}^3/\text{kg}$$

(2) 팽창 전 질소의 온도

그림에서 팽창 전 질소의 압력이 $P_1 = 260\,\text{kPa}$, t_2=50℃ 이므로 식 (3-6-6)에서

$$t_1 = T_1 - 273 = T_2 \frac{P_1}{P_2} - 273 = (20 + 273) \times \frac{260}{125} - 273 = 336.44℃$$

또는 상태 1에 대한 완전가스 특성식 $P_1 v = RT_1$를 이용하면 팽창 전 온도 t_1은

$$t_1 = T_1 - 273 = \frac{P_1 v}{R} - 273 = \frac{(260 \times 10^3) \times 0.696}{296.9} - 273 = 336.5℃$$

이다. 만일 위의 계산에서 비체적의 정밀한 값 v=0.6959336 m^{3}을 대입하여 계산하면 앞의 결과와 같은 t_1=336.44℃를 얻는다.

(3) 수수열

c_v=742.1 J/kgK 이므로 식 (3-6-9)를 이용하여 가열량 q를 구하면

$$q = c_v(T_2 - T_1) = 742.1 \times (20 - 336.44) = -234{,}830\ \text{J/kg} = -234.83\ \text{kJ/kg}$$

※ "−" 부호는 약속에 의해 방열을 의미함.

[3] 등온변화

그림 3-12와 같이 완전가스가 열역학적 상태 1(P_1, v_1, T)에서 상태 2(P_2, v_2, T)까지 일정한 온도($T = C$)하에 상태변화하는 과정을 등온변화(isothermal change)라 하며, 정온변화(constant temperature change)라고도 한다.

① P, v, T 관계(특성식)

완전가스의 특성식 $Pv = RT$를 상태 1과 2에 적용하면 $P_1 v_1 = RT$, $P_2 v_2 = RT$ 이므로 다음과 같은 관계를 얻는다. 이 식은 Boyle의 법칙과 같다.

$$P_1 v_1 = P_2 v_2 = P v = C \ (\text{또는 } P_1 V_1 = P_2 V_2 = P V = C) \quad (3\text{-}6\text{-}10)$$

② 절대일

완전가스 특성식 $Pv = RT$에서 $P = RT/v$이므로 이것을 절대일의 정의식 (2-5-9)에 대입하여 상태 1에서 2까지 적분하면

$$w=\int_1^2 P\,dv=\int_1^2 RT\frac{dv}{v}=RT\int_1^2\frac{dv}{v}=RT(\ln v_2-\ln v_1)=RT\ln\left(\frac{v_2}{v_1}\right)$$

식 (3-6-10)에서 $(v_2/v_1)=(P_1/P_2)$이므로 위의 식은 다음과 같아진다.

$$w=\int_1^2 P\,dv=RT\ln\left(\frac{v_2}{v_1}\right)=RT\ln\left(\frac{P_1}{P_2}\right) \tag{3-6-11}$$

절대일 w는 그림 3-12에서 빗금 친 사다리꼴의 면적과 같다.

③ 공업일

완전가스 특성식 $Pv=RT$에서 $v=RT/P$이므로 공업일의 정의식 (2-6-13)에 대입하여 적분하면

$$w_t=-\int_1^2 v\,dP=-\int_1^2 RT\frac{dP}{P}=-RT(\ln P_2-\ln P_1)=RT\ln\left(\frac{P_1}{P_2}\right)$$

식 (3-6-10)에서 $(v_2/v_1)=(P_1/P_2)$이므로 위의 식은 다음과 같이 나타낼 수 있다.

$$w_t=-\int_1^2 v\,dP=RT\ln\left(\frac{P_1}{P_2}\right)=RT\ln\left(\frac{v_2}{v_1}\right)=w \tag{3-6-12}$$

공업일 w_t는 절대일 w와 같고 그림 3-12에서 빗금 친 사다리꼴의 면적과 같다.

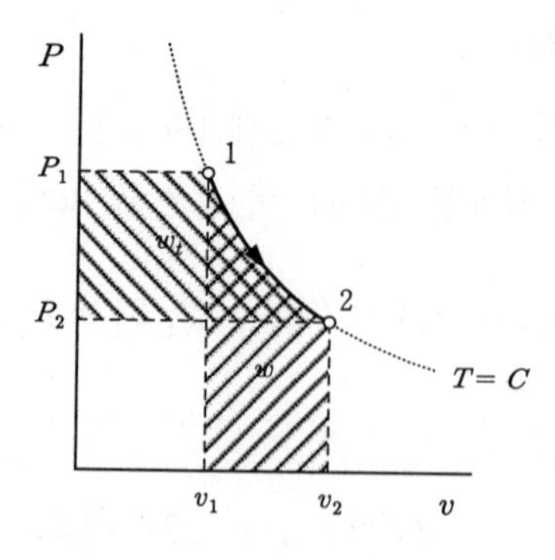

그림 3-12 완전가스의 등온(정온)변화

④ 계를 출입하는 열(수수열)

일반에너지식 $\delta q = du + Pdv$ 에서 $du = c_v dT = 0$($\because$ 등온변화 $T = C$이므로 $dT = 0$)이므로 $\delta q = Pdv = dw$이다. 이것을 상태 1에서 2까지 적분하면 $q = w = w_t$이므로 등온변화에서 계를 출입하는 열과 절대일 및 공업일은 같다.

$$q = w = w_t = RT\ln\left(\frac{v_2}{v_1}\right) = RT\ln\left(\frac{P_1}{P_2}\right) \tag{3-6-13}$$

⑤ 내부에너지와 엔탈피 변화량

식 (3-6-5)에서 등온변화이므로 $\Delta T = T_2 - T_1 = 0$이다. 따라서 내부에너지와 엔탈피 변화량은 없다. 즉

$$\left.\begin{aligned} \Delta u &= u_2 - u_1 = 0 \\ \Delta h &= h_2 - h_1 = 0 \end{aligned}\right\} \tag{3-6-14}$$

이상에서 완전가스가 등온변화를 하는 경우, 계를 출입하는 열 q는 모두 외부에 대한 절대일 w나 공업일 w_t로 바뀌고 내부에너지나 엔탈피가 변하지 않으므로 가장 이상적인 상태변화이다. 그러나 실제가스를 등온변화시키는 것은 불가능하다.

예제 3-18

125 kPa, 0.73 m^3/kg인 공기가 등온 하에 체적이 1/3로 압축되었다. 다음을 구하여라. 단, 공기의 가스정수는 R=0.2872 kJ/kgK이다.

(1) 공기의 온도 (2) 압축 후 공기의 압력
(3) 압축에 필요한 일 (4) 압축하는 동안 공기의 방열량

풀이 (1) 공기의 온도

P_1=125 kPa, v_1=0.73 m^3/kg, R=0.2872 kJ/kgK 이므로 압축 전 공기에 대한 특성식 $P_1v_1 = RT$에서

$$T = \frac{P_1v_1}{R} = \frac{125\times0.73}{0.2872} = 317.72\ \text{K}$$

이므로 t=44.72℃이다.

(2) 압축 후 공기의 압력

체적이 1/3로 압축되면 질량은 변함이 없으므로 비체적도 1/3로 압축된다. 즉 $v_2 = v_1/3$이므로 압축 후 공기의 특성식 $P_2v_2 = RT$에서 압력 P_2는

$$P_2 = \frac{RT}{v_2} = \frac{0.2872 \times (44.72 + 273)}{0.73/3} = 375 \text{ kPa}$$

또는 식 (3-6-10)을 이용하면

$$P_2 = P_1 \frac{v_1}{v_2} = P_1 \frac{v_1}{v_1/3} = 125 \times 3 = 375 \text{ kPa}$$

(3) 압축에 필요한 일

식 (3-6-11)에서 일 w는

$$w = RT \ln\left(\frac{v_2}{v_1}\right) = 0.2872 \times 317.72 \times \ln\left(\frac{v_1/3}{v_1}\right) = -100.25 \text{ kJ/kg}$$

※ 일의 부호가 "-"이므로 공기를 압축하는데 외부로부터 일을 공급해야 함

(4) 압축하는 동안 공기의 방열량

등온변화에서는 계를 출입하는 열량 q와 절대일 w가 같으므로

$$q = -100.25 \text{ kJ/kg}$$

※ 열의 부호가 "-"이므로 공기를 압축하는 동안 외부로 열을 방출해야 함

위의 상태변화를 $P-V$선도에 도시하면 아래 그림과 같다.

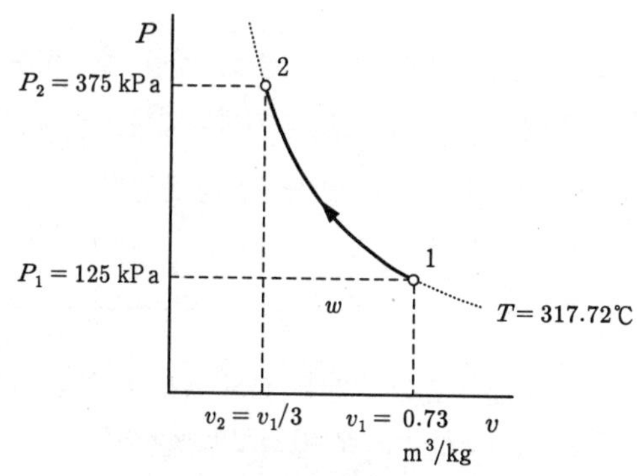

그림 3-13 공기의 등온압축

예제 3-19

압력이 10 bar, 체적이 2 m^{3}인 완전가스가 등온 하에 압력이 3.8 bar로 팽창되었다. 팽창을 위한 가열량을 구하여라.

풀이 P_1=10 bar=10×10^2 kPa, V_1=2 m^3, P_2=3.8 bar 이므로 가열량 Q는 식 (3-6-13)을 이용하면

$$Q = mq = mRT\ln\left(\frac{P_1}{P_2}\right) = P_1 V_1 \ln\left(\frac{P_1}{P_2}\right)$$

$$= (10 \times 10^2) \times 2 \times \ln\left(\frac{10}{3.8}\right) = 1935.17 \text{ kJ}$$

[4] 단열변화

그림 3-14와 같이 완전가스가 열역학적 상태 1(P_1, v_1, T_1)에서 상태 2(P_2, v_2, T_2)까지 변화하는 동안 계를 출입하는 열이 없는 과정($q=0$)을 단열변화(斷熱變化, adiabatic change)라 하며 등엔트로피변화(isentropic change, 4장에서 설명)라고도 한다.

① P, v, T 관계(특성식)

일반에너지식 $\delta q = du + Pdv$에서 $\delta q = 0(\because q=0)$이고 $du = c_v\,dT$ 이므로

$$c_v\,dT + Pdv = 0 \quad \cdots\cdots\cdots\cdots \text{ⓐ}$$

이고, 완전가스 특성식 $Pv = RT$의 전미분 $Pdv + vdP = RdT$에서

$$dT = \frac{Pdv + vdP}{R} \quad \cdots\cdots\cdots\cdots \text{ⓑ}$$

이므로 식 ⓑ를 식 ⓐ에 대입하고, 정압비열과 정적비열의 관계 $c_p = c_v + R$ 및 비열비 $\kappa = c_p/c_v$를 고려하여 식을 정리하면

$$\frac{dP}{P} + \kappa\frac{dv}{v} = 0 \quad \cdots\cdots\cdots\cdots \text{ⓒ}$$

으로 된다. 위의 식 ⓒ를 적분하면 다음과 같다.

$$\ln P + \kappa \ln v = \ln C = \text{constant(일정)} \quad \cdots\cdots \text{ⓓ}$$

식 ⓓ를 정리하여 다시 쓰면 아래와 같다.

$$Pv^{\kappa} = C \ (\text{또는 } PV^{\kappa} = C) \tag{3-6-15}$$

따라서 식 (3-6-15)를 상태 1과 상태 2에 적용하면

$$P_1 v_1^{\kappa} = P_2 v_2^{\kappa} = C \ (\text{또는 } P_1 V_1^{\kappa} = P_2 V_2^{\kappa} = C) \tag{3-6-16}$$

이다. 위의 식 (3-6-15)와 (3-6-16)은 완전가스가 단열변화를 할 때 가스의 압력과 비체적(체적)과의 관계를 나타내는 식으로 비열비 κ를 단열지수(斷熱指數, adiabatic exponent)라 한다.

한편, 특성식에서 $P = RT/v$, $v = RT/P$이므로 이들을 식 (3-6-15)에 대입하여 정리하면 아래와 같은 절대온도-비체적(체적) 및 절대온도-압력의 관계식을 얻는다.

$$Tv^{\kappa-1} = C \text{ (또는 } TV^{\kappa-1} = C) \tag{3-6-17}$$

$$T_1 v_1^{\kappa-1} = T_2 v_2^{\kappa-1} = C \text{ (또는 } T_1 V_1^{\kappa-1} = T_2 V_2^{\kappa-1} = C) \tag{3-6-18}$$

$$TP^{\frac{1-\kappa}{\kappa}} = C \text{ (또는 } T_1 P_1^{\frac{1-\kappa}{\kappa}} = T_2 P_2^{\frac{1-\kappa}{\kappa}} = C) \tag{3-6-19}$$

그리고 식 (3-6-16), (3-6-18) 및 (3-6-19)에서 아래와 같은 관계식을 얻을 수 있다.

$$\frac{P_2}{P_1} = \left(\frac{v_1}{v_2}\right)^{\kappa}, \quad \frac{T_2}{T_1} = \left(\frac{v_1}{v_2}\right)^{\kappa-1}, \quad \frac{T_2}{T_1} = \left(\frac{P_2}{P_1}\right)^{\frac{\kappa-1}{\kappa}} \text{ 로부터}$$

$$\frac{T_2}{T_1} = \left(\frac{v_1}{v_2}\right)^{\kappa-1} = \left(\frac{P_2}{P_1}\right)^{\frac{\kappa-1}{\kappa}} \text{ (또는 } \frac{T_2}{T_1} = \left(\frac{V_1}{V_2}\right)^{\kappa-1} = \left(\frac{P_2}{P_1}\right)^{\frac{\kappa-1}{\kappa}}) \tag{3-6-20}$$

② 절대일

일반에너지식 $\delta q = du + Pdv = du + \delta w = 0$에서 $\delta w = p\,dv = -du = -c_v dT$이므로 상태 1에서 상태 2까지 적분하면

$$w = \int_1^2 P dv = -\int_1^2 c_v dT = c_v (T_1 - T_2)$$

이며, $c_v = R/(\kappa - 1)$과 식 (3-6-20)을 고려하여 정리하면 절대일 w는 아래와 같다.

$$\begin{aligned} w &= c_v (T_1 - T_2) = \frac{1}{\kappa - 1} R(T_1 - T_2) = \frac{1}{\kappa - 1}(P_1 v_1 - P_2 v_2) \\ &= \frac{RT_1}{\kappa - 1}\left\{1 - \left(\frac{T_2}{T_1}\right)\right\} = \frac{RT_1}{\kappa - 1}\left\{1 - \left(\frac{v_1}{v_2}\right)^{\kappa-1}\right\} \\ &= \frac{RT_1}{\kappa - 1}\left\{1 - \left(\frac{P_2}{P_1}\right)^{\frac{\kappa-1}{\kappa}}\right\} \end{aligned} \tag{3-6-21}$$

또한 상태 1에 대해 $P_1 v_1 = RT_1$이므로 식 (3-6-21)에 대힙하면 절대일 w는 다음과 같이 쓸 수도 있다.

$$w = \frac{P_1 v_1}{\kappa - 1}\left\{1 - \left(\frac{T_2}{T_1}\right)\right\} = \frac{P_1 v_1}{\kappa - 1}\left\{1 - \left(\frac{v_1}{v_2}\right)^{\kappa - 1}\right\}$$

$$= \frac{P_1 v_1}{\kappa - 1}\left\{1 - \left(\frac{P_2}{P_1}\right)^{\frac{\kappa - 1}{\kappa}}\right\} \qquad (3\text{-}6\text{-}22)$$

이번에는 다른 방법으로 절대일 w를 유도해 본다. 식 (3-6-15)와 식 (3-6-16)으로부터 $Pv^\kappa = P_1 v_1^\kappa$이므로 $P = (P_1 v_1^\kappa)/v^\kappa$이다. 이것을 절대일의 정의식 (2-5-9)에 대입하여 적분하면

$$w = \int_1^2 P\,dv = \int_1^2 P_1 v_1^\kappa \frac{dv}{v^\kappa} = P_1 v_1^\kappa \int_1^2 v^{-\kappa} dv = P_1 v_1^\kappa \left[\frac{v^{1-\kappa}}{1-\kappa}\right]_{v_1}^{v_2}$$

$$= \frac{P_1 v_1^\kappa}{1-\kappa}\left(v_2^{1-\kappa} - v_1^{1-\kappa}\right) = \frac{1}{1-\kappa}\left(P_2 v_2^\kappa \cdot v_2^{1-\kappa} - P_1 v_1^\kappa \cdot v_1^{1-\kappa}\right)$$

$$= \frac{1}{1-\kappa}(P_2 v_2 - P_1 v_1) = \frac{R}{\kappa - 1}(T_1 - T_2)$$

이므로 식 (3-6-21)과 일치한다. 절대일 w는 그림 3-14에서 빗금 친 사다리꼴 ⧅의 면적과 같다.

③ 공업일

엔탈피 정의식 $h = u + Pv$의 전미분 $dh = du + P\,dv + v\,dP = \delta q + v\,dP = \delta q - \delta w_t$에서 $\delta q = 0$이므로 $\delta w_t = -dh$이다. 여기서 $dh = c_p dT$를 대입하여 상태 1에서 상태 2까지 적분하고 $c_p = \kappa c_v$를 고려하여 정리하면 공업일 w_t는 다음과 같다.

$$w_t = -\int_1^2 v\,dP = -\int_1^2 dh = h_1 - h_2 = c_p(T_1 - T_2)$$

$$= \kappa c_v (T_1 - T_2) = \kappa w$$

즉 공업일 w_t는 절대일 w의 κ배와 같으며 그림 3-14에서 빗금 친 사다리꼴 ⧅의 면적과 같다.

$$w_t = \kappa w = c_p(T_1 - T_2) = \frac{\kappa}{\kappa - 1} R(T_1 - T_2) = \frac{\kappa}{\kappa - 1}(P_1 v_1 - P_2 v_2)$$

$$= \frac{\kappa}{\kappa - 1} R T_1 \left\{1 - \left(\frac{T_2}{T_1}\right)\right\} = \frac{\kappa}{\kappa - 1} R T_1 \left\{1 - \left(\frac{v_1}{v_2}\right)^{\kappa - 1}\right\}$$

$$= \frac{\kappa}{\kappa - 1} RT_1 \left\{ 1 - \left(\frac{P_2}{P_1} \right)^{\frac{\kappa - 1}{\kappa}} \right\} \tag{3-6-23}$$

또는

$$w_t = \frac{\kappa}{\kappa - 1} P_1 v_1 \left\{ 1 - \left(\frac{T_2}{T_1} \right) \right\} = \frac{\kappa}{\kappa - 1} P_1 v_1 \left\{ 1 - \left(\frac{v_1}{v_2} \right)^{\kappa - 1} \right\}$$

$$= \frac{\kappa}{\kappa - 1} P_1 v_1 \left\{ 1 - \left(\frac{P_2}{P_1} \right)^{\frac{\kappa - 1}{\kappa}} \right\} \tag{3-6-24}$$

④ 계를 출입하는 열(수수열)

단열변화이므로

$$q = 0 \tag{3-6-25}$$

⑤ 내부에너지와 엔탈피 변화량

내부에너지와 엔탈피 변화량은 식 (3-6-5)와 같다. 즉

$$\left. \begin{aligned} \Delta u &= u_2 - u_1 = c_v (T_2 - T_1) = -w \\ \Delta h &= h_2 - h_1 = c_p (T_2 - T_1) = -w_t \end{aligned} \right\} \tag{3-6-26}$$

이상을 종합하면 완전가스가 단열변화를 하는 경우는 외부로부터의 에너지 공급이 없으므로 내부에너지가 감소되어 외부에 대해 절대일을 하며, 엔탈피가 감소되어 공업일을 한다.

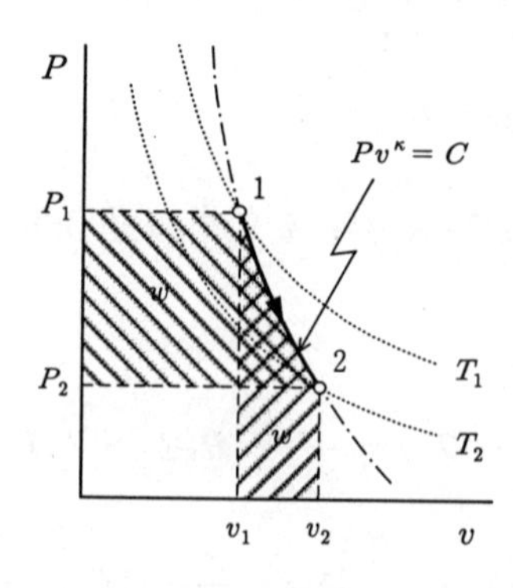

그림 3-14 완전가스의 단열(등엔트로피)변화

예제 3-20

비열비가 1.33인 완전가스를 150℃로부터 단열팽창시켰더니 체적이 4배로 되었다. 팽창 후 온도는 몇 ℃인가?

풀이 $\kappa=1.33$, $t_1=150$℃, $V_2=4V_1$ 이므로 식 (3-6-20)으로부터 팽창 후 온도 t_2는

$$t_2 = T_2 - 273 = T_1\left(\frac{V_1}{V_2}\right)^{\kappa-1} - 273 = (150+273)\times\left(\frac{V_1}{4V_1}\right)^{1.33-1} - 273 = -5.29℃$$

예제 3-21

완전가스를 단열압축하였더니 압력이 2.4배로 상승하였다. 체적은 어떻게 변하였는가? 단, 이 가스의 비열비는 1.4이다.

풀이 $P_2=2.4P_1$, $\kappa=1.4$ 이므로 식 (3-6-16)에서 압축 후 체적은

$$V_2 = V_1\left(\frac{P_1}{P_2}\right)^{\frac{1}{\kappa}} = V_1\left(\frac{P_1}{2.4P_1}\right)^{\frac{1}{1.4}} ≒ 0.535\,V_1$$

이므로 체적이 약 0.535배로 되었다.

예제 3-22

100 kPa, 10 kg의 공기가 단열변화하여 내부에너지가 800 kJ 증가하고 온도는 150℃로 되었다. 다음을 구하고 변화과정을 $P-V$선도에 도시하여라. 단, 공기의 가스정수, 정압비열, 정적비열 및 비열비는 각각 0.2872 kJ/kgK, 1.005 kJ/kgK, 0.7171 kJ/kgK, 1.4이다.

(1) 변화 전 공기의 온도
(2) 변화 전 공기의 체적
(3) 변화 후 공기의 압력
(4) 변화 후 공기의 체적
(5) 공기의 절대일
(6) 공기의 엔탈피 변화량
(7) 상태변화과정 도시

풀이 (1) 변화 전 공기의 온도

$m=10$ kg, $\Delta U=800$ kJ, $t_2=150$℃, $c_v=0.7171$ kJ/kgK 이므로 식 (3-6-26)을 이용하면 $\Delta U=m\Delta u=mc_v(T_2-T_1)$에서 변화 전 공기의 온도 t_1은

$$t_1 = T_1 - 273 = \left(T_2 - \frac{\Delta U}{mc_v}\right) - 273 = \left\{(150+273) - \frac{800}{10\times0.7171}\right\} - 273$$
$$= 38.44℃$$

(2) 변화 전 공기의 체적

상태 1(단열변화 전)에 대한 특성식 $P_1V_1=mRT_1$에서 $P_1=100$ kPa, $t_1=38.44$℃, $R=0.2872$ kJ/kgK 이므로 변화 전 공기의 체적 V_1은

$$V_1 = \frac{mRT_1}{P_1} = \frac{10 \times 0.2872 \times (38.44 + 273)}{100} = 8.94\ \mathrm{m^3}$$

(3) 변화 후 공기의 압력

식 (3-6-20)에서 $\kappa = 1.4$ 이므로 단열변화 후 공기의 압력 P_2는

$$P_2 = P_1 \left(\frac{T_2}{T_1}\right)^{\frac{\kappa}{\kappa-1}} = 100 \times \left(\frac{150 + 273}{38.44 + 273}\right)^{\frac{1.4}{1.4-1}} = 292\ \mathrm{kPa}$$

(4) 변화 후 공기의 체적

식 (3-6-20)에서 단열변화 후 체적 V_2는

$$V_2 = V_1 \left(\frac{T_2}{T_1}\right)^{\frac{1}{1-\kappa}} = 8.94 \times \left(\frac{150 + 273}{38.44 + 273}\right)^{\frac{1}{1-1.4}} = 4.16\ \mathrm{m^3}$$

또는 상태 2(단열변화 후)에 대한 특성식 $P_2 V_2 = mRT_2$에서

$$V_2 = \frac{mRT_2}{P_2} = \frac{10 \times 0.2872 \times (150 + 273)}{292} = 4.16\ \mathrm{m^3}$$

(5) 공기의 절대일

식 (3-6-26)에서 $\Delta u = -w$ 이며 $\Delta U = 800\ \mathrm{kJ}$ 이므로 절대일 W는

$$W = mw = m \cdot (-\Delta u) = -\Delta U = -800\ \mathrm{kJ}$$

이다. 또는 식 (3-6-21)을 이용하여 계산하여도 된다. 즉

$$W = mw = \frac{1}{\kappa - 1} mR(T_1 - T_2) = \frac{1}{1.4 - 1} \times 10 \times 0.2872 \times (38.44 - 150)$$
$$= -801\ \mathrm{kJ}$$

(6) 공기의 엔탈피 변화량

식 (3-6-26)을 이용하면 $\Delta H = -W_t = -\kappa W$ 이므로

$$\Delta H = -\kappa W = \kappa \Delta U = 1.4 \times 800 = 1120\ \mathrm{kJ}$$

(7) 상태변화과정 도시

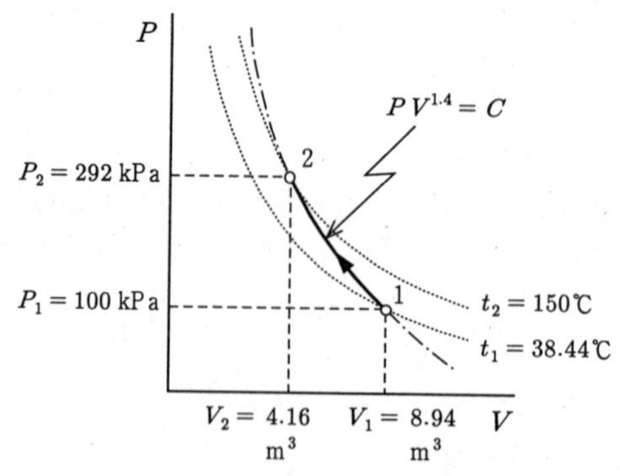

그림 3-15 공기의 단열(등엔트로피) 압축

[5] 폴리트로픽 변화

실제가스는 앞에서 설명한 4가지 기본적인 상태변화만을 하는 것이 아니라 다른 복잡한 변화를 하는 경우가 많다. 예를 들면 내연기관에서 부분적으로는 작동유체가 정압 또는 정적변화를 하나 등온변화나 단열변화는 하지 않는다. 따라서 가스의 일반적인 변화를 취급해야 할 필요가 있다.

가스의 실질적인 상태변화를 고려하기 위하여 위의 4가지를 포함하는 일반적인 상태변화를 폴리트로픽 변화(polytropic change)라 하며 다음의 식으로 나타낸다.

$$Pv^n = C \ (\text{또는 } PV^n = C) \tag{3-6-27}$$

여기서 지수 n을 폴리트로픽 지수(polytropic exponent)라 하며, $-\infty \le n \le \infty$ 값을 갖는다.

폴리트로픽 변화는 일반적인 변화이므로 지수 n의 값에 따라 앞에서 설명한 4가지 기본적인 상태변화가 된다.

$n=0$일 때, 식 (3-6-27)은 $P=C$이므로 정압변화
$n=1$일 때, 식 (3-6-27)은 $Pv=C$, 즉 $T=C$이므로 등온변화
$n=\kappa$일 때, 식 (3-6-27)은 $Pv^n=C$이므로 단열변화
$n=\infty$일 때, 식 (3-6-27)의 양변을 n승으로 나누면 $v=C$이므로 정적변화

이것을 $P-v$ 선도에 나타내면 그림 3-16과 같다.

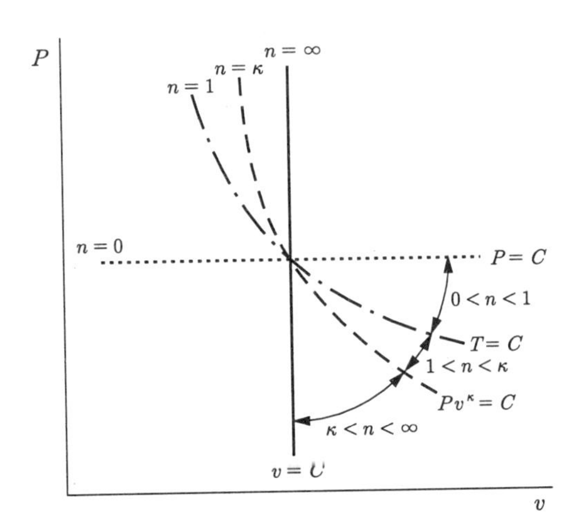

그림 3-16 폴리트로픽 지수 n과 상태변화곡선

폴리트로픽 변화에 대한 식들은 단열변화에서 단열지수 κ대신 폴리트로픽 지수 n을 대입함으로써 얻을 수 있다.

① P, v, T 관계(특성식)

식 (3-6-15)~(3-6-20)으로부터

$$Tv^{n-1} = T_1 v_1^{n-1} = T_2 v_2^{n-1} = C$$

$$TV^{n-1} = T_1 V_1^{n-1} = T_2 V_2^{n-1} = C \tag{3-6-28}$$

$$TP^{\frac{1-n}{n}} = T_1 P_1^{\frac{1-n}{n}} = T_2 P_2^{\frac{1-n}{n}} = C \tag{3-6-29}$$

$$\frac{T_2}{T_1} = \left(\frac{v_1}{v_2}\right)^{n-1} = \left(\frac{P_2}{P_1}\right)^{\frac{n-1}{n}}, \quad \frac{T_2}{T_1} = \left(\frac{V_1}{V_2}\right)^{n-1} = \left(\frac{P_2}{P_1}\right)^{\frac{n-1}{n}} \tag{3-6-30}$$

② 절대일

식 (3-6-21)과 식 (3-6-22)로부터

$$w = \frac{1}{n-1}R(T_1 - T_2) = \frac{1}{n-1}(P_1 v_1 - P_2 v_2) = \frac{RT_1}{n-1}\left\{1 - \left(\frac{T_2}{T_1}\right)\right\}$$

$$= \frac{RT_1}{n-1}\left\{1 - \left(\frac{v_1}{v_2}\right)^{n-1}\right\} = \frac{RT_1}{n-1}\left\{1 - \left(\frac{P_2}{P_1}\right)^{\frac{n-1}{n}}\right\} \tag{3-6-31}$$

또는 윗 식 (3-6-31)에서 RT_1 대신 $P_1 v_1$을 대입해도 된다.

③ 공업일

식 (3-6-23)과 식 (3-6-24)로부터

$$w_t = nw = \frac{n}{n-1}R(T_1 - T_2) = \frac{n}{n-1}(P_1 v_1 - P_2 v_2)$$

$$= \frac{n}{n-1}RT_1\left\{1 - \left(\frac{T_2}{T_1}\right)\right\} = \frac{n}{n-1}RT_1\left\{1 - \left(\frac{v_1}{v_2}\right)^{n-1}\right\}$$

$$= \frac{n}{n-1}RT_1\left\{1 - \left(\frac{P_2}{P_1}\right)^{\frac{n-1}{n}}\right\} \tag{3-6-32}$$

또는 윗 식 (3-6-32)에서 RT_1 대신 $P_1 v_1$을 대입해도 된다.

④ 계를 출입하는 열(수수열)

일반에너지식 $\delta q = du + \delta w$를 적분하면 $q = \Delta u + w$이므로 여기에 내부에너지 변화량과 절대일을 나타내는 식 (3-6-5)와 식 (3-6-31)을 대입하여 정리하면 다음과 같다.

$$q = \Delta u + w = c_v(T_2 - T_1) + \frac{R}{n-1}(T_1 - T_2)$$
$$= \frac{R}{\kappa - 1}(T_2 - T_1) + \frac{R}{n-1}(T_1 - T_2) = \left(\frac{1}{\kappa - 1} - \frac{1}{n-1}\right)R(T_2 - T_1)$$
$$= c_v\left(\frac{n-\kappa}{n-1}\right)(T_2 - T_1)$$

즉

$$q = c_v\left(\frac{n-\kappa}{n-1}\right)(T_2 - T_1) \qquad (3\text{-}6\text{-}33)$$

식 (3-6-33)에서 c_n을 폴리트로픽 비열(polytropic specific heat)이라 정의한다.

$$c_n = c_v\left(\frac{n-\kappa}{n-1}\right) \qquad (3\text{-}6\text{-}34)$$

⑤ 폴리트로픽 지수 n과 폴리트로픽 비열 c_n

완전가스의 경우 정적비열 c_v가 일정하므로 폴리트로픽 비열 c_n도 일정하며 그 값은 폴리트로픽 지수 n과 비열비(단열지수) κ 값에 따라 정해진다. 폴리트로픽 지수 n에 따른 폴리트로픽 비열 c_n의 값은 다음과 같다.

㉠ n=0인 경우

$c_n = c_v\left(\frac{n-\kappa}{n-1}\right)$에서 n=0이면 $c_n = \kappa c_v = c_p$로 되어 정압비열이 되므로 식 (3-6-33)은 정압변화에서 계를 출입하는 열의 식 (3-6-4)와 같아진다.

㉡ n=1인 경우

$c_n = c_v\left(\frac{n-\kappa}{n-1}\right)$에서 n=1이면 $c_n = \infty$로 되어 온도를 변화시키려면 무한의 열이 소요되는 등온변화임을 알 수 있다.

ⓒ $n=\kappa$인 경우

$c_n = c_v\left(\frac{n-\kappa}{n-1}\right)$에서 $n=\kappa$이면 $c_n=0$이 됨으로 온도변화와 관계없이 열이 필요없으므로 단열변화가 된다. 따라서 식 (3-6-33)은 단열변화에서 계를 출입하는 열량의 식 (3-6-25)와 같이 $q=0$이다.

표 3-2 완전가스의 상태변화에 대한 상태값

과 정	정압과정 $P=C$ $(dP=0)$	정적과정 $v=C$ $(dv=0)$	등온과정 $T=C$ $(dT=0)$	등엔트로피과정 $Pv^\kappa=C$	폴리트로픽과정 $Pv^n=C$
P, v, T 관계	$\frac{T_2}{T_1}=\frac{v_2}{v_1}$	$\frac{T_2}{T_1}=\frac{P_2}{P_1}$	$\frac{P_2}{P_1}=\frac{v_1}{v_2}$	$\frac{T_2}{T_1}=\left(\frac{v_1}{v_2}\right)^{\kappa-1}=\left(\frac{P_2}{P_1}\right)^{\frac{\kappa-1}{\kappa}}$	$\frac{T_2}{T_1}=\left(\frac{v_1}{v_2}\right)^{n-1}=\left(\frac{P_2}{P_1}\right)^{\frac{n-1}{n}}$
폴리트로픽 지수 n	0	∞	1	κ	$-\infty \leqq n \leqq \infty$
폴리트로픽 비열 c_n	c_p	c_v	∞	0	$c_v\left(\frac{n-\kappa}{n-1}\right)$
내부에너지 변화량 Δu	$c_v(T_2-T_1)$	$c_v(T_2-T_1)$	$c_v(T_2-T_1)=0$	$c_v(T_2-T_1)$	$c_v(T_2-T_1)$
엔탈피 변화량 Δh	$c_p(T_2-T_1)$	$c_p(T_2-T_1)$	$c_p(T_2-T_1)=0$	$c_p(T_2-T_1)$	$c_p(T_2-T_1)$
엔트로피 변화량 Δs	$c_p\ln\left(\frac{T_2}{T_1}\right)$	$c_v\ln\left(\frac{T_2}{T_1}\right)$	$R\ln\left(\frac{P_1}{P_2}\right)$	0	$c_n\ln\left(\frac{T_2}{T_1}\right)$
절 대 일 $w=\int_1^2 Pdv$	$P(v_2-v_1)$	0	$RT\ln\left(\frac{v_2}{v_1}\right)$	$\frac{R}{\kappa-1}(T_1-T_2)$	$\frac{R}{n-1}(T_1-T_2)$
공 업 일 $w_t=-\int_1^2 vdP$	0	$v(P_1-P_2)$	$RT\ln\left(\frac{P_1}{P_2}\right)$	$\frac{\kappa R}{\kappa-1}(T_1-T_2)$	$\frac{nR}{n-1}(T_1-T_2)$
가 열 량 $q=c_n(T_2-T_1)$	Δh	Δu	$RT\ln\left(\frac{v_2}{v_1}\right)$	0	$c_n(T_2-T_1)$

※ 엔트로피 변화량은 4장에서 설명함.

㉣ $n=\infty$ 인 경우

$c_n = c_v\left(\frac{n-\kappa}{n-1}\right)$에서 $n=\infty$ 이면 $c_n = c_v$로 되어 정적비열이 되므로 식 (3-6-33)은 정적변화에서 계를 출입하는 열의 식 (3-6-9)와 같아진다.

⑥ 내부에너지와 엔탈피 변화량

내부에너지와 엔탈피 변화량은 식 (3-6-5)와 같다. 즉

$$\left.\begin{aligned} \Delta u &= u_2 - u_1 = c_v(T_2 - T_1) \\ \Delta h &= h_2 - h_1 = c_p(T_2 - T_1) \end{aligned}\right\} \qquad (3\text{-}6\text{-}5)$$

이상에서 살펴본 완전가스의 상태변화에 대한 여러 관계식들을 표 3-2에 나타내었다.

예제 3-23

완전가스가 $Pv^{1.3} = C$를 따라 변화하여 압력이 3배로 증가되었다. 체적과 절대온도는 어떻게 되었겠는가?

풀이 (1) 변화 후 체적

$n=1.3$, $P_2=3P_1$ 이므로 변화 후 체적 V_2는 식 (3-6-30)에서

$$V_2 = V_1\left(\frac{P_1}{P_2}\right)^{\frac{1}{n}} = V_1 \times \left(\frac{P_1}{3P_1}\right)^{\frac{1}{1.3}} \fallingdotseq 0.43\,V_1$$

즉 변화 전 체적 V_1의 0.43배로 감소되었다.

(2) 변화 후 온도

식 (3-6-30)에서 변화 후 온도 T_2는

$$T_2 = T_1\left(\frac{P_2}{P_1}\right)^{\frac{n-1}{n}} = T_1\left(\frac{3P_1}{P_1}\right)^{\frac{1.3-1}{1.3}} \fallingdotseq 1.29\,T_1$$

변화 전 절대온도 T_1의 1.29배로 증가되었다.

예제 3-24

0 bar, 10℃인 완전가스 15 kg이 $Pv^{1.35} = C$를 따라 4 bar로 팽창되었다. 팽창 후 가스의 온도는 몇 ℃인가? 또 팽창하는 동안의 가열량은 얼마인가? 단, 가스의 비열비는 1.4이고 가스정수는 0.2970 kJ/kgK이다.

풀이 (1) 팽창 후 온도

P_1=8 bar=800 kPa, t_1=18℃, n=1.35, P_2=4 bar=400 kPa 이므로 변화 후 온도 t_2는 식 (3-6-30)에서

$$t_2 = T_2 - 273 = T_1\left(\frac{P_2}{P_1}\right)^{\frac{n-1}{n}} = (18+273)\times\left(\frac{400}{800}\right)^{\frac{1.35-1}{1.35}} - 273 = -29.86℃.$$

(2) 가열량

m=15 kg, κ=1.4, R=0.2970 kJ/kgK 이므로 가열량 Q는 식 (3-6-33)을 이용하면

$$Q = mq = mc_n(T_2 - T_1) = mc_v\left(\frac{n-\kappa}{n-1}\right)(T_2 - T_1) = \frac{mR}{\kappa-1}\left(\frac{n-\kappa}{n-1}\right)(T_2 - T_1)$$

$$= \frac{15\times 0.2970}{1.4-1}\times\frac{1.35-1.4}{1.35-1}\times\{(-29.86)-18\} = 76.15 \text{ kJ}$$

예제 3-25

101.3 kPa, 10℃인 헬륨 6 kg을 6 bar까지 n=1.5를 따라 압축시키는 경우, 압축에 필요한 절대일, 비열 및 방열량을 구하여라. 단, 헬륨의 비열비는 1.66, 정적비열은 3160 J/kgK이고 기체상수는 2077.2 J/kgK이다.

풀이 (1) 압축에 필요한 절대일

P_1=101.3 kPa, t_1=10℃, m=6 kg, P_2=6 bar=600 kPa, n=1.5, R=2.0772 kJ/kgK 이므로 식 (3-6-31)을 이용하면 절대일 W는

$$W = mw = \frac{mRT_1}{n-1}\left\{1-\left(\frac{P_2}{P_1}\right)^{\frac{n-1}{n}}\right\}$$

$$= \frac{6\times 2.0772\times(10+273)}{1.5-1}\times\left\{1-\left(\frac{600}{101.3}\right)^{\frac{1.5-1}{1.5}}\right\} = -5709 \text{ kJ}$$

※ 일의 부호가 "-"이므로 약속에 의해 외부로부터 일을 공급하는 것을 의미함.

(2) 비열

c_v=3.160 kJ/kgK, κ=1.66, n=1.5 이므로 폴리트로픽 비열 c_n은 식 (3-6-34)에서

$$c_n = c_v\left(\frac{n-\kappa}{n-1}\right) = 3.160\times\frac{1.5-1.66}{1.5-1} = -1.0112 \text{ kJ/kgK}$$

(3) 가열량

먼저 식 (3-6-30)을 이용하여 압축 후 헬륨의 온도 T_2를 구하면

$$T_2 = T_1\left(\frac{P_2}{P_1}\right)^{\frac{n-1}{n}} = (10+273)\times\left(\frac{600}{101.3}\right)^{\frac{1.5-1}{1.5}} = 512.04 \text{ K}$$

이므로 방열량 Q는 식 (3-6-33)과 식 (3-6-34)를 이용하면

$$Q = mq = mc_n(T_2 - T_1) = 6\times(-1.0112)\times\{512.04-(10+273)\} = -1389.6\text{kJ}$$

※ 열의 부호가 "-"이므로 약속에 의해 외부로 방열하는 것을 의미함.

3-7 완전가스의 비가역변화

가스의 실질적인 상태변화는 지금까지 취급해온 가역변화와는 다르다. 모든 가스의 상태변화는 변화하는 도중 마찰이나 와류(渦流) 등에 의한 손실을 동반하는 비가역변화이다. 다음은 비가역변화의 대표적인 예이다.

[1] 비가역 단열변화

작동유체인 가스가 터보압축기나 기관의 내부에서 압축 또는 팽창될 때, 와류나 마찰 등에 의한 손실을 가져오는 비가역 단열변화(irreversible adiabatic change)가 발생한다. 이러한 경우, 계와 주위(외부) 사이에 열교환이 전혀 없는 단열변화라 할지라도 마찰이나 와류 등에 의한 손실은 다시 열로 바뀌어 가스(작동유체)가 흡수하여 저장하므로 비가역변화로 된다. 비가역 단열변화에서는 폴리트로픽 지수 n을 적당히 취하면 폴리트로픽 변화로 나타낼 수 있다.

[2] 교축

작동유체인 가스가 밸브나 콕(cock) 등이 있는 관을 흐를 때는 유로(流路)가 좁아지므로 속도가 증가하고 압력은 감소한다. 이러한 현상을 교축(絞縮, throttling)이라 한다. 유체가 좁아진 유로를 통과하여도 유체의 운동에너지는 마찰이나 와류를 발생시키는데 소비되었으므로 압력은 회복되지 않는다.

교축이 정상유동에서 발생하는 경우 위치에너지는 무시할 수 있으며 외부에 대한 일이 없고 열교환도 없으며 압력만 감소하므로 정상유동에 대한 일반에너지식 (2-6-4)와 (2-6-5)로부터 다음 식으로 나타낼 수 있다.

$$H_1 + \frac{m\bar{v}_1^2}{2} = H_2 + \frac{m\bar{v}_2^2}{2} \quad (\text{또는 } h_1 + \frac{\bar{v}_1^2}{2} = h_2 + \frac{\bar{v}_2^2}{2}) \qquad (3\text{-}7\text{-}1)$$

만일 유속 $\bar{v}_1$, $\bar{v}_2$가 너무 작거나 유속의 차이가 작은 경우에는 운동에너지도 무시할 수 있으므로 식 (2-7-1)은 다음 식으로 된다.

$$H_1 = H_2 \quad (\text{또는 } h_1 = h_2) \qquad (3\text{-}7\text{-}2)$$

즉 가스가 교축되면 엔탈피가 일정한 등엔탈피변화(isenthalpy change)가 되며, 만일 완전가스가 교축되면 등엔탈피변화인 동시에 등온변화가 된다.

[3] 완전가스의 혼합

2가지 이상의 가스가 혼합이 되는 경우, 연소나 열해리와 같은 화학적 변화 없이 확산에 의해 혼합되면(체적이 일정한 혼합) 외부에 대한 일과 열교환이 없으며 혼합 전, 후의 내부에너지도 변하지 않는 비가역변화가 된다. 또한 정상유동을 하는 가스가 혼합실에서 혼합되는 경우도 속도가 크지 않고 혼합 전, 후 외부에 대한 일 및 열교환이 없다면 혼합 전, 후의 엔탈피와 운동에너지의 합이 변하지 않는 비가역변화이다.

3-8 혼합가스

지금까지 다루어 온 내용은 한 종류의 완전가스에 대한 것이었으나 우리가 취급하는 가스 중에는 공기, 연소가스 등 여러 종류의 가스가 혼합된 혼합가스(mixed gas)가 많다. 그러므로 혼합가스에 대한 열역학적 특성을 이해는 것이 중요하다.

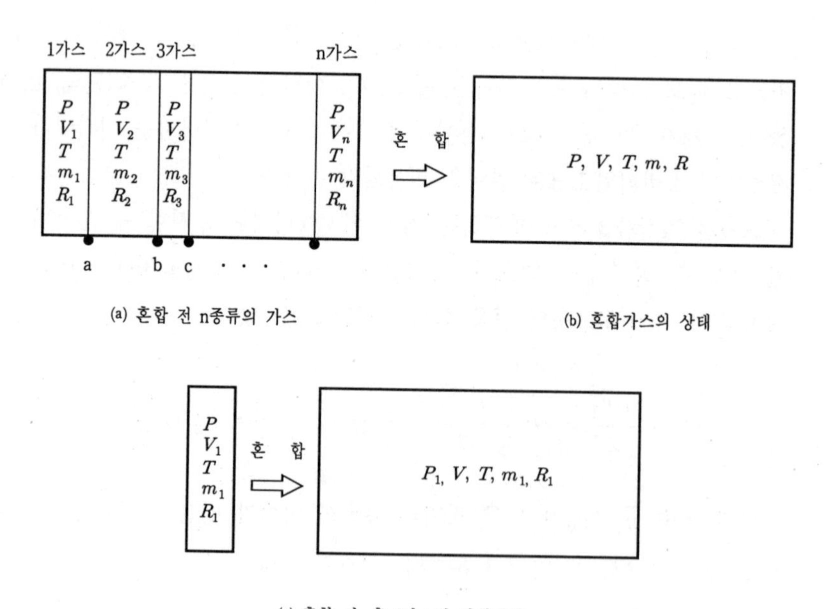

그림 3-17 등온에서 가스들의 혼합과정

[1] Dalton의 법칙

그림 3-17과 같이 질량이 각각 m_1, m_2, ⋯, m_n, 체적이 각각 V_1, V_2, ⋯, V_n이고 압력 P와 온도 T가 같은 n종류의 완전가스들을 격벽 a, b, ⋯이 설치된 단열용기 속에 넣고 격벽을 제거하면 각 가스들이 확산됨으로 체적은 증가하고 압력은 감소한다. 즉, 혼합가스 속에 분포되어 있는 각 가스들의 체적은 혼합 전 체적 V_1, V_2, ⋯, V_n으로부터 혼합된 용기 전체의 체적 $V = V_1 + V_2 + \cdots + V_n$으로 되고 압력은 혼합 전 압력 P보다 낮아진다. 혼합과정이 단열적이면 혼합 전, 후 가스들의 온도 T가 변하지 않는다. 즉 혼합 전, 후 압력과 체적만 변하며 온도, 질량, 가스정수 등은 변하지 않는다.

그림 3-17(c)와 같이 혼합 후 각 가스들의 압력을 각각 P_1, P_2, ⋯, P_n이라 하면 혼합 후 온도가 T로 변하지 않으므로 Boyle의 법칙을 적용하면

1가스에 대해 : $PV_1 = P_1 V$에서 $P_1 = PV_1/V$ ⋯ ①
2가스에 대해 : $PV_2 = P_2 V$에서 $P_2 = PV_2/V$ ⋯ ②
⋮ ⋮ ⋮
n가스에 대해 : $PV_n = P_n V$에서 $P_n = PV_n/V$ ⋯ ⓝ

식 ①에서 식 ⓝ의 좌변과 우변을 각각 더하면

$$P_1 + P_2 + \ldots + P_n = \frac{PV_1}{V}\frac{+PV_2}{V} + \ldots + \frac{PV_n}{V}$$

$$= \frac{P}{V}(V_1 + V_2 + \ldots + V_n) = P$$

$$\therefore\ P = P_1 + P_2 + \ldots + P_n = \sum_{i=1}^{n} P_i \qquad (3\text{-}8\text{-}1)$$

식 (3-8-1)에서 혼합 후 각 가스의 압력 P_1, P_2, ⋯, P_n을 부분압력(partial pressure) 또는 분압(分壓)이라 하고, 혼합가스의 압력 P를 전압력(全壓力, total pressure)이라 한다. 식 (3-8-1)은 『완전가스를 등온 하에 혼합할 때 혼합가스의 전압력은 각 가스의 부분압력의 합과 같다』는 의미이며 이것을 혼합가스에 대한 Dalton의 분압에 관한 법칙이라 한다.

예제 3-26

표준대기압에서 건공기의 조성은 체적비로 질소가 약 79%, 산소가 약 21%이다. 질소와 산소의 분압은 각각 얼마인가?

풀이 (1) 질소의 분압

질소를 1가스, 산소를 2가스라 하고 공기를 혼합가스라 하면 혼합가스(공기) 체적 V에 대한 질소의 체적비가 각각 $V_1/V=0.79$이고 표준대기압이 $P=101.325$ kPa 이므로 식 ①에서 질소의 분압 P_1은

$$P_1 = P\frac{V_1}{V} = 101.325 \times 0.79 = 80.05\text{ kPa}$$

(2) 산소의 분압

산소의 체적비가 $V_2/V=0.21$ 이므로

$$P_2 = P\frac{V_2}{V} = 101.325 \times 0.21 = 21.28\text{ kPa}$$

또는 식 (3-8-1)에서 $P_2 = P - P_1 = 101.325 - 80.05 \fallingdotseq 21.28$ kPa

예제 3-27

180 kPa인 연소가스를 분석한 결과 체적비로 질소 75%, 산소 8%, 탄산가스 10%, 일산화탄소 7%이었다. 각 가스들의 분압을 구하여라.

풀이 질소를 1가스, 산소를 2가스, 탄산가스를 3가스, 일산화탄소를 4가스라 하면 각 가스들의 체적비가 각각

$$\frac{V_1}{V} = 0.75,\ \frac{V_2}{V} = 0.08,\ \frac{V_3}{V} = 0.1,\ \frac{V_4}{V} = 0.07$$

이고 전압력이 $P=180$ kPa 이므로 식 ①로부터

(1) 질소의 분압 : $P_1 = P\dfrac{V_1}{V} = 180 \times 0.75 = 135\text{ kPa}$

(2) 산소의 분압 : $P_2 = P\dfrac{V_2}{V} = 180 \times 0.08 = 14.4\text{ kPa}$

(3) 탄산가스의 분압 : $P_3 = P\dfrac{V_3}{V} = 180 \times 0.1 = 18\text{ kPa}$

(4) 일산화탄소 분압 : $P_4 = P\dfrac{V_4}{V} = 180 \times 0.07 = 12.6\text{ kPa}$

또는 식 (3-8-1)에서 $P_2 = P - P_1 - P_2 - P_3 = 180 - 135 - 14.4 - 18 = 21.28$ kPa

[2] 혼합가스의 밀도와 질량비

일반적으로 혼합가스의 분석결과는 혼합가스 전체 체적에 대한 각 가스의 체적비(%)로 나타내며, 경우에 따라서는 이것을 밀도비(또는 질량비)로 나타내기도 한다. 그림 3-17(a)에서 혼합 전 각 가스의 밀도를 각각 ρ_1, ρ_2, …, ρ_n이라 하면

$$\rho_1 = \frac{m_1}{V_1},\ \rho_2 = \frac{m_2}{V_2},\ \cdots\cdots,\ \rho_n = \frac{m_n}{V_n} \quad \cdots\cdots\cdots\cdots\cdots\cdots \text{ⓐ}$$

에서 혼합 전 각 가스의 질량은 각각

$$m_1 = \rho_1 V_1,\ m_2 = \rho_2 V_2,\ \cdots\cdots,\ m_n = \rho_n V_n, \quad \cdots\cdots\cdots \text{ⓑ}$$

이 된다. 그리고 혼합가스의 질량 m은

$$\begin{aligned} m &= m_1 + m_2 + \cdots\cdots + m_n = \sum_{i=1}^{n} m_i \\ &= \rho_1 V_1 + \rho_2 V_2 + \cdots\cdots + \rho_n V_n = \sum_{i=1}^{n} (\rho_i V_i) \quad \cdots\cdots \text{ⓒ} \end{aligned}$$

이므로 혼합가스 밀도 ρ는 식 ⓒ를 혼합가스의 체적 V로 나누면 된다. 즉

$$\rho = \frac{m}{V} = \rho_1 \frac{V_1}{V} + \rho_2 \frac{V_2}{V} + \cdots\cdots + \rho_n \frac{V_n}{V} = \sum_{i=1}^{n} \left(\rho_i \frac{V_i}{V} \right) \tag{3-8-2}$$

또한 식 ①~ⓝ을 변형시켜 혼합 전, 후 각 가스들의 체적비를 구하면

$$\frac{V_1}{V} = \frac{P_1}{P},\ \frac{V_2}{V} = \frac{P_2}{P},\ \cdots\cdots,\ \frac{V_n}{V} = \frac{P_n}{P} \quad \cdots\cdots\cdots\cdots \text{ⓓ}$$

이므로 식 (3-8-2)는 다음과 같이 나타낼 수 있다.

$$\rho = \rho_1 \frac{P_1}{P} + \rho_2 \frac{P_2}{P} + \cdots\cdots + \rho_n \frac{P_n}{P} = \sum_{i=1}^{n} \left(\rho_i \frac{P_i}{P} \right) \tag{3-8-3}$$

그리고 혼합 전, 후 각 가스의 질량비는 다음과 같다.

$$\frac{m_1}{m} = \frac{\rho_1}{\rho} \frac{V_1}{V},\ \frac{m_2}{m} = \frac{\rho_2}{\rho} \frac{V_2}{V},\ \cdots\cdots,\ \frac{m_n}{m} = \frac{\rho_n}{\rho} \frac{V_n}{V} \tag{3-8-4}$$

예제 3-28

예제 3-26에서 질소와 산소의 밀도가 각각 1.2498 kg/m^3, 1.4276 kg/m3라면 공기의 밀도는 얼마인가? 또 질소와 산소의 질량비는 각각 얼마인가?

풀이 (1) 공기의 밀도

질소의 밀도가 ρ_1=1.2498 kg/m^3, 산소의 밀도가 ρ_2=1.4276 kg/m^{3}이고 혼합 전, 후 질소와 산소의 체적비가 각각 V_1/V=0.79, V_2/V=0.21 이므로 혼합가스인 공기의 밀도 ρ는 식 (3-8-2)로부터

$$\rho = \rho_1 \frac{V_1}{V} + \rho_2 \frac{V_2}{V} = 1.2498 \times 0.79 + 1.4276 \times 0.21 = 1.2871 \text{ kg/m}^3$$

(2) 질소와 산소의 질량비

식 (3-8-4)에서 질소와 산소의 질량비는

$$\text{질소 : } \frac{m_1}{m} = \frac{\rho_1}{\rho} \frac{V_1}{V} = \frac{1.2498}{1.2871} \times 0.79 = 0.7671 \quad \therefore 76.71\%$$

$$\text{산소 : } \frac{m_2}{m} = \frac{\rho_2}{\rho} \frac{V_2}{V} = \frac{1.4276}{1.2871} \times 0.21 = 0.2329 \quad \therefore 23.29\%$$

[3] 혼합가스의 분자량

혼합가스의 외관상 분자량을 M이라 하고, 혼합가스 전체를 하나의 단일가스로 생각하여 식 (3-3-3)을 적용하면 혼합가스의 가스정수는 8314.3/M (J/kgK)이므로 혼합가스의 특성식은 다음과 같이 나타낼 수 있다.

$$PV = m \frac{8314.3}{M} T \quad (\text{또는 } P = \rho \frac{8314.3}{M} T) \tag{3-8-5}$$

따라서 혼합가스의 밀도는 다음과 같다.

$$\rho = \frac{PM}{8314.3\,T} \tag{3-8-6}$$

여기서 각 가스의 분자량을 각각 M_1, M_2, ⋯, M_n이라 하면 혼합 전 각 가스의 압력과 온도가 모두 P와 T로 같으므로 각 가스들의 밀도는 아래와 같다.

$$\rho_1 = \frac{PM_1}{8314.3\,T},\ \rho_2 = \frac{PM_2}{8314.3\,T},\ \cdots\cdots,\ \rho_n = \frac{PM_n}{8314.3\,T} \quad \cdots\cdots \text{ⓔ}$$

따라서 혼합가스에 대한 각 가스들의 밀도비는 식 (3-8-6)과 식 ⓔ로부터

$$\frac{\rho_1}{\rho}=\frac{M_1}{M},\ \frac{\rho_2}{\rho}=\frac{M_2}{M},\ \cdots\cdots,\ \frac{\rho_n}{\rho}=\frac{M_n}{M} \tag{3-8-7}$$

이다. 여기서 위의 식 (3-8-7)을 식 (3-8-2)에 대입하여 정리하고 식 ⓓ를 고려하면 혼합가스의 분자량은 다음과 같이 정리된다.

$$\left.\begin{aligned} M &= M_1\frac{V_1}{V}+M_2\frac{V_2}{V}+\cdots\cdots+M_n\frac{V_n}{V}=\sum_{i=1}^{n}\left(M_i\frac{V_i}{V}\right) \\ M &= M_1\frac{P_1}{P}+M_2\frac{P_2}{P}+\cdots\cdots+M_n\frac{P_n}{P}=\sum_{i=1}^{n}\left(M_i\frac{P_i}{P}\right) \end{aligned}\right\} \tag{3-8-8}$$

예제 3-29

예제 3-27에서 연소가스의 외관상 분자량을 구하여라. 단, 질소, 산소, 탄산가스 및 일산화탄소의 분자량은 각각 28, 32, 44, 28이다.

풀이 가스들의 분자량이 각각 $M_1=28$, $M_2=32$, $M_3=44$, $M_4=28$이고 체적비가

$$\frac{V_1}{V}=0.75,\ \frac{V_2}{V}=0.08,\ \frac{V_3}{V}=0.1,\ \frac{V_4}{V}=0.07$$

이므로 식 (3-8-8)에서 연소가스의 외관상 분자량 M은

$$\begin{aligned} M &= M_1\frac{V_1}{V}+M_2\frac{V_2}{V}+M_3\frac{V_3}{V}+M_4\frac{V_4}{V} \\ &= 28\times0.75+32\times0.08+44\times0.1+28\times0.07=29.92 \end{aligned}$$

[4] 혼합가스의 가스정수

그림 3-17에서 n개의 가스들이 등온($T=C$)에서 균일하게 혼합된 것으로 생각하여야 한다. 여기서 가스들의 가스정수를 각각 R_1, R_2, $\cdots$, R_n, 혼합가스의 가스정수를 R이라 하고 완전가스의 특성식을 혼합 후 상태(그림 3-17(c)를 참조)에 대해 적용하면 아래와 같다.

$$P_1V=m_1R_1T,\ P_2V=m_2R_2T,\ \cdots\cdots,\ P_nV=m_nR_nT$$

위의 식 좌변과 우변을 각각 더하고 식 (3-8-1)을 고려하면

$$(P_1 + P_2 + \cdots + P_n)V = (m_1R_1 + m_2R_2 + \cdots + m_nR_n)T$$
$$\Rightarrow PV = (m_1R_1 + m_2R_2 + \cdots + m_nR_n)T \quad \cdots\cdots\cdots\cdots\cdots \text{ⓕ}$$

이다. 그런데 혼합가스에 대한 특성식이 $PV = mRT$ 이므로 식 ⓕ와 비교하면

$$mR = m_1R_1 + m_2R_2 + \cdots + m_nR_n = \sum_{i=1}^{n}(m_iR_i) \quad \cdots\cdots \text{ⓖ}$$

이다. 그러므로 혼합가스의 가스정수 R은 다음과 같아진다.

$$R = R_1\frac{m_1}{m} + R_2\frac{m_2}{m} + \cdots + R_n\frac{m_n}{m} = \sum_{i=1}^{n}\left(R_i\frac{m_i}{m}\right) \qquad (3\text{-}8\text{-}9)$$

또한 식 (3-8-4)를 위의 식 (3-8-9)에 대입하면 가스정수 R은 다음과 같이 정리된다.

$$R = R_1\frac{\rho_1}{\rho}\frac{V_1}{V} + R_2\frac{\rho_2}{\rho}\frac{V_2}{V} + \cdots + R_n\frac{\rho_n}{\rho}\frac{V_n}{V} = \sum_{i=1}^{n}\left(R_i\frac{\rho_i}{\rho}\frac{V_i}{V}\right) \qquad (3\text{-}8\text{-}10)$$

예제 3-30

예제 3-27에서 연소가스의 가스정수를 구하여라.

풀이 각 가스들의 밀도비 및 질량비를 구하면 아래의 표와 같다.

조성 성분	분자량 M_i	체적비 V_i/V	가스정수 R_i (kJ/kgK)	밀 도 ρ_i (kg/m³)	밀도비 ρ_i/ρ	질량비 m_i/m
N_2	28	0.75	0.2969	1.2492	0.9358	0.7019
O_2	32	0.08	0.2598	1.4277	1.0695	0.0856
CO_2	44	0.10	0.1890	1.9631	1.4706	0.1471
CO	28	0.07	0.2969	1.2492	0.9358	0.0655
연소가스	29.92	1	R	1.3349	1	1

※ 표에서 가스정수는 식 (3-3-3)을 이용하였으며, 밀도는 식 (3-8-6)을 이용하여 표준상태(273.15 K, 101,325 Pa)로 계산하였고, 질량비는 식 (3-8-4)를 이용하여 계산하였음.

식 (3-8-9)로부터 연소가스의 가스정수 R은

$$R = R_1\frac{m_1}{m} + R_2\frac{m_2}{m} + R_3\frac{m_3}{m} + R_4\frac{m_4}{m}$$
$$= 0.2969 \times 0.7019 + 0.2598 \times 0.0856 + 0.1890 \times 0.1471 + 0.2969 \times 0.0655$$
$$= 0.2779 \text{ kJ/kgK}$$

[5] 혼합가스의 비열

각 가스들의 비열을 각각 c_1, c_2, ⋯, c_n이라 하고 혼합가스의 비열을 c라 하면, 혼합가스의 온도를 1℃ 올리는데 필요한 열(질량×비열)은 각 가스의 온도를 1℃ 올리는데 필요한 열의 합과 같아야 한다. 즉

$$mc = m_1c_1 + m_2c_2 + \cdots\cdots + m_nc_n = \sum_{i=1}^{n}(m_ic_i)$$

이므로 혼합가스의 비열 c는 다음과 같다.

$$c = c_1\frac{m_1}{m} + c_2\frac{m_2}{m} + \cdots\cdots + c_n\frac{m_n}{m} = \sum_{i=1}^{n}\left(c_i\frac{m_i}{m}\right) \qquad (3\text{-}8\text{-}11)$$

만일 식 (3-8-11)에서 혼합가스의 질량을 1 kg으로 가정하면 혼합가스의 비열 c는

$$c = c_1m_1 + c_2m_2 + \cdots\cdots + c_nm_n = \sum_{i=1}^{n}(c_im_i) \qquad (3\text{-}8\text{-}12)$$

로 된다. 이 식은 정압비열과 정적비열에도 적용할 수 있다.

혼합가스의 정압비열과 정적비열을 각각 c_p, c_v라 하고 각 가스들의 정압비열과 정적비열을 각각 c_{p_1}, c_{p_2}, ⋯, c_{p_n} 및 c_{v_1}, c_{v_2}, ⋯, c_{v_n}이라 하면

$$\left.\begin{aligned} c_p &= c_{p_1}\frac{m_1}{m} + c_{p_2}\frac{m_2}{m} + \cdots\cdots + c_{p_n}\frac{m_n}{m} = \sum_{i=1}^{n}\left(c_{p_i}\frac{m_i}{m}\right) \\ c_v &= c_{v_1}\frac{m_1}{m} + c_{v_2}\frac{m_2}{m} + \cdots\cdots + c_{v_n}\frac{m_n}{m} = \sum_{i=1}^{n}\left(c_{v_i}\frac{m_i}{m}\right) \end{aligned}\right\} \qquad (3\text{-}8\text{-}13)$$

이므로 각 가스의 비열과 질량비를 알면 혼합가스의 비열을 구할 수 있다.

한편, 온도가 T인 혼합가스의 내부에너지와 엔탈피는 다음과 같이 구한다.

$$U = mc_vT, \quad H = mc_pT \qquad (3\text{-}8\text{-}14)$$

예제 3-31

표 3-1을 이용하여 표준상태에서 일산화탄소와 탄산가스가 2:3의 체적비로 혼합된 혼합가스의 정압비열과 정적비열을 구하여라.

풀이 표 3-1에서 각 가스들의 분자량, 가스정수, 정압비열 및 정적비열를 선택하고 밀도비 및 질량비를 계산하면 아래 표와 같다.

조성 성분	분자량 M_i	체적비 V_i/V	가스정수 R_i (kJ/kgK)	밀 도 ρ_i (kg/m3)	밀도비 ρ_i/ρ	질량비 m_i/m	정압비열 c_{p_i} (kJ/kgK)	정적비열 c_{v_i} (kJ/kgK)
CO	27.995	0.4	0.2970	1.2490	0.7447	0.2979	1.0403	0.7433
CO_2	43.990	0.6	0.1890	1.9627	1.1702	0.7021	0.8169	0.6279
혼합가스	37.592	1	0.2212	1.6772	1	1	c_p	c_v

※ 밀도는 식 (3-8-6)을 이용하여 표준상태(273.15 K, 101,325 Pa)로 계산하였고, 질량비는 식 (3-8-4)를 이용하여 계산하였음.

식 (3-8-13)을 이용하여 혼합가스의 정압비열 c_p와 정적비열 c_v를 구하면

$$c_p = c_{p_1}\frac{m_1}{m} + c_{p_2}\frac{m_2}{m} = 1.0403 \times 0.2979 + 0.8169 \times 0.7021 = 0.8835 \text{ kJ/kgK}$$

$$c_v = c_{v_1}\frac{m_1}{m} + c_{v_2}\frac{m_2}{m} = 0.7433 \times 0.2979 + 0.6279 \times 0.7021 = 0.6623 \text{ kJ/kgK}$$

[6] 압력과 온도가 다른 가스들의 혼합

압력과 온도가 서로 다른 가스들을 그림 3-17(a)와 같이 격벽이 설치된 용기에 넣고 격벽을 제거하면 각 가스들의 체적은 혼합 후 체적 V로 된다. 이 때 각 가스들의 온도가 혼합 전 온도를 그대로 유지한다고 가정하고 가스들이 충분히 혼합된 후 혼합가스의 온도를 T라 하면 각 가스들은 정적변화에 의해 혼합된다고 생각할 수 있다. 이미 3-7절에서 설명한 바와 같이 정적변화를 할 때에는 외부에 대한 절대일이 없고, 또 혼합 시 열의 출입이 없으므로 혼합 전 각 가스의 내부에너지의 합과 혼합 후 내부에너지의 합은 같아야 한다.

여기서 각 가스들의 정적비열을 c_{v_1}, c_{v_2}, ⋯, c_{v_n}, 혼합가스의 정적비열을 c_v라 하고 혼합 전 각 가스들의 온도를 T_1, T_2, ⋯, T_n이라 하면, 혼합 전 각 가스들의 내부에너지 합은 식 (3-8-14)에 의해

$$m_1 c_{v_1} T_1 + m_2 c_{v_2} T_2 + \cdots\cdots + m_n c_{v_n} T_n \quad \cdots\cdots \text{ⓗ}$$

이며, 혼합 후 각 가스들의 온도는 모두 T로 됨으로 혼합 후 각 가스들의 내부에너지 합은

$$m_1 c_{v_1} T + m_2 c_{v_2} T + \cdots\cdots + m_n c_{v_n} T \quad \cdots\cdots \text{ⓘ}$$

이다. 따라서 식 ⓖ=ⓗ 이므로

$$m_1 c_{v_1} T_1 + m_2 c_{v_2} T_2 + \cdots\cdots + m_n c_{v_n} T_n = (m_1 c_{v_1} + m_2 c_{v_2} + \cdots\cdots + m_n c_{v_n}) T$$

에서 혼합가스의 온도 T는 다음과 같다.

$$T = \frac{m_1 c_{v_1} T_1 + m_2 c_{v_2} T_2 + \cdots\cdots + m_n c_{v_n} T_n}{m_1 c_{v_1} + m_2 c_{v_2} + \cdots\cdots + m_n c_{v_n}} = \frac{\sum_{i=1}^{n} (m_i c_{v_i} T_i)}{\sum_{i=1}^{n} (m_i c_{v_i})} \quad (3\text{-}8\text{-}15)$$

그리고 혼합가스의 압력 P 혼합가스에 대한 특성식 $PV = mRT$에 식 ⓖ, 식 (3-8-11) 및 식 (3-8-15)를 대입하여 정리하면 다음과 같다.

$$P = \frac{mRT}{V} = \frac{\sum_{i=1}^{n} (m_i R_i)}{\sum_{i=1}^{n} V_i} \cdot \frac{\sum_{i=1}^{n} (m_i c_{v_i} T_i)}{\sum_{i=1}^{n} (m_i c_{v_i})} = \frac{T}{V} \cdot \sum_{i=1}^{n} \left(\frac{P_i V_i}{T_i} \right) \quad (3\text{-}8\text{-}16)$$

한편, Dalton의 법칙을 이용하면 혼합가스의 압력 P는 각 가스들의 부분압력의 합과 같으므로 다음의 식 (3-8-1)을 이용하여 구할 수도 있다.

$$P = P_1 + P_2 + \ldots + P_n = \sum_{i=1}^{n} P_i$$

예제 3-32

1 bar, 20℃인 공기 4 m^3에 200℃, 1.1 bar인 수증기 1 m^3를 혼합하였다. 혼합 후 온도와 압력을 구하여라. 단, 공기와 수증기 모두 완전가스로 생각한다. 그리고 공기와 수증기의 비열비는 각각 1.4와 1.33이다.

풀이 (1) 혼합 후 온도

공기를 1가스, 수증기를 2가스라 하면, t_1=20℃, P_1=1 bar=100 kPa, V_1=4 m^3, κ_1=1.4, t_2=200℃, P_2=1.1 bar=110 kPa, V_2=1 m^3, κ_2=1.33이고 정적비열은 $c_v = R/(\kappa-1)$이므로 식 (3-8-15)를 이용하여 혼합 후 온도 T를 구하면

$$T = \frac{m_1 c_{v_1} T_1 + m_2 c_{v_2} T_2}{m_1 c_{v_1} + m_2 c_{v_2}} = \frac{\dfrac{m_1 R_1 T_1}{\kappa_1 - 1} + \dfrac{m_2 R_2 T_2}{\kappa_2 - 1}}{\dfrac{m_1 R_1}{\kappa_1 - 1} + \dfrac{m_2 R_2}{\kappa_2 - 1}} = \frac{\dfrac{P_1 V_1}{\kappa_1 - 1} + \dfrac{P_2 V_2}{\kappa_2 - 1}}{\dfrac{P_1 V_1}{(\kappa_1 - 1)\,T_1} + \dfrac{P_2 V_2}{(\kappa_2 - 1)\,T_2}}$$

$$= \frac{\dfrac{100 \times 4}{1.4 - 1} + \dfrac{110 \times 1}{1.33 - 1}}{\dfrac{100 \times 4}{(1.4 - 1) \times (20 + 273)} + \dfrac{110 \times 1}{(1.33 - 1) \times (200 + 273)}} = 323.81 \text{ K}$$

따라서 $t = T - 273 = 323.81 - 273 = 50.81$℃ 이다.

(2) 혼합 후 압력

식 (3-8-16)에서 T=323.81 K, V=5 m^3 이므로 혼합 후 압력 P는

$$P = \frac{T}{V} \cdot \sum_{i=1}^{n} \left(\frac{P_i V_i}{T_i} \right) = \frac{T}{V} \cdot \left(\frac{P_1 V_1}{T_1} + \frac{P_2 V_2}{T_2} \right)$$

$$= \frac{323.81}{5} \times \left(\frac{100 \times 4}{20 + 273} + \frac{110 \times 1}{200 + 273} \right) = 103.47 \text{ kPa}$$

연습문제

[3-1] 2 m^3의 압력용기에 산소가 5 kg 들어 있다. 용기 내부의 온도를 측정하였더니 27℃이었다면 내부 압력은 얼마인가? 단, 산소의 분자량을 32로 계산하여라.

답 P=194.87 kPa

[3-2] 정지해 있는 자동차 타이어에 15℃, 240 kPa의 공기가 들어 있다. 타이어에 들어 있는 공기는 얼마나 되는가? 또 주행 시 타이어 내부의 온도가 60℃로 상승하였다면 타이어 내 압력은 얼마로 되는가? 단, 타이어 부피는 0.3 m^3이고 변형되지 않는다고 가정한다.

답 (1) m=0.87 kg (2) P_2=277.5 kPa

[3-3] 50 bar, 100℃에서 10 m^3의 체적을 갖는 기체가 있다. 압력과 온도가 각각 8 MPa, 50℃로 된다면 체적은 얼마나 변하는가?

답 $\Delta V = V_2 - V_1$=-4.59 m^3 (감소)

[3-4] 체적이 0.5 m^3인 견고한 탱크 안에 압력과 온도가 각각 10 bar, 25℃인 공기가 들어 있다. 탱크의 밸브를 열고 2 kg의 공기를 방출시켰더니 온도가 16℃로 되었다. 탱크 내 압력은 얼마로 되었는가?

답 P_2=638 kPa=6.38 bar

[3-5] 체적이 0.5 m^3인 탱크에 10 bar, 20℃인 산소가 들어 있다. 온도가 상승하여 30℃가 되었을 때 밸브를 열고 산소를 사용하였더니 탱크 압력이 8 bar로 되었다. 얼마의 산소를 사용하였는가? 단, 산소의 분자량은 32이다.

답 $\Delta m = m_2 - m_1$=-1.49 kg(즉 1.49 kg 사용)

[3-6] 분자량이 28인 일산화탄소(CO)의 정적비열과 정압비열을 구하여라.

답 (1) c_v=0.7423 kJ/kgK (2) c_p=1.0392 kJ/kgK

[3-7] 분자량이 4인 가스의 정적비열이 3.160 kJ/kgK이다. 이 가스를 완전가스로 보고 정압비열과 비열비를 구하여라.

답 (1) c_p=5.2386 kJ/kgK (2) κ=1.66

[3-8] 분자량이 44.06인 3 kg의 가스에 정적 하에 245.16 kJ의 열을 가했더니 온도가 60℃만큼 상승하였다. 이 가스를 완전가스로 가정하고 정적비열과 정압비열을 구하여라.

답 (1) c_v=1.362 kJ/kgK (2) c_p=1.5507 kJ/kgK

[3-9] 분자량이 28인 질소가 상태변화하여 내부에너지가 209.3 kJ/kg만큼 증가하고 엔탈피도 293.0 kJ/kg 증가하였다. 질소 가스의 비열비, 정적비열 및 정압비열을 구하여라.

답 (1) κ=1.4 (2) c_v=0.7423 kJ/kgK (3) c_p=1.0392 kJ/kgK

[3-10] 2 kPa, 1 kg의 공기가 정압 하에 팽창하여 10℃에서 150℃로 되었다. 다음을 구하여라. 계산에 필요한 값들은 표 3-1을 이용하여라.

(1) 팽창 전 공기의 비체적 (2) 팽창 후 공기의 비체적
(3) 가열량 (4) 공기의 절대일
(5) 내부에너지 변화량 (6) 엔탈피 변화량
(7) 예제 3-8과 같이 상태변화 과정을 $P-v$ 선도에 도시하여라.

답 (1) v_1=40.64 m^3/kg (2) v_2=60.74 m^3/kg (3) q=140.7 kJ/kg
(4) w=40.2 kJ/kg (5) Δu=100.4 kJ/kg (6) Δh=140.7 kJ/kg
(7) 생략

[3-11] 2 bar, 3.5 m^3인 이상기체가 정압 하에 방열하여 체적이 2.2 m^3로 되고 내부에너지는 400 kJ 감소되었다. 이 기체에 가한 일과 방열량을 구하여라.

답 (1) W=-260 kJ (부호 "-"는 공급) (2) Q=-660 kJ (부호 "-"는 방열)

[3-12] 25 bar, 41.5 L의 공기 1.3 kg이 정적 하에 압력이 처음의 1.8배로 증가되었다. 공기의 비열비가 1.4일 때 공기에 가한 열과 엔탈피 변화량을 구하여라.

답 (1) Q=207.5 kJ (2) ΔH=290.5 kJ

[3-13] 수소가 정적 하에 0.2 MJ/kg의 열을 방출하고 150℃에서 101.325 kPa로 팽창되었다. 수소의 비열비와 가스정수가 각각 1.409, 4.125 kJ/kgK이라면 비체적은 얼마인가?

답 $v=16.41\ m^3/kg$

[3-14] 50℃, 1013.25 hPa인 완전가스 4 kg이 등온 하에 265.8 kJ의 열을 흡수하여 체적이 처음의 2배로 팽창되었다. 이 가스의 가스정수와 팽창 전 체적을 구하여라.

답 (1) $R=0.2968$ kJ/kg　(2) $V_1=3.78\ m^3$

[3-15] 25℃, 115 kPa인 질소 1 kg이 단열팽창하여 체적이 1.3 m^3로 되었다. 팽창 후 질소의 온도와 팽창하는 동안의 절대일을 구하여라. 단, 질소의 가스정수와 비열비는 각각 0.2969 kJ/kgK, 1.4이다.

답 (1) $t_2=-31.4$℃　(2) $w=41.85$ kJ/kg

[3-16] 98066.5 Pa, 10℃인 완전가스(분자량이 28.95인 2원자 분자) 5 kg이 가역 단열변화하여 체적이 10 m^3로 되었다. 다음을 구하여라.

(1) 가스정수　(2) 변화 전 체적　(3) 변화 후 압력
(4) 변화 후 온도　(5) 정적비열　(6) 절대일
(7) 정압비열　(8) 공업일　(9) 내부에너지 변화량
(10) 엔탈피 변화량　(11) 상태변화 과정을 $P-v$ 선도에 도시하여라.

답 (1) $R=0.2872$ kJ/kgK　(2) $V_1=4.29\ m^3$　(3) $P_2=29.99$ kPa
(4) $t_2=-64.14$℃　(5) $c_v=0.718$ kJ/kgK　(6) $W=302.06$ kJ
(7) $c_p=1.005$ kJ/kgK　(8) $W_t=422.80$ kJ　(9) $\Delta U=-302.06$ kJ
(10) $\Delta H=-422.80$ kJ　(11) 생략

[3-17] 25℃, 500 kPa인 산소를 $Pv^{1.3}=C$를 따라 100 kPa까지 팽창시키는 경우 폴리트로픽 비열과 가열량을 구하여라. 단, 산소의 단열비와 정적비열은 각각 1.397, 0.6551 kJ/kgK이다.

답 (1) $c_n=-0.2118$ kJ/kg
(2) $q=19.58$ kJ/kg

[3-18] 어떤 내연기관의 작동유체가 아래 그림과 같은 사이클을 이룰 때 다음을 구하여라. 단, 가스 정수와 정적비열은 각각 0.2872 kJ/kgK, 0.7171 kJ/kgK이며 작동유체는 완전가스로 생각한다.

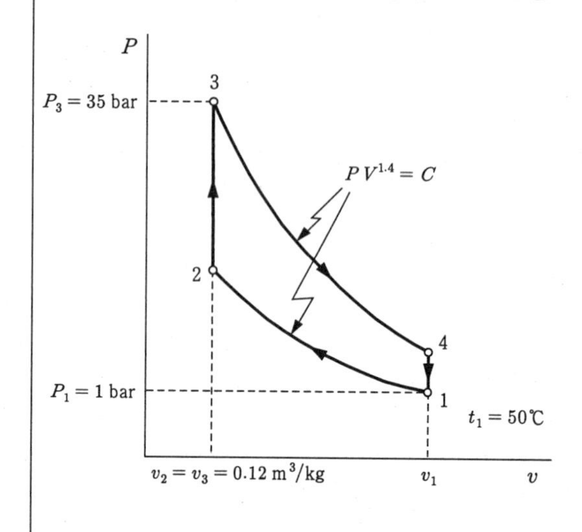

그림 3-18 내연기관 사이클

(1) 단열압축 후 작동유체의 압력
(2) 단열압축 후 작동유체의 온도
(3) 단열압축에 필요한 일량
(4) 정적팽창 후 작동유체의 온도
(5) 정적팽창에 필요한 열량
(6) 단열팽창 후 작동유체의 압력
(7) 단열팽창 후 작동유체의 온도
(8) 단열팽창에 의한 일량
(9) 정적압축에 필요한 방열량

답 (1) P_2=1753 kPa (2) t_2=459℃ (3) $w_{1,2}$=-293 kJ/kg
(4) t_3=1189℃ (5) $q_{2,3}$=523 kJ/kg (6) P_4=200 kPa
(7) t_4=372℃ (8) $w_{3,4}$=586 kJ/kg (9) $q_{4,1}$=-231 kJ/kg

[3-19] 연소가스를 분석하니 탄산가스(분자량 43.99), 일산화탄소(분자량 27.99), 질소(분자량 28.01) 및 산소(분자량 31.99)의 체적비가 10.2%, 1.9%, 78.0%, 9.9% 이었다. 다음을 구하여라. 단, 연소가스의 압력은 표준대기압이고 온도는 300℃이었다.

(1) 각 가스의 분압 (2) 연소가스의 분자량 (3) 각 가스의 밀도
(4) 연소가스의 밀도 (5) 연소가스의 가스정수

답 (1) P_1=10.34 kPa, P_2=1.93 kPa, P_3=79.03 kPa, P_4=10.03 kPa
(2) M=30.03
(3) ρ_1=0.9356 kg/m³, ρ_2=0.5953 kg/m³, ρ_3=0.5957 kg/m³, ρ_4=0.6804 kg/m³
(4) ρ=0.6387 kg/m³
(5) R=0.2768 kJ/kgK

[3-20] 문제 3-19에서 각 가스들의 정압비열과 정적비열이 다음과 같을 때 연소가스의 정압비열과 정적비열을 구하여라.

조성 성분	정압비열 c_p(kJ/kgK)	정적비열 c_v(kJ/kgK)
CO_2	0.8169	0.6279
CO	1.0403	0.7433

조성 성분	정압비열 c_p(kJ/kgK)	정적비열 c_v(kJ/kgK)
N_2	1.0389	0.7421
O_2	0.9150	0.6551

답 (1) $c_p=0.9928$ kJ/kgK (2) $c_v=0.7160$ kJ/kgK

[3-21] 5 bar, 50℃인 메탄가스 1 m^{3}와 1 bar, 0℃인 공기 2 m^{3}를 혼합하였을 때 혼합가스의 온도와 압력은 얼마인가? 단, 메탄가스와 공기의 비열비는 각각 1.317과 1.4이다.

답 (1) $t=36.36$℃ (2) $P=235$ kPa

T·H·E·R·M·O·D·Y·N·A·M·I·C·S

4 열역학 제2법칙

T·H·E·R·M·O·D·Y·N·A·M·I·C·S

열역학 제2법칙

4-1 열역학 제2법칙

2장에서 취급한 열역학 제1법칙은 열과 일은 서로 변환된다는 가역과정(에너지 보존의 원리)을 설명한 것으로 변환의 방향과 에너지의 양이 동등함을 제시하고 있다. 그러나 실제 자연계에서는 열이 항상 일로 바뀌고 또 일이 열로 바뀌는 가역변화가 아니므로 열과 일의 변환 방향에 제한이 있음을 경험을 통해 알고 있다. 즉 열과 일의 변환은 비가역과정이라는 것이 열역학 제2법칙이다. 예를 들면, 물속에서 프로펠러를 회전시키면 물의 온도가 상승한다. 이번에는 반대로 온도가 높은 물 속에 프로펠러를 놓고 물을 냉각시켜 온도를 낮추어도 프로펠러는 회전하지 않는다. 이 경우 열역학 제1법칙에 따라 일(프로펠러 회전)이 열(물의 온도 상승)로 변환되었지만 반대로 열(물의 냉각)이 일(프로펠러 회전)로 변환되지 않았다. 만일 열역학 제1법칙에 따른다면 가역과정이므로 열(물의 냉각)이 일(프로펠러 회전)로 변환되어야 한다. 그러나 열역학 제2법칙은 열(물의 냉각)이 일(프로펠러 회전)로 변환되지 않는다는 에너지변환의 비가역과정을 설명한다.

따라서 열과 일의 가역적인 변환에 대한 열역학 제1법칙에 제한적인 방향의 제시가 필요하며 이를 설명한 것이 **열역학 제2법칙**(the second law of thermodynamics)이다. 이와 같이 열역학 제2법칙은 자연계에서의 비가역과정을 설명함으로써 자연계에서 일어날 수 없는 가역과정을 명확히 해 주는 열역학의 중요한 법칙이다. 이 법칙은 그 동안 많은 학자들에 의해 꾸준히 연구되어 왔으며 이를 표현하는 방법도 많으나 그 중 몇 가지만 소개하면 다음과 같다.

[1] Clausius의 표현

독일의 물리학자인 R. Clausius는『열은 그 자체만으로는 저온물체로부터 고온물체로 이동할 수 없다』고 하였다(1850년). 이 표현은 열이 고온물체(고열원)로부터 저온물체(저열원)로 이동하는 것은 자연현상이지만, 이와 반대로 열이 저온물체로부터 고온물체로 이동하려면 다른 무엇(에너지를 의미)이 필요하다는 뜻이다. 예를 들면 우물에서 물을 지상으로 퍼 올리려면 펌프를 사용하여 물에 일을 가해야만 이루어지는 것처럼 열도 저온물체로부터 고온물체로 이동시키려면 제3의 에너지가 필요하다. 열펌프(heat pump)나 냉장고가 좋은 예이며, 이들은 전기적인 에너지(동력)를 공급받아 열을 저온도물체로부터 고온도물체로 이동시키는 것이다.

그러므로 Clausius의 표현은 열에너지 이동의 방향(조건)을 제시하는 것이며 비가역변화에 대한 설명이다.

[2] Kelvin-Planck의 표현

영국의 물리학자인 L. Kelvin과 독일의 물리학자인 M. Plank는 『자연계에 아무 변화도 남기지 않고 어느 열원(heat source)의 열을 계속해서 일로 바꿀 수는 없다』고 표현하였다. 이 뜻은 열손실(주위에 변화를 남김)이 있어야 열이 일로 변환하는 것이 가능하며 그 변환은 열손실이 있으므로 비가역적이라는 것이다. 열손실이 있다는 뜻은 고온물체에서 저온물체로 열이 이동하므로 결국 저온물체가 있어야 고온물체의 열을 일로 바꿀 수 있다는 뜻이다. 다시 말하면 『고온물체의 열을 계속해서 일로 바꾸려면 저온물체로 열을 버려야만 가능하다』는 것이다. 열기관(熱機關, heat engine)의 경우 작동유체가 일을 하려면 반드시 저온물체로 열을 버려야 하므로 『열효율이 100%인 열기관은 있을 수 없다』는 뜻이다.

[3] Ostwald의 표현

위의 두 표현은 그 방법이 서로 다를 뿐 열역학 제2법칙에 대한 설명이 같음을 알 수 있다. 즉, 그림 4-1을 보면 Clausius는 왼쪽과 같이 열이 저온물체에서 고온물체로 이동하는 것에 대한 조건을 제시하였으나 Kelvin과 Planck는 반대로 고온물체에서 저온물체로 이동하며 일로 변환될 때의 조건을 제시하였다.

열역학 제2법칙의 증명은 열역학 제1법칙과 마찬가지로 매우 힘들다. 열역학 제2법칙을 부정하려고 많은 학자들이 노력하였으나 오히려 이 법칙이 옳다는 것을 역으로 증명하는 결과가 되었다. 열역학 제2법칙을 부정하기 위해 열역학 제1법칙 증명과 같이 열역학 제2법칙에 모순이 되는 기계를 생각해 보자. 즉 Kelvin-Planck의 표현을 부정하는 열기관이 있다면 이 열기관은 한 열원으로부터 에너지를 공급받아 열손실(주위에 변화를 남김) 없이 계속해서 이 에너지를 모두 일로 바꿀 수 있다. 즉, 열효율이 100%인 기관은 열손실이 없으므로 저온물체를 필요로 하지 않는다. 그러나 우리들의 경험으로 일을 하면 반드시 마찰 등에 의한 손실이 수반된다는 것을 알고 있으므로 이러한 기관은 존재할 수 없다. 제 2 종 영구기관(perpetual machine of the second kind)이란 이와 같이 열효율이 100%인 기관을 말하며 Ostwald는 다음과 같이 열역학 제2법칙을 표현하였다.

『자연계에 아무 변화도 남기지 않고 어느 열원의 열을 계속해서 일로 바꾸는 제 2 종영구기관은 존재하지 않는다.』

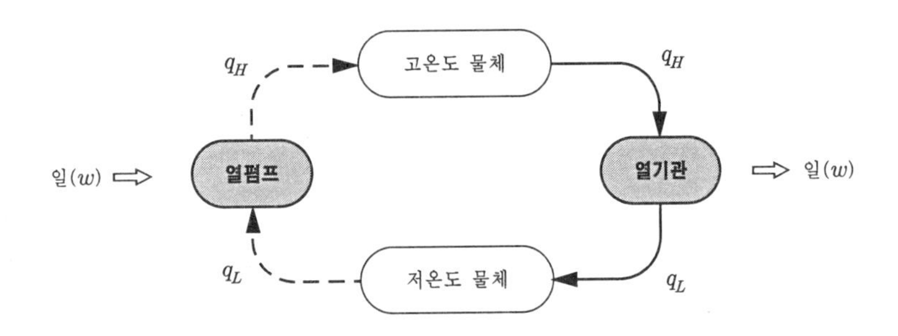

그림 4-1 열역학 제2법칙의 표현

4-2 사이클, 열효율 및 성능계수

계 내의 작동유체가 임의의 한 상태로부터 두 가지 이상의 상태변화를 거쳐 다시 처음의 상태로 되돌아오는 순환과정을 사이클(cycle)이라 정의하였으며, 사이클은 그림 4-2와 같이 선도에서 닫혀 있는 폐곡선(閉曲線)으로 표시된다. 사이클을 구성하는 모든 상태변화가 가역변화인 사이클은 가역사이클(reversible cycle), 상태변화 중 어느 하나라도 비가역변화인 사이클을 비가역사이클(irreversible cycle)이라 정의하였다.(1장 5절 참조)

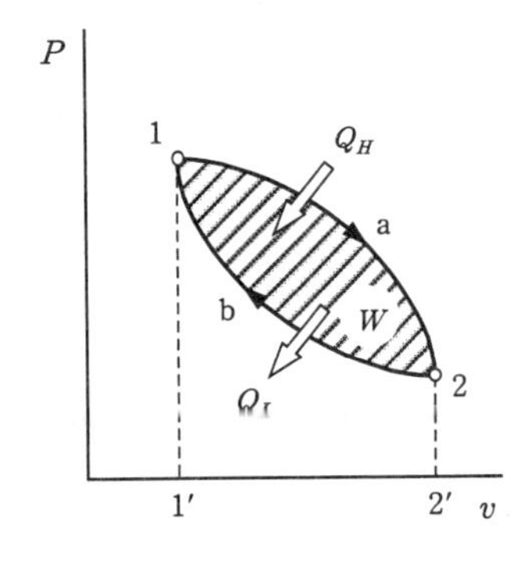

그림 4-2 가역사이클

[1] 한 사이클 동안 계를 출입하는 열과 일

그림 4-2에서 사이클 1-a-2-b-1은 가역사이클이며, 1-a-2와 2-b-1 등 2개의 상태변화로 이루어진 사이클이다. 상태변화 1-a-2는 팽창과정이므로 작동유체가 주위(고온도물체)로부터 열 Q_H를 공급받아 외부에 일 $W_{1,a,2}$를 한다. 상태변화 2-b-1은 압축과정이므로 주위로부터 일 $W_{2,b,1}$을 공급 받아 작동유체를 압축시키고 열 Q_L을 주위(저온도물체)로 방출함으로써 한 사이클을 완성한다. 사이클을 하는 동안의 열량 Q_H와 Q_L은 일반에너지식으로부터 다음과 같이 구할 수 있다.

$$\int_{1,a}^{2} \delta Q = \int_{1,a}^{2} dU + \int_{1,a}^{2} PdV, \quad -\int_{2,b}^{1} \delta Q = \int_{2,b}^{1} dU + \int_{2,b}^{1} PdV$$

로부터

$$Q_{1,a,2} = Q_H = (U_2 - U_1) + \int_{1,a}^{2} PdV \quad \cdots\cdots \text{ⓐ}$$

$$-Q_{2,b,1} = -Q_L = (U_1 - U_2) + \int_{2,b}^{1} PdV \quad \cdots\cdots \text{ⓑ}$$

식 ⓑ에서 "-" 부호는 방열이므로 부호약속에 의해 붙인 것이며, 식 ⓐ와 식 ⓑ의 양변을 더하면 다음과 같은 식을 얻는다.

$$Q_H - Q_L = \int_{1,a}^{2} PdV + \int_{2,b}^{1} PdV \qquad (4\text{-}2\text{-}1)$$

식 (4-2-1)의 좌변 $Q_H - Q_L$은 한 사이클 동안 계를 출입하는 열의 대수합이고, 우변은 한 사이클 동안 작동유체가 하는 일의 합으로 한 사이클에 대한 적분값이다. 이것을 수학적으로 다음과 같이 나타낸다.

$$\int_{1,a}^{2} PdV + \int_{2,b}^{1} PdV = \oint PdV$$

그러므로 식 (4-2-1)은 다시 다음과 쓸 수 있다.

$$Q_H - Q_L = \oint PdV \qquad (4\text{-}2\text{-}2)$$

식 (4-2-2)는 한 사이클 동안 계를 출입하는 에너지의 대수합으로 일과 열의 관계를 표시하며, 열역학 제2법칙에 대한 Kelvin-Planck의 표현과 같이 고온도물체로부터 열 Q_H를 공급받아 저온도물체로 열 Q_L을 방출한 나머지($\oint PdV$)가 일로 바뀌는 것이다.

식 (4-2-2)의 우변(한 사이클 동안 작동유체가 하는 일의 대수합)을 다시 쓰면

$$\oint PdV = \int_{1,a}^{2} PdV + \int_{2,b}^{1} PdV = \int_{1,a}^{2} PdV + \left(-\int_{1,b}^{2} PdV\right) \quad \cdots\cdots \text{ⓒ}$$

2장 7절에서

$$\int_{1,a}^{2} PdV = \text{면적 } 1a22'1', \quad \int_{1,b}^{2} PdV = \text{면적 } 1b22'1' \quad \cdots\cdots\cdots\cdots \text{ⓓ}$$

이므로 식 ⓒ는 아래와 같아진다.

$$\oint PdV = \int_{1,a}^{2} PdV - \int_{1,b}^{2} PdV = (\text{면적 } 1a22'1') - (\text{면적 } 1b22'1')$$
$$= (\text{면적 } 1a2b1) \quad \cdots\cdots\cdots\cdots\cdots\cdots\cdots\cdots \text{ⓔ}$$

위의 식 ⓔ에서 팽창일 $W_{1,a,2} = \int_{1,a}^{2} PdV$와 압축일 $-W_{2,b,1} = -\int_{2,b}^{1} PdV$("-" 부호는 약속에 의해 공급받은 일)의 합은 한 사이클 동안 작동유체가 하는 일로서 사이클을 나타내는 닫힌 곡선(폐곡선)의 면적 1a2b1(그림 4-2에서 빗금 친 부분)과 같다.

이와 같이 작동유체가 한 사이클 동안 하는 일을 정미일(正味일, net work), 참일 또는 유효(有效)일(effective work)이라 하고 기호는 W로 표기한다.

$$W = \oint PdV = \text{면적 } 1a2b1 \qquad (4\text{-}2\text{-}3)$$

따라서 식 (4-2-2)는 다음과 같이 간단히 나타낼 수 있다.

$$Q_H - Q_L = W \;(\text{또는 } Q_H = Q_L + W) \qquad (4\text{-}2\text{-}4)$$

[2] 사이클의 열효율과 성적계수

사이클은 열의 이동방향에 따라 두 가지로 나눌 수 있다. 그림 4-1에서 오른쪽 열기관의 경우, 고온도물체로부터 열(Q_H)을 공급받아 저온도물체로 열(Q_L)을 방출한 나머지로 주위(외부)에 대해 일(W)을 하며 그림 4-2와 같은 시계방향의 사이클을 이룬다. 그러나 그림 4-1에서 왼쪽 열펌프나 냉동기의 경우는 열기관과 반대로 주위(외부)로부터 일(W)을 공급받아 저온도물체로부터 열(Q_L)을 흡수하고 이들의 합(Q_H)을 고온도물체로 방출하며 반시계방향의 사이클을 이룬다.

열기관의 경우는 정미일(W)이 클수록 경제적이므로 경제성을 나타내는 방법의 하나로 열효율(熱效率, thermal efficiency)을 사용한다. 열효율을 기호 η로 표기하고 아래와 같이 정의한다.

$$\text{열효율}(\eta) = \frac{\text{계의 유효일}(W)}{\text{계가 고온도물체로부터 공급받은 열}(Q_H)}$$

즉,

$$\eta = \frac{W}{Q_H} = \frac{Q_H - Q_L}{Q_H} = 1 - \frac{Q_L}{Q_H} \qquad (4\text{-}2\text{-}5)$$

열펌프나 냉동기는 열기관과는 반대로 공급하는 일(W)이 작을수록 경제적이므로 경제성을 나타내는 방법으로 시계방향 사이클을 갖는 열기관과 구별하기 위해 성적계수(成績係數, coefficient of performance)를 사용한다. 성적계수를 성능계수(性能係數)또는 작동계수(作動係數)라고도 한다. 성적계수(기호 cop)는 아래와 같이 정의한다.

$$\text{성적계수}(cop) = \frac{\text{유효 열}(Q_{eff})}{\text{외부로부터 공급받은 일}(W)}$$

열펌프는 가열(난방)과 냉각(냉방)에 사용하며 냉동기는 냉각(냉동, 냉장 및 냉방)에만 사용하므로 유효열(Q_{eff})이 사용하는 경우에 따라 다르다. 따라서 가열과 냉각시킬 때의 성적계수를 각각 cop_h와 cop_c로 표기하면

① 가열시 성적계수(열펌프가 가열이나 난방으로 사용하는 경우)

$$cop_h = \frac{Q_H}{W} = \frac{Q_H}{Q_H - Q_L} \qquad (4\text{-}2\text{-}6)$$

② 냉각시 성적계수(열펌프가 냉각으로 사용하는 경우와 냉동기의 경우)

$$cop_c = \frac{Q_L}{W} = \frac{Q_L}{Q_H - Q_L} \tag{4-2-7}$$

식 (4-2-6)과 식 (4-2-7)을 비교해 보면 동일한 조건에서 운전되는 경우 cop_h가 cop_c보다 항상 1만큼 큰 것을 알 수 있다.

$$cop_h = cop_c + 1 \tag{4-2-8}$$

예제 4-1

시간당 140 MJ의 열을 공급받는 열기관의 출력이 18 kW이다. 이 열기관의 열효율은 얼마인가?

풀이 시간당 공급열이 $Q_H = 140\,\text{MJ} = 140{,}000\,\text{kJ}$이며, 출력이 $N = W/\bar{t} = 18\,\text{kW} = 18\,\text{kJ/s}$이므로 시간당 발생하는 에너지(일)는 식 (1-15-1)로부터

$$W = N\bar{t} = 18\,(\text{kJ/s}) \times 3600\,(\text{s}) = 64{,}800\,\text{kJ}$$

이다. 그러므로 열효율 η는

$$\eta = \frac{W}{Q_H} = \frac{64{,}800}{140{,}000} = 0.4629$$

즉, $\eta = 46.29\%$이다.

예제 4-2

열효율이 30.3%인 열기관이 200 MJ/h의 열을 방출한다. 이 기관의 출력은 몇 kW인가?

풀이 열효율 $\eta = 0.303$, $Q_L = 200$ MJ/h 이므로 식 (4-2-5)

$$\eta = \frac{W}{Q_H} = \frac{W}{Q_L + W}$$

로부터 시간당 유효일 W는

$$W = \frac{\eta}{1-\eta} Q_L = \frac{0.3003}{1-0.3003} \times 200\,\text{MJ/h} = 85.83678719\,\text{MJ/h}$$

$$= \frac{85.83678719 \times 10^3\,\text{kJ}}{3600\,\text{s}} = 23.84\,\text{kW}$$

예제 4-3

저열원으로부터 13.9 MJ/h의 열을 흡수하여 20.93 MJ/h의 열을 고열원으로 방출하는 냉동기의 소요동력과 성적계수를 구하여라.

풀이 (1) 소요동력

Q_L=13.9 MJ/h, Q_H=20.93 MJ/h 이므로 식 (4-2-4)에서 냉동기의 소요일은

$$W = Q_H - Q_L = (20.93 - 13.9)\ \mathrm{MJ/h} = \frac{(20.93 - 13.9) \times 10^3\ \mathrm{kJ}}{3600\ \mathrm{s}} = 1.95\ \mathrm{kW}$$

(2) 성적계수

식 (4-2-7)에서 냉동기의 성적계수 cop_c는

$$cop_c = \frac{Q_L}{W} = \frac{Q_L}{Q_H - Q_L} = \frac{13.9}{20.93 - 13.9} = 1.98$$

예제 4-4

난방용 열펌프의 성적계수가 3.5이고 소요동력이 40 kW일 때 시간당 실내로 공급되는 열은 몇 MJ/h인가?

풀이 cop_h=3.5, W=40 kW 이므로 식 (4-2-6)에서 시간당 열펌프의 방열량 Q_H는

$$Q_H = cop_h\, W = 3.5 \times 40\ \mathrm{kW} = 140\ \mathrm{kJ/s} = 140 \times 3600\mathrm{kJ/h}$$
$$= 504{,}000\ \mathrm{kJ/h} = 504\ \mathrm{MJ/h}$$

4-3 Carnot 사이클

열기관의 열효율을 크게 하려면 고온도물체로부터 공급받은 열(Q_H)을 가능한 한 많이 유효일(W)로 변환시켜야 하므로 저온도물체로 방출되는 열(Q_L)은 적을수록 좋다. 따라서 보다 높은 열효율을 갖는 열기관 사이클은 손실이 없는 가역변화로 이루어지는 가역사이클이어야만 한다. 이러한 점에 착안하여 1824년 프랑스의 Sadi Carnot는 열효율이 가장 좋은 이론적인 가역사이클을 발표하였으며, 이 사이클을 Carnot 사이클이라 한다.

그림 4-3은 Carnot 사이클을 나타낸 것으로 2개의 가역등온변화와 2개의 가역단열변화로 구성되어있다. 그리고 이 사이클의 작동유체는 편의상 완전가스로 가정한다. 그림에서 상태변화 1-2는 등온팽창으로 온도가 T_H인 작동유체가 고온도물체로부터 Q_H의 열을 공급받아 팽창하며 외부에 대해 일을 하는 과정이다. 열 Q_H는 $T_H = C$이므로 식 (3-6-13)으로부터

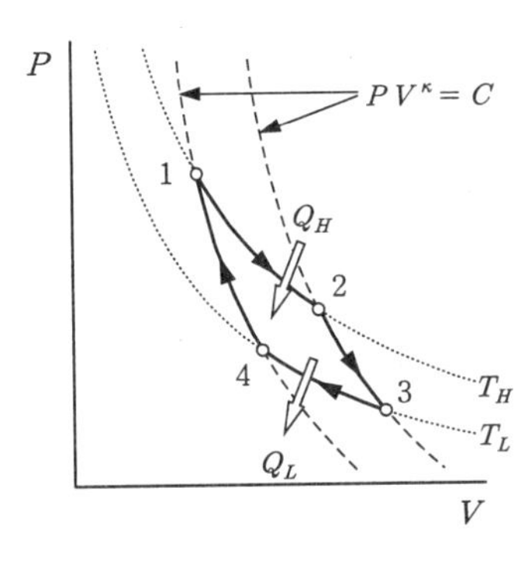

그림 4-3 Carnot 사이클

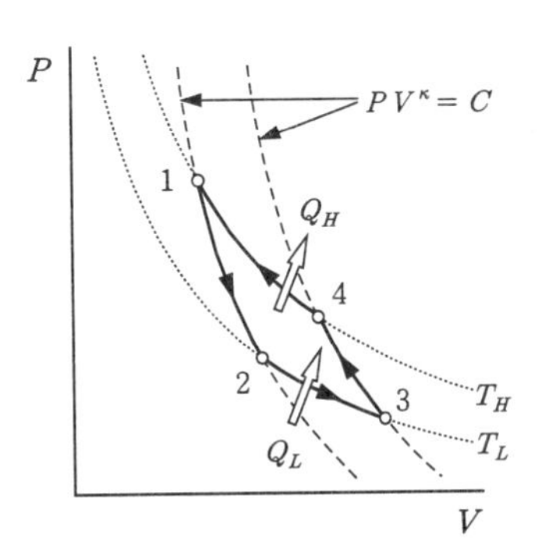

그림 4-4 역Carnot 사이클

$$Q_H = mRT_H \ln\left(\frac{V_2}{V_1}\right) \quad \cdots\cdots \text{ⓐ}$$

상태변화 2-3은 단열팽창 과정으로 작동유체가 가지고 있는 내부에너지가 감소되어 주위(외부)에 대해 팽창일을 한다. 단열팽창으로 인해 작동유체의 온도는 T_H에서 T_L로 강하되고, 단열팽창 전(상태 2)과 단열팽창 후(상태 3)의 온도비 T_L/T_H는 식 (3-6-20)으로부터 다음과 같이 주어진다.

$$\frac{T_L}{T_H} = \left(\frac{V_2}{V_3}\right)^{\kappa-1} \quad \cdots\cdots\cdots\cdots\cdots \text{ⓑ}$$

상태변화 3-4는 등온압축 과정으로 주위(외부)로부터 압축일을 공급받아 작동유체를 압축한다. 이 과정에서 온도가 T_L인 작동유체는 저열원으로 Q_L의 열을 방출한다. 작동유체가 방출하는 열 Q_L은 $T_L = C$이므로 식 (3-6-13)으로부터 다음과 같이 주어진다.

$$-Q_L = mRT_L \ln\left(\frac{V_4}{V_3}\right) \quad \cdots\cdots \text{ⓒ}$$

여기서 "-"부호는 방열이므로 부호약속에 의해 붙인 것이다. 따라서 위의 식 ⓒ는 다시 아래와 같이 쓸 수 있다.

$$Q_L = mRT_L \ln\left(\frac{V_3}{V_4}\right) \quad \cdots\cdots \text{ⓓ}$$

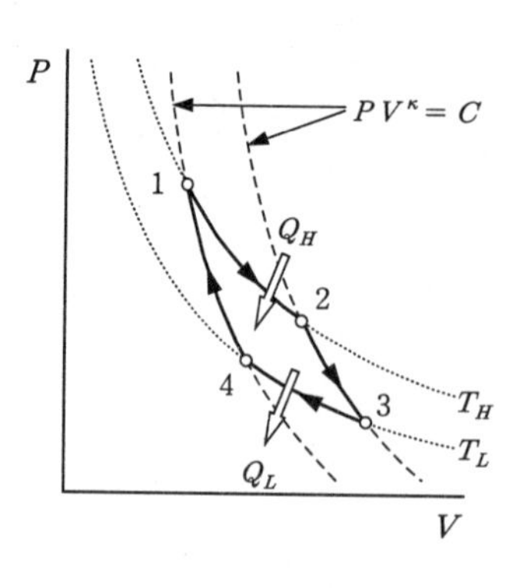

그림 4-3 Carnot 사이클

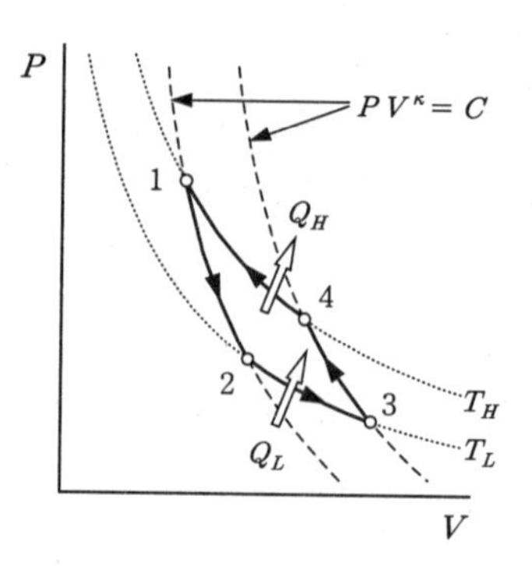

그림 4-4 역Carnot 사이클

상태변화 4-1은 단열압축 과정으로 주위(외부)로부터 압축일을 공급받아 작동유체를 압축하며 작동유체의 온도가 T_L에서 T_H로 상승한다. 단열압축 전(상태 4)과 단열압축 후(상태 1)의 온도비 T_L/T_H는 식 (3-6-20)으로부터 다음과 같이 주어진다.

$$\frac{T_L}{T_H} = \left(\frac{V_1}{V_4}\right)^{\kappa - 1} \quad \cdots\cdots \text{ⓔ}$$

이상에서 한 사이클을 완성하는 동안 작동유체의 내부에너지 변화량은 가역사이클이므로 $\Delta U = 0$이어야 하고, 식 (4-2-4)와 같이 $Q_H - Q_L = W$가 성립하여야 한다. Carnot 사이클의 열효율을 η_c로 표기하고 식 (4-2-5)에 식 ⓐ와 ⓓ를 대입하여 η_c를 구하면

$$\eta_c = 1 - \frac{Q_L}{Q_H} = 1 - \frac{mRT_L \ln(V_3/V_4)}{mRT_H \ln(V_2/V_1)} \quad \cdots\cdots \text{ⓕ}$$

으로 된다. 그런데 식 ⓑ와 식 ⓔ에서 $(V_2/V_3) = (V_1/V_4)$이므로 $(V_3/V_4) = (V_2/V_1)$이다. 따라서 이 관계를 식 ⓕ에 대입하면 Carnot 사이클의 열효율을 η_c는 다음과 같다.

$$\eta_c = 1 - \frac{Q_L}{Q_H} = 1 - \frac{T_L}{T_H} \tag{4-3-1}$$

그림 4-4에 나타낸 사이클(1-2-3-4-1)을 역Carnot 사이클(reversed Carnot cycle)이라 하며, 사이클의 방향은 Carnot 사이클의 방향과 반대이다. 반시계방향의 사이클을 이루는 역Carnot 사이클도 2개의 가역등온변화와 2개의 가역단열변화로 이

루어져 있으며, 열펌프나 냉동기의 이상적(理想的)인 사이클이다. 역Carnot 사이클에 대하여 위와 같은 방법으로 정리하면 역Carnot 사이클로 작동하는 열펌프나 냉동기의 성적계수는 다음과 같다.

① 가열시 성적계수(열펌프가 가열이나 난방으로 사용하는 경우)

$$cop_h = \frac{Q_H}{W} = \frac{Q_H}{Q_H - Q_L} = \frac{T_H}{T_H - T_L} \tag{4-3-2}$$

② 냉각시 성적계수(열펌프가 냉각으로 사용하는 경우와 냉동기의 경우)

$$cop_c = \frac{Q_L}{W} = \frac{Q_L}{Q_H - Q_L} = \frac{T_L}{T_H - T_L} \tag{4-3-3}$$

식 (4-3-1)을 보면, 가역사이클인 Carnot 사이클의 열효율은 두 열원의 절대온도에만 관계되며 앞에서 가정한 작동유체(완전가스)의 종류와는 전혀 관계가 없음을 알 수 있다. 이러한 사실을 구체적으로 증명하기 위하여 그림 4-5와 같이 작동온도가 T_H와 T_L로 서로 같고 작동유체가 다른 두 종류의 가역사이클기관(Carnot 사이클기관)을 생각해 보자. 기관 E_1은 고온도물체(T_H)로부터 열 Q_H를 공급받아 저온도물체(T_L)로 열 Q_L을 방출하고 남은 $Q_H - Q_L$로 외부에 대해 일 W를 한다. 그리고 기관 E_2는 마찰 등의 손실 없이 E_1의 일을 받아 저온도물체(T_L)로부터 열 Q_L'을 흡수하여 고온도물체(T_H)로 열 Q_H'을 방출한다면 $Q_H - Q_L = W$, $Q_L' + W = Q_H'$의 관계가 성립하므로 $Q_H - Q_L = Q_H' - Q_L'$이 된다. 따라서 다음과 같은 관계를 갖는다.

$$Q_H - Q_H' = Q_L - Q_L' \quad (\text{또는 } Q_H' - Q_H = Q_L' - Q_L)$$

여기서 E_1은 열기관, E_2는 열펌프(냉동기)와 같으므로 $Q_H' > Q_H$, $Q_L' > Q_L$이라 가정하면

$$(Q_H' - Q_H = Q_L' - Q_L) > 0$$

이 됨으로 저온도물체에서 $Q_L' - Q_L$ 만큼의 열이 고온도물체로 이동한다. 따라서 주위에 아무 변화도 남기지 않고 열이동이 이루어지는 제2종 영구기관으로 되어 열역학 제2법칙에 위배된다.

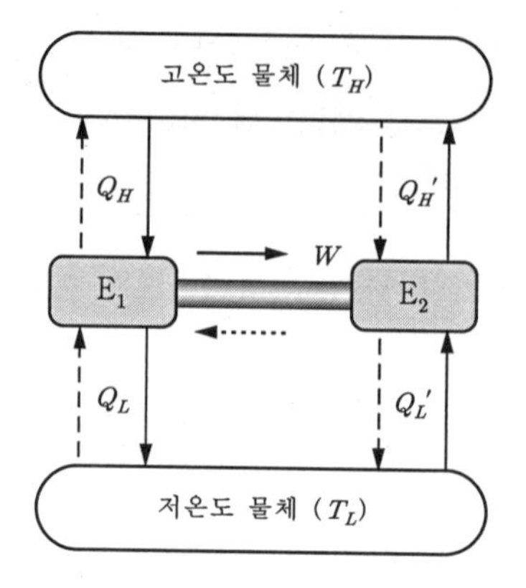

그림 4-5 2개의 Carnot 사이클로 작동하는 기관

한편, $Q_H' < Q_H$, $Q_L' < Q_L$인 경우를 생각하면 E_1은 열펌프(냉동기), E_2는 열기관과 같은 역할을 함으로 열이동은 점선으로 표시된 화살표 방향으로 이루어지고 저온도물체로부터 흡수된 $Q_L - Q_L'$의 열이 $Q_H - Q_H'$의 열이 되어 고온도물체로 이동하게 된다. 이 경우도 역시 열역학 제2법칙에 위배된다. 따라서 위의 두 가지 가정에서 열역학 제2법칙이 성립하려면 반드시 $Q_H' - Q_H = Q_L' - Q_L = 0$이어야 한다. 즉 $Q_H = Q_H'$, $Q_L = Q_L'$이므로 $Q_L'/Q_H' = Q_L/Q_H$이다. 따라서 두 가역사이클 기관의 열효율은 다음 식과 같이 서로 같아진다.

$$\eta_c = 1 - \frac{Q_L}{Q_H} = 1 - \frac{Q_L'}{Q_H'}$$

이것은 우리가 가정한 E_1과 E_2의 작동유체가 서로 다른 것과는 관계없이 작동온도(두 열원의 온도)만 같으면 항상 열효율이 같다는 것을 뜻한다. 다시 말하면 『동일한 온도 사이에서 작동하는 Carnot 사이클의 열효율은 작동유체의 종류와 관계없이 항상 같으며, Carnot 사이클의 열효율은 절대온도에만 관계된다』가 성립한다.

이번에는 가역사이클인 Catnot 사이클과 비가역사이클의 열효율을 비교해 본다. 그림 4-5에서 E_1은 비가역사이클로 작동되는 열기관, E_2는 Carnot 사이클(가역사이클)로 작동되는 열펌프라 가정하고, 열기관 E_1의 일 W가 손실 없이 열펌프 E_2에 전달된다고 가정하면 이들의 열효율은

$$\eta_{E_1} = 1 - \frac{Q_L}{Q_H}, \quad \eta_{E_1} = 1 - \frac{Q_L'}{Q_H'}$$

여기서 비가역사이클로 작동되는 열기관 E_1의 열효율 η_{E_1}과 Carnot 사이클로 작동되는 열펌프 E_2의 열효율 η_{E_2}가 $\eta_{E_1} > \eta_{E_2}$라 가정하면 $(Q_H - Q_L)/Q_H > (Q_H' - Q_L')/Q_H'$이다. 그런데 E_1과 E_2의 일 W가 같다고 가정($W = Q_H - Q_L = Q_H' - Q_L'$)하였으므로 $Q_H < Q_H'$이 되어 $Q_L < Q_L'$으로 된다. 따라서 $(Q_H' - Q_H = Q_L' - Q_L) > 0$이다. 이것은 결국 외부로부터 에너지의 공급 없이 저온도물체의 열을 고온도물체로 이동시키는 것이 됨으로 역시 열역학 제2법칙에 위배된다. 그러므로 $\eta_{E_1} > \eta_{E_2}$가 아니라 $\eta_{E_1} < \eta_{E_2}$라는 결론을 얻는다. 즉 비가역사이클의 열효율은 가역사이클인 Carnot 사이클의 열효율보다 항상 작다. 만일 $\eta_{E_1} = \eta_{E_2}$이라면 앞서 설명한 것과 같이 모두 가역사이클 기관인 경우에 해당되므로 앞의 가정에 모순이 된다. 따라서 『가역사이클인 Carnot 사이클의 열효율이 비가역사이클의 열효율보다 항상 크고, 동일한 온도 사이에서 작동되는 가역사이클의 열효율은 Carnot 사이클의 열효율과 같다』는 결론에 도달한다.

이상에서 실제로 존재하지 않는 Carnot 사이클에 대한 특징을 요약하면 다음과 같다.

① Carnot 사이클의 열효율은 작동유체의 종류와 관계없이 작동하는 열원의 절대 온도에만 관계된다.

② 동일한 온도범위에서 작동하는 가역사이클의 열효율은 항상 Carnot 사이클의 열효율과 같다.

③ Carnot 사이클의 열효율이 항상 비가역사이클의 열효율보다 크다.

④ Carnot 사이클은 열기관의 이상적(理想的)인 사이클이며, 역Carnot 사이클은 열펌프(냉동기)의 이상적인 사이클이다.

예제 4-5

Carnot 사이클로 작동하는 열기관이 고온도물체로부터 42 MJ/h의 열을 공급받아 7 kW의 동력을 발생시킨다. 저온도물체의 온도가 10℃일 때 이 열기관의 이론열효율과 고온도 물체의 온도를 구하여라.

풀이 (1) 이론열효율

Q_H=42 MJ/h=42,000 kJ/h, W=7 kW 이므로 열효율 η_c는 식 (4-2-5)로부터

$$\eta_c = \frac{W}{Q_H} = \frac{7\,\text{kW}}{42{,}000\,\text{kJ/h}} = \frac{7 \times 3600\,\text{kJ/h}}{42{,}000\,\text{kJ/h}} = 0.6 \quad \therefore\ \eta_c = 60\%$$

(2) 고온도물체의 온도

T_L=(10+273) K 이므로 식 (4-3-1)에서 고온도물체의 온도 t_H는

$$t_H = T_H - 273 = \frac{T_L}{1-\eta_c} - 273 = \frac{10+273}{1-0.6} - 273 = 434.5℃$$

예제 4-6

역Carnot 사이클로 작동하는 열펌프의 가열시 성적계수가 6이다. 이 열펌프가 5℃인 실내로 열을 방출한다. 저열원의 온도는 얼마인가? 또 냉각 시 성적계수는 얼마인가?

풀이 (1) 저열원 온도

cop_h=6, T_H=(5+273) K 이므로 식 (4-3-2)로부터 저열원의 온도 t_L은

$$t_L = T_L 273 = T_H\left(1-\frac{1}{cop_h}\right)-273 = (5+273)\times\left(1-\frac{1}{6}\right)-273 = -41.33℃$$

(2) 냉각 시 성적계수

cop_h=6 이므로 식 (4-2-8)에서 냉각 시 성적계수 cop_c는

$$cop_c = cop_h - 1 = 6-1 = 5$$

예제 4-7

0℃ 이상에서 Carnot 사이클로 작동하는 열기관의 출력이 100 kW이고 열효율이 40%일 때 다음을 구하여라.

(1) 시간당 열기관으로 공급하는 열
(2) 시간당 방열량
(3) 최고 작동온도

풀이 (1) 시간당 열기관으로 공급하는 열

t_L=0℃, W=100 kW=(100×3600) kW/h, η_c=0.4 이므로 식 (4-2-5) 또는 식 (4-3-1)에서 시간당 공급하는 열 Q_H는

$$Q_H = \frac{W}{\eta_c} = \frac{100\times 3600\ \text{kW/h}}{0.4} = 900{,}000\ \text{kW/h} = 900\ \text{MJ/h}$$

(2) 시간당 방열량

식 (4-3-1)에서 시간당 방열량 Q_L은

$$Q_L = (1-\eta_c)\, Q_H = (1-0.4)\times 900\ \text{MJ/h} = 540\ \text{MJ/h}$$

또는 식 (4-2-4)로부터 $Q_L + Q_H - W = 900-360 = 540$ MJ/h이다.

(3) 최고 작동온도

식 (4-3-1)에서 $\dfrac{Q_L}{Q_H} = \dfrac{T_L}{T_H}$이므로 최고 작동온도 t_H는

$$t_H = T_H - 273 = T_L\frac{Q_H}{Q_L} - 273 = (0+273)\times\frac{900}{540} - 273 = 182℃$$

4-4 열역학적 절대온도

온도계는 물질의 열팽창을 이용하여 온도를 측정한다. 그런데 물질의 열팽창율은 온도에 따라 서로 다르기 때문에 온도계에 사용하는 물질의 종류에 따라 측정되는 온도에 약간씩 차이가 있다. 따라서 온도계에 사용되는 물질의 종류와 관계없이 항상 일정한 온도눈금을 정의할 필요가 있다. 앞 절에서 설명한 Carnot 사이클은 작동물질과 관계없이 두 열원의 온도만 같으면 열효율이 같으므로 이 원리를 이용하면 온도계에 사용하는 물질의 종류와 관계없이 일정한 온도눈금을 얻을 수 있다.

그림 4-6과 같이 $P-V$선도에 임의의 두 단열선 aa′ 및 bb′을 긋고, 온도가 τ_1인 등온선 11′과 온도가 τ_2인 등온선 22′을 그어 만들어진 Carnot 사이클 1-1′-2′-2-1의 면적 11′2′2와 면적이 같도록 등온선 33′, 44′, ……, nn′을 긋는다. 그리고 각 등온선에 해당하는 온도들을 각각 τ_3, τ_4, ……, τ_n이라 한다. 이렇게 만들어진 사각형 11′2′2, 22′3′3, 33′4′4, ……, (n-1)(n-1′)n′n 등은 모두 Carnot 사이클이다. 각 Carnot 사이클의 흡열량을 위로부터 각각 Q_1, Q_2, Q_3, Q_4, ……, Q_{n-1}이라 하고 방열량을 사이클 바로 아래에 인접한 사이클의 흡열량과 같이 Q_2, Q_3, Q_4, Q_5, ……, Q_n이라 하면, 사각형 면적들이 모두 같으므로 각 사이클의 일량은 모두 같다.

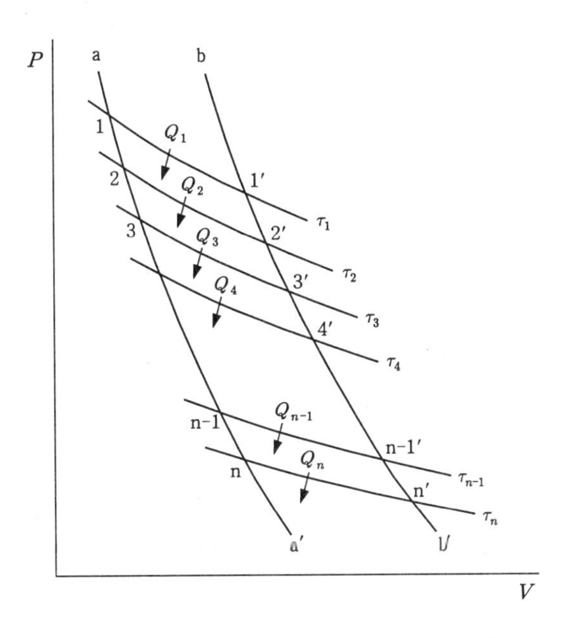

그림 4-6 열역학적 온도를 정의하기 위한 Carnot 사이클

온도 τ_1과 τ_2 사이에서 작동하는 사이클의 일량을 $W_{1,2}$, 온도 τ_2와 τ_3 사이에서 작동하는 사이클의 일량을 $W_{2,3}$ 등으로 표기하면 $W_{1,2} = W_{2,3} = W_{3,4} = \ldots\ldots = W_{n-1,n}$ 이므로

$$W_{1,2} = Q_1 - Q_2, \quad W_{2,3} = Q_2 - Q_3, \cdots\cdots, \ W_{n-1,n} = Q_{n-1} - Q_n$$
$$Q_1 - Q_2 = Q_2 - Q_3 = Q_3 - Q_4 = \ldots\ldots = Q_{n-1} - Q_n$$

이다. 이와 같이 각 Carnot 사이클의 일량을 같게 하는 온도 $\tau_1, \tau_2, \tau_3, \cdots\cdots, \tau_{n-1}, \tau_n$은 Carnot 사이클의 열효율이 작동물질과는 관계없이 온도만의 함수이므로 정확한 온도가 된다. 이러한 방법으로 정해진 온도를 열역학적 온도(thermodynamic temperature)라 한다.

여기서 열역학적 온도 τ와 1장에서 설명한 절대온도 T의 관계를 살펴본다. 열역학적 온도 τ_1과 τ_2 사이에서 작동하는 Carnot 사이클의 일량이 $W_{1,2} = Q_1 - Q_2$이므로 열역학적 온도 τ_1과 τ_3 사이에서 작동하는 Carnot 사이클의 일량 $W_{1,3}$은

$$W_{1,3} = Q_1 - Q_3 = (Q_1 - Q_2) + (Q_2 - Q_3) = 2\,W_{1,2} \quad \cdots\cdots \text{ⓐ}$$

이며, 열역학적 온도 τ_1과 τ_n 사이에서 작동하는 Carnot 사이클의 일량 $W_{1,n}$은

$$\begin{aligned} W_{1,n} &= Q_1 - Q_n = (Q_1 - Q_2) + (Q_2 - Q_3) + \ldots\ldots + (Q_{n-1} - Q_n) \\ &= (n-1)\,W_{1,2} \quad \cdots\cdots \text{ⓑ} \end{aligned}$$

이다. 따라서

$$W_{1,n} = \frac{Q_1 - Q_n}{n-1} \quad \cdots\cdots \text{ⓒ}$$

한편, 열역학적 온도 τ_1과 τ_2 사이에서 작동하는 Carnot 사이클의 열효율을 $\eta_{1,2}$라 하면

$$\eta_{1,2} = \frac{W_{1,2}}{Q_1} = \frac{Q_1 - Q_2}{Q_1} \quad \cdots\cdots \text{ⓓ}$$

이며, 열역학적 온도 τ_1과 τ_3 사이에서 작동하는 Carnot 사이클의 열효율을 $\eta_{1,3}$이라 하면

$$\eta_{1,3} = \frac{W_{1,3}}{Q_1} = \frac{2\,W_{1,2}}{Q_1} = 2\eta_{1,2} \quad \cdots\cdots\cdots\cdots\cdots\cdots\cdots\cdots \text{ⓔ}$$

와 같으므로 τ_1과 τ_4 사이에서 작동하는 Carnot 사이클의 열효율은 $\eta_{1,4} = 3\eta_{1,2}$이다. 따라서 열역학적 온도 τ_1과 τ_n 사이에서 작동하는 Carnot 사이클의 열효율 $\eta_{1,n}$은

$$\eta_{1,n} = \frac{W_{1,n}}{Q_1} = \frac{Q_1 - Q_n}{Q_1} = \frac{(n-1)\,W_{1,2}}{Q_1} \quad \cdots\cdots\cdots \text{ⓕ}$$

그런데 Carnot 사이클에서 일량은 식 (4-3-1)에서

$$\eta_c = \frac{W}{Q_H} = \frac{Q_H - Q_L}{Q_H} = \frac{T_H - T_L}{T_H}$$

이다. 즉 고온도물체와 저온도물체의 온도차에 비례하므로 식 ⓕ의 $Q_1 - Q_n$은 다음과 같아진다.

$$Q_1 - Q_n = (n-1)\,W_{1,2} = k(\tau_1 - \tau_n) \quad \cdots\cdots\cdots\cdots\cdots \text{ⓖ}$$

위의 식 ⓖ에서 k는 임의의 비례상수이다. 그러므로 식 ⓕ는

$$\eta_{1,n} = \frac{W_{1,n}}{Q_1} = \frac{Q_1 - Q_n}{Q_1} = \frac{k(\tau_1 - \tau_n)}{Q_1} \quad \cdots\cdots\cdots\cdots \text{ⓗ}$$

여기서 식 ⓗ의 $k/Q_1 = C$로 놓으면 식 ⓗ는 다시 다음과 같이 쓸 수 있다.

$$\eta_{1,n} = C(\tau_1 - \tau_n) \tag{4-4-1}$$

식 (4-4-1)에서 $C(=k/Q_1)$는 Q_1이 공급되는 열역학적 온도 τ_1만의 함수이며 τ_n과는 무관하다. 식 (4-4-1)의 비례상수 C를 Carnot 함수(Carnot's function)라 한다.

식 ⓗ에서 Carnot 사이클의 열효율이 $\eta_{1,n}=1$이 되는 경우를 생각하면, 공급열량 Q_1이 모두 일로 변환되는 것을 의미하므로 $Q_n=0$이어야 하며, 따라서 $\tau_n=0$이다. 그러므로 온도 τ_n은 0으로 하여 온도 기준으로 정하고 Carnot 사이클의 원리에 의해 온도눈금 간격을 정하면 온도계의 동작유체와 관계없이 일정한 온도눈금을 얻을 수 있다. 온도의 기준이 되는 τ_n을 영(0)으로 정하려면 이 온도($\tau_n=0$)는 자연계에

서 존재할 수 있는 최저온도, 다시 말하면 절대영도가 되어야 한다. 만일 절대영도보다 더 낮은 온도가 존재한다면 열효율 $\eta_{1,n} > 1$이므로 공급열량 Q_1보다 더 많은 에너지가 일로 바뀌는 결과가 되므로 온도기준인 τ_n은 절대영도보다 더 낮을 수 없다.

식 (4-4-1)에서 $\eta_{1,n} = 1$일 때 $\tau_n = 0$ 이므로

$$C = \frac{1}{\tau_1} \cdots\cdots\cdots\cdots\cdots\cdots\cdots\cdots\cdots \text{ⓘ}$$

이며, $n=2$인 사이클을 생각하면 열효율은 식 (4-4-1)과 식 ⓘ로부터

$$\eta_{1,2} = 1 - \frac{Q_1}{Q_2} = 1 - \frac{\tau_1}{\tau_2} \cdots\cdots \text{ⓙ}$$

이므로

$$\frac{Q_1}{Q_2} = \frac{\tau_1}{\tau_2} \cdots\cdots\cdots\cdots\cdots\cdots\cdots\cdots\cdots \text{ⓚ}$$

절대온도는 완전가스를 작동유체로 하는 온도계의 온도이며 이것은 완전가스가 일정한 체적 하에서 압력이 0이 되는 점, 또는 일정한 압력 하에서 체적이 0이 되는 점을 가상하여 이 점을 온도의 기준으로 한 온도이다.

절대온도 T와 열역학적 온도 τ를 비교하기 위해 식 (4-3-1)에서 $T_H = T_1$, $T_L = T_2$로 놓고 식 ⓚ와 식 (4-3-1)에서 Q_1/Q_2를 구하면

$$\frac{Q_1}{Q_2} = \frac{\tau_1}{\tau_2} = \frac{T_1}{T_2} \qquad (4\text{-}4\text{-}2)$$

식 (4-4-2)는 완전가스를 작동유체로 하는 온도계의 절대온도 T와 열역학적 온도 τ는 서로 비례하는 것을 의미한다. 따라서 한쪽이 0이면 다른쪽도 0이어야 함으로 눈금간격을 같은 크기로 하면 모든 온도에서 두 눈금은 일치한다. 열역학적 온도는 1848년 영국의 물리학자인 L. Kelvin의 제안으로 처음 만들어졌다.

열역학에서는 열역학적 온도 τ 를 사용하여야 하나 완전가스를 작동유체로 하는 온도계의 절대온도와 일치하므로 편의상 절대온도 T를 사용한다. 완전가스에 가장 가까운 성질을 갖는 수소를 사용한 수소온도계의 눈금은 열역학적 온도눈금과 근사하여 수소온도계를 표준온도계로 사용한다.

4-5 가역사이클과 Clausius 폐적분

그림 4-7과 같이 임의의 가역사이클 A-B-C를 여러 개의 미소한 Carnot 사이클로 나누고 각 사이클의 고온측과 저온측 온도를 각각 T_H, T_H', T_H'', T_H''', ⋯, T_L, T_L', T_L'', T_L''', ⋯ 이라 하고, 각 사이클의 미소 흡열량과 미소 방열량을 각각 δQ_H, $\delta Q_H'$, $\delta Q_H''$, $\delta Q_H'''$, ⋯, δQ_L, $\delta Q_L'$, $\delta Q_L''$, $\delta Q_L'''$ ⋯ 이라 하여 식 (4-3-1)을 적용하면

사이클 Ⅰ에 대하여 : $\eta_{\mathrm{I}} = 1 - \dfrac{\delta Q_L}{\delta Q_H} = 1 - \dfrac{T_L}{T_H}$에서 $\dfrac{\delta Q_H}{T_H} = \dfrac{\delta Q_L}{T_L}$ ……… ⓐ

사이클 Ⅱ에 대하여 : $\eta_{\mathrm{II}} = 1 - \dfrac{\delta Q_L'}{\delta Q_H'} = 1 - \dfrac{T_L'}{T_H'}$에서 $\dfrac{\delta Q_H'}{T_H'} = \dfrac{\delta Q_L'}{T_L'}$ …… ⓑ

사이클 Ⅲ에 대하여 : $\eta_{\mathrm{III}} = 1 - \dfrac{\delta Q_L''}{\delta Q_H''} = 1 - \dfrac{T_L''}{T_H''}$에서 $\dfrac{\delta Q_H''}{T_H''} = \dfrac{\delta Q_L''}{T_L''}$ …… ⓒ

⋮ ⋮ ⋮

전체 사이클 A-B-C는 각 사이클에 대한 위의 식 ⓐ, ⓑ, ⓒ, ⋯ 의 좌변과 우변을 더하면 된다. 즉,

$$\sum \frac{\delta Q_H}{T_H} = \sum \frac{\delta Q_L}{T_L} \text{에서} \sum \frac{\delta Q_H}{T_H} - \sum \frac{\delta Q_L}{T_L} = 0 \quad \cdots\cdots \text{ⓓ}$$

여기서 동작유체가 흡수하는 열량은 부호 약속에 따라 "+", 방출하는 열량은 "−"이므로 식 ⓓ는 수학적으로 아래와 같이 간단하게 나타낼 수 있다.

$$\sum \frac{\delta Q_H}{T_H} + \sum \frac{\delta(-Q_L)}{T_L} = 0 \;\Rightarrow\; \sum \frac{\delta Q}{T} = 0 \quad \cdots\cdots\cdots \text{ⓔ}$$

식 ⓔ를 사이클 적분기호를 사용하여 정리하면 아래와 같다.

$$\oint \frac{\delta Q}{T} = 0 \qquad (4\text{-}5\text{-}1)$$

식 (4-5-1)은 모든 가역사이클에서 온도에 대한 작동유체의 수수열의 사이클적분값이 항상 0이 된다는 것을 뜻하며, 이것을 가역사이클에 대한 Clausius 적분(Clausius integral)이라 한다.

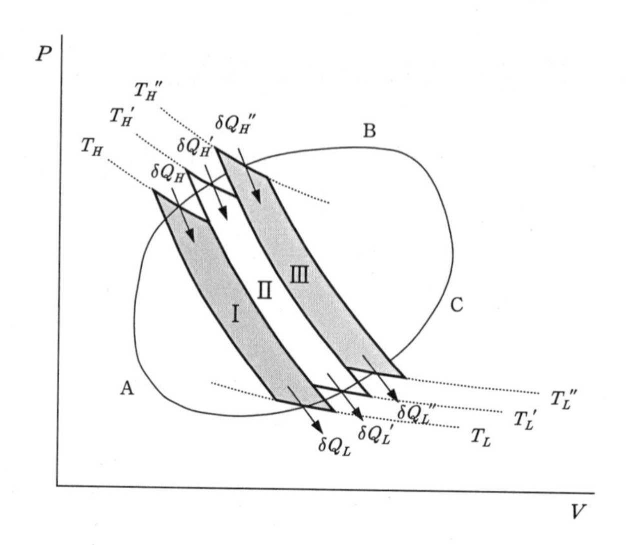

그림 4-7 가역사이클

그러나 비가역사이클의 방열량은 마찰 등에 의한 열손실 때문에 가역사이클의 방열량보다 더 크다. 따라서 비가역사이클의 사이클 적분 값은 항상 0보다 작아야 한다. 이것을 증명하기 위하여 가역사이클과 비가역사이클의 열효율을 각각 η_r, η_{ir}이라 하면

$$\eta_r = 1 - \frac{Q_L}{Q_H} = 1 - \frac{T_L}{T_H}, \quad \eta_{ir} = 1 - \frac{Q_L}{Q_H}$$

이며, 3절에서 가역사이클의 열효율이 비가역사이클보다 크다고 하였으므로

$$\left(1 - \frac{T_L}{T_H}\right) > \left(1 - \frac{Q_L}{Q_H}\right) \quad \Rightarrow \quad \frac{Q_H}{T_H} < \frac{Q_L}{T_L}$$

따라서

$$\frac{Q_H}{T_H} - \frac{Q_L}{T_L} < 0 \quad \Rightarrow \quad \sum \frac{\delta Q_H}{T_H} + \sum \frac{\delta(-Q_L)}{T_L} < 0$$

이것을 사이클 적분으로 나타내면

$$\oint \frac{\delta Q}{T} < 0 \tag{4-5-2}$$

식 (4-5-2)는 비가역사이클에서의 Clausius 적분은 항상 0보다 작다는 것을 뜻하며, 이것을 비가역사이클에 대한 Clausius 부등식(inequality of Clausius)이라 한다.

4-6 엔트로피

그림 4-8은 2개의 가역사이클 1-a-2-b-1과 1-a-2-c-1을나타 낸 것이다. 식 (4-5-1)에서 가역사이클에 대한 Clausius 적분 값이 0이므로 사이클 1-a-2-b-1에 적용하면

$$\oint \frac{\delta Q}{T} = \int_{1.a}^{2} \frac{\delta Q}{T} + \int_{2,b}^{1} \frac{\delta Q}{T} = 0 \quad \cdots\cdots \text{ⓐ}$$

또 사이클 1-a-2-c-1에 적용하면 아래와 같다.

$$\oint \frac{\delta Q}{T} = \int_{1.a}^{2} \frac{\delta Q}{T} + \int_{2,c}^{1} \frac{\delta Q}{T} = 0 \quad \cdots\cdots \text{ⓑ}$$

식 ⓐ에서 식 ⓑ를 빼면

$$\int_{2.b}^{1} \frac{\delta Q}{T} - \int_{2,c}^{1} \frac{\delta Q}{T} = 0 \quad \Rightarrow \quad \int_{2.b}^{1} \frac{\delta Q}{T} - \int_{2,c}^{1} \frac{\delta Q}{T} = 0 \quad \cdots\cdots \text{ⓒ}$$

상태변화 2-b-1과 2-c-1은 모두 가역변화이므로 식 ⓒ는 다음과 같이 된다.

$$\int_{1.b}^{2} \frac{\delta Q}{T} = \int_{1,c}^{2} \frac{\delta Q}{T} = 0 \tag{4-6-1}$$

식 (4-6-1)을 보면 상태 1에서 상태 2까지의 가역변화에서 경로가 b나 c에 관계없이 항상 $\int \frac{\delta Q}{T}$ 값이 일정하므로 하나의 상태량으로 생각할 수 있다. 즉 식 (4-6-1)은

$$\int_{1}^{2} \frac{\delta Q}{T} = C(\text{일정}) \tag{4-6-2}$$

이 값은 상태 1과 상태 2에 의해서만 결정되는 상태량이다. 여기서 주목하여야 할

점은 상태변화하는 과정이 반드시 가역과정이어야 한다는 것이다. 이것을 Clausius는

$$dS = \frac{\delta Q}{T} \quad (\text{또는 } \delta Q = TdS) \tag{4-6-3}$$

로 정의하였다. 열역학 제2법칙에서 정의한 새로운 상태량 S를 엔트로피(entropy)라 한다.

엔트로피 S는 m kg의 질량에 대한 상태량이며 단위는 J/K(실용단위는 kJ/K)이다. 엔트로피도 체적, 내부에너지, 엔탈피와 같은 용량성 상태량(1장 3절 참조)이며 비교를 위해 단위질량(1 kg)에 대한 값으로 나타낼 수 있다. 즉

$$s = \frac{S}{m} \quad (\text{또는 } S = ms) \tag{4-6-4}$$

식 (4-6-4)에서 소문자 s를 단위질량(1 kg)당 엔트로피인 비엔트로피(specific entropy)라 하며, 단위는 J/kgK(실용단위는 kJ/kgK)이다. 따라서 식 (4-6-3)의 양변을 질량 m으로 나누면 다음의 식 (4-6-5)가 된다.

$$ds = \frac{\delta q}{T} \quad (\text{또는 } \delta q = Tds) \tag{4-6-5}$$

상태 1에서 상태 2까지 가역변화하는 동안의 엔트로피 변화량 ΔS는 식 (4-6-3)을 적분하면 구할 수 있다.

$$\Delta S = S_2 - S_1 = \int_1^2 \frac{\delta Q}{T} \tag{4-6-6}$$

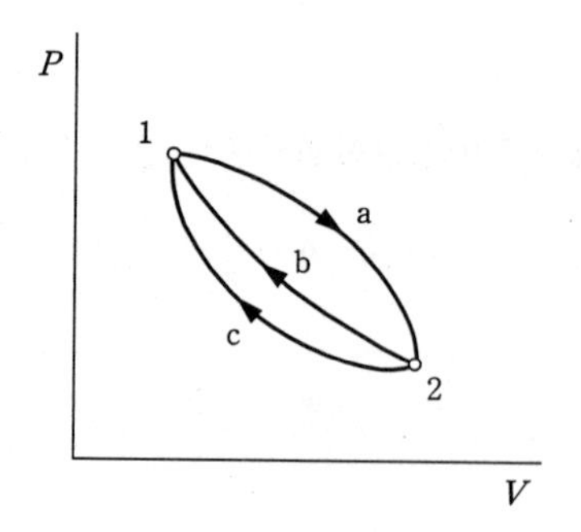

그림 4-8 2개의 가역사이클

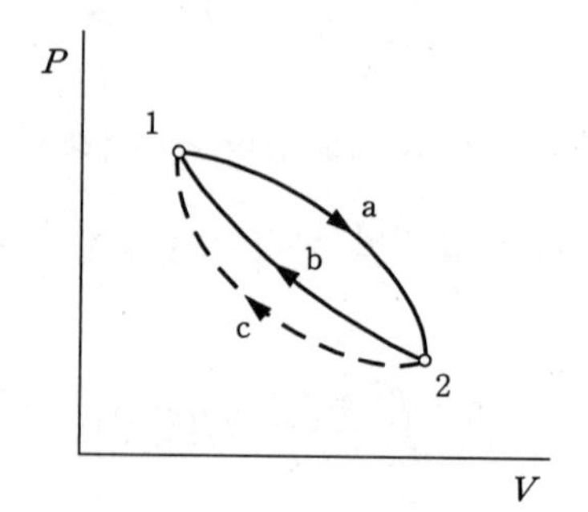

그림 4-9 가역사이클과 비가역사이클

이번에는 비가역사이클에 대한 엔트로피 변화를 생각해 보자. 그림 4-9의 상태변화 2-c-1은 비가역변화이고 나머지는 모두 가역변화라 가정하면 사이클 1-a-2-b-1은 가역사이클이며, 사이클 1-a-2-c-1은 비가역사이클이다. 먼저 가역사이클 1-a-2-b-1에 Clausius 적분을 적용하면 식 ⓐ와 같고, 비가역사이클 1-a-2-c-1에 Clausius 부등식을 적용하면

$$\oint \frac{\delta Q}{T} = \int_{1,a}^{2} \frac{\delta Q}{T} + \int_{2,c}^{1} \frac{\delta Q}{T} < 0 \quad \cdots\cdots\cdots\cdots \text{ⓓ}$$

식 ⓐ에서 $\int_{1,a}^{2} \frac{\delta Q}{T} = -\int_{2,b}^{1} \frac{\delta Q}{T}$ 이므로 식 ⓓ에 넣어 우변으로 이항하면

$$\int_{2,b}^{1} \frac{\delta Q}{T} > \int_{2,c}^{1} \frac{\delta Q}{T} \quad \Rightarrow \quad \int_{1,c}^{2} \frac{\delta Q}{T} > \int_{1,b}^{2} \frac{\delta Q}{T}$$

식 (4-6-3)에서 $dS = \delta Q/T$ 이므로 위의 식에 대입하면

$$\int_{1,c}^{2} dS > \int_{1,b}^{2} \frac{\delta Q}{T} \quad \cdots\cdots\cdots\cdots\cdots\cdots\cdots\cdots\cdots\cdots\cdots \text{ⓔ}$$

식 ⓔ의 좌변은 비가역변화에서의 엔트로피 변화량이며 우변은 가역변화에서의 엔트로피 변화량이므로 비가역변화의 엔트로피 변화량은 항상 $\int(\delta Q/T)$보다 크고, 상태점 1과 2가 아주 근접하면 다음과 같이 쓸 수 있다.

$$dS > \frac{\delta Q}{T} \quad (\text{또는 } \delta Q < TdS) \qquad (4\text{-}6\text{-}7)$$

위의 식 (4-6-7)이 비가역변화에 대한 엔트로피식이다.

일반적으로 엔트로피 정의식은 다음과 같이 쓸 수 있으며, 등호(=)는 가역변화에 대해서만 성립하고, 부등호(>)는 비가역변화에 대해서만 성립한다.

$$dS \geq \frac{\delta Q}{T} \qquad (4\text{-}6\text{-}8)$$

예를 들면, $\delta Q = 0$인 단열변화의 경우

① 가역단열변화이면 $dS = 0$이므로 $S = C$인 등엔트로피 변화(isentropic change)가 된다.

② 비가역단열변화에서는 $dS > 0$ 이므로 엔트로피가 증가하게 된다.

따라서 엔트로피의 증가는 비가역성임을 뜻하며 가역변화가 없는 『자연계에서는 그 엔트로피가 항상 증가』함을 알 수 있다. 이렇게 자연계의 엔트로피가 증가하는 것을 엔트로피 증가의 원리라 한다. 엔트로피는 상태변화 전후의 엔트로피 변화량만을 다루는 물리량(점함수)이므로 비교치가 사용된다.

예제 4-8

공기 3 kg을 정압 하에 15℃에서 70℃까지 가열하는 경우 엔트로피와 비엔트로피 변화량은 각각 얼마인가? 단, 공기의 정압비열은 1.005 kJ/kgK이다.

풀이 (1) 엔트로피 변화량

정압이므로 식 (1-10-1)에서 비열 c 대신 정압비열 c_p를 대입하면 $\delta Q = mc_p dT$ 이고 m=3 kg, t_1=15℃, t_2=70℃, c_p=1.005 kJ/kgK 이므로 식 (4-6-6)으로부터 엔트로피 변화량 ΔS는

$$\Delta S = S_2 - S_1 = \int_1^2 \frac{\delta Q}{T} = \int_1^2 \frac{mc_p dT}{T} = mc_p \int_1^2 \frac{dt}{T} = mc_p \ln\left(\frac{T_2}{T_1}\right)$$

$$= 3 \times 1.005 \times \ln\left(\frac{70+273}{15+273}\right) = 0.5269\ \mathrm{kJ/K}$$

(2) 비엔트로피 변화량

식 (4-6-4)로부터 비엔트로피 변화량 Δs는

$$\Delta s = \frac{\Delta S}{m} = \frac{0.5269}{3} = 0.1756\ \mathrm{kJ/kgK}$$

예제 4-9

정적비열이 c_v=0.7421 kJ/kgK, 온도가 20℃인 질소를 정적 하에 가열하였더니 엔트로피가 0.25 kJ/kgK 증가하였다. 가열 후 질소의 온도는 얼마인가?

풀이 식 (1-10-1)의 양변을 질량 m으로 나누면 $\delta q = c dT$이다. 정적변화이므로 정적비열을 대입하면 $\delta q = c_v dT$이다. 이 식을 식 (4-6-5)에 대입하여 적분하면

$$\Delta s = s_2 - s_1 = \int_1^2 \frac{\delta q}{T} = \int_1^2 \frac{c_v dT}{T} = c_v \ln\left(\frac{T_2}{T_1}\right)$$

여기서 t_1=20℃, c_v=0.7421 kJ/kgK, Δs=0.25 kJ/kgK 이므로 가열 후 온도 t_2는

$$t_2 = T_2 - 273 = T_1 \cdot e^{\Delta s / c_v} - 273 = (20+273) \times e^{(0.25/0.7421)} - 273 = 137.37℃$$

예제 4-10

물 1 kg을 0℃에서 100℃까지 가열하면 엔트로피는 얼마나 증가하는가? 단, 물의 평균비열은 4.19 kJ/kgK이다.

풀이 m=1 kg, t_1=0℃, t_2=100℃, c_m=4.19 kJ/kgK 이므로 위의 예제 4-9와 같은 방법으로 식 (4-6-5)를 이용하여 비엔트로피(질량이 1 kg이므로) 변화량을 계산하면

$$\Delta s = s_2 - s_1 = \int_1^2 \frac{c_m dT}{T} = c_m \ln\left(\frac{T_2}{T_1}\right) = 4.19 \times \ln\left(\frac{100+273}{0+273}\right) = 1.3077\ \mathrm{kJ/kgK}$$

4-7 완전가스의 엔트로피 일반식

이 절에서는 완전가스의 엔트로피를 나타내는 일반식들을 유도해 본다.

[1] T, v 항으로 표시

2장 5절에서 설명한 일반에너지식 $\delta q = du + Pdv$ 에서 $du = c_v dT$(3장 5절)이므로

$$\delta q = c_v dT + Pdv \quad \cdots\cdots\cdots\cdots\cdots\cdots\cdots\cdots \text{ⓐ}$$

엔트로피 정의식 (4-6-5)에 식 ⓐ를 대입하여 정리하면

$$ds = \frac{\delta q}{T} = c_v \frac{dT}{T} + \frac{P}{T} dv \quad \cdots\cdots\cdots\cdots \text{ⓑ}$$

그런데 완전가스의 특성식 $Pv = RT$에서 $P/T = R/v$ 이므로 이것을 식 ⓑ에 대입하면

$$ds = c_v \frac{dT}{T} + R\frac{dv}{v} \quad \cdots\cdots\cdots\cdots\cdots\cdots\cdots\cdots \text{ⓒ}$$

위의 식 ⓒ를 적분하여 비엔트로피 변화량(Δs)을 구하면 다음과 같다.

$$\Delta s = s_2 - s_1 = c_v \ln\left(\frac{T_2}{T_1}\right) + R\ln\left(\frac{v_2}{v_1}\right) \qquad (4\text{-}7\text{-}1)$$

따라서 m kg의 작동유체에 대한 엔트로피 변화량(ΔS)은 아래와 같다.

$$\Delta S = S_2 - S_1 = m\,c_v \ln\left(\frac{T_2}{T_1}\right) + mR\ln\left(\frac{V_2}{V_1}\right) \qquad (4\text{-}7\text{-}2)$$

[2] T, P항으로 표시

엔탈피 정의식(2장 6절) $h = u + Pv$ 양변을 미분하고 일반에너지식을 대입, 정리하면

$$dh = du + Pdv + v\,dP = \delta q + v\,dP \cdots\cdots ⓓ$$

그런데 식 (3-5-4)에서 $dh = c_p dT$ 이므로 식 ⓓ에 대입하면

$$\delta q = c_p dT - v\,dP \cdots\cdots ⓔ$$

식 ⓔ를 엔트로피의 정의식 (4-6-5)에 대입하면

$$ds = \frac{\delta q}{T} = c_p\frac{dT}{T} - \frac{v}{T}dP \cdots\cdots ⓕ$$

완전가스 특성식 $Pv = RT$에서 $v/T = R/P$이므로 이것을 식 ⓕ에 대입하면

$$ds = \frac{\delta q}{T} = c_p\frac{dT}{T} - R\frac{dP}{P} \cdots\cdots ⓖ$$

식 ⓖ를 적분하면 비엔트로피 변화량 Δs는 다음과 같다.

$$\Delta s = s_2 - s_1 = c_p \ln\left(\frac{T_2}{T_1}\right) - R\ln\left(\frac{P_2}{P_1}\right) \qquad (4\text{-}7\text{-}3)$$

m kg의 작동유체에 대한 엔트로피 변화량 ΔS는 다음과 같다.

$$\Delta S = S_2 - S_1 = m\,c_p \ln\left(\frac{T_2}{T_1}\right) - mR\ln\left(\frac{P_2}{P_1}\right) \qquad (4\text{-}7\text{-}4)$$

또는 식 (4-7-1)에 $v_1 = RT_1/P_1$, $v_2 = RT_2/P_2$를 대입하거나 식 ⓑ에 $Pv = RT$의 전미분 $Pdv = RdT - v\,dP$를 대입하여도 똑같이 유도된다.

[3] P, v 항으로 표시

식 (4-7-1)에 $T_1 = P_1 v_1 / R$, $T_2 = P_2 v_2 / R$을 대입, 정리하면 비엔트로피 변화량 Δs는

$$\Delta s = s_2 - s_1 = c_v \ln\left(\frac{P_2}{P_1}\right) + c_p \ln\left(\frac{v_2}{v_1}\right) \tag{4-7-5}$$

m kg의 작동유체에 대한 엔트로피 변화량 ΔS는 아래와 같다.

$$\Delta S = S_2 - S_1 = m\,c_v \ln\left(\frac{P_2}{P_1}\right) + m\,c_p \ln\left(\frac{V_2}{V_1}\right) \tag{4-7-6}$$

예제 4-11

60℃, 1.5 kg의 프로판 가스 2 m^3가 정압 하에 냉각되어 온도가 10℃로 되었다. 엔트로피는 어떻게 변하였는가? 단, 프로판의 가스정수와 정적비열은 각각 0.1887 kJ/kgK, 1.362 kJ/kgK이다.

풀이 정압냉각이고 t_1=60℃, V_1=2 m^3, t_2=10℃ 이므로 냉각 후 체적 V_2는 식 (3-2-4)에서

$$V_2 = V_1 \frac{T_2}{T_1} = 2 \times \frac{10+273}{60+273} = 1.70\ \mathrm{m}^3$$

그리고 m=1.5 kg, R=0.1887 kJ/kgK, c_v=1.362 kJ/kgK 이므로 식 (4-7-2)에서 엔트로피 변화량 ΔS는

$$\Delta S = m\,c_v \ln\left(\frac{T_2}{T_1}\right) + mR\ln\left(\frac{V_2}{V_1}\right)$$
$$= 1.5 \times 1.362 \times \ln\left(\frac{10+273}{60+273}\right) + 1.5 \times 0.1887 \times \ln\left(\frac{1.70}{2}\right) = -0.378\ \mathrm{kJ/K}$$

즉 엔트로피가 0.378 kJ/K 만큼 감소한다.

예제 4-12

25℃의 공기가 정적 하에 가열되어 압력이 2.5배 상승하였다. 엔트로피 변화량을 구하여라. 단, 공기의 가스정수는 0.2872 kJ/kgK이고 비열비는 1.4이다.

풀이 정적변화이고 t_1=25℃이고 가열 후 압력이 P_2=2.5P_1 이므로 가열 후 온도 T_2는 식 (3-6-6)으로부터

$$T_2 = T_1 \frac{P_2}{P_1} = (25+273) \times \frac{2.5\,P_1}{P_1} = 745\ \mathrm{K}$$

그리고 식 (3-5-10)에서 $c_p = \kappa R/(\kappa - 1)$이며, R=0.2872 kJ/kgK, κ=1.4 이므로 엔트로피 변화량은 질량이 주어지지 않았으므로 식 (4-7-3)을 이용하여 Δs를 구하면

$$\Delta s = c_p \ln\left(\frac{T_2}{T_1}\right) - R\ln\left(\frac{P_2}{P_1}\right) = \frac{\kappa}{\kappa - 1} R\ln\left(\frac{T_2}{T_1}\right) - R\ln\left(\frac{P_2}{P_1}\right)$$
$$= \frac{1.4}{1.4-1} \times 0.2872 \times \ln\left(\frac{745}{25+273}\right) - 0.2872 \times \ln\left(\frac{2.5P_1}{P_1}\right) = 0.6579\ \text{kJ/kgK}$$

예제 4-13

5 kg의 아세틸렌 가스가 $Pv^{1.35} = C$를 따라 가열되어 체적이 처음의 2배로 팽창되었다. 아세틸렌 가스의 정압비열과 정적비열이 각각 1.5127 kJ/kgK이고 1.1931 kJ/kgK이라면 엔트로피 변화는 얼마인가?

풀이 m=5 kg, n=1.35, V_2=2V_1, c_p=1.5127 kJ/kgK, c_v=1.1931 kJ/kgK 이고 식 (3-6-16)에서 $P_2/P_1 = (V_1/V_2)^n$ 이므로 식 (4-7-6)으로부터 엔트로피 변화량 ΔS는

$$\Delta S = m c_v \ln\left(\frac{P_2}{P_1}\right) + m c_p \ln\left(\frac{V_2}{V_1}\right) = m c_v \ln\left(\frac{V_1}{V_2}\right)^n + m c_p \ln\left(\frac{V_2}{V_1}\right)$$
$$= 5 \times 1.1931 \times \ln\left(\frac{V_1}{2V_1}\right)^{1.35} + 5 \times 1.5127 \times \ln\left(\frac{2V_1}{V_1}\right) = -0.3396\ \text{kJ/K}$$

4-8 비가역변화의 엔트로피

앞 절에서 비가역변화의 엔트로피 변화에 대하여 간단히 설명하였으나 비가역변화에서는 $ds > \delta q/T$이므로 좀 더 구체적으로 예를 들어 설명한다.

[1] 열이동의 경우

온도가 다른 두 물체를 접촉시키면 열이 고온도물체(T_H)로부터 저온도물체(T_L)로 이동하여 열평형에 도달한다. 고온도물체로부터 저온도물체로 Δq의 열이 이동하였다면 고온도물체의 엔트로피는 열을 방출하였으므로 감소되고, 저온도물체의 엔트로피는 열을 흡수하였으므로 증가된다. 여기서 고온도물체의 엔트로피 변화량을 Δs_H라 하면

$$\Delta s_H = \frac{-\Delta q}{T_H} \quad \text{(여기서 “-” 부호는 방열이므로)}$$

그리고 저온도물체의 엔트로피 변화량을 Δs_L이라 하면

$$\Delta s_L = \frac{\Delta q}{T_L}$$

따라서 전체 엔트로피 변화량 Δs는 $T_H > T_L$이므로 $|\Delta s_H| < \Delta s_L$이다. 그러므로

$$\Delta s = \Delta s_H + \Delta s_L = q\left(\frac{1}{T_L} - \frac{1}{T_H}\right) > 0 \qquad (4\text{-}8\text{-}1)$$

식 (4-8-1)에서 열이 이동하면 엔트로피가 항상 증가한다는 것을 알 수 있다.

[2] 마찰의 경우

유체가 관속을 흐를 때, 관 내벽과의 접촉에 의한 마찰열은 손실이며 이 열은 유체로 전달되어 유체의 엔트로피가 증가한다. 마찰에 의한 손실열을 Δq_f라 하고 이때 유체의 온도가 T로 일정하다면 유체의 엔트로피 변화는 $\Delta q_f > 0$이므로

$$\Delta s = \frac{\Delta q_f}{T} > 0 \qquad (4\text{-}8\text{-}2)$$

즉 마찰에 의해서도 엔트로피는 항상 증가한다.

[3] 교축의 경우

완전가스가 교축에 의해 상태 1(P_1, T_1)에서 상태 2(P_2, T_2)로 변화하였다고 가정하면 교축 전, 후의 엔탈피와 온도가 일정하며 압력만 약간 감소하므로 엔트로피 변화량 Δs는 식 (4-7-3)에서 $T_1 = T_2$ 이므로 우변 첫째 항은 0이고, $P_1 > P_2$ 이므로 우변 둘째 항은 0보다 크다. 따라서 식 (4-7-3)은

$$\Delta s = -R\ln\left(\frac{P_2}{P_1}\right) > 0 \qquad (4\text{-}8\text{-}3)$$

로 됨으로 교축의 경우도 엔트로피는 항상 증가된다.

이 외에도 가스의 혼합과 같은 모든 비가역변화에서도 엔트로피는 항상 증가된다.

4-9 T-s 선도

엔트로피 s는 지금까지 다루어 온 P, v, T, h, u와 마찬가지로 상태변화 전, 후 작동유체의 열역학적 상태를 나타내는 상태량으로 점함수이다. 2장에서 설명한 것과 같이 $P-v$(또는 $P-V$) 선도에서는 상태변화하는 동안 작동유체가 하는 일을 면적으로 구할 수 있었다. 이와 유사하게 절대온도 T를 세로축(종축), 비엔트로피 s(또는 엔트로피 S)를 가로축(횡축)으로 하는 $T-s$(또는 $T-S$) 선도에서는 $\delta q = Tds$ (또는 $\delta Q = TdS$)의 관계로부터 상태변화하는 동안 작동유체(계)에 대한 가열량(또는 방열량)을 면적으로 구할 수 있다. 이러한 $T-s$ 선도($T-s$ diagram or $T-s$ chart)를 엔트로피 선도(entropy diagram)라고도 하며, $T-s$ 선도 상의 면적이 열량을 표시하므로 열선도(熱線圖, heat diagram)라고도 한다.

그림 4-10과 같이 작동유체가 상태 1에서 상태 2로 변화할 때, 변화중의 미소부분 a-b를 생각하면 빗금 친 미소면적은 ab b′a′$= Tds$이다. 그런데 식 (4-6-3)에서 $\delta q = Tds$ 이므로 미소면적은 ab b′a′$= Tds = \delta q$이다. 따라서 상태변화 1-2 과정 중 단위질량(1 kg)의 작동유체에 대한 가열량 q는 아래와 같다.

$$q = \int_1^2 \delta q = \int_1^2 Tds = \text{음영부분 면적 } 122'1' \qquad (4\text{-}9\text{-}1)$$

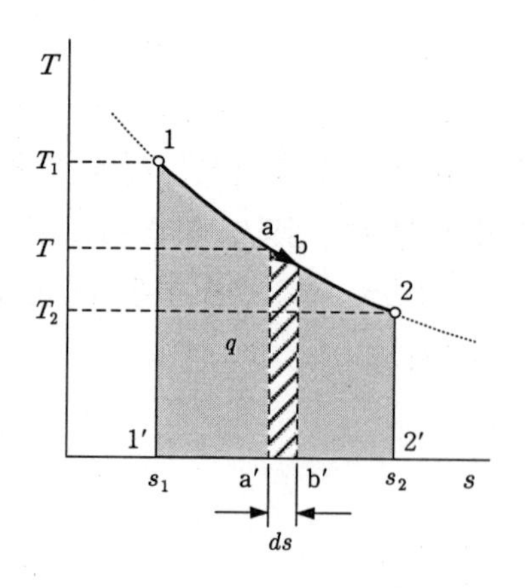

그림 4-10 $T-s$ 선도에서의 열량

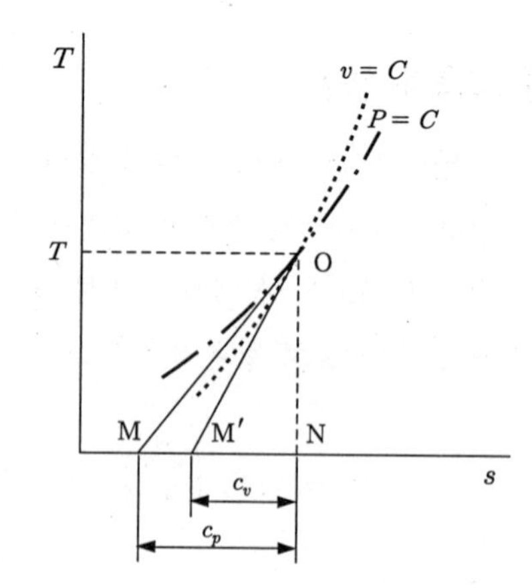

그림 4-11 정압선과 정적선

이번에는 T-s(또는 T-S) 선도 상의 정압선과 정적선에 대해 생각해 본다. 완전가스의 정압비열 c_p와 정적비열 c_v가 일정하면 엔탈피 정의식 $h = u + Pv$의 전미분

$$dh = du + Pdv + v\,dP = dq + v\,dP$$

에서

$$\delta q = dh - v\,dP \;\cdots\cdots\; ⓐ$$

정압변화($P = C$)이면 $dP = 0$이고, $dh = c_p\,dT$, $\delta q = Tds$ 이므로 위의 식 ⓐ는

$$Tds = c_p\,dT \;\cdots\cdots\cdots\; ⓑ$$

따라서 T-s 선도에서 정압선($P = C$)에 접하는 접선의 기울기 dT/ds는 식 ⓑ에서

$$\frac{dT}{ds} = \frac{T}{c_p} \qquad (4\text{-}9\text{-}2)$$

식 (4-9-2)를 보면 T-s 선도에서 정압선($P = C$)은 정압비열 c_p가 비교적 일정한 구간에서는 절대온도 T가 증가할수록 접선의 기울기가 커지며 그림 4-11에서 일점쇄선으로 표시된다. 온도가 T인 임의의 상태점 O에서 수선의 발을 N이라 하고 점 O에서 정압선의 접선($\overline{\mathrm{OM}}$)과 s축(가로축)이 만나는 점을 M이라 하면 $\overline{\mathrm{MN}} = c_p$가 된다.

한편, 일반에너지식 $\delta q = du + Pdv$에서 정적변화($v = C$)일 때 $dv = 0$이고, $du = c_v\,dT$, $\delta q = Tds$이므로 일반에너지식은

$$Tds = c_v\,dT \;\cdots\cdots\cdots\; ⓒ$$

가 됨으로 T-s 선도에서 정적선($v = C$)에 접하는 접선의 기울기 dT/ds는 식 ⓒ에서

$$\frac{dT}{ds} = \frac{T}{c_v} \qquad (4\text{-}9\text{-}3)$$

식 (4-9-3)을 보면 T-s 선도에서 정적선($v = C$)은 정압선과 마찬가지로 절대온도가 증가할수록 접선의 기울기가 커지고 그림 4-11에서 점선으로 표시된다. 특히 $c_v < c_p$이므로 동일한 상태점(점 O)에서 정적선의 접선($\overline{\mathrm{OM'}}$)의 기울기는 정압선의 접선($\overline{\mathrm{OM}}$)의 기울기보다 더 크다. 따라서 정적선은 그림 4-11에서 정압선보다 더 경사가 급한 점선으로 된다. 그림에서 $\overline{\mathrm{M'N}} = c_v$이다.

4-10 완전가스의 엔트로피 변화량

[1] 정압변화

그림 4-12와 같이 상태 1에서 상태 2로 정압변화하는 경우 비열방정식에서 $\delta q = c_p dT$이므로 식 (4-6-5)는 다음 식으로 된다.

$$ds = \frac{\delta q}{T} = c_p \frac{dT}{T}$$

만일 정압비열 c_p가 일정할 경우, 위의 식을 상태 1에서 상태 2까지 적분하면 단위질량(1 kg)당 엔트로피 변화량 Δs는 다음 식과 같다.

$$\Delta s = s_2 - s_1 = c_p \ln\left(\frac{T_2}{T_1}\right) = c_p \ln\left(\frac{v_2}{v_1}\right) \tag{4-10-1}$$

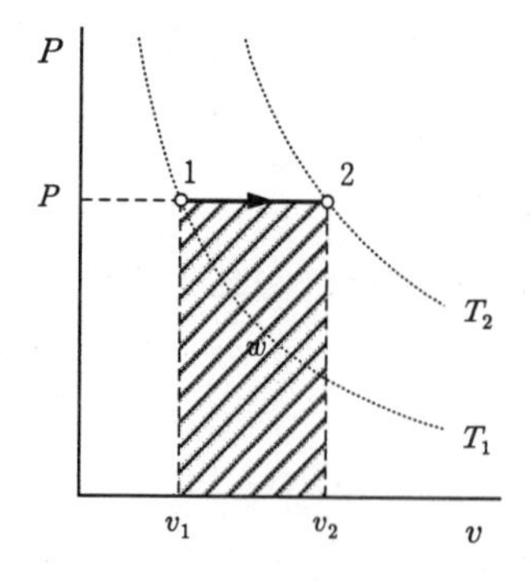

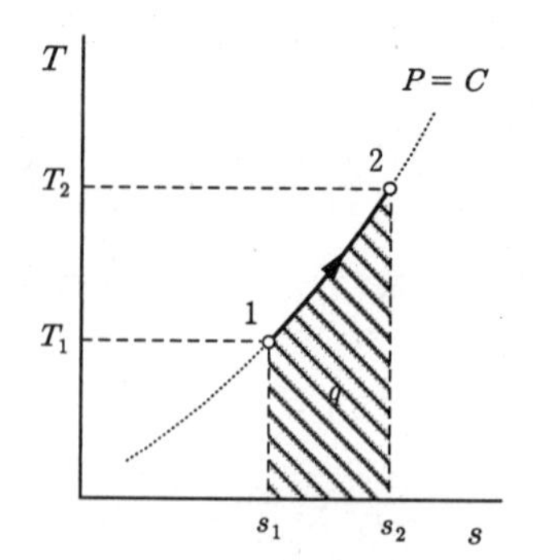

그림 4-12 완전가스의 정압(등압)변화

m kg의 완전가스에 대해서는

$$\Delta S = S_2 - S_1 = m\,c_p \ln\left(\frac{T_2}{T_1}\right) = m\,c_p \ln\left(\frac{V_2}{V_1}\right) \qquad (4\text{-}10\text{-}2)$$

위의 식 (4-10-1)과 (4-10-2)는 완전가스의 엔트로피식 (4-7-3)~(4-7-6)에서 $P_1 = P_2$를 대입해도 구할 수 있다.

예제 4-14

2 kg의 질소가 정압 하에 15℃에서 60℃로 가열되었다. 엔트로피 변화량을 구하여라. 단, 질소의 정압비열은 1.0389 kJ/kgK이다.

풀이 m=2 kg, t_1=15℃, t_2=60℃, c_p=1.0389 kJ/kgK 이므로 식 (4-10-2)에서 엔트로피 변화량은

$$\Delta S = m\,c_p \ln\left(\frac{T_2}{T_1}\right) = 2 \times 1.0389 \times \ln\left(\frac{60+273}{15+273}\right) = 0.3017\ \text{kJ/K}$$

예제 4-15

정압비열이 1.005 kJ/kgK인 공기가 가역 정압압축되어 체적이 60% 감소되었다. 엔트로피 변화량은 얼마인가?

풀이 질량이 주어지지 않았으므로 단위질량(1 kg)으로 계산하면 c_p=1.005 kJ/kgK이고 v_2=0.4 v_1 이므로 식 (4-10-1)에서 비엔트로피 변화량은

$$\Delta s = c_p \ln\left(\frac{v_2}{v_1}\right) = 1.005 \times \ln\left(\frac{0.4v_1}{v_1}\right) = -0.9209\ \text{kJ/kgK}$$

※ 계산결과가 "-" 값이므로 비엔트로피가 감소되었다.

[2] 정적변화

그림 4-13과 같이 상태 1에서 상태 2로 정적변화하는 경우 비열방정식에서 $\delta q = c_p\,dT$ 이므로 식 (4-6-5)는

$$ds = \frac{\delta q}{T} = c_v \frac{dT}{T}$$

만일 정적비열 c_v가 일정할 경우, 위의 식을 상태 1에서 상태 2까지 적분하면 단위질량(1 kg)당 엔트로피 변화량 Δs는 다음 식과 같다.

$$\Delta s = s_2 - s_1 = c_v \ln\left(\frac{T_2}{T_1}\right) = c_v \ln\left(\frac{P_2}{P_1}\right) \qquad (4\text{-}10\text{-}3)$$

m kg의 완전가스에 대해서는

$$\Delta S = S_2 - S_1 = m\,c_v \ln\left(\frac{T_2}{T_1}\right) = m\,c_v \ln\left(\frac{P_2}{P_1}\right) \qquad (4\text{-}10\text{-}4)$$

위의 식 (4-10-3)과 (4-10-4)는 완전가스의 엔트로피식 (4-7-1), (4-7-2), (4-7-5) 및 (4-7-6)에서 $v_1 = v_2$ 또는 $V_1 = V_2$를 대입해도 구할 수 있다.

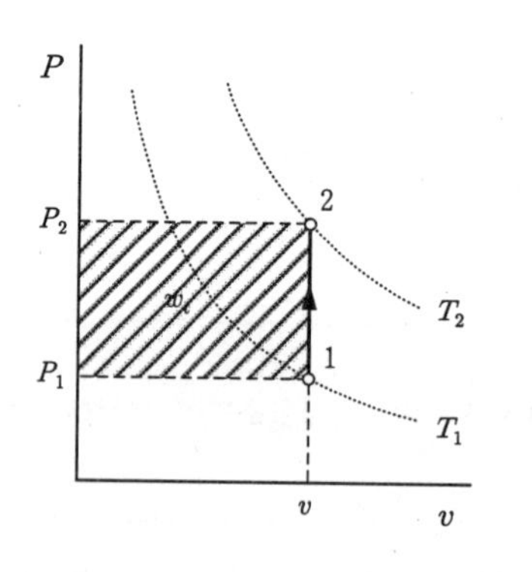

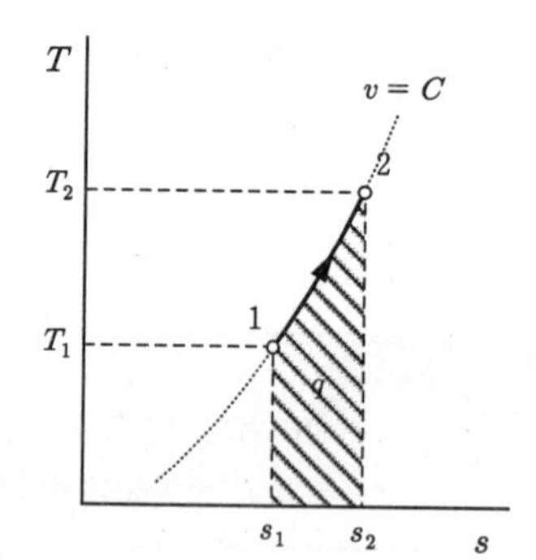

그림 4-13 완전가스의 정적(등적)변화

예제 4-16

4 kg의 수소가 정적 하에 10℃에서 85℃로 가열되었다. 엔트로피 변화량을 구하여라. 단, 수소의 정적비열은 10.0754 kJ/kgK이다.

풀이 m=4 kg, t_1=10℃, t_2=85℃, c_v=10.0754 kJ/kgK 이므로 식 (4-10-4)에서 엔트로피 변화량은

$$\Delta S = m\,c_v \ln\left(\frac{T_2}{T_1}\right) = 4 \times 10.0754 \times \ln\left(\frac{85+273}{10+273}\right) = 9.4743 \text{ kJ/K}$$

예제 4-17

3 kg의 공기가 들어 있는 압력탱크에 210 kJ의 열을 가했더니 0.1884 kJ/kgK 만큼 엔트로피가 증가하였다. 변화 후 공기의 온도를 구하여라. 단 공기의 정적비열은 0.7171 kJ/kgK이다.

풀이 압력탱크이므로 정적변화이며 가열량은 식 (3-6-9)에서 $Q = mc_v(T_2 - T_1)$ 이므로 가열 전 공기의 온도는 $T_1 = T_2 - (Q/mc_v)$이다.

그리고 정적변화에 의한 엔트로피 변화량 식 (4-10-4)를 변형하면

$$\Delta S = mc_v \ln\left(\frac{T_2}{T_1}\right) \Rightarrow \ln\left(\frac{T_2}{T_1}\right) = \frac{m\Delta s}{mc_v} = \frac{\Delta s}{c_v} \Rightarrow T_2 = T_1 \cdot e^{\frac{\Delta s}{c_v}}$$

이 식 T_1에 위에서 구한 값을 대입하여 정리하면 변화 후 온도 T_2는

$$T_2 = T_1 \cdot e^{\frac{\Delta s}{c_v}} = \left(T_2 - \frac{Q}{mc_v}\right) \cdot e^{\frac{\Delta s}{c_v}} \Rightarrow T_2 = \frac{(Q/mc_v) \cdot e^{\Delta s/c_v}}{e^{\Delta s/c_v} - 1}$$

그런데 m=3 kg, Q=210 kJ, Δs=0.1884 kJ/kgK, c_v=0.7171 kJ/kgK을 대입하면 변화 후 온도 t_2는

$$\begin{aligned} t_2 = T_2 - 273 &= \frac{(Q/mc_v) \cdot e^{\Delta s/c_v}}{e^{\Delta s/c_v} - 1} - 273 \\ &= \frac{\{210/(3 \times 0.7171)\} \times e^{0.1884/0.7171}}{e^{(0.1884/0.7171)} - 1} - 273 \\ &= 149.49℃ \end{aligned}$$

[3] 등온변화

그림 4-14에서 상태 1로부터 상태 2로 등온변화하는 경우 수수열량 q는 식 (3-6-13)에서

$$q = RT\ln\left(\frac{v_2}{v_1}\right) = RT\ln\left(\frac{P_1}{P_2}\right)$$

이므로 식 (4-6-5) $ds = \delta q/T$를 상태 1에서 상태 2까지 적분하여 위의 식을 대입하면 단위질량(1 kg)당 엔트로피 변화량 Δs는

$$\Delta s = s_2 - s_1 = R\ln\left(\frac{v_2}{v_1}\right) = R\ln\left(\frac{P_1}{P_2}\right) \tag{4-10-5}$$

m kg의 완전가스에 대해서는

$$\Delta S = S_2 - S_1 = mR\ln\left(\frac{V_2}{V_1}\right) = mR\ln\left(\frac{P_1}{P_2}\right) \tag{4-10-6}$$

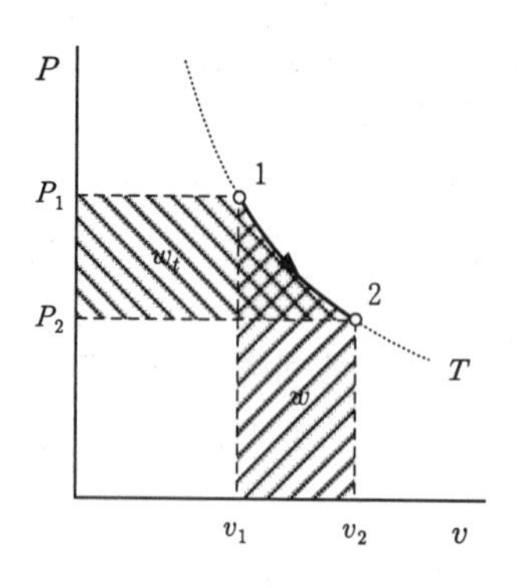

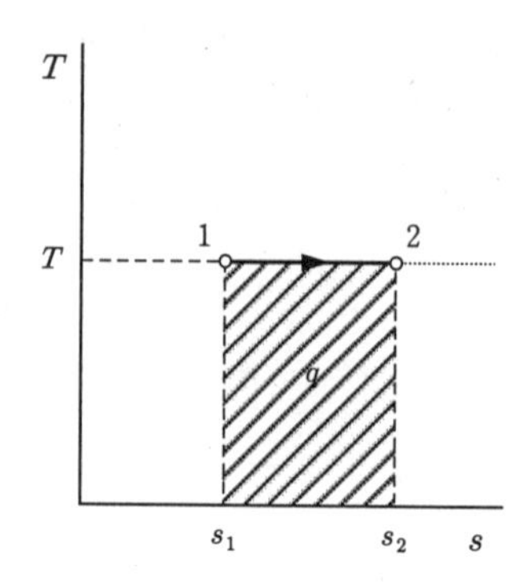

그림 4-14 완전가스의 등온(정온)변화

예제 4-18

1 kg의 수소가 0℃, 표준대기압에서 등온압축되어 체적이 1 m^3로 되었다. 엔트로피 변화량을 구하여라. 단, 수소의 가스정수는 4.1249 kJ/kgK이다.

풀이 t=0℃=C, P=101.325 kPa, R=4.1219 kJ/kgK이고, 질량이 m=1 kg 이므로 v_2=1 m^3/kg이다. 또 상태 1(압축 전)에 대한 특성식 $P_1 v_1 = RT$에서 $v_1 = RT/P_1$ 이므로 엔트로피 변화량 Δs는 식 (4-10-5)로부터

$$\Delta s = R\ln\left(\frac{v_2}{v_1}\right) = R\ln\left(\frac{v_2}{RT/P_1}\right) = 4.1249\times\ln\left(\frac{1}{4.1249\times 273/101.325}\right)$$
$$= -9.9335\ \mathrm{kJ/kgK}$$

예제 4-19

완전가스가 등온팽창되어 체적이 1.5배 증가하고 엔트로피도 0.2562 kJ/K 증가하였다. 팽창 전 체적이 2 m^3이고 팽창 후 압력이 120 kPa이라면 이 가스의 온도는 얼마인가?

풀이 ΔS=0.2562 kJ/K, V_1=2 m^3, V_2=1.5V_1=3 m^3 이므로 식 (4-10-6)에서 mR은

$$mR = \frac{\Delta S}{\ln(V_2/V_1)} = \frac{0.2562}{\ln(1.5V_1/V_1)} = 0.6319\ \mathrm{kJ/K}$$

또한 상태 2(변화 후)에 대한 특성식 $P_2V_2 = mRT$에서 온도 T는 P_2=120 kPa 이므로

$$T = \frac{P_2V_2}{mR} = \frac{120\times 3}{0.6319} = 569.71\ \mathrm{K}$$

따라서 가스의 온도는 569.71-273=296.71℃이다.

[4] 단열변화

완전가스가 상태변화하는 동안 외부와 열교환을 하지 않고 마찰 등으로 인한 열손실이 없는 이상적인 가역단열변화를 할 경우, $q=0(\delta q=0)$이므로 $ds=\delta q/T$에서 $ds=0$이다. 따라서 $\Delta s = s_2 - s_1 = 0$(또는 $s_1 = s_2$)인 등엔트로피 변화(isentropic change)가 된다. 그러나 마찰이나 와류 등에 의한 손실이 발생하는 비가역단열변화는 등엔트로피 변화가 아니므로 엔트로피가 증가한다.(4-8절 참조)

$$\Delta s = s_2 - s_1 = 0 \ (\text{또는 } s_1 = s_2) \tag{4-10-7}$$

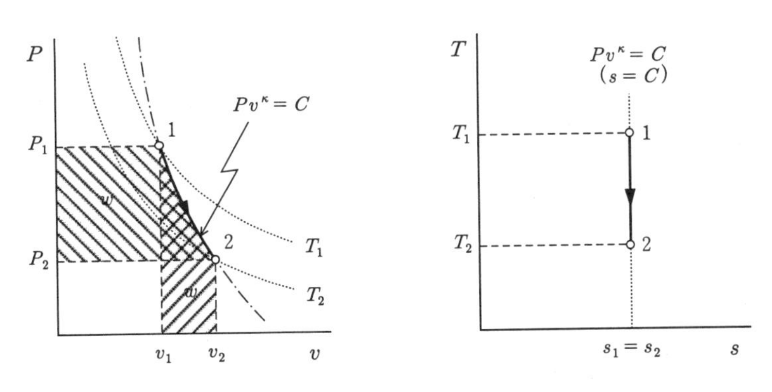

그림 4-15 완전가스의 가역단열(등엔트로피)변화

완전가스가 가역단열변화를 하면 등엔트로피 변화이므로 변화과정은 $T-s$ 선도에서 수직선으로 나타난다.(그림 4-15)

[5] 폴리트로픽 변화

완전가스가 폴리트로픽 변화를 하는 경우의 수수열량은 식 (3-6-33)으로부터 다음과 같이 나타낼 수 있다. 즉,

$$\delta q = c_n dT = c_v \left(\frac{n-\kappa}{n-1} \right) dT$$

폴리트로픽 비열 c_n이 일정할 경우 이 식을 식 (4-6-5)에 대입하여 상태 1에서 상태 2까지 적분하면 단위질량(1 kg)당 엔트로피 변화량 Δs는 아래와 같다.

$$\Delta s = s_2 - s_1 = c_n \ln\left(\frac{T_2}{T_1}\right) = c_v\left(\frac{n-\kappa}{n-1}\right)\ln\left(\frac{T_2}{T_1}\right) \tag{4-10-8}$$

m kg의 완전가스에 대해서는

$$\Delta S = S_2 - S_1 = m\,c_n \ln\left(\frac{T_2}{T_1}\right) = m\,c_v\left(\frac{n-\kappa}{n-1}\right)\ln\left(\frac{T_2}{T_1}\right) \tag{4-10-9}$$

식 (3-6-30)에서

$$\frac{T_2}{T_1} = \left(\frac{v_1}{v_2}\right)^{n-1} = \left(\frac{P_2}{P_1}\right)^{\frac{n-1}{n}}, \text{ or } \frac{T_2}{T_1} = \left(\frac{V_1}{V_2}\right)^{n-1} = \left(\frac{P_2}{P_1}\right)^{\frac{n-1}{n}}$$

이므로 이 관계를 위의 두 식에 대입하여 엔트로피 변화량을 구할 수도 있다.

그림 4-16은 폴리트로픽 지수 n에 따른 상태변화 곡선들을 $P-v$선도와 $T-s$ 선도 상에 그린 것이다.

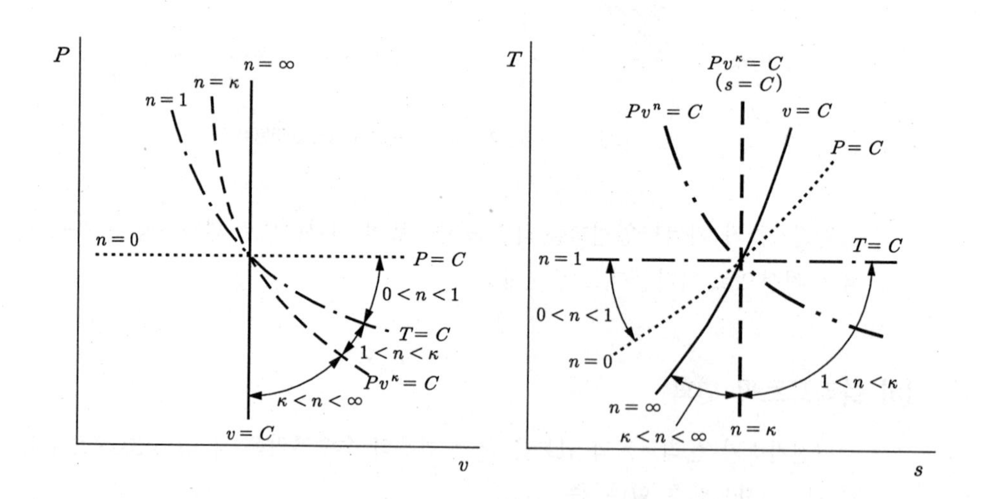

그림 3-15 폴리트로픽 지수 n과 상태변화곡선

예제 4-20

81.06 kPa, 30℃인 공기가 $Pv^{1.36} = C$를 따라 폴리트로픽 압축되어 500℃로 되었다. 엔트로피는 어떻게 되었는가? 단, $\kappa = 1.4$, $c_v = 0.7171$ kJ/kgK이다.

풀이 t_1=30℃, t_2=500℃, n=1.36, κ=1.4, cv=0.1717 kJ/kgK 이므로 식 (4-10-8)에서 Δs는

$$\Delta s = c_v\left(\frac{n-\kappa}{n-1}\right)\ln\left(\frac{T_2}{T_1}\right) = 0.7171 \times \frac{1.36-1.4}{1.36-1} \times \ln\left(\frac{500+273}{30+273}\right)$$
$$= -0.0746 \text{ kJ/kgK}$$

즉 엔트로피는 0.0746 kJ/kgK 만큼 감소한다.

예제 4-21

300 kPa, 15℃인 공기가 1.5 m³가 폴리트로픽 팽창되어 압력이 120 kPa로 되었다. 엔트로피 변화량은 얼마인가? 단, n=1.38, κ=1.4, c_v=0.7171 kJ/kgK이고 가스정수는 0.2872 kJ/kgK이다.

풀이 상태 1(팽창 전)에 대한 특성식 $P_1V_1 = mRT_1$에서 질량 $m = P_1V_1/RT_1$이고 식 (3-6-30)에서 $T_2/T_1 = (P_2/P_1)^{(n-1)/n}$ 이므로 이것과 P_1=300 kPa, t_1=15℃, V_1= 1.5 m³, P_2=120 kPa, n=1.38, κ=1.4, c_v=0.7171 kJ/kgK, R=0.2872 kJ/kgK들을 식 (4-10-9)에 대입하여 계산하면 엔트로피 변화량 ΔS는

$$\Delta S = m\,c_v\left(\frac{n-\kappa}{n-1}\right)\ln\left(\frac{T_2}{T_1}\right) = \frac{P_1V_1}{RT}c_v\left(\frac{n-\kappa}{n-1}\right)\ln\left(\frac{P_2}{P_1}\right)^{\frac{n-1}{n}}$$
$$= \frac{300\times1.5}{0.2872\times(15+273)} \times 0.7171 \times \frac{1.38-1.4}{1.38-1} \times \ln\left(\frac{120}{300}\right)^{\frac{1.38-1}{1.38}}$$
$$= 0.0518 \text{ kJ/K}$$

4-11 유효에너지와 무효에너지

열역학 제2법칙에 의하면 고온도물체의 열을 동력으로 바꾸려면 공급열의 일부를 저온도물체로 버려야 함으로 동력을 많이 얻으려면 열효율이 가장 좋은 가역기관인 Carnot 사이클을 이용하여야 한다.

그림 4-17과 같이 고온도물체(T_H)와 저온도물체(T_L) 사이에서 작동하는 Carnot 사이클에서 고온도물체로부터 열량 Q_H를 공급받아 저온도물체로 열량 Q_L을 방출하고 나머지 열량 $Q_a = Q_H - Q_L$이 기계적 일로 변환된다고 가정하면 열효율 η는 식 (4-3-1)에서

$$\eta = 1 - \frac{Q_L}{Q_H} = 1 - \frac{T_L}{T_H}$$

이므로 일로 전환되는 열량 Q_a와 저온도물체로 버리는 열량 Q_L은

$$Q_a = Q_H - Q_L = Q_H\left(1 - \frac{T_L}{T_H}\right) \qquad (4\text{-}11\text{-}1)$$

$$Q_L = Q_H - Q_a = Q_H \frac{T_L}{T_H} \qquad (4\text{-}11\text{-}2)$$

여기서 기계적 일로 변환되는 열량 Q_a를 유효(有效)에너지(available energy) 또는 엑서지(exergy 또는 Exergie)라 한다. 그리고 저온도물체로 버리는 열량 Q_L을 무효(無效)에너지(unavailable energy)또는 아너지(anergy 또는 Anergie)라 한다.

그림 4-17에서 고온도물체의 온도 T_H와 저온도물체의 온도 T_L이 모두 일정하므로 상태변화 1-2와 3-4의 엔트로피 변화량을 각각 $\Delta S_{1,2}$, $\Delta S_{3,4}$라 하면

$$\Delta S_{1,2} = \frac{Q_H}{T_H}, \quad -\Delta S_{3,4} = \frac{Q_L}{T_L} \text{ (부호 "-"는 감소를 의미)} \qquad (4\text{-}11\text{-}3)$$

이다. 그런데 가역사이클에서는 $\Delta S_{1,2} + \Delta S_{3,4} = 0$ 이므로 $\Delta S_{1,2} = -\Delta S_{3,4} = \Delta S$ 이다. 따라서 유효에너지 Q_a와 무효에너지 Q_L은 다시 다음과 같이 쓸 수 있다.

$$Q_a = Q_H - T_L \Delta S \qquad (4\text{-}11\text{-}4)$$

$$Q_L = T_L \Delta S \qquad (4\text{-}11\text{-}5)$$

위의 식들을 살펴보면 고온도물체의 온도 T_H가 높을수록 엔트로피가 더욱 감소하므로 유효에너지 Q_a는 증가하고, 무효에너지 Q_L은 반대로 감소함을 알 수 있다.

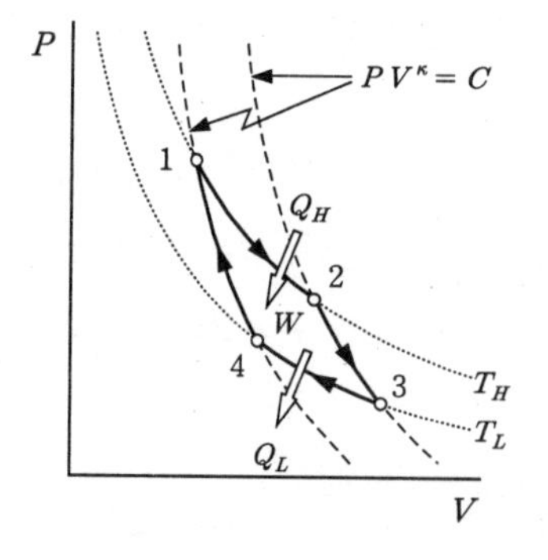

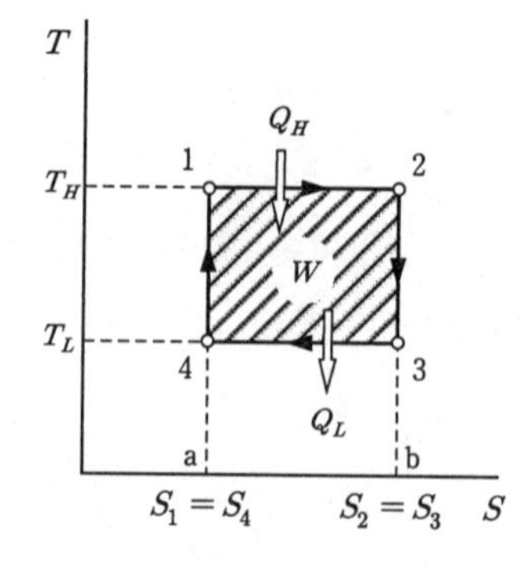

그림 4-17 Carnot 사이클

이번에는 고온도물체의 온도 T_H가 일정한 Carnot 사이클과 달리 T_H가 변화하는 경우를 생각해 본다. 작동유체가 고온도물체로부터 열을 공급받는 동안 고온도물체의 온도가 T_H에서 T_H'으로 변할 때의 평균비열을 c_m이라 하면, 고온도물체로부터 흡수하는 열량 Q_H는

$$Q_H = m c_m (T_H' - T_H) \ (\text{또는 } \delta Q_H = m c_m dT)$$

이므로 엔트로피 변화량 ΔS는

$$\Delta S = \int_{T_H}^{T_H'} \frac{\delta Q}{T} = \int_{T_H}^{T_H'} m c_m \frac{dT}{T} = m c_m \ln\left(\frac{T_H'}{T_H}\right) \tag{4-11-6}$$

그러므로 유효에너지 Q_a와 무효에너지 Q_L은 다음과 같다.

$$Q_a = Q_H - T_L \Delta S = m c_m \left\{ (T_H' - T_H) - T_L \ln\left(\frac{T_H'}{T_H}\right) \right\} \tag{4-11-7}$$

$$Q_L = T_L \Delta S = m c_m T_L \ln\left(\frac{T_H'}{T_H}\right) \tag{4-11-8}$$

예제 4-22

10℃~500℃ 사이에서 작동하는 가역사이클 기관에 10 MJ의 열이 공급될 때 유효에너지와 무효에너지를 구하여라.

풀이 (1) 유효에너지

t_L=10℃, t_H=500℃, Q_H=10 MJ 이므로 유효에너지 Q_a는 식 (4-11-1)에서

$$Q_a = Q_H\left(1 - \frac{T_L}{T_H}\right) = 10 \times \left(1 - \frac{10+273}{500+273}\right) = 6.34 \text{ MJ}$$

(2) 무효에너지

식 (4-11-2)로부터 무효에너지 Q_L은

$$Q_L = Q_H \frac{T_L}{T_H} = 10 \times \frac{10+273}{500+273} = 3.66 \text{ MJ}$$

또는 $Q_L = Q_H - Q_a = 10 - 6.34 = 3.66 \text{ MJ}$

예제 4-23

열용량이 4000 kJ/K인 물체의 온도가 250℃이다. 이 물체와 온도가 15℃인 대기 사이에서 Carnot 사이클로 작동하는 열기관이 물체의 온도가 15℃가 될 때까지 얻을 수 있는 일은 얼마나 되는가?

풀이 열용량이란 질량이 m kg인 물체의 온도를 단위온도 (1 K 또는 1℃) 만큼 올리는데 필요한 열을 말한다. 따라서 열용량$=m\,c_m$이다. 따라서 $m\,c_m$=4000 kJ/K, t_H=250℃, t_L=15℃이므로 열기관이 물체로부터 얻을 수 있는 열량 Q_H는 식 (1-10-2)에서

$$Q_H = m\,c_m\,(T_H - T_L) = 4000 \times (250-15) = 940{,}000 \text{ kJ}$$

또 물체가 열을 모두 방출할 때까지의 엔트로피 변화량 ΔS는 식 (4-6-6)을 이용하면

$$\Delta S = \int_{T_H}^{T_L} \frac{\delta Q}{T} = \int_{T_H}^{T_L} \frac{-m\,c_m\,dT}{T} = m\,c_m \ln\left(\frac{T_H}{T_L}\right)$$

$$= 4000 \times \ln\left(\frac{250+273}{15+273}\right) = 2386.48 \text{ kJ}$$

따라서 유효일 Q_a는 식 (4-11-4)에서

$$Q_a = Q_H - T_L \Delta S = 940{,}000 - (15+273) \times 2386.48 = 252{,}694 \text{ kJ}$$

※ 식 (4-11-7)을 이용하여 계산하면 $m\,c_m$=4000 kJ/K, t_H=250℃, $t_L = t_H{}'$=15℃ 이므로

$$Q_a = m\,c_m \left\{ (T_H{}' - T_H) - T_L \ln\left(\frac{T_H{}'}{T_H}\right) \right\}$$

$$= 4000 \times \left\{ (15-250) - (15+273) \times \ln\left(\frac{15+273}{250+273}\right) \right\} = -252{,}693 \text{ kJ}$$

▸ 결과가 “-” 부호인 것은 물체의 방열량 중 252,693 kJ을 열기관이 일로 변환한다는 의미임.

4-12 Nernst의 열정리

독일의 W. Nernst는 분자의 친화력을 구하기 위한 실험을 하던 중 『어떠한 방법으로도 절대영도(0 K)까지 온도를 내릴 수 없다』는 결론(1906년)을 얻었으며, 독일의 M. Planck는 『순수하고 완전한 결정체의 엔트로피는 절대영도 부근에서는 절대온도의 3승(T^3)에 비례하며 영에 접근한다』고 발표하였다(1913년). 이것을 열역학 제3법칙(the third law of thermodynamics) 또는 Nernst의 열정리(熱定理, Nernst's heat theorem)라 한다.

이 법칙에 의하면 절대영도(0 K)에서는 순수한 고체 또는 액체의 엔트로피와 정압비열의 증가량은 0이 된다. 즉 물체의 온도가 절대영도 부근에 가까워지면 엔트로피도 거의 0에 접근한다. 그러므로 온도가 T(K)인 물질의 엔트로피 절대치는 0 K의 값을 기준으로 다음의 식으로 구할 수 있다.

$$s_T = \int_0^T c_p \frac{dT}{T} \tag{4-12-1}$$

연습문제

[4-1] -50℃~1800℃ 사이에서 작동하는 Carnot 사이클의 이론 열효율은 얼마인가?

답 η_c=89.24%

[4-2] 역Carnot 사이클로 작동하는 냉동기가 -15℃~30℃ 사이에서 운전될 때 소요동력이 6 kW이다. 한 시간당 냉동기가 저온도물체로부터 흡수하는 열량과 성적계수를 구하여라.

답 (1) Q_L=123,840 kJ/h

(2) cop_c=5.73

[4-3] Carnot 사이클로 작동되는 열기관의 열효율이 65%이고 저온도물체의 온도가 -25℃일 때 고온도물체의 온도는 몇 ℃일까?

답 t_H=435.57℃

[4-4] 어느 열기관이 사이클당 2.45 kJ의 일을 얻기 위해 사이클당 8.37 kJ의 열을 공급받는다. 대기온도가 30℃이고 이상적인 사이클로 작동된다면 이 열기관의 최고 온도는 얼마인가?

답 t_H=155.40℃

[4-5] 열효율이 64.28%인 가역사이클 기관이 0℃ 이상에서 작동한다. 무효에너지가 84 MJ일 때 이 기관의 출력(일)은 얼마인가?

답 W=151.16 MJ

[4-6] 공기를 작동유체로 하는 열기관이 아래 그림과 같이 50℃에서 단열 압축되고, 정압 가열되어 공기의 온도가 620℃로 된 후 다시 정적 냉각되어 처음의 상태로 되돌아가는 가역사이클로 운전될 때 이 열기관의 이론열효율을 구하여라.

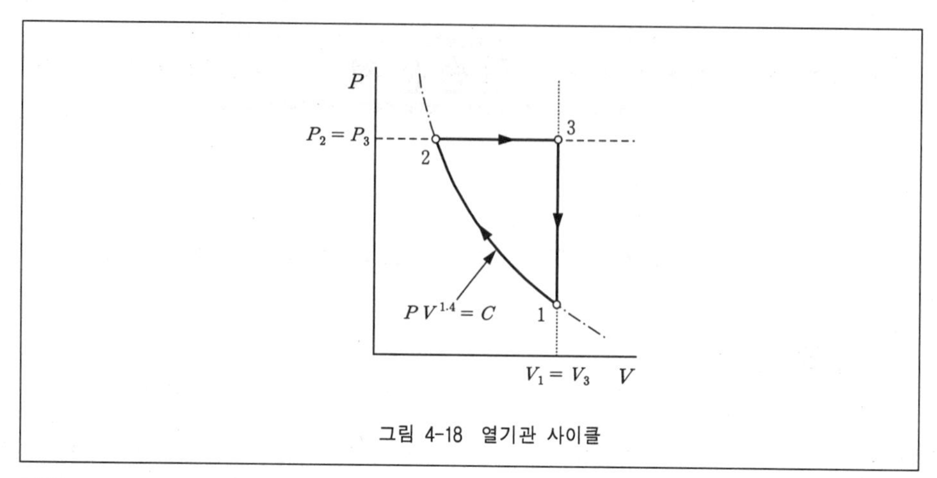

그림 4-18 열기관 사이클

답 η=11.70%

[4-7] 100 kPa, 2 kg의 공기가 20℃에서 400까지 가열하였더니 압력이 250 kPa로 되었다. 가열하는 동안 엔트로피는 얼마나 변하였는가? 단, 공기의 정압비열은 c_p=1.005 kJ/kgK이고 가스정수는 R=0.2872 kJ/kgK이다.

답 ΔS=1.1451 kJ/K 증가

[4-8] 헬륨을 냉각시켰더니 압력이 1.66배 증가하고 체적은 반으로 감소하였다. 냉각하는동안 엔트로피는 어떻게 되었는가? 단, 헬륨의 정압비열은 c_p=5.238 kJ/kgK이고 정적비열은 c_v=3.160 kJ/kgK이다.

답 Δs=2.0292 kJ/kgK 감소

[4-9] 20℃, 표준대기압의 공기가 $Pv^{1.3} = C$를 따라 변화하여 압력이 0.37 bar로 되었다. 변화하는 동안 엔트로피 변화는 얼마인가? 공기의 가스정수, 정압비열 및 정적비열은 각각 R=0.2872 kJ/kgK, c_p=1.005 kJ/kgK, c_v=0.7171 kJ/kgK이다.

답 Δs=0.0557 kJ/kgK 증가

[4-10] 완전가스 4.8 kg이 정압 하에 가열되어 13℃에서 200℃로 되었다. 가열되는 동안 변화한 엔트로피는 얼마인가? 단, 이 가스의 비열비는 1.1904이고 정적비열은 c_v=1.4524 kJ/kgK이다.

답 ΔS=4.1752 kJ/K 증가

[4-11] 어느 열기관의 동작유체인 공기가 $Pv^{1.38}=C$를 따라 변화하는 동안 엔트로피가 0.065 kJ/kgK 증가하였다. 변화 전 공기의 온도가 2000℃이었다면 변화 후 공기의 온도는 몇 ℃인가? 단, $\kappa=1.4$, c_v=0.7171 kJ/kgK이다.

답 t_2=133.12℃

※ [4-12]에서 [4-15]까지는 비가역변화에 대한 엔트로피 변화 문제임.

[4-12] 온도가 140℃인 물체로부터 44℃인 물체로 6 kJ의 열이 이동하였다. 열이 이동하는 동안 고온도물체와 저온도물체의 엔트로피는 어떻게 되었는가? 또 전체 엔트로피는 어떻게 되었는가?

답 (1) ΔS_H=-0.0145 kJ/K(감소) (2) ΔS_L=0.0189 kJ/K(증가) (3) ΔS=0.0044 kJ/K(증가)

[4-13] -40℃~1500℃ 사이에서 작동하는 가역사이클 기관의 출력이 50 kW이다. 시간당 고온측과 저온측의 엔트로피 변화를 구하고 전체 엔트로피 변화도 구하여라.

답 (1) ΔS_H=-116.88 kJ/K(감소) (2) ΔS_L=116.88 kJ/K(증가) (3) ΔS=0 kJ/K(불변)

[4-14] 50℃, 1.8 bar인 수소 1 kg이 교축팽창하여 압력이 0.1 kPa 감소하였다. 교축에 의한 엔트로피 변화량을 구하여라. 단, 수소의 가스정수는 R=4.1249 kJ/kgK이다.

답 Δs=-0.0023 kJ/kgK(감소)

[4-15] 75℃의 난방수가 흐르는 관이 있다. 시간당 6500 kJ의 열이 관벽을 통해 콘크리트로 전달된다. 관 외부의 콘크리트 온도가 20℃로 일정하다고 가정하고 시간당 난방수, 콘크리트의 엔트로피 변화 및 전체 엔트로피 변화를 구하여라.

답 (1) ΔS_H=-18.68 kJ/K(감소) (2) ΔS_L=22.18 kJ/K(증가) (3) ΔS=3.5 kJ/K(증가)

[4-16] 1.5 bar, 0.6 m³/kg인 공기 3 kg을 정압 하에 가열하였더니 온도가 200℃로 되었다. 표 3-1을 이용하여 공기에 가한 열량과 엔트로피 변화량을 구하여라.

답 (1) Q=481.28 kJ (2) ΔS=1.2413 kJ/K

[4-17] 공기 5 kg을 정적 하에 가열하였더니 압력이 1.8배 상승하였다. 표 3-1을 이용하여 가열하는 동안의 엔트로피 변화량을 구하여라.

답 ΔS=2.1075 kJ/K

[4-18] 500 L의 압력탱크에 3 bar, 46℃의 공기가 들어 있다. 탱크 속의 압력을 2 bar로 낮추려면 열을 얼마나 방출해야 하는가? 또 방출에 의한 엔트로피 변화는 얼마인가? 표 3-1을 이용하라.

답 (1) Q=-125 kJ(방열) (2) ΔS=-0.4760 kJ/K(감소)

[4-19] 1 kg의 공기가 30℃에서 가역 등온변화하여 체적이 0.64 m3로 되었다. 공기가 변화하는 동안 엔트로피가 0.25 kJ/kgK 만큼 증가하였다면 변화 전 공기의 압력은 얼마인가?

답 P_1=324.7 kPa

[4-20] κ=1.384인 완전가스가 $Pv^{1.35}=C$를 따라 압력이 반으로 감소되었다. 가스의 정적비열이 0.7211 kJ/kgK이라면 엔트로피는 어떻게 되었는가?

답 Δs=0.0126 kJ/kgK 증가

[4-21] 가역사이클 기관이 300℃에서 550℃까지 정압팽창하며 11.72 MJ의 열을 흡수하여 0℃에서 방열한다면 유효에너지와 무효에너지는 얼마인가? 단, 작동유체의 정압비열은 14.2 kJ/kgK 이다.

답 (1) Q_a=7086 kJ (2) Q_L=4634 kJ

[4-22] 그림 4-19와 같은 완전가스의 사이클이 있다. 이 사이클을 $T-s$ 선도 상에 그려라.

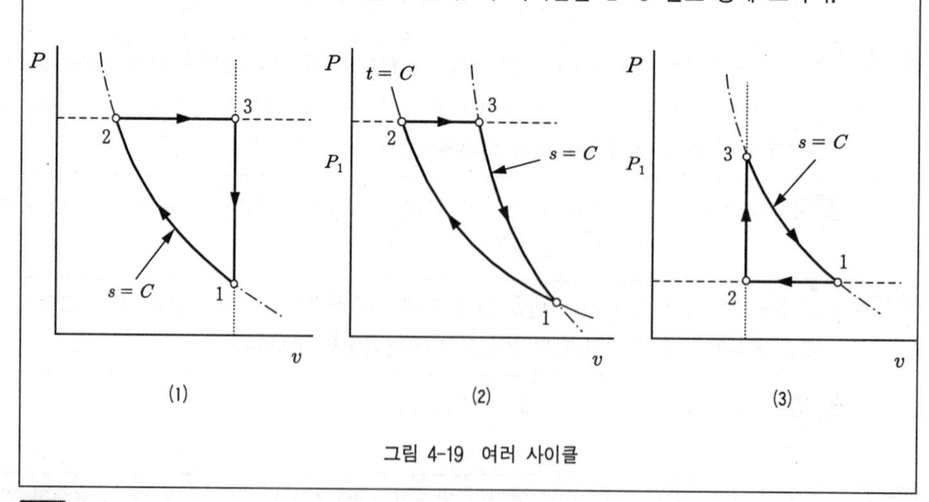

그림 4-19 여러 사이클

답 생략

5 증 기

5 T·H·E·R·M·O·D·Y·N·A·M·I·C·S

증 기

5-1 증발과정

자동차, 가스 터빈(gas turbine)과 같은 내연기관의 작동유체인 연소가스는 열을 흡수하거나 방출하여도 항상 기체상태이다. 그러나 외연기관인 증기원동기의 수증기, 열펌프나 냉동기의 냉매 등은 열을 흡수하면 쉽게 증발하고 열을 방출하면 쉽게 액화(또는 응축)한다. 이와 같이 기체는 그 한계를 명확히 구분하기는 어려우나 쉽게 증발하거나 액화되는 것과 그렇지 않은 것으로 나눌 수 있으며, 쉽게 증발, 액화되는 기체를 증기(蒸氣, vapor), 그렇지 않은 기체를 가스(gas)라 한다. 그러나 가스에 속하는 기체도 아주 낮은 저온, 고압에서는 액화시킬 수 있으므로 상온에서 쉽게 증발, 액화가 가능한 기체를 증기라 생각하면 된다.

일반적으로 가스는 3장에서 설명한 바와 같이 완전가스로 취급하여도 무방하지만 증기는 상당한 고온, 저압인 경우를 제외하고는 완전가스와 같이 간단한 특성식 ($Pv = RT$)으로 나타낼 수 없으며 실험에 기초를 둔 근사식이나 선도, 증기표를 이용하는 것이 통례이다.

공업적으로 이용되는 증기로는 수증기, 냉동기의 작동유체인 암모니아, 할로겐화탄화수소 등 각종 냉매, 열펌프의 작동유체인 열매(熱媒), 탄화수소, 알코올 등 종류가 수없이 많다. 증기들의 특성은 정성적(定性的) 유사한 점이 많으므로 본 장에서는 가장 대표적인 수증기(水蒸氣, steam)를 위주로 설명하도록 한다.

물의 증발과정을 쉽게 이해하기 위해 그림 5-1과 같이 마찰 없이 작동할 수 있는 피스톤으로 밀폐된 실린더 속에 일정한 양의 순수한 물을 넣었다. 피스톤 위에는 적당한 무게의 추를 올려놓아 실린더 속의 압력이 항상 일정하게 유지될 수 있도록 하고, 그 압력은 편의상 표준대기압이라 가정한다. 그림 5-1에서 물을 처음 넣은 상태 (a)에 외부로부터 열을 가하면 물의 온도가 상승하며 체적도 약간 증가함으로 피스톤과 추를 위로 약간 밀어 올린다. 그러나 물의 체적증가에 따른 일은 매우 작으므로 가열량이 모두 물의 온도상승을 위한 내부에너지로 저장된다고 생각하여도 무방하다. 물의 온도가 계속 상승하여 100℃로 되면, 물의 내부에너지는 액체로서 저장할 수 있는 최대한도, 즉 **포화상태**(상태 (b))에 도달하게 된다. 포화상태인 물에 조금이라도 열을 가하면 증발이 시작되고 가한 열은 모두 물이 증발되는데 소비된다. 포화상태의 물이 모두 증발될 때까지 물과 증발한 수증기의 온도는 변하지 않지만 체적은 계속 증가한다(상태 (c)). 증발이 완료(상태 (d))된 후에도 계속 열을 가하면 증기의 온도는 다시 상승하고 체적도 계속 증가한다(상태 (e)).

이상과 같은 물의 증발과정을 좀 더 구체적으로 그림 5-1을 통해 설명하면 다음과 같다.

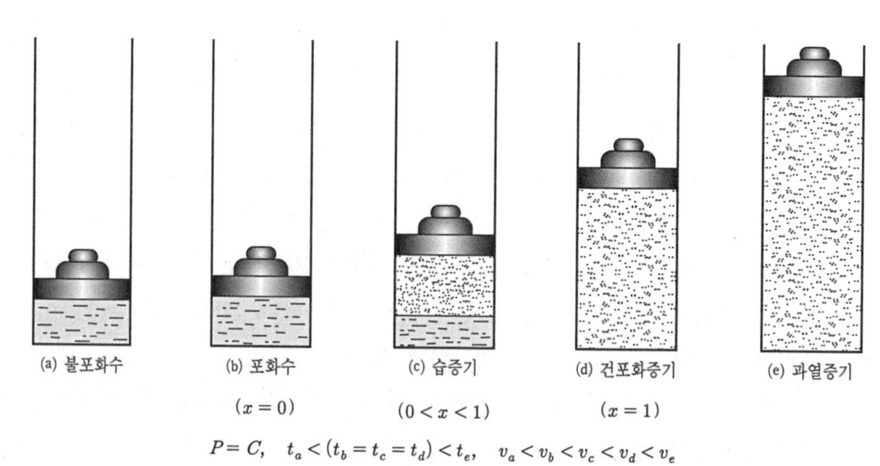

그림 5-1 정압 하에서 물의 증발과정

[1] 불포화수

그림 5-1(a)와 같이 액체로서 내부에너지가 포화상태(飽和狀態, saturation state)에 도달하지 못한 물을 **불포화수**(不飽和水, unsaturated water)라 하며, 압축수(壓縮水, compressed water)라고도 한다. 물이 아닌 다른 액체는 **불포화액**(不飽和液, unsaturated liquid) 또는 압축액(compressed liquid)이라 한다.

불포화수는 내부에너지가 포화상태에 도달할 때까지 온도가 계속 상승하며 체적도 약간 증가한다.

[2] 포화수

그림 5-1(b)는 액체로서의 내부에너지가 포화상태에 도달한 물로서 증발 직전의

상태이다. 이러한 상태의 물을 **포화수**(飽和水, saturated water)라 한다. 물이 아닌 다른 액체는 **포화액**(飽和液, saturated liquid)이라 한다. 포화수(또는 포화액)의 압력을 **포화압력**(飽和壓力, saturated pressure, 기호 P_s), 포화수(또는 포화액)의 온도를 포화온도(飽和溫度, saturated temperature, 기호 t_s)라 한다.

포화압력과 포화온도는 액체에 따라 다르다. 물의 경우 표준대기압에서 포화온도는 100℃이고, 100℃ 물의 포화압력은 101.325 kPa이다.

[3] 습포화증기(습증기)

포화수가 열을 흡수하면 증발이 시작되며 증발이 완료(그림 5-1(d))될 때까지 물의 포화온도는 변하지 않으며 증발이 진행됨에 따라 수증기의 양이 많아지므로 체적이 급격히 팽창한다. 즉 증발이 진행됨에 따라 포화수의 양이 감소하며 증발이 완료되기 전까지는 그림 5-1(c)에서 보는 바와 같이 포화수와 수증기가 동시에 존재한다. 이와 같이 포화수(또는 포화액)와 수증기(또는 증기)가 공존하는 혼합체를 **습포화증기**(濕飽和蒸氣, wet saturated vapor)라 하며 간단히 **습증기**(濕蒸氣, wet vapor)라고도 한다.

[4] 건포화증기(건증기)

그림 5-1(d)와 같이 동일한 포화온도에서 증발이 완료된 상태의 증기를 **건포화증기**(乾飽和蒸氣, dry saturated vapor), **포화증기**(saturated vapor) 또는 **건증기**(dry vapor)라 한다. 건포화증기의 체적은 습증기보다 크며 포화상태에서는 체적이 가장 크다. 이미 1장에서도 설명한 것과 같이 단위질량(1 kg)의 포화수(포화액)를 모두 건포화증기로 증발시키는데 필요한 열을 **증발의 잠열**(latent heat of evaporation), 간단히 **증발열**(heat of vaporization)이라 한다.

[5] 과열증기

건포화증기를 다시 가열하면 증기의 온도는 포화온도보다 더 높아지며 체적은 더욱 증가한다(그림 5-1(e)). 이같이 포화온도 이상으로 가열된 증기를 **과열증기**(過熱蒸氣, superheated vapor)라 한다. 그리고 동일한 압력 하에서 과열증기의 온도와 포화온도와의 차를 **과열도**(過熱度, degree of superheat)라 한다. 과열도가 커질수록 증기는 완전가스의 성질에 점점 가까워진다.

5-2 증기의 일반적 성질

앞에서 설명한 것은 특정한 압력 하(표준대기압)에서 물의 증발과정을 설명한 것으로 다른 액체의 증발과정도 이와 유사하다. 정압 하에서 어떤 액체의 증발과정에 대한 상태를 $P-v$, $T-s$ 선도에 나타내면 그림 5-2에서 a, b, c, d, e로 표시된다. 여기서 a, b, c, d, e는 그림 5-1에 나타낸 불포화액, 포화액, 습증기, 건포화증기, 과열증기의 상태를 나타내는 점들이다. 이번에는 압력을 변화시켜 정압 하에 그림 5-1의 증발과정에 대한 상태들을 표시하면 a_1, b_1, c_1, d_1, e_1, a_2, b_2, c_2, d_2, e_2, a_3, b_3, c_3, d_3, e_3 등과 같이 되며, b, b_1, b_2, b_3는 각 압력에서의 포화액, d, d_1, d_2, d_3는 건포화증기 상태점들이다. 압력을 더 많이 변화시켜 이러한 점들을 구하면 각 압력에서 포화액을 나타내는 상태점들을 이은선 B-b-b_1-b_2-b_3-K와 건포화증기를 나타내는 상태점들을 이은선 D-d-d_1-d_2-d_3-K를 얻을 수 있다. 이와 같이 각 압력에서의 포화액을 나타내는 상태점들을 이은 선 B-b-b_1-b_2-b_3-K를 **포화액선**(saturated liquid line)이라 하고 건포화증기를 나타내는 상태점들을 이은 선 D-d-d_1-d_2-d_3-K를 **건포화증기선**(dry saturated vapor line), 또는 간단히 **포화증기선**이라 한다. 그리고 포화상태를 나타내는 점들을 이은 선 즉 포화액선과 건포화증기선을 합친 B–K–D를 **포화한계선**(boundary curve) 또는 **포화선**(saturation line)이라 한다.

포화액선 B-b-b_1-b_2-b_3-K와 건포화증기선 D-d-d_1-d_2-d_3-K는 압력이 증가할수록 대응하는 상태점들 사이의 간격이 점점 좁혀져 점 K에서 만나게 된다. 이렇게 포화액선과 포화증기선이 만나는 점 K를 **임계점**(臨界点, critical point)이라 하고, 임계점 K의 압력, 체적(또는 비체적) 및 온도를 각각 **임계압력**(臨界壓力, critical pressure, 기호 P_c), **임계체적**(critical volume, 또는 **임계비체적**, 기호 v_c), **임계온도**(critical temperature, 기호 t_c)라 한다. 임계점은 포화액점과 포화증기점이 만나는 점이므로 증발과정이 없이 불포화액이 포화액으로 됨과 동시에 건포화증기로 변하므로 증발열이 필요 없게 된다.

또한 임계압력 이상의 압력을 **초임계압력**(supercritical pressure)이라 한다. 초임계압력의 영역에서는 불포화액을 가열하면 증발열 없이 곧 과열증기로 변하며, 이 점을 **천이점**(遷移点, transition point)이라 한다. 천이점에서의 변화는 연속적으로 과열증기로 변하므로 천이점의 궤적을 명확히 구분할 수는 없으나 액체와 기체의 경계를 생각하면 임계점을 지나는 **임계비체적선**(또는 **임계체적선**)이 천이점의 궤적에 가깝다. 그림 5-2에서 K–F가 임계비체적선이다.

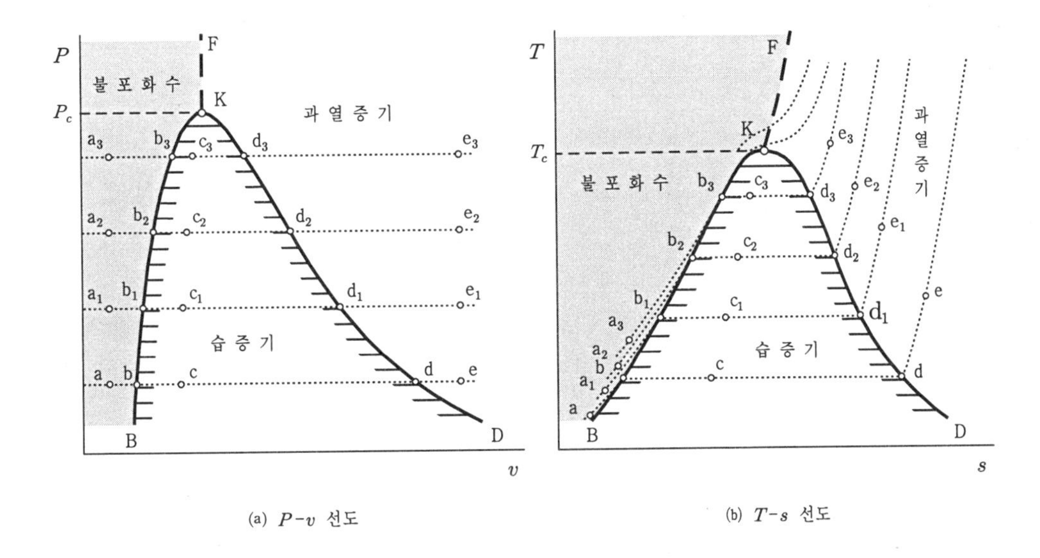

(a) $P-v$ 선도 (b) $T-s$ 선도

그림 5-2 $P-v$ 선도와 $T-s$ 선도에서의 증발과정

표 5-1 임계상태치 및 비등온도

물 질	기 호	비등온도(℃) (101.325 kPa)	임계온도 (℃)	임계압력 (MPa)	임계비체적 (L/kg)
수 은	Hg	357	1470	98.07	0.2
물	H_2O	100	374.15	22.09	3.18
벤 졸	C_6H_6	80	290	4.90	3.3
에틸알코올	C_2H_5OH	78	243	6.37	3.6
아황산가스	SO_2	-10	157.5	7.87	1.92
암모니아	NH_3	-33.3	132.4	11.35	4.24
탄산가스	CO_2	-78.5	31	7.39	2.16
메 탄	CH_4	-164	-82.9	4.64	6.18
산 소	O_2	-183	-118.8	5.04	2.33
일산화탄소	CO	-190	-139	3.51	3.22
공 기	-	-193	-141	3.78	3.2
질 소	N_2	-195.8	-147.1	3.39	3.22
수 소	H_2	-252.9	-239.9	1.29	32.3
헬 륨	He	-268.9	-267.9	0.23	14.4

5-3 증기의 열적 상태량

증기가 갖는 에너지와 관계되는 열역학적 상태량인 엔탈피, 엔트로피, 내부에너지는 압력, 비체적(또는 체적), 절대온도와 달리 절대값을 측정할 수 없으므로 기준을 따로 정하여 기준값을 정한 후 어떤 상태에 대한 값을 상대적으로 구한다. 일반적으로 증기의 열역학적 상태량들은 다음 절에서 설명하는 증기의 상태식으로부터 열역학적 관계식을 이용하여 구할 수도 있으나 이 절에서는 기준값으로부터 각 상태량 (h, u, s)을 구하는 것에 대해 설명한다.

물의 경우 과거 사용하던 공학단위계에서는 1968년 이전에는 0℃ 포화수(포화압력 0.6108 kPa)를 기준상태로 정하고 0℃ 포화수의 엔탈피와 엔트로피 값을 각각 0으로 하였다. 그러나 SI단위계에서는 1968년 물의 삼중점(三重點, triple point, 0.01℃, 0.6117 kPa)을 국제실용온도눈금의 온도정점으로 정한 이후 물의 삼중점을 기준상태로 정하고, 0.01℃ 포화수의 내부에너지와 엔트로피를 각각 0으로 하였다.

냉매의 경우는 사용온도 범위가 사용 목적에 따라 다르고 0℃ 이하의 저온인 경우가 많아 냉매에 따라 기준상태를 다르게 정하고 내부에너지와 엔트로피 값도 따로 정한다.

[1] 포화수

0.01℃(273.16 K)의 불포화액(압축액) 1 kg을 정압 하에 그 압력에 대한 포화온도(t_s℃)까지 높이는데 필요한 열을 **액체열**(液體熱, heat of liquid)이라 한다. 여기서 액체의 비열을 c라 하면, 식 (1-10-1)에서 $\delta q = c\,dT$이므로 이 식을 0.01℃(273.16 K)에서 포화온도 T_s까지 적분하면 액체열을 구할 수 있다. 액체열을 q_l이라 하면

$$q_l = \int_{273.16}^{T_s} c\,dT \tag{5-3-1}$$

포화수의 비체적과 내부에너지를 각각 v_f, u_f라 하고, 일반에너지식 $\delta q = du + P dv$를 0.01℃(273.16 K)에서 포화온도 T_s까지 적분하여도 액체열 q_l을 구할 수 있다. 즉

$$q_l = \int_{273.16}^{T_s} du + \int_{273.16}^{T_s} P\,dv = (u_f - u_{273.16}) + P(v_f - v_{273.16}) \tag{5-3-2}$$

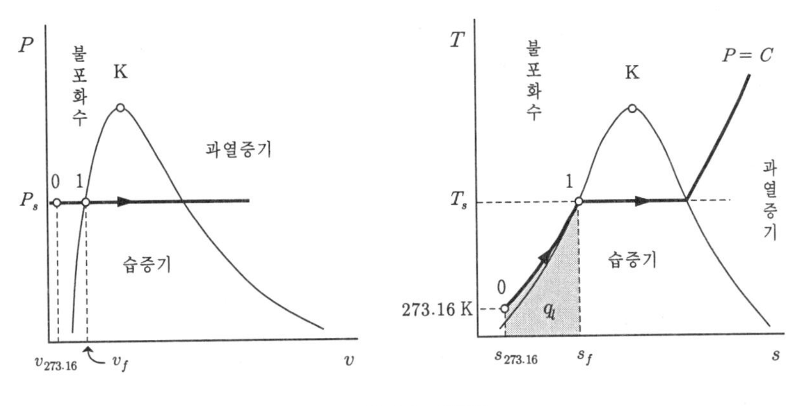

그림 5-3 액체열

식 (5-3-2)에서 액체열은 불포화수가 포화수로 되기 위한 내부에너지의 증가와 액체의 체적팽창을 위한 일로 소비됨을 알 수 있다. 그런데 $u_{273.16}=0$이고, 체적팽창을 위한 일은 액체의 체적증가가 매우 작아($v_f \fallingdotseq v_{273.16}$) 공학적으로 무시해도 좋으므로 식 (5-3-2)는 다음과 같이 나타낼 수도 있다.

$$q_l \fallingdotseq u_f \tag{5-3-3}$$

이것은 액체열 q_l의 대부분이 불포화수가 포화수로 되기 위한 내부에너지 증가에 소비된다는 것을 뜻한다.

한편, 엔탈피 정의식 $h=u+Pv$를 미분하여 일반에너지식을 대입하고 $(dh=\delta q+v\,dP)$, 정압과정에서 $dP=0$이므로 $dh=\delta q$이다. 따라서 $dh=\delta q$를 0.01℃(273.16 K)에서 포화온도 T_s까지 적분하면 액체열 q_l은

$$q_l=\int_{273.16}^{T_s} dh = h_f - h_{273.16}$$

그런데 부록에서 0.01℃(273.16 K) 포화수의 엔탈피가 0이므로 $h_{273.16}\approx 0$이다. 그러므로 위의 식은 다음과 같이 나타낼 수 있다.

$$q_l \fallingdotseq h_f \tag{5-3-4}$$

식 (5-3-3)과 (5-3-4)에 의해 액체열 q_l은 다음과 같다.

$$q_l \fallingdotseq u_f \fallingdotseq h_f \tag{5-3-5}$$

액체열 q_l은 그림 5-3에서 음영부분의 면적과 같다. 그러나 식 (5-3-5)은 어디까지나 근사식이며 작동유체의 종류에 따라 적용범위가 다르다. 물의 경우, 약 200℃ 정도까지는 포화수의 엔탈피 h_f와 내부에너지 u_f값의 오차가 약 0.21% 정도이므로 200℃ 이하에서는 식 (5-3-5)를 사용하여도 무방하다.

이번에는 포화액의 엔트로피에 대해 생각해 본다. 압력이 P인 포화액의 엔트로피를 s_f라 하면 엔트로피 정의식 $ds = \delta q/T$를 273.16 K에서 포화온도 T_s까지 적분하면 s_f를 얻을 수 있다.

$$s_f = s_{273.16} + \int_{273.16}^{T_s} \frac{\delta q}{T} = s_{273.16} + \int_{273.16}^{T_s} c\frac{dT}{T} \tag{5-3-6}$$

물의 경우 $s_{273.16} = 0$이고 비열이 거의 일정하다고 봐도 좋으므로 온도 범위가 지나치게 높지 않을 경우에는 다음의 근사식으로 포화수의 엔트로피를 나타낼 수 있다.

$$s_f = c\ln\left(\frac{T_s}{273.16}\right) \fallingdotseq c\ln\left(\frac{T_s}{273}\right) \tag{5-3-7}$$

예제 5-1

140℃ 포화수 3.5 kg의 엔트로피는 얼마인가? 단, 물의 비열은 4.186 kJ/kgK이다.

풀이 포화온도가 t_s=140℃, 질량이 m=3.5 kg이고 비열이 c=4.186 kJ/kgK 이므로 식 (5-3-7)을 이용하면 엔탈피 s_f는

$$S_f = m\,s_f = m\,c\ln\left(\frac{T_s}{173.16}\right) = 3.5 \times 4.186 \times \ln\left(\frac{140+273.15}{273.16}\right) = 6.0566\ \mathrm{kJ/K}$$

※ 위의 계산에서 $T_s = 140 + 273\ (\mathrm{K})$으로 하여도 무방하다.

예제 5-2

표준대기압에서 포화수 1 kg의 내부에너지를 구하여라. 단, 표준기압에서 포화수의 엔탈피와 비체적은 각각 419.2 kJ/kg, 0.001043 m³/kg이다.

풀이 압력이 P=101.325 kPa, h_f=419.2 kJ/kg이고 v_f=0.001043 m^3/kg 이므로 엔탈피 정의식 $h_f = u_f + Pv_f$에서 내부에너지 u_f는

$$u_f = h_f - Pv_f = 419.2 - 101.325 \times 0.001043 = 419.09\ \mathrm{kJ/K}$$

[2] 습증기

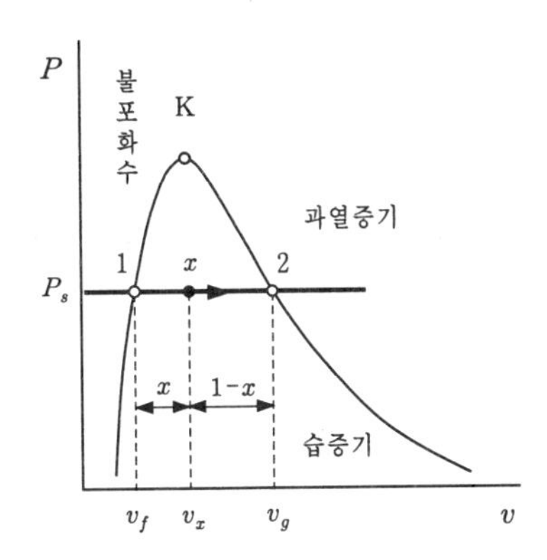

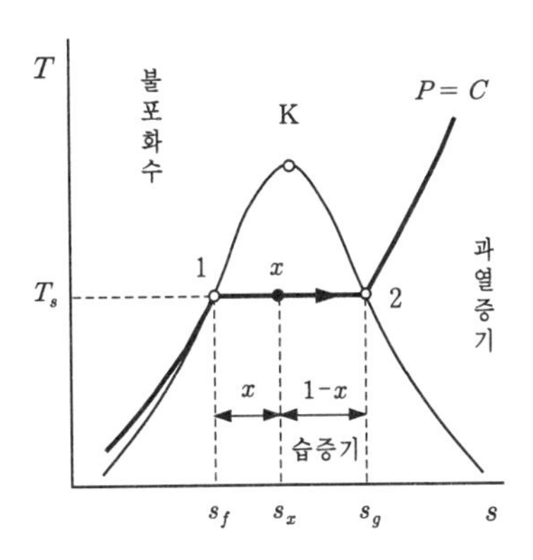

그림 5-4 습증기 상태

그림 5-4와 같이 포화액(상태 1)이 건포화증기(상태 2)로 증발할 때 임의의 점 x는 습증기 상태를 표시한다. 습증기는 포화액과 건포화증기의 혼합물이므로 이들의 혼합비율을 습증기의 건도(乾度, dryness fraction or degree of dryness) 또는 질(質, quality)이라 하고 다음과 같이 정의한다.

$$\text{습증기의 건도} = \frac{\text{습증기 중 건포화증기의 질량}}{\text{습증기 질량}}$$

$$= \text{습증기 } 1\,\text{kg 중 건포화증기의 질량}$$

여기서 건도가 x인 습증기 질량을 m_x, 습증기 중에 있는 포화액 및 건포화증기의 질량을 각각 m_f, m_g라 하면

$$m_x = m_f + m_g \tag{5-3-8}$$

이므로 습증기의 건도(질) x는 다음 식으로 정의된다.

$$x = \frac{m_g}{m_x} = \frac{m_x - m_f}{m_x} = 1 - \frac{m_f}{m_x} \tag{5-3-9}$$

식 (5-3-9)에서

$$(1 - x) = \frac{m_f}{m_x} \tag{5-3-10}$$

이다. 식 (5-3-10)에서 $(1-x)$는 습증기 1 kg 중에 포함되어 있는 포화액의 질량을 뜻하며, 이것을 습증기의 습도(濕度, wetness fraction)라 한다. 따라서 포화액(포화수)의 건도는 $x=0$이라 할 수 있고, 건포화증기의 건도는 $x=1$이라 할 수 있으므로 습증기 건도의 범위는 $0<x<1$이다.

건도가 x인 습증기의 상태량에는 아래첨자 "x"를 붙이고, 포화액 및 건포화증기의 상태량에는 각각 아래첨자 "f"와 "g"를 붙이면 습증기의 체적 V_x는

$$V_x = V_f + V_g \quad \cdots\cdots\cdots\cdots ⓐ$$

이고, 포화액, 건포화 증기 및 습증기의 비체적을 각각 v_f, v_g, v_x라 하면

$$v_f = \frac{V_f}{m_f}, \quad v_g = \frac{V_g}{m_g}, \quad v_x = \frac{V_x}{m_x} \quad \cdots\cdots ⓑ$$

이므로 식 ⓑ에서 V_f, V_g 및 V_x를 구하여 식 ⓐ에 대입하고 양변을 m_x로 나누어 정리하면 습증기의 비체적 v_x는 다음과 같다.

$$v_x = (1-x)v_f + x\,v_g = v_f + x(v_g - v_f) \tag{5-3-11}$$

같은 방법으로 건도가 x인 습증기의 열역학적 상태량들을 구하면 아래와 같다.

$$h_x = (1-x)h_f + x\,h_g = h_f + x(h_g - h_f) \tag{5-3-12}$$
$$u_x = (1-x)u_f + x\,u_g = u_f + x(u_g - u_f) \tag{5-3-13}$$
$$s_x = (1-x)s_f + x\,s_g = s_f + x(s_g - s_f) \tag{5-3-14}$$

위의 세 식에서 아래첨자 "f"는 포화수(액), "g"는 건포화증기를 뜻한다.

예제 5-3

엔탈피가 1500 kJ/kg인 습증기의 건도는 얼마인가? 단, 같은 압력에서 포화수와 건포화증기의 엔탈피는 각각 503.8 kJ/kg, 2706 kJ/kg이다.

풀이 습증기의 엔탈피가 h_x=1500 kJ/kg, 포화수 엔탈피가 h_f=503.8 kJ/kg이고 건포화증기의 엔탈피가 h_g=2706 kJ/kg 이므로 습증기의 건도 x는 식 (5-3-12)에서

$$x = \frac{h_x - h_f}{h_g - h_f} = \frac{1500-503.8}{2706-503.8} = 0.4524 \text{ (kg/kg) 또는 } x = 45.24\%$$

※ 건도에는 단위를 붙이지 않아도 좋으나, 단위를 붙이는 경우는 kg/kg이나 %를 사용한다.

예제 5-4

압력이 10 kPa인 습증기의 내부에너지가 977.6 kJ/kg이다. 이 습증기의 건도, 비체적, 엔탈피 및 엔트로피를 구하여라. 단, 같은 압력에서의 물성치는 아래와 같다.

u_f=191.8 kJ/kg, u_g=2437 kJ/kg, v_f=0.00101 m³/kg, v_g=14.67 m³/kg
h_f=191.8 kJ/kg, h_g=2584 kJ/kg, s_f=0.6492 kJ/kgK, s_g=8.149 kJ/kgK

풀이 (1) 건도
습증기의 내부에너지가 u_x=977.6 kJ/kg 이므로 식 (5-3-13)에서 습증기의 건도 x는

$$x=\frac{u_x-u_f}{u_g-u_f}=\frac{977.6-191.8}{2437-191.8}=0.35$$

(2) 비체적
x=0.35 이므로 식 (5-3-11)에서 습증기의 비체적 v_x는

$$v_x=v_f+x(v_g-v_f)=0.00101+0.35\times(14.67-0.00101)=5.135\ \mathrm{m^3/kg}$$

(3) 엔탈피
x=0.35 이므로 식 (5-3-12)에서 습증기의 엔탈피 h_x는

$$h_x=h_f+x(h_g-h_f)=191.8+0.35\times(2584-191.8)=1029.1\ \mathrm{kJ/kg}$$

(4) 엔트로피
x=0.35 이므로 식 (5-3-14)에서 습증기의 엔탈피 s_x는

$$s_x=s_f+x(s_g-s_f)=0.6492+0.35\times(8.149-0.6492)=3.2741\ \mathrm{kJ/kgK}$$

예제 5-5

엔트로피가 7 kJ/kgK인 습증기의 엔탈피는 얼마인가? 단, 같은 압력에서 포화수와 건포화증기의 엔탈피 및 엔트로피는 다음과 같다.

h_f=251.4 kJ/kg, h_g=2609 kJ/kg, s_f=0.832 kJ/kgK, s_g=7.907 kJ/kgK

풀이 엔트로피가 s_x인 습증기의 건도 x는 식 (5-8-14)에서 $x=(s_x-s_f)/(s_g-s_f)$이므로 이것을 식 (5-3-12)에 대입하여 엔탈피 h_x를 계산하면

$$h_x=h_f+x(h_g-h_f)=h_f+\frac{s_x-s_f}{s_g-s_f}(h_g-h_f)$$
$$=251.4+\frac{7-0.832}{7.907-0.832}\times(2609-251.4)=2306.8\ \mathrm{kJ/kg}$$

※ 먼저 건도 $x=(s_x-s_f)/(s_g-s_f)=0.8718$을 구하여 식 (5-3-12)에 대입하여도 된다.

[3] 선포화증기

단위질량(1 kg)의 포화액을 정압(등온) 하에 모두 건포화증기로 증발시키는데 필요한 열을 증발열이라 한다(1장 11절 참조). 그림 5-5에서 상태 1(포화액)로부터 상

태 2(건포화증기)까지의 상태변화가 증발과정이므로 일반에너지식 $\delta q = du + Pdv$를 상태 1에서 상태 2까지 적분하면 증발열을 구할 수 있다. 여기서 증발열을 h_{fg}로 표기하면 아래와 같다.

$$h_{fg} = \int_1^2 du + \int_1^2 P dv = (u_g - u_f) + P(v_g - v_f) \ \cdots\cdots \ ⓒ$$

$$h_{fg} = h_g - h_f \tag{5-3-15}$$

이와 같이 증발열 h_{fg}는 건포화증기와 포화액의 엔탈피 차로 표시되며, 식 ⓒ에서

$$\rho = u_g - u_f, \quad \phi = P(v_g - v_f) \tag{5-3-16}$$

로 놓으면 증발열을 나타내는 식 (5-3-15)는 다음과 같이 쓸 수 있다.

$$h_{fg} = h_g - h_f = \rho + \phi \tag{5-3-17}$$

여기서 ρ는 포화액이 모두 건포화증기로 증발할 때까지의 내부에너지 증가량이므로 내부증발열(internal latent heat of evaporation), ϕ는 증발에 의해 체적이 증가(팽창)하며 외부에 대해 증기가 하는 일이므로 외부증발열(external latent heat of evaporation)이라 한다. 외부증발열 ϕ는 그림 5-5의 $P-v$ 선도에서 음영부분의 사각형 면적과 같다.

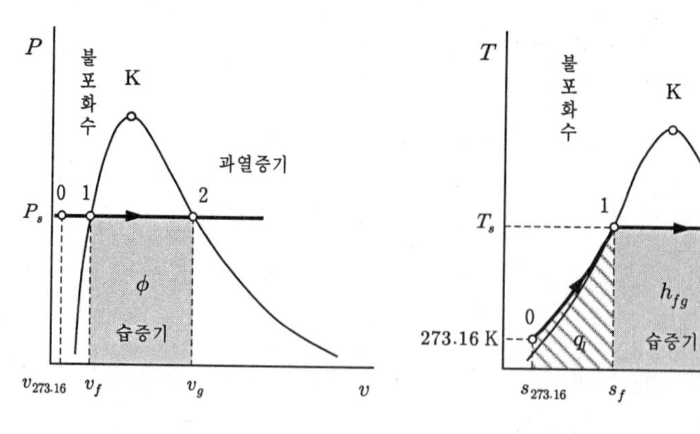

그림 5-5 액체열과 증발열

한편, 포화액이 정압 하에 증발하는 동안 증기의 온도가 포화온도(T_s)로 일정한 등온변화이므로 엔트로피 정의식 $ds = \delta q / T$에서 δq를 구하여 상태 1에서 상태 2까지 적분하여 구해도 된다. 즉,

$$h_{fg} = \int_1^2 \delta q = \int_1^2 T_s ds = T_s(s_g - s_f)$$

$$h_{fg} = h_g - h_f = T_s(s_g - s_f) \tag{5-3-18}$$

윗 식 (5-3-18)을 살펴보면 증발열 h_{fg}는 그림 5-5의 $T-s$ 선도에서 음영부분의 사각형 면적과 같음을 알 수 있다.

식 (5-3-18)의 관계를 식 (5-3-12)와 (5-3-14)에 대입하면 건도가 x인 습증기의 엔탈피와 엔트로피는 다시 다음과 같이 쓸 수 있다.

$$h_x = h_f + x(h_g - h_f) = h_f + x h_{fg} \tag{5-3-19}$$

$$s_x = s_f + x(s_g - s_f) = s_f + x h_{fg} / T_s \tag{5-3-20}$$

그리고 0.01℃의 불포화수(압축수) 1 kg을 정압 하에 모두 건포화증기로 증발시키는데 필요한 열량, 즉 액체열과 증발열의 합을 **전열량**(全熱量, total heat, 기호 λ)이라 한다. 전열량은 어떤 압력에서 건포화증기의 엔탈피와 같다.

$$\lambda = q_l + h_{fg} = h_g \tag{5-3-21}$$

예제 5-6

압력이 2.3634 bar인 암모니아 증기의 내부증발열과 외부증발열을 구하여라. 단, 같은 압력의 암모니아 포화액과 건포화증기의 비체적과 엔탈피는 아래와 같다.

v_f=0.0015185 m³/kg, v_g=0.5087 m³/kg, h_f=349.91 kJ/kg, h_g=1662.36 kJ/kg

풀이 (1) 내부증발열

엔탈피 정의식 $h = u + Pv$에서 내부에너지는 $u = h - Pv$이고, P=236.34 kPa 이므로 내부증발열 ρ는 식 (5-3-16)으로부터

$$\begin{aligned}\rho &= u_g - u_f = (h_g - Pv_g) - (h_f - Pv_f) \\ &= (1662.36 - 236.34 \times 0.5087) - (349.91 - 236.34 \times 0.0015185) \\ &= 1192.58 \text{ kJ/kg}\end{aligned}$$

(2) 외부증발열

식 (5-3-16)에서 외부증발열 ϕ는

$$\phi = P(v_g - v_f) = 236.34 \times (0.5087 - 0.0015185) = 119.87 \text{ kJ/kg}$$

또는 식 (5-3-17)에서

$$\phi = h_{fg} - \rho = (h_g - h_f) - \rho = (1662.36 - 349.91) - 1192.58 = 119.87 \text{ kJ/kg}$$

예제 5-7

1.5 bar, 80℃인 물 2.6 kg을 같은 압력에서 건포화증기로 만드는데 필요한 열은 얼마인가? 단, 1.5 bar에 대한 포화온도는 111.3℃이고 포화수와 건포화증기의 엔탈피는 각각 467.1 kJ/kg, 2693 kJ/kg이다.

풀이 압력 P=150 kPa에 대한 포화온도가 t_s=111.3℃인데 물의 온도가 t_1=80℃ 이므로 이 물은 불포화수(압축수)이다. 따라서 압축수가 건포화증기로 증발되는 과정은 ① 압축수→포화수 ② 포화수→건포화증기 등 두 과정이므로

① 압축수→포화수

물의 비렬이 c=4.186 kJ/kgK로 일정하다고 생각하면 t_1=80℃, $t_2=t_s$=111.3℃, m=2.6 kg이므로 가열량 $Q_{①}$은 식 (1-10-2)로부터

$$Q_{①} = mc(T_2 - T_1) = 2.6 \times 4.186 \times (111.3 - 80) = 340.7 \text{ kJ}$$

② 포화수→건포화증기

증발에 필요한 열 $Q_{②}$는 h_f=467.1 kJ/kg, h_g=2693 kJ/kg 이므로 식 (5-3-15)를 이용하면

$$Q_{②} = mh_{fg} = m(h_g - h_f) = 2.6 \times (2693 - 467.1) = 5787.3 \text{ kJ}$$

따라서 필요한 전체 열 Q는

$$Q = Q_{①} + Q_{②} = 340.7 + 5787.3 = 6128 \text{ kJ}$$

예제 5-8

건도가 0.75인 습증기의 엔탈피가 2217.55 kJ/kg이다. 같은 압력에서 포화수의 엔탈피가 632.2 kJ/kg이고 엔트로피는 1.842 kJ/kgK이다. 같은 압력에서의 증발열과 건포화증기의 엔트로피를 구하여라. 단 포화온도는 150℃이다.

풀이 (1) 증발열

x=0.75, h_x=2217.55 kJ/kg, h_f=632.2 kJ/kg 이므로 식 (5-3-19)로부터 증발열 h_{fg}는

$$h_{fg} = \frac{h_x - h_f}{x} = \frac{2217.55 - 632.2}{0.75} = 2113.8 \text{ kJ/kg}$$

(2) 건포화증기의 엔트로피

t_s=150℃, s_f=1.842 kJ/kgK 이므로 건포화증기의 엔트로피 s_g는 식 (5-3-20)에서

$$s_g = s_f + \frac{h_{fg}}{T_s} = 1.842 + \frac{2113.8}{150 + 273.15} = 6.837 \text{ kJ/kgK}$$

※ 위의 계산에서 T_s=150+273으로 계산하여도 된다.

예제 5-9

엔탈피가 2706 kJ/kg인 건포화증기를 같은 압력에서 건도가 0.4인 습증기로 만들려고 한다. 열을 얼마나 방출해야 할까? 단 증발열은 2202.2 kJ/kg이다.

풀이 정압 하에서의 방열량은 엔탈피 차와 같으므로 방열량 $q = h_g - h_x$이다. 여기서 식 (5-3-19)를 대입, 정리한 식에 x=0.4, h_{fg}=2202.2 kJ/kg를 대입하면

$$q = h_g - h_x = h_g - \{h_f + x(h_g - h_f)\} = h_{fg}(1-x) = 2202.2 \times (1-0.4)$$
$$= 1321.3 \text{ kJ/kg}$$

[4] 과열증기

질량 1 kg의 건포화증기를 정압 하에 포화온도(T_s)로부터 임의의 온도가 T인 과열증기로 만드는데 필요한 열을 과열의 열(heat of superheating)이라 한다. 과열의 열은 과열증기의 정압비열 c_p를 알면 그림 5-6의 상태 2에서 상태 3까지 비열방정식 $\delta q = c_p dT$를 적분하면 구할 수 있다. 과열의 열을 q_{sh}로 표기하면

$$q_{sh} = \int_2^3 c_p dT = \int_{T_s}^{T} c_p dT \tag{5-3-22}$$

이며, 그림 5-6에서 빗금 친 사각형 ▨의 면적과 같다.

과열증기의 엔탈피 h는 정압과정($dP = 0$) 이므로 엔탈피 정의식 $h = u + Pv$ 양변을 미분한 식 $dh = du + Pdv + vdP = \delta q$를 상태 2에서 상태 3까지 적분하면 구할 수 있다.

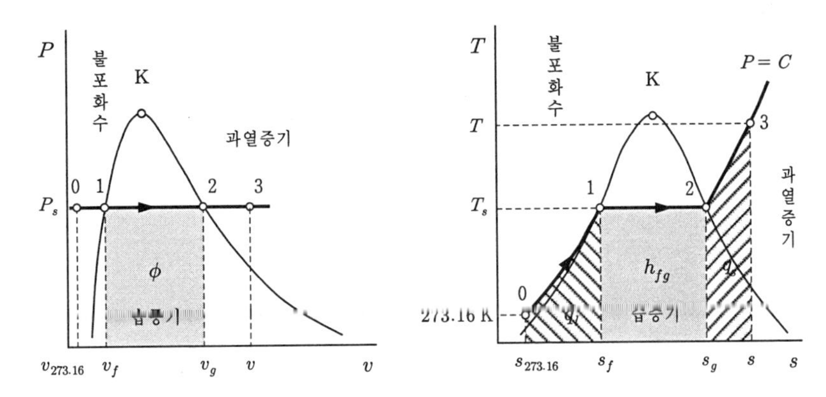

그림 5-6 액체열, 증발열 및 과열의 열

$$\int_2^3 dh = \int_2^3 \delta q = \int_2^3 c_p dT \;\Rightarrow\; h_3 - h_2 = \int_{T_s}^{T} c_p dT$$

위의 식에서 h_3은 과열증기의 엔탈피 h, h_2는 건포화증기의 엔탈피 h_g로 대체하면

$$h = h_g + q_{sh} = h_g + \int_{T_s}^{T} c_p dT \tag{5-3-23}$$

한편, 과열증기의 엔트로피 s도 정압과정($dP=0$)이므로 엔트로피 정의식을 상태 2에서 상태 3까지 적분하여 구한다. 즉

$$ds = \frac{\delta q}{T} = \frac{c_p dT}{T} \;\Rightarrow\; \int_2^3 ds = s_3 - s_2 = \int_{T_s}^{T} c_p \frac{dT}{T}$$

위의 식에서 s_3은 과열증기의 엔트로피 s, s_2는 건포화증기의 엔트로피 s_g로 대체하면

$$s = s_g + \int_{T_s}^{T} c_p \frac{dT}{T} \tag{5-3-24}$$

예제 5-10

212.4℃인 건포화증기의 압력이 2 MPa이다. 이 증기를 정압 하에 350℃까지 가열하였더니 비체적이 0.1386 m³/kg, 엔탈피가 3138 kJ/kg인 과열증기로 되었다. 이 증기의 과열도, 과열의 열, 내부에너지 및 엔트로피 변화량을 구하여라. 단, 가열하는 동안 증기의 정압비열은 일정하다고 가정하고, 2 MPa인 건포화증기의 비체적과 엔탈피는 각각 0.09959 m³/kg, 2798 kJ/kg이다.

풀이 (1) 과열도

5-1절 [5]의 설명에서 과열도란 과열증기와 동일한 압력의 포화증기의 온도(포화온도)와의 차이다. 문제에서 포화온도가 $t_s=212.4$℃, 과열증기 온도가 $t=350$℃ 이므로 과열증기의 과열도를 Δt_{sh}는

$$\Delta t_{sh} = t - t_s = 350 - 212.4 = 137.6\text{℃} \tag{5-3-25}$$

(2) 과열의 열

과열증기 엔탈피가 $h=3138$ kJ/kg, 건포화증기 엔탈피가 $h_g=2798$ kJ/kg 이므로 식 (5-3-23)에서 과열의 열 q_{sh}는

$$q_{sh} = h - h_g = 3138 - 2798 = 340\ \text{kJ/kg}$$

(3) 내부에너지 변화량

$h=u+Pv$에서 $u=h-Pv$, $u_g=h_g-Pv_g$이며, $P=2$ MPa$=2000$ kPa일 때

h_g=2798 kJ/kg, h=3138 kJ/kg, v_g=0.09959 m³/kg, v=0.1386 m³/kg 이므로 내부에너지 변화량 Δu는

$$\Delta u = u - u_g = (h - Pv) - (h_g - Pv_g) = (h - h_g) - P(v - v_g)$$
$$= (3138 - 2798) - 2000 \times (0.1386 - 0.09959) = 261.98\ \text{kJ/kg}$$

(4) 엔트로피 변화량
과열증기의 정압비열이 일정하다고 하였으므로 식 (5-3-23)을 적분하면

$$h = h_g + \int_{T_s}^{T} c_p dT = h_g + c_p(T - T_s)$$

에서 과열증기의 정압비열은 c_p는

$$c_p = \frac{h - h_g}{T - T_s} = \frac{3138 - 2798}{350 - 212.4} \fallingdotseq 2.4709\ \text{kJ/kgK}$$

따라서 엔트로피 변화량 Δs는 식 (5-3-24)로부터

$$\Delta s = s - s_g = \int_{T_s}^{T} c_p \frac{dT}{T} = c_p \ln\left(\frac{T}{T_s}\right) = 2.4709 \times \ln\left(\frac{350 + 273}{212.4 + 273}\right)$$
$$= 0.6167\ \text{kJ/kgK}$$

예제 5-11

압력이 3 bar(t_s=133.5℃), 온도가 500℃인 과열증기의 엔트로피는 얼마인가? 단, 3 bar에서 과열증기의 평균 정압비열은 2.0759 kJ/kgK, 증발열은 2163.6 kJ/kg, 압축수의 평균비열은 4.1980 kJ/kgK이다.

풀이 식 (5-3-24)에서 과열증기의 정압비열이 c_p=2.0759 kJ/kgK으로 일정하므로 적분하면 과열증기의 엔트로피 s는

$$s = s_g + \int_{T_s}^{T} c_p \frac{dT}{T} = s_g + c_p \ln\left(\frac{T}{T_s}\right) \quad \cdots\cdots ①$$

식 ①에서 건포화증기의 엔트로피 s_g는 식 (5-3-20)에서 건도가 x=1일 때이므로

$$s_g = s_f + h_{fg}/T_s \quad \cdots\cdots ②$$

식 ②에서 포화수의 엔트로피는 식 (5-3-7)에서

$$s_f = c \ln\left(\frac{T_s}{273}\right) \quad \cdots\cdots ③$$

식 ①에 식 ②와 ③을 대입하고 압축수 평균비열 c=4.1980 kJ/kgK, t_s=133.5℃, t=500℃, 과열증기 평균비열 c_p=2.0759 kJ/kgK, 증발열 h_{fg}=2163.6 kJ/kg을 넣어 계산하면

$$s = s_g + c_p \ln\left(\frac{T}{T_s}\right) = c \ln\left(\frac{T_s}{273}\right) + \frac{h_{fg}}{T_s} + c_p \ln\left(\frac{T}{T_s}\right)$$
$$= 4.1980 \times \ln\left(\frac{133.5 + 273}{273}\right) + \frac{2163.6}{133.5 + 273} + 2.0759 \times \ln\left(\frac{500 + 273}{133.5 + 273}\right)$$
$$= 8.328\ \text{kJ/kgK}$$

5-4 증기의 상태식

앞에서 설명한 것과 같이 실제 가스나 증기의 성질은 대단히 복잡하여 완전가스의 특성식 $Pv=RT$를 적용할 수가 없다. 완전가스의 특성식은 기체분자 상호간에 분자력(인력)이 작용하지 않고 분자도 크기가 없는 질점이라는 가정아래 유도되었다. 그러나 증기는 분자 상호간에 인력도 작용하며 또 분자의 크기를 무시할 수 없어 그동안 많은 학자들은 완전가스의 특성식 $Pv=RT$를 증기에 적용시키기 위해 많은 연구를 하였다. 즉 $Pv=RT$를 적당히 수정하여 증기의 상태를 구하는 방법 중 대표적인 몇 가지를 소개한다.

[1] van der Waals 상태식

1872년 J. D. van der Waals는 분자의 운동학적 고찰을 통하여 증기에 적용할 수 있도록 특성식 $Pv=RT$를 수정한 식을 발표하였다.

$$\left(P+\frac{a}{v^2}\right)(v-b)=RT \tag{5-4-1}$$

이 식을 van der Waals 상태식이라 하며 a와 b는 기체의 종류에 따라 정해지는 상수이다. 상태식 중 제1수정 항 a/v^2은 분자간의 인력 때문에 분자가 용기의 벽면에 충돌하면 압력이 감소되어 실제 내부의 압력은 벽면의 압력보다 증가되는 것을 보정한 것이다. 제2수정 항은 분자 자신의 크기를 배제한 체적, 즉 분자가 자유로이 활동할 수 있는 공간이 $(v-b)$가 됨을 나타낸 것이다. 식 (5-4-1)을 v에 관해 정리하면 다음과 같다.

$$v^3-v^2\left(\frac{RT}{P}+b\right)+v\frac{a}{P}-\frac{ab}{P}=0 \tag{5-4-2}$$

식 (5-4-2)는 3차 방정식이므로 근이 3개이며, $P-v$ 선도에서는 임계점이 변곡점이므로 임계압력을 P_c, 임계비체적을 v_c, 임계온도를 T_c라 하면 상수 a, b 및 R의 값은

$$a=3P_cv_c^2,\quad b=\frac{v_c}{3},\quad R=\frac{8}{3}\frac{P_cv_c}{T_c} \tag{5-4-3}$$

로 되어 특정한 값으로 상수를 표시할 수 있다. 따라서 변곡점인 임계점 이하에서는

3개의 실근을 가지며 그 이상에서는 1개의 실근과 2개의 허근을 가지므로 이것을 이용하여 $P-v$선도에서 포화한계선을 구할 수 있다.

그림 5-7 van der Waals 상태식에 의해 등온선과 포화한계선을 구하는 방법을 나타낸 것으로 왼쪽과 오른쪽 실근의 궤적이 포화액선 및 건포화증기선이 된다.

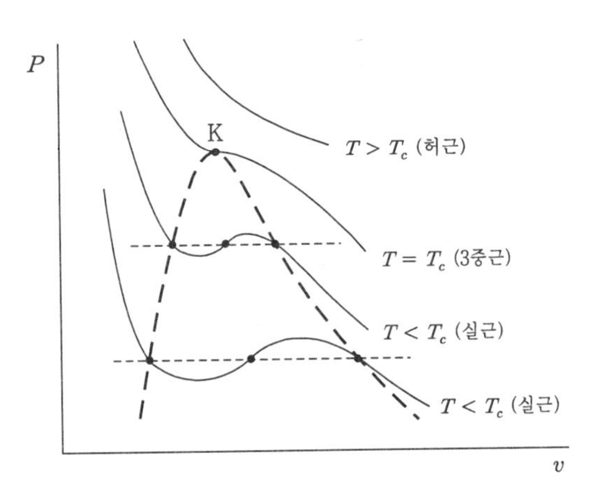

그림 5-7 van der Waals 식에 의한 등온선과 포화한계선

[2] Clausius 상태식과 Berthelot 상태식

van der Waals 상태식의 상수 a와 b는 실제로는 상수가 아니며 압력과 온도의 함수이다. 즉 상수 a와 b는 특정한 압력과 온도에서만이 상수이므로 이들을 압력과 온도의 함수로 수정한 식들이 있다. 아래 식 중에 있는 a', b', a, b 및 R은 상수이다.

① Clausius 상태식

$$\left\{P+\frac{a'}{T(v+b')^2}\right\}(v-b)=RT \tag{5-4-4}$$

② Berthelot 상태식

$$\left(P+\frac{a}{Tv^2}\right)(v-b)=RT \tag{5-4-5}$$

증기의 상태식으로는 이 외에도 비리알 상태식(virial equation of state) 및 실용국제상태식(1967년) 등이 있다.

5-5 증기표 및 증기선도

공업적으로 많이 이용되는 수증기, 암모니아, 할로겐탄화수소 냉매 등의 증기는 액체 상태와 증기 상태 등 2상(二相, two-phase)에 대한 열역학적 상태량(성질)들을 필요로 한다. 그러나 앞 절에서 설명한 여러 가지 상태식들을 이용하여도 이들의 열역학적 상태를 나타내기에는 불충분하며 실용상 불편이 많다. 따라서 실험에 의해 실제 액체나 증기에 대한 상태량들을 측정하고, 측정값들을 기초로 실험식을 만들어 계산한 자료를 종합하여 쉽게 이용할 수 있도록 증기표와 증기선도를 만들었다. 부록에 수증기를 비롯한 각종 증기의 증기표 및 증기선도가 수록되어 있다.

[1] 증기표

포화액, 건포화증기 및 과열증기의 열역학적 상태량을 측정하여 이를 기초로 계산한 결과를 종합한 것이 증기표(蒸氣表, vapor table)이다. 증기표에는 포화증기표와 과열증기표가 있다. 포화증기표에는 포화액 및 건포화증기의 포화온도나 포화압력에 대한 비체적, 밀도, 비내부에너지, 비엔탈피, 증발열, 비엔트로피 등 여러 가지 값들이 수록되어 있으며, 습증기에 대한 값은 식 (5-3-11)~(5-3-14)를 이용하여 구한다. 포화증기표는 물질의 사용 목적에 따라 온도기준 포화증기표와 압력기준 포화증기표가 있다. 물의 경우는 두 가지 모두 사용되나 냉매는 온도기준 포화증기표를 사용한다. 그리고 과열증기표에는 각각의 압력에 대해 온도별로 과열증기의 비체적, 비내부에너지, 비엔탈피 및 비엔트로피가 수록되어 있다.

증기표에 나타나 있지 않은 값들은 그 온도나 압력에 대하여 가장 가까운 값들을 이용하여 보간법(補間法, interpolation)으로 구한다.

예제 5-12

증기표를 이용하여 온도가 140℃이고 건도가 0.65인 습증기 6.5 kg의 체적, 내부에너지, 엔탈피 및 엔트로피를 구하여라.

풀이 온도가 주어졌으므로 온도기준 포화수증기표에서 t_s=140℃일 때 포화수와 건포화증기의 값들을 찾으면 아래 표와 같이 찾는다.

온도 t(℃)	포화압력 P(kPa)	비체적 (m^3/kg)		비내부에너지 (kJ/kg)		비엔탈피 (kJ/kg)			비엔트로피 (kJ/kgK)	
		액(v_f)	증기(v_g)	액(u_f)	증기(u_g)	액(h_f)	증기(h_g)	증발열	액(s_f)	증기(s_g)
140	361.5	0.00108	0.5085	588.8	2550	589.2	2733	2143.8	1.739	6.929

$x=0.65$, $m=6.5$ kg이며

(1) 체적 : 식 (5-3-11)을 이용하면

$$V_x = mv_x = m\{v_f + x(v_g - v_f)\}$$
$$= 6.5 \times \{0.00108 + 0.65 \times (0.5085 - 0.00108)\} = 2.1509 \text{ m}^3$$

(2) 내부에너지 : 식 (5-3-13)을 이용하면

$$U_x = mu_x = m\{u_f + x(u_g - u_f)\} = 6.5 \times \{588.8 + 0.65 \times (2550 - 588.8)\}$$
$$= 12{,}113 \text{ kJ}$$

(3) 엔탈피 : 식 (5-3-12)를 이용하면

$$H_x = mh_x = m\{h_f + x(h_g - h_f)\} = 6.5 \times \{589.2 + 0.65 \times (2733 - 589.2)\}$$
$$= 12{,}887 \text{ kJ}$$

또는 엔탈피 정의식 $H_x = U_x + PV_x$를 이용하여 계산할 수도 있다.

(4) 엔트로피 : 식 (5-3-14)를 이용하면

$$S_x = ms_x = m\{s_f + x(s_g - s_f)\} = 6.5 \times \{1.739 + 0.65 \times (6.929 - 1.739)\}$$
$$= 33.23 \text{ kJ/K}$$

또는 식 (5-3-20)을 이용하여 $S_x = ms_x = m(s_f + x\,h_{fg}/T_s)$로 계산할 수도 있다.

예제 5-13

압력이 100 kPa인 습증기의 엔트로피가 4.6 kJ/kgK이다. 엔탈피는 얼마인가?

풀이 압력이 주어졌으므로 압력기준 포화수증기표에서 t_s=140℃일 때 포화수와 건포화증기의 값들을 찾으면 아래 표와 같이 찾는다.

압력 P(kPa)	포화 온도 t(℃)	비체적 (m³/kg)		비내부에너지 (kJ/kg)		비엔탈피 (kJ/kg)			비엔트로피 (kJ/kgK)	
		액(v_f)	증기(v_g)	액(u_f)	증기(u_g)	액(h_f)	증기(h_g)	증발열	액(s_f)	증기(s_g)
100	99.61	0.001043	1.694	417.4	2506	417.5	2675	2257.5	1.303	7.359

식 (5-3-14) $s_x = s_f + x(s_g - s_f)$에서 습증기의 건도가 $x = (s_x - s_f)/(s_g - s_f)$ 이므로 습증기의 엔탈피는 식 (5-3-12)로부터

$$h_x = h_f + x(h_g - h_f) = h_f + \frac{s_x - s_f}{s_g - s_f}(h_g - h_f)$$
$$= 417.5 + \frac{4.6 - 1.303}{7.359 - 1.303} \times (2675 - 417.5) = 1646.5 \text{ kJ/kg}$$

※ 먼저 습증기의 건도 x=0.5444를 계산하여 식 (5-3-14)나 식 (5-3-19)를 이용하여도 좋다.

예제 5-14

압력이 210 kPa인 포화수와 건포화증기의 포화압력, 비체적, 비엔탈피, 비엔트로피 및 포화온도를 구하여라.

풀이 압력기준 포화수증기표에 210 kPa에 대한 물성 값이 없으므로 아래의 표와 같이 200 kPa과 225 kPa의 물성 값들을 이용하여 보간법으로 구한다.

압력 P(kPa)	포화온도 t(℃)	비체적 (m³/kg)		비엔탈피 (kJ/kg)		비엔트로피 (kJ/kgK)	
		액(v_f)	증기(v_g)	액(h_f)	증기(h_g)	액(s_f)	증기(s_g)
200	120.2	0.001061	0.8857	504.7	2706	1.530	7.127
210	t_s	v_f	v_g	h_f	h_g	s_f	s_g
225	124	0.001064	0.7932	520.7	2712	1.571	7.088

200 kPa, 210 kPa 및 225 kPa 사이에 비례식을 세우면

$$\frac{210-200}{225-200}=\frac{t_s-120.2}{124-120.2}=\frac{v_f-0.001061}{0.001064-0.001061}=\frac{v_g-0.8857}{0.7932-0.8857}$$
$$=\frac{h_f-504.7}{520.7-504.7}=\frac{h_g-2706}{2712-2706}=\frac{s_f-1.530}{1.571-1.530}=\frac{s_g-7.127}{7.088-7.127}$$

의 관계로부터

(1) 비체적

$$v_f=0.001061+(0.001064-0.001061)\times\frac{210-200}{225-200}=0.001062\ \mathrm{m^3/kg}$$

$$v_g=0.8857+(0.7932-0.8857)\times\frac{210-200}{225-200}=0.8487\ \mathrm{m^3/kg}$$

(2) 엔탈피

$$h_f=504.7+(520.7-504.7)\times\frac{210-200}{225-200}=511.1\ \mathrm{kJ/kg}$$

$$h_g=2706+(2712-2706)\times\frac{210-200}{225-200}=2708.4\ \mathrm{kJ/kg}$$

(3) 엔트로피

$$s_f=1.530+(1.571-1.530)\times\frac{210-200}{225-200}=1.546\ \mathrm{kJ/kgK}$$

$$s_g=7.127+(7.088-7.127)\times\frac{210-200}{225-200}=7.111\ \mathrm{kJ/kgK}$$

(4) 포화온도

$$t_s=120.2+(124-120.2)\times\frac{210-200}{225-200}=121.7℃$$

[2] 증기선도

증기원동기, 열펌프나 냉동기 등의 설계에서 작동유체가 이루는 사이클에 대한 열계산을 하는 경우, 증기표를 사용하기도 하지만 사이클의 열역학적 상태변화를 쉽게 알아보기 위해서는 증기선도(vapor diagram or vapor chart)를 이용하는 것이 편리하다.

상태량 P, v, T, h, s 등 열역학적 상태량 중에서 임의의 2가지나 3가지 상태량을 좌표축으로 하여 다른 상태량들을 표시한 것을 증기선도라 한다. 이들 중 면적으로

일량과 열량을 알 수 있는 $P-v$ 선도와 $T-s$ 선도가 기본적인 선도이다. 그리고 증기원동소의 수증기에 대해서는 두 선도 이외에 $h-s$ 선도를 이용하면 증기사이클을 쉽게 해석할 수 있으며, 냉매(냉동기)나 열매(열펌프)에 대해서는 $P-h$ 선도를 이용하면 사이클을 해석하는데 보다 편리하다. 또한 공기조화에서는 습공기 해석에 $i-x$ 선도를 이용하고 있다. 그 밖에도 특수 목적에 이용되는 많은 종류의 선도가 있다.

① $P-v$ 선도

2장 7절에서 설명한 것과 같이 일선도라 부르는 $P-v$ 선도(압력-비체적 선도)는 상태변화 중 작동유체의 일량을 면적으로 표시할 수 있는 편리한 선도로서 증기나 완전가스에 대한 열역학적 해석에 매우 중요한 선도이다. 특히 가스 사이클에서는 $P-v$ 선도를 지압선도(indicated diagram)라고도 한다.

증기에 대한 $P-v$ 선도를 잘 이용하려면 선도 상에 정압선, 정적선, 등온선, 등엔탈피선, 등엔트로피선, 등건조도선 등 등성곡선(等性曲線)이 어떻게 표시되는 가를 잘 알아두어야 한다. 그림 5-8(a)는 물(H_2O)의 $P-v$ 선도 상에 등성곡선을 나타낸 것이다.

② $T-s$ 선도

4장 9절에서 설명한 것과 같이 열선도라 부르는 $T-s$ 선도(온도-엔트로피 선도)는 상태변화 중 작동유체가 주고 받는 열량을 면적으로 표시할 수 있어 $T-s$ 선도와 더불어 기초적이고도 매우 중요한 선도이다. 그림 5-8(b)는 물(H_2O)의 $T-s$ 선도 상에 등성곡선을 나타낸 것이다.

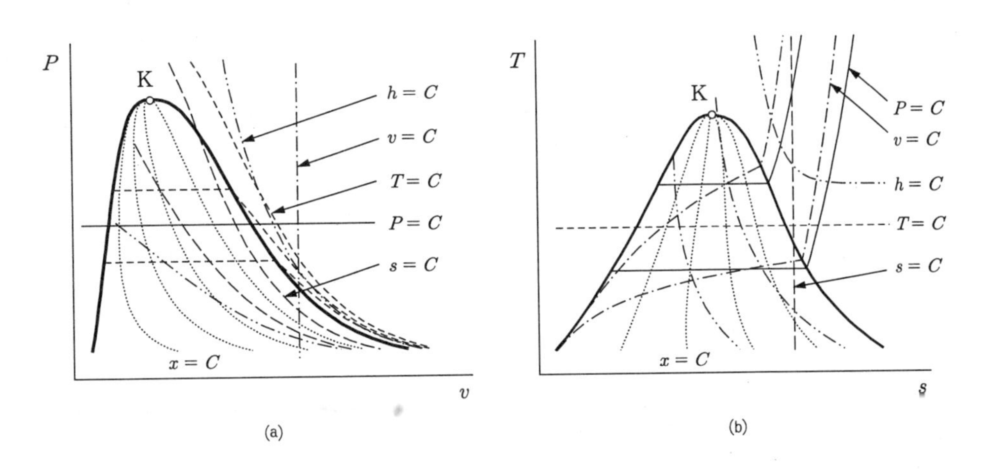

그림 5-8 물(H_2O)의 $P-v$ 선도와 $T-s$ 선도 상의 등성곡선

③ $h-s$ 선도

$h-s$ 선도(엔탈피-엔트로피선도)는 1904년 독일의 Mollier 교수가 최초로 고안한 선도로서 몰리어 선도(Mollier diagram or Moiller chart)라고도 한다. 증기원동소의 증기터빈이나 보일러, 응축기 등을 출입하는 에너지를 면적이 아닌 선분의 길이로 나타낼 수 있어 수증기 사이클 해석에 매우 편리한 선도이다. 그림 5-9는 물(H_2O)의 $h-s$ 선도 상에 등성곡선을 나타낸 것이다.

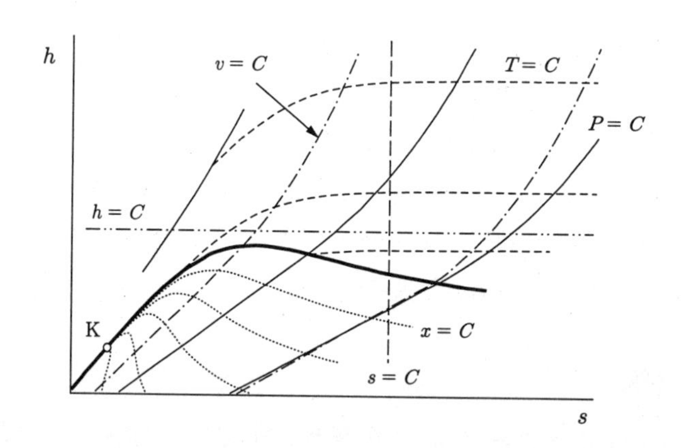

그림 5-9 물(H_2O)의 $h-s$ 선도 상의 등성곡선

예제 5-15

압력이 25 kPa이고 비체적이 5 m^3/kg인 습증기의 엔탈피, 엔트로피를 증기선도를 이용하여 구하여라.

풀이 수증기의 Mollier 선도에서 아래 그림과 같이 P=25 kPa, v=5 m^3/kg 선의 교점(습증기 구역 내 타원 안)을 구하고 자를 이용하여 보간법으로 상태량을 계산하면

$$h = 2000 + (2200-2000) \times \frac{16\,\text{mm}}{20\,\text{mm}} = 2160\,\text{kJ/kg}$$

$$s = 6.0 + (7.0-6.0) \times \frac{27.5\,\text{mm}}{56\,\text{mm}} = 6.491\,\text{kJ/kgK}$$

참고로 포화증기표(압력기준)에서 P=25 kPa일 때 포화수와 증기의 비체적, 엔탈피, 엔트로피가 각각

v_f=0.001020 m^3/kg, v_g=6.203 m^3/kg, h_f=272.0 kJ/kg, h_g=2617 kJ/kg
s_f=0.8932 kJ/kgK, s_g=7.830 kJ/kgK

이고 v_x=5 m³/kg 이므로

$$h_x = h_f + x(h_g - h_f) = h_f + \frac{v_x - v_f}{v_g - v_f}(h_g - h_f)$$

$$= 272.0 + \frac{5 - 0.001020}{6.203 - 0.001020} \times (2617 - 272.0) = 2162\ \mathrm{kJ/kg}$$

$$s_x = s_f + x(s_g - s_f) = s_f + \frac{v_x - v_f}{v_g - v_f}(s_g - s_f)$$

$$= 0.8932 + \frac{5 - 0.001020}{6.203 - 0.001020} \times (7.830 - 0.8932) = 6.484\ \mathrm{kJ/kg}$$

선도에서 구한 값과 증기표에서 계산한 값의 차는 모두 0.1% 이내로 신뢰할 만하다.

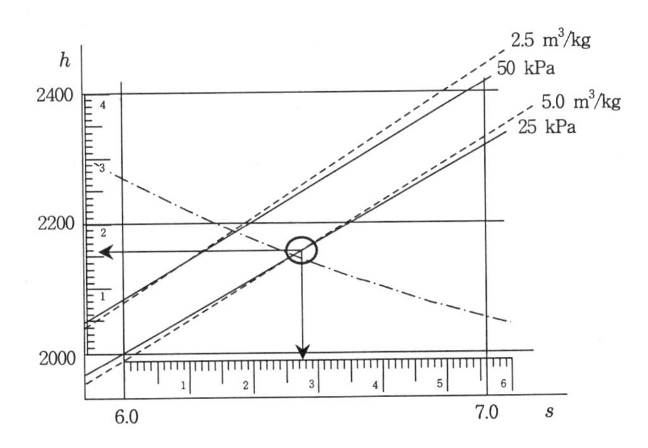

그림 Mollier 선도를 이용한 상태량 계산

예제 5-16

압력이 1 MPa이고 온도가 400℃인 과열증기의 엔탈피와 엔트로피를 부록에 있는 증기 선도를 이용해 구하여라.

풀이 수증기의 Mollier 선도에서 아래 그림과 같이 P=1 MPa=1000 kPa 선과 t=400℃ 선의 교점(타원 안)을 구하고 자를 이용하여 보간법으로 상태량을 계산하면

$$h = 3200 + (3400 - 3200) \times \frac{6.0\ \mathrm{mm}}{20\ \mathrm{mm}} = 3260\ \mathrm{kJ/kg}$$

$$s = 7.0 + (8.0 - 7.0) \times \frac{26\ \mathrm{mm}}{56\ \mathrm{mm}} = 7.464\ \mathrm{kJ/kgK}$$

참고로 과열증기표에서 같은 조건일 때 값을 찾아보면 h=3264 kJ/kg, s=7.467 kJ/kgK으로 오차가 아주 작은 것을 알 수 있다.

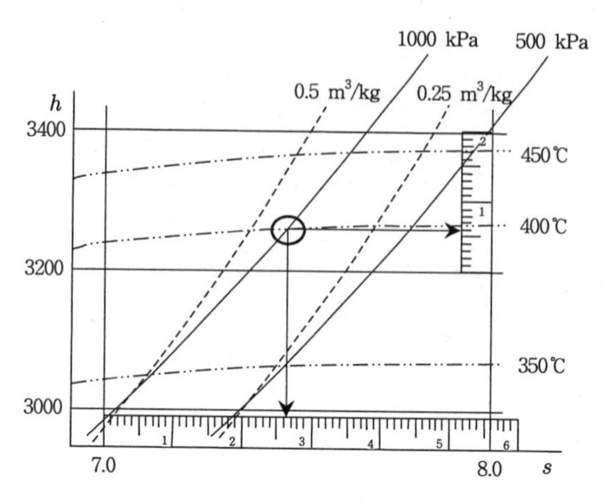

그림 Mollier 선도를 이용한 상태량 계산

④ $P-h$ 선도

$P-h$(압력-엔탈피) 선도 역시 Mollier 선도라고도 하며 암모니아(NH_3)나 할로겐화탄화수소 등과 같은 냉매 사이클 해석에 매우 편리하므로 냉매선도라고도 한다. 이 선도는 보통 세로축을 압력 P의 대수눈금($\log P$)으로 하고 가로축을 엔탈피 h로 한다. 그림 5-10은 암모니아(NH_3) 냉매의 $P-h$ 선도 상에 등성곡선을 나타낸 것이다.

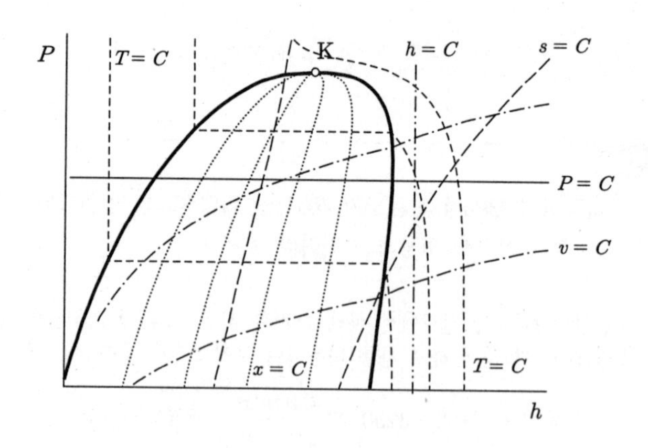

그림 5-10 암모니아(NH_3)의 $P-h$ 선도 상의 등성곡선

⑤ 기타

이상 열거한 선도 외에도 어떤 상태량을 좌표축으로 선택하는가에 따라 많은 선도가 있으며 몇 가지 예를 들어본다.

㉠ $T-v$ 선도

그림 5-11은 정압 하에 H_2O(물)의 상태변화(압력이 일정)를 표시한 $T-v$ 선도로서 융해 및 증발과정을 쉽게 이해할 수 있다. 얼음은 다른 고체와 달리 융해할 때 체적이 감소되며 표준대기압, 4℃에서 비체적이 최소로 된다. 그림에서 상태변화 2-3의 융해과정과 4-5의 증발과정에서는 일정한 온도에서 상태변화가 일어남을 알 수 있다.

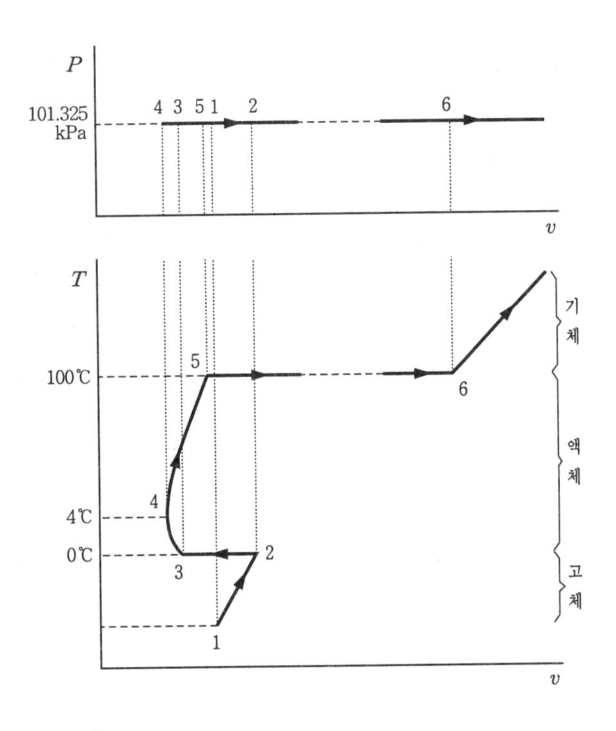

그림 5-11 H_2O(물)의 상태변화(P=101.325 kPa)

㉡ 증기압곡선($P-t$ 선도)

습증기 구역에서는 증기의 압력과 온도와는 일정한 관계가 있으며 이 관계를 나타내는 선도가 증기압곡선(vapour pressure curve)이며 그림 5-12는 대표적인 물질에 대한 증기압곡선이다. 이 선도는 습증기 구역에서 압력과 온도와의 관계를 나타내므로 임계점에서 곡선이 끝난다.

㉢ 상태도

이번에는 물질의 상의 평형에 대하여 생각해 보자. 그림 5-13은 물질의 3상(고체, 액체, 기체) 사이의 평형관계를 나타내는 $P-T$ 선도이다. 그림 5-1에 나타낸 것과 같은 장치에서 액체와 그때의 증기와는 평형을 유지하므로 열을 빼앗아 온도를 내리면 액체가 응고하기 시작하는 온도에 달하게 되고 마침내는 증기, 액체, 고체의 3상이 동시에 공존하며 서로 평형을 유지하는 상태로 된다. 이때의 온도와 이에 대응하는 압력에 따라 결정되는 상태점 T를 **삼중점**(三重點, triple point)이라 한다. 삼중점에 도달한 뒤에는 다시 열을 빼앗겨도 액체가 모두 응고되기까지 온도는 내려가지 않는다. 이때의 열이 응고의 **잠열**(latent heat of freezing)이다. 삼중점 이하의 상태에서는 고체와 증기만이 공존하여 평형을 유지하며, 이 상태에 열을 가하면 고체의 일부는 액상을 거치지 않고 바로 증기로 변화하는에 이와 같은 현상을 **승화**(sublimation)라 하며, 승화의 압력은 표 5-2에 나타낸 것과 같이 극히 낮음을 알 수 있다.

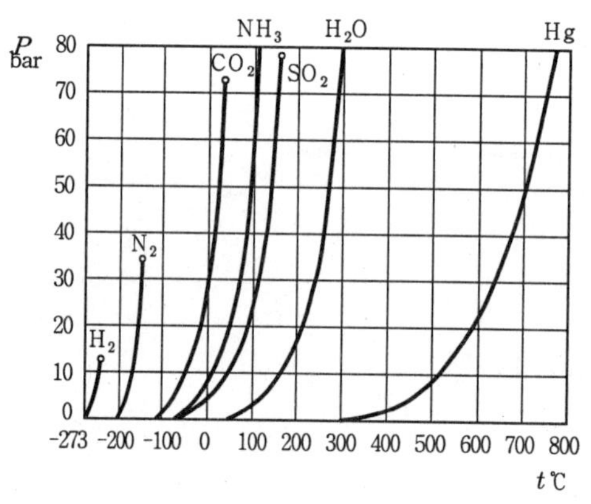

그림 5-12 각 물질의 증기압곡선

그림 5-13 H_2O(물)의 3중점

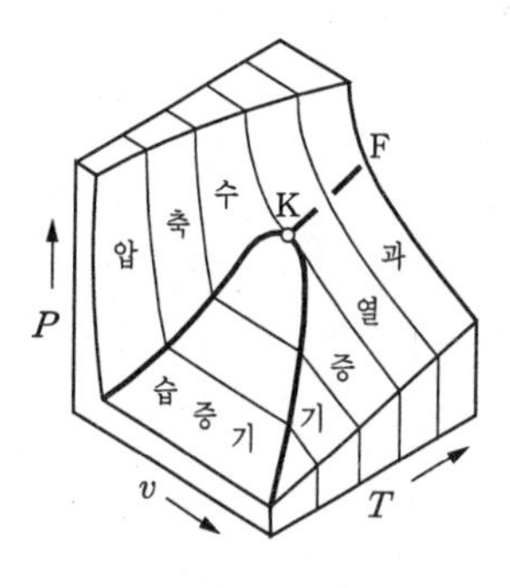

(a) $P-v-T$ 상태도

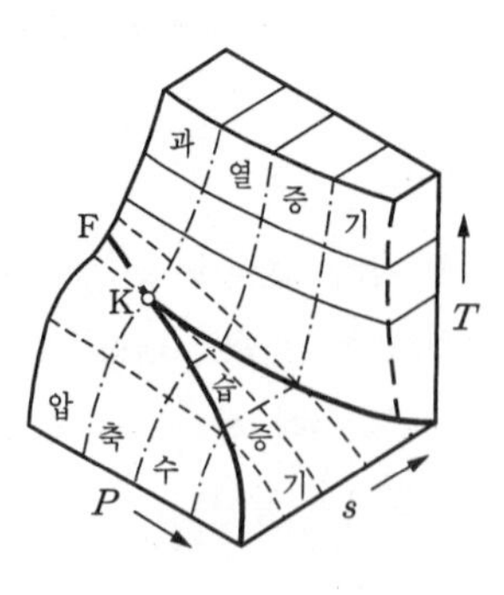

(b) $P-s-T$ 상태도

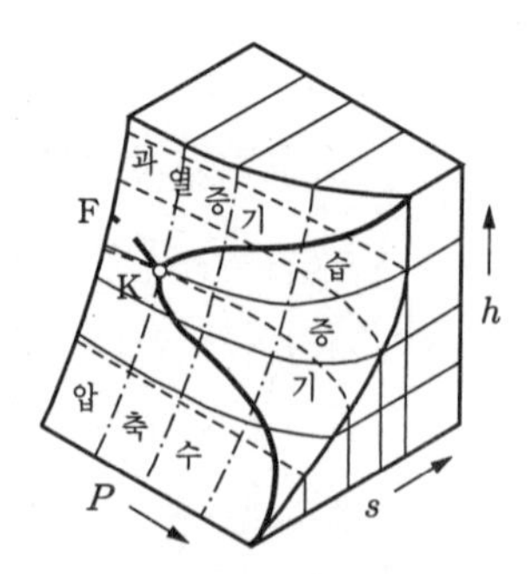

(c) $P-s-h$ 상태도

그림 5-14 H_2O(물)의 상태도

그림 5-13의 각 상태곡선을 보면 3중점을 기준으로 TK는 증발곡선, TA 및 TB는 융해곡선이고 OT는 승화곡선이다. 그런데 융해곡선의 경사는 정, 부의 구별이 있어 보통물질은 융해할 때 팽창하므로 융해곡선은 TB와 같다. 그러나 물은 앞에서 설명한 대로 얼음이 융해할 때 수축되므로 융해곡선은 TA와 같다.

그림 5-14는 3개의 상태량을 좌표축으로 한 입체상태도(상태곡면)이다.

표 5-2 각종 물질의 3중점

물 질	기 호	온도(℃)	압 력	
			mmHg	kPa
물	H_2O	0.01	4.579	0.6117
이산화유황	SO_2	-72.7	16.3	2.173
이산화탄소	CO_2	-56.6	800.0	106.7
산 소	O_2	-218.4	2.0	0.2666
아르곤	Ar	-189.2	512.2	68.29
질 소	N_2	-209.8	96.4	12.85
수 소	H_2	-259.1	51.4	6.853

5-6 증기의 상태변화

증기의 상태변화를 조사할 때 일반적으로는 증기선도를 활용하는 것이 편리하다. 실용상 어떤 문제를 계산할 때에는 증기표와 증기선도를 동시에 활용하여 상태량을 구하는 것이 보통이다. 즉 습증기 구역에서는 증기선도보다는 증기표를 이용하여 계산하고 과열증기 구역에서는 증기선도를 이용하는 것이 더 편리하다.

[1] 정압변화

증기의 정압변화는 그림 5-15와 같이 표시되며 습증기 구역에서는 정압선과 등온선이 일치한다. 증기의 정압변화는 보일러, 복수기, 냉동기의 증발기, 응축기 등에서 일어난다.

① 계를 출입하는 열(수수열)

일반에너지식 $\delta q = du + Pdv$를 상태 1에서 2까지 적분하면 $P=C$ 이므로 수수열 q는

$$q = \int_1^2 (du + Pdv) = (u_2 - u_1) + P(v_2 - v_1) = h_2 - h_1 \tag{5-6-1}$$

이다. 만일 상태변화가 습증기 구역에서만 이루어진다면 $h_1 = h_f + x_1(h_g - h_f)$, $h_2 = h_f + x_2(h_g - h_f)$이므로 수수열 q는 다음 식으로 된다.

$$q = h_2 - h_1 = (x_2 - x_1)(h_g - h_f) = (x_2 - x_1)h_{fg} \tag{5-6-2}$$

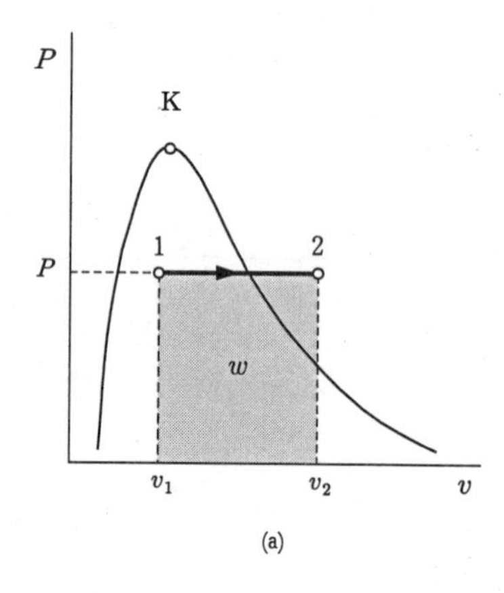

(a)

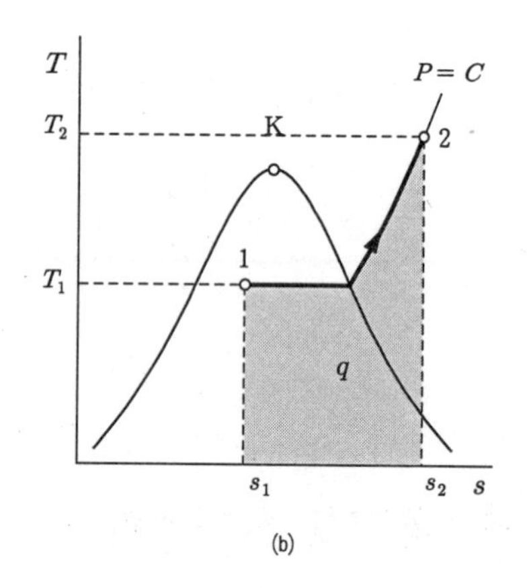

(b)

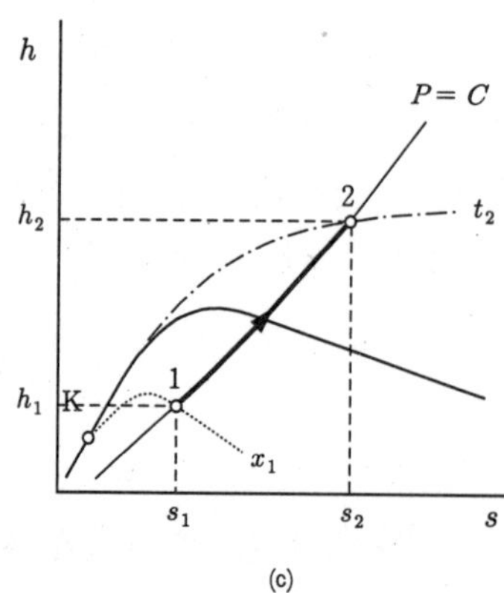

(c)

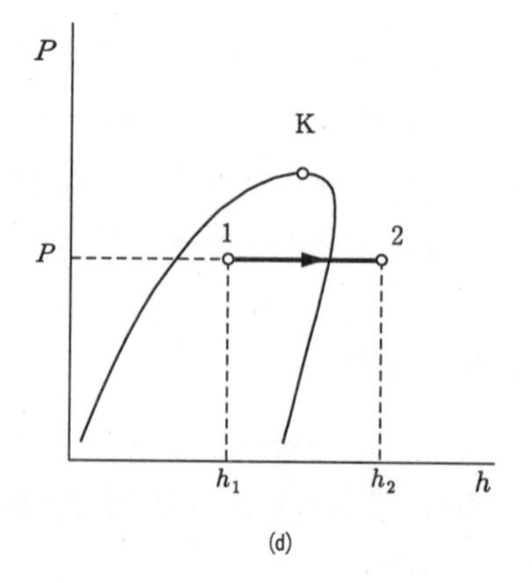

(d)

그림 5-15 증기의 정압변화

② 절대일

식 (2-5-7) $\delta w = Pdv$를 상태 1에서 2까지 적분하면 $P = C$ 이므로 절대일 w는

$$w = \int_1^2 Pdv = P(v_2 - v_1) \tag{5-6-3}$$

③ 공업일

$P = C(dP = 0)$ 이므로 식 (2-6-12) $\delta w_t = -v\,dP$에서 공업일 w_t는

$$w_t = -\int_1^2 v\,dP = 0 \tag{5-6-4}$$

예제 5-17

압력이 20 MPa, 건도가 95%인 습증기 500 kg을 일정한 압력 하에 450℃의 과열증기로 만드는 경우에 대해 증기표를 이용하여 가열량, 팽창일, 내부에너지 증가량을 구하여라.

풀이 (1) 가열량

먼저 상태변화 전(습증기) 엔탈피를 구하면, 압력기준 포화증기표에서 P=20 MPa=20000 kPa일 때 h_f=1827 kJ/kg, h_g=2412 kJ/kg이고 x=0.95 이므로 h_1은

$$h_1 = h_f + x(h_g - h_f) = 1827 + 0.95 \times (2412 - 1827) \fallingdotseq 2383\ \text{kJ/kg}$$

또 상태변화 후(과열증기) 엔탈피는 과열증기표에서 P=20 MPa, t_2=450℃일 때 h_2=3062 kJ/kg이다. 질량이 m=500 kg이므로 식 (5-6-1)을 이용하여 가열량 Q를 계산하면

$$Q = mq = m(h_2 - h_1) = 500 \times (3062 - 2383) = 339{,}500\ \text{kJ} = 339.5\ \text{MJ}$$

(2) 팽창일

상태변화 전 비체적을 구하면, 압력기준 포화증기표에서 P=20 MPa=20000 kPa일 때 v_f=0.00204 m^3/kg, v_g=0.005865 m^3/kg이고 x=0.95 이므로 v_1은

$$v_1 = v_f + x(v_g - v_f) = 0.00204 + 0.95 \times (0.005865 - 0.00204) \fallingdotseq 0.005674\ \text{m}^3/\text{kg}$$

또한 상태변화 후 비체적은 과열증기표에서 P=20 MPa, t_2=450℃일 때 v_2=0.01272 m^3/kg이고 m=500 kg이므로 식 (5-6-3)을 이용하여 절대일 W를 계산하면

$$W = mw = mP(v_2 - v_1) = 500 \times 20{,}000 \times (0.01272 - 0.005674) = 70{,}460\ \text{kJ} = 70.46\ \text{MJ}$$

(3) 내부에너지 증가량

일반에너지식 $Q = \Delta U + W$에서 내부에너지 증가량 ΔU는

$$\Delta U = Q - W = 339.5 - 70.46 = 269.04\ \text{MJ}$$

※ 내부에너지 증가량도 위의 (1), (2)번과 마찬가지로 먼저 포화증기표를 이용하여 u_1을 계산한 다음 과열증기표에서 u_2를 찾아 $\Delta U = m(u_2 - u_1)$으로 계산하여도 좋다.

위의 정압 상태변화 과정을 $h-s$ 선도 상에 도시하면 아래 그림과 같다.

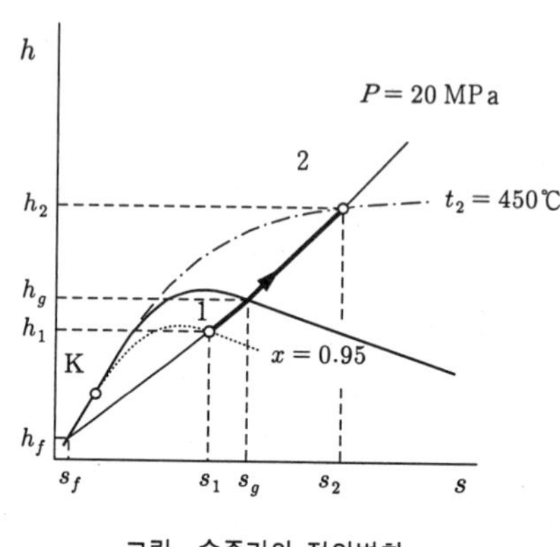

그림 수증기의 정압변화

예제 5-18

습도가 10%이고 압력이 800 kPa인 습증기 1 kg을 정압 하에 건포화증기로 만드는데 필요한 열량은 얼마인가?

풀이 압력기준 포화증기표에서 P=800 kPa일 때 h_f=720.9 kJ/kg, h_g=2768 kJ/kg이다. 그리고 습도가 1-x=0.1 이므로 건도는 x=0.9이다. 따라서 변화 전 습증기의 엔탈피 h_1은

$$h_1 = h_f + x(h_g - h_f) = 720.9 + 0.9 \times (2768 - 720.9) \fallingdotseq 2563\ \text{kJ/kg}$$

그리고 변화 후 상태가 건포화증기이므로 $h_2 = h_g$=2768 kJ/kg이다. 따라서 가열량 q는

$$q = h_2 - h_1 = 2768 - 2563 = 205\ \text{kJ/kg}$$

[2] 정적변화

보일러와 같이 밀폐된 용기에 습증기를 넣고 가열하면 체적이 일정한 정적변화를 하며 선도에 이를 나타내면 그림 5-16과 같다.

① 계를 출입하는 열(수수열)

일반에너지식 $\delta q = du + Pdv$에서 $v = C(dv = 0)$이므로 $\delta q = du$이다. 따라서 이것을 상태 1에서 2까지 적분하면 수수열 q는

$$q = \int_1^2 du = u_2 - u_1 = (h_2 - h_1) - v(P_2 - P_1) \quad (5\text{-}6\text{-}5)$$

상태변화가 습증기 구역에서만 이루어진다면 $v_1 = v_{1f} + x_1(v_{1g} - v_{1f})$, $v_2 = v_{2f} + x_2(v_{2g} - v_{2f})$에서 $v_1 = v_2 = C$이므로 변화 후 증기의 건도 x_2는 다음과 같다.

$$x_2 = x_1 \frac{v_{1g} - v_{1f}}{v_{2g} - v_{2f}} + \frac{v_{1f} - v_{2f}}{v_{2g} - v_{2f}} \quad (5\text{-}6\text{-}6)$$

일반적으로 포화액의 비체적은 큰 변화가 없으므로 $v_{1f} \fallingdotseq v_{2f}$로 놓으면

$$x_2 \fallingdotseq x_1 \left(\frac{v_{1g} - v_{1f}}{v_{2g} - v_{2f}} \right) \quad (5\text{-}6\text{-}7)$$

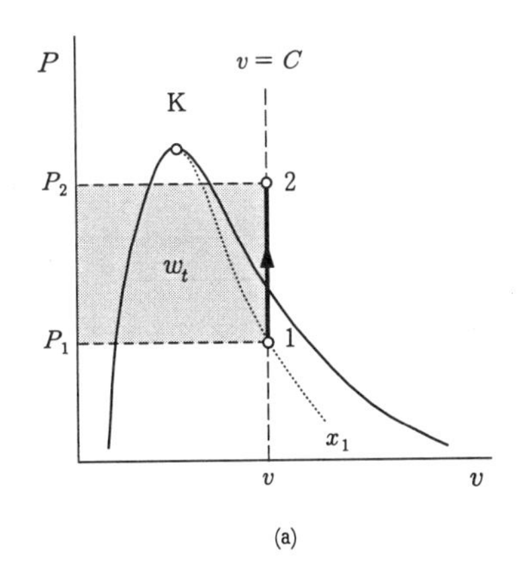

(a)

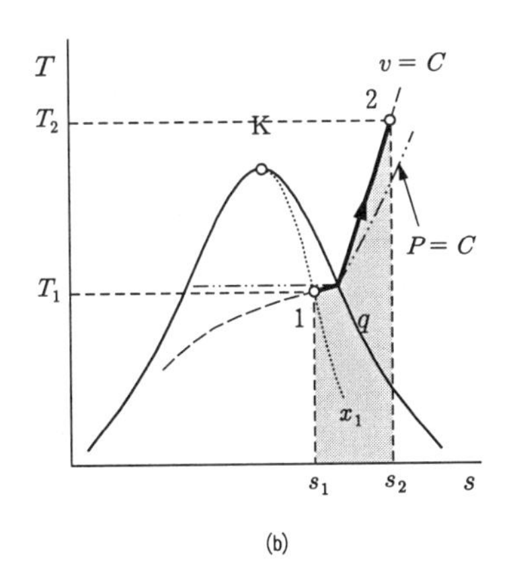

(b)

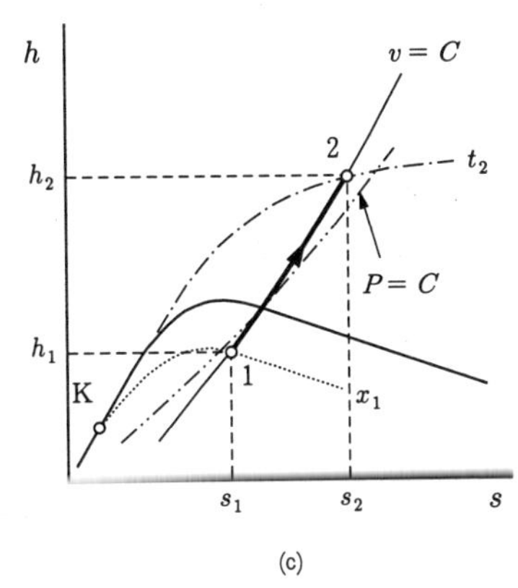

(c)

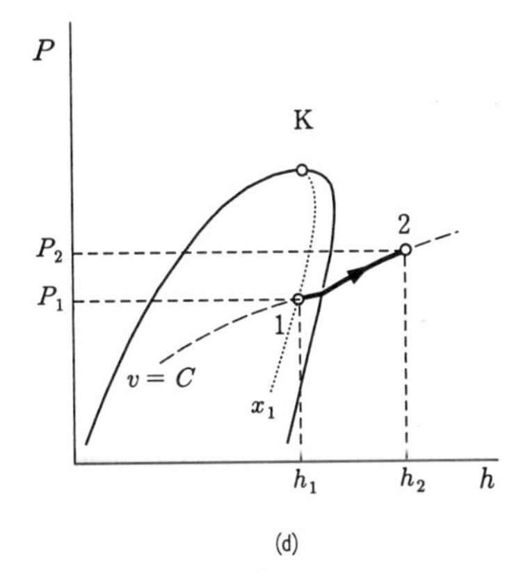

(d)

그림 5-16 증기의 정적변화

② 절대일

$v = C(dv = 0)$이므로 식 (2-5-7) $\delta w = Pdv$에서 절대일 w는

$$w = \int_1^2 P dv = 0 \tag{5-6-8}$$

③ 공업일

식 (2-6-12) $\delta w_t = -v dP$를 상태 1에서 2까지 적분하면 $v = C$ 이므로 공업일 w_t는

$$w_t = -\int_1^2 v dP = v(P_1 - P_2) \tag{5-6-9}$$

예제 5-19

건도가 0.65인 습증기가 정적하에 가열되어 압력이 3 MPa에서 8 MPa로 되었다. 다음을 구하여라.

(1) 변화 전 증기의 엔탈피 (2) 변화 후 증기의 엔탈피
(3) 변화 후 증기의 온도 (4) 가열량 (5) 공업일

풀이 (1) 변화 전 증기의 엔탈피

포화증기표(압력기준)에서 P_1=3 MPa일 때 h_{1f}=1008 kJ/kg, h_{1g}=2803 kJ/kg이고 x_1=0.65 이므로 식 (5-3-12)로부터 변화 전 증기의 엔탈피 h_1은

$$h_1 = h_{1f} + x_1(h_{1g} - h_{1f}) = 1008 + 0.65 \times (2803 - 1008) = 2175 \text{ kJ/kg}$$

(2) 변화 후 증기의 엔탈피

먼저 비체적을 구하려면 포화증기표(압력기준)에서 P_1=3 MPa일 때 v_{1f}=0.001217 m^3/kg, v_{1g}=0.06666 m^3/kg이고 x_1=0.65 이므로 변화 전 증기의 비체적 v_1은 식 (5-3-11)에 의해

$$v_1 = v_{1f} + x_1(v_{1g} - v_{1f}) = 0.001217 + 0.65 \times (0.06666 - 0.001217)$$
$$= 0.04375 \text{ m}^3/\text{kg}$$

정적변화이므로 비체적은 $v = v_1 = v_2$=0.04375 m^3/kg이며 변화 후 압력은 P_2=8 MPa이다. 그런데 포화증기표(압력기준)에서 P_2=8 MPa일 때 건포화증기의 비체적이 v_{2g}=0.02353 m^3/kg이므로 $(v = v_2) > v_{2g}$이다. 즉 건포화증기의 비체적보다 크므로 변화 후 증기의 상태는 과열증기이다. 따라서 과열증기표에서 압력이 P_2=8 MPa일 때 비체적이 $v = v_2$=0.04375 m^3/kg인 온도범위는 500℃~550℃임을 알 수 있다. 그러므로 보간법으로 엔탈피 h_2를 구하여야 한다.

온도 t(℃)	비체적 (m³/kg)	비내부에너지 (kJ/kg)	비엔탈피 (kJ/kg)	비엔트로피 (kJ/kgK)
500	0.04177	3065	3399	6.727
t_2	$v_2=0.04375$	u_2	h_2	s_2
550	0.04517	3160	3522	6.88

$\dfrac{0.04375-0.04177}{0.04517-0.04177}=\dfrac{h_2-3399}{3522-3399}=\dfrac{t_2-500}{550-500}$ 의 관계로부터 h_2는

$$h_2=3399+(3522-3399)\times\frac{0.04375-0.04177}{0.04517-0.04177}=3471\ \text{kJ/kg}$$

(3) 변화 후 증기의 온도

풀이 (2)의 관계식으로부터 변화 후 증기의 온도 t_2는

$$t_2=500+(550-500)\times\frac{0.04375-0.04177}{0.04517-0.04177}=529.1℃$$

(4) 가열량

식 (5-6-5)를 이용하여 계산하면 가열량 q는

$$q=(h_2-h_1)-v(P_2-P_1)=(3471-2175)-0.04375\times(8000-3000)$$
$$=1077\ \text{kJ/kg}$$

(5) 공업일

식 (5-6-9)를 이용하면 공업일 w_t는

$w_t=v(P_1-P_2)=0.04375\times(3000-8000)=-219\ \text{kJ/kg}$(공급을 의미함)

위의 정적 상태변화 과정을 $h-s$ 선도 상에 도시하면 아래 그림과 같다.

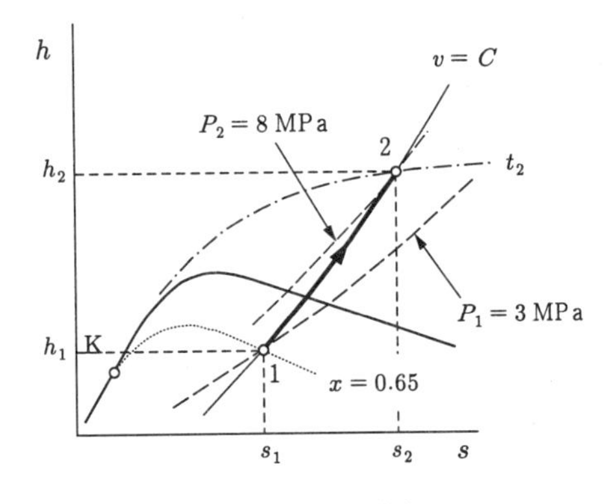

그림 수증기의 정적변화

[3] 등온변화

증기의 등온변화는 그림 5-16과 같으며 습증기 구역에서는 등압선과 등온선이 일치한다.

① 계를 출입하는 열(수수열)

일반에너지식 $\delta q = du + Pdv$를 상태 1에서 2까지 적분하면 수수열 q는

$$q = \int_1^2 (du + Pdv) = (u_2 - u_1) + \int_1^2 Pdv$$

이고, 엔트로피 정의식 $ds = \delta q / T$에서 $\delta q = Tds$이므로 상태 1에서 2까지 적분하여 위의 식과 함께 수수열 q를 나타내면 아래와 같다.

$$q = T(s_2 - s_1) = (u_2 - u_1) + \int_1^2 Pdv \qquad (5\text{-}6\text{-}10)$$

② 절대일

일반에너지식 $q = (u_2 - u_1) + w$에서 절대일은 $w = q - (u_2 - u_1)$이므로 이 식에 식 (5-6-10)을 대입하여 정리하면 절대일 w는 아래와 같다.

$$\begin{aligned} w &= \int_1^2 Pdv = q - (u_2 - u_1) = T(s_2 - s_1) - (u_2 - u_1) \\ &= T(s_2 - s_1) - \{(h_2 - h_1) + (P_2 v_2 - P_1 v_1)\} \end{aligned} \qquad (5\text{-}6\text{-}11)$$

③ 공업일

엔탈피 정의식 $h = u + Pv$의 전미분에서 $-v\,dP = \delta q - dh$이므로 식 (2-6-12)의 공업일은 $\delta w_t = -v\,dP = \delta q - dh$이다. 이 식을 상태 1에서 2까지 적분하면 공업일 w_t는

$$\begin{aligned} w_t &= -\int_1^2 v\,dP = q - (h_2 - h_1) = T(s_2 - s_1) - (h_2 - h_1) \\ &= T(s_2 - s_1) - \{(u_2 - u_1) + (P_2 v_2 - P_1 v_1)\} \end{aligned} \qquad (5\text{-}6\text{-}12)$$

만일 상태변화가 습증기 구역에서만 변화한다면 위의 식들은 정압변화의 식과 같아진다.

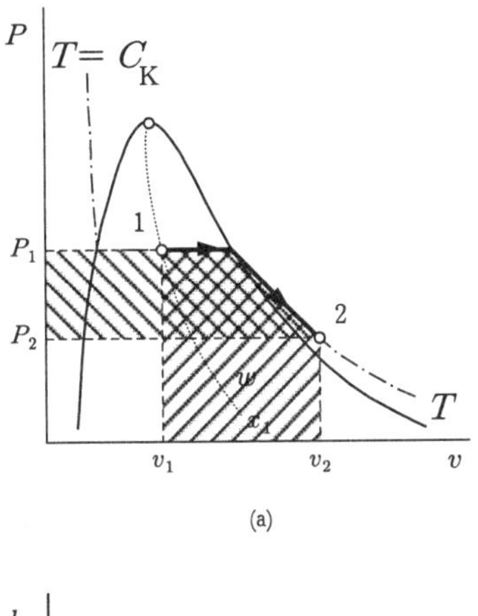

(a)

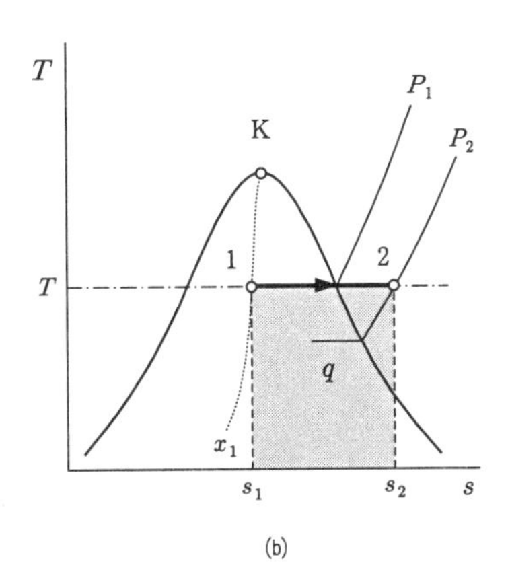

(b)

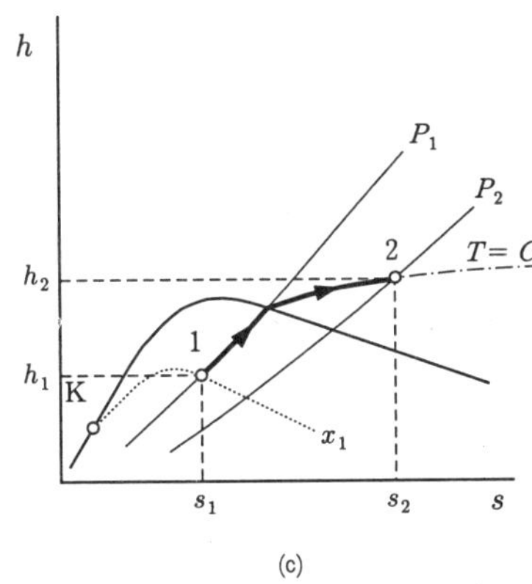

(c)

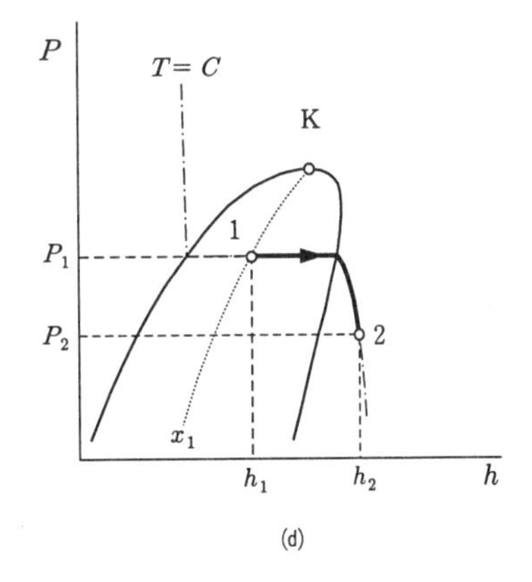

(d)

그림 5-15 증기의 등온변화

예제 5-20

압력이 100 kPa, 건도가 0.65인 습증기가 등온 하에 엔탈피가 2600 kJ/kg으로 되었다. 상태변화에 필요한 가열량과 상태변화에 의한 팽창일을 구하여라.

풀이 (1) 가열량

변화 전 증기의 상태가 습증기이고, 압력이 $P_1=100$ kPa이므로 포화증기표(압력기준)에서 포화온도는 $t_s=99.61$℃이다. 즉 이 변화는 온도가 $t=99.61$℃$=C$인 등온변화이다. 그리고 이 온도에서 건포화증기의 엔탈피가 $h_g=2675$ kJ/kg으로 문제에서 주어진 변화 후 증기의 엔탈피 $h_2=2600$ kJ/kg보다 크므로($h_f < h_2 < h_g$) 변화 후 증기의 상태는 습증기이다. 따라서 이 변화는 정압변화와 같으므로 가열량은 식 (5-6-1)에 의해 $q=h_2-h_1$이다.

$x_1=0.65$이고 포화증기표에서 $P_1=100$ kPa일 때 $h_f=417.5$ kJ/kg이므로 변화 전 엔탈피는

$$h_1=h_f+x_1(h_g-h_f)=417.5+0.65\times(2675-417.5)\fallingdotseq 1885\ \mathrm{kJ/kg}$$

따라서 가열량 q는

$$q = h_2 - h_1 = 2600 - 1885 = 715\ \text{kJ/kg}$$

※ 식 (5-6-10)을 이용하여 q를 구하여도 좋으나 계산이 많이 복잡하다.

(2) 팽창일

식 (5-6-11)을 이용하기 위해 먼저 u_1과 u_2를 구하려면 $h_2 = h_f + x_2(h_g - h_f)$에서 변화 後 습증기의 건도는 $x_2 = (h_2 - h_f)/(h_g - h_f)$이고 포화증기표에서 u_f=417.4 kJ/kg, u_g=2506 kJ/kg이며 x_1=0.65, h_2=2600 kJ/kg이므로

$$u_1 = u_f + x_1(u_g - u_1) = 417.4 + 0.65 \times (2506 - 417.4) = 1775\ \text{kJ/kg}$$

$$u_2 = u_f + x_2(u_g - u_1) = u_f + \frac{h_2 - h_f}{h_g - h_f}(u_g - u_f)$$

$$= 417.4 + \frac{2600 - 417.5}{2675 - 417.5} \times (2506 - 417.4) \fallingdotseq 2437\ \text{kJ/kg}$$

따라서 팽창일 w는

$$w = q - (u_2 - u_1) = 715 - (2437 - 1775) = 53\ \text{kJ/kg}$$

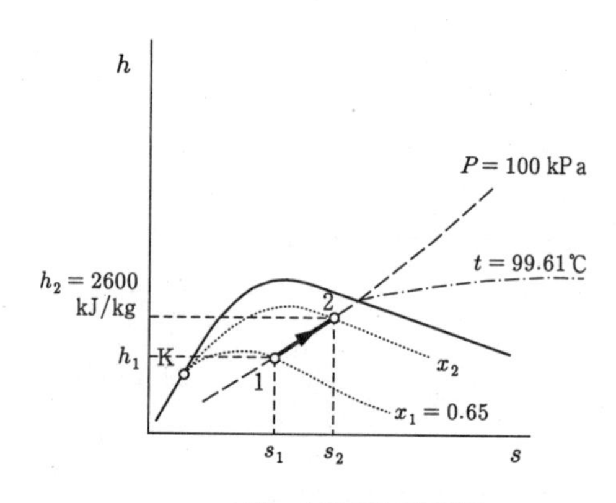

그림 습증기의 등온변화

예제 5-21

건도가 0.8, 압력이 1 MPa인 습증기 4 kg이 등온 하에 0.2 MPa로 팽창되었다. 팽창하는 동안 증기에 가한 열량은 몇 MJ인가?

풀이 식 (5-6-10)을 이용하려면 먼저 T, s_1 및 s_2를 구하여야 한다.
포화증기표(압력기준)에서 P_1=1 MPa일 때 포화온도가 t_s=179.9℃=C이며, 포화수와 건포화증기의 엔트로피가 각각 s_f=2.138 kJ/kgK, s_g=6.585 kJ/kgK, 그리고 x_1=0.8 이므로

$$s_1 = s_f + x_1(s_{g-s_f}) = 2.138 + 0.8 \times (6.585 - 2.138) = 5.696\ \text{kJ/kgK}$$

한편, 포화증기표에서 P_2=0.2 MPa일 때 포화온도가 120.2로 팽창 전, 후 온도인 t_s= 179.9℃보다 낮으므로 팽창 후 증기의 상태는 과열증기이다. 따라서 과열증기표에서 P_2= 0.2 MPa일 때 온도가 179.9℃에 대한 엔트로피 값 s_2를 보간법으로 구하여야 한다.

온도 t(℃)	비엔트로피 (kJ/kgK)
150	7.281
t=179.9℃	s_2
200	7.508

$\frac{179.9-150}{200-150}=\frac{s_2-7.281}{7.508-7.281}$ 의 관계로부터 s_2는

$$s_2=7.281+(7.508-7.281)\times\frac{179.9-150}{200-150}=7.417\ \mathrm{kJ/kgK}$$

따라서 가열량 Q는 m=4 kg 이므로

$$Q=mq=mT(s_2-s_1)=4\times(179.9+273)\times(7.417-5.696)$$
$$=3117.76\ \mathrm{kJ}=3.12\ \mathrm{MJ}$$

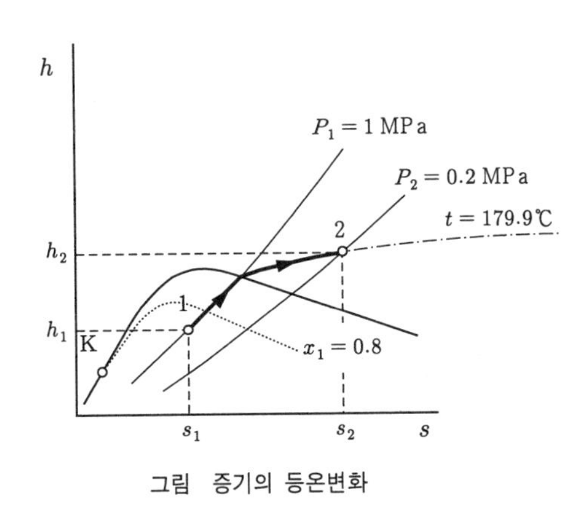

그림 증기의 등온변화

[4] 단열변화

단열변화는 $T-s$ 선도나 $h-s$ 선도 상에서 수직선으로 표시된다. 편의상 단열변화는 가역변화로 생각하여 등엔트로피변화(isentropic change)로 해석하는 것이 편리하다. 그림 5-16에서 과열증기를 단열팽창시키면 습증기가 되며, 증기터빈의 단열팽창이 이에 해당되고 이와 반대현상은 냉동기의 압축기가 냉매를 단열압축할 때이다. 대부분의 펌프도 단열압축과정으로 생각한다.

① 계를 출입하는 열(수수열)

단열이므로 수수열 q는

$$q=0 \tag{5-6-13}$$

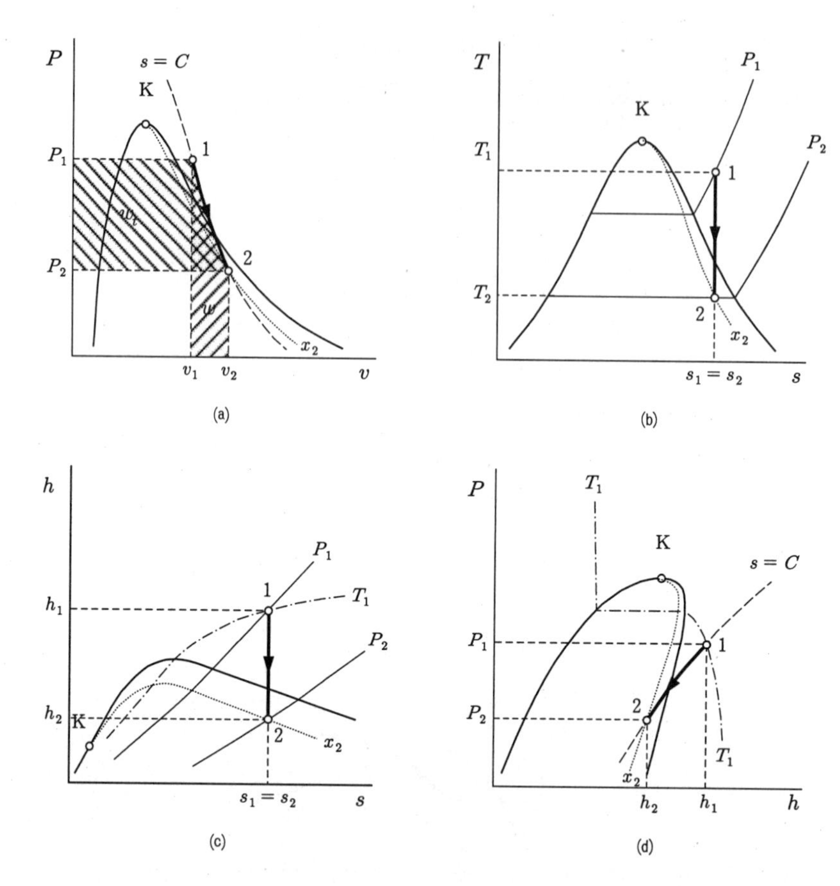

그림 5-16 증기의 가역단열변화(등엔트로피변화)

② 절대일

일반에너지식 $\delta q = du + Pdv = du + \delta w$에서 $\delta q = 0$ 이므로 절대일 w는

$$w = \int_1^2 P\,dv = -\int_1^2 du = u_1 - u_2 = (h_1 - h_2) - (P_1 v_1 - P_2 v_2) \quad (5\text{-}6\text{-}14)$$

③ 공업일

엔탈피 정의식의 전미분 $dh = \delta q + v\,dP = \delta q - \delta w_t$에서 $\delta q = 0$ 이므로 공업일 w_t는

$$w_t = -\int_1^2 dh = h_1 - h_2 \quad (5\text{-}6\text{-}15)$$

한편 습증기 구역에서만 단열변화를 하는 경우는

$$s_1 = s_{1f} + (s_{1g} - s_{1f})x_1 = s_{1f} + \frac{h_{1fg}}{T_1}x_1$$

$$s_2 = s_{2f} + (s_{2g} - s_{2f})x_2 = s_{2f} + \frac{h_{2fg}}{T_2}x_2$$

이므로 위의 식에서 $s_1 = s_2$로 놓으면 단열변화 후 습증기의 건도 x_2는 아래와 같다.

$$x_2 = \frac{s_{1g} - s_{1f}}{s_{2g} - s_{2f}}x_1 + \frac{s_{1f} - s_{2f}}{s_{2g} - s_{2f}} = \frac{T_2\{h_{1fg}x_1 + T_1(s_{1f} - s_{2f})\}}{T_1 h_{2fg}} \quad (5\text{-}6\text{-}16)$$

또한 증기의 단열변화는 근사적으로 다음의 관계식이 성립하는 것으로 볼 수 있다.

$$Pv^n = C \quad (5\text{-}6\text{-}17)$$

위의 식 (5-6-17)에서 지수 n의 값은 압력이 너무 높지 않은 과열증기에 대해서는 Callendar에 의해 $n=1.3$임이 밝혀졌다. 습증기 구역에서는 Zeuner에 의하면 건도 x의 함수로서 $n=1.135$가 된다. 단, 이 식은 건도가 0.7 이상($x>0.7$)인 습증기에 대하여 적용할 수 있으며 건도가 낮은 습증기에는 오차가 커진다. 따라서 증기의 단열팽창에 의한 일(w)은 식 (5-6-17)이 성립하면 폴리트로픽 변화(3장 6절 참조)에서 외부 일을 구하는 식으로 계산할 수 있다. 즉,

$$w = \frac{P_1 v_1}{n-1}\left\{1 - \left(\frac{P_2}{P_1}\right)^{\frac{n-1}{n}}\right\} \quad (5\text{-}6\text{-}18)$$

여기서 유의해야 할 점은 단열변화선이 포화한계선을 통과할 때는 n의 값이 변하므로 구분하여 계산하여야 한다.

예제 5-22

7 MPa, 550℃인 증기를 0.1 MPa까지 단열팽창시키는 경우, 팽창 후 증기의 상태와 팽창일을 구하여라.

풀이 t_1=550℃가 포화증기표(압력기준)에서 P_1=7 MPa일 때의 포화온도 285.8℃ 보다 높으므로 팽창 전 증기의 상태는 과열증기이다.

(1) 팽창 후 증기의 상태

팽창 전 증기의 상태가 과열증기이므로 과열증기표에서 P_1=7 MPa, t_1=550℃일 때 s_1=6.951 kJ/kgK이며, 등엔트로피 팽창이므로 $s_1=s_2$=6.951 kJ/kgK이다. 그런데 포화증기표(압력기준)에서 팽창 후 압력이 P_2=0.1 MPa인 포화수와 건포화증기의 엔트로피와 비교해 보면

$(s_{2f}=1.303\ \text{kJ/kgK}) < (s_1=s_2=6.951\ \text{kJ/kgK}) < (s_{2g}=7.359\ \text{kJ/kgK})$

이므로 단열팽창 후 증기의 상태는 습증기이다.

① 팽창 후 온도

P_2=0.1 MPa이고 습증기이므로 포화증기표(압력기준)에서 습증기 온도는 t_2=99.61℃이다.

포화증기표(압력기준)에서 P_2=0.1 MPa일 때 물성 값이 아래와 같으므로

$v_{2f}=0.001043\ \text{m}^3/\text{kg}$, $v_{2g}=1.694\ \text{m}^3/\text{kg}$, $u_{2f}=417.4\ \text{kJ/kg}$, $u_{2g}=2506\ \text{kJ/kg}$

$h_{2f}=417.5\ \text{kJ/kg}$, $h_{2g}=2675\ \text{kJ/kg}$, $s_{2f}=1.303\ \text{kJ/kgK}$, $s_{2g}=7.359\ \text{kJ/kgK}$

② 팽창 후 건도

$s_2=s_{2f}+x_2(s_{2g}-s_{2f})$에서 건도 x_2는 s_2=6.951 kJ/kgK 이므로

$$x_2=\frac{s_2-s_{2f}}{s_{2g}-s_{2f}}=\frac{6.951-1.303}{7.350-1.303}=0.934016867 \quad (\therefore x_2=93.40\%)$$

③ 팽창 후 비체적

$$v_2=v_{2f}+x_2(v_{2g}-v_{2f})=0.001043+0.9340\times(1.694-0.001043)$$
$$=1.582\ \text{m}^3/\text{kg}$$

④ 팽창 후 엔탈피

$$h_2=h_{2f}+x_2(h_{2g}-h_{2f})=417.5+0.9340\times(2675-417.5)=2526\ \text{kJ/kg}$$

⑤ 팽창 후 내부에너지

$$u_2=u_{2f}+x_2(u_{2g}-u_{2f})=417.4+0.9340\times(2506-417.4)=2368\ \text{kJ/kg}$$

또는 엔탈피 정의식에서 $u_2=h_2-P_2v_2=2526-100\times1.582=2367.8\ \text{kJ/kg}$

(2) 팽창일

과열증기표에서 P_1=7 MPa, t_1=550℃일 때 u_1=3168 kJ/kg이므로 식 (5-6-14)으로부터 팽창일 w는

$$w=u_1-u_2=3168-2368=800\ \text{kJ/kg}$$

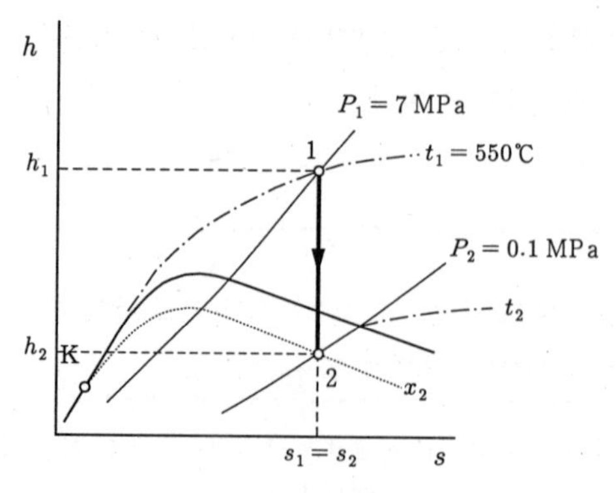

그림 증기의 등엔트로피 팽창

예제 5-23

압력이 50 kPa, 건도가 95%인 습증기 1 kg을 400℃가 될 때까지 단열압축시켰다. 가열 전, 후 증기의 상태와 압축일을 구하여라.

풀이 (1) 단열압축 전 증기의 상태

① 압축 전 온도

P_1=50 kPa인 습증기이므로 포화증기표(압력기준)에서 포화온도는 t_1=81.32℃이다. 포화증기표(압력기준)에서 P_1=50 kPa일 때 물성 값이 아래와 같고 건도가 x_1= 0.95 이므로

v_{1f}=0.00103 m³/kg, v_{1g}=3.24 m³/kg, u_{1f}=340.5 kJ/kg, u_{1g}=2483 kJ/kg

h_{1f}=340.5 kJ/kg, h_{1g}=2645 kJ/kg, s_{1f}=1.091 kJ/kgK, s_{1g}=7.593 kJ/kgK

② 압축 전 비체적

$$v_1 = v_{1f} + x_1(v_{1g} - v_{1f}) = 0.00103 + 0.95 \times (3.24 - 0.00103) = 3.078 \text{ m}^3/\text{kg}$$

③ 압축 전 엔탈피

$$h_1 = h_{1f} + x_1(h_{1g} - h_{1f}) = 340.5 + 0.95 \times (2645 - 340.5) = 2530 \text{ kJ/kg}$$

④ 압축 전 내부에너지

$$u_1 = u_{1f} + x_1(u_{1g} - u_{1f}) = 340.5 + 0.95 \times (2483 - 340.5) = 2376 \text{ kJ/kg}$$

⑤ 압축 전 엔트로피

$$s_1 = s_{1f} + x_1(s_{1g} - s_{1f}) = 1.091 + 0.95 \times (7.593 - 1.091) = 7.268 \text{ kJ/kgK}$$

(2) 단열압축 후 증기의 상태

압축 후 증기의 온도가 t_2=400℃로 P_1=50 kPa의 포화온도 t_1=81.32℃보다 높으므로 압축 후 증기의 상태는 과열증기이다. 또 단열(등엔트로피)변화이므로 $s_1 = s_2$=7.268 kJ/kgK이며, 과열증기표에서 온도가 t_2=400℃이고 엔트로피가 $s_1 = s_2$=7.268 kJ/kgK 일 때는 압력 1.4~1.6 MPa 사이이다. 따라서 보간법으로 단열압축 후 과열증기의 물성 값을 구한다.

압력 (MPa)	비체적 (m³/kg)	비내부에너지 (kJ/kg)	비엔탈피 (kJ/kg)	비엔트로피 (kJ/kgK)
1.4	0.2178	2953	3258	7.305
P_2	v_2	u_2	h_2	$s_1 = s_2$=7.268
1.6	0.1901	2951	3255	7.239

$$\frac{7.268-7.305}{7.239-7.305} = \frac{P_2 - 1.4}{1.6-1.4} = \frac{v_2 - 0.2178}{0.1901 - 0.2178} = \frac{u_2 - 2953}{2951 - 2953} = \frac{h_2 - 3258}{3255 - 3258}$$

① 압축 후 압력

$$P_2 = 1.4 + (1.6 - 1.4) \times \frac{7.268 - 7.305}{7.239 - 7.305} = 1.512 \text{ MPa}$$

② 압축 후 비체적

$$v_2 = 0.2178 + (0.1901 - 0.2178) \times \frac{7.268 - 7.305}{7.239 - 7.305} = 0.2023 \text{ m}^3/\text{kg}$$

③ 압축 후 엔탈피

$$h_2 = 3258 + (3255 - 3258) \times \frac{7.268 - 7.305}{7.239 - 7.305} = 3256 \text{ kJ/kg}$$

④ 압축 후 내부에너지

$$u_2 = 2953 + (2951 - 2953) \times \frac{7.268 - 7.305}{7.239 - 7.305} = 2952 \text{ kJ/kg}$$

(3) 압축일

식 (5-6-15)에서 압축일 w_t는

$$w_t = h_1 - h_2 = 2530 - 3256 = -726 \text{ kJ/kg}$$

※ 위의 "-" 부호약속에 의해 압축일을 공급해야 한다는 의미임.

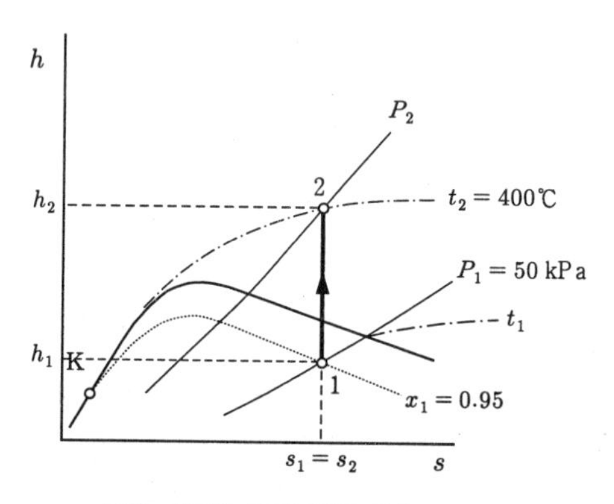

그림 증기의 등엔트로피 압축

[5] 교축변화(등엔탈피변화)

증기가 밸브(valve)나 오피리스(orifice) 등 작은 단면을 통과할 때는 외부에 대해서 일은 하지 않고 압력강하만 일어나는 현상을 **교축현상**(絞縮現像, throttling)이라고 한다. 교축과정(throttling process)은 그림 5-17과 같은 경우이며, 유체가 교축되면 유체의 마찰이나 와류(渦流, eddy current) 등의 난류(turbulent flow)현상이 일어나 압력의 감소와 더불어 속도가 감소하는데 이때 속도에너지의 감소는 열에너지로 바뀌어 유체에 회수되므로 엔탈피는 원래의 상태로 복귀되어 등엔탈피 과정이 된다.

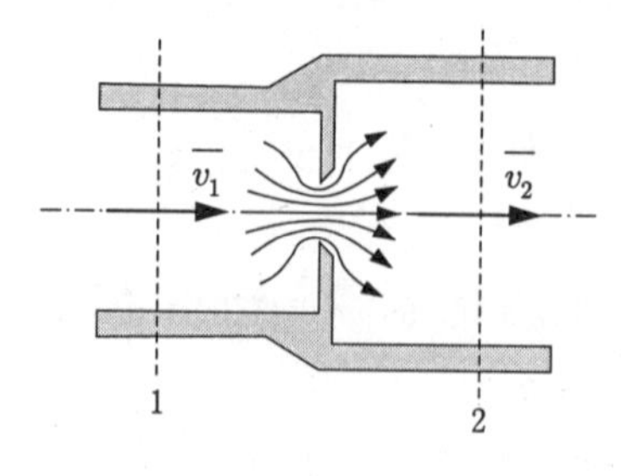

그림 5-17 교축현상

그림 5-18은 교축변화(등엔탈피변화)를 선도에 나타낸 것으로 교축 전, 후 엔탈피가 일정하므로 $h-s$ 선도 상에서는 수평선으로 된다. 교축과정은 비가역변화이므로 압력이 감소되는 방향으로 일어나며 엔트로피는 항상 증가한다. 한편 습증기를 교축시키면 건도가 증가하여 건도가 1인 건증기로 되며, 계속 교축시키면 과열증기로 된다. 이러한 현상을 이용하여 습증기의 건도를 측정하는 계측기를 **교축열량계**(throttling calorimeter)라 한다.

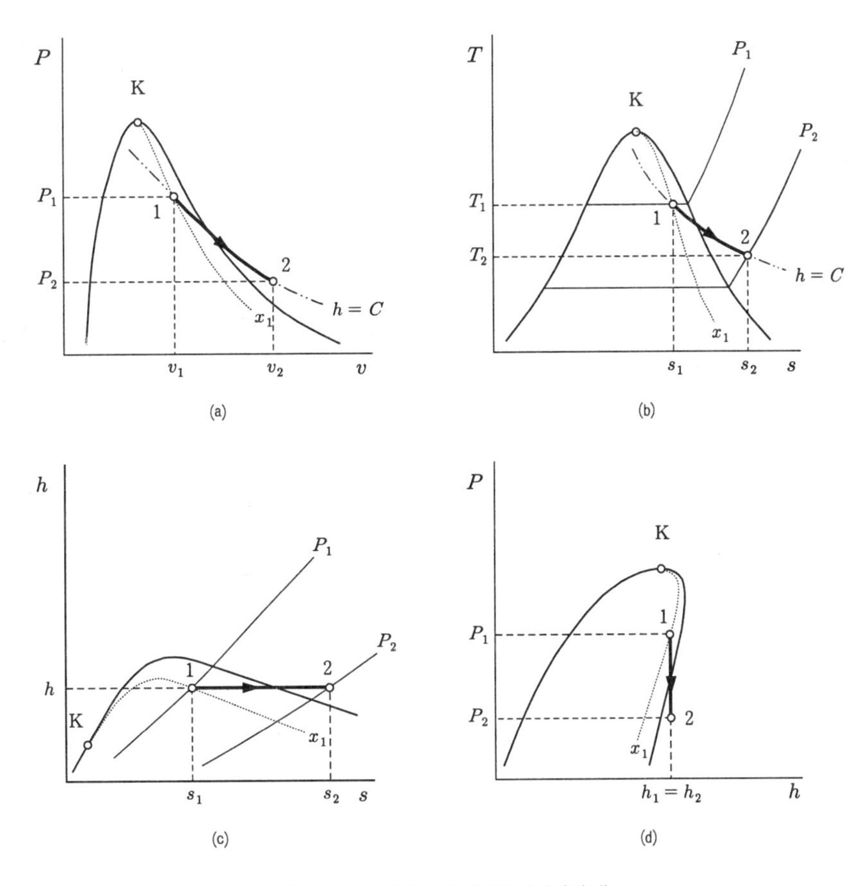

그림 5-18 증기의 교축변화(등엔탈피변화)

그림 5-19는 교축열량계의 기본구조와 원리를 나타낸 것이다. 교축의 결과는 유체에 따라 다르다. 즉, 완전가스의 경우는 교축과정이 등엔탈피 과정이 되고 교축에 의해 온도도 변하지 않는다. 그러나 냉매인 암모니아, 할로겐화 탄화수소 등과 같은 실제 가스는 교축에 의해 압력강화와 함께 온도도 낮아진다. 이러한 현상은 Joule과

Thomson(Wiliam Thomson Kelvin)에 의하여 발견되었으므로 줄-톰슨의 효과(Joule - Thomson effect)라 한다.(3장 4절 참조)

냉동기의 팽창밸브(expansion valve)와 같이 고압의 포화액 냉매를 팽창밸브를 통해 교축팽창시키면 난류에 의한 마찰열은 유체에 회수되고 포화액의 일부가 증발되어 습증기로 되는데 이때의 상태변화도 등엔탈피변화이다.

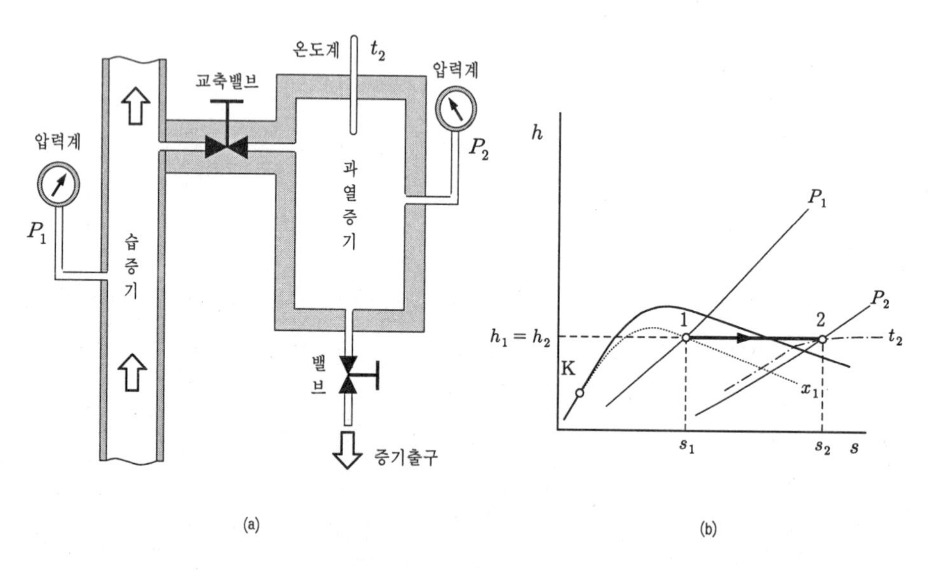

그림 5-19 교축열량계의 원리

① 습증기의 교축변화

교축 전, 후의 증발잠열 h_{1fg}, h_{2fg}, 포화액의 엔탈피 h_{1f}, h_{2f}와 교축 전의 건도 x_1을 알면 교축 전과 후의 엔탈피가 일정하므로 다음과 같이 x_2를 구할 수 있다. 즉

$$h_1 = h_{1f} + x_1 h_{1fg}, \quad h_2 = h_{2f} + x_2 h_{2fg}$$

에서 $h_1 = h_2$이므로 x_2는 다음과 같다.

$$x_2 = \frac{h_{1f} - h_{2f}}{h_{2fg}} + \frac{x_1 h_{1fg}}{h_{2fg}} \tag{5-6-19}$$

특히 수증기의 경우 포화액의 엔탈피는 그 때의 포화온도와 근사하므로 다음과 같이 쓸 수 있다.

$$h_{1f} - h_{2f} \cong t_1 - t_2$$

$$x_2 = \frac{h_{1fg}}{h_{2fg}} x_1 + \frac{t_1 - t_2}{h_{2fg}} \qquad (5\text{-}6\text{-}20)$$

② 건도가 1에 가까울 경우의 교축변화

교축밸브를 통해 교축되어 대기 중에 방출되면 그림 5-19에서 보는 바와 같이 과열증기로 된다.

$$h_2 = h_1 = h_f + x_1 h_{1fg} \qquad (5\text{-}6\text{-}21)$$

즉, 과열증기의 압력과 온도를 측정하면 이 자료를 이용하여 과열증기표에서 h_2를 알 수 있다. 또 교축 전 습증기 압력을 측정하면 포화증기표(압력기준)에서 포화액의 엔탈피(h_{1f})와 증발열(h_{1fg})을 알 수 있으므로 식 (5-6-21)로부터 습증기의 건도 x_1을 구할 수 있다.

$$x_1 = \frac{h_2 - h_{1f}}{h_{1fg}} \qquad (5\text{-}6\text{-}22)$$

③ 과열증기의 교축변화

과열증기의 단열변화는 근사적으로 $Pv^{\kappa} = C$(과열증기의 κ=1.30)로 표시할 수 있다. 따라서 다음의 식이 유도된다.

$$h = \frac{\kappa}{\kappa - 1} Pv + C \qquad (5\text{-}6\text{-}23)$$

그런데 교축변화에서는 엔탈피가 일정하므로 $dh = c_p dT = 0$에서 $dT = 0$으로 되어 결국 등온이 된다. 따라서 특성식 $Pv = RT$에서 $P_1 v_1 = P_2 v_2$의 관계가 성립한다.

예제 5-24

교축열량계로 측정한 습증기 압력이 3 MPa이고 측정 증기의 출구압력과 온도가 각각 50 kPa, 136℃이었다. 습증기의 건도를 구하여라.

풀이 교축 후 측정증기 압력이 P_2=50 kPa=0.05 MPa 이므로 과열증기표에서 t_2=136℃에서의 엔탈피 h_2를 보간법으로 구하면

온도(℃)	비엔탈피(kJ/kg)
100	2682
t_2=136	h_2
150	2780

$\frac{h_2 - 2682}{2780 - 2682} = \frac{136 - 100}{150 - 100}$ 의 관계로부터

$$h_2 = 2682 + (2780 - 2682) \times \frac{136 - 100}{150 - 100} = 2753 \text{ kJ/kg}$$

포화증기표(압력기준)에서 교축 전 습증기 압력 P_1=3 MPa=3000 kPa에 대한 h_{1f}= 1008 kJ/kg, h_{1g}=2803 kJ/kg이고 $h_1 = h_2 = h_{1f} + x_1(h_{1g} - h_{1f})$이므로 건도 x_1은

$$x_1 = \frac{h_2 - h_{1f}}{h_{1g} - h_{1f}} = \frac{2753 - 1008}{2803 - 1008} = 0.9721 \text{ (즉 97.21\%)}$$

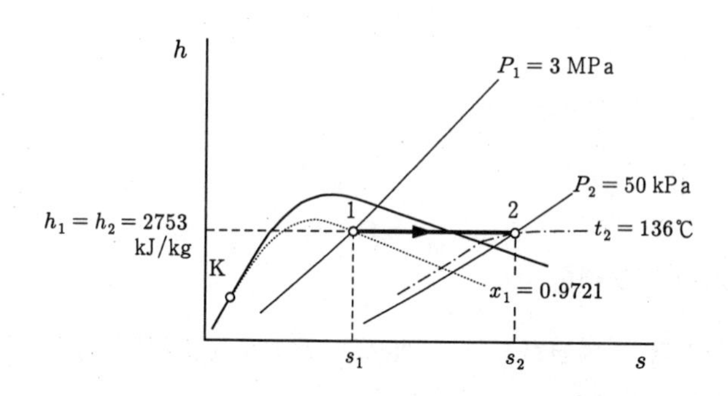

그림 교축열량계에 의한 습증기의 교축

예제 5-25

180℃의 습증기를 교축시켰더니 압력과 온도가 100 kPa, 100℃로 되었다. 습증기의 건도는 얼마인가?

풀이 과열증기표에서 P_2=100 kPa=0.1 MPa, t_2=100℃일 때 엔탈피는 h_2=2676 kJ/kg이다. 그리고 교축 전 습증기 온도가 t_1=180℃ 이므로 포화증기표(온도기준)에서 h_{1f}=763.1 kJ/kg, h_{1fg}=2013.9 kJ/kg이다. 따라서 식 (5-6-22)로부터 습증기의 건도 x_1은

$$x_1 = \frac{h_2 - h_{1f}}{h_{1fg}} = \frac{2676 - 763.1}{2013.9} = 0.9498 \quad (94.98\%)$$

연습문제

[5-1] 건도가 75%, 온도가 150℃인 습증기의 엔탈피가 2217.6 kJ/kg이다. 같은 온도에서 포화수의 엔탈피가 632.2 kJ/kg일 때 건포화증기의 엔탈피는 얼마인가?

답 $h_g=2746$ kJ/kg

[5-2] 15℃의 물 2500 kg에 100℃의 건포화증기를 도입하여 45℃의 물로 만들려면 몇 kg의 건포화증기를 도입해야 하는가? 단, 열손실이 없는 것으로 간주하며 물의 비열은 4.186 kJ/kgK이고, 100℃에서의 증발열은 2256.8 kJ/kg이다.

답 $m=126.2$ kg

[5-3] 10 MPa, 10℃의 물 500 kg을 건도가 70%인 습증기로 만드는데 필요한 열을 구하여라.

답 $Q=1583.7$ MJ

[5-4] 300 kPa인 포화수 1 kg을 건포화증기로 만드는 경우, 내부에너지의 증가, 외부일 및 가열량을 구하여라.

답 (1) $\rho=1981.9$ kJ/kg (2) $\phi=181.4$ kJ/kg (3) $h_{fg}=2163.6$ kJ/kg

[5-5] 용량이 450 L이고 온도가 200℃인 증기보일러에 14 kg의 증기가 들어 있다. 건도를 구하여라.

답 $x=24.58\%$

[5-6] 0.5 m^3인 견고한 탱크 속에 1 MPa, 건도가 80%인 습증기가 들어 있다. 이 증기를 가열하여 2 MPa, 450℃로 만들려면 증기를 얼마나 방출하여야 하는가?

답 $\Delta m=0.152$ kg

[5-7] 압력이 8.63 bar이고 건도가 0.6인 습증기의 온도와 엔탈피를 구하여라.

답 (1) t=173.6℃ (2) h_x=1957.1 kJ/kg

[5-8] 압력이 0.05 MPa이고 온도가 432℃인 과열증기의 엔탈피와 엔트로피를 구하여라.

답 (1) h=3346 kJ/kg (2) s=8.961 kJ/kgK

[5-9] 엔탈피가 2000 kJ/kg, 온도가 128℃인 수증기 4 kg의 체적과 엔트로피를 구하여라.

답 (1) V=1.90 m3 (2) S=21.03 kJ/K

[5-10] 압력이 150 kPa인 증기 1 kg이 0.3 m^3에서 정압 하에 팽창하여 엔트로피가 6 kJ/kgK으로 되었다. 팽창하는 동안의 흡열량과 팽창일을 구하여라.

답 (1) q=1181 kJ/kg (2) w=92.2 kJ/kg

[5-11] 건도가 45%, 온도가 140℃인 습증기가 정압 하에 흡열하여 450℃로 팽창하였다. 흡열량과 팽창일을 구하여라.

답 (1) q=1825 kJ/kg (2) w=256.2 kJ/kg

[5-12] 10 bar에서 0.35 m^3를 차지하고 있던 수증기 10 kg이 정적 하에 50 bar로 압축되었다. 압축 전, 후의 건도와 수수열량을 구하여라.

답 (1) x_1=17.53% (2) x_2=88.34% (3) Q=13,470 kJ

[5-13] 2.5 MPa, 500℃인 과열증기를 100 kP까지 단열팽창시키는 경우r에 대하여 다음을 구하여라.

(1) 팽창 후 건도 (2) 팽창 후 비체적
(3) 내부에너지 변화 (4) 팽창에 의한 공업일

답 (1) x_2=99.44% (2) v_2=1.685 m^3/kg
(3) Δu=-619 kJ/kg (4) w_t=801 kJ/kg

[5-14] 87℃, 7 kJ/kgK인 증기가 등엔트로피 압축되어 450℃로 되었다. 압축 전과 후의 압력, 엔탈피, 비체적 및 압축에 필요한 공업일을 구하여라.

답 (1) P_1=62.56 kPa, P_2=3.551 MPa (2) h_1=2469 kJ/kg, h_2=3337 kJ/kg
(3) v_1=2.414 m^3/kg, v_2=0.09075 m^3/kg (4) w_t=-868 kJ/kg

[5-15] 500℃, 4.5 MPa인 과열증기가 단열팽창되어 200℃로 되었다. 팽창 후 압력, 비체적 및 팽창에 의한 공업일을 구하여라.

답 (1) P_2=0.531 MPa (2) v_2=0.4023 m^3/kg (3) w_t=586 kJ/kg

[5-16] 압력이 200 kPa인 습증기가 교축열량계에서 교축팽창되어 10 kPa, 50℃로 되었다. 습증기의 건도는 얼마이었는가?

답 x_1=94.82%

[5-17] 압력이 500 kPa, 건도가 0.97인 습증기가 교축팽창되어 압력이 50 kPa로 되었다. 교축 후 온도는 몇 ℃인가?

답 t_2=101.5℃

[5-18] 압력이 800 kPa인 포화수 5 kg에 800 kPa, 500℃의 과열증기를 혼합하여 800 kPa, 200℃의 과열증기로 만들려 한다면 500℃ 과열증기가 얼마나 필요한가? 단, 열손실은 없다고 가정한다.

답 m=16.53 kg

6 습공기

6 T·H·E·R·M·O·D·Y·N·A·M·I·C·S

습 공 기

6-1 습공기

3장에서 완전가스로 취급한 공기는 수분을 포함하지 않은 공기로서 건공기(乾空氣, dry air)라 한다. 그러나 지구상의 대기는 건공기와 수증기의 혼합기체이며 항상 수증기(수분이라고도 함)를 포함하고 있으므로 습공기(濕空氣, moist air or humid air)라 한다. 건공기를 조성하는 성분은 질소, 산소, 아르곤, 탄산가스 등과 그 외에 여러 가지 가스가 극소량 혼합되어 있다. 건조공기의 분자량(M)은 이들 기체에 대한 가중평균치로 계산하여 28.964 kg/kmol이고, 건조공기의 가스정수는 0.2872 kJ/kgK (표 3-1)이다.

일반적으로 공기를 동작유체로 하는 열기관이나 공기압축기 등의 실제 동작유체는 습공기이며 건공기가 함유할 수 있는 수증기의 양은 그 온도에 따라 제한되므로 건공기로 취급하여도 무방하지만, 공기조화(空氣調和, air conditioning)와 같이 수증기의 함유량을 제어하는 기계나 건조장치 등에서는 습공기의 상태가 매우 중요하므로 이를 열역학적으로 엄밀하게 다루어야 한다. 습공기 중에 있는 수증기는 완전가스가 아니지만 압력이 매우 낮고 온도에 따라 함유할 수 있는 양이 제한되며 실제로 그 양이 많지 않아 완전가스로 취급하여도 실용상 문제가 없다. 일반적으로 습공기의 압력이 일정하면 온도에 따라 함유할 수 있는 수증기의 최대량이 결정되며, 최대함유량을 **포화량**(飽和量)이라 한다.

그림 6-1에서와 같이 건공기의 분압을 P_a, 질량을 m_a(※여기서 질량의 단위는 kg이지만 습공기 속의 건공기를 구분할 필요가 있으므로 앞으로는 kg 다음에 ′을 붙여 건공기의 질량을 kg′으로 표기함), 수증기의 분압을 P_w, 질량을 m_w라 하면 Dalton의 법칙에 의해 습공기의 전압력(이하 압력이라 함, P)과 질량(m)은 다음과 같다.

$$\left.\begin{aligned} P &= P_a + P_w \\ m &= m_a + m_w \end{aligned}\right\} \qquad (6\text{-}1\text{-}1)$$

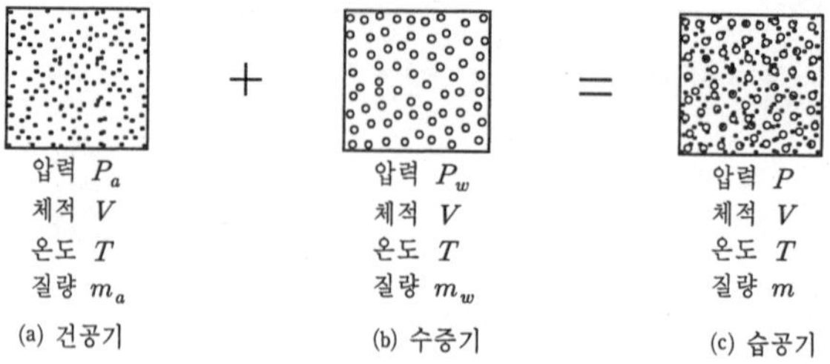

압력 P_a	압력 P_w	압력 P
체적 V	체적 V	체적 V
온도 T	온도 T	온도 T
질량 m_a	질량 m_w	질량 m
(a) 건공기	(b) 수증기	(c) 습공기

그림 6-1 습공기의 조성

[1] 습도와 노점

습공기가 수증기를 함유하는 정도를 습도(濕度, humidity)라 한다. 습도에는 절대습도(絶對濕度, absolute humidity)와 상대습도(相對濕度, relative humidity)가 있다. 절대습도란 건공기 1 kg′이 함유하는 수증기의 질량으로 정의하며 x로 표기한다.

$$x = \frac{m_w}{m_a} \tag{6-1-2}$$

그림 6-1에서 건공기가 1 kg′이고 수증기가 x kg이라면 습공기 질량은 $(1+x)$ kg 이므로 습공기의 절대습도(x)는 수증기의 질량(m_w)이 된다. 다음에 설명하는 습공기의 엔탈피(h)와 비체적(v)도 절대습도(x)와 마찬가지로 습공기 중에 함유되는 건공기의 질량에 대한 값이다. 이러한 점을 확실하게 하기 위하여 앞서 언급한 것과 같이 건공기의 질량을 kg′으로 표기한다.

습공기 중의 수증기가 차차 증가하면 나중에는 수증기가 포화상태에 도달한다. 다시 말하면 수증기의 부분압력이 습공기 온도에 대한 포화수증기압(P_s)과 같아지면, 습공기는 더 이상의 수증기를 함유할 수 없다. 이러한 상태의 습공기를 포화습공기(saturated humid air) 또는 포화공기(saturated air)라 한다.

포화공기 1 kg′이 함유하는 수증기 질량, 즉 포화공기의 절대습도를 포화절대습도(x_s)라 하면 포화절대습도(x_s)보다 많이 함유된 수증기는 실제로 수증기로 존재할 수 없으므로 작은 물방울(수적:水滴)이나 안개로 존재한다. 이와 같이 포화수증기량 이상의 수분을 함유하는 습공기를 무입공기(霧入空氣, fogged air)라 한다.

일정한 압력 하에서 포화공기의 온도를 내리면 수증기의 부분압력(P_w)은 일정하나 포화수증기압(P_s)은 감소하여 무입공기가 되므로 그 온도에 해당하는 포화절대습도(x_s) 이상의 수증기는 응축되어 물방울이나 안개로 된다. 이렇게 응축이 될 때의 온도,

즉 수증기 부분압력에 대한 포화온도를 습공기의 노점온도(dew point temperature) 또는 노점(露點, dew point)이라 한다. 노점이 물의 3중점(0.01℃)보다 낮을 때에는 포화절대습도(x_s) 이상의 수증기는 물방울이 되지 않고 얼음으로 된다.

절대습도(x)는 수분의 출입이 없는 한 온도와 관계없이 항상 일정하지만 식 (6-1-3)으로 정의되는 상대습도(ϕ)는 온도에 따라 변한다. 습공기 중의 수증기 밀도를 ρ_w, 이와 동일한 압력과 온도의 포화수증기 밀도를 ρ_s라 하면 상대습도(ϕ)는 다음과 같이 정의된다.

$$\phi = \frac{\rho_w}{\rho_s} \tag{6-1-3}$$

습공기 중의 수증기는 완전가스로 취급하여도 무방하므로 수증기의 가스정수를 R_w라 하면 습공기의 온도가 T일 때 $P_w = \rho_w R_w T$, 동일한 압력과 온도의 포화수증기에 대해서는 $P_s = \rho_s R_w T$이므로 두 식에서

$$R_w T = \frac{P_w}{\rho_w} = \frac{P_s}{\rho_s} \tag{6-1-4}$$

이 된다. 이 식을 윗 식 (6-1-3)에 대입하면 상대습도(ϕ)는 다음 식으로 된다.

$$\phi = \frac{\rho_w}{\rho_s} = \frac{P_w}{P_s} \tag{6-1-5}$$

순수한 건공기는 $P_s = 0$이므로 $\phi = 0$이고, 포화공기는 $P_w = P_s$이므로 $\phi = 100\%$이다. 또한 습공기의 절대습도(x)와 동일한 온도의 포화공기의 절대습도(x_s)의 비를 포화도(飽和度, degree of saturation) 또는 비교습도(percentage humidity)라 하고 φ로 표기한다.

$$\varphi = \frac{x}{x_s} \tag{6-1-6}$$

[2] 습공기의 가스정수

습공기 중의 수증기에 대하여 $P_w V = m_w R_w T$가 성립하며, 표 3-1에서 수증기의 가스 정수가 $R_w = 0.4616$ kJ/kgK 이므로 식 (6-1-5)를 이용하여 수증기 질량(m_w)을

구하면 다음과 같다.

$$m_w = \frac{P_w V}{R_w T} = \frac{\phi P_s V}{R_w T} = \frac{\phi P_s V}{0.4616\,T} \qquad (6\text{-}1\text{-}7)$$

건공기의 가스 정수는 R_a=0.2872 kJ/kgK 이므로 $P_a V = m_a R_a T$, 식 (6-1-1) 및 식 (6-1-5)로부터 건공기 질량 m_a는 다음과 같다.

$$m_a = \frac{P_a V}{R_a T} = \frac{(P - \phi P_s)V}{R_a T} = \frac{(P - \phi P_s)V}{0.2872\,T} \qquad (6\text{-}1\text{-}8)$$

따라서, 절대습도(x , kg/kg')와 상대습도(ϕ, %)는 다음 식과 같다.

$$x = \frac{m_w}{m_a} = \frac{P_w R_a}{P_a R_w} = \frac{0.2872 P_w}{0.4616 P_a} = 0.622\frac{P_w}{P_a} = 0.622\frac{P - P_a}{P_a} \qquad (6\text{-}1\text{-}9)$$

$$\phi = \frac{xP}{P_s(0.622 + x)} \qquad (6\text{-}1\text{-}10)$$

한편, 포화공기의 상대습도는 ϕ=1이므로 식 (6-1-7)과 (6-1-8)에 ϕ=1을 대입하여 정리하면 포화공기의 절대습도(x_s)는 다음과 같아진다.

$$x_s = 0.622\frac{P_s}{P - P_s} \qquad (6\text{-}1\text{-}11)$$

따라서, 포화도(φ)는 다음과 같다.

$$\varphi = \frac{x}{x_s} = \frac{\phi(P - P_s)}{(P - \phi P_s)} \qquad (6\text{-}1\text{-}12)$$

습공기의 분자량(M)은 식 (3-8-8), (6-1-1) 및 (6-1-5)를 이용하면 구할 수 있다.

$$M = M_a\frac{P_a}{P} + M_w\frac{P_w}{P} = M_a\frac{(P - P_w)}{P} + M_w\frac{P_w}{P}$$

$$= M_a\frac{(P - \phi P_s)}{P} + M_w\frac{\phi P_s}{P} = M_a - \frac{\phi P_s}{P}(M_a - M_w)$$

위의 식에서 건공기와 수증기의 평균분자량이 각각 M_a=28.964, M_w=18.010565

이므로 습공기의 분자량 M은 다음과 같다.

$$M = 28.964 - 10.953\left(\frac{\phi P_s}{P}\right) \tag{6-1-13}$$

이 식을 보면 습공기의 분자량 M은 건공기의 분자량 M_a보다 작고 동일한 압력의 건공기보다 가볍다는 것을 알 수 있다.

또한 습공기의 가스정수 R은 식 (3-3-3)과 식 (6-1-13)으로부터 구하면 다음과 같다.

$$R = \frac{8.3143}{M} = \frac{8.3143}{28.964 - 10.953\left(\frac{\phi P_s}{P}\right)} \tag{6-1-14}$$

또는 식 (3-8-9), (6-1-2)으로부터 다음과 같이 유도하여도 좋다. 즉

$$R = \frac{m_a R_a + m_w R_w}{m} = \frac{m_a R_a + m_w R_w}{m_a + m_w} = \frac{R_a + m_w R_w / m_a}{1 + m_w / m_a}$$

로부터

$$R = \frac{R_a + x R_w}{1 + x} = \frac{0.2872 + 0.4616\,x}{1 + x} \tag{6-1-15}$$

그리고 습공기의 밀도 ρ는

$$P_a = \rho_a R_a T\ ,\ P_w = \rho_w R_w T$$

에서

$$\rho = \frac{m}{V} = \frac{m_a + m_w}{V} = \rho_a + \rho_w = \frac{P_a}{R_a T} + \frac{P_w}{R_w T} = \frac{P - P_w}{R_a T} + \frac{P_w}{R_w T}$$

윗 식에 식 (6-1-5)를 대입하여 정리하면 다음과 같다.

$$\rho = \frac{P - \phi P_s}{R_a T} + \frac{\phi P_s}{R_w T} = \frac{P}{R_a T}\left\{1 - \frac{\phi P_s}{P}\left(\frac{1 - R_a}{R_w}\right)\right\} \tag{6-1-16}$$

예제 6-1

대기압 상태에서 온도가 25℃인 습공기의 상대습도가 50%일 때 다음을 구하여라. 단, 25℃일 때 포화수증기의 압력은 3.1693 kPa이다.

(1) 습공기 중 수증기의 부분압력
(2) 습공기 중 수증기의 밀도
(3) 습공기 중 건공기의 밀도
(4) 절대습도
(5) 포화도
(6) 분자량
(7) 가스정수
(8) 밀도

풀이 (1) 습공기 중 수증기의 부분압력

ϕ=50%=0.5, 포화수증기압이 P_s=3.1693 kPa이므로 식 (6-1-5)에서 수증기 부분압력은

$$P_w = \phi P_s = 0.5 \times 3.1693 = 1.58465 \text{ kPa}$$

(2) 습공기 중 수증기의 밀도

수증기의 가스정수는 표 3-1에서 R_w=0.4616 kJ/kgK, 수증기의 분압이 P_w=1.58465 kPa이므로 $P_w = \rho_w R_w T$에서 밀도, ρ_w는

$$\rho_w = \frac{P_w}{R_w T} = \frac{1.58465}{0.4616 \times (25+273)} = 0.01152 \text{ kg/m}^3$$

(3) 습공기 중 건공기의 밀도

대기압이 P=101.325 kPa, 건공기의 가스정수가 R_a=0.2872 kJ/kgK, 식 (6-1-1)에서 건공기의 부분압력이 $P_a = P - P_w$이므로 $P_a = \rho_a R_a T$에서 밀도는

$$\rho_a = \frac{P_a}{R_a T} = \frac{P - P_w}{R_a T} = \frac{101.325 - 1.58465}{0.2872 \times (25+273)} = 1.165 \text{ kg/m}^3$$

(4) 절대습도

식 (6-1-9)에서 절대습도 x는

$$x = 0.622\frac{P_w}{P_a} = 0.622\frac{P_w}{P - P_w} = 0.622 \times \frac{1.58465}{101.325 - 1.58465} = 0.009882 \text{ kg/kg}'$$

(5) 포화도

식 (6-1-12)에서 습공기의 포화도 φ는

$$\varphi = \frac{x}{x_s} = \frac{\phi(P - P_s)}{(P - \phi P_s)} = \frac{0.5 \times (101.325 - 3.1693)}{(101.325 - 0.5 \times 3.1693)} = 0.4921 \quad (\therefore\ \varphi = 49.21\%)$$

(6) 분자량

식 (6-1-13)에서 습공기의 분자량 M은

$$M = 28.964 - 10.953\left(\frac{\phi P_s}{P}\right) = 28.964 - 10.953\left(\frac{0.5 \times 3.1693}{101.325}\right) = 28.7927$$

(7) 가스정수

식 (6-1-14)에서 습공기의 가스정수 R은

$$R = \frac{8.3143}{M} = \frac{8.3143}{28.7927} = 0.289 \text{ kJ/kgK}$$

이것은 식 (6-1-15)를 이용하여 구하여도 같은 결과를 얻는다.

(8) 습공기의 밀도

식 (6-1-16)에서 습공기의 밀도는

$$\rho = \frac{P}{R_a T}\left\{1-\left(\frac{\phi P_s}{P}\right)\left(\frac{1-R_a}{R_w}\right)\right\}$$
$$= \frac{101.325}{0.2872\times(25+273)}\times\left(1-\frac{0.5\times3.1693}{101.325}\times\frac{1-0.2872}{0.4616}\right) = 1.155\ \text{kg/m}^3$$

[3] 습공기의 비체적과 엔탈피

습공기의 비체적 $v(\text{m}^3/\text{kg}')$는 $Pv=RT$와 식 (6-1-15)로부터 다음과 같이 구해진다.

$$v = \frac{RT}{P} = \frac{(0.2872+0.4616\,x)\,T}{(1+x)P} \tag{6-1-17}$$

참고로 습공기 중 건공기의 비체적 v_a는 식 (6-1-8)과 식 (6-1-10)에서

$$v_a = \frac{V}{m_a} = \frac{R_a T}{P-\phi P_s} = \frac{0.2872\,T}{P - xP/(0.622+x)}$$
$$= (0.2872+0.4616\,x)\frac{T}{P} \tag{6-1-18}$$

이 식은 습공기가 건공기와 수증기의 혼합가스이므로 수증기 양이 조건에 따라 변하는 반면, 건공기 양은 일정하므로 습공기의 비체적은 건공기 1 kg′ 또는 습공기 (1+x) kg에 대하여 구한다는 것을 의미한다.

습공기의 엔탈피 h도 비체적과 마찬가지로 건공기 1 kg′ 또는 습공기 (1+x) kg에 대하여 구해야 한다. 습공기 중 건공기 1 kg′과 수증기 1 kg당 엔탈피 h_a와 h_w는 0℃를 기준으로 하며 이들의 정압비열 c_{p_a}, c_{p_w}가 일정하다 가정하면 습공기온도 t(℃)에서

$$h_a = c_{p_a} t\ ,\quad h_w = h_{fg} + c_{p_w} t \quad (\text{단, } h_{fg}\text{는 0℃에서 물의 증발열}) \tag{6-1-19}$$

따라서 절대습도가 x인 습공기의 엔탈피는 $h = h_a + x h_w$이므로 아래와 같다.

$$h = c_{p_a} t + x\,(h_{fg} + c_{p_w} t) = 1.005t + x\,(2501 + 1.861t) \tag{6-1-20}$$

예제 6-2

실내온도 40℃, 상대습도가 60%인 습공기의 정압비열, 정적비열, 비체적 및 엔탈피를 구하여라. 단, 표준대기압이고 40℃에서 포화수증기압은 7.3838 kPa이다.

풀이 $\phi=60\%=0.6$ 이고, 포화수증기압이 $P_s=7.3838$ kPa이므로 식 (6-1-9)에서 절대습도 x를 먼저 구하면

$$x=0.622\frac{\phi P_s}{P-\phi P_s}=0.622\times\frac{0.6\times 7.3838}{101.325-0.6\times 7.3838}=0.0284\ \text{kg/kg}'$$

(1) 정압비열

식 (3-5-7)을 이용하여 식 (6-1-20)으로부터 습공기의 정압비열 c_p는

$$c_p=\left(\frac{\partial h}{\partial t}\right)_x=1.005+1.861x|_{x=0.0284}=1.005+1.861\times 0.0284$$
$$=1.058\ \text{kJ/kgK}$$

(2) 정적비열

식 (3-5-8)과 식 (6-1-14)로부터 습공기의 정적비열 c_v는

$$c_v=c_p-R=c_v-\left(\frac{8.3143}{M}\right)=1.058-\left\{\frac{8.3143}{28.964-10.953\left(\frac{\phi P_s}{P}\right)}\right\}$$
$$=1.058-\frac{8.3143}{28.964-10.953\times\left(\frac{0.6\times 7.3838}{101.325}\right)}=0.766\ \text{kJ/kgK}$$

(3) 비체적 : 습공기의 비체적 v는 $Pv=RT$에서

$$v=\frac{RT}{P}=\frac{(0.2872+0.4616x)T}{(1+x)P}=\frac{(0.2872+0.4616\times 0.0284)\times(40+273)}{(1+0.0284)\times 101.325}$$
$$=0.902\ \text{m}^3/\text{kg}'$$

(4) 엔탈피 : 식 (6-1-20)에서

$$h=c_{p_a}t+x(h_{fg}+c_{p_w}t)=1.005t+x(2501+1.861t)$$
$$=1.005\times 40+0.0284\times(2501+1.861\times 40)=113.342\ \text{kJ/kg}'$$

6-2 습공기선도와 습공기표

습공기의 열역학적 성질을 나타낸 것을 포화습공기표(saturated humid air table) 또는 단순히 습공기표라 한다. 습공기표에는 표준대기압(101.325 kPa)에서 온도(t), 포화수증기압력(P_s), 포화공기의 절대습도(x_s), 포화공기의 엔탈피(h_s), 포화공기의 비체적(v_s), 건공기의 비체적(v_a) 등이 있다. 그리고 습공기의 열역학적 상태를 선도로 나타낸 것을 습공기선도(psychrometric chart)라 한다. 습공기선도에는 h-s 선도

(Mollier diagram) 외에 $t-x$ 선도(Carrier diagram), $t-h$선도 등이 있으나 가장 많이 이용되는 것이 $h-x$ 선도이므로 본 저서에서는 $h-x$ 선도에 대해서만 간단히 설명한다.

$h-x$ 선도는 표준대기압에서 습공기의 모든 상태를 습공기의 엔탈피(h)와 절대습도(x)를 사교(斜交)좌표로 하여 그린 것으로 그림 6-2와 같이 습공기의 한 상태점(state point)에 대한 모든 값을 나타낸다. 즉 상태점 A에 대한 건구온도 t, 습구온도 t', 노점 t'', 절대습도 x, 상대습도 ϕ 및 습공기의 엔탈피 h값을 선도에서 직접 읽을 수 있어 습공기표보다 편리하여 공기조화에서 많이 사용한다. 자세한 습공기표와 습공기선도는 부록을 참고하기 바란다.

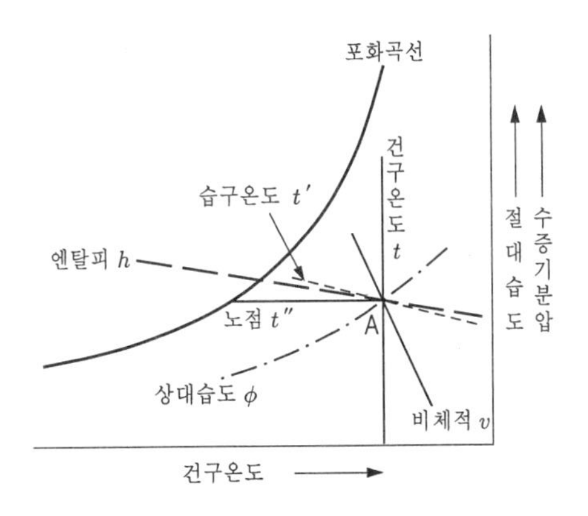

그림 6-2 습공기선도

예제 6-3

습공기표를 이용하여 대기압 상태에서 온도가 24℃인 습공기의 상대습도가 50%일 때 다음을 구하여라.

(1) 수증기의 부분압력 (2) 습공기의 절대습도
(3) 습공기의 비체적 (4) 습공기의 엔탈피

풀이 (1) 수증기의 부분압력

상대습도가 $\phi=0.5$, 습공기표에서 포화수증기압이 $P_s=2.9852$ kPa이므로 식 (6-1-5)에서

$$P_w=\phi P_s=0.5\times 2.9852=1.4926\ \text{kPa}$$

(2) 습공기의 절대습도

식 (6-1-5)와 식 (6-1-9)에서 절대습도 x는

$$x=0.622\frac{\phi P_s}{P-\phi P_s}=0.622\times\frac{0.5\times 2.9852}{101.325-0.5\times 2.9852}=0.0093\ \text{kg/kg}'$$

(3) 습공기의 비체적
습공기표에서 24℃인 포화공기의 비체적이 v_s=0.8674 m^3/kg′, 건조공기의 비체적이 v_a=0.8418 m^3/kg′이므로 습공기의 비체적 v는 보간법으로 계산하면

$$v = 0.8418 + 0.5 \times (0.8674 - 0.8418) = 0.85 \text{ m}^3/\text{kg}'$$

또는 식 (6-1-17)에서 습공기의 비체적은

$$v = \frac{RT}{P} = \frac{(0.2872 + 0.4616x)T}{(1+x)P} = \frac{(0.2872 + 0.4616 \times 0.0093) \times (25 + 273)}{(1 + 0.0093) \times 101.325}$$
$$= 0.85 \text{ m}^3/\text{kg}'$$

(4) 습공기의 엔탈피
습공기표에서 건공기의 엔탈피는 h_a=24.120 kJ/kg′, 포화 습공기의 엔탈피는 h_s= 72.185 kJ/kg′이므로 습공기의 엔탈피 h는 보간법으로 계산하면

$$h = 24.120 + 0.5 \times (72.185 - 24.120) = 48.15 \text{ kJ/kg}'$$

또는 식 (6-1-20)를 이용하여 계산하면

$$h = c_{p_a}t + x(h_{fg} + c_{p_w}t) = 1.005t + x(2501 + 1.861t)$$
$$= 1.005 \times 24 + 0.0093(2501 + 1.861 \times 24) = 47.79 \text{ kJ/kg}'$$

6-3 습공기 과정

습공기를 이용하여 냉방, 난방, 환기 등 실내 온습도의 유지 및 환기하는 것을 공기조화(HVAC : Heating, Ventilation & Air Conditioning)라 하며 이를 위한 장치를 공기조화장치라 한다. 이러한 공기조화 및 공기조화장치의 설계에서 에너지보존과 질량보존의 법칙은 이들을 해석하고 설계하는 중요한 도구가 된다. 습공기가 초기상태에서 변화하여 다음의 상태로 변화하는 과정을 습공기 과정이라 하며 이러한 과정을 보존법칙들로부터 해석할 수 있다. 실제 공기조화장치의 입출구에서는 완전혼합이 일어나 상태량이 균일해지려면 상당한 길이가 필요하다. 그러나 보통 해석을 위하여 공기는 완전가스이고 입출구의 상태는 균일한 상태량을 가지는 정상상태, 정상유동이라고 가정한다.

[1] 습공기의 가열과 냉각

공기조화장치를 통하여 습공기를 가열/냉각 또는 가습/감습하여 실내보다 온습도가 높거나 낮은 습공기를 실내로 공급함으로써 실의 온습도를 조절하게 된다. 그림 6-3에 이러한 공기조화 장치에서 가열/냉각코일을 이용하는 가열/냉각부를 나타내었다. 그림과 같이 가열 또는 냉각과정에서 수분의 추가 공급이 없는 경우 입구와 출

구 상태의 에너지 평형식은 다음과 같다.

$$Q_1 + Q = Q_2 \tag{6-3-1}$$

입구와 출구에서 건공기의 질량유량을 $\dot{m}_a$, 수분의 질량유량을 $\dot{m}_w$라 하면 건공기 1 kg′당 습공기의 엔탈피는 다음과 같이 나타낼 수 있다.

$$\left.\begin{aligned} \dot{m}_a h_1 &= \dot{m}_a h_{a_1} + \dot{m}_w h_{w_1} \\ h_1 &= h_{a_1} + x h_{w_1} \end{aligned}\right\} \tag{6-3-2}$$

$$\left.\begin{aligned} \dot{m}_a h_2 &= \dot{m}_a h_{a_2} + \dot{m}_w h_{w_2} \\ h_2 &= h_{a_2} + x h_{w_2} \end{aligned}\right\} \tag{6-3-3}$$

단위 질량당 건공기를 기준한 습공기의 가열/냉각량 q는 다음과 같다.

$$q = h_2 - h_1 = (h_{a2} - h_{a1}) + x(h_{w_2} - h_{w_1}) \tag{6-3-4}$$

공기조화에서 일반적으로 습공기의 가열량은 온도를 사용한 근사식으로부터 구하여 사용하기도 한다. 이러한 온도를 이용한 가열량의 근사식을 구하기 위하여, 습공기 중 건공기 1 kg′와 수증기 1 kg당 엔탈피 h_a와 h_w는 0℃를 기준으로 하며 이들의 정압비열 c_{p_a}, c_{p_w}가 $c_{p_a}=1.005$ kJ/kgK, $c_{p_w}=1.861$ kJ/kgK (표 3-1)로 일정하다 하면 습공기온도 t(℃)에서

$$h_a = c_{p_a} t,\ h_w = h_{fg} + c_{p_w} t \quad (\text{단, } h_{fg}\text{는 0℃에서 물의 증발열})$$

이므로, 식 (6-3-4)를 다시 정리하면 다음과 같다.

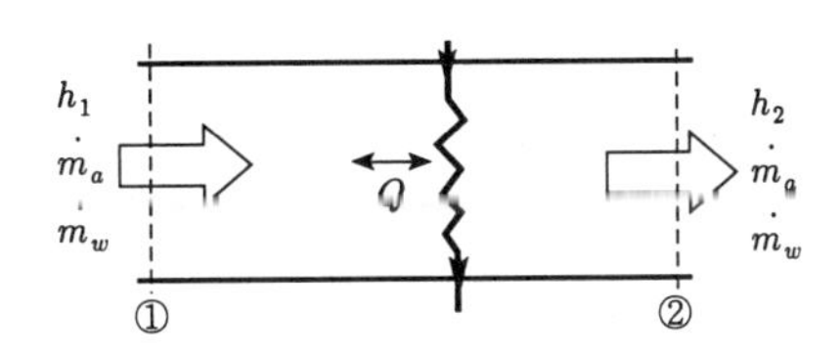

그림 6-3 가열 및 냉각장치

$$q = (h_{a2} - h_{a1}) + x(h_{w_2} - h_{w_1}) = c_{p_a}(t_2 - t_1) + xc_{p_w}(t_2 - t_1) \quad (6\text{-}3\text{-}5)$$
$$= (c_{p_a} + xc_{p_w})(t_2 - t_1)$$

여기서, 작동온도 부근의 절대습도가 약 0.01 kg/kg′ 정도의 값을 가지므로 다음과 같다.

$$q = (c_{p_a} + xc_{p_w})(t_2 - t_1) = 1.02 \times (t_2 - t_1) \quad (6\text{-}3\text{-}6)$$

단위시간당 통과하는 공기의 질량유량 $\dot{m}$에 대한 전열량 Q(kW)는 다음과 같다.

$$Q = H_2 - H_1 = \dot{m} \times (h_2 - h_1) = \dot{m} \times (c_{p_a} + xc_{p_w})(t_2 - t_1)$$
$$= 1.02 \times \dot{m} \times (t_2 - t_1) \quad (6\text{-}3\text{-}7)$$

일반적으로 공기량은 시간당 체적유량 $\dot{V}$(m^3/h, CMH : Cubic Meter per Hour)로 나타내는 것이 실용화되어 있으므로 공기량을 질량으로 나타내기 위하여 작동온도에서 공기의 비체적을 식 (6-1-18)로부터 구하여 나누어 주고 단위시간을 초(s)로 조정해 주면 된다.

습공기 선도상에서 가열/냉각은 가습이나 제습 없기 때문에 절대습도가 변하지 않는다. 따라서 가열/냉각은 절대습도 일정선 상에서 변화하게 되고 이러한 습공기선도 상의 변화는 그림 6-4와 같이 나타난다.

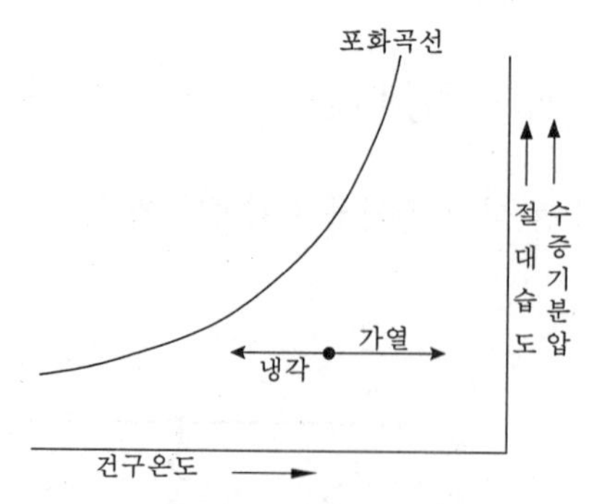

그림 6-4 습공기선도상의 가열과 냉각

예제 6-4

공기조화 장치의 가열기 입구에 온도가 8℃, 상대습도가 70%인 습공기가 1초 동안 3 kg이 들어가서 가열된 후 출구 습공기의 온도가 28℃라 하면 다음을 구하여라. 단, 가습은 없다.

(1) 입구 습공기의 절대습도
(2) 출구공기의 절대습도, 상대습도
(3) 입구, 출구 습공기의 비엔탈피
(4) 가열량

풀이 (1) 입구 습공기의 절대습도

습공기표에서 온도가 8℃인 습공기의 포화수증기압이 P_s=1.0729 kPa이므로 식 (6-1-5)와 식 (6-1-9)에서 절대습도 x는

$$x = 0.622\frac{\phi P_s}{P-\phi P_s} = 0.622\times\frac{0.7\times 1.0729}{101.325-0.7\times 1.0729} = 0.00464\ \text{kg/kg}'$$

(2) 출구공기의 절대습도, 상대습도

가습이 없으므로 출구 공기의 절대습도 x=0.00464 kg/kg′

습공기표에서 온도가 28℃인 포화수증기압이 P_s=3.7823 kPa이고, 식 (6-1-10)에서 상대습도 ϕ는

$$\phi = \frac{xP}{P_s(0.622+x)} = \frac{0.00464\times 101.325}{3.7823\times(0.622+0.00464)} = 0.1984\ \ (\phi=19.84\%)$$

(3) 입구, 출구 습공기의 비엔탈피

식 (6-3-5)로부터 입구의 비엔탈피 h_1은

$$h_1 = 1.005t + x(2501+1.861t) = 1.005\times 8 + 0.00464(2501+1.86\times 8)$$
$$= 19.714\ \text{kJ/kg}'$$

이고, 입구의 비엔탈피 h_2은

$$h_2 = 1.005t + x(2501+1.861t) = 1.005\times 28 + 0.00464(2501+1.86\times 28)$$
$$= 39.986\ \text{kJ/kg}'$$

(4) 가열량

가열량 Q는 식 (6-5-7)에서

$$Q = H_2 - H_1 = \dot{m}\times(h_2-h_1) = 3\times(39.986-19.714) = 60.816\ \text{kW}$$

다른 방법으로

$$Q = 1.02\times\dot{m}\times(t_2-t_1) = 1.02\times 3\times(28-8) = 61.2\ \text{kW}$$

로 약 0.6 % 정도의 차이를 보여 식 (6-4-6)에서 20℃ 부근의 절대습도가 0.01 kg/kg′로 일정하다고 가정하여 구하면 가까운 값을 구할 수 있다. 그러나 정확한 값을 구하기 위하여서는 엔탈피를 이용하여 계산하여야 한다.

[2] 습공기의 가습과 감습

우리나라와 같이 4계절이 뚜렷하고 여름에는 습도가 높고, 겨울에는 습도가 낮다면, 여름철에는 감습이 필요하게 되고, 겨울철에는 가습이 필요하게 된다. 습공기의 가습은 그림 6-5에 나타낸 가습장치에 의해 물이나 증기를 이용하여 수분을 분무하여 공기조화장치를 통과하는 습공기에 절대습도를 높이는 방법으로 가습하게 된다. 이 과정에서 공조기 표면을 통한 열의 이동이 없다고 하고, 단위시간당 장치를 통과하는 건조공기의 질량유량을 $\dot{m}_a$, 엔탈피를 h_a, 공기 중 수분의 질량유량을 $\dot{m}_w$, 엔탈피를 h_w, 가습된 수분의 질량유량을 $\dot{m}_{ws}$, 엔탈피를 h_{ws}, 입구 습공기의 열량 Q_1, 가습에 의해 습공기에 전달되는 열량을 Q_{ws}, 출구 습공기의 열량 Q_2라 하면 에너지 평형식은 다음과 같다.

$$Q_1 + Q_{ws} = Q_2$$

$$\dot{m}_a \times h_{a_1} + \dot{m}_{w_1} \times h_{w_1} + \dot{m}_{ws} \times h_{ws} = \dot{m}_a \times h_{a_2} + \dot{m}_{w_2} \times h_{w_2} \qquad (6\text{-}3\text{-}8)$$

정리를 위하여 건조공기의 질량 m_a를 나누면

$$\left\{h_{a_1} + x_1 h_{w_1}\right\} + \frac{\dot{m}_{ws}}{\dot{m}_a} = \left\{h_{a_2} + x_2 h_{w_2}\right\}$$

여기서, 입구 습공기의 엔탈피를 h_1, 출구 습공기의 엔탈피를 h_2라 하면, $\left\{h_{a_1} + x_1 h_{w_1}\right\} = h_1$, $\left\{h_{a_2} + x_2 h_{w_2}\right\} = h_2$이므로 다음과 같이 간단히 쓸 수 있다.

$$\frac{\dot{m}_{ws}}{\dot{m}_a} \times h_{ws} = h_2 - h_1 \qquad (6\text{-}3\text{-}9)$$

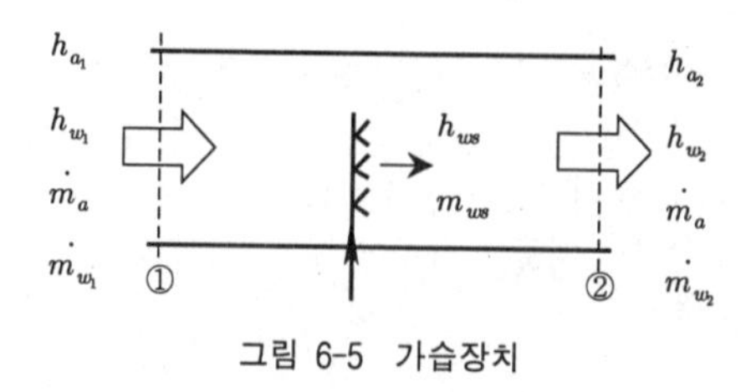

그림 6-5 가습장치

이렇게 가열 또는 냉각이 없는 동안 가습에 의한 입출구의 엔탈피 차는 가습되는 수분이 습공기에 전달하는 열량과 같아짐을 알 수 있다. 입구 습공기의 질량유량을 $\dot{m}_1$, 출구습공기의 질량유량을 $\dot{m}_2$라 하면, 공기에 포함된 수분에 대한 질량 평형식은 다음과 같다.

$$\dot{m}_1 + \dot{m}_{ws} = \dot{m}_2$$

$$\dot{m}_a + \dot{m}_{w_1} + \dot{m}_{ws} = \dot{m}_a + \dot{m}_{w_2}$$

여기서 m_a를 나누어 건조공기 1 kg′ 당 가습량을 나타내면 다음과 같다.

$$\left.\begin{aligned} x_1 + \frac{\dot{m}_{ws}}{\dot{m}_a} &= x_2 \\ \frac{m_{ws}}{m_a} &= (x_2 - x_1) \end{aligned}\right\} \qquad (6\text{-}3\text{-}10)$$

그러므로, 식 (6-3-9)와 식 (6-3-10)을 조합하면 분무수의 엔탈피 h_{ws}는 다음과 같다.

$$h_{ws} = \frac{h_2 - h_1}{x_2 - x_1} = \frac{\Delta h}{\Delta x} \qquad (6\text{-}3\text{-}11)$$

식 (6-3-11)의 $\Delta h/\Delta x$를 열수분비라고 하며, 공기선도 상의 가습에 의한 변화경로는 열수분비와 같은 기울기를 가지며 변화한다(미 냉동공조협회인 ASHRAE에서는 열수분비의 단위를 kJ/g으로 사용한다). 즉 분무되는 수분의 엔탈피에 따라 변화된다. 따라서 가습과정은 사용한 물의 상태에 따라 여러 가지 다른 경로를 가진다. 작동온도 내에서 가습장치에 의한 변화를 그림 6-6의 공기선도에 나타내었다. 일반적인 공조상태의 작동온도 내에서 분무수의 엔탈피 h_{ws}가 입구상태의 엔탈피 h_1 보다 크게 되면 가습되는 동안 습공기의 온도가 올라가는 가열가습이 되고, 분무수의 엔탈피 h_{ws}가 입구상태의 엔탈피 h_1 보다 작게 되면 가습되는 동안 습공기의 온도가 내려가는 냉각가습이 된다. 분무수의 엔탈피 h_{ws}가 작을수록 분무수에 의한 냉각효과가 증대 되며 이러한 증발냉각효과를 이용하여 뜨겁고 건조한 기후에서 공기의 온도를 낮추는 장치로서 증발냉각기(evaporative cooler) 또는 에어워셔(air washer)를 이용하며 그림 6-7에 에어워셔의 개략도와 그림 6-8에 수분무를 하는 경우 공기선도상의 변화를 나타내었다.

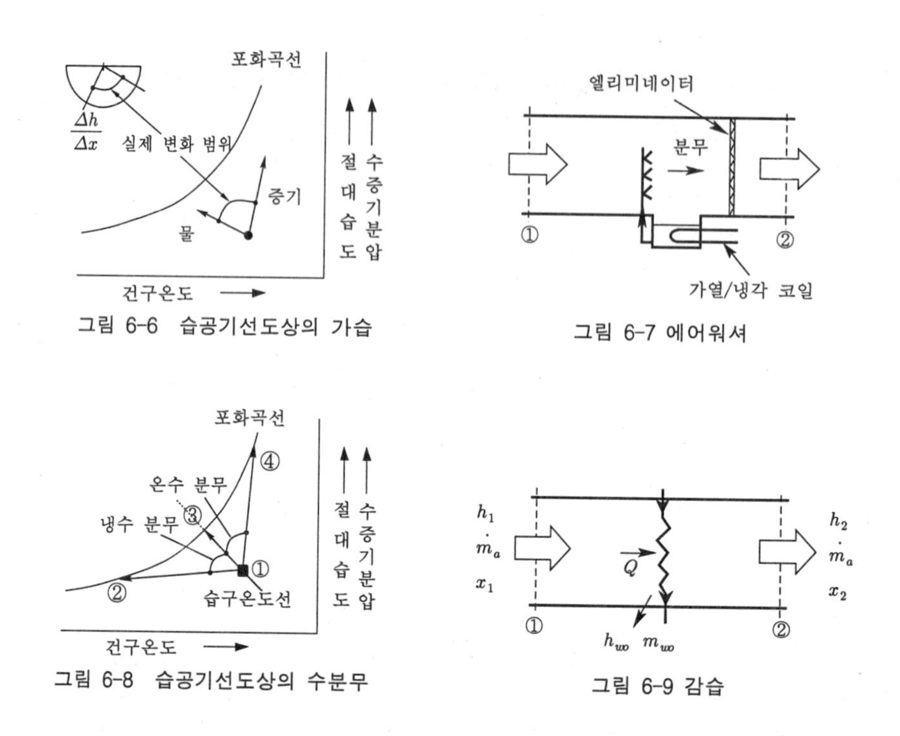

그림 6-6 습공기선도상의 가습

그림 6-7 에어워셔

그림 6-8 습공기선도상의 수분무

그림 6-9 감습

에어워셔는 분무수를 순환시키면서 가열하거나 냉각할 수 있으며, 가열 또는 냉각하지 않고 재순환시키는 경우 에어워셔내 순환수의 온도는 입구측 습공기의 습구온도와 같아지게 된다. 이 경우 습구온도선을 따라 변화하는 그림 6-8의 ①→③의 변화이며, 공기조화에서는 단열가습이라고 부른다. 분무수를 가열하여 온수를 분무하는 경우 그림 6-8에서 ①→③의 단열변화와 ①→④의 증기가습선 사이에 나타나게 되며, 입구측 습공기의 노점온도보다 냉각된 순환수를 충분히 분무하게 되면 그림 6-8에서 ①→②의 변화를 보이게 되므로 수분무를 통한 냉각감습도 가능하게 된다.

감습의 경우는 에어워셔를 통한 증발냉각에 의한 감습보다 그림 6-9에 나타낸 냉각코일의 표면온도를 공기의 노점온도 이하로 유지하는 냉각코일을 이용한 냉각감습을 주로 사용하게 되며, 실리카겔과 같은 감습재를 이용하는 감습이 있다.

그림 6-9에 나타낸 냉각코일의 표면온도를 공기의 노점온도 이하로 유지하는 냉각감습은 실제 과정에서는 초기상태와 최종상태를 모두 포화상태가 아닌 점에서 나타나게 된다. 냉각감습과정에서 응축되는 수분의 질량유량을 $\dot{m}_{wo}$라 하면 습공기에 포함된 수분의 질량유동 평형식을 쓰면 다음과 같다.

$$\dot{m}_a \times x_1 - \dot{m}_{wo} = \dot{m}_a \times x_2$$

감습수량 ($\dot{m}_{wo}$)으로 정리하면 다음과 같다.

$$\dot{m}_{wo} = \dot{m}_a(x_1 - x_2) \tag{6-3-12}$$

또, 노점온도에서 포화수의 엔탈피를 h_{wo}라 하면 에너지 평형식은 다음과 같다.

$$Q_1 - Q_o = Q_2$$

$$\dot{m}_a h_1 - (\dot{m}_a q_o + \dot{m}_{wo} h_{wo}) = \dot{m}_a h_2 \tag{6-3-13}$$

식 (6-3-12)와 (6-3-12)을 건조공기 1 kg′당 냉각량(q_o)으로 정리하면 다음과 같다.

$$q_o = (h_1 - h_2) - (x_1 - x_2)h_{wo} \tag{6-3-14}$$

여기서, 우변의 마지막 항은 응축수의 에너지를 나타내며 작동온도 내에서 동작하는 공기조화에서는 일반적으로 무시하여도 되는 작은 값을 가진다. 또, 냉각열량 (Q_o)은 다른 표현으로 건조공기의 냉각을 위한 현열량(Q_{oa})과 감습을 위한 잠열량 (Q_{oL})으로 나타낼 수 있으며 다음과 같다.

$$Q_o = Q_{oa} + Q_{oL} \tag{6-3-15}$$

여기서, 건조공기 현열량 Q_{oa}은 다음과 같이 습공기온도 t(℃)에 대하여 다음과 같이 온도식으로 나타낼 수 있다.

$$Q_{oa} = \dot{m}_a c_p (t_1 - t_2) \tag{6-3-16}$$

잠열량 Q_{oL}는 응축열 h_{fg}를 써서 다음과 같이 나타낼 수 있다.

$$Q_{oL} = \dot{m}_a(x_1 - x_2)h_{fg} \tag{6-3-17}$$

또는 입구측 엔탈피 h_1과 입구측 온도 t_1과 같은 상태에서 절대습도가 x_2인 엔탈피 h_m의 차로 나타낼 수 있으며 다음과 같다.

$$Q_{oa} = \dot{m}_a(h_1 - h_m) \qquad (6\text{-}3\text{-}18)$$

$$Q_{oL} = \dot{m}_a(h_m - h_2) \qquad (6\text{-}3\text{-}19)$$

여기서, h_m의 온도는 t_1이고 절대습도는 x_2이므로 다음과 같다.

$$h_m = c_{p_a}t_1 + x_2(r_0 + c_{p_w}t_1) = 1.005t_1 + x_2(2501 + 1.861t_1) \qquad (6\text{-}3\text{-}20)$$

예제 6-5

공기조화장치의 가습기에서 온도가 25℃인 분무수 가습을 하였다. 입구측 습공기의 온도가 2℃, 상대습도가 70%인 습공기가 시간당 3 kg이 들어가서 가습된 후 출구측 습공기의 온도가 20℃ 상대습도가 50%이다. 가습에 의해 습공기에 전달된 열량을 구하라.

풀이 분무수의 엔탈피 h_{ws}는 식 (5-3-1)과 식 (5-3-5)로부터

$$h_{ws} = c \times dT = 4.186 \times \{(25+273) - (0+273)\} = 104.65 \text{ kJ/kg}$$

따라서 열수분비는 104.65 kJ/kg′이다.

(1) 가습량을 구하기 위하여 입구측 습공기의 절대습도 x_1은 선도로부터 읽거나, 습공기표를 이용하여 식 (6-2-3)에서, 2℃ 포화수증기압력 p_s=0.7060 kPa이므로

$$x_1 = 0.622\frac{\phi P_s}{P - \phi P_s} = 0.622 \times \frac{0.7 \times 0.7060}{101.325 - 0.7 \times 0.7060} = 0.0305 \text{ kg/kg}'$$

이고, 20℃ 포화수증기압력 p_s=2.3389 kPa이므로

$$x_2 = 0.622\frac{\phi P_s}{P - \phi P_s} = 0.622 \times \frac{0.5 \times 2.3389}{101.325 - 0.5 \times 2.3389} = 0.0726 \text{ kg/kg}'$$

가습량은 식 (6-6-3)에서

$$\dot{m}_{ws} = \dot{m}_a(x_2 - x_1) = \frac{3}{3600} \times (0.0726 - 0.0305) = 3.51 \times 10^{-5} \text{ kg/s}$$

(2) 전달열량은 $Q = \dot{m}_a \Delta h$이므로 식 (6-6-4)로부터

$$Q = \dot{m}_a \Delta h = \dot{m}_a h_{ws} \Delta x = \frac{3}{3600} \times 104.65 \times (0.726 - 0.0305) = 0.0607 \text{ kW}$$

[3] 습공기의 단열혼합

습공기의 혼합은 일반적인 공기조화 시스템에서 흔히 발생한다. 공기조화장치는 실내 온·습도뿐만 아니라 실내 공기질의 유지를 위하여 외기를 도입하는 것이 일반적이며 이 경우 실내에서 돌아오는 습공기와 외기를 혼합하게 된다. 그림 6-10에 두 습공기가 혼합되는 것을 나타냈다. 두 습공기의 혼합과정은 덕트의 외피로 열의 이동이 없는 단열과정이라 가정하면 다음과 같이 에너지 평형식을 쓸 수 있다.

$$\dot{m}_1 h_1 + \dot{m}_2 h_2 = \dot{m}_3 h_3 \qquad (6\text{-}3\text{-}21)$$

건조공기의 질량평형식은 다음과 같다.

$$\dot{m}_1 + \dot{m}_2 = \dot{m}_3 \qquad (6\text{-}3\text{-}22)$$

또, 습공기가 포함하는 수분의 질량평형식은 다음과 같다.

$$\dot{m}_1 x_1 + \dot{m}_2 x_2 = \dot{m}_3 x_3 \qquad (6\text{-}3\text{-}23)$$

여기서, 식 (6-3-21), (6-3-22), (6-3-23)을 이용하여 혼합 후의 상태를 나타내면 다음과 같다.

$$h_3 = \frac{\dot{m}_1}{\dot{m}_3} h_1 + \frac{\dot{m}_2}{\dot{m}_3} h_2 \qquad (6\text{-}3\text{-}24)$$

$$x_3 = \frac{\dot{m}_1}{\dot{m}_3} x_1 + \frac{\dot{m}_2}{\dot{m}_3} x_2 \qquad (6\text{-}3\text{-}25)$$

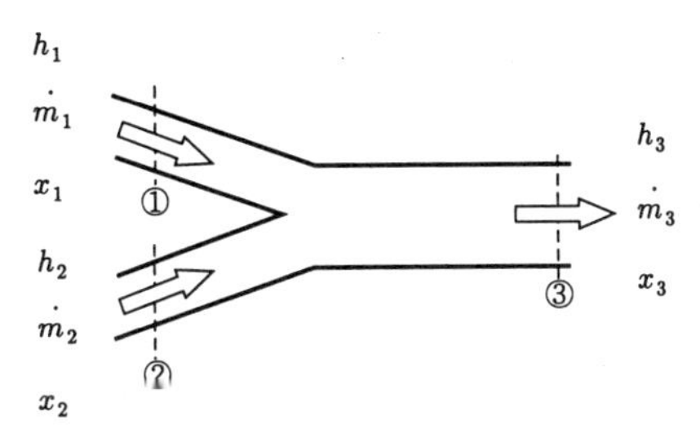

그림 6-10 습공기의 단열혼합

식 (6-3-24), (6-3-25)에서 식(6-3-22)를 이용하여 $\dot{m}_3$를 제거하고 $\dot{m}_1$과 $\dot{m}_2$의 비로 정리하면 다음과 같다.

$$\frac{\dot{m}_1}{\dot{m}_2} = \frac{h_2 - h_3}{h_3 - h_1} = \frac{x_2 - x_3}{x_3 - x_1} \tag{6-3-26}$$

일반적으로 이러한 습공기의 단열혼합은 두 공기의 온도를 사용한 근사식을 주로 사용하게 되는데 이를 이위하여 식 (6-3-21)을 식 (6-1-20)을 이용하여 다시 쓰면 다음과 같다.

$$\dot{m}_1\{c_{p_a}t_1 + x_1(h_{fg} + c_{p_w}t_1)\} + \dot{m}_2\{c_{p_a}t_2 + x_2(h_{fg} + c_{p_w}t_2)\}$$
$$= \dot{m}_3\{c_{p_a}t_3 + x_3(h_{fg} + c_{p_w}t_3)\}$$

여기서, $m_1h_{fg} + m_2h_{fg} = m_3h_{fg}$이므로 다음과 같이 정리할 수 있다.

$$\dot{m}_1(c_{p_a} + x_1c_{p_w})t_1 + \dot{m}_2(c_{p_a} + x_2c_{p_w})t_2 = \dot{m}_3(c_{p_a} + x_3c_{p_w})t_3 \tag{6-3-27}$$

온도를 사용한 근사식을 사용하기 위하여 각각의 습공기의 비열$(c_{p_a} + xc_{p_w})$이 거의 같다고 한다면 식 (6-3-27)은 다음과 같이 근사식으로 쓸 수 있다.

$$\dot{m}_1(c_p)t_1 + \dot{m}_2(c_p)t_2 = \dot{m}_3(c_p)t_3 \tag{6-3-28}$$

따라서, 혼합 후 습공기 온도 t_3(℃)의 근사식은 다음과 같다.

$$t_3 = \frac{\dot{m}_1}{\dot{m}_3}t_1 + \frac{\dot{m}_2}{\dot{m}_3}t_2 \tag{6-3-29}$$

예제 6-6

공기조화기 시스템에서 실내에서 환기되는 습기의 온도가 25℃이고, 도입 외기의 온도가 32℃이다. 외기를 전체 공급 풍량의 30%를 도입하는 경우 혼합 후 습공기의 온도는 얼마인가?

풀이 혼합 후 습공기의 온도 t_3은 식 (6-9-9)로부터

$$t_3 = \frac{\dot{m}_1}{\dot{m}_3}t_1 + \frac{\dot{m}_2}{\dot{m}_3}t_2 = 0.7 \times 25 + 0.3 \times 32 = 27.1\ ℃$$

예제 6-7

공기조화기 시스템에서 두 습공기가 혼합된다. 혼합 전 한쪽의 습공기의 온도가 20℃, 절대습도가 0.0087 kg/kg', 풍량 3 kg/s이고, 다른 한쪽의 습공기의 온도가 4℃, 절대습도가 0.0032 kg/kg', 풍량 3 kg/s이라면, 혼합 후 공기의 풍량, 엔탈피, 절대습도, 온도를 구하여라.

풀이 (1) 혼합 후 습공기의 풍량 $\dot{m}_3$은 식 (6-9-2)로부터

$$\dot{m}_3 = \dot{m}_1 + \dot{m}_2 = 3 + 3 = 6 \text{ kg/s}$$

(2) 혼합 후 습공기의 엔탈피 h_3을 구하기 위하여 우선 식 (6-3-4)로부터 h_1과 h_2는

$$\begin{aligned} h_1 &= c_{p_a} t + x(h_{fg} + c_{p_w} t) = 1.005t + x(2501 + 1.861t) \\ &= 1.005 \times 20 + 0.0087(2501 + 1.861 \times 20) \\ &= 42.18 \text{ kJ/kg}' \end{aligned}$$

$$\begin{aligned} h_2 &= c_{p_a} t + x(h_{fg} + c_{p_w} t) = 1.005t + x(2501 + 1.861t) \\ &= 1.005 \times 4 + 0.0032(2501 + 1.861 \times 4)) \\ &= 12.05 \text{ kJ/kg}' \end{aligned}$$

혼합 후 습공기의 엔탈피 h_3은 식 (6-9-4)로부터

$$h_3 = \frac{\dot{m}_1}{\dot{m}_3} h_1 + \frac{\dot{m}_2}{\dot{m}_3} h_2 = 0.5 \times 42.18 + 0.5 \times 12.05 = 27.12 \text{ kJ/kg}'$$

(3) 혼합 후 습공기의 절대습도 x_3는 식 (6-9-5)로부터

$$x_3 = \frac{\dot{m}_1}{\dot{m}_3} x_1 + \frac{\dot{m}_2}{\dot{m}_3} x_2 = 0.5 \times 0.0087 + 0.5 \times 0.0032 = 0.00595 \text{ kg/kg}'$$

(4) 혼합 후 습공기의 온도 t_3은 식 (6-9-9)로부터

$$t_3 = \frac{\dot{m}_1}{\dot{m}_3} t_1 + \frac{\dot{m}_2}{\dot{m}_3} t_2 = 0.5 \times 20 + 0.5 \times 4 = 12 \text{ ℃}$$

연습문제

[6-1] 대기압 상태에서 온도가 20℃인 습공기의 상대습도가 50%일 때 다음을 구하여라. 단, 20℃일 때 포화수증기의 압력은 습공기표에서 읽어 사용하라.

(1) 습공기 중 수증기의 부분압력 (2) 습공기 중 수증기의 밀도
(3) 습공기 중 건공기의 밀도 (4) 절대습도
(5) 습공기의 포화도 (6) 습공기의 분자량
(7) 습공기의 가스정수 (8) 습공기의 밀도

답 (1) $P_w=1.169$ kPa (2) $\rho_w=0.00864$ kg/㎥ (3) $\rho_a=1.190$ kg/㎥
(4) $x=0.00726$ kg/kg′ (5) $\varphi=49.71\%$ (6) $M=28.90$
(7) $R=0.288$ kJ/kgK (8) $\rho=1.193$ kg/㎥

[6-2] 가열장치를 통하여 12℃의 습공기 5 kg/s로 통과한다. 습공기의 온도를 20℃까지 높이기 위한 가열량을 구하라. 단, 가습은 없다.

답 $Q=40.8$ kW

[6-3] 공조기를 통과하는 습공기 5 kg/s의 상태가 12℃, 50%이라면, 습공기를 20℃, 50%까지 높이기 위한 가열량과 가습량을 구하라. 단, 습공기의 포화압력은 습공기표를 읽어 사용하라.

답 $Q=77.58$ kW, $\dot{m}_{ws}=0.0146$ kg/s

[6-4] 8℃, 20%인 습공기가 10 kg/s씩 통과하는 공조기의 가습기에서 35℃, 1 kg/s의 물을 분사하여 가습하게 되면 가습 후 습공기의 절대습도, 엔탈피, 온도를 구하라. 단, 가습은 분무수의 2%만 가습된다.

답 (1) $x_2=0.00332$ kg/kg′ (2) $h_2=11.654$ kJ/kg′ (3) $t_2=3.31$ ℃

[6-5] 32℃, 80%인 습공기가 20 kg/s 씩 통과하는 에어워셔에서 5℃, 1 kg/s의 물을 분사하여 가습하게 되면 가습 후 습공기의 절대습도, 엔탈피, 온도를 구하라. 단, 분무수의 2%만 가습된다.

답 (1) $x_2=0.0253$ kg/kg′ (2) $h_2=94.40$ kJ/kg′ (3) $t_2=29.58$ ℃

[6-6] 문제 6-5에서 분무수의 량을 충분하게 늘려 습공기를 냉각감습 한다. 출구 습공기의 온도가 24℃가 되려면 분사하는 분무수의 량은 얼마인가. 단, 감습은 상대습도 95%선을 따라 변화하고, 환수되는 순환수의 온도는 24℃이다.

답 $\dot{m}_w = 6.2$ kg/s

[6-7] 문제 6-6에서 감습량과 감습에 필요한 잠열량을 구하여라.

답 (1) $\dot{m}_{wo} = 0.128$ kg/s (2) $Q_{oL} = 327.7$ kW

[6-8] 4℃, 70%의 습공기를 시간당 150m³을 도입하여 가열코일에서 1 kW의 열량을 공급하였다. 통과 후 습공기의 온도, 절대습도, 상대습도를 구하여라. 단, 습공기의 포화수증기압력을 습공기표를 이용하여 읽어 사용하라.

답 (1) $t_2 = 22.5$℃ (2) $x_2 = 0.003515$ kg/kg′ (3) $\phi = 20.86\%$

[6-9] 34℃, 70%의 습공기를 시간당 500 kg을 도입하여 냉수의 온도가 5℃인 냉각코일에서 10 kW의 열량을 빼앗았다. 냉각하는 동안 감습이 일어나는지 판정하고, 감습된다면 감습에 의한 상태변화는 포화선을 따라 변화한다면, 통과 후 습공기의 온도, 절대습도, 상대습도를 구하여라. 단, 습공기의 포화수증기압력을 습공기표를 이용하여 읽어 사용하라.

답 (1) 감습된다. (2) $t_2 = 7.18$℃ (3) $x_2 = 0.00631$ kg/kg′ (4) 100%

[6-10] 34℃, 70%의 습공기 10 kg/s를 도입하여 냉각코일을 거친 후 습공기의 상태를 18℃, 50%로 만들려고 한다. 냉각코일에서 제거해야 하는 냉각열량과 감습량을 구하여라. 단, 제거되는 응축수의 온도는 28℃이다.

답 (1) $Q_o = 588.69$ kW (2) $\dot{m}_{wo} = 0.1735$ kg/s

[6-11] 32℃, 70%의 습공기 5 kg과 20℃, 50%의 습공기 3 kg이 외부로의 열손실이 없이 혼합된다면 혼합 후 습공기의 온도, 절대습도, 상대습도를 구하여라.

답 (1) $t_3 = 27.5$℃ (2) $x_3 = 0.01594$ kg/kg′ (3) $\phi_3 = 68.84$ %

7 가스 사이클

7 T·H·E·R·M·O·D·Y·N·A·M·I·C·S

가스 사이클

7-1 내연기관의 이상사이클

열역학 제2법칙에 의해 고온도물체로부터 열을 공급받아 저온도물체로 열의 일부를 방출 한 나머지를 일로 변환시키는 장치를 열기관(熱機關, heat engine)이라 하며, 연소를 이용하여 고온도물체의 열을 공급한다. 그리고 연소가 기관 내부에서 이루어지는 열기관을 내연기관(internal combustion engine), 연소가 기관 외부에서 이루어지는 열기관을 외연기관(external combustion engine)이라 한다.

내연기관에서 연소가 이루어지면 작동유체도 한 사이클 동안 공기, 혼합기, 연소가스 등으로 변화한다. 예를 들면 가솔린기관의 경우 흡입과 압축행정에서는 공기, 연료의 증기 및 잔류연소가스의 혼합기가 작동유체이며, 팽창과 배기행정에서는 연소가스가 작동유체이다. 실제 열기관의 경우 연소조건, 연소과정, 유동과정, 열이동, 마찰, 와동 등으로 인해 비가역변화가 됨으로 사이클의 열역학적인 특성을 파악하기가 매우 어렵다. 그러므로 아래와 같은 가정 아래 이상(理想)사이클(ideal cycle)을 이용하여 열역학적 특성을 파악한다.

① 작동유체는 완전가스로 취급하는 공기이며, 비열은 온도와 관계없이 일정하다
② 흡입, 압축, 팽창, 배기 등 각 행정은 모두 가역변화를 하며, 압축과 팽창은 등엔트로피변화를 한다.
③ 팽창행정에서의 연소열은 순간적으로 외부로부터 공급된다.
④ 정적 하에 순간적으로 배기와 동시에 외부로 방열하여 압축 전 상태로 되돌아가며, 열 해리(熱解離, thermal dissociation), 펌프일이나 마찰에 의한 손실은 없다.

위의 조건은 순수한 공기가 사이클을 이루며 순간적으로 흡열, 방열하는 것으로 가정한 이상사이클이며 공기표준 사이클(air standard cycle) 또는 이론사이클(theoretical cycle)이라고도 한다.

7-2 Carnot 사이클

4장 3절에서 2개의 가역등온변화와 2개의 가역단열변화로 이루어진 이상적인 사이클인 Carnot 사이클에 대하여 설명하였다. 본 절에서는 이상사이클인 Carnot 사이클을 내연기관의 각 행정에 어떻게 적용하는가를 살펴보고 열효율을 구해 본다.

그림 7-1은 Carnot 사이클을 $P-V$ 선도와 $T-S$ 선도에 나타낸 것으로 행정 1-2는 단열압축과정, 행정 2-3은 등온팽창과정으로 주위(외부)로부터 열을 공급받으며, 행정 3-4는 단열팽창과정, 행정 4-1은 등온압축과정으로 주위로 열을 방출한다. 따라서 행정 2-3에서 흡열(Q_H)하고 행정 4-1에서 방열(Q_L)하며 행정 3-4에서 외부에 대해 팽창일(W_{3-4})을 하며, 행정 1-2에서는 압축일(W_{4-1})을 공급받아 상태 1로 압축함으로써 사이클을 이룬다. 그러므로 유효일은 행정 3-4의 팽창일과 행정 1-2의 압축일의 차($W = W_{3-4} - W_{1-2}$)와 같다. 여기서 Carnot 사이클의 열효율을 구해 본다.

행정 2-3과 4-1이 가역등온변화이므로 식 (3-6-13)으로부터

$$Q_H = m R T_H \ln\left(\frac{V_3}{V_2}\right) \cdots\cdots\cdots ⓐ, \qquad Q_L = m R T_L \ln\left(\frac{V_4}{V_1}\right) \cdots\cdots ⓑ$$

행정 1-2와 3-4가 가역단열변화이므로 식 (3-6-20)으로부터

$$\frac{T_H}{T_L} = \left(\frac{V_1}{V_2}\right)^{\kappa-1} \cdots\cdots\cdots\cdots\cdots\cdots ⓒ, \qquad \frac{T_H}{T_L} = \left(\frac{V_4}{V_3}\right)^{\kappa-1} \cdots\cdots\cdots\cdots ⓓ$$

이므로 식 ⓒ와 ⓓ에서

$$\frac{V_1}{V_2} = \frac{V_4}{V_3} \rightarrow \frac{V_3}{V_2} = \frac{V_4}{V_1} \cdots ⓔ$$

따라서 열효율 η_c는 식 ⓐ, ⓑ와 ⓔ를 고려하면 아래와 같다.

$$\eta_c = 1 - \frac{Q_L}{Q_H} = 1 - \frac{T_L}{T_H} \qquad (7\text{-}2\text{-}1)$$

이상의 행정 중 등온과정(T_H와 T_L)에서는 흡열이나 방열이 실제로는 불가능하므로 Carnot 사이클로 작동되는 기관은 만들 수 없다. 따라서 실제 기관의 사이클은

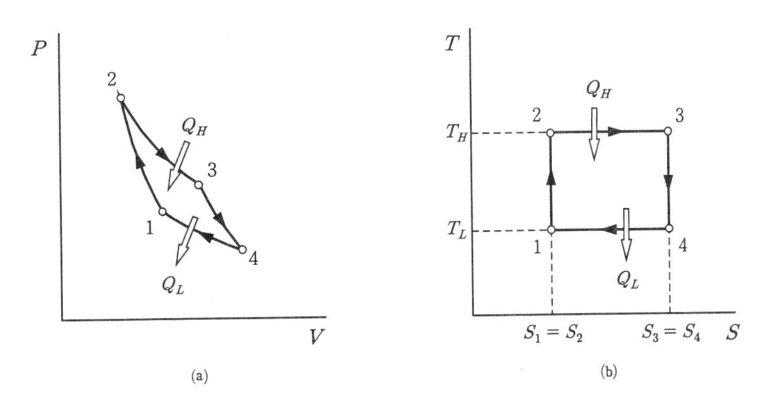

그림 7-1 Carnot 사이클

정적이나 정압과정에서 흡열 또는 방열이 이루어진다. 이러한 Carnot 사이클은 단지 열효율이 가장 좋은 이상사이클로 취급하며 다른 사이클과 열효율을 비교하는 기준으로만 사용된다.

7-3 공기표준사이클

[1] 정적사이클(Otto 사이클)

전기불꽃에 의해 점화되는 자동차용 가솔린기관에서의 연소속도가 매우 빠르므로 정적 하에 주위(외부)로부터 순간적으로 흡열하는 것으로 생각할 수 있으며, 방열 또한 정적 하에 순간적으로 이루어진다고 가정한 사이클을 정적사이클(constant volume cycle) 또는 정적연소사이클(constant volume combustion cycle)이라 한다. 이 사이클을 불꽃점화 기관(가솔린기관)의 공기표준 사이클로 처음 제안(1876년)한 독일의 N. A. Otto의 이름을 따 오토사이클(Otto cycle)이라고도 한다. 정적사이클은 가솔린기관, 가스기관, 석유기관의 기본사이클이다.

그림 7-2는 정적사이클을 $P-V$ 선도와 $T-S$ 선도에 나타낸 것이다. 선도에서 알 수 있는 바와 같이 정적사이클은 2개의 가역단열변화와 정적변화로 구성된다. 사이클의 상태변화를 살펴보면 다음과 같다.

① 상태변화 0-1 : 흡기행정으로 피스톤이 상사점(TDC)로부터 하사점(BDC)로 하향하며 정압 하에 작동유체인 혼합기(공기+연료 증기)를 실린더 안으로 흡입하는 과정이다.

② **상태변화 1-2** : 압축행정으로 피스톤이 하사점으로부터 상사점으로 상승하며 작동유체를 가역 단열압축하는 과정이며 단열압축 전, 후의 절대온도 비는 식 (3-6-20)으로부터 다음과 같이 나타낼 수 있다.

$$\frac{T_2}{T_1} = \left(\frac{V_1}{V_2}\right)^{\kappa - 1} = \varepsilon^{\kappa - 1} \quad \cdots\cdots\cdots\cdots\cdots\cdots\cdots\cdots\quad ⓐ$$

여기서 κ는 단열지수이고, 체적 V_1은 피스톤이 하사점에 있을 때 피스톤과 실린더 헤드 사이의 공간으로 실린더 체적(cylinder volume)이라 하며, V_2는 피스톤이 상사점에 있을 때 피스톤과 실린더 헤드 사이의 공간으로 간극체적(clearance volume), **연소실체적** 또는 **압축체적**이라 한다. 따라서 피스톤이 상사점과 하사점을 왕복하며 작동유체를 흡기, 압축하거나 배기하는 공간은 실린더 체적에서 간극체적을 뺀 것과 같으며 이를 **행정체적**(stroke volume, V_s로 표기)이라 한다. 그리고 압축행정에서 작동유체가 압축되는 비율 $\varepsilon = V_1 / V_2$를 압축비(compression ratio)라 정의한다.

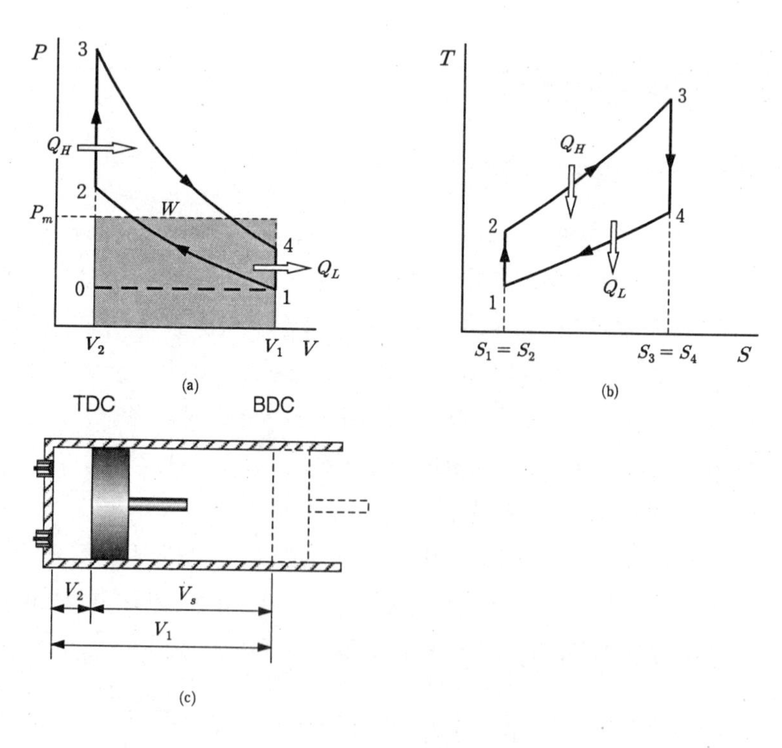

그림 7-2 정적사이클(Otto 사이클)

③ **상태변화 2-3** : 정적 하에 연소에 의해 열을 공급하는 과정으로 공급열량 Q_H 는 식 (3-6-9)로부터 다음과 같이 나타낼 수 있다.

$$Q_H = m c_v (T_3 - T_2) \quad \cdots\cdots \text{ⓑ}$$

위에서 m과 c_v는 각각 작동유체의 질량과 정적비열이다.

④ **상태변화 3-4** : 동력행정(팽창행정)으로 공급열(연소열)에 의해 작동유체(연소가스)의 체적이 급격히 가역 단열팽창 됨으로 피스톤을 상사점에서 하사점으로 밀어내며 외부에 대해 팽창일을 하는 과정이다. 여기서 $V_1 = V_4$, $V_2 = V_3$이므로 식 (3-6-20)에 의해 상태변화 전, 후의 온도 비는 다음과 같아진다.

$$\frac{T_3}{T_4} = \left(\frac{V_4}{V_3}\right)^{\kappa-1} = \left(\frac{V_1}{V_2}\right)^{\kappa-1} = \varepsilon^{\kappa-1} \quad \cdots\cdots \text{ⓒ}$$

⑤ **상태변화 4-1** : 정적 하에 외부로 방열하는 과정으로 방열량 Q_L은 식 (3-6-9)에 의해 다음의 식과 같아진다.

$$Q_L = m c_v (T_4 - T_1) \quad \cdots\cdots \text{ⓓ}$$

⑥ **상태변화 1-0** : 배기행정으로 동력행정에서 얻은 에너지로 피스톤을 하사점으로부터 상사점으로 상향시켜 정압 하에 작동유체(연소가스)를 배출하는 과정이다.

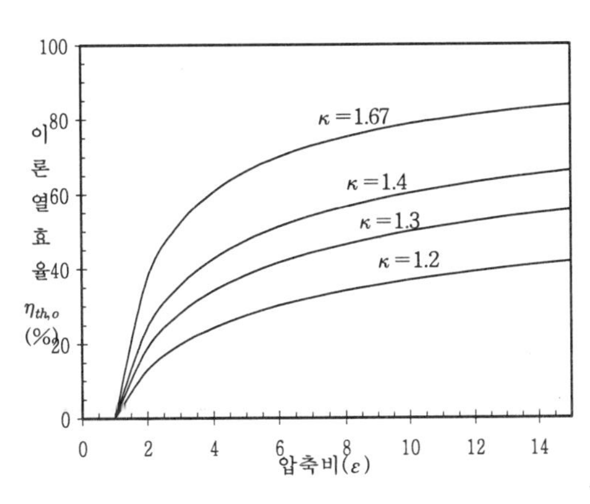

그림 7-3 정적사이클의 이론열효율

이상의 변화 중 흡기행정인 상태변화 0-1과 배기행정인 상태변화 1-0은 $P-V$ 선도에서 보면 일의 크기가 같고 방향이 반대이므로 서로 상쇄된다. 따라서 정적사이클에 의해 얻어지는 유효일은 $W=Q_H-Q_L$이다. 그러므로 정적사이클의 이론열효율 $\eta_{th,o}$는 식 ⓐ~ⓓ로부터 다음의 식을 얻는다.

$$\eta_{th,o}=\frac{W}{Q_H}=1-\frac{T_4-T_1}{T_3-T_2}=1-\left(\frac{V_2}{V_1}\right)^{\kappa-1}=1-\left(\frac{1}{\varepsilon}\right)^{\kappa-1} \qquad (7\text{-}3\text{-}1)$$

식 (7-3-1)을 보면 정적사이클의 이론열효율 $\eta_{th,o}$는 압축비(ε)와 단열지수(κ)만의 함수이며, 공급열량(Q_H)과는 무관하다. 따라서 압축비를 크게 할수록 열효율은 증가하지만 실제 정적사이클 기관에서는 비정상적인 연소에 의한 노킹(knocking)으로 인하여 압축비의 제한을 받는다. 이러한 점을 고려하여 가솔린기관의 압축비는 보통 7~12 정도로 한다. 그림 7-3은 정적사이클의 이론열효율을 나타낸 것이다.

그림 7-2 (a)에서 한 사이클 동안의 유효일 W는 사이클 폐곡선의 면적 1-2-3-4와 같으며, 이 면적을 행정체적을 밑변으로 하는 직사각형으로 나타내면 음영부분과 같다. 즉 사이클의 유효일은 $W=P_m(V_1-V_2)=P_m V_s$와 같으며 음영부의 높이 P_m을 평균유효압력(mean effective pressure, 약자로 MEP라고도 함)이라 한다.

$$P_m=\frac{W}{V_s}=\frac{Q_H-Q_L}{V_1-V_2} \qquad (7\text{-}3\text{-}2)$$

이론사이클로부터 구한 유효일을 행정체적으로 나눈 값을 이론평균유효압력(theoretical mean effective pressure, TMEP)이라 한다.

식 (7-3-2)에 식 (7-3-1)을 대입하고 $\varepsilon=V_1/V_2$, $V_1=mRT_1/P_1$을 고려하면 정적사이클의 이론평균유효압력 $P_{mth,o}$은 다음과 같이 정리된다.

$$P_{mth,o}=\frac{P_1 Q_H}{mRT_1}\frac{\varepsilon}{\varepsilon-1}\left\{1-\left(\frac{1}{\varepsilon}\right)^{\kappa-1}\right\} \qquad (7\text{-}3\text{-}3)$$

그리고 식 (7-3-2)에 식 ⓑ와 ⓓ를 대입하여 정리하면

$$P_{mth,o}=\frac{Q_H-Q_L}{V_1-V_2}=\frac{mc_v(T_1-T_2+T_3-T_4)}{V_1-V_2} \qquad \cdots\cdots\cdots\cdots\ ⓔ$$

이다. 한편, 정적가열(연소)로 인한 실린더 내 압력의 상승 비율($\varphi = P_3/P_2$)을 최고 압력비(pressure ratio), 압력상승비 또는 폭발비(explosion ratio)라 정의한다. 따라서

$$\varphi = \frac{P_3}{P_2} = \frac{T_3}{T_2} \quad \cdots\cdots ⓕ$$

이므로 식 ⓐ, ⓒ 및 ⓕ로부터

$$T_2 = T_1 \epsilon^{\kappa-1}, \quad T_3 = T_2 \varphi = T_1 \varphi \varepsilon^{\kappa-1}, \quad T_4 = T_3/\varepsilon^{\kappa-1} = T_1 \varphi \cdots\cdots ⓖ$$

또한 $c_v = R/(\kappa - 1)$, $P_1 = mRT_1/V_1$이므로 식 ⓔ에 ⓖ를 대입하여 정리하면 정적사이클의 이론평균유효압력 $P_{mth,o}$은 다음과 같아진다.

$$P_{mth,o} = \frac{P_1(\varepsilon^\kappa - \varepsilon)(\varphi - 1)}{(\kappa - 1)(\varepsilon - 1)} \qquad (7\text{-}3\text{-}4)$$

이상에서 정적사이클의 이론평균유효압력($P_{mth,o}$)은 압축비(ε), 비열비(κ) 및 압력비(φ)의 함수이며 압축 전 압력 P_1에 비례함을 알 수 있다.

예제 7-1

압축비가 8인 정적사이클의 이론열효율은 얼마인가? 단, 비열비는 1.4이다.

풀이 ε=8, κ=1.4 이므로 식 (7-3-1)을 이용하면

$$\eta_{th,o} = 1 - \left(\frac{1}{\varepsilon}\right)^{\kappa-1} = 1 - \left(\frac{1}{8}\right)^{(1.4-1)} = 0.5647 \ (\therefore \eta_{th,o} = 56.47\%)$$

예제 7-2

간극체적이 행정체적의 1/6인 정적사이클의 이론열효율을 구하여라. 단, 작동유체의 비열비는 1.36이다.

풀이 κ=1.36, "실린더 체적=행정체적+간극체적" 이므로 $V_1 = 6V_2 + V_2 = 7V_2$이다. 따라서 이론열효율은 식 (7-3-1)을 이용하면

$$\eta_{th,o} = 1 - \left(\frac{V_2}{V_1}\right)^{\kappa-1} = 1 - \left(\frac{V_2}{7V_2}\right)^{(1.36-1)} = 0.5037 \ (\therefore \eta_{th,o} = 50.37\%)$$

예제 7-3

정적사이클에서 최저 압력과 최저 온도가 각각 101.325 kPa, 20℃, 최고 온도가 2200℃이다. 압축비가 7.8이고 작동유체의 비열비가 1.4, 정적비열이 0.7171 kJ/kgK일 때 다음을 구하여라.

(1) 작동유체 1 kg당 공급열량과 방열량 (2) 이론열효율
(3) 최고압력 (4) 이론평균유효압력

풀이 (1) 작동유체 1 kg당 공급열량과 방열량

t_1=20℃, ε=7.8, κ=1.4 이므로 압축 말 온도 T_2는 식 ⓐ로부터

$$T_2 = T_1 \varepsilon^{\kappa-1} = (20+273)\times 7.8^{(1.4-1)} = 666.35\ \mathrm{K}$$

따라서 c_v=0.7171 kJ/kgK, t_3=2200℃ 이므로 공급열량 q_H는 식 (3-6-9)를 이용하면

$$q_H = c_v(T_3 - T_2) = 0.7171\times\{(2200+273)-666.35\} = 1295.55\ \mathrm{kJ/kg}$$

단열팽창 후 온도 t_4는 식 ⓒ로부터

$$T_4 = T_3 \varepsilon^{1-\kappa} = (2200+273)\times 7.8^{(1-1.4)} = 1087.39\ \mathrm{K}$$

이므로 방열량 q_L은

$$q_L = c_v(T_4 - T_1) = 0.7171\times\{1087.39-(20+273)\} = 569.66\ \mathrm{kJ/kg}$$

(2) 이론열효율

ε=7.8 이므로 식 (7-3-1)로부터

$$\eta_{th,o} = 1-\left(\frac{1}{\varepsilon}\right)^{\kappa-1} = 1-\left(\frac{1}{7.8}\right)^{(1.4-1)} = 0.5603\ \ (\therefore \eta_{th,o}=56.03\%)$$

(3) 최고압력

압축 말 압력 P_2는 상태변화 1-2가 가역단열변화이므로 $P_1 V_1^\kappa = P_2 V_2^\kappa$에서

$$P_2 = P_1\left(\frac{V_1}{V_2}\right)^\kappa = P_1\varepsilon^\kappa = 101.325\times 7.8^{1.4} = 1797.42\ \mathrm{kPa}$$

t_3=2200℃이고 상태변화 2-3이 정적변화이므로 $P_2/T_2 = P_3/T_3$으로부터 최고압력 P_3은

$$P_3 = P_2\frac{T_3}{T_2} = 1797.42\times\frac{2200+273}{666.35} = 6670.70\ \mathrm{kPa} \fallingdotseq 6.67\ \mathrm{MPa}$$

(4) 이론평균유효압력

P_1=101.325 kPa, 최고압력비가 $\varphi = P_3/P_2$=6670/1797.42≒3.71이므로 식 (7-3-4)로부터

$$P_{mth,o} = \frac{P_1(\varepsilon^\kappa-\varepsilon)(\varphi-1)}{(\kappa-1)(\varepsilon-1)} = \frac{101.325\times(7.8^{1.4}-7.8)\times(3.71-1)}{(1.4-1)\times(7.8-1)}$$
$$= 1003.38\ \mathrm{kPa}$$

[2] 정압사이클(Diesel 사이클)

정적사이클의 정적가열 과정을 정압가열로 대체한 사이클을 정압사이클(constant pressure cycle) 또는 정압연소 사이클(constant pressure combustion cycle)이라 하며 저속 디이젤기관의 기본사이클이다. 이 사이클은 독일의 R. Diesel이 처음으로 고안(1892년)하여 Diesel 사이클이라고도 한다. 혼합기(공기와 연료증기)를 흡기하는 가솔린기관은 압축비를 높이면 자기착화(self ignition)에 의해 노크가 발생함으로 제한을 받는다. 그러나 디이젤기관은 공기만을 흡기하여 단열압축시킨 후 고온으로 압축된 공기에 연료를 따로 분사하여 자기착화에 의해 점화, 연소시킴으로 압축비를 높일 수 있다. 급격한 연소에 의한 압력상승을 방지하기 위해 연료의 분사량을 조절하여 일정한 압력 하에 연소가 이루어지게 한다.

그림 7-4는 정압사이클을 $P-V$ 선도와 $T-S$ 선도에 나타낸 것으로 2개의 가역 단열변화와 정압변화 및 정적변화로 구성된다.

① 상태변화 0-1 : 흡기행정으로 정압 하에 공기만을 실린더 안으로 흡입하는 과정이다.

② 상태변화 1-2 : 압축행정으로 공기만을 가역 단열압축하는 과정이다.

$$\frac{T_2}{T_1} = \left(\frac{V_1}{V_2}\right)^{\kappa - 1} = \varepsilon^{\kappa - 1} \Rightarrow T_2 = T_1 \varepsilon^{\kappa - 1} \cdots\cdots\cdots ⓐ$$

③ 상태변화 2-3 : 정압 하에 연소에 의해 열을 공급하는 정압가열 과정이다. 공급열량 Q_H는 식 (3-6-4)로부터 다음과 같이 나타낼 수 있다.

$$Q_H = m\,c_p(T_3 - T_2) \cdots\cdots\cdots ⓑ$$

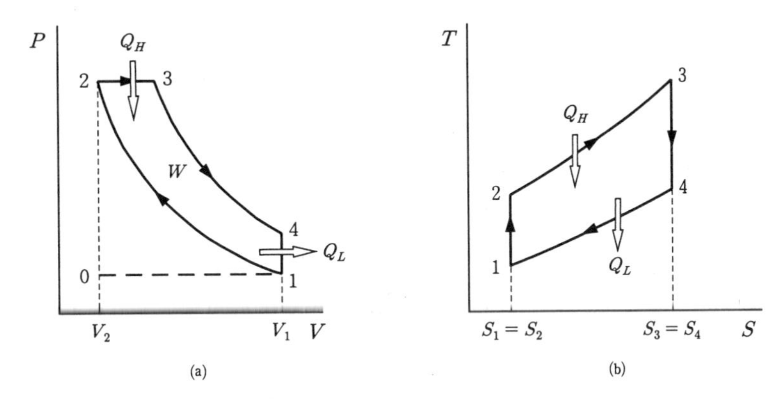

그림 7-4 정압사이클(Diesel 사이클)

정압변화이므로

$$\frac{T_2}{V_2} = \frac{T_3}{V_3} \quad \Rightarrow \quad T_3 = T_2\left(\frac{V_3}{V_2}\right) = T_2\sigma \quad \Rightarrow \quad T_3 = T_1\sigma\,\varepsilon^{\kappa-1} \cdots\cdots ⓒ$$

위의 식에서 정압가열 전, 후 작동유체의 체적비 $\sigma = V_3/V_2$를 단절비(斷切比, cut off ratio) 또는 차단비(체절비)라 한다.

④ 상태변화 3-4 : 동력행정(팽창행정)으로 작동유체(연소가스)가 단열팽창하며 외부에 대해 일을 하는 과정이다.

$$\frac{T_4}{T_3} = \left(\frac{V_3}{V_4}\right)^{\kappa-1} = \left(\frac{V_3}{V_1}\right)^{\kappa-1} = \left(\frac{V_3}{V_2}\cdot\frac{V_2}{V_1}\right)^{\kappa-1} = \left(\frac{\sigma}{\varepsilon}\right)^{\kappa-1}$$

$$\Rightarrow \quad T_4 = T_3\left(\frac{\sigma}{\varepsilon}\right)^{\kappa-1} = T_1\sigma^{\kappa} \cdots\cdots ⓓ$$

⑤ 상태변화 4-1 : 정적 하에 외부로 방열하는 과정으로 방열량 Q_L은 아래와 같아진다.

$$Q_L = m\,c_v(T_4 - T_1) \cdots\cdots ⓔ$$

⑥ 상태변화 1-0 : 배기행정으로 정압 하에 작동유체(연소가스)를 배출하는 과정이다.

이상에서 정압사이클의 이론열효율 $\eta_{th,d}$는 식 ⓐ~ⓔ로부터 다음 식을 얻는다.

$$\eta_{th,d} = \frac{W}{Q_H} = 1 - \frac{c_v(T_4 - T_1)}{c_p(T_3 - T_2)} = 1 - \left(\frac{1}{\varepsilon}\right)^{\kappa-1}\left\{\frac{\sigma^{\kappa}-1}{\kappa(\sigma-1)}\right\} \quad (7\text{-}3\text{-}5)$$

정압사이클의 이론열효율 $\eta_{th,d}$도 정적사이클과 마찬가지로 압축비(ε)가 커지면 열효율이 증가하나 단절비(σ)가 커지면 $\eta_{th,d}$는 감소한다. 또한 식 (7-4-1)의 우변 둘째 항에서 항상 $\{(\sigma^{\kappa}-1)/\kappa(\sigma-1)\} > 1$이므로 압축비가 같은 경우 $\eta_{th,o} > \eta_{th,d}$이다. 그러나 디이젤 기관에서는 압축비를 많이 높여도 노킹의 염려가 없어 가솔린기관의 압축비보다 훨씬 더 높일 수 있다. 그러나 압축비가 너무 높으면 최대압력도 높아져 기계적 강도를 높이기 위해 중량이 무거워져 불리함으로 보통 디젤기관의 압축비는 12~22 정도로 한다. 그림 7-5는 정압사이클의 이론열효율을 나타낸 것이다.

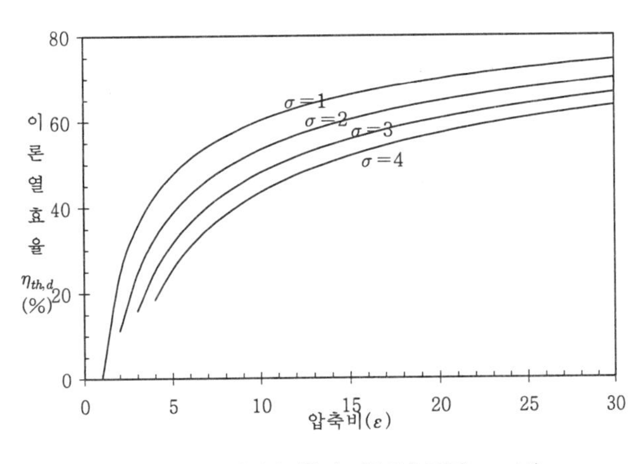

그림 7-5 정압사이클의 이론열효율(단, κ=1.4)

정압사이클의 이론평균유효압력 $P_{mth,d}$는 식 (7-3-2)에 식 ⓐ~ⓔ를 대입하여 정리하면 다음과 같은 식을 얻는다.

$$P_{mth,d} = \frac{P_1}{(\kappa-1)(\varepsilon-1)}\{\kappa\varepsilon^{\kappa}(\sigma-1)-\varepsilon(\sigma^{\kappa}-1)\} \qquad (7\text{-}3\text{-}6)$$

정압사이클의 이론평균유효압력 $P_{mth,d}$는 압축비(ε), 비열비(κ) 및 단절비(σ)의 함수이며 압축 전 압력(P_1)에 비례함을 알 수 있다.

예제 7-4

압축비가 16, 단절비가 2.3인 정압사이클의 이론열효율을 구하여라. 단, 작동유체의 비열비는 1.4이다.

풀이 ε=16, σ=2.3, κ=1.4 이므로 식 (7-3-5)로부터

$$\eta_{th,d} = 1-\left(\frac{1}{\varepsilon}\right)^{\kappa-1}\left\{\frac{\sigma^{\kappa}-1}{\kappa(\sigma-1)}\right\} = 1-\left(\frac{1}{16}\right)^{1.4-1}\times\frac{2.3^{1.4}-1}{1.4\times(2.3-1)} = 0.5996$$

즉 $\eta_{th,d}$=56.47%이다.

예제 7-5

정압사이클에서 최저 압력과 최저 온도가 각각 101.325 kPa, 20℃, 최고 온도가 2200℃이다. 압축비가 14, 작동유체의 비열비가 1.4일 때 다음을 구하여라.

(1) 단절비 (2) 이론열효율 (3) 최고압력 (4) 이론평균유효압력

풀이 (1) 단절비

t_1=20℃, ε=14, κ=1.4이므로 압축 말 온도 T_2는 식 ⓐ로부터

$$T_2 = T_1 \varepsilon^{\kappa-1} = (20+273) \times 14^{(1.4-1)} = 842.01 \text{ K}$$

따라서 t_3=2200℃ 이므로 식 ⓒ에서 단절비 σ는

$$\sigma = \frac{V_3}{V_2} = \frac{T_3}{T_2} = \frac{2200+273}{842.01} = 2.94$$

(2) 이론열효율은 식 (7-3-5)에서

$$\eta_{th,d} = 1 - \left(\frac{1}{\varepsilon}\right)^{\kappa-1} \left\{\frac{\sigma^\kappa - 1}{\kappa(\sigma-1)}\right\} = 1 - \left(\frac{1}{14}\right)^{(1.4-1)} \times \frac{2.94^{1.4}-1}{1.4 \times (2.94-1)} = 0.5483$$

$\eta_{th,d}$=54.83%

(3) 최고압력

$P_{\max} = P_2 = P_3$이며 상태변화 1-2가 가역단열변화이므로 $P_1 V_1^\kappa = P_2 V_2^\kappa$에서

$$P_2 = P_1 \left(\frac{V_1}{V_2}\right)^\kappa = P_1 \varepsilon^\kappa = 101.325 \times 14^{1.4} = 4076.58 \text{ kPa} \fallingdotseq 4.08 \text{ MPa}$$

(4) 이론평균유효압력은 식 (7-3-6)으로부터

$$P_{mth,d} = \frac{P_1}{(\kappa-1)(\varepsilon-1)} \{\kappa \varepsilon^\kappa (\sigma-1) - \varepsilon(\sigma^\kappa - 1)\}$$
$$= \frac{101.325}{(1.4-1)\times(14-1)} \times \{1.4 \times 14^{1.4} \times (2.94-1) - 14 \times (2.94^{1.4}-1)\}$$
$$= 1167.42 \text{ kPa}$$

[3] 복합사이클(Sabath 사이클)

정적사이클과 정압사이클을 조합한 사이클로 처음에는 정적가열을 한 후 다시 정압가열을 하며 방열은 정적 하에 이루어지는 사이클로서 고속 디이젤기관의 기본사이클이다. 연소에 의한 가열이 정적과 정압에서 이루어지므로 복합사이클(combined cycle 또는 compound cycle) 을 합성사이클, 정적-정압사이클, 이단연소사이클(dual combustion cycle) 또는 Sabathé cycle(사바데 사이클) 등으로 부른다.

고속 디이젤기관에서는 짧은 시간안에 연료를 연소시켜 열을 공급하여야 함으로 압축행정이 끝나기 전에 연료분사를 시작하여 압축 말에 착화되도록 하면 그 동안 분사된 연료는 거의 정적 하서 연소하며 후에 분사된 연료는 거의 정압 하에 연소된다. 그림 7-6은 Sabathé 사이클을 $P-V$ 선도와 $T-S$ 선도에 나타낸 것으로 2개의 가역단열변화와 2개의 정적변화 및 정압변화로 구성된다.

① 상태변화 0-1 : 흡기행정으로 정압 하에 공기만을 실린더 안으로 흡입하는 과정이다.

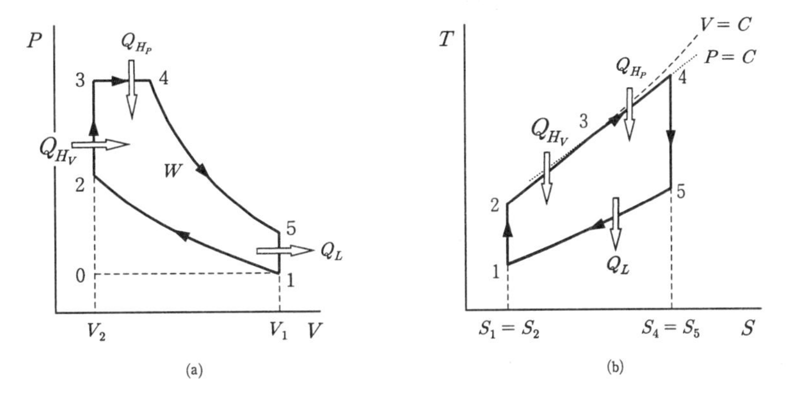

그림 7-6 Sabathe 사이클(복합사이클)

② 상태변화 1-2 : 압축행정으로 공기만을 가역 단열압축하는 과정이다.

$$\frac{T_2}{T_1} = \left(\frac{V_1}{V_2}\right)^{\kappa-1} = \varepsilon^{\kappa-1} \Rightarrow T_2 = T_1 \varepsilon^{\kappa-1} \quad \cdots\cdots \text{ⓐ}$$

③ 상태변화 2-3 : 정적연소에 의해 열을 공급하는 정적가열 과정으로 공급열량 Q_{H_V}는 식 (3-6-9)로부터 다음과 같이 나타낼 수 있다.

$$Q_{H_V} = m c_v (T_3 - T_2) \quad \cdots\cdots \text{ⓑ}$$

정적변화이며, 최고압력비가 $\varphi = P_3/P_2$이므로

$$\frac{T_2}{P_2} = \frac{T_3}{P_3} \Rightarrow T_3 = T_2\left(\frac{P_3}{P_2}\right) = T_2 \varphi \Rightarrow T_3 = T_1 \varphi \varepsilon^{\kappa-1} \quad \cdots\cdots \text{ⓒ}$$

④ 상태변화 3-4 : 정압연소에 의해 열을 공급하는 정압가열 과정으로 공급열량 Q_{H_P}는 식 (3-6-4)로부터 다음과 같이 나타낼 수 있다.

$$Q_{H_P} = m c_p (T_4 - T_3) \quad \cdots\cdots \text{ⓓ}$$

정압변화이므로

$$\frac{T_3}{V_3} = \frac{T_4}{V_4} \Rightarrow T_4 = T_3\left(\frac{V_4}{V_3}\right) = T_3 \sigma \Rightarrow T_4 = T_1 \sigma \varphi \varepsilon^{\kappa-1} \quad \cdots\cdots \text{ⓔ}$$

⑤ 상태변화 4-5 : 동력행정(팽창행정)으로 작동유체(연소가스)가 단열팽창하며 외부에 대해 일을 하는 과정이다.

$$\frac{T_5}{T_4} = \left(\frac{V_4}{V_5}\right)^{\kappa-1} = \left(\frac{V_4}{V_1}\right)^{\kappa-1} = \left(\frac{V_4}{V_3}\cdot\frac{V_3}{V_1}\right)^{\kappa-1} = \left(\frac{\sigma}{\varepsilon}\right)^{\kappa-1}$$

$$\Rightarrow \quad T_5 = T_4\left(\frac{\sigma}{\varepsilon}\right)^{\kappa-1} = T_1\sigma^{\kappa}\varphi \quad \cdots\cdots \text{ⓕ}$$

⑥ 상태변화 5-1 : 정적 방열과정으로 방열량 Q_L은 아래와 같다.

$$Q_L = mc_v(T_5 - T_1) \quad \cdots\cdots \text{ⓖ}$$

⑥ 상태변화 1-0 : 배기행정으로 정압 하에 작동유체(연소가스)를 배출하는 과정이다.
그러므로 Sabathé 사이클의 이론열효율 $\eta_{th,s}$는 식 ⓐ~ⓖ로부터

$$\eta_{th,s} = \frac{W}{Q_H} = \frac{W}{Q_{H_V} + Q_{H_P}} = 1 - \frac{c_v(T_5 - T_1)}{c_v(T_3 - T_2) + c_P(T_4 - T_3)}$$

$$= 1 - \left(\frac{1}{\varepsilon}\right)^{\kappa-1}\left\{\frac{\varphi\sigma^{\kappa} - 1}{(\varphi-1) + \kappa\varphi(\sigma-1)}\right\} \quad (7\text{-}3\text{-}7)$$

Sabathé 사이클의 이론열효율 $\eta_{th,s}$는 압축비(ε), 단절비(σ), 최고압력비(φ) 및 비열비(κ)의 함수이며, 비열비가 같은 경우 압축비(ε)와 최고압력비(φ)가 클수록 단절비(σ)가 작을수록 열효율이 증가한다. 식 (7-5-1)에서 단절비가 $\sigma=1(V_3 = V_4)$이면 $\eta_{th,s}=\eta_{th,o}$이 되고, 최고압력비 $\varphi=1$ $(P_2 = P_3)$이면 $\eta_{th,s}=\eta_{th,d}$이 된다.

한편 Sabathé 사이클의 이론평균유효압력 $P_{mth,s}$는 식 (7-3-2)에 식 ⓐ~ⓔ를 대입하여 정리하면 다음과 같은 식을 얻는다.

$$P_{mth,s} = \frac{P_1}{(\kappa-1)(\varepsilon-1)}\left[\varepsilon^{\kappa}\{(\varphi-1) + \kappa\varphi(\sigma-1)\} - \varepsilon(\varphi\sigma^{\kappa} - 1)\right] \quad (7\text{-}3\text{-}8)$$

Sabathé 사이클의 이론평균유효압력 $P_{mth,s}$도 압축비(ε), 단절비(σ), 최고압력비(φ) 및 비열비(κ)의 함수이며 압축 전 압력(P_1)에 비례함을 알 수 있다.

예제 7-6

압축비가 14, 최고압력비가 1.5, 단절비가 2인 복합사이클의 이론열효율을 구하여라. 단, 작동유체의 비열비는 1.4이다.

풀이 $\varepsilon=14$, $\varphi=1.5$, $\sigma=2$, $\kappa=1.4$ 이므로 식 (7-5-1)로부터

$$\eta_{th,s}=1-\left(\frac{1}{\varepsilon}\right)^{\kappa-1}\left\{\frac{\varphi\sigma^{\kappa}-1}{(\varphi-1)+\kappa\varphi(\sigma-1)}\right\}$$
$$=1-\left(\frac{1}{14}\right)^{(1.4-1)}\times\left\{\frac{1.5\times2^{1.4}-1}{(1.5-1)+1.4\times1.5\times(2-1)}\right\}=0.604$$

즉 $\eta_{th,s}=60.4\%$이다.

예제 7-7

Sabathé 사이클에서 최저 압력과 최저 온도가 각각 101.325 kPa, 20℃, 최고 압력과 최고 온도가 각각 40 bar, 2200℃이다. 압축비가 12, 작동유체의 비열비가 1.4일 때 다음을 구하여라.

(1) 폭발비 (2) 단절비 (3) 이론열효율 (4) 이론평균유효압력

풀이 (1) 폭발비(최고압력비)

$P_1=101.325$ kPa, $\varepsilon=12$, $\kappa=1.4$이고 상태변화 1-2가 단열변화이므로 $P_1V_1^{\kappa}=P_2V_2^{\kappa}$에서

$$P_2=P_1\left(\frac{V_1}{V_2}\right)^{\kappa}=P_1\varepsilon^{\kappa}=101.325\times12^{1.4}=3285.26\text{ kPa}\fallingdotseq32.85\text{ bar}$$

그리고 $P_{\max}=P_3=40$ bar이므로 폭발비 φ는

$$\varphi=\frac{P_3}{P_2}=\frac{40}{32.85}=1.22$$

(2) 단절비

$t_1=20$℃이므로 정적가열 후 온도 T_3은 식 ⓒ로부터

$$T_3=T_1\varphi\varepsilon^{\kappa-1}=(20+273)\times1.22\times12^{(1.4-1)}=965.8℃$$

따라서 $t_4=2200$℃이므로 단절비 σ는 식 ⓔ에서

$$\sigma=\frac{V_4}{V_3}=\frac{T_4}{T_3}=\frac{2200+273}{965.8}=2.56$$

(3) 이론열효율은 식 (7-3-7)에서

$$\eta_{th,s}=1-\left(\frac{1}{\varepsilon}\right)^{\kappa-1}\left\{\frac{\varphi\sigma^{\kappa}-1}{(\varphi-1)+\kappa\varphi(\sigma-1)}\right\}$$
$$=1-\left(\frac{1}{12}\right)^{(1.4-1)}\times\left\{\frac{1.22\times2.56^{1.4}-1}{(1.22-1)+1.4\times1.22\times(2.56-1)}\right\}=0.5447$$

$\eta_{th,s}=54.47\%$

(4) 이론평균유효압력은 식 (7-3-8)로부터

$$P_{mth,s} = \frac{P_1}{(\kappa-1)(\varepsilon-1)}\left[\varepsilon^{\kappa}\{(\varphi-1)+\kappa\varphi(\sigma-1)\}-\varepsilon(\varphi\sigma^{\kappa}-1)\right]$$
$$= \frac{101.325}{(1.4-1)\times(12-1)}\times\left[12^{1.4}\times\{(1.22-1)+1.4\times1.22\times(2.56-1)\}-12\times(1.22\times2.56^{1.4}-1)\right]$$
$$= 1173.02\ \mathrm{kPa}$$

[4] 기본 사이클의 비교

현재 자동차용 내연기관으로 널리 사용되는 열역학적 사이클은 앞에서 설명한 3가지 사이클 중 어느 하나에 속한다. 이들 3가지 사이클들은 각각 여러 가지 제한조건이 있어 단순히 그 장단점을 비교하기가 매우 곤란하다. 따라서 본 절에서는 열효율을 결정하는 여러 인자들 중 몇 가지 조건들을 기준으로 각 사이클들을 비교한다.

① 최저온도, 최저압력, 압축비 및 공급열량이 동일한 경우

그림 7-7은 최저온도(압축 전 온도 T_1), 최저압력(압축 전 압력 P_1), 압축비(ε) 및 공급열량(Q_H)이 같은 경우 3가지 기본사이클을 $P-V$ 선도와 $T-S$ 선도에 나타낸 것으로 3 사이클 모두 상태 1과 상태 2가 같은 점이므로 최저온도, 최저압력 및 압축비가 같다. 또한 그림 7-8(b)에서 공급열량(Q_H)은 정적사이클, 정압사이클, Sabathé 사이클 모두 같으므로

$$Q_H = \text{면적 A123}_o4_o\text{A} = \text{면적 A123}_d4_d\text{A} = \text{면적 A123}'3_s4_s\text{A}$$

이며 방열량(Q_L)은

$$\text{면적 }4_o1\text{AO}4_o(\text{정적사이클}) < \text{면적 }4_s1\text{AS}4_s(\text{Sabathé 사이클}) < \text{면적 }4_d1\text{AS}4_d(\text{정압 사이클})$$

이다. 따라서 유효일($W = Q_H - Q_L$)은 정적사이클이 가장 크고 Sabathé 사이클, 정압사이클 순으로 작아진다. 따라서 이론열효율은 정적사이클이 가장 크고 정압사이클이 가장 작다.

$$\eta_{th,o} > \eta_{th,s} > \eta_{th,d} \tag{7-3-9}$$

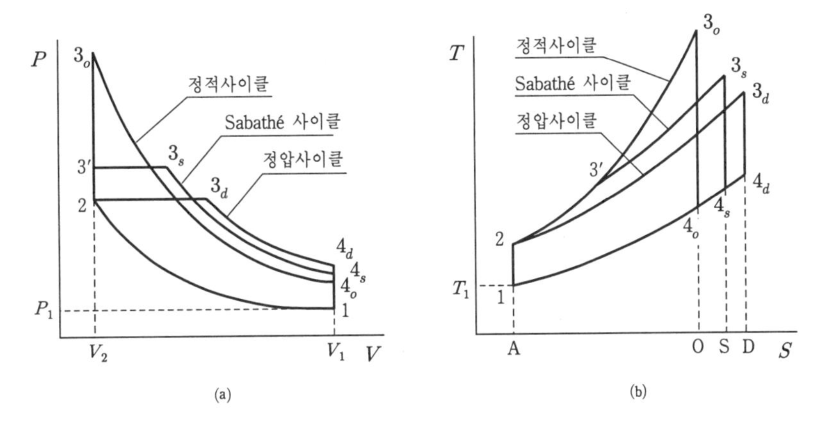

그림 7-7 최저온도, 최저압력, 압축비 및 공급열량이 같은 경우의 각 사이클 비교

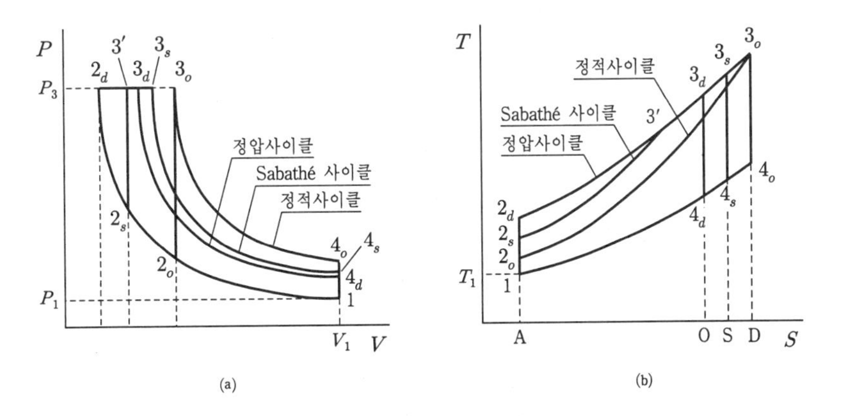

그림 7-8 최저온도, 최저압력, 최고압력 및 공급열량이 같은 경우의 각 사이클 비교

② 최저온도, 최저압력, 최고압력 및 공급열량이 동일한 경우

그림 7-8은 최저온도(압축 전 온도 T_1), 최저압력(압축 전 압력 P_1), 최고압력(팽창 전 압력 P_3) 및 공급열량(Q_H)이 같은 경우 3가지 기본사이클을 $P-V$ 선도와 $T-S$ 선도에 나타낸 것으로 3 사이클 모두 상태 1만 같은 상태점이다. 그림 7-9(b)에서 공급열량(Q_H)은 정적사이클, 정압사이클, Sabathé 사이클 모두 같으므로

$$Q_H = \text{면적 } A12_o3_o4_oA = \text{면적 } A12_d3_d4_dA = \text{면적 } A12_s3'3_s4_sA$$

이며 방열량(Q_L)은 ①의 경우와 다르게

면적 $4_o 1 A D 4_o$(정적사이클) > 면적 $4_s 1 A S 4_s$(정압사이클)
> 면적 $4_d 1 A O 4_d$(Sabathé 사이클)

이다. 따라서 유효일은 정압사이클이 가장 크고 Sabathé 사이클, 정적사이클 순으로 작아진다. 따라서 이론열효율은 정압사이클이 가장 크고 정적사이클이 가장 작다.

$$\eta_{th,d} > \eta_{th,s} > \eta_{th,o} \tag{7-3-10}$$

7-4 내연기관의 성능

앞 장에서 구한 이론열효율은 각 사이클을 가역사이클로 가정하여 구한 것으로 실제 기관의 열효율보다 매우 높다. 따라서 실제 열효율은 기관의 지압선도(指壓線圖, indicated diagram)에서 얻은 도시일(圖示일, indicated work)을 공급한 열로 나누어야 한다. 이것을 도시열효율(indicated thermal dfficiency, η_i로 표기)이라 하고 이론열효율(η_{th})에 기관효율(engine efficiency, η_g로 표기)을 곱한 것과 같다.

$$\eta_i = \eta_{th}\,\eta_g \ (\text{또는 } \eta_m = \eta_i/\eta_{th}) \tag{7-4-1}$$

한 사이클당 평규유효압력도 도시일을 행정체적으로 나눈 도시평균유효압력(indicated mean effective pressure, IMEP) P_{mi}가 이론평균유효압력 P_{mth}보다 기관효율만큼 작다.

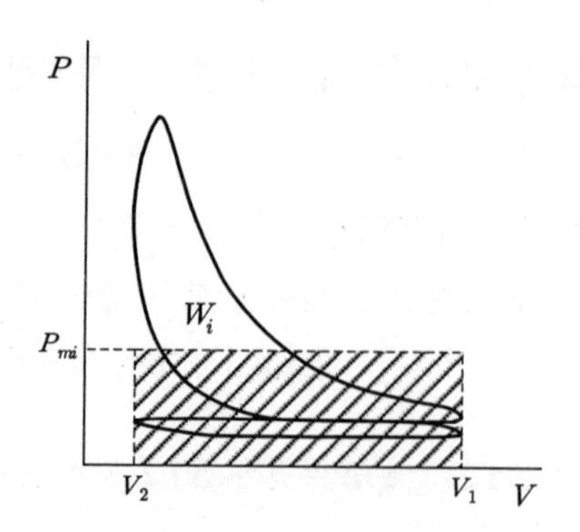

그림 7-9 지압선도와 도시평균유효압력

$$P_{mi} = P_{mth}\,\eta_g \qquad (7\text{-}4\text{-}2)$$

그림 7-9는 피스톤 위치에 따라 변화하는 실린더 내 압력과 체적과의 관계를 $P-V$ 선도에 도시한 것으로 지압선도(指壓線圖, indicated diagram)라 하며 지압선도에서 구한 일을 도시일이라 한다. 도시일은 작동유체인 연소가스가 피스톤에 대해 행한 일이며, 도시일(W_i)을 행정체적으로 나눈 값을 **도시평균유효압력**(indicated mean effective pressure, IMEP, P_{mi})이라 한다. 기관의 출력축에서의 일은 도시일에서 각 부분의 마찰저항 등 여러가지 손실을 제외한 것과 같으며 출력축에서 측정한 일을 제동(制動)일 또는 정미(正米)일이라 하고, 제동일을 공급열량으로 나눈 값을 제동열효율(brake thermal efficiency, η_b), 제동일을 행정체적으로 나눈 값을 제동평균유효압력(brake meam effective pressure, BMEP, P_{mb})이라 한다. 여기서 도시일에 대한 제동일의 비를 기계효율(mechanical efficiency, η_m)이라 한다.

$$\eta_m = \frac{W_b}{W_i} = \frac{P_{mb}}{P_{mi}} = \frac{\eta_b}{\eta_i} \qquad (7\text{-}4\text{-}3)$$

그리고 단위시간당 기관의 일량을 출력(또는 동력, power)이라 정의하며 이론일로 구한 값을 이론출력(theoretical power, N_{th}로 표기), 도시일로 구한 값을 도시출력(indicated power, N_i), 또한 제동일로부터 구한 값을 축출력(또는 정미출력, brake power, N_b)이라 부른다. 한 사이클 동안의 일(W)을 행정체적($V_s = V_1 - V_2$)으로 나눈 값이 평균유효압력(P_m)이므로 기관의 출력은 기관이 2회전하는 동안 한 번의 동력행정을 하는 4 행정기관(4 stroke engine)과 1회전에 한 번의 동력행정을 하는 2 행정기관(2 stroke engine)에 따라 다르므로 다음과 같이 나타낼 수 있다.

$$4\text{ 행정기관}:\ N = \frac{P_m V_s Z n}{2\times 60} = \frac{P_m A L Z n}{2\times 60}\ \text{(kW)} \qquad (7\text{-}4\text{-}4)$$

$$2\text{ 행정기관}:\ N = \frac{P_m V_s Z n}{60} = \frac{P_m A L Z n}{60}\ \text{(kW)} \qquad (7\text{-}4\text{-}5)$$

여기서 P_m : 평균유효압력(kPa) V_s : 실린더 당 행정체적(m^3)
A : 피스톤 단면적(m^2) L : 행정(m)
Z : 실린더 수 n : 기관의 1분당 회전수(rpm)

이다.

어떤 내연기관이 $\dot{m}_f$ kg/h의 연료를 사용하며, 연료의 저발열량이 H_l J/kg이라 하고 기관의 출력이 N W라 하면 열효율(η)은 다음과 같이 나타낼 수도 있다.

$$\eta = \frac{W}{Q_H} = \frac{3600N}{\dot{m}_f H_l} \tag{7-4-6}$$

기관의 성능은 열효율이나 출력으로 나타내는 외에도 연료의 사용량으로 나타내는 경우도 있다. 단위 출력(1 W)당 연료소비량(g)을 연료소비율(fuel consumption ratio, f로 표기)이라 하며 출력과의 관계는 다음과 같다.

$$f = \frac{1000\,\dot{m}_f}{N} = \frac{3600 \times 1000}{\eta H_l} \ \text{(g/kWh)} \tag{7-4-7}$$

위의 식 (7-4-4)에서 (7-4-7)까지는 도시일과 제동일 중 어느 것을 선택하는가에 따라 아래 첨자를 사용하여 도시출력, 제동출력(축출력), 도시열효율, 제동열효율, 도시연료소비율, 제동연료소비율 등으로 나타낼 수 있다.

예제 7-8

배기량이 2 L, 회전속도가 1800 rpm인 4행정기관의 축출력이 25 kW일 때 제동평균유효압력은 얼마인가? 또 기계효율이 85%이고 기관효율이 90%라면 도시평균유효압력과 이론평균유효압력은 각각 얼마인가?

풀이 (1) 제동평균유효압력

『배기량=1실린더 당 행정체적×실린더 수』에서 $V_s Z$=2 L=2000×10^{-6} m^3, n=1800 rpm, N_b=25 kW이므로 식 (7-4-4)에서 제동평균유효압력 P_{mb}는

$$P_{mb} = \frac{2 \times 60\,N_b}{V_s Z n} = \frac{2 \times 60 \times 25}{2000 \times 10^{-6} \times 1800} = 833.3\ \text{kPa}$$

(2) 도시평균유효압력

η_m=0.85이므로 식 (7-4-3)에서 도시평균유효압력 P_{mi}는

$$P_{mi} = \frac{P_{mb}}{\eta_m} = \frac{833.3}{0.85} = 980.4\ \text{kPa}$$

(3) 이론평균유효압력

η_g=0.9이므로 식 (7-4-2)에서 이론평균유효압력 P_{mth}는

$$P_{mth} = \frac{P_{mi}}{\eta_b} = \frac{980.4}{0.9} = 1089.3\ \text{kPa}$$

예제 7-9

실린더가 4개인 4행정기관의 실린더 안지름과 피스톤 행정이 각각 68 mm, 72 mm이다. 도시평균유효압력이 10 bar라면 4800 rpm에서 축출력은 얼마인가? 단, η_m=0.87이다.

풀이 Z=4, d=0.068 m, L=0.072 m, P_{mi}=1000 kPa, n=4800, η_m=0.87 이므로 식 (7-4-3)과 식 (7-4-4)에서 축출력 N_b는

$$N_b = \frac{P_{mb} A L Z n}{2 \times 60} = \frac{P_{mi}\eta_m (\pi d^2/4) L Z n}{2} \times 60$$
$$= \frac{1000 \times 0.87 \times (\pi \times 0.068^2/4) \times 0.072 \times 4 \times 4800}{2 \times 60} = 36.4\ \text{kW}$$

7-5 가스터빈 사이클

압축기로 공기를 압축시켜 연소실로 보내 연료를 분사, 연소시키면 고온, 고압의 연소가스가 얻어지며, 이 연소가스로 터빈을 회전시켜 연속적으로 동력을 얻는 내연기관을 가스터빈(gas turbine)이라 한다.

가스터빈의 기본 구성요소는 압축기(compressor), 연소기(combustor), 터빈으로 구성되며 기본적인 구성요소만을 가진 것을 단순 가스터빈이라 한다. 단순 가스터빈은 압축기로 공기를 단열압축시켜 연소실로 보내면 여기서 연료를 분사시켜 연소시킨다. 연소기에서 얻은 고온, 고압의 연소가스가 터빈에서 단열팽창하며 동력을 발생시킨다. 발생한 동력의 일부는 압축기를 구동하는데 이용되고 나머지가 유효 동력이다.

[1] Brayton 사이클

가스터빈의 사이클에는 정압연소 사이클과 정적연소 사이클 두 가지가 있으나 현재는 정압연소 사이클을 사용하고 있다. 정압연소 사이클로서 가스터빈의 공기표준사이클은 그림 7-10과 같이 2개의 가역단열변화와 2개의 정압변화로 구성된 사이클로 Brayton 사이클 또는 Joule 사이클이라 한다. 이 사이클은 현재 속도형 가스터빈의 기본사이클로 작동유체의 순환경로에 따라 개방사이클과 밀폐사이클이 있다. 그림 7-11은 개방형 가스터빈 사이클로 매 사이클마다 대기를 압축, 연소, 팽창시켜 동력을 얻은 후 다시 대기로 방출한다. 이것은 자동차기관과 같은 내연기관의 경우와 마찬가지로 매 사이클마다 작동유체를 교체하며, 항공용 기관이 이에 속한다. 그림 7-12는 밀폐형 가스터빈 사이클로 작동유체는 압축기에서 단열압축된 후 가열기에서 연소가스

로부터 흡열하여 고온, 고압으로 되고 터빈으로 들어간다. 터빈에서 단열팽창하며 일을 마친 작동유체는 냉각기에서 냉각수에 방열하며 냉각되어 저온, 저압으로 된 후 다시 압축기로 들어간다. 이와 같이 밀폐형 사이클은 작동유체와 연소가스가 별개의 것이다.

다음은 개방형 Brayton 사이클의 작동원리와 이론열효율을 구해 본다. 작동유체는 이상기체로 가정하며 압축기로 들어오는 대기와 작동유체가 대기로 배출되는 압력은 정압으로 가정한다. 단위질량(1 kg)의 작동유체에 대해 사이클을 살펴보면 다음과 같다.

① 상태변화 1-2 : 압축기(보통 속도형)에서의 가역단열압축과정으로 압축 전, 후의 압력 비율을 압축압력비(compression pressure ratio, ρ로 표기)라 한다. 단열변화에 대한 식 (3-6-20)으로부터 압축비는 다음과 같이 쓸 수 있다.

$$\rho = \frac{P_2}{P_1} = \left(\frac{T_2}{T_1}\right)^{\frac{\kappa}{\kappa - 1}} \quad \cdots\cdots (a)$$

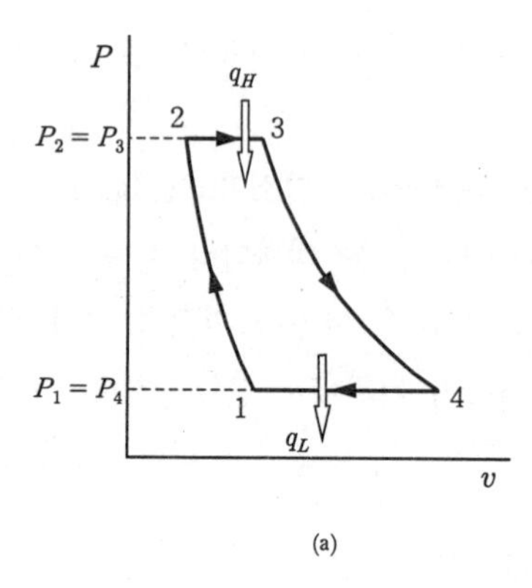

(a)

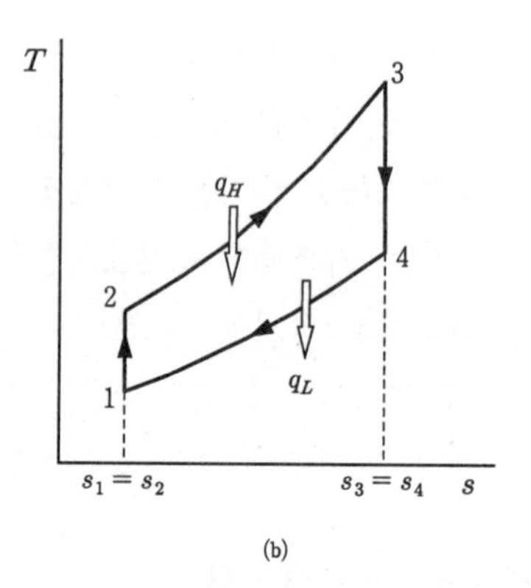

(b)

그림 7-10 Brayton 사이클

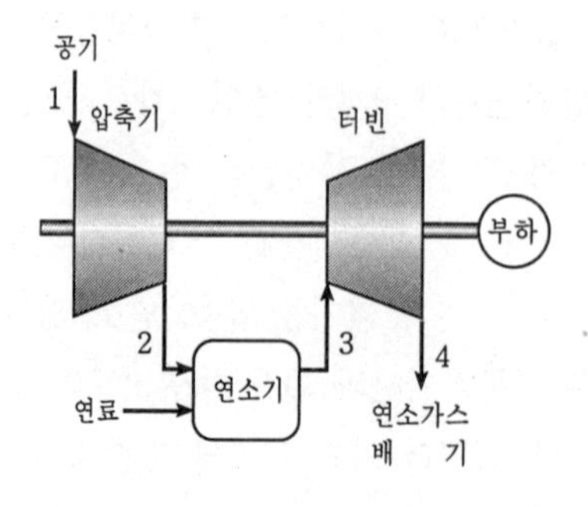

그림 7-11 개방형 가스터빈

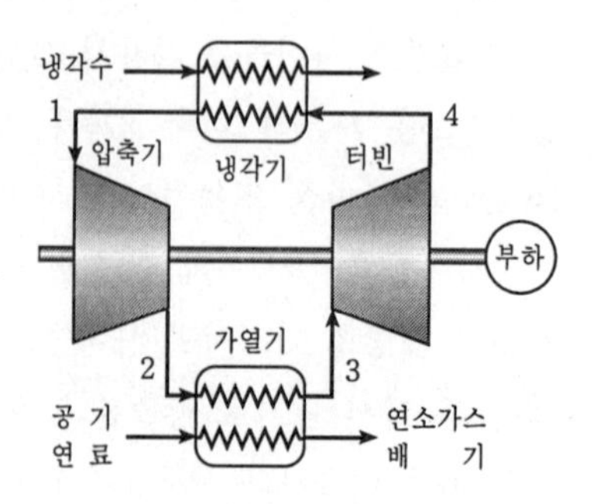

그림 7-12 밀폐형 가스터빈

② 상태변화 2-3 : 연소기에서의 정압가열 과정으로 가열량 q_H는

$$q_H = c_p(T_3 - T_2) \quad \cdots\cdots \text{(b)}$$

③ 상태변화 3-4 : 터빈에서 가역단열팽창에 의해 일을 하는 과정으로 압력비는

$$\rho = \frac{P_3}{P_4} = \frac{P_2}{P_1} = \left(\frac{T_3}{T_4}\right)^{\frac{\kappa}{\kappa-1}} \quad \cdots\cdots \text{(c)}$$

④ 상태변화 4-1 : 연소가스의 배기로 인한 정압방열 과정으로 생각할 수 있으며 방열량 q_L는 아래와 같다.

$$q_L = c_p(T_4 - T_1) \quad \cdots\cdots \text{(d)}$$

식 (a)와 (c)에서

$$\rho = \left(\frac{T_2}{T_1}\right)^{\frac{\kappa}{\kappa-1}} = \left(\frac{T_3}{T_4}\right)^{\frac{\kappa}{\kappa-1}}$$

$$\Rightarrow \quad \frac{T_1}{T_2} = \frac{T_4}{T_3} = \frac{T_4 - T_1}{T_3 - T_2} = \left(\frac{1}{\rho}\right)^{\frac{\kappa-1}{\kappa}} \quad \cdots\cdots \text{(e)}$$

이므로 Brayton 사이클의 이론열효율을 η_B라 하면 식 (b), (d), (e)로부터

$$\eta_B = 1 - \frac{q_L}{q_H} = 1 - \frac{T_4 - T_1}{T_3 - T_2} = 1 - \left(\frac{1}{\rho}\right)^{\frac{\kappa-1}{\kappa}} \qquad (7\text{-}5\text{-}1)$$

식 (7-5-1)에서 Brayton 사이클의 이론열효율은 압축압력비(ρ)와 비열비(κ)만의 함수이며, 공급열량(q_H)과는 무관하다. 실제의 경우 P_1이 대기압이므로 압축압력비(ρ)가 증가하면 이론열효율도 따라서 증가한다.

작동유체 1 kg당 압축기의 소요일(w_c)은 단열과정이므로 식 (3-6-23)으로부터

$$w_c = \int_1^2 v\,dP = h_2 - h_1 = c_p(T_2 - T_1)$$
$$= \frac{\kappa}{\kappa-1} RT_1 \left\{\rho^{\frac{\kappa-1}{\kappa}} - 1\right\} \qquad (7\text{-}5\text{-}2)$$

이며, 작동유체가 터빈에서 단열팽창에 의해 하는 일(w_T)은

$$w_T = -\int_3^4 v\,dP = h_3 - h_4 = c_p(T_3 - T_4)$$
$$= \frac{\kappa}{\kappa-1} R T_3 \left\{1 - \left(\frac{1}{\rho}\right)^{\frac{\kappa-1}{\kappa}}\right\} \qquad (7\text{-}5\text{-}3)$$

이므로 Brayton 사이클의 유효일(w)은 아래와 같이 나타낼 수 있다.

$$w = w_T - w_c \qquad (7\text{-}5\text{-}4)$$

예제 7-10

정압연소를 하는 개방형 Brayton 사이클에서 20℃인 표준대기압의 공기를 압축기에서 압축압력비 5로 압축하며, 가스 터빈 입구에서 공기의 온도는 980℃이다. 이상사이클로 작동될 때 다음을 구하여라.

(1) 압축 후 온도　(2) 압축일　(3) 터빈일
(4) 역동력비(역동력비)　(5) 이론열효율

풀이 (1) 압축 후 온도

t_1=20℃, ρ=5이므로 식 (a)에서 압축 후 온도 t_2는

$$T_2 = T_1\left(\frac{P_2}{P_1}\right)^{\frac{\kappa-1}{\kappa}} = T_1 \rho^{\frac{\kappa-1}{\kappa}} = (20+273)\times 5^{\frac{1.4-1}{1.4}} = 464.1\ \text{K} \quad (\therefore t_2 = 191.1℃)$$

(2) 압축일

공기의 정압비열이 c_p=1.005 kJ/kgK이므로 식 (7-5-2)로부터 압축일 w_c는

$$w_c = c_p(T_2 - T_1) = 1.005\times(191.1-20) = 172.0\ \text{kJ/kg}$$

(3) 터빈일

먼저 단열팽창 후 온도 t_4를 구하면 t_3=980℃, ρ=5이므로 식 (c)에서

$$T_4 = T_3\, \rho^{\frac{1-\kappa}{\kappa}} = (980+273)\times 5^{\frac{1-1.4}{1.4}} = 791.1\ \text{K} \quad (\therefore t_4 = 518.1℃)$$

이므로 터빈일 w_T는 식 (7-5-3)에서

$$w_T = c_p(T_3 - T_4) = 1.005\times(980-518.1) = 464.2\ \text{kJ/kg}$$

(4) 역동력비

가스터빈 사이클에서 터빈에서 얻은 팽창일 중 압축기를 구동하기 사용한 압축일의 비율을 역동력비(back work ratio, BWR로 표기)라 한다.

$$BWR = \frac{w_c}{w_T} = \frac{172.0}{464.2} = 0.3705 \quad (\therefore BWR = 37.05\%)$$

(5) 이론열효율 : 식 (7-5-1)에서

$$\eta_B = 1 - \left(\frac{1}{\rho}\right)^{\frac{\kappa-1}{\kappa}} = 1 - \left(\frac{1}{5}\right)^{\frac{1.4-1}{1.4}} = 0.3686 \quad (\therefore \eta_B = 36.86\%)$$

[2] 실제 Brayton 사이클의 여러 손실

이론사이클인 Brayton 사이클과 실제 가스터빈과의 차이는 압축기와 터빈에서의 비가역변화, 연소실에서의 압력강하, 기타 배관에서의 저항과 열손실 등이다. 물론 밀폐 사이클인 경우는 냉각기에서의 압력강하도 포함된다. 그러나 연소실이나 냉각기에서의 압력강하, 기타 열손실 등은 압축기와 터빈에서의 손실에 비해 작으므로 이들을 무시하면 그림 7-13과 같이 압축기와 터빈의 손실이다. 그림에서 Brayton 사이클은 1-2-3-4-1이며 손실을 고려한 실제 가스터빈은 1-2′-3-4′-1과 같은 사이클을 이룬다. 압축기에서의 저항으로 인한 손실로 가역단열압축은 1→2가 아닌 1→2′의 상태변화를 함으로 압축일이 증가하며, 터빈에서는 가역단열팽창 3→4가 아닌 3→4′의 상태변화로 터빈에서의 팽창일이 감소한다. 이 손실로 인한 압축기 소요일의 증가비율과 터빈 팽창일의 감소비율을 각각 압축기효율(compressor efficiency, η_c), 터빈효율(turbine efficiency, η_T) 또는 압축기 단열효율, 터빈 단열효율이라 정의한다.

작동유체의 정압비열이 일정한 경우에는

$$\eta_c = \frac{w_c}{(w_c)_{act}} = \frac{h_2 - h_1}{h_{2'} - h_1} = \frac{T_2 - T_1}{T_{2'} - T_1} \tag{7-5-5}$$

$$\eta_T = \frac{(w_T)_{act}}{w_T} = \frac{h_3 - h_{4'}}{h_3 - h_4} = \frac{T_3 - T_{4'}}{T_3 - T_4} \tag{7-5-6}$$

그러므로 실제 압축기 소요일 $(w_c)_{act}$와 실제 터빈 팽창일 $(w_T)_{act}$는 다음과 같다.

$$(w_c)_{act} = \frac{w_c}{\eta_c} = \frac{c_p(T_2 - T_1)}{\eta_c} \tag{7-5-7}$$

$$(w_T)_{act} = w_T \eta_c = c_p(T_3 - T_4)\,\eta_T \tag{7-5-8}$$

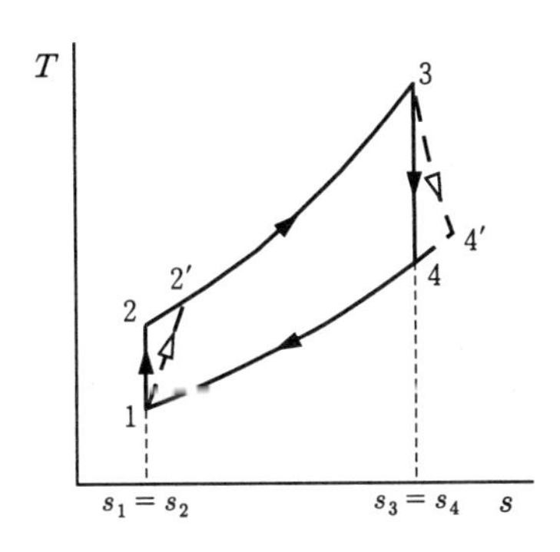

그림 7-13 실제 Brayton 사이클에서의 손실

식 (7-5-5)와 식 (7-5-6)으로부터 단열압축, 단열팽창 후 온도를 구하면

$$T_{2'} = T_1 + \frac{T_2 - T_1}{\eta_c} = T_1\left[1 + \frac{1}{\eta_c}\left\{(\rho_c)^{\frac{\kappa-1}{\kappa}} - 1\right\}\right] \tag{7-5-9}$$

$$T_{4'} = T_3 - \eta_T(T_3 - T_4) = T_3\left\{1 - \eta_T\left\{1 - \left(\frac{1}{\rho_T}\right)^{\frac{\kappa-1}{\kappa}}\right\}\right\} \tag{7-5-10}$$

여기서 $\rho_c = P_2/P_1$으로 압축기에서의 압축압력비이고, $\rho_T = P_3/P_4$로 터빈에서의 팽창압력비이다. 그림 7-11과 같이 $P_2 = P_{2'} = P_3$, $P_1 = P_4 = P_{4'}$인 경우는 $\rho_c = \rho_T$이다.

그리고 실제 가스터빈의 이론열효율 η_{act}는 아래의 식과 같다.

$$\eta_{act} = \frac{w_{act}}{(q_H)_{act}} = 1 - \frac{(q_L)_{act}}{(q_H)_{act}} = 1 - \frac{T_{4'} - T_1}{T_3 - T_{2'}} \tag{7-5-11}$$

예제 7-11

최저압력 101.3 kPa, 압축압력비 5, 최저온도 20℃, 최고온도 1000℃인 가스터빈에서 압축기와 터빈효율이 각각 80%와 85%이다. 작동유체인 공기의 압축과 팽창 후 온도, 실제열효율 및 이론열효율을 구하여라. 단, 압축기와 터빈 이외의 손실은 무시한다.

풀이 (1) 압축 후 온도

그림 7-13에서 t_1=20℃, ρ_c=5, η_c=0.8 이므로 식 (7-5-9)에서 압축 후 실제온도 $t_{2'}$는

$$T_{2'} = T_1\left[1 + \frac{1}{\eta_c}\left\{(\rho_c)^{\frac{\kappa-1}{\kappa}} - 1\right\}\right] = (20+273) \times \left\{1 + \frac{1}{0.8} \times \left(5^{\frac{1.4-1}{1.4}} - 1\right)\right\}$$
$$= 506.8\text{ K}$$

단열압축 후 공기의 온도는 $t_{2'}$=233.8℃이다.

(2) 팽창 후 온도

t_3=1000℃, $\rho_c = \rho_T$=5, η_c=0.85 이므로 식 (7-5-10)에서 압축 후 실제온도 $t_{4'}$는

$$T_{4'} = T_3\left\{1 - \eta_T\left\{1 - \left(\frac{1}{\rho_T}\right)^{\frac{\kappa-1}{\kappa}}\right\}\right\} = (1000+273) \times \left[1 - 0.85 \times \left\{1 - \left(\frac{1}{5}\right)^{\frac{1.4-1}{1.4}}\right\}\right]$$
$$= 874.1\text{ K}$$

단열팽창 후 공기의 온도는 $t_{4'}$=601.1℃이다.

(3) 실제열효율 : 식 (7-5-11)에서

$$\eta_{act} = 1 - \frac{T_{4'} - T_1}{T_3 - T_{2'}} = 1 - \frac{874.1 - 293}{1273 - 506.8} = 0.2416 \quad (\therefore \ \eta_{act} = 24.16\%)$$

(4) 이론열효율 : 식 (7-5-1)에서

$$\eta_B = 1 - \left(\frac{1}{\rho}\right)^{\frac{\kappa - 1}{\kappa}} = 1 - \left(\frac{1}{5}\right)^{\frac{1.4-1}{1.4}} = 0.3686 \quad (\therefore \eta_B = 36.86\%)$$

[3] 재생사이클

Brayton 사이클의 열효율을 높이려면 우선 압축압력비(ρ)를 증가시켜야 하나 제한이 있다. 근본적으로 방열량을 감소시킴과 동시에 가열량도 감소시키면 열효율은 현저히 증가한다. Brayton 사이클에서 터빈 출구에서의 배기온도는 압축기 출구에서의 공기온도보다 높다. 그러므로 고온의 배기와 압축기 출구 압축공기와 열교환시켜 연소 전 공기를 예열함으로써 가열량을 줄임으로 열효율을 향상시킬 수 있다. 이러한 역할을 하는 열교환기를 재생기(再生器, regenerator)라 하며 재생기를 이용하여 열효율을 향상시킨 사이클을 Brayton 재생사이클(regenerative cycle), 또는 간단히 재생사이클이라 한다.

그림 7-14(a)는 재생사이클의 계통도를 나타낸 것이고 (b)는 $T-S$ 선도에 재생사이클을 나타낸 것이다. 재생기(열교환기)에서 배기는 압축공기에 방열(면적 44′CD4)하여 온도가 T_4에서 T_4'까지 감소하며, 압축공기는 배기로부터 흡열(면적 22′BA12)하여 T_2에서 T_2'까지 상승한다. 공기 1 kg당 재생기에서의 교환열량 q_{he}는

$$q_{he} = c_p(T_4 - T_4') = c_p(T_2' - T_2) \qquad (7\text{-}5\text{-}12)$$

이다. 만일 무한히 긴 이상적인 열교환기(100% 열교환)를 사용한다면 배기는 온도가 T_4에서 $T_b(=T_2)$까지 감소하며 압축공기는 T_2에서 $T_a(=T_4)$까지 상승하여야 한다. 그러나 실제로 교환열량이 감소하므로 감소하는 비율을 재생기효율(regenerator efficiency, η_{he}로 표기), 열교환기효율 또는 온도효율이라 정의한다. 정압비열이 일정한 경우 열교환기효율은 다음과 같이 정의할 수 있다.

$$\eta_{he} = \frac{T_2' - T_2}{T_4 - T_2} \fallingdotseq \frac{T_4 - T_4'}{T_4 - T_2} \qquad (7\text{-}5\text{-}13)$$

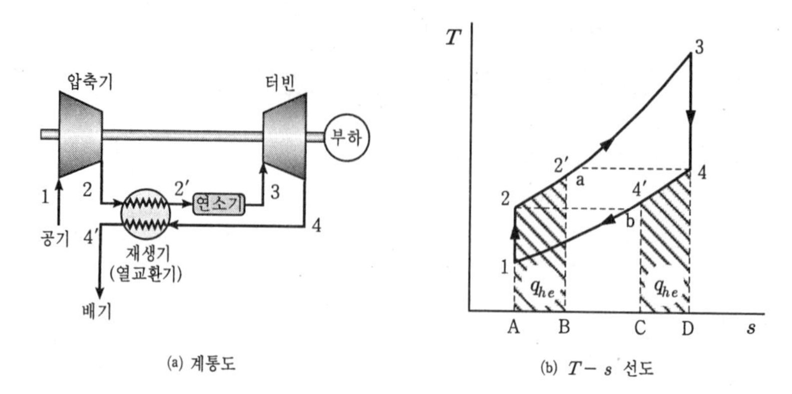

(a) 계통도

(b) $T-s$ 선도

그림 7-14 재생사이클

따라서 가열량과 방열량이 교환열량인 식 (7-5-4)만큼 적어진다.

$$\begin{aligned}\text{가열량 : } q_H &= c_p\{(T_3 - T_2) - (T_2' - T_2)\} = c_p(T_3 - T_2') \\ &= c_p\{(T_3 - T_2) - \eta_{he}(T_4 - T_2)\} \qquad (7\text{-}5\text{-}14)\end{aligned}$$

$$\begin{aligned}\text{방열량 : } q_L &= c_p\{(T_4 - T_1) - (T_4 - T_4')\} = c_p(T_4' - T_1) \\ &= c_p\{(T_4 - T_1) - \eta_{he}(T_4 - T_2)\} \qquad (7\text{-}5\text{-}15)\end{aligned}$$

유효일 w는 식 (7-5-2)와 식 (7-5-3)으로부터

$$w = w_T - w_c = c_p\{(T_3 - T_4) - (T_2 - T_1)\} \qquad (7\text{-}5\text{-}16)$$

이므로 재생사이클의 이론열효율 η_{rg}는

$$\eta_{rg} = \frac{(T_3 - T_4) - (T_2 - T_1)}{T_3 - T_2'} = \frac{(T_3 - T_4) - (T_2 - T_1)}{(T_3 - T_2) - \eta_{he}(T_4 - T_2)} \qquad (7\text{-}5\text{-}17)$$

한편, 상태변화 1-2와 3-4가 단열과정이므로 T_2와 T_4는 다음과 같다.

$$\rho = \frac{P_2}{P_1} = \left(\frac{T_2}{T_1}\right)^{\frac{\kappa}{\kappa - 1}} \Rightarrow T_2 = T_1 \rho^{\frac{\kappa - 1}{\kappa}} \quad \cdots\cdots \text{(a)}$$

$$\rho = \frac{P_3}{P_4} = \left(\frac{T_3}{T_4}\right)^{\frac{\kappa}{\kappa - 1}} \Rightarrow T_4 = T_3 \rho^{\frac{1 - \kappa}{\kappa}} \quad \cdots\cdots \text{(b)}$$

식 (a)와 식 (b)를 식 (7-5-9)에 대입하여 정리하면 재생사이클의 이론열효율 η_{rg}는

$$\eta_{rg} = \frac{T_3\left(1-\rho^{\frac{1-\kappa}{\kappa}}\right) - T_1\left(\rho^{\frac{\kappa-1}{\kappa}}-1\right)}{T_3\left(1-\eta_{he}\,\rho^{\frac{1-\kappa}{\kappa}}\right) - T_1\,\rho^{\frac{\kappa-1}{\kappa}}(1-\eta_{he})} \qquad (7\text{-}5\text{-}18)$$

여기서 η_{he}=1(이상적인 재생기)인 경우의 이론열효율은

$$\eta_{rg} = 1 - \frac{T_1\left(\rho^{\frac{\kappa-1}{\kappa}}-1\right)}{T_3\left(1-\rho^{\frac{1-\kappa}{\kappa}}\right)} = 1 - \frac{T_1}{T_3}\rho^{\frac{\kappa-1}{\kappa}} \qquad (7\text{-}5\text{-}19)$$

이상적인 재생사이클의 이론열효율은 압축압력비(ρ)와 최대온도비(T_3/T_1)의 함수이며 특히 식 (7-5-11)에서 압축압력비가 증가하면 Brayton 사이클과는 달리 이론열효율이 감소함을 알 수 있다.

예제 7-12

정압연소를 하는 재생 가스터빈 사이클에서 최고압력과 최저압력이 각각 4 bar, 1 bar 이고 최고온도와 최저온도가 각각 900 K, 300 K이다. 재생기효율이 85%라면 이론열효율과 열교환량은 얼마나 되는가? 단 작동유체는 공기이며 완전가스로 취급한다.

풀이 (1) 이론열효율

P_1=400 kPa, P_2=100 kPa이므로 압축압력비는 $\rho = P_2/P_1 = 400/100 = 4$이다.
또 T_1=300 K, T_3=900 K이므로 식 (a)와 (b)에서 압축과 팽창 후 온도는

$$T_2 = T_1\rho^{\frac{\kappa-1}{\kappa}} = 300\times 4^{\frac{1.4-1}{1.4}} = 445.8\text{ K}$$

$$T_4 = T_3\,\rho^{\frac{1-\kappa}{\kappa}} = 900\times 4^{\frac{1-1.4}{1.4}} = 605.7\text{ K}$$

그런데 η_{he}=0.85 이므로 식 (7-5-17)로부터 이론열효율 η_{rg}는

$$\eta_{rg} = \frac{(T_3-T_4)-(T_2-T_1)}{(T_3-T_2)-\eta_{he}(T_4-T_2)} = \frac{(900-605.7)-(445.8-300)}{(900-445.8)-0.85\times(605.7-445.8)}$$
$$= 0.4666 \quad (\therefore \eta_{rg}=46.66\%)$$

(2) 열교환량

식 (7-5-12)와 식 (7-5-13)에서 교환열량 q_{he}는

$$q_{he} = c_p(T_2' - T_2) = c_p\,\eta_{he}(T_4 - T_2) = 1.005\times 0.85\times(605.7-445.8)$$
$$= 136.6\text{ kJ/kg}$$

[4] 중간냉각을 하는 재생사이클

가스터빈의 열효율을 개선하려면 동일한 가열량에 비해 유효일을 크게 하면 된다. 유효일을 크게 하려면 같은 조건에서 터빈일을 크게 하거나 압축기 일을 작게 하면 된다.

압축기에서 공기를 단열압축하면 압축공기의 온도가 상승하여 체적이 커진다. 공기를 압축하는 소요일은 압축압력이 일정한 경우 공기의 체적에 비례하므로 단열압축을 하는 사이에 압축 중인 공기를 냉각하여 체적을 줄이면 그만큼 압축기 소요일이 감소되므로 유효일이 증가하여 열효율을 개선할 수 있다.

따라서 하나의 압축기로 단열압축하지 않고 2개 이상의 압축기로 압축하는 사이에 중간냉각기(中間冷却器, intercooler)를 설치하여 냉각함으로써 Brayton 사이클의 열효율을 향상시킨 사이클을 중간냉각사이클(intercooling cycle)이라 한다.

그림 7-15는 중간냉각사이클의 계통도와 $T-S$ 선도에 사이클을 나타낸 것이다. 제1압축기에서 단열압축된 압축공기가 중간냉각기에서 정압 냉각된다. 냉각 후 공기의 온도(t_3)는 가장 이상적인 경우에는 제1압축기로 유입되는 공기의 온도까지 낮아진다($t_3=t_1$). 중간냉각된 압축공기가 제2압축기에서 다시 단열압축되고 연소기에서 정압가열된 후 가스터빈에서 단열팽창하여 배기된다. 중간냉각사이클은 재생사이클이나 재열사이클과 병행하여 이용된다.

중간냉각을 하는 재생사이클은 그림 7-16과 같으며 $4 \rightarrow 4'$ 과정에 필요한 열을 배기에서 회수($6 \rightarrow 6'$)할 수 있으므로 같은 조건에서는 중간냉각을 하지 않는 재생사이클보다 열효율이 커진다. 중간냉각기를 사용하면 재생기는 용량이 더 큰 것이 필요하다.

제1압축기, 제2압축기 소요일, 터빈의 팽창일, 가열량과 방열량은 다음과 같다.

$$w_{c_1} = c_p(T_2 - T_1), \quad w_{c_2} = c_p(T_4 - T_1) \tag{7-5-20}$$

$$w_T = c_p(T_5 - T_6) \tag{7-5-21}$$

$$q_H = c_p(T_5 - T_{4'}), \quad q_L = c_p\{T_{6'} - T_1) + (T_2 - T_1)\} \tag{7-5-22}$$

따라서 중간냉각기를 갖는 재생사이클의 이론열효율($\eta_{rg,ic}$)은 다음과 같다.

$$\eta_{rg,ic} = \frac{w}{q_H} = \frac{w_T - (w_{c_1} + w_{c_2})}{q_H} = 1 - \frac{q_L}{q_H} \tag{7-5-23}$$

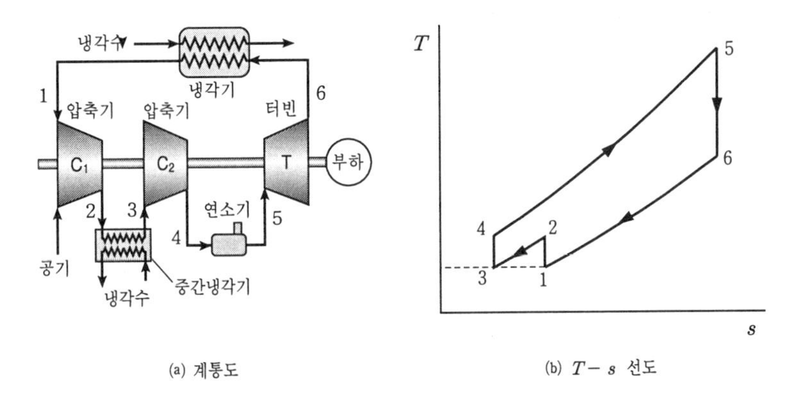

(a) 계통도 (b) $T-s$ 선도

그림 7-15 중간냉각 사이클(2단압축)

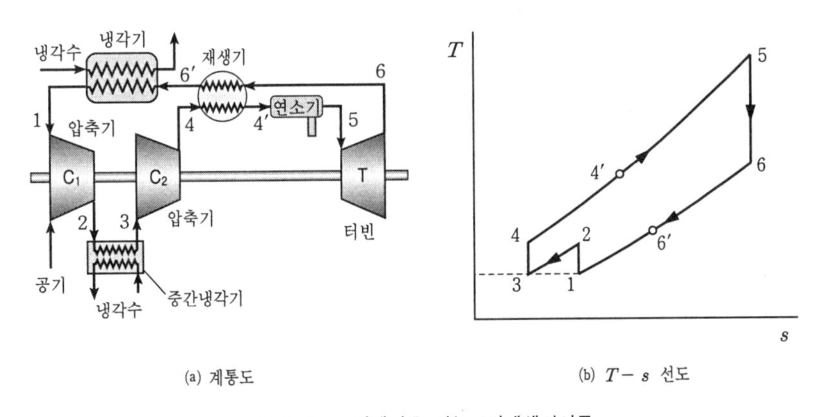

(a) 계통도 (b) $T-s$ 선도

그림 7-16 중간냉각을 하는 1단재생사이클

예제 7-13

1 bar, 300 K의 공기를 흡입하여 1단압축한 후 다시 처음 온도까지 냉각하고 다시 5 bar까지 2단압축하여 정압연소하는 중간냉각을 하는 재생사이클에서 최고온도가 850 K이고 재생기효율이 90%일 때 다음 경우의 이론열효율을 구하여라. 단, 중간냉각을 하는 경우 제1 압축기와 제2 압축기의 압축압력비는 같다.

(1) Brayton 사이클 (2) 재생사이클 (3) 중간냉각을 하는 재생사이클

풀이 (1) Brayton 사이클

아래 그림 7-17에서 Brayton 사이클은 1-2-2′-5-6-1이고, 최저압력이 $P_1=100$ kPa, 최고 압력이 $P_5=500$ kPa이므로 압축압력비는 $\rho=P_3/P_1=500/100=5$이다. 공기의 비열비가 $\kappa=1.4$이므로 식 (7-5-1)로부터 Brayton 사이클의 이론열효율은

$$\eta_B=1-\left(\frac{1}{\rho}\right)^{\frac{\kappa-1}{\kappa}}=1-\left(\frac{1}{5}\right)^{\frac{1.4-1}{1.4}}=0.3686 \quad (\therefore\ \eta_B=36.86\%)$$

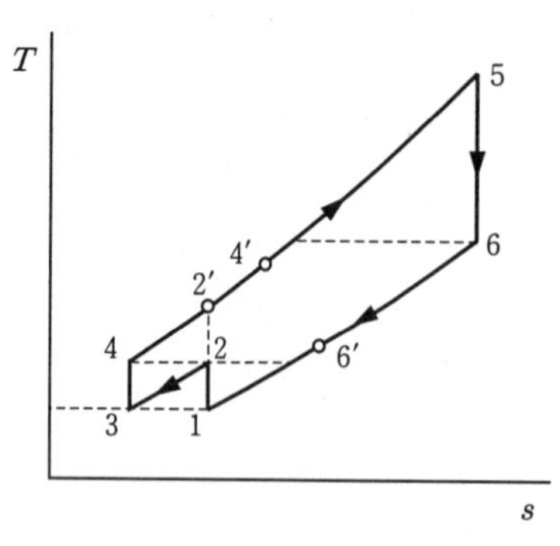

(a) 중간냉각을 하는 재생사이클

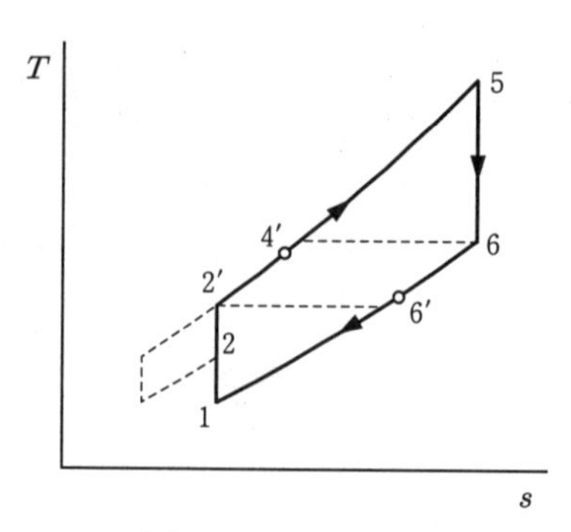

(b) Brayton 사이클과 중간냉각을 하지 않는 재생사이클

그림 7-17 중간냉각을 하는 1단재생사이클

(2) 재생사이클

그림 (b)에서 재생사이클은 1-2-2′-4′-5-6-6′-1이고, ρ=5, T_1=300 K, T_5=850 K 이므로 단열압축, 단열팽창 후 온도는

$$T_{2'} = T_1 \rho^{\frac{\kappa-1}{\kappa}} = 300 \times 5^{\frac{1.4-1}{1.4}} = 475.1\text{ K}$$

$$T_6 = T_5 \rho^{\frac{1-\kappa}{\kappa}} = 850 \times 5^{\frac{1-1.4}{1.4}} = 536.7\text{ K}$$

또한 η_{he}=0.9 이므로 식 (7-5-17)로부터 이론열효율은

$$\eta_{rg} = \frac{(T_5 - T_6) - (T_{2'} - T_1)}{(T_5 - T_{2'}) - \eta_{he}(T_6 - T_{2'})} = \frac{(850 - 536.7) - (475.1 - 300)}{(850 - 475.1) - 0.9 \times (536.7 - 475.1)}$$

$$= 0.4326 \quad (\therefore \eta_{rg} = 43.26\%)$$

단, 재생기효율은 $\eta_{he} = (T_{4'} - T_{2'})/(T_6 - T_{2'}) = (T_6 - T_{6'})/(T_6 - T_2)$에서 재생 후 압축공기의 온도와 열교환 후 배기의 온도는

$$T_{4'} = T_{2'} + (T_6 - T_{2'})\eta_{he} = 475.1 + (536.7 - 475.1) \times 0.9 = 530.5\text{ K}$$

$$T_{6'} = T_6 - (T_6 - T_2')\,\eta_{he} = 536.7 - (536.7 - 475.1) \times 0.9 = 481.3\text{ K}$$

이며, 다음의 풀이 (3)에서의 값과 다름에 유의할 것.

(3) 중간냉각을 하는 재생사이클

그림 (a)에서 제1압축기와 제2압축기의 압축압력비는 각각 $\rho_1 = P_2/P_1$, $\rho_1 = P_4/P_3 = P_4/P_2$, $\rho = P_4/P_1 = \rho_1 \cdot \rho_2 = \rho_1^2$=5이므로 $\rho_1 = P_2/P_1 = (T_2/T_1)^{\kappa/\kappa-1}$로부터 1단압축 후 온도는

$$T_2 = T_1 \rho_1^{\frac{\kappa-1}{\kappa}} = T_1\left(\sqrt{\rho_1}\right)^{\frac{\kappa-1}{\kappa}} = 300 \times \left(\sqrt{5}\right)^{\frac{1.4-1}{1.4}} = 377.5\text{ K}$$

$\rho_2 = P_4/P_2 = (T_4/T_1)^{\kappa/\kappa-1}$로부터 2단압축 후 온도는 $T_4 = T_2$=377.5 K

또 열교환기효율은 $\eta_{he} = (T_{4'} - T_4)/(T_6 - T_4) = (T_6 - T_{6'})/(T_6 - T_4)$에서 재생 후 압축공기의 온도와 열교환 후 배기의 온도는 각각

$$T_{4'} = T_4 + (T_6 - T_4)\eta_{he} = 377.5 + (536.7 - 377.5) \times 0.9 = 520.8\ \text{K}$$
$$T_{6'} = T_6 - (T_6 - T_4)\eta_{he} = 536.7 - (536.7 - 377.5) \times 0.9 = 393.4\ \text{K}$$

따라서 식 (7-5-23)에 식 (7-5-20)~(7-5-22)를 대입하여 계산하면

$$\eta_{rg,ic} = \frac{w}{q_H} = \frac{w_T - (w_{c_1} + w_{c_2})}{q_H} = \frac{(T_5 - T_6) - \{(T_2 - T_1) + (T_4 - T_1)\}}{T_5 - T_4'}$$
$$= \frac{(850 - 536.7) - \{(377.5 - 300) + (377.5 - 300)\}}{850 - 520.8} = 0.4809$$

$(\therefore \eta_{rg,ic} = 48.09\%)$

[5] 재열사이클

Brayton 사이클의 열효율을 개선하는 다른 방법으로 터빈을 2단 이상으로 하고 터빈 사이에 재열기(reheater)를 설치하여 정압가열하면 사이클의 최고 온도를 높이지 않고도 유효일을 증가시킬 수 있다. 이러한 사이클을 Brayton 재열사이클(reheat cycle) 또는 간단히 재열사이클이라 한다. 그림 7-18은 1단재열사이클을 나타낸 것이다.

보통 재열기나 중간냉각기는 재생기와 함께 사용하여 재생-재열사이클이나 재생-중간 냉각사이클 등으로 구성하여야 전체효율이 높아지므로 원동소의 복잡성을 무시하고 열효율의 향상을 시도할 때에는 재생, 재열, 중간냉각 등 3가지를 병용하기도 한다. 이러한 사이클을 중간냉각을 하는 재생-재열사이클이라 한다.

그림 7-19는 중간냉각을 하는 1단재열사이클이며, 그림 7-20은 중간냉각을 하는 4단재열사이클이다. 그리고 그림 7-21은 중간냉각을 하는 재생-재열사이클이다.

설치하는 중간냉각기의 수, 재열기의 수 및 재생기의 유효성을 향상시킨 사이클은 뒤에 설명할 Ericsson 사이클에 가까워진다.

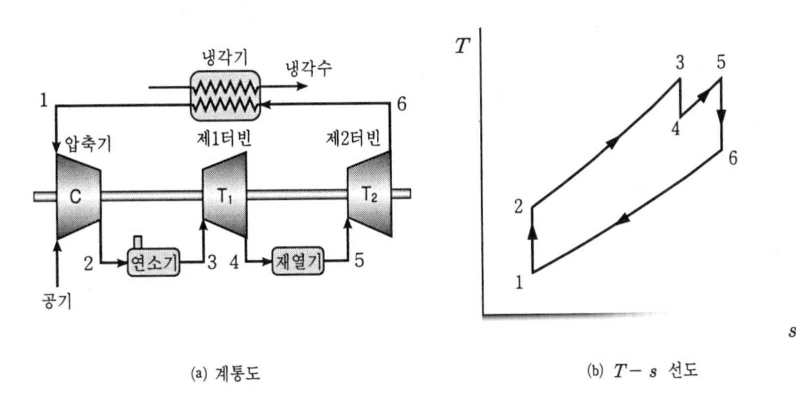

(a) 계통도 (b) $T-s$ 선도

그림 7-18 1단재열사이클

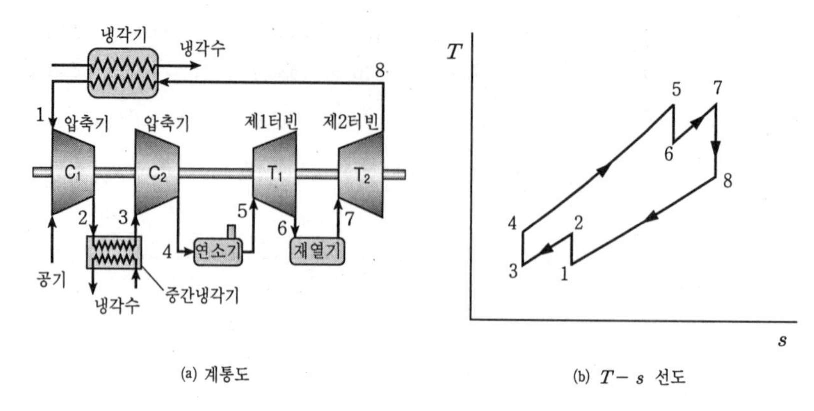

(a) 계통도 (b) $T-s$ 선도

그림 7-19 중간냉각을 하는 1단재열사이클

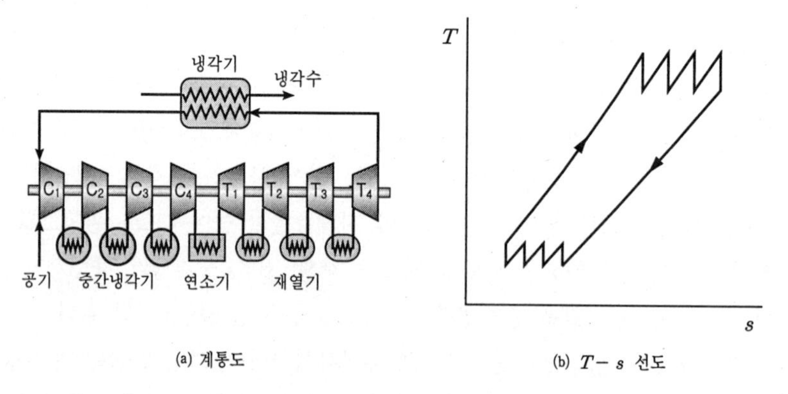

(a) 계통도 (b) $T-s$ 선도

그림 7-20 중간냉각을 하는 4단압축 3단재열사이클

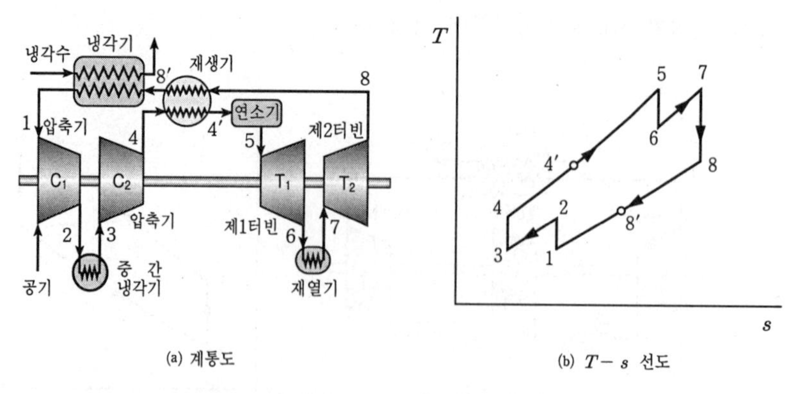

(a) 계통도 (b) $T-s$ 선도

그림 7-21 중간냉각을 하는 재생-재열사이클

예제 7-14

1 bar, 300 K의 공기를 흡입하여 5 bar까지 압축, 정압연소한 후 1단 팽창하고 다시 최고온도까지 재열하여 2단팽창하는 1단재열사이클과 예제 7-13과 같은 조건으로 재생한 후 다시 앞의 조건으로 재열하는 1단재생 1단재열사이클에 대하여 중간냉각을 하는 경우와 하지 않는 경우의 이론열효율을 구하여라. 단 터빈의 1단 및 2단 팽창압력비는 같다.

풀이 (1) 중간냉각을 하지 않는 1단재열사이클

아래 그림 7-22(a)에서 중간냉각을 하지 않는 1단재열사이클은 사이클은 1-2-2′-5-6-7-8-1이고, P_1=100 kPa, P_5=500 kPa이므로 압축압력비는 $\rho = P_2/P_1$=5이다. 그런데 제1터빈의 팽창압력비 $\rho_1 = P_5/P_6$과 제2터빈의 팽창압력비 $\rho_2 = P_7/P_8$이 같으므로 $\rho_1 = \rho_2 = \sqrt{5}$ 이다.

$T_6/T_5 = (P_6/P_5)^{(\kappa-1/\kappa)} = \rho_1^{(1-\kappa/\kappa)}$, $T_8/T_7 = (P_8/P_7)^{(\kappa-1/\kappa)} = \rho_2^{(1-\kappa/\kappa)}$으로부터 $t_5 = t_7$=850 K이므로 제1터빈과 제2터빈 출구에서의 가스온도는

$$T_6 = T_5\,\rho_1^{(1-\kappa/\kappa)} = 850 \times \sqrt{5}^{(1-1.4/1.4)} = 675.4\text{ K}$$
$$T_8 = T_7\,\rho_2^{(1-\kappa/\kappa)} = 675.4 \times \sqrt{5^{(1-1.4/1.4)}} = 536.7\text{ K}$$

예제 7-12 풀이 (2)에서 $T_{2'}$=475.1 K이므로 1단재열사이클의 이론열효율 η_{rh}는

$$\eta_{rh} = \frac{w}{q_H} = \frac{(T_5 - T_6) + (T_7 - T_8) - (T_{2'} - T_1)}{(T_5 - T_{2'}) + (T_7 - T_6)}$$
$$= 1 - \frac{q_L}{q_H} = 1 - \frac{T_8 - T_1}{(T_5 - T_{2'}) + (t_7 - T_6)} \qquad (7\text{-}5\text{-}24)$$
$$= 1 - \frac{536.7 - 300}{(850 - 475.1) + (850 - 675.4)} = 0.5692 \quad (\therefore \eta_{rh} = 56.92\%)$$

(2) 중간냉각을 하는 1단재열사이클

그림 7-22(a)에서 중간냉각을 하는 재열사이클은 1-2-3-4-5-6-7-8-1이고, $T_1 = T_3$= 300 K, 예제 7-12 풀이 (3)에서 $T_2 = T_4$=377.5 K이므로 중간냉각을 하는 재열사이클의 이론열효율 $\eta_{rh,ic}$는

$$\eta_{rh,ic} = \frac{w}{q_H} = \frac{(T_5 - T_6) + (T_7 - T_8) - \{(T_2 - T_1) + (T_4 - T_3)\}}{(T_5 - T_4) + (T_7 - T_6)}$$
$$= 1 - \frac{q_L}{q_H} = 1 - \frac{(T_8 - T_1) + (T_2 - T_3)}{(T_5 - T_4) + (T_7 - T_6)} \qquad (7\text{-}5\text{-}25)$$
$$= 1 - \frac{(536.7 - 300) + (377.5 - 300)}{(850 - 377.5) + (850 - 675.4)} = 0.5144 \quad (\therefore \eta_{rh,ic} = 51.44\%)$$

(3) 중간냉각을 하지 않는 1단재생 1단재열사이클

그림 7-22(b)에서 중간냉각을 하지 않는 재생재열사이클은 1-2-2′-4″-5-6-7-8-8″-1이고, 열교환기(재생)효율이 $\eta_{he} = (T_{4''} - T_{2'})/(T_8 - T_{2'}) = (T_8 - T_{8''})/(T_8 - T_{2'})$ =0.9에서 재생 후 압축공기의 온도와 열교환 후 배기의 온도는 각각

$$T_{4''} = T_{2'} + (T_8 - T_{2'})\,\eta_{he} = 475.1 + (536.7 - 475.1) \times 0.9 = 530.5\text{ K}$$

$$T_{8''} = T_8 - (T_8 - T_{2'})\eta_{he} = 536.7 - (536.7 - 475.1) \times 0.9 = 481.3\text{ K}$$

이므로 중간냉각을 하지 않는 1단재생 1단재열사이클의 이론열효율 η_{rgh}는

$$\eta_{rgh} = \frac{w}{q_H} = \frac{(T_5 - T_6) + (T_7 - T_8) - (T_{2'} - T_1)}{(T_5 - T_{4''}) + (T_7 - T_6)}$$

$$= 1 - \frac{q_L}{q_H} = 1 - \frac{T_{8''} - T_1}{(T_5 - T_{4''}) + (T_7 - T_6)} \quad (7\text{-}5\text{-}26)$$

$$= 1 - \frac{481.3 - 300}{(850 - 530.5) + (850 - 675.4)} = 0.6331 \quad (\therefore\ \eta_{rgh} = 63.31\%)$$

(4) 중간냉각을 하는 1단재생 1단재열사이클

그림 7-22(b)에서 중간냉각을 하는 재생재열사이클은 1-2-3-4-4′-5-6-7-8-8′-1이고, 열교환기(재생)효율이 $\eta_{he} = (T_{4'} - T_4)/(T_8 - T_4) = (T_8 - T_{8'})/(T_8 - T_4) = 0.9$에서 재생 후 압축공기의 온도와 열교환 후 배기의 온도는 각각

$$T_{4'} = T_4 + (T_8 - T_4)\eta_{he} = 377.5 + (536.7 - 377.5) \times 0.9 = 520.8\text{ K}$$

$$T_{8'} = T_8 - (T_8 - T_4)\eta_{he} = 536.7 - (536.7 - 377.5) \times 0.9 = 393.4\text{ K}$$

이므로 중간냉각을 하는 1단재생 1단재열사이클의 이론열효율 $\eta_{rgh,ic}$는

$$\eta_{rgh,ic} = \frac{w}{q_H} = \frac{(T_5 - T_6) + (T_7 - T_8) - (T_4 - T_3) + (T_2 - T_1)}{(T_5 - T_{4'}) + (T_7 - T_6)}$$

$$= 1 - \frac{q_L}{q_H} = 1 - \frac{(T_{8'} - T_1) + (T_2 - T_3)}{(T_5 - T_{4'}) + (T_7 - T_6)} \quad (7\text{-}5\text{-}27)$$

$$= 1 - \frac{(393.4 - 300) + (377.5 - 300)}{(850 - 520.8) + (850 - 675.4)} = 0.6608 \quad (\therefore\ \eta_{rgh,ic} = 66.08\%)$$

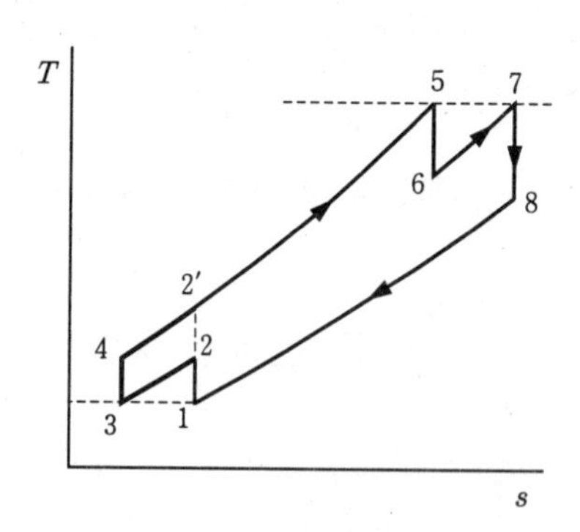

(a) 1단재열사이클

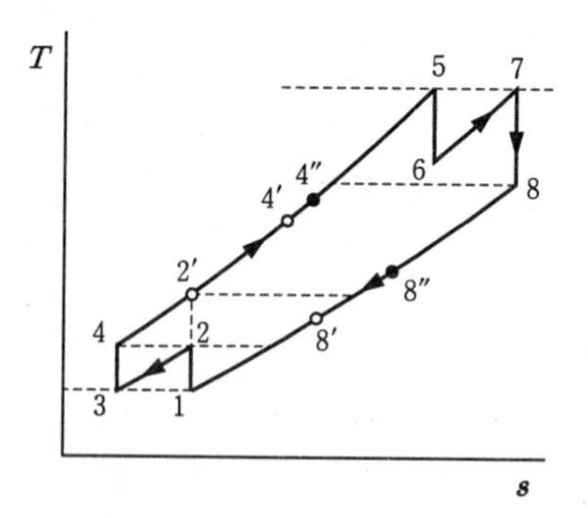

(b) 1단재생 1단재열사이클

그림 7-22 1단재열사이클과 1단재생 1단재열사이클

7-6 Jet기관 사이클

Brayton 사이클을 제트기관에 적용할 때에는 터빈일이 압축기를 구동만 하면 된다. 항공기나 고속 선박은 배기가스가 노즐(nozzle)을 통해 분출될 때의 반발력으로 추력(推力, thrust force)을 얻는다. 이러한 제트기관에는 저속의 추력을 얻는 터보 프로펠러 기관(turbo propeller engine), 중속의 터보 램 제트기관(turbo ram jet engine)과 고속의 추력을 얻는 터보 제트기관(turbo jet engine) 등이 있으며 터보 프로펠러 기관은 가스터빈과 거의 같다. 프로펠러는 많은 양의 유체로 비교적 작은 가속을 얻지만 제트기관은 비교적 소량의 유체로 큰 추진력을 얻는다.

그림 7-23(a)는 터보 제트기관의 단면도를 나타낸 것으로 공기를 압축시키는 디퓨져(diffuser)와 압축기, 분사연료를 연소시키는 연소기, 배기가스로 고속의 추력을 얻는 배기 노즐(nozzle)로 구성된다. 그림 7-23(b)와 (c)는 터보 제트기관 사이클을 $P-v$ 선도와 $T-s$ 선도에 나타낸 것이다. 아래에 터보 제트기관 사이클의 작동원리를 살펴본다.

① **상태변화** 1-2 : 기체의 전진에 따라 디퓨져에 발생하는 동압(動壓, dynamic pressure)에 의한 단열압축과정으로 단열압축에 필요한 일량은 그림 7-22(a)에서 면적 1-2-b-a이다.

② **상태변화** 2-3 : 압축기에 의한 단열압축과정으로 터빈의 출력으로 작동된다. 압축일은 그림 7-22(a)에서 면적 2-3-d-b와 같다.

③ **상태변화** 3-4 : 연소에 의한 정압가열과정으로 7-22(b)에서 면적 3-4-B-A와 같다.

④ **상태변화** 4-5 : 가스 터빈에서의 단열팽창과정으로 압축기와 보조기구를 구동할 동력을 얻는다. 터빈에서의 팽창일은 그림 7-22(a)에서 면적 4-5-c-d와 같다.

⑤ **상태변화** 5-6 : 노즐에서의 단열팽창으로 jet 분류가 추력을 얻는 과정으로 그림 7-22(a)에서 면적 5-6-a-c와 같다.

이상에서 가스터빈과 제트 노즐에서 얻는 일은 면적 4-5-6-a-d이며 압축에 필요한 일은 면적 1-2-3-d-a이므로 유효일은 면적 1-2-3-4-5-6이다. 따라서 Brayton 사이클과 열효율이 같아진다.

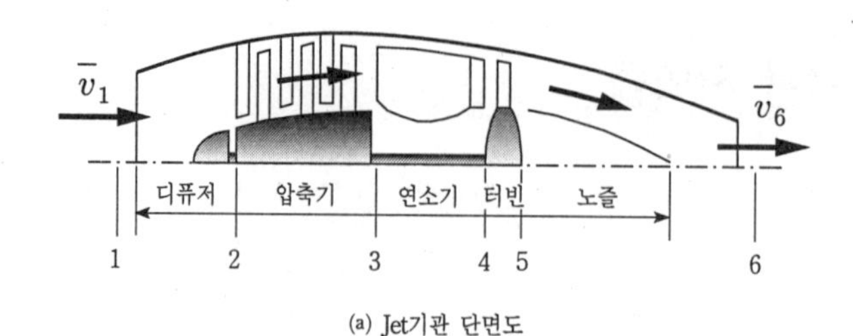

(a) Jet기관 단면도

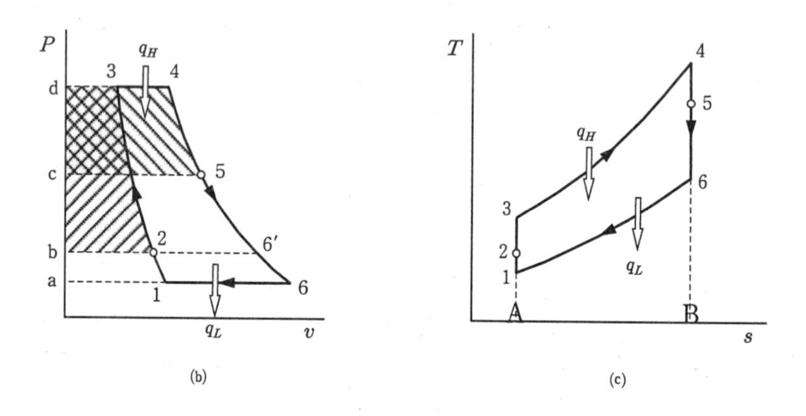

(b) (c)

그림 7-23 Jet기관 단면도와 Jet기관의 이상 사이클

기체의 비행속도를 $\bar{v}_1$ m/s, 압축기 입구에서의 공기 유입속도를 $\bar{v}_2$ m/s라 하면 공기가 하는 일도 없으며 이론적으로 단열이므로 정상류에 대한 에너지식 (2-6-6)에서

$$h_1 + \frac{\bar{v}_1^2}{2} = h_2 + \frac{\bar{v}_2^2}{2} \ \Rightarrow \ \frac{\bar{v}_1^2 - \bar{v}_2^2}{2} = h_2 - h_1 = c_p(T_2 - T_1)$$

이다. 그런데 비행속도($\bar{v}_1$)에 비해 압축기 입구에서의 공기속도($\bar{v}_2$)가 너무 작으므로 무시한다면 위의 식은 다음과 같이 나타낼 수 있다.

$$\frac{T_2}{T_1} = 1 + \frac{\bar{v}_1^2 - \bar{v}_2^2}{2c_p T_1} \approx 1 + \frac{\bar{v}_1^2}{2c_p T_1} \qquad (7\text{-}6\text{-}1)$$

비행 마하 수(Mach number, $M = \bar{v}_1/c$)는 이상기체에서의 음속은 $c = \sqrt{\kappa RT}$ 이므로 이것을 식 (7-6-1)에 대입하면

$$\frac{T_2}{T_1} = 1 + \frac{\kappa - 1}{2} M^2 \qquad (7\text{-}6\text{-}2)$$

상태변화 1-2가 단열압축이므로

$$\frac{P_2}{P_1} = \left(\frac{T_2}{T_1}\right)^{\frac{\kappa}{\kappa-1}} = \left(1 + \frac{\kappa-1}{2}M^2\right)^{\frac{\kappa}{\kappa-1}} \tag{7-6-3}$$

같은 방법으로 가스터빈 출구(상태점 5)에서 가스의 속도($\bar{v}_5$)는

$$\bar{v}_5 = \sqrt{2c_p R T_5\left\{1 - \left(\frac{P_1}{P_5}\right)^{\kappa-1/\kappa}\right\}} \tag{7-6-4}$$

또한 그림에서 turbo-jet의 압축압력비($\rho = P_3/P_1$)는 동압(ram-jet)에 의한 압축압력비($\rho_r = P_2/P_1$)과 압축기의 압축압력비($\rho_c = P_3/P_2$) 이므로 turbo-jet의 압축압력비는

$$\rho = \rho_r \cdot \rho_c = \left(1 + \frac{\kappa-1}{2}M^2\right)^{\frac{\kappa}{\kappa-1}} \cdot \left(\frac{P_3}{P_2}\right) \tag{7-6-5}$$

이므로 이 사이클의 이론열효율(η_i)은 식 (7-5-1)과 식 (7-6-5)로부터

$$\eta_i = 1 - \left(\frac{1}{\rho}\right)^{\frac{\kappa-1}{\kappa}} = 1 - \left(\frac{P_2}{P_3}\right)^{\frac{\kappa-1}{\kappa}} \Big/ \left(1 + \frac{\kappa-1}{2}M^2\right) \tag{7-6-6}$$

와 같다. 열효율 식 (7-6-6)을 내부효율(internal efficiency)이라고도 하며 내부효율은 비행할 때의 마하 수(속도)가 커질수록 증가함을 알 수 있다.

한편, 제트기관 사이클이 외부에 대해 하는 일은 분사노즐에서의 단열팽창(상태변화 5-6)에 의하여 기체를 추진시키는 것뿐이다. 그러므로 사이클의 유효일은 운동에너지의 증가와 같으므로 제트기관의 열효율은 연소기에서의 가열량에 대한 운동에너지 증가의 비로 나타낼 수도 있다. 여기서 기관을 통과하는 가스의 유량을 $\dot{m}$ kg/s, 가스의 분출속도를 $\bar{v}_j = \bar{v}_6$ m/s, 비행기의 공기에 대한 상대속도를 $\bar{v} = \bar{v}_1$ m/s, 연소기에서의 가열량을 $\dot{Q}_H$ kJ/s라 하면 열효율은 다음 식으로 주어진다.

$$\eta_i = \frac{W}{\dot{Q}_H} = \frac{\dot{m}\left(\bar{v}_j^2 - \bar{v}^2\right)}{2\dot{Q}_H} \tag{7-6-7}$$

제트기관의 추력(推力, propulsive force, F로 표기)은 단위시간당 제트기관을 통

과하는 가스의 운동량의 차와 같고 기체를 추진시키는 추진일(W_p)은 추력(F)과 비행기의 속도($\bar{v}=\bar{v}_1$)의 곱과 같다. 즉

$$W_p = F\bar{v} = \dot{m}(\bar{v}_j - \bar{v}) \cdot \bar{v} \tag{7-6-8}$$

여기서 사이클의 유효일에 대한 추진일의 비를 추진효율(propulsive efficiency, η_p) 또는 외부효율(external efficiency)이라 정의하며 다음과 같다.

$$\eta_e = \frac{W_p}{W} = \frac{\dot{m}(\bar{v}_j - \bar{v})\bar{v}}{\dot{m}\left(\bar{v}_j^2 - \bar{v}^2\right)/2} = \frac{2\bar{v}}{\bar{v}_j + \bar{v}} \tag{7-6-9}$$

그리고 제트기관에 가한 열량($\dot{Q}_H$)에 대한 비행기의 추진일(w_p)의 비를 제트기관의 전효율(total efficiency, η)이라 한다.

$$\eta = \frac{W_p}{\dot{Q}_H} = \frac{W}{\dot{Q}_H}\frac{W_p}{W} = \eta_i \cdot \eta_e \tag{7-6-10}$$

7-7 기타 사이클

[1] Stirling 사이클과 Ericsson 사이클

Carnot 사이클은 실용화가 불가능한 열기관의 이상사이클이다. 그러므로 Carnot 사이클의 열효율과 같도록 실제 사용할 수 있는 사이클을 만드는 것이 무엇보다 중요하다. Stirling 사이클은 실용 기관에 적용할 수 있도록 고안한 사이클로서 그림 7-24와 같이 2개의 등온변화와 2개의 정적변화로 구성되며 19세기 초에 개발되었다. 정적가열 2-3과 등온팽창 3-4에서 열이 작동유체로 전달(가열)되며 정적방열 4-1과 등온압축 1-2에서 방출된다. 만일 정적방열량(4-1 과정) q_{L_v}를 정적가열량(2-3 과정) q_{H_v}로 완전히 대체한다면 열효율은 같은 온도범위에서 작동하는 Carnot 사이클과 같아진다. 이 사이클은 헬륨(He)을 작동유체로 하는 기관, 냉동사이클, 열펌프 사이클로 개발이 가능하다.

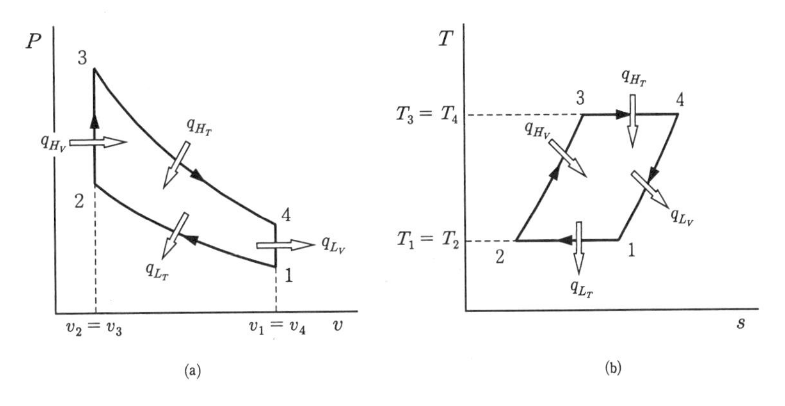

그림 7-24 Stirling 사이클

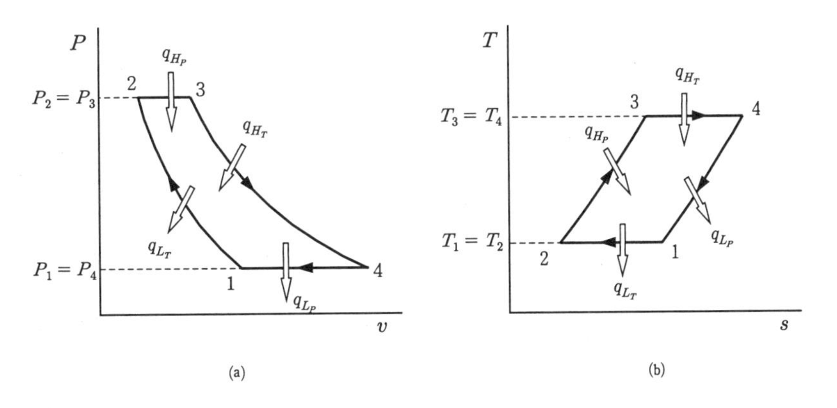

그림 7-25 Ericsson 사이클

Ericsson 사이클은 Stirling 사이클에서 2개의 정적과정을 모두 정압과정으로 바꾼 사이클로 그림 7-25와 같다. 그림에서 정압방열량(4-1 과정) q_{L_P}를 정압가열량(2-3 과정) q_{H_P}로 대체하면 열효율은 같은 온도범위에서 작동하는 Carnot 사이클과 같아진다. 그림 7-20과 같은 중간냉각을 하는 Brayton 다단재생 다단재열사이클의 재생기에서 두 유체간에 이상(理想)적인 열전달이 이루어진다면 이 사이클은 Ericsson 사이클에 근접한다.

이상의 두 사이클의 실용화에 가장 큰 애로점은 등온팽창과 등온압축을 실현하기가 현재로는 거의 불가능하며 또 재생기에서의 압력강하와 두 유체간의 이상적인 열전달이 힘들다는 점이다.

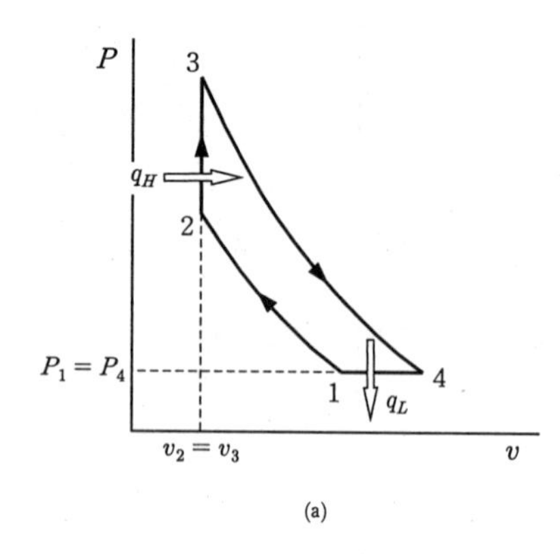

(a)

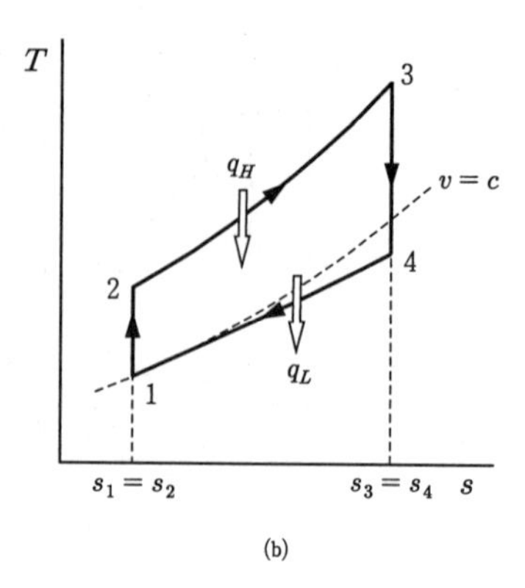

(b)

그림 7-26 Atkinson 사이클

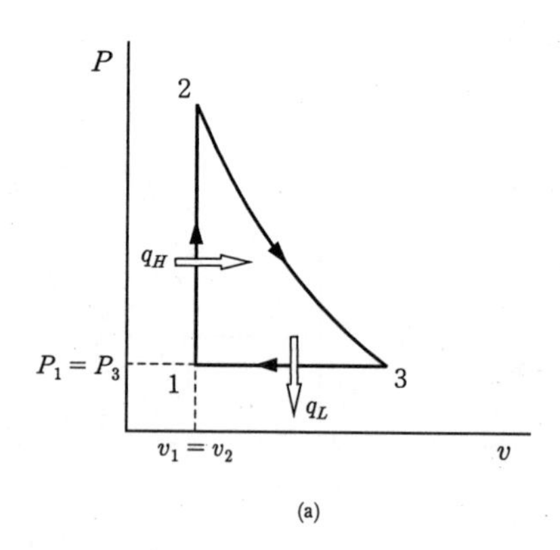

(a)

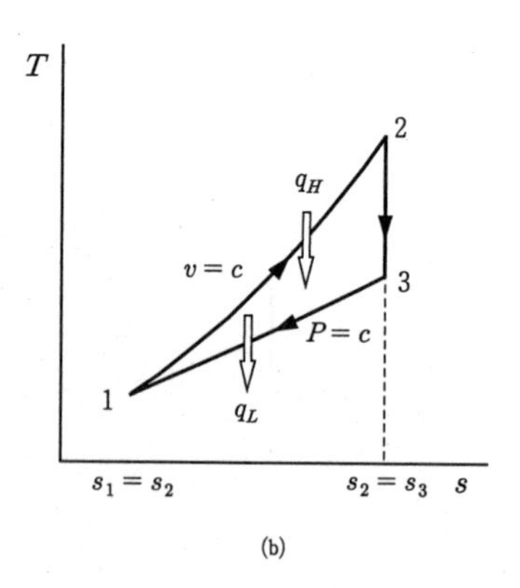

(b)

그림 7-27 Lenoir 사이클

[2] Atkinson 사이클

Atkinson 사이클은 정적사이클(Otto 사이클)의 정적방열과정을 정압방열과정(4-1)로 대체한 사이클로 그림 7-26과 같다. 상태변화 1-2는 단열압축, 2-3은 정적가열, 3-4는 단열팽창, 4-1은 정압방열과정으로 Otto 사이클의 정적방열을 정압방열(4-1)로 대체함으로써 같은 압축비($\varepsilon = V_2/V_1$)에서 단열팽창과정(3-4)이 커지므로 유효일이 증가하여 열효율을 개선할 수 있다는 점에서 개발된 사이클이다.

[3] Lenoir 사이클

그림 7-27은 Lenoir(르노아) 사이클을 나타낸 것으로 다른 사이클과 달리 3개의 상태변화가 하나의 사이클을 이룬다. 상태변화 1-2는 정적가열, 2-3은 단열팽창, 3-1

은 정압방열과정이다. 이 사이클은 펄스제트(pulse jet)기관의 기본사이클이다. 특징은 작동유체의 압축과정 없이 정적가열되어 압력이 급상승한 후 연소가스가 단열팽창을 하며 일을 한 후 다음 과정에서 배출된다.

7-8 공기압축기 사이클

압축공기는 공업적으로 폭넓게 사용되고 있으며 공기를 압축하는 기계를 공기압축기(air compressor)라 한다. 일반적으로 압축기는 외부에서 공급하는 일로 공기나 가스의 압력 또는 밀도를 높이는 것으로 공기를 제외한 가스들의 압축과 공기의 압축은 유사함으로 공기의 압축을 위주로 설명하기로 한다.

압축기는 압축 압력에 따라 펌프, 송풍기, 압축기 등으로 분류한다. 대기압보다 낮은 진공의 가스를 대기압이나 이에 가까운 압력으로 압축하는 것을 펌프(pump), 대기압이나 대기압에 가까운 가스를 수십% 이내의 저압으로 압축하는 것을 송풍기(blower) 또는 팬(fan)이라 하며 가스의 압력을 수 배나 수십 배의 고압으로 압축하는 것을 압축기(compressor)라 한다. 또한 압축방법에 따라 용적형(또는 변위형)과 속도형 압축기가 있다. 용적형에는 왕복형과 회전형 압축기가 있고, 속도형에는 원심형과 축류형 압축기가 있다. 이와 같이 압축기의 종류가 다양하므로 본 절에서는 가장 일반적인 왕복형 압축기만 생각한다.

[1] 간극체적이 없는 1단압축기의 사이클

① 압축과정

공기를 압축할 때 압축기에 공급하여야 할 소요일은 공업일이며 가급적이면 소요일이 작을수록 유리하다. 압축기의 소요일은 그림 7-28(a)에서 P축에 투영한 면적이므로 등온압축과정(1-2)이 가장 좋음을 알 수 있다. 또한 내연기관에서와 같이 공기를 압축한 후 연소하려면 온도가 높을수록 유리하나 대부분의 압축공기는 압축 후 압축용기에 보관하였다가 필요할 때만 사용하므로 압축 후 온도가 너무 높아지면 밀도가 작아져 불리하다. 따라서 공기를 압축한 후 압축공기의 온도가 가장 낮은 것은 그림 7-28(b)에서 보는 바와 같이 등온압축이며 등온압축이 아닌 경우에는 되도록 빨리 압축공기를 냉각하면 압축기의 소요일을 감소시킬 수 있다.

이론적으로 압축과정은 단열과정으로 취급하므로 단열압축을 하는 경우의 압축 사이클은 1-2′-3-4-1이다. 그러나 실제로는 완전한 단열과정이란 있을 수 없으므로 실제과정은 등온압축과 단열압축의 중간과정(1-2″)인 폴리트로픽 압축($1<n<\kappa$)이 된다. 따라서 폴리트로픽 압축을 하는 경우의 압축 사이클은 1-2″-3-4-1이다.

② 압축일과 효율

그림 7-28ⓐ는 피스톤과 실린더 헤드 사이의 간극(間隙, clearance)이 없는 단열압축을 하는 1단 공기압축기의 이론사이클(1-2′-3-4-1)이다. 그림 ⓐ에서 상태변화 4-1은 정압(P_1) 하에 공기를 실린더 안으로 흡입하는 과정이며, 상태변화 1-2′은 흡입압력이 P_1인 공기를 송출압력 P_2까지 가역단열압축하는 과정이다. 상태변화 2′-3은 정압(P_2) 하에 압축공기를 실린더 밖으로 송출하는 과정이고 상태변화 3-4는 압축공기를 모두 송출함으로써 압력이 P_1으로 다시 떨어지는 과정이다. 만일 등온압축을 하면 압축 사이클은 1-2-3-4-1이며, $n<\kappa$인 폴리트로픽 압축을 하면 사이클은 1-2″-3-4-1이 되고 $n>\kappa$인 폴리트로픽 압축을 하면 사이클은 1-2‴-3-4-1이 된다. 따라서 압축과정의 종류에 따른 압축기 소요일은 다음과 같다.

▸ 등온압축과정

압축기 입, 출구의 속도 차가 극히 작으므로 운동에너지에 의한 압축일의 영향을 무시하면 정상유동에 대한 일반에너지식 (2-6-7)은

$$h_1 + q = h_2 + w_t \quad \cdots\cdots\cdots\cdots\cdots\cdots \text{ⓐ}$$

이며, 엔탈피 정의식 $h = u + Pv$의 전미분 $dh = du + Pdv + vdP = \delta q + vdP$에서

$$q = (h_2 - h_1) - \int_1^2 v\,dP \quad \cdots\cdots \text{ⓑ}$$

식 ⓐ와 ⓑ에서 압축기의 소요일 w_t는 공급일 이므로 부호 약속에 의해 "-"를 붙여 정리하면

$$w_t = \int_1^2 v\,dP \qquad (7\text{-}8\text{-}1)$$

등온과정이므로 식 (7-8-1)에 $v = RT/P = P_1 v_1/P$를 대입하면

$$w_t = P_1 v_1 \ln\left(\frac{P_2}{P_1}\right) = RT\ln\left(\frac{v_1}{v_2}\right) \qquad (7\text{-}8\text{-}2)$$

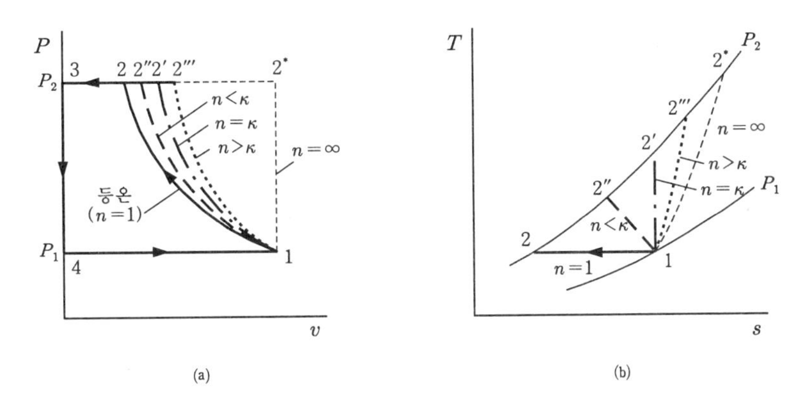

그림 7-28 간극이 없는 왕복형 압축기 사이클

▸ **단열압축과정**

$P_1 v_1^{\kappa} = P v^{\kappa}$에서 $v = (P_1 v_1^{\kappa}/P)^{(1/\kappa)}$이므로 식 (7-8-1)에 대입하여 정리하면

$$w_t = \frac{\kappa}{\kappa - 1} P_1 v_1 \left\{ \left(\frac{P_2}{P_1} \right)^{\frac{\kappa-1}{\kappa}} - 1 \right\} = \frac{\kappa}{\kappa - 1} R T_1 \left\{ \left(\frac{P_2}{P_1} \right)^{\frac{\kappa-1}{\kappa}} - 1 \right\} \quad (7\text{-}8\text{-}3)$$

▸ **폴리트로픽 압축과정**

$P_1 v_1^{n} = P v^{n}$에서 $v = (P_1 v_1^{n}/P)^{(1/n)}$이므로 식 (7-8-1)에 대입하여 정리하면

$$w_t = \frac{n}{n - 1} P_1 v_1 \left\{ \left(\frac{P_2}{P_1} \right)^{\frac{n-1}{n}} - 1 \right\} = \frac{n}{n - 1} R T_1 \left\{ \left(\frac{P_2}{P_1} \right)^{\frac{n-1}{n}} - 1 \right\} \quad (7\text{-}8\text{-}4)$$

이 식들은 3장 완전가스의 상태변화에서 구한 공업일과 같으며 그림 7-28(a)에서 각각의 압축곡선과 P축(3, 4)으로 둘러싸인 면적과 같다. 그러므로 등온 압축일이 가장 작으며 폴리트로픽($1<n<\kappa$) 압축일, 단열 압축일 순으로 커진다. 실제의 압축기에서는 마찰 등의 손실로 비가역변화를 하며 실제 압축일은 위의 값들보다 크지만 그렇게 큰 차이는 없다. 실제 압축기의 가역단열압축일 ($w_t = h_{2'} - h_1$)보다 실제 필요한 압축일 $(w_t)_{act} = (h_2 - h_1)_{act}$이 더 크며 이들의 비를 단열효율(adiabatic efficiency)이라 정의하며 η_{ad}도 표기하면

$$\eta_{ad} = \frac{w_t}{(w_t)_{act}} = \frac{h_{2'} - h_1}{(h_2 - h_1)_{act}} \quad (7\text{-}8\text{-}5)$$

또한 가역등온 압축일 ($w_t = h_2 - h_1$)과 실제 압축일 $(w_t)_{act} = (h_2 - h_1)_{act}$의 비를 등온효율(isothermal efficiency)이라 정의하며 η_{is}로 표기하면 아래와 같다.

$$\eta_{ad} = \frac{w_t}{(w_t)_{act}} = \frac{h_2 - h_1}{(h_2 - h_1)_{act}} \tag{7-8-6}$$

압축 후 온도는 제3장 완전가스의 상태변화에 대한 특성식을 이용하면 쉽게 구할 수 있다. 또한 압축에 의한 냉각열량은 제3장 완전가스의 상태변화에 대한 수수열량에 대한 식 (q)에 부호 약속에 따라 "-"를 붙이면 된다.

예제 7-15

1.013 bar, 288 K의 공기를 흡입하여 2.55 bar까지 간극이 없는 1단 아축기로 양축을 할 때 이론적인 소요일과 압축 후 온도 및 방열량을 다음의 경우에 대하여 구하여라.

(1) 등온압축 (2) 단열압축 (3) $Pv^{1.3} = C$인 압축

풀이 (1) 등온압축

P_1=1.013 bar, P_2=2.55 bar, T_1=288 K, R=0.2872 kJ/kgK 이므로 식 (7-8-2), 식 (3-6-13)으로부터

① $w_t = RT_1 \ln\left(\frac{P_2}{P_1}\right) = 0.2872 \times 288 \times \ln\left(\frac{2.55}{1.013}\right) = 76.36\ \text{kJ/kg}$

② $T_2 = T_1$=288 K (t_2=15℃)

③ $q = w_t = RT_1 \ln\left(\frac{P_2}{P_1}\right) = 0.2872 \times 288 \times \ln\left(\frac{2.55}{1.013}\right) = 76.36\ \text{kJ/kg}$

(2) 단열변화

κ=1.4이므로 식 (7-8-3), 식 (3-6-20), 식 (3-6-25)로부터

① $w_t = \frac{\kappa}{\kappa - 1} RT_1 \left\{\left(\frac{P_2}{P_1}\right)^{\frac{\kappa-1}{\kappa}} - 1\right\}$

$= \frac{1.4}{1.4-1} \times 0.2872 \times 288 \times \left\{\left(\frac{2.55}{1.013}\right)^{\frac{1.4-1}{1.4}} - 1\right\} = 87.38\ \text{kJ/kg}$

② $T_2 = T_1 \left(\frac{P_2}{P_1}\right)^{\frac{\kappa-1}{\kappa}} = 288 \times \left(\frac{2.55}{1.013}\right)^{\frac{1.4-1}{1.4}} = 374.9\ \text{K}$ (t_2=101.9℃)

③ $q = 0$

(3) $Pv^{1.3} = C$인 변화

n=1.3, c_v=0.7171 kJ/kgK이고 폴리트로픽변화이므로 식 (7-8-4), 식 (3-6-30) 및 식 (3-6-33)으로부터

① $w_t = \frac{n}{n-1} RT_1 \left\{ \left(\frac{P_2}{P_1} \right)^{\frac{n-1}{n}} - 1 \right\}$

$= \frac{1.3}{1.3-1} \times 0.2872 \times 288 \times \left\{ \left(\frac{2.55}{1.013} \right)^{\frac{1.3-1}{1.3}} - 1 \right\} = 85.10 \text{ kJ/kg}$

② $T_2 = T_1 \left(\frac{P_2}{P_1} \right)^{\frac{n-1}{n}} = 288 \times \left(\frac{2.55}{1.013} \right)^{\frac{1.3-1}{1.3}} = 356.4 \text{ K} \quad (t_2 = 83.4℃)$

③ $q = c_v \left(\frac{n-\kappa}{n-1} \right) (T_1 - T_2) = 0.7171 \times \frac{1.3-1.4}{1.3-1} \times (288 - 356.4) = 16.35 \text{ kJ/kg}$

[2] 간극체적이 있는 1단압축기의 사이클

앞에서 간극체적이 없는 압축기에 대하여 설명하였으나 실제의 왕복형 압축기에는 그림 7-29와 같이 상사점 부근에 약간의 간극체적이 있으며, 간극체적 안에 잔류하는 압축된 공기는 다음 흡입행정이 시작될 때까지 3-4선을 따라 팽창한다. 그러므로 다음 행정(4-1)에서 흡입하는 실제 공기는 행정체적보다 작아진다. 여기서 간극체적(clearance volume)을 V_c, 행정체적을 V_s라 하면 간극비(間隙比, clearanve ratio, ε_0로 표기)는 다음과 같이 정의된다.

$$\varepsilon_0 = \frac{V_c}{V_s} \tag{7-8-7}$$

그림 7-29에서 실제 유효 흡입행정이 4-1이므로 유효 흡입체적은 $V_1 - V_4$이고, 행정체적에 대한 유효 흡입체적의 비를 체적효율(體積效率, volumetric efficiency, η_v로 표기)이라 한다. 즉

$$\eta_v = \frac{V_s'}{V_s} = \frac{V_1 - V_4}{V_s} \tag{7-8-8}$$

만일 압축(1-2)과 팽창(3-4)이 폴리트로픽 변화라면 $P_1 V_1^n = P_2 V_2^n$, $P_3 V_3^n = P_4 V_4^n$에서 $P_1 = P_4$, $P_2 = P_3$이고, 압축압력비가 $\rho = P_2/P_1 = P_3/P_4$이므로

$$V_4 = V_3 \left(\frac{P_3}{P_4} \right)^{\frac{1}{n}} = V_3 \rho^{\frac{1}{n}} = V_c \rho^{\frac{1}{n}} \cdots\cdots\cdots ⓒ$$

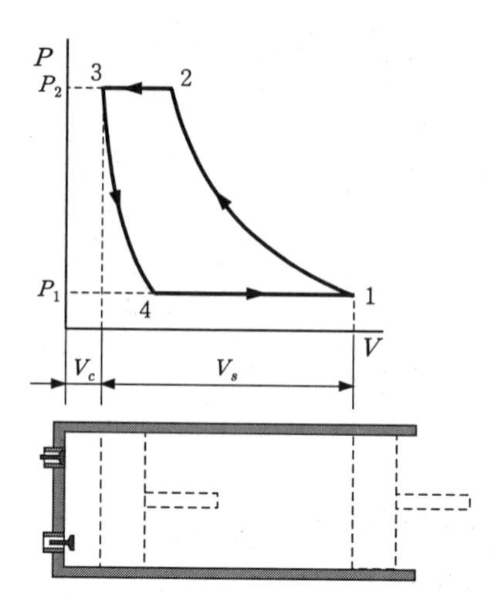

그림 7-29 간극체적이 있는 왕복형 압축기의 실제 사이클

또한 실린더체적은 $V_1 = V_c + V_s$ 이고 식 (7-8-7)에서 간극체적이 $V_c = \varepsilon_o V_s$ 임을 고려하면 체적효율은 다음과 같다.

$$\eta_v = \frac{V_s'}{V_s} = \frac{V_1 - V_4}{V_s} = 1 + \varepsilon_0 - \frac{V_4}{V_s} = 1 + \varepsilon_0 - \varepsilon_0 \rho^{\frac{1}{n}}$$

$$= 1 - \varepsilon_0 (\rho^{\frac{1}{n}} - 1) = 1 - \varepsilon_0 \left(\frac{V_1}{V_2} - 1 \right) = 1 - \varepsilon_0 \left(\frac{V_4}{V_3} - 1 \right) \qquad (7\text{-}8\text{-}9)$$

식 (7-8-9)를 보면 체적효율은 간극비와 압축압력비의 함수임을 알 수 있으며 압축압력비가

$$\rho = \frac{P_2}{P_1} = \left(1 + \frac{1}{\varepsilon_0} \right)^n \qquad (7\text{-}8\text{-}10)$$

일 때 체적효율은 η_v=0이 된다. 이 경우 실린더 안의 공기를 간극체적까지 압축한 후 외부로 송출하지 않고 다시 실린더체적까지 팽창하는 과정을 되풀이한다. 간극비는 보통의 압축기에서는 0.05~0.10, 소형 실린더는 0.15~0.25 정도이다.

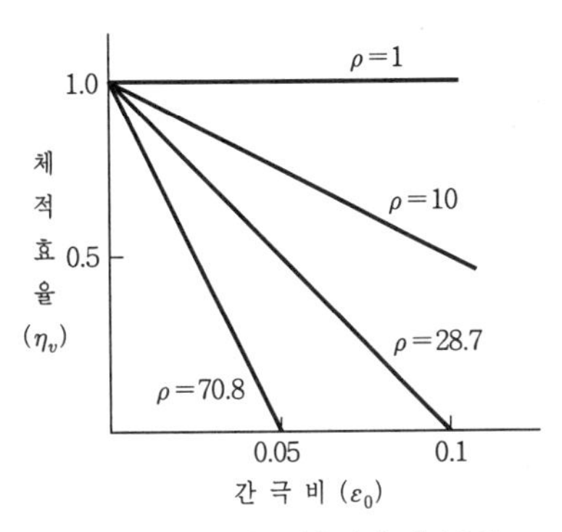

그림 7-30 왕복압축기의 체적효율

그림 7-30은 폴리트로픽 지수가 n=1.4인 경우, 압축압력비(ρ)를 매개변수로 하여 체적효율과 간극비의 관계를 나타낸 것이다. 간극비가 작을수록 압축압력비가 증가하여도 체적효율은 많이 감소하지 않지만 구조적으로 한계가 있으며, 동일한 간극비에서 압축압력비를 크게 하면 체적효율이 많이 감소하는 동시에 배출온도가 높아져 윤활과 기밀유지에 불리함으로 압축압력비를 높여야 할 경우에는 다단압축을 하여야 한다.

한편, 압축기 일량은 그림 7-29에서 압축에 필요한 일($w_{1,2}$)과 팽창일($w_{3,4}$)의 차이며 다음과 같이 나타낼 수 있다.

$$W = \frac{n}{n-1} P_1 V_1 (\rho^{\frac{n-1}{n}} - 1) - \frac{n}{n-1} P_1 V_4 (\rho^{\frac{n-1}{n}} - 1)$$

$$= \frac{n}{n-1} P_1 (V_1 - V_4)(\rho^{\frac{n-1}{n}} - 1) = \eta_v \frac{n}{n-1} P_1 V_s (\rho^{\frac{n-1}{n}} - 1) \quad (7\text{-}8\text{-}11)$$

예제 7-16

100 kPa, 288 K인 공기를 $pv^{1.3} = C$를 따라 0.5 MPa로 압축하는 공기압축기의 간극비가 5%이다. 체적효율은 얼마인가?

풀이 P_1=100 kPa, P_2=0.5 MPa이므로 압축압력비는 $\rho = P_2/P_1$=500/100=5, 간극비가 ε_0= 0.05, n=1.3이므로 식 (7-8-9)에서 체적효율은

$$\eta_v = 1 - \varepsilon_0(\rho^{\frac{1}{n}} - 1) = 1 - 0.05 \times (5^{\frac{1}{1.3}} - 1) = 0.8776 \quad (\therefore \eta_v = 87.76\%)$$

[3] 다단압축기의 사이클

압축압력비가 큰 경우 압축공기의 배출온도를 내리고 체적효율을 크게 하기 위하여 여러 개의 압축기를 직렬로 연결한 다단압축기(multi-stage compressor)를 이용한다. 다단압축에서 하나의 압축기를 단(段, stage)이라 하고 각 단 사이에 중간냉각기를 설치하여 압축 초기온도까지 냉각하면 압축 소요일도 줄일 수 있고 전체를 등온압축에 근접하도록 할 수 있다.

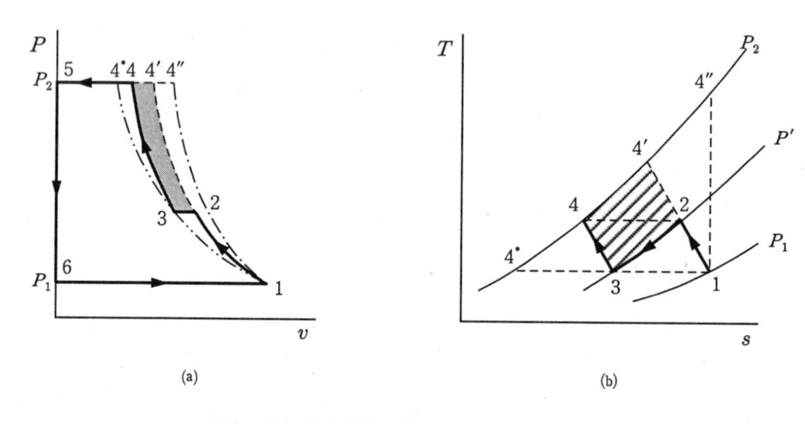

그림 7-31 중간냉각을 하는 2단압축기의 사이클

그림 7-31은 2단압축기 사이클을 나타낸 것이다. 그림 7-31(a)에서 압력 P_1을 P_2로 한 번에 폴리트로픽 압축할 때의 소요일은 면적 1-2-4′-5-6-1이고 저압압축기에서 P_1으로부터 중간압력 P'으로 폴리트로픽 압축하여 정압($P'=C$) 하에 중간냉각한 후 다시 고압압축기에서 P'으로부터 P_2로 2단압축하는 경우의 소요일은 면적 1-2-3-4-5-6-1이다. 그러므로 2단압축이 1단압축만 하는 경우보다 음영부분(면적 2-4′-4-3-2)만큼 소요일을 줄어든다. 또한 그림 7-31(b)에서 압축 단수를 늘리면 압축기의 사이클은 등온선 1-4*에 가까워지므로 소요일이 더욱 감소됨을 알 수 있다. 그리고 1단으로만 폴리트로픽 압축을 하는 경우의 배출온도는 $T_{4'}$으로 매우 높지만 2단압축의 경우는 T_4로 낮아지고 체적효율도 개선된다.

다단압축기의 경우 중간압력(P')을 얼마로 하는가가 매우 중요하다. 중간압력을 결정하기 위해 1단압축기와 2단압축기의 압축과정이 모두 폴리트로픽 압축이라 가정하고 압축기 소요일 W를 구하면 식 (7-8-4)로부터

$$W = \frac{n}{n-1} mRT_1 \left\{ \left(\frac{P'}{P_1} \right)^{\frac{n-1}{n}} - 1 \right\} + \frac{n}{n-1} mRT_3 \left\{ \left(\frac{P_2}{P'} \right)^{\frac{n-1}{n}} - 1 \right\}$$

$$= \frac{n}{n-1} mRT_1 \left\{ \left(\frac{P'}{P_1} \right)^{\frac{n-1}{n}} + \left(\frac{P_2}{P'} \right)^{\frac{n-1}{n}} - 2 \right\} \qquad \text{(7-8-12)}$$

이다. 따라서 우변 { } 안의 값이 최소가 될 때 압축기 소요일도 최소로 된다. 그러므로

$$y = \left(\frac{P'}{P_1} \right)^{\frac{n-1}{n}} + \left(\frac{P_2}{P'} \right)^{\frac{n-1}{n}} = \left(\frac{P'}{P_1} \right)^{N} + \left(\frac{P_2}{P'} \right)^{N}, \quad \text{단 } N = \frac{n-1}{n}$$

를 P'에 관해 미분하여 0으로 놓으면

$$\frac{dy}{dP'} = N \frac{(P')^{N-1}}{P_1^N} - N \frac{P_2^N}{(P')^{N+1}} = 0$$

으로부터

$$(P')^2 = P_1 P_2 \ \Rightarrow \ P' = (P_1 P_2)^{1/2} = \sqrt{P_1 P_2} \qquad \text{(7-8-13)}$$

$$\frac{P'}{P_1} = \frac{P_2}{P'} = \left(\frac{P_2}{P_1} \right)^{1/2} = \sqrt{\frac{P_2}{P_1}} \ \Rightarrow \ \rho_1 = \rho_2 = \sqrt{\rho} \qquad \text{(7-8-14)}$$

즉, 1단압축기의 압축압력비와 2단압축기의 압축압력비를 같게 하면 압축기 소요일이 최소로 된다. 3단 이상의 압축기에서도 같은 방법으로 압축기 소요일을 최소로 하는 조건은 각 단의 압축압력비를 같게 하는 것이다. 지금 압축 단수를 x단이라 하면 각 단의 압축압력비는 다음과 같다.

$$\rho_1 = \rho_2 = \cdots = \rho_m = \rho^{1/m} = \sqrt[m]{\rho} \qquad \text{(7-8-15)}$$

각 단의 압축압력비를 윗 식 (7-8-15)와 같이 정할 때의 전체 압축기 소요일(W_x)은 각 단에서 폴리트로픽 압축으로 가정하면

$$W_x = \frac{xn}{n-1} P_1 V_1 \left(\rho^{\frac{n-1}{xn}} - 1 \right) \cdot = \frac{xn}{n-1} m R T_1 \left(\rho^{\frac{n-1}{xn}} - 1 \right) \qquad \text{(7-8-16)}$$

이며, 각 단의 소요일은

$$W_1 = W_2 = \cdots = \frac{W_x}{x}$$

$$= \frac{n}{n-1} P_1 V_1 (\rho^{\frac{n-1}{xn}} - 1) = \frac{n}{n-1} m R T_1 (\rho^{\frac{n-1}{xn}} - 1) \quad (7\text{-}8\text{-}17)$$

각 단에서의 압축 말 온도도 모두 같으며 다음 식과 같아진다.

$$T_2 = T_4 = \ldots = T_1 \rho^{\frac{n-1}{xn}} \quad (7\text{-}8\text{-}18)$$

예제 7-17

100 kPa, 288 K인 공기를 흡입하여 $pv^{1.3}=C$를 따라 5 MPa까지 압축하는 공기압축기에서 이것을 1단, 2단, 3단, 4단압축으로 할 때 각 단의 압축압력비, 압축 후 압력과 온도 및 공기 1kg당 필요한 압축기 소요일을 구하여라. 단, 다단압축에서는 중간냉각을 한다.

풀이 P_1=100 kPa, P_2=.5 MPa, T_1=288 K이므로

(1) 1단압축으로 하는 경우

① 압축압력비 : $\rho = P_2/P_1 = 5000/100 = 50$

② 압축 후 압력 : $P_2 = 5\,\text{MPa}$

③ 압축 후 온도 : $T_2 = T_1 \rho^{\frac{n-1}{n}} = 288 \times 50^{\frac{1.3-1}{1.3}} = 710.3\,\text{K}$

④ 소요일 : $w = \frac{n}{n-1} R T_1 (\rho^{\frac{n-1}{n}} - 1) = \frac{1.3}{1.3-1} \times 0.2872 \times 288 \times (50^{\frac{1.3-1}{1.3}} - 1)$
$= 525.6\,\text{kJ/kg}$

(2) 2단압축으로 하는 경우

① 압축압력비 : $\rho_1 = \rho_2 = (P_1/P_2)^{1/2} = (5000/100)^{1/2} = 7.071$

② 1단압축 후 압력 : $P_1' = P_1 \rho_1 = 100 \times 7.071 = 707.1\,\text{kPa}$

2단압축 후 압력 : $P_2 = P_1' \rho_2 = 707.1 \times 7.071 = 5000\,\text{kPa} = 5\,\text{MPa}$

③ 1단압축 후 온도 : $T_1' = T_1 \rho_1^{\frac{n-1}{n}} = 288 \times 7.071^{\frac{1.3-1}{1.3}} = 452.3\,\text{K}$

또는 식 (7-8-18)에서 $T_1' = T_1 \rho^{\frac{n-1}{xn}} = 288 \times 50^{\frac{1.3-1}{2\times1.3}} = 452.3\,\text{K}$

2단압축 후 온도 : $T_2 = T_1 \rho_2^{\frac{n-1}{n}} = 288 \times 7.071^{\frac{1.3-1}{1.3}} = 452.3\,\text{K}$

④ 소요일 : $w_x = x \frac{n}{n-1} R T_1 (\rho^{\frac{n-1}{xn}} - 1)$

$= \frac{2 \times 1.3}{1.3-1} \times 0.2872 \times 288 \times (50^{\frac{1.3-1}{2\times1.3}} - 1) = 409.0\,\text{kJ/kg}$

또는 1단압축기 소요일의 2배와 같으므로

$$w_x = 2w_1 = \frac{2n}{n-1}RT_1(\rho_1^{\frac{n-1}{n}} - 1)$$

$$= \frac{2\times 1.3}{1.3-1}\times 0.2872\times 288\times (7.071^{\frac{1.3-1}{1.3}} - 1) = 409.0\ \text{kJ/kg}$$

※1단 압축기 소요일 w_1은 식 (7-6-17)을 이용하여도 같은 결과를 얻는다.

(3) 3단압축으로 하는 경우

① 압축압력비 : $\rho_1 = \rho_2 = \rho_3 = (P_1/P_2)^{1/3} = (5000/100)^{1/3} = 3.684$

② 1단압축 후 압력 : $P_1' = P_1\rho_1 = 100\times 3.684 = 368.4\ \text{kPa}$

2단압축 후 압력 : $P_2' = P_1'\rho_2 = 368.4\times 3.684 = 1357.2\ \text{kPa}$

3단압축 후 압력 : $P_2 = P_2'\rho_3 = 1357.2\times 3.684 = 4999.9\ \text{kPa} \fallingdotseq 5\ \text{MPa}$

③ 1단압축 후 온도 : $T_1' = T_1\rho_1^{\frac{n-1}{n}} = 288\times 3.684^{\frac{1.3-1}{1.3}} = 389.1\ \text{K}$

또는 식 (7-8-18)에서 $T_1' = T_1\rho^{\frac{n-1}{xn}} = 288\times 50^{\frac{1.3-1}{3\times 1.3}} = 389.1\ \text{K}$

※ 2단, 3단 압축 후 온도도 위와 같다.

④ 소요일 : $w_x = x\dfrac{n}{n-1}RT_1(\rho^{\frac{n-1}{xn}} - 1)$

$$= \frac{3\times 1.3}{1.3-1}\times 0.2872\times 288\times (50^{\frac{1.3-1}{3\times 1.3}} - 1) = 377.5\ \text{kJ/kg}$$

(4) 4단압축으로 하는 경우

① 압축압력비 : $\rho_1 = \rho_2 = \rho_3 = \rho_4 = (P_1/P_2)^{1/4} = (5000/100)^{1/4} = 2.659$

② 1단압축 후 압력 : $P_1' = P_1\rho_1 = 100\times 2.659 = 265.9\ \text{kPa}$

2단압축 후 압력 : $P_2' = P_1'\rho_2 = 265.9\times 2.659 = 707.0\ \text{kPa}$

3단압축 후 압력 : $P_3' = P_2'\rho_3 = 707.0\times 2.659 = 1879.9\ \text{kPa}$

4단압축 후 압력 : $P_2 = P_2'\rho_3 = 1879.9\times 2.659 = 4998.7\ \text{kPa} \fallingdotseq 5\ \text{MPa}$

③ 1단압축 후 온도 : $T_1' = T_1\rho^{\frac{n-1}{xn}} = 288\times 50^{\frac{1.3-1}{4\times 1.3}} = 360.9\ \text{K}$

※ 2단, 3단, 4단 압축 후 온도도 위와 같다.

④ 소요일 : $w_x = x\dfrac{n}{n-1}RT_1(\rho^{\frac{n-1}{xn}} - 1)$

$$= \frac{4\times 1.3}{1.3-1}\times 0.2872\times 288\times (50^{\frac{1.3-1}{4\times 1.3}} - 1) = 363.0\ \text{kJ/kg}$$

연습문제

[7–1] 간극체적이 실린더체적의 20%인 정적사이클의 이론열효율을 구하여라. 단, κ=1.38이다.

답 $\eta_{th,o}$=45.75%

[7–2] 비열비가 1.35, 압축비가 6인 정적사이클 기관의 최저압력과 최고압력이 각각 1 bar, 30 bar 이다. 이론평균유효압력을 구하여라.

답 $P_{mth,o}$=500 kPa

[7–3] 압축비가 15, 단절비가 1.5인 디이젤사이클의 이론열효율을 구하여라. 또 동일한 온도범위에서 작동하는 Carnot 사이클의 열효율을 구하여라. 단, 이 사이클의 최저온도는 18℃이며 κ= 1.4 이다.

답 (1) $\eta_{th,d}$=63.05% (2) η_c=77.43%

[7–4] 비열비가 1.4인 디이젤사이클 기관의 최저온도와 최고온도가 각각 27℃, 1527℃이고 최저압력과 최고압력이 각각 1 bar, 40 bar일 때 다음을 구하여라.

(1) 압축비와 단절비 (2) 이론열효율 (3) 이론평균유효압력

답 (1) ε=13.94, σ=2.09 (2) $\eta_{th,d}$=58.73% (3) $P_{mth,d}$=6.92 bar

[7–5] 비열비가 1.4, 최고압력비가 1.6, 단절비가 2.2인 Sabathé 사이클 기관의 이론열효율과 이론평균유효압력을 구하여라. 단, 압축비는 18이고 최고압력은 68 bar이다.

답 (1) $\eta_{th,s}$=63.39% (2) $P_{mth,s}$=13.02 bar

[7–6] 제동연료소비율이 230 g/kWh인 4사이클 가솔린기관의 배기량이 1500 cm³이다. 4000 rpm에서 축마력이 36.8 kW로 측정되었다. 기계효율이 78%라면 제동평균유효압력, 정미열효율, 도시평균유효압력 및 도시열효율은 각각 얼마인가? 단, 연료의 저발열량은 48,500 kJ/kg이다.

답 (1) P_{mb}=736 kPa (2) η_b=32.27% (3) P_{mi}=943.6 kPa (4) η_i=41.37%

[7-7] 압축압력비가 4인 개방형 Brayton 사이클의 가스터빈에서 터빈 출력이 2500 kW, 최고온도와 최저온도가 각각 600℃, 20℃이고 최저압력은 표준대기압과 같다. 다음을 계산하여라. 단, 공기의 정압비열과 비열비는 각각 1.005 kJ/kgK, 1.4이다.

(1) 압축기로 유입되는 공기유량 (2) 압축기의 소요동력 (3) 가열량
(4) 냉각열량 (5) 이론열효율

답 (1) $\dot{m}=8.713$ kg/s (2) $N_c=1247$ kW (3) $Q_H=3832$ kJ/s
(4) $Q_L=2579$ kJ/s (5) $\eta_B=32.7\%$

[7-8] Brayton 사이클로 작동되는 단순 가스터빈에서 최고압력이 4.8 bar, 최저압력이 1 bar, 최저온도가 15℃일 때 다음을 구하여라.

(1) 이론열효율 (2) 사이클당 200 kJ/kg의 일을 얻기 위한 가열량 (3) 최고온도

답 (1) $\eta_B=36.1\%$ (2) $q_H=554$ kJ/kg (3) $t_3=729.1$℃

[7-9] 밀폐형 Brayton 사이클에서 압축 전 압력이 2 bar, 온도가 25℃이다. 터빈 입구의 압력과 온도가 각각 10 bar, 700℃일 때 작동유체(알곤, Argon) 1 kg에 대한 다음 값들을 구하여라. 단, 알곤의 정압비열과 비열비는 각각 0.520 kJ/kg, 1.66이다.

(1) 압축일 (2) 터빈일 (3) 가열량 (4) 냉각열량 (5) 이론열효율

답 (1) $w_c=138.9$ kJ/kg (2) $w_t=239.1$ kJ/kg (3) $q_H=212.1$ kJ/kg
(4) $q_L=111.9$ kJ/kg (5) $\eta_B=47.24\%$

[7-10] 압축기효율이 85%, 터빈효율이 90%인 Brayton 사이클의 최저, 최고압력이 각각 1 bar, 10 bar이고 최저, 최고온도가 15℃, 729℃이다. 압축기 출구와 터빈 출구의 온도 및 실제 열효율을 구하여라. 단, 작동유체는 공기이다.

답 (1) $t_{2'}=206.6$℃ (2) $t_{4'}=403.3$℃ (3) $\eta_{act}=25.70\%$

[7-11] Brayton 재생사이클에서 최고온도가 650℃, 최저온도가 20℃, 압축압력비가 3.8이다. 이상적인 재생기라 가정하고 이론열효율과 유효일을 구하여라. 단, 작동유체는 이상기체인 공기이다.

답 (1) $\eta_{ry}=53.51\%$ (2) $w=157.4$ kJ/kg

[7-12] 문제 7-11과 같은 조건의 중간냉각을 하는 Brayton 재생사이클에서 1단압축기와 2단압축기의 압축압력비가 같다고 할 때 열효율을 구하여라. 단, 재생효율은 100%로 가정한다.

답 $\eta_{rg,ic}$=57.91%

[7-13] 문제 7-11과 같은 조건의 중간냉각을 하는 Brayton 재생재열사이클에서 1단압축기와 2단압축기의 압축압력비가 같고 제1터빈에서 800 K이 될 때까지 팽창한 후 다시 최고온도까지 재열시키는 경우의 이론열효율을 구하여라. 단, 재생효율은 100%로 가정한다.

답 $\eta_{rgh,ic}$=61.32%

[7-14] 분당 1 bar, 20℃인 공기 10 kg을 4.5 bar까지 압축하는 간극체적이 없는 왕복식 압축기가 있다. 등온압축과 단열압축할 경우 이론 소요동력은 얼마인가?

답 (1) N=21.09 kW (2) N=26.35 kW

[7-15] 1 bar, 20℃인 공기를 4.5 bar까지 압축하는 간극비가 4%인 왕복식 압축기의 압축과 팽창시 폴리트로픽 비열이 1.3일 때 체적효율은 얼마인가?

답 η_v=91.28%

[7-16] 1분에 10℃, 표준기압의 공기 500 L를 흡입하여 10 bar로 압축하는 3단압축기의 소요동력은 얼마인가? 단, 압축기는 비열이 1.3인 폴리트로픽 압축을 한다.

답 η_v=91.28%

8 증기 사이클

8 T·H·E·R·M·O·D·Y·N·A·M·I·C·S

증기 사이클

8-1 증기원동소

화력발전소나 원자력발전소에서는 발전을 위해 발전기를 돌리며 이 발전기는 고온, 고압의 수증기로 구동되는 증기터빈(steam turbin)에 연결된다. 즉, 증기원동소(蒸氣原動所)의 보일러(boiler)에서 발생되는 고온, 고압의 수증기를 증기터빈에서 팽창시켜 발전기의 구동력을 얻는 것이다.

화력발전소의 보일러에서는 천연가스, 중유, 석탄, 폐기 가연성 물질 등 연료를 연소시켜 발생한 열을 받아 수증기(과열증기)를 만든다. 원자력발전소에서의 증기 발생은 사용하는 원자로의 형식에 따라 다르다. 원자로의 냉각재로는 물(H_2O)이 이용되며 원자로 내에서 발생한 열을 물에 공급함으로써 수증기가 발행하게 된다. 따라서 이 수증기를 직접 증기터빈으로 유도하면 된다. 이때의 원자로는 화력발전소의 보일러에 해당된다.

그러나 원자로의 냉각재는 물이지만 원자로 내에서 비등이 일어나지 않도록 가압하는 경우(가압수형원자로)라든가 냉각재가 이산화 탄소(CO_2)나 헬륨(He)과 같이 기체인 경우(가스냉각형 원자로)에는 핵분열에 의해 발생하는 열을 냉각재가 흡수하여 고온으로 된 후 원자로를 나간다. 고온의 냉각재를 열교환기로 유도하여 물과 열교환을 시키면 수증기가 발생되며 이것을 증기터빈으로 유도하게 된다. 열교환을 마친 냉각재는 온도가 내려가므로 이것을 다시 원자로로 되돌려 보내 고온의 냉각재로 만들어 열교환기로 유입시킨다. 따라서 열교환기는 냉각재를 냉각시키는 동시에 증기발생기의 역할을 한다.

그림 8-1은 간단한 증기원동소(steam power plant)인 화력발전소(heat power station)의 열흐름을 나타낸 계통도이다. 각 과정을 설명하면 복수기(復水器, condenser)에서 복수(응축)된 물이 급수펌프에 의해 증기보일러(steam boiler)로 압송된다. 물이 보일러에 급수되면 소요압력 하에 증발하여 포화증기가 된다. 포화증기는 다시 과열기(過熱器, superheater)에 들어가 보일러의 압력과 같은 압력 하에서 필요한 상태(고온)의 과열증기로 가열된다. 고온 고압의 과열증기가 증기터빈(steam turbine)으로 들어가 팽창

하여 일을 한다. 이때 발생된 일이 발전기나 기타 소요의 부하를 구동하게 된다. 일을 마치고 증기터빈에서 배출된 폐증기는 복수기에 유입되어 방열함으로써 다시 포화수로 복수된다. 이때 복수기 내부는 진공상태이므로 배압이 낮아 증기터빈 내에서 증기가 충분히 팽창하게 된다.

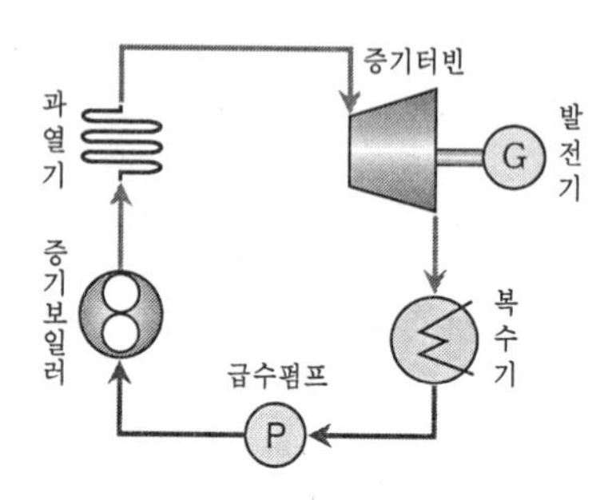

그림 8-1 화력발전소의 열흐름 계통도

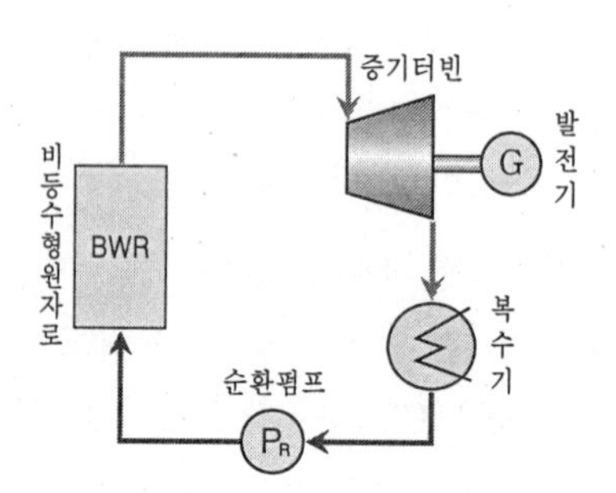

(a) 비등수형 원자로의 열흐름 계통도

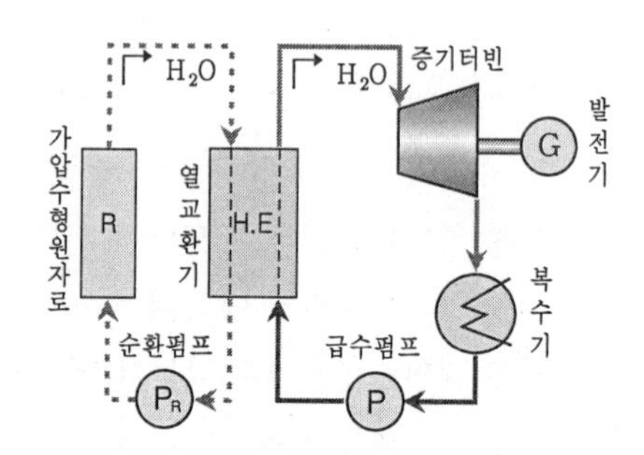

(b) 가압수형 원자로의 열흐름 계통도

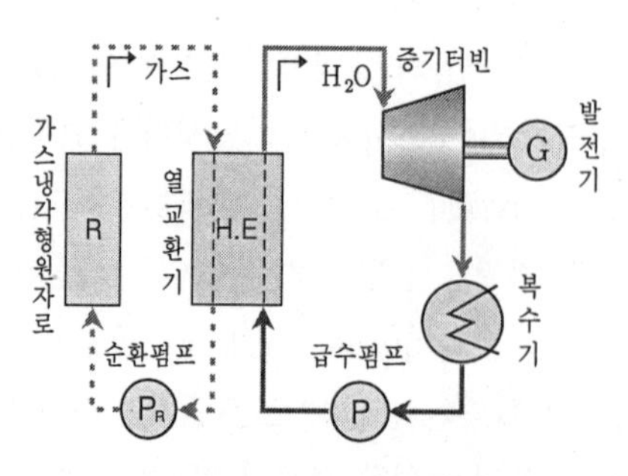

(c) 가스냉각형 원자로의 열흐름 계통도

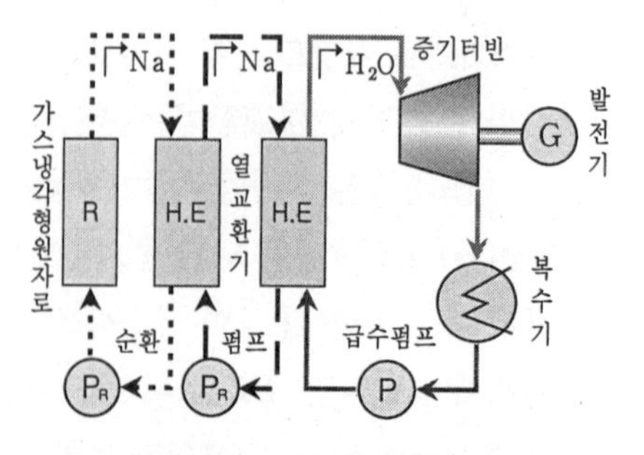

(d) 액체금속 냉각형 원자로의 열흐름 계통도

그림 8-2 원자력발전소의 열흐름 계통도

복수기 내에서 증기를 냉각, 응축하기 위한 냉각장치에 의해 응축열이 제거되어 복수된다. 복수된 물은 다시 위와 같은 과정을 되풀이한다. 복수기는 증기의 응축을 위한 냉각장치로서 일종의 열교환기(heat exchanger)로 다수의 관으로 되어 있으며 관내에는 저온의 냉각수(자연수)가 흐르고 관외부에는 증기가 복수되므로 증기와 냉각수는 혼합되지 않는다.

그림 8-2는 원자력발전소(nuclear power station)의 열흐름 계통도를 나타낸 것이다. 그림 (a)는 비등수형 원자로(BWR, boiling water type reactor)를 갖는 원동소로 원자로 냉각재인 물이 원자로에서 증발 과열되어 증기터빈으로 들어간다. 따라서 원자로가 보일러와 과열기 역할을 한다.

그림 (b)는 가압수형 원자로(PWR, pressured water type reactor)를 갖는 원동소이며, 원자로를 냉각시키는 냉각재로 표준대기압 이상으로 가압된 물을 사용한다. 가압수형 원자로에서 고압, 고온이 된 물(냉각재)이 열교환기로 유입되면 급수펌프에 의해 압송된 물과 열교환하여 온도가 감소한다. 열교환기에서 냉각재로부터 열을 흡수한 물은 증발, 과열되어 증기터빈으로 들어가 일을 한다. 그러므로 열교환기가 보일러 역할을 한다. 한편 온도가 낮아진 고압의 물(냉각재)은 순환펌프에 의해 다시 원자로로 유입된다. 냉각재로 사용되는 물의 종류에 따라 경수로형과 중수로형이 있다.

그림 (c)는 가스냉각형 원자로(GCR, gas cooling type reactor)를 갖는 원동소로 이산화탄소(CO_2)나 헬륨(He) 등 물이 아닌 가스를 냉각재로 사용한다. 원자로에서 고온이 된 냉각가스가 열교환기에서 급수펌프에 의해 압송된 물과 열교환하며 냉각된 후 다시 순환펌프에 의해 원자로로 유입된다.

그림 (d)는 액체금속 냉각형 원자로(LMCR, liquid metal cooling type reactor)의 원동소이다. 액체금속인 나트륨(Na)이나 비스무스-나트륨(Bi-Na) 등을 사용한다. 원자로에서 흡열, 고온으로 된 1차 냉각재인 액체 나트륨이 중간 열교환기에서 2차 냉각재인 액체 나트륨과 열교환을 하고 냉각되어 원자로로 유입된다. 중간 열교환기에서 가열된 2차 냉각재인 액체 나트륨이 주 열교환기에서 물과 열교환하고 냉각되어 순환펌프에 의해 중간 열교환기로 들어간다. 한편 주 열교환기에서 2차 냉각재로부터 열을 흡수하여 증발된 과열증기가 증기터빈에서 팽창하며 일을 한다.

이상에서 증기원동소의 증기동력사이클(vapour power cycle)을 고찰해 보았다. 증기의 기본적인 동력사이클은 1854년 Rankine에 의해 제안되었으며 랭킨 사이클(Rankine cycle)이라 한다. 오늘날에는 이 사이클의 열효율을 증대시키기 위하여 부가적 장치에 따라 재생사이클, 재열사이클 및 이들을 종합한 재생-재열사이클, 2유체 사이클 등 개량사이클이 널리 채용되고 있다.

8-2 증기에 대한 Carnot 사이클

증기를 작동유체로 하는 증기원동소는 기본적으로 보일러(boiler), 증기터빈(turbine), 복수기(condenser), 급수펌프(feed water pump) 등으로 구성되어 있으며 보일러를 고온도물체(고열원)로 하고 복수기를 저온도물체(저열원)로 하는 열기관이다.

그림 8-3은 Carnot 사이클로 작동되는 증기원동소의 계통도를 나타낸 것이다. 그림 (a)에는 건포화증기를 작동유체로 하는 증기원동소의 계통도로 과열기가 없다. 그림 (b)는 과열기에서 만들어진 과열증기를 작동유체로 하는 증기원동소의 계통도이다. 그리고 그림 8-4는 건포화증기와 과열증기를 작동유체로 하는 Carnot 사이클을 $P-v$, $T-s$, $h-s$ 선도 상에 나타낸 것이다.

[1] 건포화증기를 사용하는 Carnot 사이클(1-a-2-4')

2개의 가역 단열변화와 2개의 가역 등온변화로 이루어진 Carnot 사이클의 상태변화를 상세히 설명하면 다음과 같다.

① 상태변화 1-a : 급수펌프에서의 단열압축과정

복수기에서 응축된 압력이 P_1, 온도가 T_1인 건도가 낮은 습증기(상태 1)를 가역단열압축하여 압력이 P_2, 온도가 T_2인 포화수(상태 a)로 만드는 과정이다. 그러나 복수기에서 응축 중에 있는 건도가 적당히 낮은 습증기를 단열압축하여 포화수로 만드는 것이 사실상 실현이 불가능하므로 실제에 있어서는 응축이 완료된 포화수를 단열압축하여 압축수(불포화수)로 만든다(다음 절 참조). 습증기 1 kg당 급수펌프에 공급해야 할 압축일(부호 약속에 의해 "-"로 표기)을 w_p라 하면 단열변화이므로 식 (5-6-15)에 의해 다음과 같아진다.

$$-w_p = h_1 - h_a \quad \rightarrow \quad w_p = h_a - h_1 \tag{8-2-1}$$

② 상태변화 a-2 : 보일러에서의 등온팽창과정

급수펌프로부터 온 압력이 P_2인 포화수(상태 a)를 보일러에서 등온($T_2 = C$) 하에 가열, 증발시켜 건포화증기(상태 2)로 등온팽창시키는 과정으로 압력도 일정하다. 포화수 1 kg당 보일러에서 흡수하는 열을 q_B라 하면 식 (5-6-1)과 (5-6-10)에 의해 다음과 같아진다.

$$q_B = h_2 - h_a = T_2(s_2 - s_a) \tag{8-2-2}$$

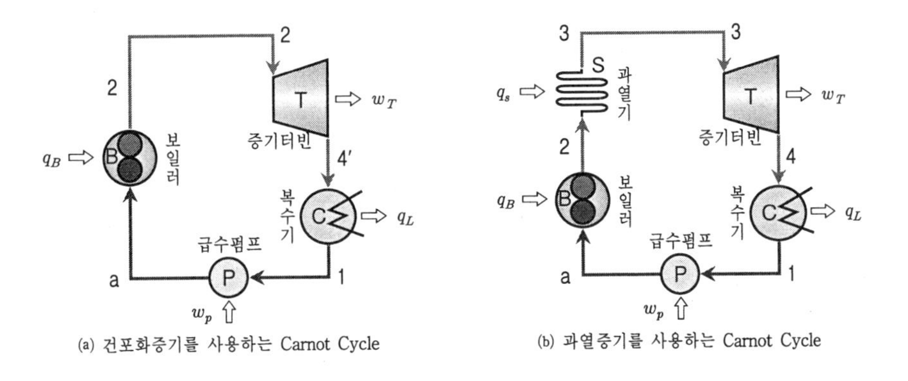

(a) 건포화증기를 사용하는 Carnot Cycle (b) 과열증기를 사용하는 Carnot Cycle

그림 8-3 Carnot Cycle로 작동되는 증기원동소의 계통도

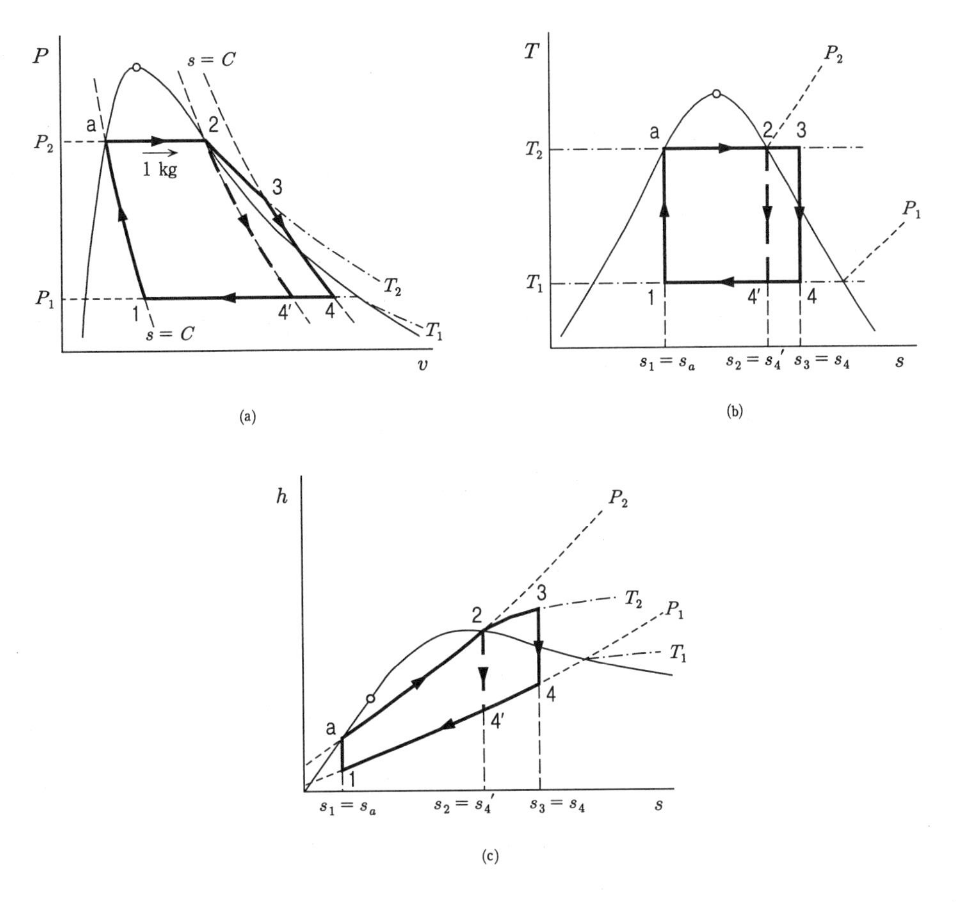

그림 8-4 Carnot Cycle로 작동되는 증기원동소의 계통도

③ 상태변화 2-4' : 증기터빈에서의 단열팽창과정

보일러에서 증발된 압력이 P_2, 온도가 T_2인 건포화증기(상태점 2)가 증기터빈에서 가역단열팽창하며 압력이 P_1, 온도가 T_1으로 낮아지며 습증기(상태 4')로 되는 과정으로 단열팽창으로 인해 외부에 대해 일을 한다. 1 kg의 건포화증기가 터빈에서 하는 유동일을 w_T로 표기하면 식 (5-6-15)에 의해 다음과 같아진다.

$$w_T = h_2 - h_{4'} \tag{8-2-3}$$

④ 상태변화 4'-1 : 복수기에서의 등온압축과정

증기터빈에서 일을 마친 압력이 P_1, 온도가 T_1인 폐증기(습증기, 상태 4')가 복수기에서 냉각수에 의해 등온($T_1 = C$) 하에 방열하여 적당히 낮은 건도를 가진 습증기(상태 1)로 되는 등온압축과정으로 압력 P_1으로 일정하다. 이 과정은 급수펌프에서 단열압축시켜 포화수로 만들 수 있도록 알맞은 건도의 습증기로 응축 도중에 유출시켜야 하는 어려운 점이 있어 실제에서는 포화수가 될 때까지 응축시킨다. 습증기 1 kg이 복수기에서 저온도물체(냉각수)로 방출하는 열(약속에 의해 "-" 부호)을 q_L이라 하면 식 (5-6-1)과 (5-6-10)에 의해 다음과 같아진다.

$$-q_L = h_1 - h_{4'} \ \rightarrow \ q_L = h_{4'} - h_1 = T_1(s_{4'} - s_1) \tag{8-2-4}$$

[2] 과열증기를 사용하는 Carnot 사이클(1-a-2-3-4)

① 상태변화 1-a : 급수펌프에서의 단열압축과정

급수펌프에서 P_1, T_1인 습증기(상태 1)를 가역단열압축하여 P_2, T_2인 포화수(상태 a)로 만드는 과정이다.

② 상태변화 a-2 : 보일러에서의 등온팽창과정

보일러에서 압력이 P_2인 포화수(상태 a)를 등온($T_2 = C$) 하에 가열, 증발시켜 건포화증기(상태 2)로 등온팽창시키는 과정으로 압력 또한 일정하다.

③ 상태변화 2-3 : 과열기에서의 등온팽창과정

압력이 P_2, 온도가 T_2인 건포화증기(상태 2)를 과열기에서 등온($T_2 = C$)하에 연소가스의 여열(餘熱)로 가열하여 과열증기(상태 3)로 만드는 등온팽창과정으로 이론적으로는 가능하지만 실제로는 등온팽창시키기 위해서는 압력을 온도에 맞도록 계속 낮추어야 한다. 따라서 실제 사이클에서는 정압 하에 가열시킨다. 증기 1 kg당 과열기에서 흡수하는 열을 q_s라 하면 식 (5-6-10)에 의해 다음과 같아진다.

$$q_s = T_2(s_3 - s_2) \tag{8-2-5}$$

④ 상태변화 3-4 : 증기터빈에서의 단열팽창과정

과열기에서 온 온도가 T_2인 과열증기(상태 3)가 증기터빈에서 가역단열팽창하며 압력이 P_1, 온도가 T_1으로 낮아지며 습증기(상태 4)로 되는 과정으로 단열팽창으로 인해 외부에 대해 일을 한다. 1 kg의 과열증기가 터빈에서 하는 유동일 w_T는 식 (5-6-15)에 의해 다음과 같이 나타낼 수 있다.

$$w_T = h_3 - h_4 \tag{8-2-6}$$

⑤ 상태변화 4-1 : 복수기에서의 등온압축과정

증기터빈에서 일을 마친 P_1, T_1인 폐증기(상태 4)가 복수기에서 등온($T_1 = C$) 하에 방열하여 적당히 낮은 건도를 가진 습증기(상태 1)로 되는 등온압축과정으로 압력 P_1으로 일정하다. 그리고 습증기 1 kg이 복수기에서 저온도물체(냉각수)로 방출하는 열(약속에 의해 "-" 부호) q_L은 식 (5-6-1)과 (5-6-10)에 의해 다음과 같아진다.

$$-q_L = h_1 - h_4 \;\rightarrow\; q_L = h_4 - h_1 = T_1(s_4 - s_1) \tag{8-2-7}$$

이상에서 살펴본 Carnot 사이클로 작동되는 증기원동소의 이론열효율 η_c는 식 (4-3-1)에 의해 다음과 같이 나타낼 수 있다.

$$\eta_c = \frac{w}{q_H} = \frac{w_T - w_p}{q_B + q_s} = 1 - \frac{q_L}{q_B + q_s} = 1 - \frac{T_1}{T_2} \tag{8-2-8}$$

식 (8-2-8)에서 T_1과 T_2는 각각 저열원의 온도(T_L)와 고열원의 온도(T_H)이다.

예제 8-1

터빈 입구에서 건포화증기의 압력이 30 bar, 복수기 출구에서 습증기 압력이 0.5 bar인 Carnot 사이클로 작동되는 증기원동소의 이론열효율을 구하여라.

풀이 포화증기표(압력기준)에서 P_2=30 bar=3000 kPa일 때 포화온도가 233.9℃이므로 t_2=233.9℃이며, P_1=0.5 bar=50 kPa일 때 포화온도가 81.32℃이므로 t_1=81.32℃이다. 그러므로 식 (8-2-8)로부터 이론열효율 η_c는

$$\eta_c = 1 - \frac{T_1}{T_2} = 1 - \frac{81.32 + 273}{233.9 + 273} = 0.3010 \quad (30.10\%)$$

※ 만일 각 상태점의 엔탈피와 엔트로피를 구해 열효율을 계산하면 포화증기표로부터
$h_1 = 891.6$ kJ/kg, h_a=1008 kJ/kg, h_2=2803 kJ/kg, $h_{4'} = 2146$ kJ/kg
$s_1 = s_a$=2.646 kJ/kgK, $s_2 = s_{4'}$=6.186 kJ/kgK이므로

① 보일러에서의 흡열량
$q_s = h_2 - h_a = 2803 - 1008 = 1795$ kJ/kg
$q_s = T_2(s_2 - s_a) = (233.9 + 273) \times (6.186 - 2.646) = 1794.426 ≒ 1794.4$ kJ/kg

② 터빈에서의 일량
$w_T = h_2 - h_{4'} = 2803 - 2146 = 657$ kJ/kg

③ 복수기에서의 방열량
$q_L = h_{4'} - h_1 = 2146 - 891.6 = 1254.4$ kJ/kg
$q_L = T_1(s_{4'} - s_1) = (81.32 + 273) \times (6.186 - 2.646) = 1254.2928 ≒ 1254.3$ kJ/kg

④ 급수펌프에 가해야 할 일량
$w_p = h_a - h_1 = 1008 - 891.6 = 116.4$ kJ/kg
그러므로 이 사이클의 이론열효율은

$$\eta_c = \frac{w}{q_H} = \frac{w_T - w_p}{q_b} = \frac{657 - 116.4}{1795} = 0.301169916 ≒ 0.3012$$

$$\eta_c = 1 - \frac{q_L}{q_B} = 1 - \frac{1254.3}{1794.4} = 0.300991975 ≒ 0.3010$$

즉 위의 계산과 일치함을 알 수 있다.

8-3 Rankine 사이클

1854년 영국의 W. J. M. Rankine은 Carnot 사이클을 증기원동소에 적용하기 위하여 Carnot 사이클에서 실현이 불가능한 상태변화를 적용 가능한 상태변화로 바꾼 열역학적 사이클을 고안하였다. 증기원동소의 기본이 되는 이 사이클을 Rankine 사이클이라 한다.

표 8-1은 Carnot 사이클과 Rankine 사이클을 비교한 것으로 Rankine 사이클은 2개의 단열변화와 2개의 정압변화로 구성된다.

그림 8-5는 과열기(super heater)가 있는 Rankine 사이클의 계통도와 사이클을 세선도 상에 나타낸 것으로 과열기가 없는 Rankine 사이클은 그림에서 1-a-2′-2-4″이다.

표 8-1 Carnot 사이클과 Rankine 사이클의 비교

명 칭	Catnot 사이클		Rankine 사이클	
	상태변화	동작유체의 상태	상태변화	동작유체의 상태
급수펌프	단열압축	습증기 → 포화수	단열압축	포화수 → 압축수
보 일 러	등온팽창	포화수 → 건증기	정압팽창	압축수 → 건증기
과 열 기		건증기→과열증기		건증기→과열증기
터빈(과열기가 있는 경우)	단열팽창	건증기 → 습증기 과열증기→습증기	단열팽창	건증기 → 습증기 과열증기→습증기
복 수 기	등온압축	습증기 → 습증기	정압압축	습증기 → 포화수

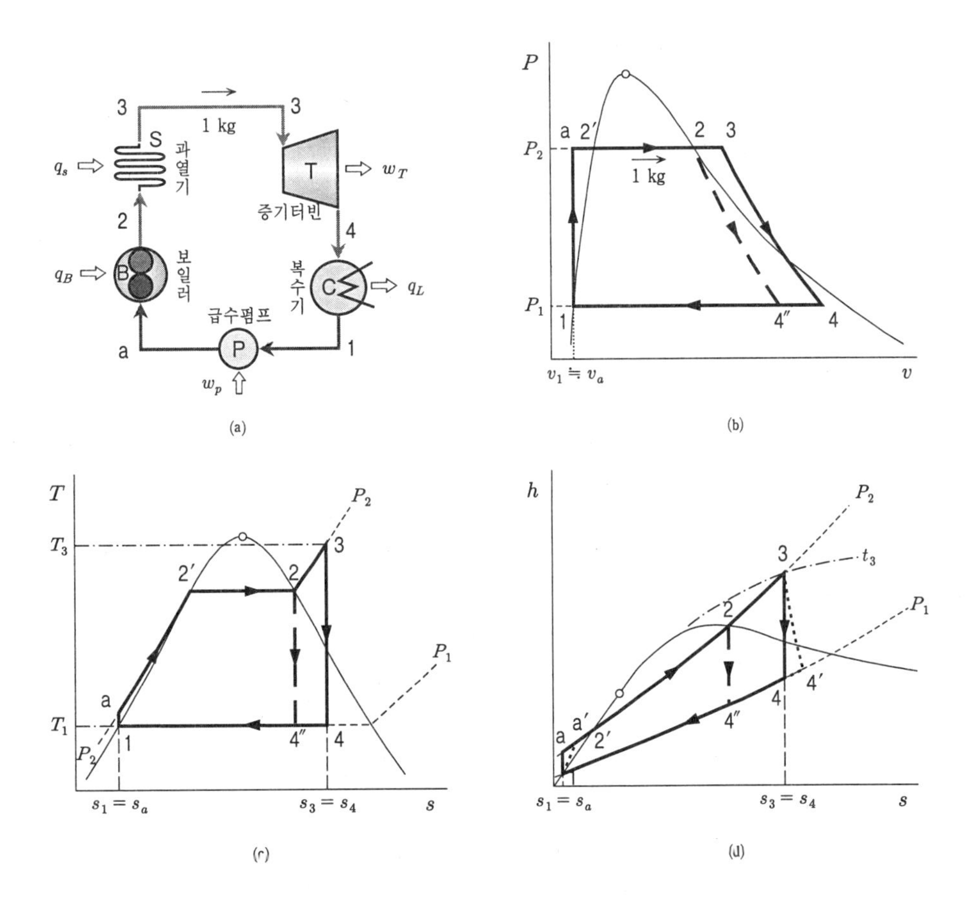

그림 8-5 Rankine 사이클(펌프일을 고려)

[1] 사이클 해석

① 상태변화 1-a : 급수펌프에서의 단열압축과정

복수기에서 응축된 압력이 P_1인 포화수(상태 1)를 가역단열압축시켜 압력이 P_2인 불포화수(압축수, 상태 a)로 만든다. 물은 비압축성 유체이므로 체적의 변화가 거의 없어 정적압축과정($v_1 \fallingdotseq v_a$)으로 생각해도 무방하다. $T-s$ 선도에서 압축 전, 후인 상태 1과 상태 a의 두 점은 불포화수 구역에서 등압선이 포화수선에 근접하므로 거의 일치한다.

1 kg의 포화수를 급수펌프에서 단열압축시키는데 필요한 일 w_p는 단열변화인 동시에 정적변화로 해석할 수 있으므로 식 (5-6-15)와 공업일의 정의를 이용하면 다음과 같이 나타낼 수 있다.

$$w_p = h_a - h_1 = v_1(P_2 - P_1) \tag{8-3-1}$$

② 상태변화 a-2'-2 : 보일러에서의 정압가열(팽창)과정

급수펌프에서 보내온 압축수(상태 a)가 보일러에서 정압($P_2 = C$) 하에 가열되어 포화수(상태 2')로 된다. 압축수가 포화수로 되는 동안 온도와 체적은 증가된다. 포화수를 계속 가열하면 증발하여 건포화증기(상태 2)로 된다. 포화수가 증발하는 동안 압력과 온도는 일정하며 체적만 증가한다.

1 kg의 압축수를 건포화증기로 만드는데 필요한 보일러에서의 가열량 q_B는 정압변화이므로 일반에너지식 $\delta q = du + Pdv$를 상태 a에서 2까지 적분하면 다음과 같다.

$$q_B = h_2 - h_a \tag{8-3-2}$$

③ 상태변화 2-3 : 과열기에서의 정압가열(팽창)과정

건포화증기(상태 2)가 과열기에서 보일러와 같은 압력($P_2 = C$) 하에서 가열되어 과열증기(상태 3)로 되는 과정으로 온도(T_3)와 체적이 모두 증가한다. 과열기는 보일러의 연소실이나 굴뚝(연돌 : chimny)에 설치된다.

건포화 증기 1 kg당 과열기에서의 가열량 q_s도 위와 같은 방법으로 구하면 다음과 같다.

$$q_s = h_3 - h_2 \tag{8-3-3}$$

④ 상태변화 3-4 : 증기터빈에서의 단열팽창과정

과열기로부터 유입된 압력이 P_2인 과열증기(상태 3)가 증기터빈에서 가역단열팽창되어 압력이 P_1인 습증기(상태 4)로 되는 과정으로 수증기가 가지고 있는 에너지가 일(동력)로 바뀌어 발전기나 다른 기구를 구동한다. 팽창되는 동안 압력과 온도가 감소하며 체적은 증가하여 복수기로 보내진다.

과열증기 1 kg이 증기터빈에서 행하는 팽창일 w_T는 식 (5-6-15)에 의해 다음과 같이 나타낼 수 있다.

$$w_T = h_3 - h_4 \tag{8-3-4}$$

⑤ 상태변화 4-1 : 복수기에서의 등온압축(방열)과정

터빈으로부터 유입된 건도가 높은 습증기(상태 4)가 정압($P_1 = C$) 하에 냉각수에 의해 냉각되며 방열하여 포화수(상태 1)로 응축되는 과정이다. 응축되는 동안 압력과 온도(T_1)는 일정하며 체적은 감소한다. 습증기 1 kg이 복수기에서 방출하는 열 q_L은 설명 ②에서와 같은 방법으로 구하면 다음과 같다.

$$q_L = h_4 - h_1 \tag{8-3-5}$$

[2] 이론열효율

작동유체 1 kg이 고열원으로부터 흡수하는 열 q_H는

$$q_H = q_B + q_s = h_3 - h_a \tag{8-3-6}$$

이며, 작동유체 1 kg의 유효일 w는

$$w = w_T - w_p = (h_3 - h_4) - (h_a - h_1) \tag{8-3-7}$$

이므로 Rankine 사이클의 이론열효율을 η_R이라 하면

$$\eta_R = \frac{w}{q_H} = \frac{w_T - w_p}{q_B + q_s} = \frac{(h_3 - h_4) - (h_a - h_1)}{h_3 - h_a} \tag{8-3-8}$$

식 (8-3-8)에서 펌프일 w_p는 보일러 압력(초압) P_2가 복수기 압력(배압) P_1에 비해 많이 높다 하여도 터빈의 팽창일 w_T에 비해 매우 적으므로 무시하여도 무방하다. 이와 같이 펌프일을 무시할 경우 Rankine 사이클의 이론열효율 $\eta_R{}'$은 $q_B = h_2 - h_1$이므로

$$\eta_R{}' = \frac{w_T}{q_H} = \frac{w_T}{q_B + q_s} = \frac{h_3 - h_4}{h_3 - h_1} \tag{8-3-9}$$

Rankine 사이클의 선도에서 펌프일을 무시할 경우 사이클은 1-2′-2-3-4로 된다. 이상에서 Rankine 사이클의 이론열효율은 증기터빈 입구에서의 증기 압력(초압)과 온도(초온)가 높을수록 커지며, 증기터빈 출구에서의 증기 압력(배압)이 낮을수록 커진다는 것을 알 수 있다.

[3] 실제 사이클에서의 여러 가지 손실

실제사이클에서는 이론사이클에서 고려하지 않은 여러 손실들이 수반됨으로 열효율을 감소시킨다. 주요 손실들을 열거하면 아래와 같다.

① 배관에서의 유동손실과 열손실

보일러와 터빈 사이의 배관 내에서 증기의 유동에 따라 마찰, 교축 및 와류 등이 발생하여 압력이 감소되고 관 주위로의 열손실이 있다. 일반적으로 초압과 초온이 높아질수록 열효율이 커지나 압력 감소와 열손실로 인한 온도 감소로 실제사이클의 열효율이 감소된다.

② 터빈에서의 손실

터빈에서도 수증기와 터빈 사이의 마찰로 인한 손실과 터빈 외부로의 열손실이 있으나 마칠손실에 비해 열손실은 무시할 정도로 아주 작다. 그림 8-5(d)에서 이론적으로 3→4로 등엔트로피 팽창되어야 하나 마찰손실로 인해 3→4′으로 엔트로피가 증가하여 터빈에서의 팽창일이 감소된다. 따라서 열효율도 감소한다. 엔트로피 증가로 인한 터빈 팽창일의 감소비율을 터빈효율(turbine efficiency, η_T)이라 한다.

$$\eta_T = \frac{\text{터빈의 실제 팽창일}}{\text{터빈의 이론 팽창일}} = \frac{(w_T)_{act}}{w_T} = \frac{h_3 - h_{4'}}{h_3 - h_4} \tag{8-3-10}$$

③ 급수펌프에서의 손실

급수펌프의 손실도 터빈과 비슷한 마찰손실이 대부분이다. 그림 8-5(d)에서 펌프의 이상적인 단열압축 과정은 1→a이나 실제로는 1→a′으로 엔트로피가 증가한다. 그러므로 펌프의 실제 소요동력이 증가하므로 열효율이 감소한다. 엔트로피 증가로 인한 펌프 압축일의 증가비율을 펌프효율(pump efficiency, η_p)이라 한다.

$$\eta_p = \frac{\text{펌프의 이론 압축일}}{\text{펌프의 실제 압축일}} = \frac{w_p}{(w_p)_{act}} = \frac{h_a - h_1}{h_{a'} - h_1} \qquad (8\text{-}3\text{-}11)$$

이 이외에도 보일러에서의 압력손실, 복수기에서의 과냉각(포화온도 이하로 냉각)으로 인한 손실 등이 있다. 따라서 터빈효율(η_T)과 펌프효율(η_p)을 고려하면 실제 사이클의 열효율 $(\eta_R)_{act}$은 다음과 같다.

$$(\eta_R)_{act} = \frac{(w_T)_{act} - (w_p)_{act}}{q_H} = \frac{w_T\eta_T - w_p/\eta_p}{q_B + q_s}$$
$$= \frac{(h_3 - h_{4'}) - (h_{a'} - h_1)}{h_3 - h_{a'}} \qquad (8\text{-}3\text{-}12)$$

만일 펌프일을 무시하면

$$(\eta_R{'})_{act} = \frac{(w_T)_{act}}{q_H} = \frac{w_T\eta_T}{q_B + q_s} = \frac{h_3 - h_{4'}}{h_3 - h_1} \qquad (8\text{-}3\text{-}13)$$

예제 8-2

Rankine 사이클로 작동되는 증기원동소의 초압과 초온이 각각 3 MPa, 300℃이고 배압이 50 kPa이다. 증기소비량이 1000 kg/h일 때 다음을 구하여라.

(1) 각부의 엔탈피 (2) 급수펌프 소요동력
(3) 보일러에서의 흡열량 (4) 과열기에서의 흡열량
(5) 터빈 출력 (6) 복수기 방열량
(7) 이론열효율

풀이 (1) 각부의 엔탈피

① 급수펌프 입구(복수기 출구)에서의 엔탈피

배압이 P_1=50 kPa이고 포화수이므로 포화증기표(압력기준)에서 h_1=340.5 kJ/kg

② 보일러 입구(급수펌프 출구)에서의 엔탈피
포화증기표(압력기준)에서 P_1=50 kPa일 때 v_1=0.00103 m³/kg이고 P_2=3 MPa이므로 보일러 입구의 엔탈피 h_a는 식 (8-3-1)에서 보일러 입구의 엔탈피

$$h_a = h_1 + v_1(P_2 - P_1) = 340.5 + 0.00103 \times (3000 - 50) = 343.5\ \text{kJ/kg}$$

③ 과열기 입구(보일러 출구)에서의 엔탈피
건증기이고 초압이 P_2=3 MPa 이므로 포화증기표(압력기준)에서 h_2=2803 kJ/kg

④ 증기터빈 입구(과열기 출구)에서의 엔탈피
초압이 P_2=3 MPa, 초온이 t_3=300℃인 과열증기이므로 과열증기표에서 h_3=2994 kJ/kg

⑤ 복수기 입구(증기터빈 출구)에서의 엔탈피
복수기 입구의 엔트로피는 과열증기표에서 P_2=3 MPa, t_3=300℃일 때 $s_3 = s_4$= 6.541 kJ/kgK 이므로 복수기 입구의 엔트로피 h_4는

$$h_4 = h_f + x_4(h_g - h_f) = h_f + \frac{s_4 - s_f}{s_g - s_f}(h_g - h_f)$$

$$= 340.5 + \frac{6.541 - 1.091}{7.593 - 1.091} \times (2645 - 340.5) = 2272\ \text{kJ/kg}$$

(2) 급수펌프 소요동력
m=1000 kg/h=1000/3600 kg/s이므로 식 (8-3-1)을 이용하면 급수펌프의 소요동력 N_p는

$$N_p = m w_p = m(h_a - h_1) = \frac{1000}{3600} \times (343.5 - 340.5) = 0.833\ \text{kW}$$

(3) 보일러에서의 흡열량
식 (8-3-2)로부터 보일러에서의 흡열량 Q_B는

$$Q_B = m\, q_B = m(h_2 - h_a) = 1000 \times (2803 - 343.5) = 2{,}459{,}500\ \text{kJ/h}$$
$$= 2459.5\ \text{MJ/h}$$

(4) 과열기에서의 흡열량
식 (8-3-3)으로부터 과열기에서의 흡열량 Q_s는

$$Q_s = m\, q_s = m(h_3 - h_2) = 1000 \times (2994 - 2803) = 191{,}000\ \text{kJ/h} = 191\ \text{MJ/h}$$

(5) 터빈 출력
식 (8-3-4)로부터 터빈 출력 N_T는

$$N_T = m w_T = m(h_3 - h_4) = \frac{1000}{3600} \times (2994 - 2272) = 200.6\ \text{kW}$$

(6) 복수기 방열량
식 (8-3-5)로부터 복수기에서의 방열량 Q_L은

$$Q_L = m\, q_l = m(h_4 - h_1) = 1000 \times (2272 - 340.5) = 1{,}931{,}500\ \text{kJ/h}$$
$$= 1931.5\ \text{MJ/h}$$

(7) 이론열효율
식 (8-3-8)로부터 이 사이클의 이론열효율 η_R은

$$\eta_R = \frac{(h_3 - h_4) - (h_a - h_1)}{h_3 - h_a} = \frac{(2994 - 2272) - (343.5 - 340.5)}{2994 - 343.5} = 0.2713$$

η_R=27.13%이다.

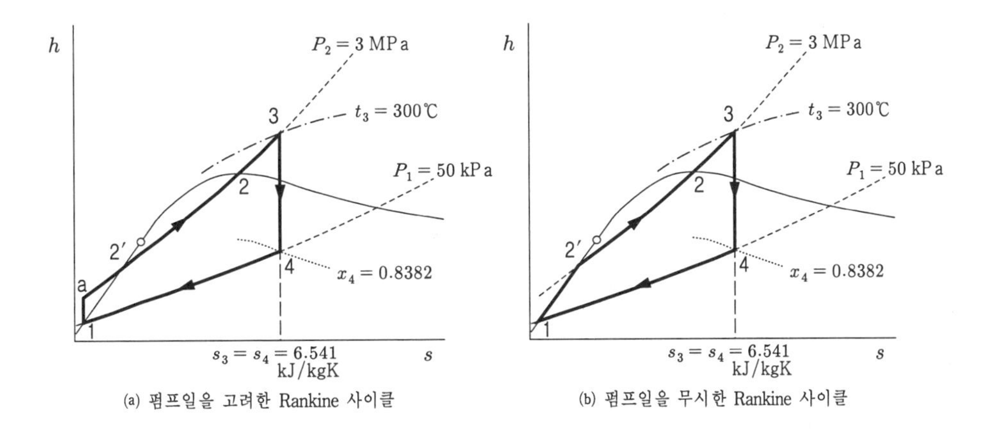

그림 8-6 Rankine 사이클의 한 예

만일 급수펌프 일을 무시한다면(사이클 1-2′-2-3-4) 이론열효율은 식 (8-3-9)로부터

$$\eta_R{}' = \frac{h_3 - h_4}{h_3 - h_1} = \frac{2994 - 2272}{2994 - 340.5} = 0.2721$$

$\eta_R{}'$ =27.21%이다.

예제 8-3

배압이 50 kPa이고 초압이 3 MPa인 건포화증기를 팽창시키는 Rankine 사이클의 이론 열효율과 동일한 온도범위에서 작동하는 Carnot 사이클의 열효율과의 비를 구하여라.

풀이 (1) 이론열효율

터빈 입구의 엔탈피 h_2는 초압이 P_2=3 MPa이고 건포화증기이므로 포화증기표(압력기준)에서 h_2=2803 kJ/kg이다. 그리고 터빈 출구의 엔탈피 $h_{4''}$은 포화증기표(압력기준)에서 $s_2 = s_{4''}$=6.186 kJ/kgK이며 배압이 P_1=50 kPa이므로

$$h_{4''} = h_f + x_4(h_g - h_f) = h_f + \frac{s_4 - s_f}{s_g - s_f}(h_g - h_f)$$

$$= 340.5 + \frac{6.186 - 1.091}{7.593 - 1.091} \times (2645 - 340.5) = 2146 \text{ kJ/kg}$$

급수펌프 입, 출구 엔탈피는 예제 8-2의 풀이에서 h_1=340.5 kJ/kg, h_a=343.5 kJ/kg이므로 이론열효율 η_R은 식 (8-3-8)을 변형하여 계산하면

$$\eta_R = \frac{(h_2 - h_{4''}) - (h_a - h_1)}{h_2 - h_a} = \frac{(2803 - 2146) - (343.5 - 340.5)}{2803 - 343.5} = 0.2659$$

η_R=26.59%이다.

(2) Carnot 사이클의 열효율과의 비
예제 8-1에서 동일한 온도범위에서 작동하는 Carnot 사이클의 열효율이 η_c=0.3010 이므로

$$\frac{\eta_R}{\eta_c} = \frac{0.2659}{0.3010} = 0.8834$$

즉 Rankine 사이클의 Carnot 사이클보다 열효율이 11.66% 감소한다.

예제 8-4

예제 8-2에서 터빈효율이 85%이고 펌프효율이 90%일 때 터빈의 실제 출력, 펌프의 실제 소요동력 및 실제 열효율을 구하여라.

풀이 (1) 터빈의 실제 출력
η_T=0.85, $w_T = h_3 - h_4 = 2994 - 2272 = 722\ \mathrm{kJ/kg}$이므로 식 (8-3-10)을 이용하면 터빈의 실제 출력 $(N_T)_{act}$는

$$(N_T)_{act} = m\,(w_T)_{act} = m\,w_T\eta_T = N_T\eta_T = \frac{1000}{3600} \times 722 \times 0.85 = 170.5\ \mathrm{kW}$$

(2) 펌프의 실제 소요동력
η_p=0.9, $w_p = h_a - h_1 = 343.5 - 340.5 = 3\ \mathrm{kJ/kg}$이므로 식 (8-3-11)을 이용하면 펌프의 실제 소요동력 $(N_p)_{act}$는

$$(N_p)_{act} = m\,(w_p)_{act} = m\,w_p/\eta_p = \frac{1000}{3600} \times \frac{3}{0.9} = 0.926\ \mathrm{kW}$$

(3) 실제 열효율
$\eta_p = (h_a - h_1)/(h_{a'} - h_1)$에서 급수펌프 출구의 실제 엔탈피 $h_{a'}$을 계산하면

$$h_{a'} = h_1 + \frac{h_a - h_1}{\eta_p} = 340.5 + \frac{343.5 - 340.5}{0.9} = 343.8\ \mathrm{kJ/kg}$$

$\eta_T = (h_3 - h_{4'})/(h_3 - h_4)$에서 터빈 출구의 실제 엔탈피 $h_{4'}$을 계산하면

$$h_{4'} = h_3 - (h_3 - h_4)\,\eta_T = 2994 - (2994 - 2272) \times 0.85 = 2380\ \mathrm{kJ/kg}$$

이므로 실제 열효율 $(\eta_R)_{act}$은 식 (8-3-12)로부터

$$(\eta_R)_{act} = \frac{(h_3 - h_{4'}) - (h_{a'} - h_1)}{h_3 - h_{a'}} = \frac{(2994 - 2380) - (343.8 - 340.5)}{2994 - 343.8} = 0.2304$$

$(\eta_R)_{act}$=23.04%이다.

8-4 재열사이클

Rankine 사이클의 열효율은 초온, 초압이 높을수록 증가하나 열효율을 높이기 위해 초압을 높이면 증기터빈 내에서 증기가 단열팽창할 때 터빈 출구에 가까워질수록 습분이 증가(건도가 감소)하여 마찰손실이 증가하고 터빈 날개의 마모, 침식 등의 장해를 가져온다.

이러한 점을 개선할 목적으로 습분을 감소시키기 위해 터빈에서 팽창하는 증기가 응축(복수)되기 전에 다시 가열하여 팽창시키는 방법을 이용한다. 즉, 고압에서 팽창하는 증기가 습증기로 되기 전에 다시 재열기(再熱器, reheater)로 보내 과열증기로 만든 후 다시 다음 터빈에서 팽창시키는 재열사이클(reheat cycle)이 고안되었다. 이런 방법을 이용하면 증기터빈의 수명을 연장할 수 있을 뿐만 아니라 열효율도 약간 증가한다.

재열기는 과열기와 더불어 연돌이나 보일러에 설치된다. 재열하는 횟수에 따라 1단 재열사이클과 2단 재열 이상의 다단재열사이클로 나누며 재열장치가 복잡하므로 보통 1단 또는 2단 재열이 많다. 터빈은 재열기보다 하나 더 많이 설치하며 고압터빈, 저압터빈이라 부르고 2단 재열 이상에서는 순서적으로 제1터빈, 제2터빈 … 등으로 부른다.

그림 8-7은 1단 재열사이클의 계통도와 각 선도 상에 재열사이클을 그린 것이다.

[1] 사이클 해석

① 상태변화 1-a : 응축된 포화수(상태 1)가 급수펌프에서 단열압축되어 압축수(상태 a)로 되는 과정으로 압력이 상승($P_1 \to P_2$)하며 Rankine 사이클과 같이 $v_1 \fallingdotseq v_a$이다.

② 상태변화 a-2′-2 : 압축수(상태 a)가 보일러에서 정압($P_2 = C$)가열되어 건포화증기(상태 2)로 되는 과정

③ 상태변화 2-3 : 보일러에서 온 건포화증기(상태 2)가 과열기에서 정압($P_2 = C$)가열되어 고온(t_3)의 과열증기(상태 3)로 되는 과정

④ 상태변화 3-4 : 과열증기(상태 3)가 고압터빈 (제1터빈)에서 단열팽창하며 외부에 대해 일을 하는 과정으로 팽창 후 증기의 상태(상태 4)는 과열도가 낮은 과열증기나 건포화증기(그림)로 또는 건도가 아주 높은 습증기로 되며 대부분 건포화증기나 과열도가 낮은 과열증기로 된다. 압력이 감소($P_2 \to P'$)하며 온도도 감소($t_3 \to t_4$)된다.

⑤ 상태변화 4-5 : 고압터빈에서 일을 마친 증기(상태 4)가 재열기에서 정압($P' = C$)가열되어 과열도가 높은 과열증기(상태 5)로 재열되는 과정으로 재열 후 과열증기의 온도(t_5)는 과열기 후 온도와 거의 같다($t_3 \fallingdotseq t_5$).

⑥ 상태변화 5-6 : 재열된 과열증기(상태 5)가 저압터빈 (제2터빈)에서 습증기(상태 6)로 단열팽창하며 외부에 대해 일을 하는 과정으로 증기터빈에서 단열팽창한 후 증기의 건도(x_6)는 동일한 조건으로 구동되는 Rankine 사이클의 경우보다 크다.

⑦ 상태변화 6-1 : 저압터빈에서 일을 마친 습증기(상태 6)가 복수기에서 정압($P_1 = C$)하에 방열, 응축되어 포화수(상태 1)로 되는 과정

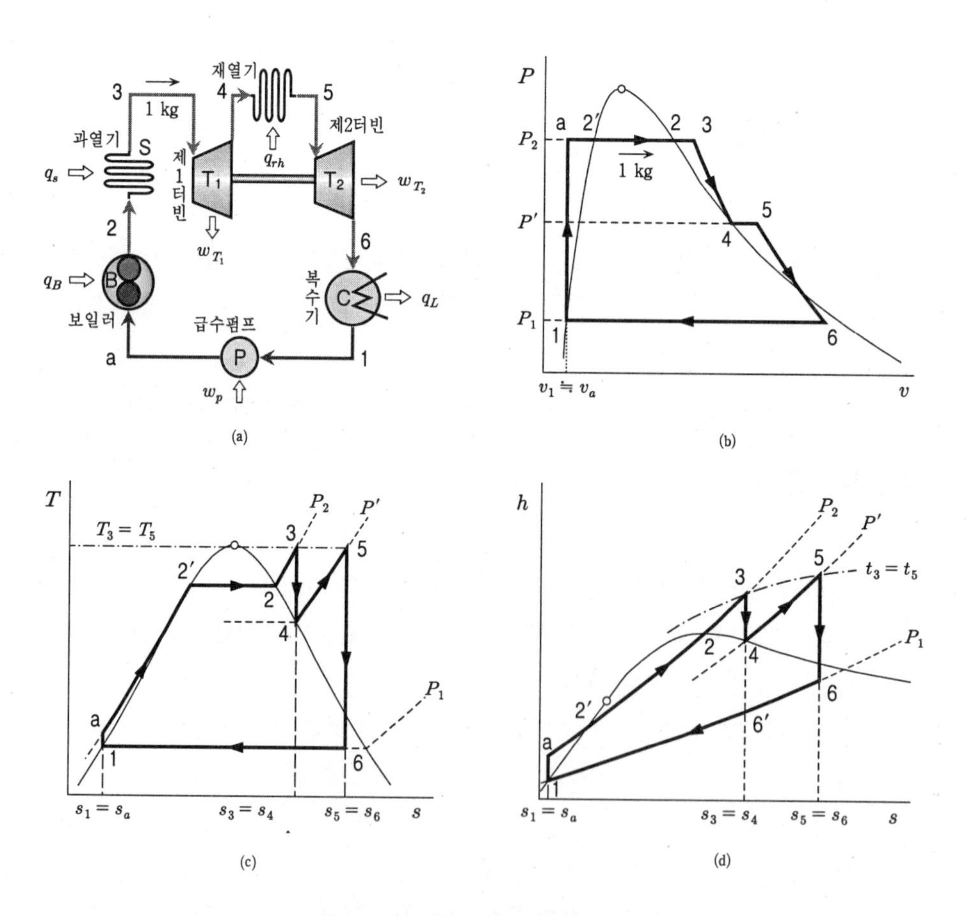

그림 8-7 1단 재열사이클(펌프일을 고려)

[2] 이론열효율

작동유체(수증기) 1 kg에 대한 각 부의 소요 에너지를 구하면

① 급수펌프의 압축일 : $w_p = h_a - h_1 = v_1(P_2 - P_1)$ (8-4-1)

② 보일러에서의 흡열량 : $q_B = h_2 - h_a$ (8-4-2)

③ 과열기에서의 흡열량 : $q_s = h_3 - h_2$ (8-4-3)

④ 제1터빈에서의 팽창일 : $w_{T_1} = h_3 - h_4$ (8-4-4)

⑤ 재열기에서의 흡열량 : $q_{rh} = h_5 - h_4$ (8-4-5)

⑥ 제2터빈에서의 팽창일 : $w_{T_2} = h_5 - h_6$ (8-4-6)

⑦ 복수기에서의 방열량 : $q_L = h_6 - h_1$ (8-4-7)

⑧ 1단 재열사이클의 이론열효율

고열원으로부터의 흡열량이 $q_H = q_B + q_s + q_{rh}$, 정미일이 $w = (w_{T_1} + w_{T_2}) - w_p$ 이므로 1단 재생사이클의 이론열효율 η_{rh_1}는

$$\eta_{rh_1} = \frac{w}{q_H} = \frac{(w_{T_1} + w_{T_2}) - w_p}{q_B + q_s + q_{rh}}$$

$$= \frac{\{(h_3 - h_4) + (h_5 - h_6)\} - (h_a - h_1)}{(h_3 - h_a) + (h_5 - h_4)} \quad (8\text{-}4\text{-}8)$$

펌프일을 무시(w_p=0)하는 경우의 사이클은 1-2′-2-3-4-5-6이며, 작동유체가 보일러에서의 흡수하는 열이 $q_B = h_2 - h_1$이 됨으로 이론열효율 $\eta_{rh_1}{}'$은 아래와 같아진다.

$$\eta_{rh_1}{}' = \frac{w}{q_H} = \frac{w_{T_1} + w_{T_2}}{q_B + q_s + q_{rh}} = \frac{(h_3 - h_4) + (h_5 - h_6)}{(h_3 - h_1) + (h_5 - h_4)} \quad (8\text{-}4\text{-}9)$$

예제 8-5

초압과 초온이 각각 3 MPa, 300℃인 증기를 건포화증기가 될 때까지 단열팽창시키고 같은 압력에서 처음 온도까지 재열한 후 50 kPa까지 다시 단열팽창시키는 1단 재열사이클에 대하여 다음을 구하여라.

(1) 급수펌프의 압축일 (2) 보일러에서의 흡열량
(3) 과열기에서의 흡열량 (4) 고압터빈의 팽창일
(5) 재열기에서의 흡열량 (6) 저압터빈의 팽창일
(7) 복수기에서의 방열량 (8) 이론열효율

풀이 예제 8-2의 풀이와 증기표를 이용하여 각부의 엔탈피를 구하면

① 급수펌프 입구(복수기 출구)에서의 엔탈피 : h_1=340.5 kJ/kg

② 보일러 입구(급수펌프 출구)에서의 엔탈피 : h_a=343.5 kJ/kg

③ 과열기 입구(보일러 출구)에서의 엔탈피 : h_2=2803 kJ/kg

④ 고압터빈 입구(과열기 출구)에서의 엔탈피 : h_3=2994 kJ/kg

⑤ 재열기 입구(고압터빈 출구)에서의 엔탈피 : 건포화증기이고 상태변화 3-4가 등엔트로피 변화이므로 과열증기표에서 P_2=3 MPa, t_3=300℃일 때 $s_3=s_4$=6.541 kJ/kgK이다. 이 값이 건포화증기의 엔트로피이므로 포화증기표(압력기준)에서 재열압력은 1000 kPa과 1250 kPa 사이 값임을 알 수 있으며 보간법으로 엔탈피 h_4를 구하면

압력 P(kPa)	비엔탈피 (kJ/kg)	비엔트로피 (kJ/kgK)
	증기(h_g)	증기(s_g)
1000	2777	6.585
P'	h_4	s_4=6.541
1250	2785	6.507

$$\frac{6.541-6.585}{6.507-6.585}=\frac{P'-1000}{1250-1000}=\frac{h_4-2777}{2785-2777}$$ 의 관계로부터

$$h_4=2777+(2785-2777)\times\frac{6.541-6.585}{6.507-6.585}=2782\ \text{kJ/kg}$$

⑥ 저압터빈 입구(재열기 출구)에서의 엔탈피 : 앞의 풀이 ⑤에서 재열기 압력 P'을 구하면

$$P'=1000+(1250-1000)\times\frac{6.541-6.585}{6.507-6.585}=1141\ \text{kPa}$$

이며, 저압터빈 입구 온도는 초온과 같으므로 $t_3=t_5$=300℃이다. 따라서 과열증기표에서 보간법으로 엔탈피 h_5를 구하면

압력 (MPa)	비엔탈피 (kJ/kg)	비엔트로피 (kJ/kgK)
1.0	3052	7.125
P'=1.141	h_5	s_5
1.2	3046	7.033

$$\frac{1.141-1.0}{1.2-1.0}=\frac{h_5-3052}{3046-3052}=\frac{s_5-7.125}{7.033-7.125}$$ 의 관계로부터

$$h_5=3052+(3046-3052)\times\frac{1.141-1.0}{1.2-1.0}=3048\ \text{kJ/kg}$$

⑦ 복수기 입구(저압터빈 출구)에서의 엔탈피 : 상태변화 5-6이 등엔트로피변화이므로 위의 풀이 ⑥에서 $s_5=s_6$을 구하면

$$s_6=7.125+(7.033-7.125)\times\frac{1.141-1.0}{1.2-1.0}=7.06014 \fallingdotseq 7.060\ \text{kJ/kgK}$$

이므로 복수기 입구의 엔탈피 h_6는

$$h_6=h_f+x_6(h_g-h_f)=h_f+\frac{s_6-s_f}{s_g-s_f}(h_g-h_f)$$

$$=340.5+\frac{7.060-1.091}{7.593-1.091}\times(2645-340.5)=2456\ \text{kJ/kg}$$

(1) 급수펌프의 압축일 : $w_p = h_a - h_1 = 343.5 - 340.5 = 3\ \mathrm{kJ/kg}$

(2) 보일러에서의 흡열량 : $q_B = h_2 - h_a = 2803 - 343.5 = 2459.5\ \mathrm{kJ/kg}$

(3) 과열기에서의 흡열량 : $q_s = h_3 - h_2 = 2994 - 2803 = 191\ \mathrm{kJ/kg}$

(4) 고압터빈의 팽창일 : $w_{T_1} = h_3 - h_4 = 2994 - 2782 = 212\ \mathrm{kJ/kg}$

(5) 재열기에서의 흡열량 : $q_{rh} = h_5 - h_4 = 3048 - 2782 = 266\ \mathrm{kJ/kg}$

(6) 저압터빈의 팽창일 : $w_{T_2} = h_5 - h_6 = 3048 - 2456 = 592\ \mathrm{kJ/kg}$

(7) 복수기에서의 방열량 : $q_L = h_6 - h_1 = 2456 - 340.5 = 2115.5\ \mathrm{kJ/kg}$

(8) 이론열효율 : 식 (8-4-8)로부터

$$\eta_{rh_1} = \frac{(w_{T_1} + w_{T_2}) - w_p}{q_B + q_s + q_{rh}} = \frac{(212 + 592) - 3}{2459.5 + 191 + 266} = 0.2746$$

η_{rh_1}=27.46%이다.

만일 급수펌프 일을 무시한다면(사이클 1-2′-2-3-4)

$q_B = h_2 - h_1 = 2803 - 340.5 = 2462.5\ \mathrm{kJ/kg}$

이므로 이론열효율 η_{rh_1}'은

$$\eta_{rh_1}' = \frac{w_{T_1} + w_{T_2}}{q_B + q_s + q_{rh}} = \frac{212 + 592}{2462.5 + 191 + 266} = 0.275389621 ≒ 0.2754$$

η_{rh_1}'=27.54%이다.

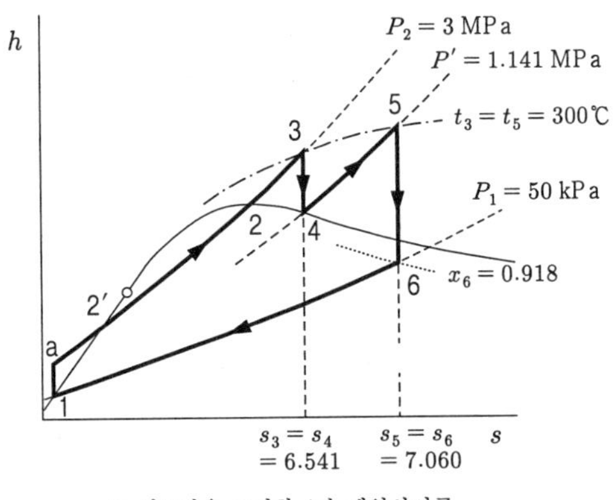

(a) 펌프일을 고려한 1단 재열사이클

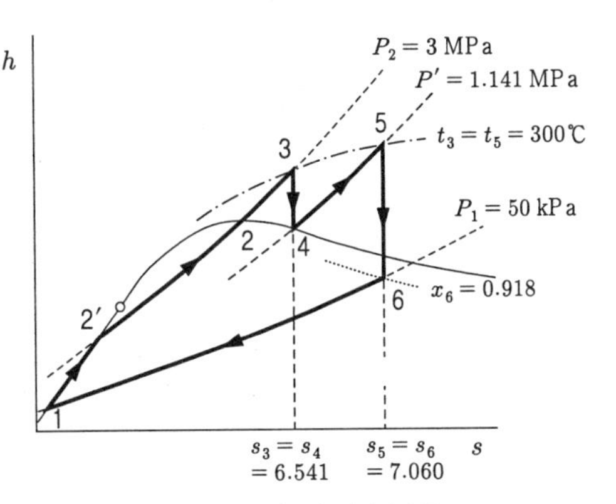

(b) 펌프일을 무시한 1단 재열사이클

그림 8-8 1단 재열사이클의 한 예

예제 8-6

초압과 초온이 각각 3.5 MPa, 350℃인 증기를 1 MPa이 될 때까지 단열팽창시켜 같은 압력에서 처음 온도까지 재열한 후 30 kPa까지 다시 단열팽창시키는 1단 재열사이클의 이론열효율을 구하여라.

풀이 증기표를 이용하여 각부의 엔탈피를 구한 결과를 적어보면
① 급수펌프 입구(복수기 출구)에서의 엔탈피 : h_1=289.3 kJ/kg
② 보일러 입구(급수펌프 출구)에서의 엔탈피 : h_a=292.8 kJ/kg
③ 과열기 입구(보일러 출구)에서의 엔탈피 : h_2=2803 kJ/kg
④ 고압터빈 입구(과열기 출구)에서의 엔탈피 : h_3=3105 kJ/kg
⑤ 재열기 입구(고압터빈 출구)에서의 엔탈피 : h_4=2811 kJ/kg
⑥ 저압터빈 입구(재열기 출구)에서의 엔탈피 : h_5=3158 kJ/kg
⑦ 복수기 입구(저압터빈 출구)에서의 엔탈피 : h_6=2466 kJ/kg
이므로

(1) 급수펌프의 압축일 : $w_p = h_a - h_1 = 292.8 - 289.3 = 3.5\ \text{kJ/kg}$

(2) 보일러에서의 흡열량 : $q_B = h_2 - h_a = 2803 - 292.8 = 2510.2\ \text{kJ/kg}$

(3) 과열기에서의 흡열량 : $q_s = h_3 - h_2 = 3105 - 2803 = 302\ \text{kJ/kg}$

(4) 고압터빈의 팽창일 : $w_{T_1} = h_3 - h_4 = 3105 - 2811 = 294\ \text{kJ/kg}$

(5) 재열기에서의 흡열량 : $q_{RH} = h_5 - h_4 = 3158 - 2811 = 347\ \text{kJ/kg}$

(6) 저압터빈의 팽창일 : $w_{T_2} = h_5 - h_6 = 3158 - 2466 = 692\ \text{kJ/kg}$

(7) 복수기에서의 방열량 : $q_L = h_6 - h_1 = 2466 - 289.3 = 2176.7\ \text{kJ/kg}$

(8) 이론열효율 : 식 (8-4-8)로부터

$$\eta_{rh_1} = \frac{(w_{T_1} + w_{T_2}) - w_p}{q_B + q_s + q_{rh}} = \frac{(294 + 692) - 3.5}{2510.2 + 302 + 347} = 0.310996454 ≒ 0.3110$$

η_{RH_1}=31.10%이다.

만일 급수펌프 일을 무시한다면 $q_B = h_2 - h_1 = 2803 - 289.3 = 2513.7\ \text{kJ/kg}$이므로 이론열효율 $\eta_{rh_1}{}'$은

$$\eta_{rh_1}{}' = \frac{w_{T_1} + w_{T_2}}{q_B + q_s + q_{rh}} = \frac{294 + 692}{2513.7 + 302 + 347} = 0.31175894 ≒ 0.3118$$

$\eta_R{}'$=31.18%이다.

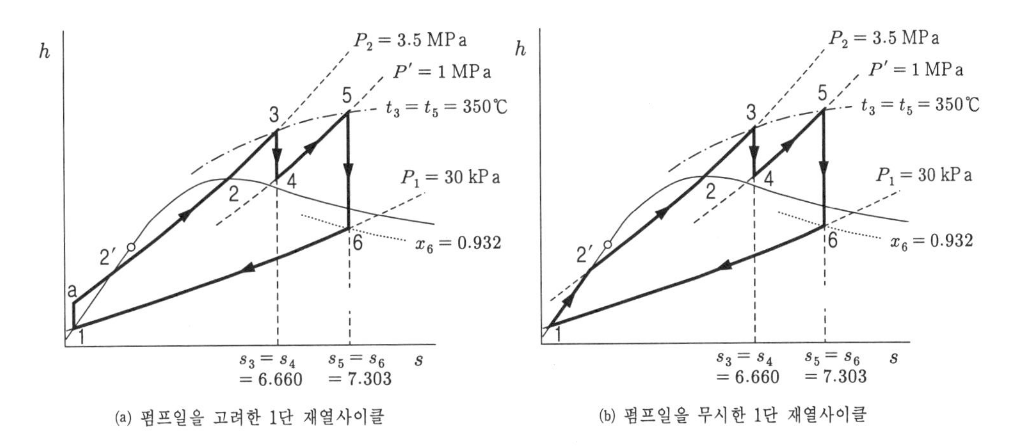

(a) 펌프일을 고려한 1단 재열사이클 (b) 펌프일을 무시한 1단 재열사이클

그림 8-9 1단 재열사이클의 한 예

8-5 재생사이클

Rankine 사이클에서는 작동유체가 보일러에서 흡수하는 열에 비해 복수기에서 응축될 때 버리는 열이 너무 크다. 이것은 작동유체인 증기의 증발열이 터빈에서의 팽창일에 비해 크기 때문이다. 따라서 증발열의 일부라도 회수할 수 있다면 열효율을 높일 수 있다. 이렇게 증발열의 일부를 회수하기 위해 모든 증기를 복수기에서 응축시키지 않고 증기터빈에서 팽창하는 도중 증기의 일부를 추기(抽氣, bleed)하고 추기가 가지고 있는 에너지로 보일러에 공급되는 물(급수)을 예열(preheating)시킴으로써 복수기에서 방출되는 폐기(exhaust steam)의 일부 열을 급수에 재생(regeneration)하는 것이다. 이러한 방법으로 열효율을 개선한 사이클을 재생(再生)사이클(regenerative cycle)이라 한다. 재생사이클로 작동되는 증기터빈을 재생터빈(regenerative turbine)이라 하며, 재생터빈에서 팽창하는 도중에 증기를 뽑아내는 추기 단(stage) 수가 많을수록 재생효과는 좋다. 그러나 구성 설비의 증가로 제약을 받아 보통 1~4단 추기를 하며 필요한 경우 그 이상의 추기도 채용되고 있다.

그림 8-10은 터빈에서 추기로 급수를 가열하는 급수가열기(bleeder heater or feed water heater)의 원리를 나타낸 것으로 (a)를 **밀폐형 급수가열기**(closed bleeder heater) 또는 **표면형 급수가열기**(suface bleeder heater), (b)를 **개방형 급수가열기**(open bleeder heater) 또는 **혼합형 급수가열기**(mixed bleeder heater)라 한다.

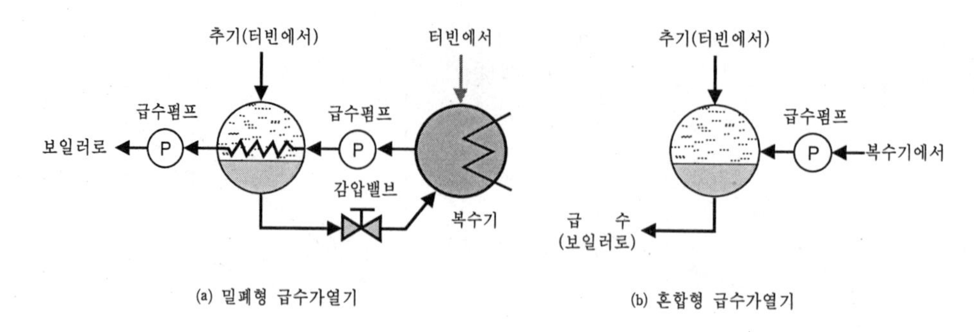

그림 8-10 재생사이클의 급수가열기

밀폐식 급수가열기는 가열기 내부에 급수관이 설치되어 있으며 추기(습증기)의 방열을 급수가 흡수하면 급수의 온도가 상승되어 포화수가 된다. 추기는 방열에 의해 포화수로 되고 교축밸브를 지나 복수기로 유입된다. 개방식 급수가열기는 급수가열기 내부에서 추기 증기와 급수가 혼합하며 열교환을 하여 모두 포화수로 되어 급수펌프에 의해 보일러로 압송된다.

[1] 개방형 급수가열기를 갖는 재생사이클

그림 8-11은 개방형 급수가열기를 갖는 1단 재생사이클을 나타낸 것이다. 보일러에서 발생하는 증기 1 kg에 대해 사이클을 설명한다.

(1) 사이클 해석

① 상태변화 1-a : 급수가열기에서 온 1 kg의 포화수(상태 1)가 제2급수펌프(고압급수펌프)에서 단열압축되어 1 kg의 압축수(상태 a)로 되는 과정으로 압력이 상승($P_{rg}\to P_2$)하며 체적은 $v_1 \fallingdotseq v_a$이다.

② 상태변화 a-2′-2 : 제2급수펌프에서 온 1 kg의 압축수(상태 a)가 보일러에서 정압($P_2=C$)가열되어 1 kg의 건포화증기(상태 2)로 증발되는 과정

③ 상태변화 2-3 : 보일러에서 온 1 kg의 건포화증기(상태 2)가 과열기에서 정압($P_2=C$)가열되어 고온(t_3)의 과열증기(상태 3) 1 kg으로 되는 과정

④ 상태변화 3-6-4 : 압력이 P_2, 온도가 t_3인 1 kg의 과열증기(상태 3)가 단열팽창하며 외부에 대해 일을 하는 과정으로 압력이 감소($P_2\to P_{rg}\to P_1$)한다. 상태 3에서 7까지는 증기 1 kg이 단열팽창하며, 상태 7에서 증기 1 kg 중 m kg/kg이 추기되고 나머지 (1-m) kg/kg은 상태 4(습증기)까지 계속 단열팽창한다.

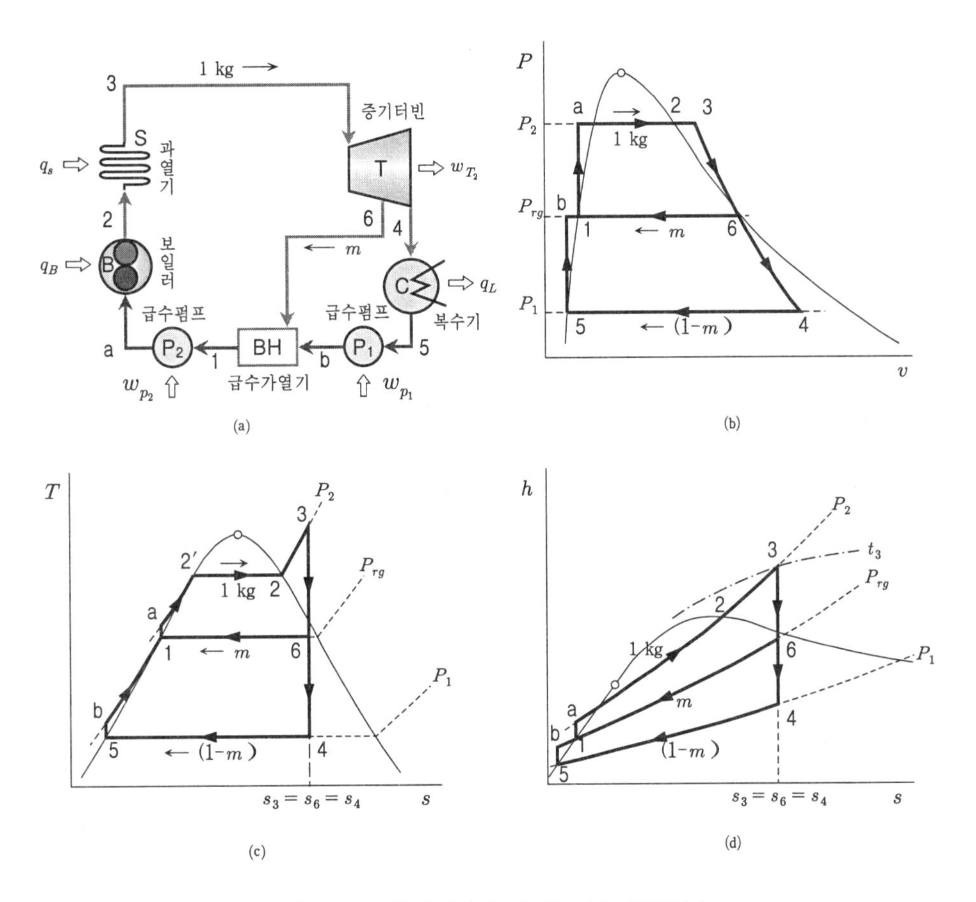

그림 8-11 개방형 급수가열기를 갖는 1단 재생사이클

⑤ 상태변화 4-5 : 일을 마친 (1-m) kg/kg의 습증기(상태 4)가 복수기에서 정압($P_1=C$)방열하여 포화수(상태 5)로 복수되는 과정

⑥ 상태변화 5-b : (1-m) kg/kg의 포화수(상태 5)가 제1급수펌프(저압펌프)에서 단열압축되어 압축수(상태 b)로 되는 과정으로 압력이 상승($P_1 \to P_{rg}$)되고 체적은 $v_5 \fallingdotseq v_b$이다.

⑦ 상태변화 b-1 : 급수가열기에서 (1-m) kg/kg의 압축수(상태 b)가 정압($P_{rg}=C$)하에 m kg/kg의 추기(상태 6)와 혼합되며 추기로부터 흡열하여 포화수(상태 1)로 되는 과정

⑧ 상태변화 6-1 : m kg/kg의 추기(상태 6)가 급수가열기에서 정압($P_{rg}=C$)하에 (1-m) kg/kg의 압축수(상태 b)에 방열, 응축되어 포화수(상태 1)로 되는 과정

(2) 추기량

급수가열기에서 정압(P_{rg}) 하에 (1-m) kg/kg의 압축수(상태 b)가 m kg/kg의 추기(상태 7)로부터 흡수하는 열은 $(1-m)(h_1-h_b)$이며, 열손실이 없다면 m kg/kg의 추기가 방출하는 열은 $m(h_6-h_1)$이다. 그러므로 $m(h_6-h_1)=(1-m)(h_1-h_b)$로부터 추기 m은

$$m=\frac{h_1-h_b}{h_6-h_b}\ \text{(kg/kg)} \tag{8-5-1}$$

(3) 이론열효율

보일러에서 증발하는 작동유체(수증기) 1 kg에 대한 각 부의 소요 에너지를 구하면

① 제1급수펌프의 압축일 : $w_{p_1}=(1-m)(h_b-h_5)$ (8-5-2)

② 제2급수펌프의 압축일 : $w_{p_2}=(h_a-h_1)$ (8-5-3)

③ 보일러에서의 흡열량 : $q_B=h_2-h_a$ (8-5-4)

④ 과열기에서의 흡열량 : $q_s=h_3-h_2$ (8-5-5)

⑤ 터빈에서의 팽창일 : $w_T=(h_3-h_4)-m(h_6-h_4)$ (8-5-6)

⑥ 복수기에서의 방열량 : $q_L=(1-m)(h_4-h_1)$ (8-5-7)

⑦ 1단 재생사이클(개방형 급수가열식)의 이론열효율
고열원으로부터의 흡열량이 $q_H=q_B+q_s$, 정미일이 $w=w_T-(w_{p_1}+w_{p_2})$이므로 개방형 급수가열기를 갖는 1단 재생사이클의 이론열효율 η_{rg_1}는

$$\eta_{rg_1}=\frac{w}{q_H}=\frac{w_T-(w_{p_1}+w_{p_2})}{q_B+q_s}$$
$$=\frac{\{(h_3-h_4)-m(h_6-h_4)\}-\{(1-m)(h_b-h_5)+(h_a-h_1)\}}{h_3-h_a} \tag{8-5-8}$$

펌프일을 무시($w_{p_1}=w_{p_2}=0$)하면 사이클은 1-2′-2-3-6-4-5-1이고, 보일러에서의 흡열량은 $q_B=h_2-h_1$이 됨으로 이론열효율 η_{rg_1}'은 아래와 같아진다.

$$\eta_{rg_1}'=\frac{w}{q_H}=\frac{w_T}{q_B+q_s}=\frac{(h_3-h_4)-m'(h_6-h_4)}{h_3-h_1} \tag{8-5-9}$$

또한 추기량은 다음과 같다.

$$m' = \frac{h_1 - h_5}{h_6 - h_5} \ (\text{kg/kg}) \tag{8-5-10}$$

예제 8-7

초압과 초온이 각각 3 MPa, 300℃인 증기를 1 MPa에서 추기시키고 50 kPa에서 복수시키는 개방형 급수가열기를 갖는 1단 재생사이클에 대하여 다음을 구하여라.

(1) 보일러에서 증발하는 증기 1 kg당 추기량
(2) 각 구성요소에서의 에너지
(3) 이론열효율

풀이 먼저 증기표를 이용하여 각부의 엔탈피를 구하면 아래와 같다.

h_1=562.5 kJ/kg, h_a=564.8 kJ/kg, h_2=2803 kJ/kg, h_3=2994 kJ/kg,
h_4=2272 kJ/kg, h_5=340.5 kJ/kg, h_b=341.5 kJ/kg, h_6=2757 kJ/kg

(1) 보일러에서 증발하는 증기 1 kg당 추기량
개방형 급수가열기의 열평형식 $m(h_6-h_1)=(1-m)(h_1-h_b)$에서 추기량 m은

$$m=\frac{h_1-h_b}{h_6-h_b}=\frac{562.5-341.5}{2757-341.5}=0.0915\ \text{kg/kg}$$

(2) 각 구성요소의 에너지
① 제2급수펌프의 압축일 : $w_{p_2}=h_a-h_1=564.8-562.5=2.3\ \text{kJ/kg}$
② 보일러에서의 흡열량 : $q_B=h_2-h_a=2803-564.8=2238.2\ \text{kJ/kg}$
③ 과열기에서의 흡열량 : $q_s=h_3-h_2=2994-2803=191\ \text{kJ/kg}$
④ 증기터빈에서의 팽창일 : $w_T=(h_3-h_4)-m(h_6-h_4)$
$=(2994-2272)-0.0915\times(2757-2272)=677.6\ \text{kJ/kg}$
⑤ 복수기에서의 방열량
$q_L=(1-m)(h_4-h_5)=(1-0.0915)\times(2272-340.5)=1754.8\ \text{kJ/kg}$
⑥ 제1급수펌프의 압축일
$w_{p_1}=(1-m)(h_b-h_5)=(1-0.0915)\times(341.5-340.5)=0.9\ \text{kJ/kg}$

(3) 이론열효율 : 식 (8-5-8)로부터

$$\eta_{rg_1}=\frac{w}{q_H}=\frac{w_T-(w_{p_1}+w_{p_2})}{q_B+q_s}=\frac{677.6-(0.9+2.3)}{2238.2+191}=0.2776$$

η_{rg_1}=27.76%이다.

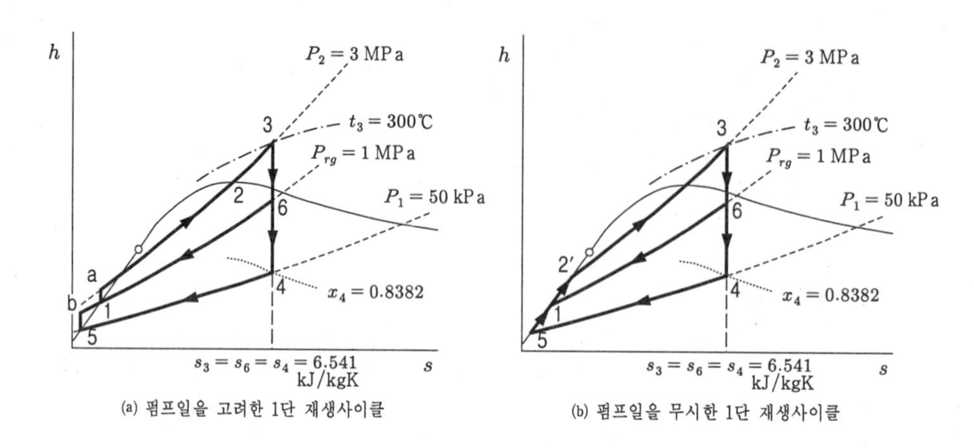

그림 8-12 개방형 급수가열기를 갖는 1단 재생사이클의 한 예

※ 만일 급수펌프 일을 무시한다면 추기량 m'은

$$m' = \frac{h_1 - h_5}{h_6 - h_5} = \frac{562.5 - 340.5}{2757 - 340.5} = 0.091868404 \fallingdotseq 0.0919 \text{ kg/kg}$$

이며 각 구성요소의 에너지는

㉮ $q_B = h_2 - h_1 = 2803 - 562.5 = 2240.5$ kJ/kg

㉯ $q_s = h_3 - h_2 = 2994 - 2803 = 191$ kJ/kg

㉰ $w_T = (h_3 - h_4) - m'(h_6 - h_4) = (2994 - 2272) - 0.0919 \times (2757 - 2272)$
$= 677.4$ kJ/kg

㉱ $q_L = (1 - m')(h_4 - h_5) = (1 - 0.0919) \times (2272 - 340.5) = 1754.0$ kJ/kg

이므로 이론열효율 $\eta_{rg_1}{}'$은 식 (8-5-9)로부터

$$\eta_{rg_1}{}' = \frac{w_T}{q_B + q_s} = \frac{677.4}{2240.5 + 191} = 0.27859346 \fallingdotseq 0.2786$$

$\eta_{rg_1}{}' = 27.86\%$이다.

예제 8-8

위의 예제 8-7에서 0.6 MPa에서 2단 추기하는 2단 재생사이클에 대하여 같은 항목을 계산하여라.

풀이 그림 8-13은 개방형 급수가열기를 갖는 2단 재생사이클의 계통도와 Mollier 선도 상에 사이클을 나타낸 것이다. 펌프일을 고려한 사이클은 1-a-2′-2-3-7-8-4-5-b-6-c-1이고, 펌프일을 무시한 사이클은 1-2′-2-3-7-8-4-5-6-1이다.
그림에서 1단 추기량 m_1은 제1급수가열기의 열평형식으로부터 구할 수 있다.

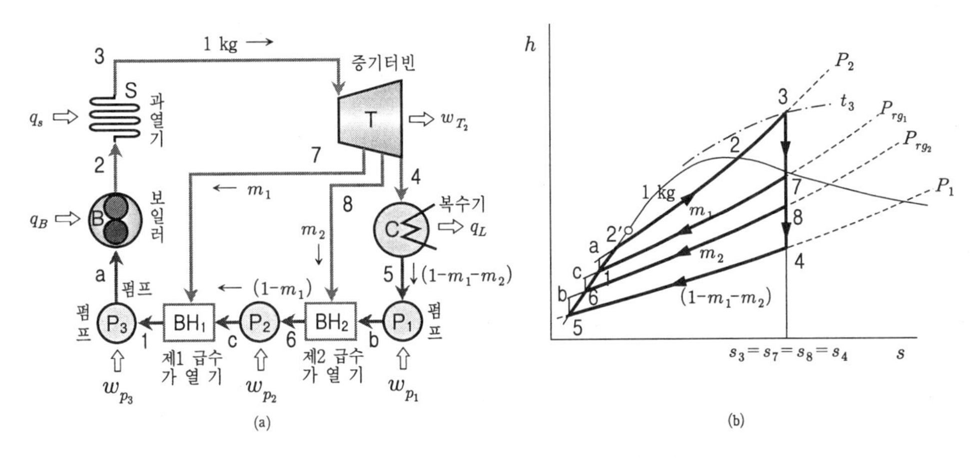

그림 8-13 개방형 급수가열식 2단 재생사이클

제1급수가열기에서의 열교환은 제2급수펌프(P_2)에서 압송된 (1-m_1) kg/kg의 압축수(상태 c)가 1단 추기(상태 7)로부터 흡열하여 모두 포화수(상태 1)로 된다. 그러므로 압축수의 흡열량은 $(1-m_1)(h_1-h_c)$이고, 1단 추기증기의 방열량은 $m_1(h_7-h_1)$이므로

$$m_1(h_7-h_1)=(1-m_1)(h_1-h_c)$$

의 관계로부터 1단 추기량 m_1은

$$m_1=\frac{h_1-h_c}{h_7-h_c}\ \ (\text{kg/kg}) \tag{8-5-11}$$

펌프일을 무시할 경우에는 $m_1'(h_7-h_1)=(1-m_1')(h_1-h_6)$으로부터 1단 추기량 m_1'은

$$m_1'=\frac{h_1-h_6}{h_7-h_6}\ \ (\text{kg/kg}) \tag{8-5-12}$$

2단 추기량 m_2도 위와 같은 방법으로 제2급수가열기의 열평형으로부터 구할 수 있다. 즉,

$$m_2(h_8-h_6)=(1-m_1-m_2)(h_6-h_b)$$

으로부터 2단 추기량 m_2는

$$m_2=\frac{(1-m_1)(h_6-h_b)}{h_8-h_b}=\frac{(h_7-h_1)(h_6-h_b)}{(h_7-h_c)(h_8-h_b)}\ \ (\text{kg/kg}) \tag{8-5-13}$$

펌프일을 무시할 경우에는 $m_2'(h_8-h_6)=(1-m_1'-m_2')(h_6-h_5)$으로부터 2단 추기량은

$$m_2'=\frac{(1-m_1')(h_6-h_5)}{h_8-h_5}=\frac{(h_7-h_1)(h_6-h_5)}{(h_7-h_6)(h_8-h_5)}\ \ (\text{kg/kg}) \tag{8-5-14}$$

예제 8-7에서와 같이 먼저 증기표를 이용하여 각부의 엔탈피를 구하면 아래와 같다.

h_1=762.5 kJ/kg, h_a=764.8 kJ/kg, h_2=2803 kJ/kg, h_3=2994 kJ/kg
h_4=2272 kJ/kg, h_5=340.5 kJ/kg, h_b=341.1 kJ/kg, h_6=670.4 kJ/kg
h_c=670.8 kJ/kg, h_7=2757 kJ/kg, h_8=2662 kJ/kg

(1) 보일러에서 증발하는 증기 1 kg당 추기량

① 1단 추기량

제1급수가열기의 열평형식 $m_1(h_7-h_1)=(1-m_1)(h_1-h_c)$에서 1단 추기량 m_1은

$$m_1=\frac{h_1-h_c}{h_7-h_c}=\frac{762.5-670.8}{2757-670.8}=0.0440\text{ kg/kg}$$

② 2단 추기량

제2급수가열기의 열평형식 $m_2(h_8-h_6)=(1-m_1-m_2)(h_6-h_b)$에서 2단 추기량 m_2는

$$m_2=\frac{(1-m_1)(h_6-h_b)}{h_8-h_b}=\frac{(h_7-h_1)(h_6-h_b)}{(h_7-h_c)(h_8-h_b)}$$
$$=\frac{(2757-762.5)\times(670.4-341.1)}{(2757-670.8)\times(2662-341.1)}=0.1356\text{ kg/kg}$$

(2) 각 구성요소의 에너지

① 제3급수펌프의 압축일 : $w_{p_3}=h_a-h_1=764.8-762.5=2.3\text{ kJ/kg}$

② 보일러에서의 흡열량 : $q_B=h_2-h_a=2803-764.8=2038.2\text{ kJ/kg}$

③ 과열기에서의 흡열량 : $q_s=h_3-h_2=2994-2803=191\text{ kJ/kg}$

④ 증기터빈에서의 팽창일 : $w_T=(h_3-h_4)-m_1(h_7-h_4)-m_2(h_8-h_4)$
$=(2994-2272)-0.0440\times(2757-2272)-0.1356\times(2662-2272)$
$=647.8\text{ kJ/kg}$

⑤ 복수기에서의 방열량 : $q_L=(1-m_1-m_2)(h_4-h_5)$
$=(1-0.0440-0.1356)\times(2272-340.5)=1584.6\text{ kJ/kg}$

⑥ 제1급수펌프의 압축일 : $w_{p_1}=(1-m_1-m_2)(h_b-h_5)$
$=(1-0.0440-0.1356)\times(341.1-340.5)=0.49224\fallingdotseq0.5\text{ kJ/kg}$

⑦ 제2급수펌프의 압축일 : $w_{p_2}=(1-m_1)(h_c-h_6)$
$=(1-0.0440)\times(670.8-670.4)=0.3824\fallingdotseq0.4\text{ kJ/kg}$

(3) 이론열효율

고열원으로부터의 흡열량이 $q_H=q_B+q_s$, 유효일량이 $w=w_T-(w_{p_1}+w_{p_2}+w_{p_3})$이므로

$$\eta_{rg_2}=\frac{w}{q_H}=\frac{w_T-(w_{p_1}+w_{p_2}+w_{p_3})}{q_B+q_s}=\frac{647.8-(0.5+0.4+2.3)}{2038.2+191}$$
$$=0.289162031\fallingdotseq0.2892$$

η_{rg_2}=28.92%이다.

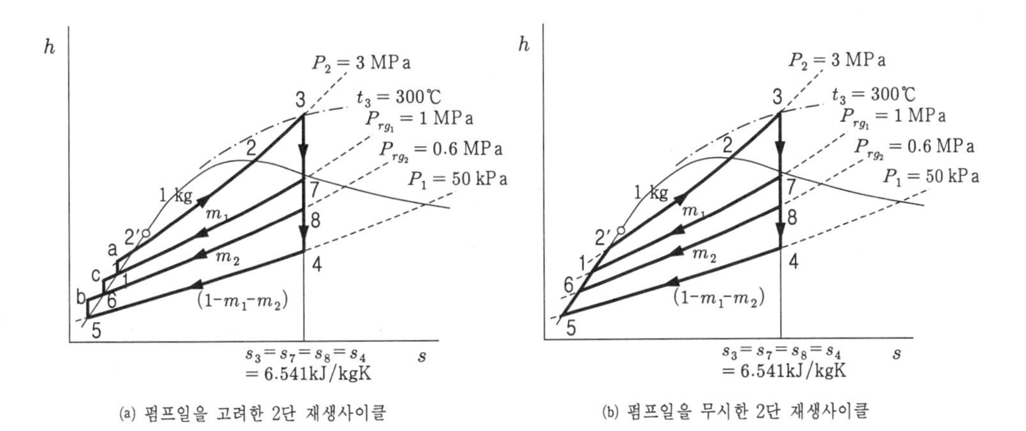

(a) 펌프일을 고려한 2단 재생사이클

(b) 펌프일을 무시한 2단 재생사이클

그림 8-14 개방형 급수가열기를 갖는 2단 재생사이클의 한 예

만일 급수펌프 일을 무시한다면 추기량 m_1'과 m_2'은 식 (8-5-12)와 (8-5-14)에서

$$m_1' = \frac{h_1 - h_6}{h_7 - h_6} = \frac{762.5 - 670.4}{2757 - 670.4} = 0.0441 \text{ kg/kg}$$

$$m_2' = \frac{(1 - m_1')(h_6 - h_5)}{h_8 - h_5} = \frac{(h_7 - h_1)(h_6 - h_5)}{(h_7 - h_6)(h_8 - h_5)}$$

$$= \frac{(2757 - 762.5) \times (670.4 - 340.5)}{(2757 - 670.4) \times (2662 - 340.5)} = 0.1358 \text{ kg/kg}$$

이며 각 구성요소의 에너지는

㉮ $q_B = h_2 - h_1 = 2803 - 762.5 = 2040.5$ kJ/kg

㉯ $q_s = h_3 - h_2 = 2994 - 2803 = 191$ kJ/kg

㉰ $w_T = (h_3 - h_4) - m_1'(h_7 - h_4) - m_2'(h_8 - h_4)$
$= (2994 - 2272) - 0.0441 \times (2757 - 2272) - 0.1358 \times (2662 - 2272)$
$= 647.6$ kJ/kg

㉱ $q_L = (1 - m_1' - m_2')(h_4 - h_5) = (1 - 0.0441 - 0.1358) \times (2272 - 340.5)$
$= 1584$ kJ/kg

이므로 이론열효율 η_{rg_2}'은

$$\eta_{rg_2}' = \frac{w_T}{q_B + q_s} = \frac{647.6}{2040.5 + 191} = 0.2902$$

$\eta_{rg_1}' = 29.02\%$이다.

[2] 밀폐형 가열급수기를 갖는 재생사이클

그림 8-15는 밀폐형 급수가열기를 갖는 1단 재생사이클을 나타낸 것이다. 밀폐형이 개방형 사이클과 다른 점은 급수가열기에서 열교환을 마친 추기는 방열 후 포화수로 되어 교축밸브를 거쳐 복수기로 유입된다는 점이다. 따라서 개방형보다 복수기에서의 방열량이 크고 펌프의 소요동력이 증가하므로 열효율이 개방형보다 약간 낮아지며 추기량은 반대로 약간 커진다.

보일러에서 발생하는 증기 1 kg에 대한 추기량과 이론열효율을 구해 본다.

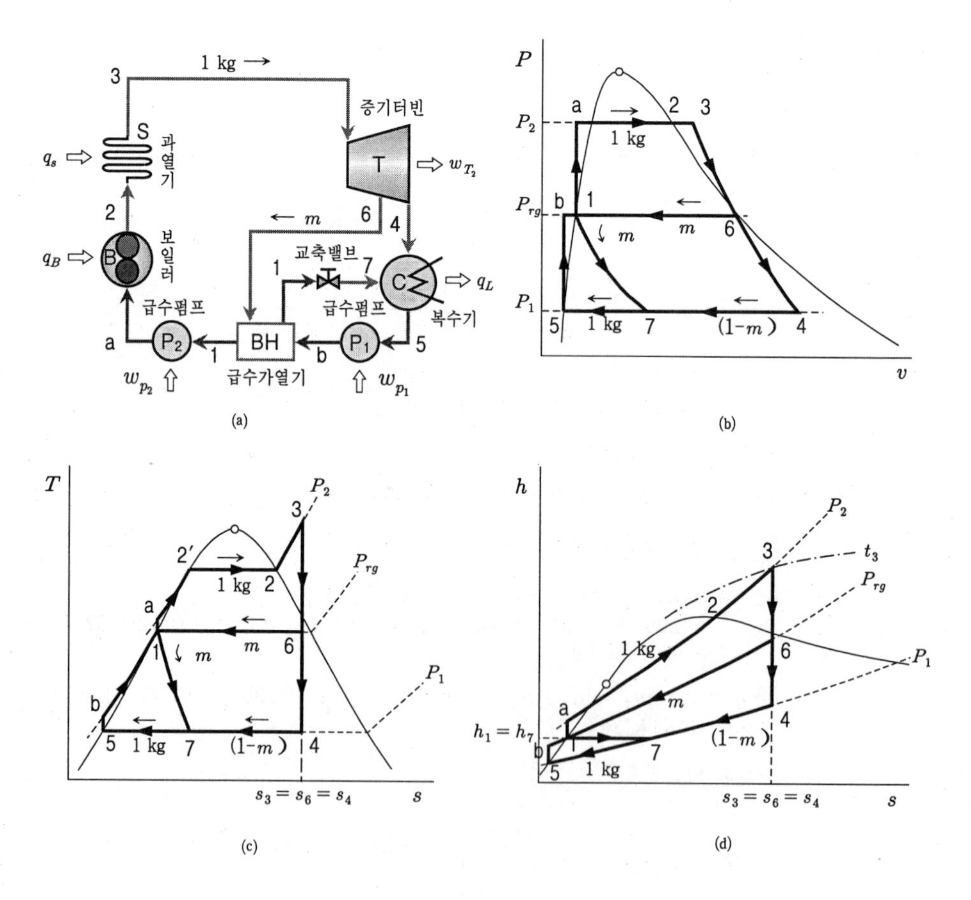

그림 8-15 밀폐형 급수가열기를 갖는 1단 재생사이클

(1) 추기량

급수가열기에서 추기가 열교환을 마치고 포화수(상태 1)로 된 후 교축밸브에서의 등엔탈피 팽창으로 습증기(상태 7)로 되고 복수기로 유입되므로 복수기에서는 다시 1 kg의 습증기가 방열하여 포화수로 된다(상태변화 7-1). 1 kg의 포화수(상태 1)가 제1급수펌프에서 단열압축되어 압축수(상태 b)가 되며, 급수가열기에서 정압(P_{rg}) 하에 1 kg의 압축수(상태 b)가 m kg/kg의 추기(상태 7)로부터 흡수하는 열은 $(h_1 - h_b)$이며, m kg/kg의 추기가 방출하는 열은 $m(h_6 - h_1)$이다. 그러므로 $m(h_6 - h_1) = h_1 - h_b$로부터 추기 m은

$$m = \frac{h_1 - h_b}{h_6 - h_1} \text{ (kg/kg)} \qquad (8\text{-}5\text{-}15)$$

(2) 이론열효율

보일러에서 증발하는 작동유체(수증기) 1 kg에 대한 각 부의 소요 에너지를 구하면

① 제1급수펌프의 압축일 : $w_{p_1} = h_b - h_5$ (8-5-16)

② 제2급수펌프의 압축일 : $w_{p_2} = h_a - h_1$ (8-5-17)

③ 보일러에서의 흡열량 : $q_B = h_2 - h_a$ (8-5-18)

④ 과열기에서의 흡열량 : $q_s = h_3 - h_2$ (8-5-19)

⑤ 터빈에서의 팽창일 : $w_T = (h_3 - h_4) - m(h_6 - h_4)$ (8-5-20)

⑥ 복수기에서의 방열량 : $q_L = (h_4 - h_5) - m(h_4 - h_1)$ (8-5-21)

⑦ 1단 재생사이클(밀폐형 급수가열식)의 이론열효율

고열원으로부터의 흡열량이 $q_H = q_B + q_s$, 정미일이 $w = w_T - (w_{p_1} + w_{p_2})$이므로 밀폐형 급수가열기를 갖는 1단 재생사이클의 이론열효율 η_{rg_1}는

$$\begin{aligned}\eta_{rg_1} &= \frac{w}{q_H} = \frac{w_T - (w_{p_1} + w_{p_2})}{q_B + q_s} \\ &= \frac{\{(h_3 - h_4) - m(h_6 - h_4)\} - \{(h_b - h_5) + (h_a - h_1)\}}{h_3 - h_a} \qquad (8\text{-}5\text{-}22)\end{aligned}$$

펌프일을 무시($w_{p_1}=w_{p_2}=0$)하면 사이클은 1-2′-2-3-6-4-7-5-1이며, 보일러에서의 흡열량은 $q_B = h_2 - h_1$이므로 이론열효율 $\eta_{rg_1}{}'$은 아래와 같다.

$$\eta_{rg_1}{}' = \frac{w}{q_H} = \frac{w_T}{q_B + q_s} = \frac{(h_3 - h_4) - m'(h_6 - h_4)}{h_3 - h_1} \tag{8-5-23}$$

또한 추기량 m'은 급수가열기에서의 열평형식 $m'(h_6 - h_1) = h_1 - h_5$으로부터

$$m' = \frac{h_1 - h_5}{h_6 - h_1} \text{ (kg/kg)} \tag{8-5-24}$$

예제 8-9

앞의 예제 8-7과 같은 조건의 밀폐형 급수가열기를 갖는 1단 재생사이클에서 추기량과 이론열효율을 구하여라.

풀이 초압과 초온이 각각 P_2=3 MPa, t_3=300℃, 추기압력이 P_{rg}=50 kPa, 배압이 P_1=50 kPa이므로 이를 이용하여 증기표로부터 각부의 엔탈피를 구하면 아래와 같다.

$h_1 = h_7$=562.5 kJ/kg, h_a=564.8 kJ/kg, h_2=2803 kJ/kg, h_3=2994 kJ/kg,
h_4=2272 kJ/kg, h_5=340.5 kJ/kg, h_b=341.5 kJ/kg, h_6=2757 kJ/kg,

(1) 보일러에서 증발하는 증기 1 kg당 추기량
밀폐형 급수가열기의 열평형식 $m(h_6 - h_1) = h_1 - h_b$에서 추기량 m은

$$m = \frac{h_1 - h_b}{h_6 - h_1} = \frac{562.5 - 341.5}{2757 - 562.5} = 0.100706311 \text{ kg/kg}$$

(2) 이론열효율
각 구성요소의 에너지가 아래와 같으므로
① 제2급수펌프의 압축일 : $w_{p_2} = h_a - h_1 = 564.8 - 562.5 = 2.3$ kJ/kg
② 보일러에서의 흡열량 : $q_B = h_2 - h_a = 2803 - 564.8 = 2238.2$ kJ/kg
③ 과열기에서의 흡열량 : $q_s = h_3 - h_2 = 2994 - 2803 = 191$ kJ/kg
④ 증기터빈에서의 팽창일
$w_T = (h_3 - h_4) - m(h_6 - h_4)$
$= (2994 - 2272) - 0.1007 \times (2757 - 2272) = 673.2$ kJ/kg
⑤ 복수기에서의 방열량
$q_L = (h_4 - h_5) - m(h_4 - h_1) = (2272 - 340.5) - 0.1007 \times (2272 - 562.5)$
$= 1759.4$ kJ/kg
⑥ 제1급수펌프의 압축일
$w_{p_1} = h_b - h_5 = 341.5 - 340.5 = 1$ kJ/kg

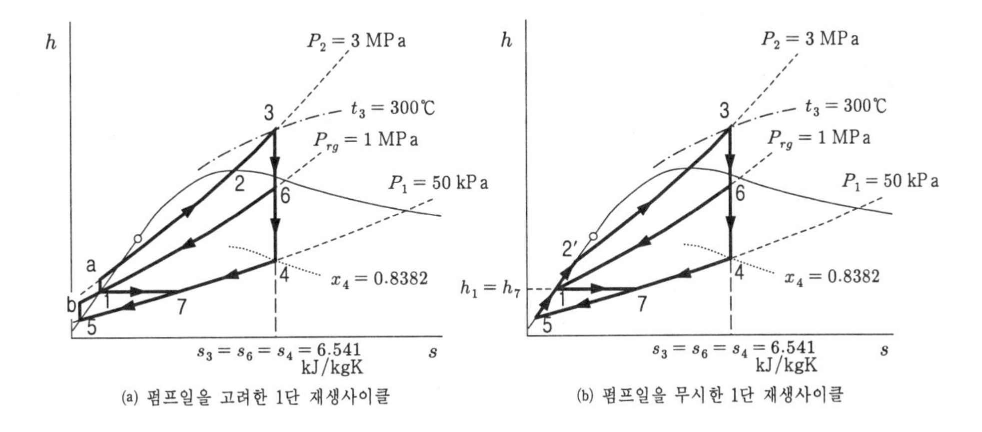

그림 8-16 밀폐형 급수가열기를 갖는 1단 재생사이클의 한 예

따라서 이론열효율은 식 (8-5-22)로부터

$$\eta_{rg_1} = \frac{w}{q_H} = \frac{w_T - (w_{p_1} + w_{p_2})}{q_B + q_s} = \frac{673.2 - (1 + 2.3)}{2238.2 + 191} = 0.2758$$

$\eta_{rg_1} = 27.58\%$이다.

만일 급수펌프 일을 무시한다면 추기량 m'은 식 (8-5-24)에서

$$m' = \frac{h_1 - h_5}{h_6 - h_1} = \frac{562.5 - 340.5}{2757 - 562.5} = 0.101161995 \fallingdotseq 0.1012 \text{ kg/kg}$$

이며 각 구성요소의 에너지는

㉮ $q_B = h_2 - h_1 = 2803 - 562.5 = 2240.5$ kJ/kg

㉯ $q_s = h_3 - h_2 = 2994 - 2803 = 191$ kJ/kg

㉰ $w_T = (h_3 - h_4) - m'(h_6 - h_4)$
$= (2994 - 2272) - 0.1012 \times (2757 - 2272) = 672.9$ kJ/kg

㉱ $q_L = (h_4 - h_5) - m'(h_4 - h_1) = (2272 - 340.5) - 0.1012 \times (2272 - 562.5)$
$= 1758.5$ kJ/kg

이므로 이론열효율 η_{rg_1}'은

$$\eta_{rg_1}' = \frac{w_T}{q_B + q_s} = \frac{672.9}{2240.5 + 191} = 0.276742751 \fallingdotseq 0.2767$$

$\eta_{rg_1}' = 27.67\%$이다.

8-6 재생–재열사이클

앞에서 설명한 재생사이클이나 재열사이클은 모두 열효율을 증가시키는데 목적이 있지만 그 방법은 전혀 다르다. 재생사이클은 증기터빈에서 증기가 팽창하는 도중에 증기를 추기하여 보일러로 공급되는 급수를 예열함으로써 열효율을 증가시키지만 재열사이클은 증기터빈에서 팽창중인 증기를 뽑아내어 다시 가열함으로써 실제 터빈에서 발생하는 터빈 내부손실을 줄여 효율비, 즉 이론 열효율과 실효율과의 비를 높인다.

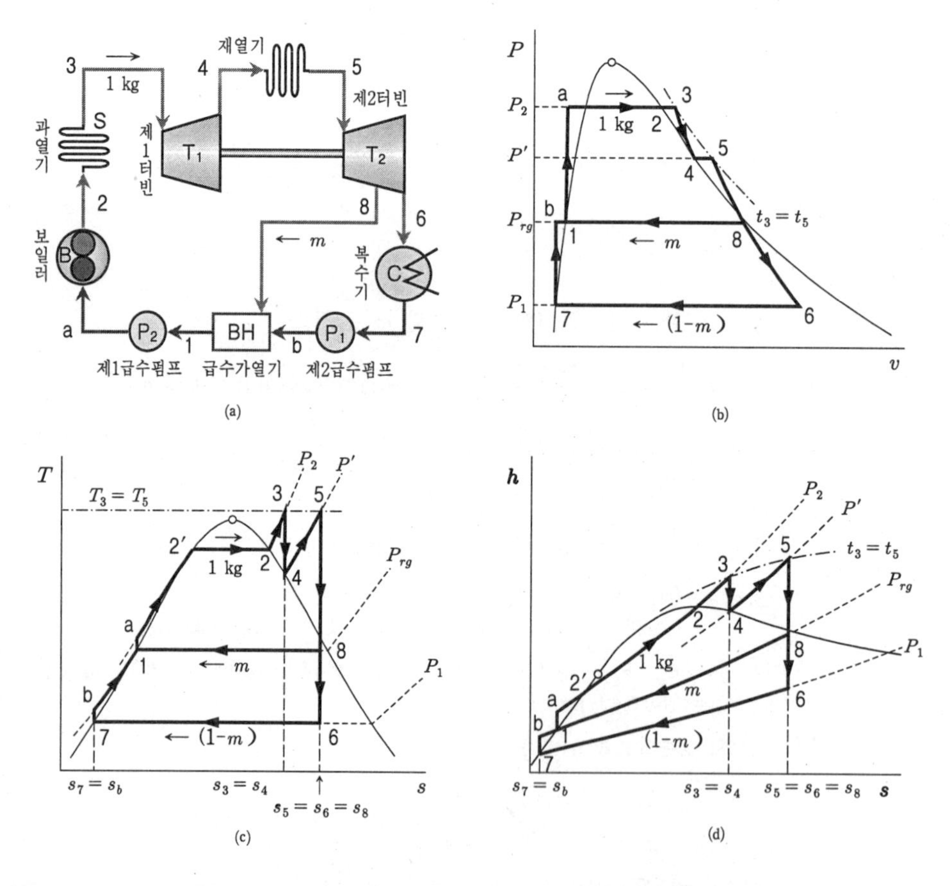

그림 8-17 개방형 급수가열기를 갖는 1단재생 1단재열사이클(펌프일을 고려)

재생-재열사이클(regerative-reheat cycle)은 두 사이클 각각의 특징을 살리기 위해 두 사이클을 하나로 조합한 사이클이다. 재생사이클은 현저한 열효율의 증가를 가져와 열역학적으로 큰 이익을 주지만 재열사이클은 열역학적인 이익보다는 오히려 습증기를 피하여 터빈 속에서의 마찰 및 부식을 방지하는 등 기계적인 차원의 이익을 얻는데 그 특징이 있다.

즉 재열사이클은 재열 후 증기의 온도를 높임으로써 열역학적인 효율도 좋게 하지만 주로 증기의 건도를 높여 증기와 터빈 사이에서 발생하는 기계적 손실을 감소시킨다. 그러므로 두 사이클을 하나의 사이클에 이용하면 효율을 증진시킬 수 있다. 따라서 이론적인 고찰을 할 때에도 위의 두 사이클에 대한 것을 그대로 활용하면 된다.

재생-재열사이클도 급수가열기의 형식에 따라 재생사이클처럼 두 가지로 나눈다. 그림 8-17은 개방형급수가열기를 갖는 1단재생 1단재열사이클을 나타낸 것이다. 지금 보일러에서 발생하는 증기 1 kg에 대한 추기량과 이론열효율을 구해 본다.

[1] 추기량

개방형 급수가열기의 열평형식 $m(h_8 - h_1) = (1-m)(h_1 - h_b)$에서 추기량 m은 아래의 식과 같다.

$$m = \frac{h_1 - h_b}{h_8 - h_b} \text{ (kg/kg)} \qquad (8\text{-}6\text{-}1)$$

[2] 이론열효율

보일러에서 증발하는 작동유체(수증기) 1 kg에 대한 각 부의 소요 에너지를 구하면

① 제1급수펌프의 압축일 : $w_{p_1} = (1-m)(h_b - h_7)$ (8-6-2)

② 제2급수펌프의 압축일 : $w_{p_2} = h_a - h_1$ (8-6-3)

③ 보일러에서의 흡열량 : $q_B = h_2 - h_a$ (8-6-4)

④ 과열기에서의 흡열량 : $q_s = h_3 - h_2$ (8-6-5)

⑤ 제1터빈에서의 팽창일 : $w_{T_1} = h_3 - h_4$ (8-6-6)

⑥ 재열기에서의 흡열량 : $q_{rh} = h_5 - h_4$ (8-6-7)

⑦ 제2터빈에서의 팽창일 : $w_{T_2} = (h_5 - h_6) - m(h_8 - h_6)$ (8-6-8)

⑧ 복수기에서의 방열량 : $q_L = (1-m)(h_6 - h_7)$ (8-6-9)

⑨ 1단재열 1단재생사이클(개방형 급수가열식)의 이론열효율

고열원에서의 흡열량이 $q_H = q_B + q_s + q_{rh}$, 정미일이 $w = (w_{T_1} + w_{T_2}) - (w_{p_1} + w_{p_2})$이므로 개방형 급수가열기를 갖는 1단재생 1단재열사이클의 이론열효율 η_{rhg_1}는

$$\eta_{rhg_1} = \frac{w}{q_H} = \frac{(w_{T_1} + w_{T_2}) - (w_{p_1} + w_{p_2})}{q_B + q_s + q_{rh}}$$

$$= \frac{\{(h_3 - h_4) + (h_5 - h_6) - m(h_8 - h_6)\} - \{(1-m)(h_b - h_7) + (h_a - h_1)\}}{(h_3 - h_a) + (h_5 - h_4)} \quad (8\text{-}6\text{-}10)$$

펌프일을 무시($w_{p_1} = w_{p_2} = 0$)하는 경우의 사이클은 1-2′-2-3-4-5-8-6-7-1이며, 보일러에서의 흡열량이 $q_B = h_2 - h_1$이므로 이론열효율 $\eta_{rhg_1}{}'$은 아래와 같다.

$$\eta_{rhg_1}{}' = \frac{w}{q_H} = \frac{w_{T_1} + w_{T_2}}{q_B + q_s + q_{rh}} = \frac{(h_3 - h_4) + (h_5 - h_6) - m'(h_8 - h_6)}{(h_3 - h_1) + (h_5 - h_4)} \quad (8\text{-}6\text{-}11)$$

여기서 추기량 m'은 급수가열기에서의 열평형식 $m'(h_8 - h_1) = (1 - m')(h_1 - h_7)$로부터 다음과 같이 나타낼 수 있다.

$$m' = \frac{h_1 - h_7}{h_8 - h_7} \ (\text{kg/kg}) \quad (8\text{-}6\text{-}12)$$

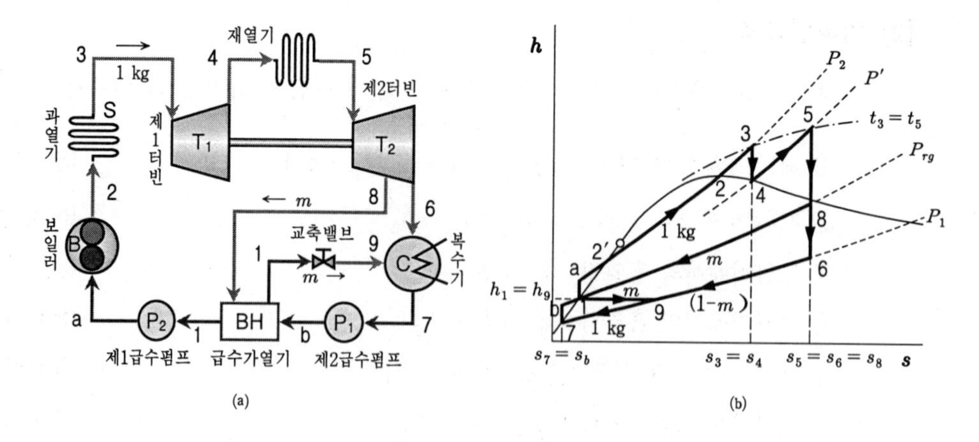

그림 8-18 밀폐형 급수가열기를 갖는 1단재생 1단재열 사이클(펌프일을 고려)

그림 8-18은 밀폐형 급수가열기를 갖는 1단재생 1단재열사이클을 나타낸 것으로 밀폐형 급수가열기에서의 열평형식 $m(h_8 - h_1) = (h_1 - h_b)$로부터 추기량은 m은

$$m = \frac{h_1 - h_b}{h_8 - h_1} \ \text{(kg/kg)} \tag{8-6-13}$$

이다. 그리고

제1급수펌프의 압축일 : $w_{p_1} = (h_b - h_7)$ (8-6-14)

복수기에서의 방열량 : $q_L = (h_6 - h_7) - m(h_6 - h_1)$ (8-6-15)

이며 나머지는 식 (8-6-3)~(8-6-8)과 같으므로 밀폐형 급수가열기를 갖는 1단재생 1단재열사이클의 이론열효율 η_{rhg_1}는

$$\eta_{rhg_1} = \frac{w}{q_H} = \frac{(w_{T_1} + w_{T_2}) - (w_{p_1} + w_{p_2})}{q_B + q_s + q_{rh}}$$
$$= \frac{\{(h_3 - h_4) + (h_5 - h_6) - m(h_8 - h_6)\} - \{(h_b - h_7) + (h_a - h_1)\}}{(h_3 - h_a) + (h_5 - h_4)} \tag{8-6-16}$$

펌프일을 무시($w_{p_1} = w_{p_2} = 0$)하는 경우의 사이클은 1-2′-2-3-4-5-8-6-9-7-1이며 이론열효율 $\eta_{rhg_1}{}'$은 식 (8-6-11)과 동일하게 표시된다.

$$\eta_{rhg_1}{}' = \frac{w}{q_H} = \frac{w_{T_1} + w_{T_2}}{q_B + q_s + q_{rh}}$$
$$= \frac{(h_3 - h_4) + (h_5 - h_6) - m'(h_8 - h_6)}{(h_3 - h_1) + (h_5 - h_4)} \tag{8-6-11}$$

여기서 추기량 m'은 급수가열기에서의 열평형식 $m'(h_8 - h_1) = (h_1 - h_7)$로부터 다음과 같이 나타낼 수 있다.

$$m' = \frac{h_1 - h_7}{h_8 - h_1} \ \text{(kg/kg)} \tag{8-6-17}$$

예제 8-10

예제 8-5와 같이 초압과 초온이 각각 3 MPa, 300℃인 증기를 건포화증기가 될 때까지 단열팽창시키고 같은 압력에서 처음 온도까지 재열한 후 200 kPa에서 추기하여 50 kPa까지 단열팽창시키는 개방형 급수가열기를 갖는 1단재생 1단재열사이클에서 추기량과 이론열효율을 구하여라.

풀이 예제 8-5의 풀이와 증기표를 이용하여 각부의 엔탈피를 구하면

$h_1=504.7$ kJ/kg, $h_a=507.7$ kJ/kg, $h_2=2803$ kJ/kg, $h_3=2994$ kJ/kg,
$h_4=2782$ kJ/kg, $h_5=3048$ kJ/kg, $h_6=2456$ kJ/kg, $h_7=340.5$ kJ/kg,
$h_b=340.7$ kJ/kg, $h_8=2680$ kJ/kg

(1) 보일러에서 증발하는 증기 1 kg당 추기량
개방형 급수가열기의 열평형식 $m(h_8-h_1)=(1-m)(h_1-h_b)$에서 추기량 m은

$$m=\frac{h_1-h_b}{h_8-h_b}=\frac{504.7-340.7}{2680-340.7}=0.070106442 ≒ 0.070\text{ kg/kg}$$

(2) 이론열효율
각 구성요소의 에너지가 아래와 같으므로
① 제2급수펌프의 압축일 : $w_{p_2}=h_a-h_1=507.7-504.7=3\text{ kJ/kg}$
② 보일러에서의 흡열량 : $q_B=h_2-h_a=2803-507.7=2295.3\text{ kJ/kg}$
③ 과열기에서의 흡열량 : $q_s=h_3-h_2=2994-2803=191\text{ kJ/kg}$
④ 고압터빈의 팽창일 : $w_{T_1}=h_3-h_4=2994-2782=212\text{ kJ/kg}$
⑤ 재열기에서의 흡열량 : $q_{rh}=h_5-h_4=3048-2782=266\text{ kJ/kg}$
⑥ 저압터빈의 팽창일 : $w_{T_2}=(h_5-h_6)-m(h_8-h_6)$
$=(3048-2456)-0.070\times(2680-2456)=576.3\text{ kJ/kg}$
⑦ 복수기에서의 방열량
$q_L=(1-m)(h_6-h_7)=(1-0.070)\times(2456-340.5)=1967.4\text{ kJ/kg}$
⑧ 제1급수펌프의 압축일
$w_{p_1}=(1-m)(h_b-h_7)=(1-0.070)\times(340.7-340.5)=0.2\text{ kJ/kg}$

따라서 이론열효율은 식 (8-6-10)으로부터

$$\eta_{rhg_1}=\frac{w}{q_H}=\frac{(w_{T_1}+w_{T_2})-(w_{p_1}+w_{p_2})}{q_B+q_s+q_{rh}}=\frac{(212+576.3)-(0.2+3)}{2295.3+191+266}$$
$$=0.285252334 ≒ 0.2853$$

$\eta_{rg_1}=28.53\%$이다.

만일 급수펌프 일을 무시한다면 추기량 m'은 식 (8-6-12)로부터

$$m'=\frac{h_1-h_7}{h_8-h_7}=\frac{504.7-340.5}{2680-340.5}=0.070185937 ≒ 0.070\text{ kg/kg}$$

이며 각 구성요소의 에너지는

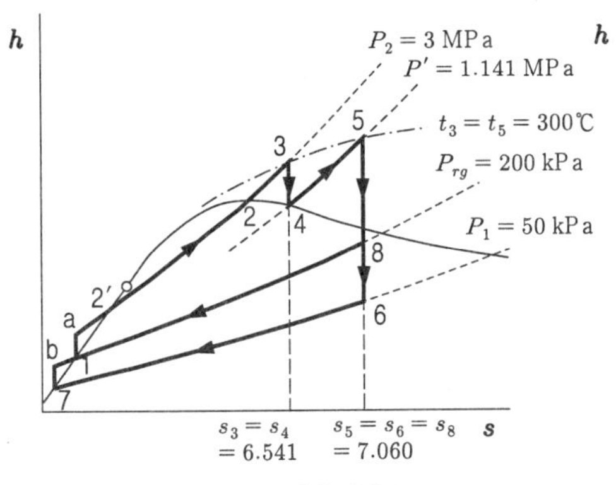

(a) 펌프일을 고려한 사이클

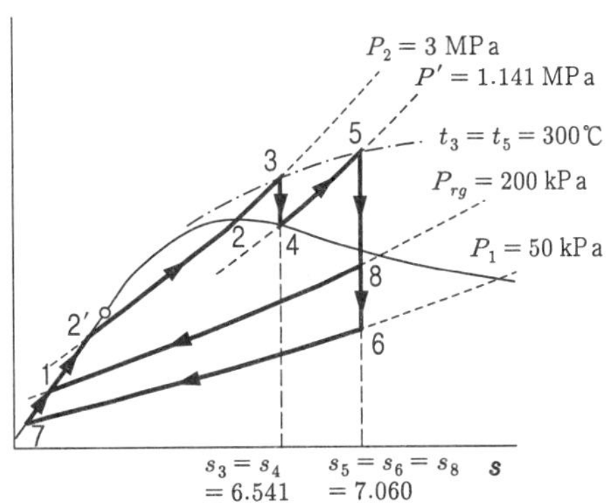

(b) 펌프일을 무시한 사이클

그림 8-19 개방형 급수가열기를 갖는 1단재생 1단재열사이클의 한 예

㉮ $q_B = h_2 - h_1 = 2803 - 504.7 = 2298.3$ kJ/kg

㉯ $q_s = h_3 - h_2 = 2994 - 2803 = 191$ kJ/kg

㉰ $w_{T_1} = h_3 - h_4 = 2994 - 2782 = 212$ kJ/kg

㉱ $q_{rh} = h_5 - h_4 = 3048 - 2782 = 266$ kJ/kg

㉲ $w_{T_2} = (h_5 - h_6) - m'(h_8 - h_6)$

$= (3048 - 2456) - 0.070 \times (2680 - 2456) = 576.3$ kJ/kg

㉳ $q_L = (1 - m')(h_6 - h_7) = (1 - 0.070) \times (2456 - 340.5) = 1967.4$ kJ/kg

이므로 이론열효율 $\eta_{rhg_1}{}'$은

$$\eta_{rhg_1}{}' = \frac{w_{T_1} + w_{T_2}}{q_B + q_s + q_{rh}} = \frac{212 + 576.3}{2298.3 + 191 + 266} = 0.286103146 \fallingdotseq 0.2861$$

$\eta_{rhg_1}{}' = 28.61\%$이다.

예제 8-11

위의 예제 8-10과 같은 조건인 밀폐형 급수가열기를 갖는 1단재생 1단재열사이클의 추기량과 이론열효율을 구하여라.

풀이 각부의 엔탈피는 예제 8-10과 같다. 즉

$h_1 = h_9 = 504.7$ kJ/kg, $h_a = 507.7$ kJ/kg, $h_2 = 2803$ kJ/kg, $h_3 = 2994$ kJ/kg,
$h_4 = 2782$ kJ/kg, $h_5 = 3048$ kJ/kg, $h_6 = 2456$ kJ/kg, $h_7 = 340.5$ kJ/kg,
$h_b = 340.7$ kJ/kg, $h_8 = 2680$ kJ/kg

(1) 보일러에서 증발하는 증기 1 kg당 추기량

밀폐형 급수가열기의 열평형식 $m(h_8 - h_1) = (h_1 - h_b)$에서 추기량 m은

$$m = \frac{h_1 - h_b}{h_8 - h_1} = \frac{504.7 - 340.7}{2680 - 504.7} = 0.075391899 \fallingdotseq 0.075 \text{ kg/kg}$$

(2) 이론열효율

각 구성요소의 에너지가 아래와 같으므로

① 제2급수펌프의 압축일 : $w_{p_2} = h_a - h_1 = 507.7 - 504.7 = 3$ kJ/kg

② 보일러에서의 흡열량 : $q_B = h_2 - h_a = 2803 - 507.7 = 2295.3$ kJ/kg

③ 과열기에서의 흡열량 : $q_s = h_3 - h_2 = 2994 - 2803 = 191$ kJ/kg

④ 고압터빈의 팽창일 : $w_{T_1} = h_3 - h_4 = 2994 - 2782 = 212$ kJ/kg

⑤ 재열기에서의 흡열량 : $q_{rh} = h_5 - h_4 = 3048 - 2782 = 266$ kJ/kg

⑥ 저압터빈의 팽창일 : $w_{T_2} = (h_5 - h_6) - m(h_8 - h_6)$

$= (3048 - 2456) - 0.075 \times (2680 - 2456) = 575.2$ kJ/kg

⑦ 복수기에서의 방열량

$q_L = (h_6 - h_7) - m(h_6 - h_1) = (2456 - 340.5) - 0.075 \times (2456 - 504.7)$

$= 1969.2$ kJ/kg

⑧ 제1급수펌프의 압축일

$w_{p_1} = h_b - h_7 = 340.7 - 340.5 = 0.2$ kJ/kg

따라서 이론열효율은 식 (8-6-16)으로부터

$$\eta_{rhg_1} = \frac{w}{q_H} = \frac{(w_{T_1} + w_{T_2}) - (w_{p_1} + w_{p_2})}{q_B + q_s + q_{rh}} = \frac{(212 + 575.2) - (0.2 + 3)}{2295.3 + 191 + 266} = 0.2849$$

$\eta_{rhg_1} = 28.49\%$이다.

만일 급수펌프 일을 무시한다면 추기량 m'은 식 (8-6-17)로부터

$$m' = \frac{h_1 - h_7}{h_8 - h_1} = \frac{504.7 - 340.5}{2680 - 504.7} = 0.075483841 \fallingdotseq 0.075 \text{ kg/kg}$$

이며 각 구성요소의 에너지는

㉮ $q_B = h_2 - h_1 = 2803 - 504.7 = 2298.3$ kJ/kg

㉯ $q_s = h_3 - h_2 = 2994 - 2803 = 191$ kJ/kg

㉰ $w_{T_1} = h_3 - h_4 = 2994 - 2782 = 212$ kJ/kg

㉱ $q_{rh} = h_5 - h_4 = 3048 - 2782 = 266$ kJ/kg

㉲ $w_{T_2} = (h_5 - h_6) - m'(h_8 - h_6)$

$= (3048 - 2456) - 0.075 \times (2680 - 2456) = 575.2$ kJ/kg

㉳ $q_L = (h_6 - h_7) - m'(h_6 - h_1) = (2456 - 340.5) - 0.075 \times (2456 - 504.7)$

$= 1969.1525 \fallingdotseq 1969.2$ kJ/kg

이므로 이론열효율 η_{rhg_1}'은

$$\eta_{rhg_1}' = \frac{w_{T_1} + w_{T_2}}{q_B + q_s + q_{rh}} = \frac{212 + 575.2}{2298.3 + 191 + 266} = 0.2857$$

$\eta_{rhg_1}' = 28.57\%$이다.

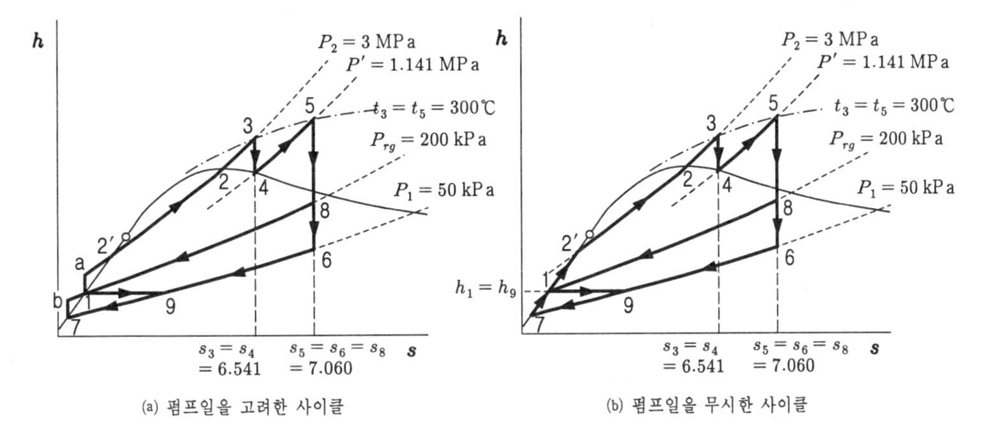

그림 8-20 밀폐형 급수가열기를 갖는 1단재생 1단재열사이클의 한 예

표 8-2는 예제 8-2에서 예제 8-20까지 각 사이클의 이론열효율(펌프일을 무시한 경우)을 비교한 결과를 나타낸 것이다. Rankine 사이클을 기준으로 볼 때 같은 조건에서 열효율 개선효과는 재생재열사이클이 가장 크며 재생사이클, 재열사이클의 순이다. 그리고 재생사이클에서는 개방형 급수가열기를 갖는 재생사이클이 밀폐형보다 열효율이 약간 크고 추기 단수가 많을수록 열효율이 개선된다.

표 8-2 이론적인 증기동력사이클의 비교(단 펌프일을 무시하는 경우)

사 이 클	q_H (kJ/kg)			w (kJ/kg)		q_L (kJ/kg)	η (%)
	q_B	q_s	q_{rh}	w_{T_1}	w_{T_2}		
Rankine	2462.5	191		722		1931.5	27.21
1단재열	2462.5	191	266	212	592	2115.5	27.54
1단재생(밀폐형)	2240.5	191		672.9		1758.6	27.67
1단재생(개방형)	2240.5	191		677.4		1754.1	27.86
2단재생(개방형)	2040.5	191		647.6		1583.9	29.02
1단재열 1단재생 (밀폐형)	2298.3	191	266	212	575.1	1968.1	28.57
1단재열 1단재생 (개방형)	2298.3	191	266	212	576.3	1967.0	28.61

※ 초압 3 MPa, 초온 300℃, 배압 50 kPa의 범위에서 작동.

8-7 2유체 사이클

열기관 사이클 중 열효율이 가장 높은 것은 Carnot 사이클이며 이 사이클은 작동물질의 종류에 관계없이 고저 양 열원의 절대온도에만 관계된다. 그러나 이 사이클은 실제로는 실현이 불가능한 이상사이클이다. 증기원동소 사이클의 경우, 열효율을 높이려면 고온부 온도(증기터빈 입구에서의 온도)를 가급적 높이고 저온부 온도(증기터빈 출구에서의 온도)를 낮추어야 한다. 수증기 사이클에서 고온부 온도는 포화압력을 높이고 과열증기를 사용하여 평균온도를 높이고 있으나 대부분의 열이 증발과정에서 전달되므로 포화온도에 크게 의존한다. 그러나 물의 임계온도가 374.15℃이므로 한계가 있고 또한 물의 포화증기압이 22.09 MPa로 매우 높아 기계재료 강도상 장치제작에 제한을 받는다. 또한 저온부 온도는 복수기에서의 냉각수 온도에 의해 제한을 받는다. 이와 같이 고, 저 양 열원은 어느 한계를 벗어날 수 없다. 따라서 고온측과 저온측에 적당한 작동유체를 선택한다면 하나의 작동유체로 작동하는 증기사이클에 비해 열효율을 더 높일 수 있다는 가정에 이른다.

이를 알아보기 위해 그림 8-21을 보면 Carnot 사이클은 4각형 즉 1-a-3-4이지만 Rankine 사이클은 1-2′-2-3-4 이므로 같은 온도범위에서 작동하여도 그 차가 매우 크다. 이것은 Rankine 사이클의 특성에도 있지만 그것보다는 작동물질인 수증기의 특성에 의한 것도 있다. 즉, $T-s$ 선도에서 포화액선 1-2′은 비열이 0인 등엔트로피선 1-a에 비해 경사가 완만하고 또 물의 임계온도가 비교적 낮기 때문에 온도의 상한에 도달하면 과열이라는 비가역과정을 거치지 않으면 안되기 때문이다. 따라서 포화액선의 경사가 비교적 크고 또 임계온도가 높은 유체를 사용한다면 이 유체에 의한 Rankine 사이클은 물을 사용할 때보다 열효율을 더 높일 수 있을 것이다.

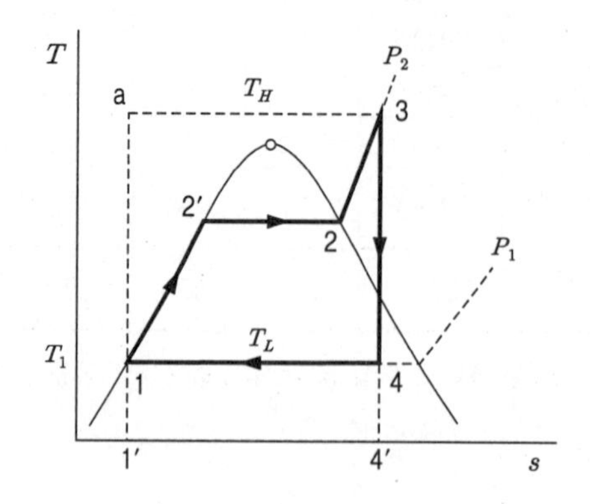

그림 8-21 Carnot 사이클과 Rankine 사이클의 비교

따라서 이와 같은 방법의 하나로 서로 다른 2종의 유체를 작동물질로 하여 고온부에 적합한 유체로 고온사이클을 형성하고 저온부에 또 다른 사이클을 만들어 고온부의 응축, 냉각열을 저온부의 가열에 사용하면 각부의 장점을 조합한 사이클을 만들 수 있다. 이러한 사이클을 2유체 사이클(binary cycle)이라 한다.

작동유체로서 이상적인 성질을 모두 갖춘 물질은 존재하지 않는다 할 수 있다. 그러나 수은(Hg)은 표 5-1에서 보듯 임계온도는 1470℃로 물에 비해 충분히 높다. 그리고 포화액선은 비교적 급경사이므로 고온영역에서는 이상적인 작동유체라 할 수 있지만 그 포화압력은 저온에서는 매우 낮다.

예를 들면 30℃에서 수은증기의 포화압력은 0.37×10^{-3} kPa로 수증기(4.247 kPa)에 비해 매우 낮으며 체적은 6.82×10^{6} m^3/kmol로 수증기(592 m^3/kmol)로 매우 크다. 따라서 수은을 저온부까지 사용하면 장치가 너무 커지므로 불리해진다. 따라서 고온부에는 수은증기를 사용하고 저온부에는 수증기를 사용하여 수은증기의 응축기와 수증기의 보일러를 동시에 작동시키면 이상적인 사이클에 가까운 증기원동소 사이클을 만들 수 있다.

그림 8-22는 2유체사이클의 계통도와 $T-s$ 선도 상에 사이클을 나타낸 것이다. 그림에서 곡선 1-2의 기울기가 커지는 것은 작동유체의 비열에 관계된다. 위에서 언급한 것과 같이 비열이 작아질수록 포화액선의 경사가 급해져 Rankine 사이클의 모양이 Carnot 사이클에 근접한다. 이러한 작동물질의 예로 액체금속인 수은(Hg)과 물(H_2O)의 조합, 연소가스와 물, 물과 할로겐화 탄화수소(프레온) 등을 들 수 있다. 이러한 작동유체들의 조합은 정해진 온도범위 내에서 2단 뿐만 아니라 3단으로 조합한 3유체 사이클(triple vapour cycle)도 생각할 수 있다. 고온측 사이클의 열효율을 η_H, 저온측 사이클의 열효율을 η_L이라 하면 고온측의 배열(응축열)이 저온측의 가열에 100% 이용된다고 가정하는 경우 2유체 사이클의 열효율은 다음과 같아진다.

$$\eta = \eta_H + (1-\eta_H)\eta_L \qquad (8\text{-}7\text{-}1)$$

2유체 사이클에는 응축식과 흡수식이 있다. 응축식은 포화온도가 높은 수은(Hg), diphenyl oxide($(C_6H_5)_2O$) 또는 aluminum-bromide(Al_2Br_6)와 같은 물질을 고온측의 작동물질로 쓰고 이 유체가 응축기에서 저온측의 작동물질인 수증기를 발생시켜서 서로의 결점을 보충하도록 한 것이다. 흡수식은 고온측의 작동물질로 화합물을 쓰고 이 물질이 분해, 재화합할 때의 열수수(熱授受)를 이용한다.

현재 실용화된 2유체 사이클에는 수은-물을 병용한 것으로 그림 8-22와 같다. 수은 보일러에서 수은이 가열, 증발(상태변화 1-2-3)되어 고온이면서도 비교적 압력이 낮은 포화증기(상태 3)로 된다. 이 증기를 수은터빈에서 단열팽창(상태변화 3-4)시킨 후 열교환기로 유입되어 물과 열교환하여 액화된다(상태 1). 액체 수은이 펌프에 의해 수은보일러에 압송됨으로써 고온부 사이클이 완성된다.

한편 열교환기에서 수은의 잠열을 흡수한 물이 증발(상태변화 1′-2′-3′)되므로 열교환기는 저온부 사이클의 보일러 역할을 하는 동시에 고온부 사이클의 응축기 역할을 한다. 증발된 포화증기(상태 3′)는 과열기에서 과열증기(상태 4′)로 되어 H_2O 터빈으로 유입되고, 터빈에서 단열팽창(상태변화 4′-5′)한 후 복수기에서 복수되어 상태 1′의 포화수로 된다. 포화수는 급수펌프에 의해 열교환기로 압송됨으로 저온부의 사이클을 완성한다. 이와 같은 방법으로 고압을 피함은 물론 작업온도범위를 넓혀서 사이클의 효율을 높일 수 있다. 단, 이 경우 수은은 증발열이 적으므로 증기 1 kg당 수은 8~10 kg 정도가 필요하다.

이상에서 수은 - 물을 사용하는 2유체 사이클에 대하여 생각해 보았으나 수은은 타 금속과 접착이 불량하고 또 수은증기는 인체에 극히 해로울 뿐만 아니라 가격도 비싸 실용성이 좋지 않다. 이러한 결점을 보완할 수 있는 동작유체로 디페닐옥시드 ($(C_6H_5)_2O$)가 있다. 이 물질은 다량생산이 가능하고 값도 싸며 또 금속면과의 접착성이 좋아 열전달이 잘된다. 그러나 고온, 고압에서 분해되는 결점이 있다.

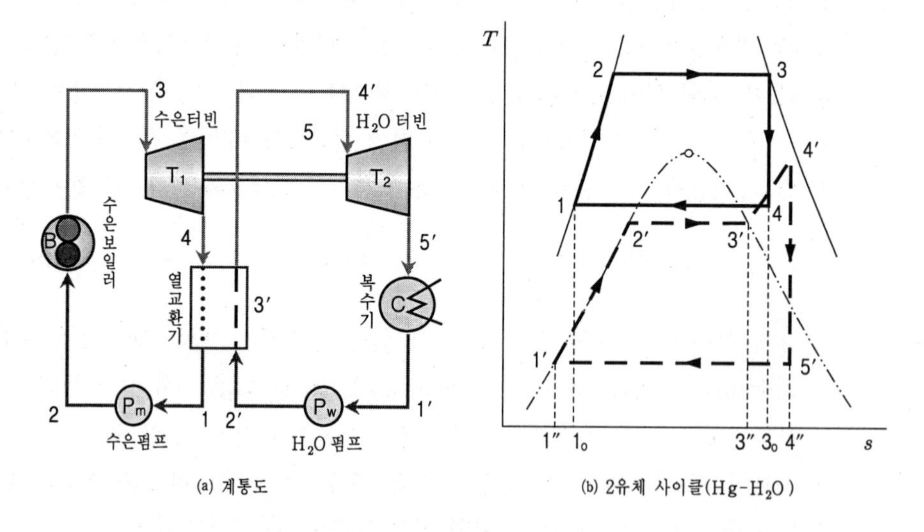

(a) 계통도

(b) 2유체 사이클(Hg-H_2O)

그림 8-22 2유체 사이클

8-8 증기소비율과 열소비율

증기기관이나 증기터빈에서 열의 이용도를 나타내는 방법으로 열효율 외에 증기소비율(specific steam consumption)과 열소비율(specific heat consumption)이 있다. 증기소비율은 증기원동소의 유효에너지 1 kWh를 발생시키기 위해 보일러에서 증발시켜야 할 증기의 질량(kg)을 말하며, 열소비율은 유효에너지 1kWh를 발생시키기 위해 고열원(보일러와 과열기)에서 공급하여야 할 열량을 말한다. 증기소비율을 S_c, 유효일을 w라 하고, 단열열낙차(斷熱熱落差, adiabatic heat drop)를 Δh라 하면 이들 사이에는 다음과 같은 관계가 있다.

$$S_c = \frac{3600}{w} \fallingdotseq \frac{3600}{\Delta h} \ \text{(kg/kWh)} \qquad (8\text{-}8\text{-}1)$$

단열열낙차 Δh는 증기터빈 입, 출구에서 증기의 엔탈피 차를 말하며, 펌프일을 무시하는 경우 유효일과 같아진다. 한편 열소비율을 H_c, 이론열효율을 η_{th}로 표기하면 이들 사이의 관계는 다음과 같다.

$$H_c = \frac{3600}{\eta_{th}} \ \text{(J/kWh)} \qquad (8\text{-}8\text{-}2)$$

여기서 증기 1 kg을 발생시키는데 필요한 열을 q_c라 하면 $q_c = Q_H/m$이고, 이론열효율은 $\eta_{th} = W/Q_H = w/q_c$이므로 식 (8-8-1)과 (8-8-2)를 대입하면

$$\eta_{th} = \frac{3600}{H_c} = \frac{3600}{q_c S_c} \qquad (8\text{-}8\text{-}3)$$

예제 8-12

8-5와 같이 초압과 초온이 각각 3 MPa, 300℃이고 배압이 50 kPa인 Rankine 사이클로 작동되는 증기원동소의 증기소비율, 열소비율 및 이론열효율을 구하여라. 단, 펌프일은 무시한다.

풀이 각부의 엔탈피는 예제 8-5에서 아래와 같다.

h_1=340.5 kJ/kg, h_2=2803 kJ/kg, h_3=2994 kJ/kg, h_4=2272 kJ/kg

(1) 증기소비율

식 (8-8-1)로부터 증기소비율 S_c는

$$S_c = \frac{3600}{\Delta h} = \frac{3600}{h_3 - h_4} = \frac{3600}{2994 - 2272} = 4.99 \text{ kg/kWh}$$

(2) 열소비율

식 (8-8-2)로부터 열소비율 H_c는

$$H_c = \frac{3600}{\eta_{th}} = 3600\frac{q_H}{w} = 3600\frac{q_B + q_s}{\Delta h} = 3600\frac{h_3 - h_1}{h_3 - h_4}$$

$$= 3600 \times \frac{2994 - 340.5}{2994 - 2272} = 13{,}230 \text{ kJ/kWh}$$

(3) 열효율

식 (8-8-3)으로부터

$$\eta_{th} = \frac{3600}{H_c} = \frac{3600}{13{,}230} = 0.2721 \quad (27.21\%)$$

연습문제

[8-1] 초온이 350℃, 배압이 15 kPa이고 초압이 각각 2 MPa, 3 MPa, 4 MPa인 Rankine 사이클로 작동하는 증기원동소의 이론열효율을 구하여라. 단, 펌프일은 무시한다.

답 (1) $\eta_R{}'=30.32\%$ (2) $\eta_R{}'=32.18\%$ (3) $\eta_R{}'=33.52\%$

[8-2] 초압이 4 MPa, 초온이 400℃이고 배압이 각각 20 kPa, 30 kPa, 40 kPa인 Rankine 사이클로 작동하는 증기원동소의 이론열효율을 구하여라. 단, 펌프일은 무시한다.

답 (1) $\eta_R{}'=33.21\%$ (2) $\eta_R{}'=31.80\%$ (3) $\eta_R{}'=30.76\%$

[8-3] 초압이 4 MPa, 배압이 40 kPa이고 초온이 각각 300℃, 400℃, 500℃인 Rankine 사이클로 작동하는 증기원동소의 이론열효율을 구하여라. 단, 펌프일은 무시한다.

답 (1) $\eta_R{}'=29.53\%$ (2) $\eta_R{}'=30.76\%$ (3) $\eta_R{}'=32.32\%$

[8-4] 어떤 Rankine 사이클의 초온, 초압 및 배압이 각각 400℃, 2 MPa, 30 kPa이고 펌프효율이 80%, 터빈효율이 85%이다. 펌프효율과 터빈효율을 무시할 때의 이론열효율과 실제열효율을 구하여라.

답 (1) $\eta_R=28.38\%$ (2) $\eta_R{}'=24.10\%$

[8-5] 초온, 초압 및 배압이 각각 400℃, 2 MPa, 10 kPa인 재열사이클의 제1터빈에서 200℃까지 단열팽창시킨 후 다시 초온으로 재열시키는 경우 재열압력과 이론열효율을 구하여라. 단, 펌프일은 무시한다.

답 (1) $P'=0.44$ MPa (2) $\eta_{rh}{}'=33.74\%$

[8-6] 초온, 초압 및 배압이 각각 350℃, 2.5 MPa, 25 kPa인 재열사이클의 제1터빈에서 건포화증기가 될 때까지 단열팽창시킨 후 다시 초온으로 재열시키는 경우 재열압력, 재열기 입구에서 증기의 온도 및 이론열효율을 구하여라. 단, 펌프일은 무시한다.

답 (1) $P'=0.47$ MPa (2) $t_4=149.5$℃ (3) $\eta_{rh}{}'=30.16\%$

[8-7] 초온, 초압 및 배압이 각각 450℃, 4.5 MPa, 45 kPa인 재열사이클의 제1터빈에서 1 MPa이 될 때까지 단열팽창시킨 후 다시 초온으로 재열시키는 경우 재열기 입구에서 증기의 온도와 이론열효율을 구하여라. 단, 펌프일은 무시한다.

답 (1) $t_4=239.3$℃ (2) $\eta_{rh}'=33.02\%$

[8-8] 초압과 배압이 5 MPa, 35 kPa이고 초온이 350℃인 1단재생사이클(개방형 급수가열식)에서 건포화증기를 추기시킨다. 보일러에서 발생하는 증기 1 kg당 추기량, 추기압력 및 이론열효율을 구하여라. 단, 펌프일은 무시한다.

답 (1) $m'=0.2152$ kg/kg (2) $P_{rg}=1.29$ MPa (3) $\eta_{rg}'=33.49\%$

[8-9] 문제 8-8과 같은 조건을 갖는 밀폐형 급수가열기를 갖는 1단재생사이클에 대하여 추기량과 이론열효율을 구하여라. 단, 펌프일은 무시한다.

답 (1) $m'=0.2743$ kg/kg (2) $\eta_{rg}'=31.91\%$

[8-10] 초압과 배압이 5 MPa, 35 kPa이고 초온이 350℃인 1단재생사이클(개방형 급수가열식)에서 추기 압력이 0.5 MPa인 경우, 보일러에서 발생하는 증기 1 kg당 추기량과 이론열효율을 구하여라. 단, 펌프일은 무시한다.

답 (1) $m'=0.1468$ kg/kg (2) $\eta_{rg}'=33.63\%$

[8-11] 문제 8-10과 같은 조건을 갖는 밀폐형 급수가열기를 갖는 1단재생사이클에 대하여 추기량과 이론열효율을 구하여라. 단, 펌프일은 무시한다.

답 (1) $m'=0.1721$ kg/kg (2) $\eta_{rg}'=33.21\%$

[8-12] 초압과 배압이 5 MPa, 35 kPa이고 초온이 350℃인 1단재생사이클(개방형 급수가열식)에서 추기 온도가 140℃인 경우, 보일러에서 발생하는 증기 1 kg당 추기량, 추기압력 및 이론열효율을 구하여라. 단, 펌프일은 무시한다.

답 (1) $m'=0.1277$ kg/kg (2) $P_{rg}=361.5$ kPa (3) $\eta_{rg}'=33.52\%$

[8-13] 문제 8-12와 같은 조건을 갖는 밀폐형 급수가열기를 갖는 1단재생사이클에 대하여 추기량과 이론열효율을 구하여라. 단, 펌프일은 무시한다.

답 (1) $m'=0.1463$ kg/kg (2) $\eta_{rg}{}'=33.27\%$

[8-14] 초온, 초압 및 배압이 각각 500℃, 6 MPa, 40 kPa인 개방형 급수가열기를 가진 1단재생 1단 재열사이클에서 재열압력이 2 MPa, 추기압력이 80 kPa인 경우, 재열기 입구에서의 과열도, 보일러에서 발생하는 증기 1 kg당 추기량 및 이론열효율을 구하여라. 단, 펌프일은 무시한다.

답 (1) $\Delta t_{sh}=117.9$℃ (2) $m'=0.0316$ kg/kg (2) $\eta_{rhg}{}'=36.42\%$

9 냉동 사이클

9 T·H·E·R·M·O·D·Y·N·A·M·I·C·S

냉동 사이클

9-1 냉동의 원리

넓은 의미의 냉동(冷凍, refrigeration)이란 물체나 계(system)로부터 열을 빼앗아 그 물체의 온도를 상온(常溫, normal temperature)보다 낮게 유지하는 것을 말하며, 단순히 물질을 얼리는 것(좁은 의미의 냉동)을 포함한다. 냉동을 하기 위해서는 얼음의 융해열, 고체 이산화탄소(dry ice)의 승화열이나 액체질소의 증발열 등 잠열과 온도차에 의한 현열을 이용한다. 이러한 방법은 얼음, 고체 이산화탄소, 액체질소 등이 모두 상변화와 온도차가 없어지면 냉동작용이 정지됨으로 일시적인 냉동(instantaneous refrigeration) 또는 냉각(冷却, cooling or chilling)이라 하며 자연적인 현상을 이용하므로 자연냉동법(natural refrigeration method)이라고도 한다. 냉동을 산업에 적용하려면 냉동작용이 지속되어야 하며 이러한 냉동법을 연속적인 냉동(continuous refrigeration) 또는 기계냉동법(machinery refrigeration method)이라 한다.

제4장의 열역학 제2법칙에서『열은 그 자체만으로는 저온물체로부터 고온물체로 이동할 수 없다』고 하였으므로 저온물체로부터 지속적으로 열을 흡수, 운반하여 고온물체(주위)로 방출시키는 작동유체를 냉매(冷媒, refrigerants)라 하며, 냉동작용을 하는 냉매가 순환하는 장치를 냉동기(refrigerator)라 한다.

냉동의 원리를 간단히 설명하면 다음과 같다.

[1] 일시적 냉동(자연냉동법)

① 현열에 의한 냉동

열평형의 원리를 이용하는 것으로 여름 철 차가운 계곡 물에 수박과 같은 과일을 담가 놓으면 수박이 시원해지는 원리이다. 이것은 수박보다 온도가 낮은 계곡 물이 수박으로부터 현열을 흡수하므로 온도가 낮아지는 것이다. 수박이 방출하는 현열은 식 (1-10-2)로 계산할 수 있다.

② 잠열에 의한 냉동

고체에서 액체, 액체에서 기체, 고체에서 기체로 물질이 상(相)변화할 때 주위로부터 융해열, 증발열, 승화열 등을 저온물체로부터 흡수하는 자연현상을 이용하는 냉동방법이다. 참고로 표준기압에서 얼음의 융해열은 약 333.2 kJ/kg, 물의 증발열은 2256.8 kJ/kg이며 고체이산화탄소(CO_2)의 승화열은 약 573.5 kJ/kg이다.

③ 기한제에 의한 냉동

얼음에 소금(NaCl)이나 염화칼슘($CaCl_2$) 등과 같은 염류를 혼합한 물질을 기한제(freezing mixture)라 하며, 기한제 속의 염류는 어는 점(빙점)을 내려가게 하는 성질을 갖고 있다. 이러한 빙점강하(freezing point drop)의 정도는 얼음과 염류의 혼합비율에 따라 다르며 적당한 비율로 기한제를 혼합하면 냉동에 필요한 저온을 얻을 수 있다. 예를 들면 질량비로 22.4%의 소금에 77.6%의 얼음을 섞으면 -21.2℃의 저온을 얻을 수 있다.

[2] 연속적 냉동(기계냉동법)

① 압축기체의 팽창을 이용한 냉동

압축된 기체를 팽창기로 급격히 단열팽창시키면 내부에너지가 감소되어 온도가 내려가는 현상(3장 6절 [4] 참조)을 이용하는 냉동법으로 공기냉동기나 항공기의 공기조화에 이용된다. 또 압축기체를 교축팽창시키면 Joule Thomson의 냉각효과(3장 4절 참조)에 의해 미세하나마 온도가 강하한다. 압축된 기체의 교축팽창을 되풀이하면 온도를 극저온으로 내릴 수도 있다. 오래 전부터 이런 방법을 이용하여 공기, 질소, 산소 등을 액화시켜 왔다.

② 증발열을 이용한 냉동

액체가 기체로 증발할 때 주위로부터 증발열을 흡수하는 성질을 이용하는 냉동방법으로 증발열은 압력과 온도가 낮을수록 크며 응축열은 압력과 온도가 높을수록 작다. 따라서 압력과 온도를 낮추어 증발시키고 압력과 온도를 높여 응축시키면 냉매를 연속적으로 사용하여 냉동을 할 수 있다. 증발열을 이용하는 냉동법으로는 대표적으로 증기압축식 냉동기와 흡수식 냉동기가 있다. 또한 화력발전소와 같이 고온, 고압의 수증기를 사용하는 곳에서는 증기분사식 냉동기도 이에 속한다.

③ 전자냉동법

서로 다른 2종의 도체를 압착하여 직류전기를 흐르게 하면 한쪽에는 열이 발생하고 다른 쪽에는 흡열현상이 일어난다. 이러한 현상을 뻬루제 효과(Peltier effect)라 하며, 흡열반응이 일어나는 쪽을 이용하여 냉동을 실시한다. 음료냉각기, 소규모 냉장고, 전자부품 냉각 등 여러 방면의 냉각에 사용되고 있다.

④ 기체의 탈착을 이용한 냉동법

고온, 고압에서 다공질 물질인 활성탄소 등에 다량의 가스를 흡착시킨 후 포화상태의 가스를 흡인하여 탈착시키면 저온도를 얻을 수 있다. 이 방법은 헬륨(He)의 액화와 같은 초저온 영역에 응용된다.

⑤ 자기냉각법

상자성염(Gd_2SO_4)을 강한 자장에서 자화시킨 후 단열적으로 탈자하면 온도가 내려간다. 극초저온 영역에 응용되며 0.01 K까지 온도를 내릴 수 있다.

9-2 냉 매

냉매(refrigerant)란 냉동기 내를 순환하면서 냉동효과를 가져오는 동작유체로서 증발이나 팽창에 의하여 냉동효과를 거두는 물질을 말한다. 냉동에 요구되는 온도는 공기조화와 같이 비교적 고온도인 것도 있고 기체의 액화와 같이 극히 낮은 온도까지 광범위하게 존재한다. 냉매에는 많은 종류가 있으나 각각 그 성질이 다르므로 요구조건에 따라 적당한 것을 사용해야 한다.

[1] 냉매의 종류

① 무기화합물 냉매(Inorganic compounds)

암모니아(NH_3), 이산화탄소(CO_2), 물(H_2O), 이산화황(SO_2), 공기 등이 있다. 암모니아는 독성은 강하나 냉매로서 매우 우수한 성질을 가지고 있어 현재에도 산업용 대형 냉동기에 널리 사용되고 있으며 오존층 파괴 물질로 규제되고 있는 CFC 대체냉매로 다시 연구되고 있다. 물과 공기는 공기조화용으로 널리 이용되고 있는 냉매이다.

② 탄화수소 냉매(Hydrocarbons)

메탄(CH_4), 에탄(C_2H_6), 프로판(C_3H_8), 부탄(C_4H_{10}), 이소부탄, 에틸렌(C_2H_4), 프로필렌(C_3H_6) 등이 있다. 안전성이 떨어지는 것도 있으나 대부분 값이 싸고 지구 온난화와 오존파괴 등에 영향이 적어 점점 많이 이용되고 있다.

③ 할로카본 냉매(Halocarbons)

포화 탄화수소 중 탄소를 할로겐족 원소(F, Br, Cl, I)로 치환한 냉매를 총칭하여 할로카본 냉매 또는 할로겐화탄화수소(halognated hydrocarbons) 냉매라 한다. 냉매로서의 조건을 비교적 많이 만족시켜 20세기 초 미국의 DuPont 사에서 개발한 이래 100년 가까이 사용되어 왔으나 사용량의 폭주로 오존층파괴로 인한 환경파괴가 심해 21세기에 들면서 냉매 대부분이 제조, 사용이 금지되고 있다. 냉매에 포함되는 원소에 따라 CFC(chloro fluoro carbon), HFC(hydro fluoro carbon), HCFC(hydro chloro fluoro carbon), FC(fluoro carbon) 냉매 등으로 분류된다.

④ 공비혼합물 냉매(Azeotropes)

동일한 압력에서 증발온도가 각각 다른 두 가지 이상의 냉매가 일정한 비율로 혼합되어 마치 하나의 물질이 증발, 응축하는 것과 같이 단일물질의 물리적 특성을 갖는 냉매를 공비혼합물(共沸混合物, azeotropic mixtures) 냉매라 한다.

⑤ 비공비혼합물 냉매(Zeotropes)

공비혼합물 냉매처럼 두 가지 이상의 냉매를 일정한 비율로 혼합한 냉매이다. 공비혼합물 냉매와 달리 동일한 압력에서 증발할 때 온도가 일정하지 않고 상승하며 반대로 동일한 압력에서 응축할 때 온도가 감소한다. 대체냉매로 많이 연구되고 있는 냉매로서 열교환기의 열효율을 개선할 수 있다. 그러나 냉매가 누설될 경우 증기압이 높은 냉매부터 먼저 누설되므로 냉매의 혼합 조성비가 달라져 냉매특성이 변한다. 따라서 누설되는 경우 냉동기 내부의 잔여 냉매를 모두 제거한 후 다시 충전하여야 한다.

이상의 냉매 외에도 질소화합물(Nitrogen compounds), 산소화합물(Oxygen Compounds), 유황화합물(Sulfur Compounds), 불포화유기화합물Unsaturated Organic compounds) 냉매 등이 있다. 주요 냉매를 표 9-1에 수록하였다.

[2] 선도에서의 냉매 특성곡선

냉동사이클을 $P-v$선도나 $T-s$선도에 나타내는 것은 열역학적인 이론 해석에는 편리한 장점이 있지만 수치적인 계산에는 적당하지 못하다. 따라서 사이클 계산을 보다 편리하게 할 수 있도록 $P-h$선도를 사용한다. 증기공학에서 엔탈피(h)를 하나의 좌표 축으로 나타내는 선도를 Mollier 선도라 총칭하므로 $P-h$선도가 냉동공학에서의 Mollier 선도이다.

$P-h$선도는 냉동사이클의 해석과 계산에 매우 중요한 선도이며 특성곡선은 그림 9-1과 같다. 대부분의 냉매에 대한 $P-h$선도의 세로 축(P축)은 등간격 눈금이 아닌 대수(log) 눈금을 사용하면 폭넓은 압력과 온도에 대한 냉매의 특성을 나타낼 수 있다.

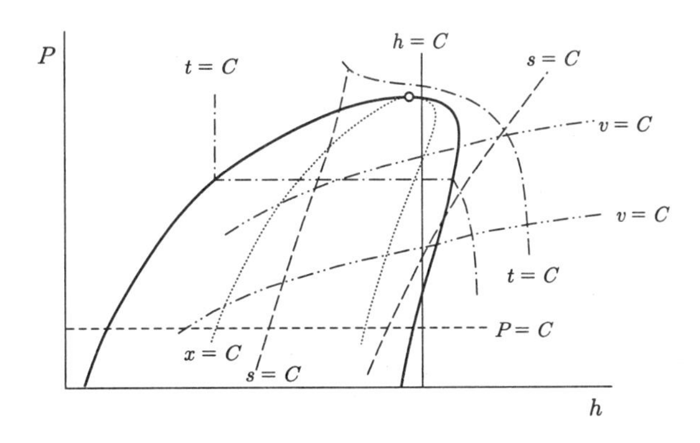

그림 9-1 Mollier(P-h) 선도에서의 냉매 특성곡선

[3] 냉매 명명법

모든 냉매의 이름은 냉매(Refrigerants)라는 영문 머릿글자 R을 쓰고 다음에 설명하는 방법으로 정한 번호와 hyphen(-)으로 연결한다. 메탄, 에탄, 프로판계 탄화수소 냉매(할로카본 냉매 포함) 번호는 첫째 숫자(백단위)는 냉매를 구성하는 "탄소(C) 원자 수−1"이며, 둘째 숫자(십단위)는 "수소(H) 원자 수+1", 셋째 숫자(일단위)는 "불소(F) 원자 수"이다. 만일 첫째 숫자가 0인 경우, 즉 탄소가 1개인 메탄계 냉매는 0을 붙이지 않으므로 두 자리 번호를 갖는다. 예를 들면 메탄(CH_4)의 경우는 백단위 수는 0, 십단위는 5, 일단위는 0이므로 냉매 이름은 R-50이고 $CHClF_2$(Chlorodifluoromethane)이 이름은 같은 방법으로 R-22이다.

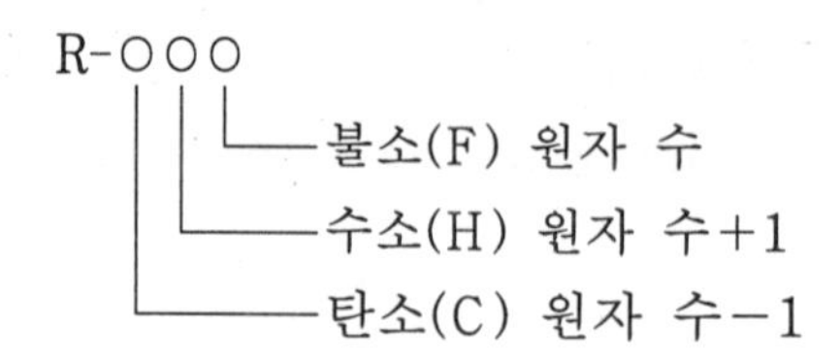

만일 냉매 화학식에 취소(Br, Bromide)가 있는 경우는 냉매번호 우측에 영문자 "B"를 붙이고 그 다음에 취소의 개수를 적는다. 따라서 $CBrF_3$(Bromotrifluoromethane)은 R-13B1으로 명명한다.

환식(방향족) 유기화합물 냉매는 Cyclo의 머리글자 "C"를 번호 앞에 붙인다. 예를 들면 C_4F_8(Octafluorocyclobutane)의 이름은 R-C318이다.

또한 탄소가 2개 이상인 경우는 이성체(이성체, isomer)가 있으며, 화학적 안정도에 따라 번호 우측에 a, b, c 등을 붙인다. 예를 들면 CH_2FCF_3(Tetrafluoroethane)은 R-134a이다.

비공비혼합물 냉매는 R-400, 공비혼합물 냉매는 R-500부터 개발된 순서로 일련번호를 붙이며, 수소 원자가 10개인 부탄(C_4H_{10})은 R-600, 이성체인 이소부탄은 R-600a로 명명한다. 산소화합물 냉매는 R-610, 유황화합물 냉매는 R-620, 질소화합물 냉매는 R-630부터 개발된 순서로 일련번호를 붙인다.

그리고 무기화합물 냉매는 R-7○○와 같이 백단위에 7을 붙이고 뒤의 두 자리는 화합물의 분자량을 붙인다. 따라서 암모니아(NH_3)는 분자량이 17이므로 R-717, 물(H_2O)은 분자량이 18이므로 R-718, 공기는 평균분자량이 약 29이므로 R-729로 명명된다.

프로필렌($CH_3CH=CH_2$)과 같은 불포화 탄화수소계 냉매 번호는 4개 단위로 명명하되 천단위에는 1을 붙이고 나머지는 포화 탄화수소 냉매 명명법에 따른다. 따라서 프로필렌의 이름은 R-1270이다.

공인 명명법은 아니지만 공식적인 냉매 이름에서 R 대신 유기화합물 냉매의 구성원소를 줄인 CFC, HCFC 등을 붙여 사용하기도 한다. 즉 R-22를 HCFC-22, R-134a를 HFC-134a 등으로 명명하기도 한다. 이 외에도 취소(Br)를 포함하는 냉매를 halon 냉매라 하며 halon-○○○○이라 명명한다. 천단위는 "C 개수", 백단위는 "F 개수", 십단위는 "Cl 개수" 그리고 일단위는 "Br 개수"로 표기한다.

예제 9-1

CH_3F (Methyle Fluoride)의 냉매 이름은 무엇인가?

풀이 백단위 숫자는 C수−1=0, 십단위 숫자는 H수+1=4, 일단위 숫자는 F수=1 이므로 냉매 이름은 R-41이다.

예제 9-2

R-120 냉매의 화학명은 무엇인가?

풀이 백단위 : C수−1=1 이므로 화합물을 구성하는 C(탄소) 수는 2개
십단위 : H수+1=2 이므로 화합물을 구성하는 H(수소) 수는 1개
일단위 : F수=0 이므로 화합물을 구성하는 F(불소)는 없다.

그러므로 화합물을 구성하는 나머지 원소는 Cl(염소)이며, 탄소가 2개인 포화 탄화수소는 에탄(C_2H_6)이고 수소가 6개이므로 수소가 한 개를 제외한 5개가 염소의 숫자이다. 따라서 이 냉매는 C이 2개, H가 1개, Cl가 5개로 구성된 Hexachloroethane($CHCl_2CCl_3$)이다.

9-3 냉동능력과 소요동력

[1] 냉동효과와 냉동능력

단위 질량(1 kg)의 냉매가 증발기에서 증발하며 주위로부터 흡수하는 열량을 냉동효과(冷凍效果, cooling effect)라 한다. 그림 9-1은 가장 간단한 증기압축식 냉동기의 계통도와 이론사이클을 Mollier선도($P-h$)에 나타낸 것으로 증발기 입구(상태 2)와 출구(상태 3)의 엔탈피를 각각 h_2, h_3이라 하면 증발과정이 이론적으로 정압과정($P_e = C$)이므로 엔탈피 정의식($h = u + Pv$)의 전미분

$$dh = du + P\,dv + v\,dP = \delta q + v\,dP = \delta q \quad (\because \text{ 정압과정이므로 } dP=0) \cdots \text{(a)}$$

의 관계로부터 $\delta q = dh$이다. 따라서 이 식을 냉매가 증발하는 상태 2에서 상태 3까지 적분하면 냉동효과(q_L)는 다음과 같아진다.

$$q_L = \int_2^3 \delta q = \int_2^3 dh = h_3 - h_2 \quad \cdots\cdots \text{(b)}$$

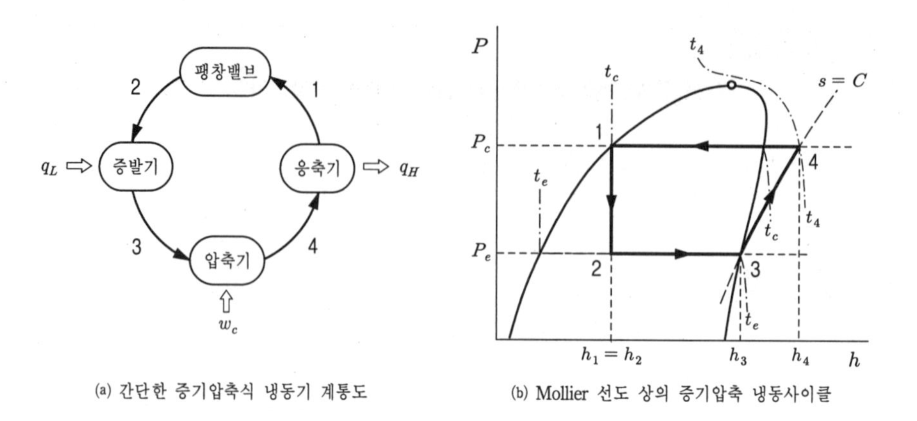

그림 9-2 증기압축식 냉동사이클의 한 예

그런데 팽창밸브에서의 팽창과정이 교축팽창(등엔탈피 팽창)이므로 $h_1 = h_2$이다. 그러므로 냉동효과는 다음 식과 같다.

$$q_L = h_3 - h_1 \tag{9-3-1}$$

그리고 냉동능력(冷凍能力, refrigerating capacity, Q_L로 표기)은 단위시간(1 s) 동안 냉동기의 증발기가 흡수할 수 있는 열량으로 정의한다. 냉동능력의 단위는 W(J/s)이며 실용단위로 kW, MW를 쓴다. 일부 제빙업체 등에서는 아직도 냉동톤(RT, refrigeration ton)이란 냉동능력 실용단위를 사용하고 있다. 1냉동톤(1 RT)이란 24시간 동안에 표준기압, 0℃의 순수한 물 1톤을 0℃의 얼음으로 얼리는데 제거해야 할 열량을 말한다. 물의 응고열이 h_{sf}=333.6 kJ/kg이므로 1 RT(냉동톤)와 kW의 관계는 아래와 같다.

$$1\,\mathrm{RT} = \frac{1000\,\mathrm{kg} \times 333.6\,\mathrm{kJ/kg}}{24\,\mathrm{h} \times 3600} = 3.861\,\mathrm{kW} \tag{9-3-2}$$

증발기에서 증발하는 냉매의 질량을 $\dot{m}_e$ (kg/s)이라 하면 냉동효과(q_L)와 냉동능력(Q_L)의 관계는 다음과 같다.

$$Q_L = \dot{m}_e q_L, \quad q_L = \frac{Q_L}{\dot{m}_e} \tag{9-3-3}$$

예제 9-3

R-134a 냉매가 30℃에서 교축팽창되어 -30℃에서 증발한다. 팽창 전과 증발 후 엔탈피가 각각 241.46 kJ/kg, 379.11 kJ/kg이다. 냉동기의 냉동능력이 10 kW라면 냉동효과와 1분당 증발기에서 증발하는 냉매의 질량은 얼마인가?

풀이 (1) 냉동효과

h_1=241.46 kJ/kg, h_3=379.11 kJ/kg이므로 냉동효과는 식 (9-3-1)에 의해

$$q_L = h_3 - h_1 = 379.11 - 241.46 = 137.65 \text{ kJ/kg}$$

(2) 증발하는 냉매의 질량

냉동능력이 Q_L=10 kW이므로 증발하는 냉매의 질량 $\dot{m}_e$는 식 (9-3-3)으로부터

$$\dot{m}_e = \frac{Q_L}{q_L} = \frac{10}{137.65} \times 60 = 4.36 \text{ kg/min}$$

[2] 냉동기 소요동력

냉동기에 필요한 동력은 증발기에서 증발한 냉매를 고온, 고압으로 압축시키는데 필요한 압축일로 전동기나 원동기에 의해 공급된다. 그림 9-2(b)에서 압축과정(3-4)은 이론적으로 가역단열압축(등엔트로피 압축)이며 압축일은 공업일(유동과정의 일)이다. 따라서 δq=0이고, 공업일은 식 (2-6-12)에서 $\delta w_t = -v\,dP$로 정의되므로 위의 식 (a)는 다음과 같아진다.

$$dh = du + P dv + v\,dP = \delta q + v\,dP = -\,\delta w_t \quad \cdots\cdots \text{(c)}$$

여기서 압축기의 이론 소요일을 w_c라 하면 위의 식 (c)는 $\delta w_c = -dh$으로 된다. 이것을 상태 3에서 4까지 적분하면 압축기의 이론 소요일은 다음과 같다

$$-w_c = -\int_3^4 \delta w_c = -\int_3^4 dh = -(h_4 - h_3)$$

$$w_c = h_4 - h_3 \qquad \text{(9-3-4)}$$

위의 식에서 압축기의 소요일 w_c 앞에 "−"부호를 붙인 것은 압축기 일을 냉동기에 공급하여야 함으로 2장의 부호약속에 따라 붙인 것이다

한편, 압축기로 유입되는 냉매의 질량은 증발기에서 증발하는 냉매의 질량과 같으므로 압축기의 이론소요동력(W_c)은 다음과 같다.

$$W_c = \dot{m}_e w_c = \dot{m}_e (h_4 - h_3) \tag{9-3-5}$$

압축기 효율이 η_c이면 압축기의 실제 소요동력$(W_c)_{act}$은 다음 식으로 나타낼 수 있다.

$$(W_c)_{act} = \frac{W_c}{\eta_c} = \frac{m_e w_c}{\eta_c} = \frac{m_e (h_4 - h_3)}{\eta_c} \tag{9-3-6}$$

예제 9-4

냉동능력이 10 kW인 냉동기의 R-134a 냉매가 -30℃에서 가역단열압축되어 응축기에서 30℃까지 응축된다. 압축 전, 후 엔탈피가 각각 379.11 kJ/kg와 424.66 kJ/kg이고 교축팽창 후 엔탈피가 241.46 kJ/kg이다. 압축기 효율이 86%일 때 이 냉동기의 이론소요동력과 실제소요동력을 구하여라.

풀이 (1) 이론소요동력

h_1=241.46 kJ/kg, h_3=379.11 kJ/kg, h_4=424.66 kJ/kg, Q_L=10 kW 이므로 이론소요동력 W_c는 식 (9-3-3)과 (9-3-5)로부터

$$W_c = \dot{m}_e (h_4 - h_3) = \frac{Q_c}{h_3 - h_1}(h_4 - h_3) = \frac{10}{379.11 - 241.46} \times (424.66 - 379.11)$$
$$= 3.31 \text{ kW}$$

(2) 실제소요동력

압축기 효율이 η_c=0.86이므로 실제소요동력은 식 (9-3-6)에서

$$(W_c)_{act} = \frac{W_c}{\eta_c} = \frac{3.31}{0.86} = 3.85 \text{ kW}$$

9-4 이상적인 냉동사이클

이미 4장의 4-3절에서 설명한 바와 같이 열펌프나 냉동기의 이상(理想) 사이클(ideal cycle)은 역(逆) Carnot 사이클(reversed Carnot cycle)이며, Carnot 사이클의 반대 방향인 반시계방향의 사이클을 이룬다. 역 Carnot 사이클도 그림 9-3에 나타낸 것과 같이 2개의 가역등온변화와 2개의 가역단열변화(등엔트로피변화)로 이루어져 있다.

① 상태변화 1-2 : 가역단열팽창과정으로 압력이 감소하고 온도가 T_L로 강하한다.

② 상태변화 2-3 : 등온팽창과정으로 저온도물체로부터 q_L의 열을 흡수한다.

③ 상태변화 3-4 : 가역단열압축과정으로 압력이 증가하고 온도가 T_H로 상승한다.

④ 상태변화 4-1 : 등온압축과정으로 고온도물체로 q_H의 열을 방출한다.

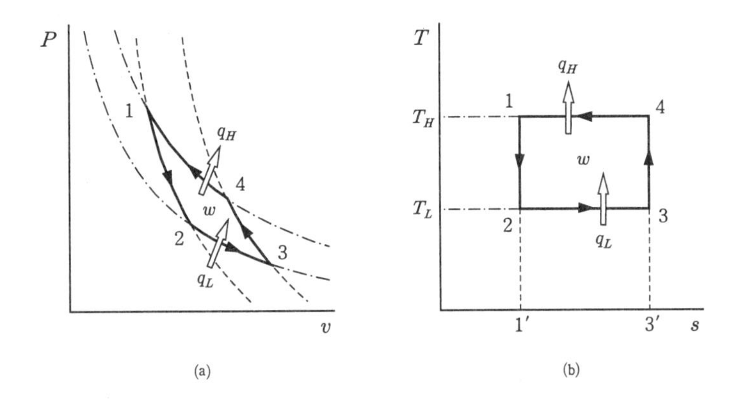

그림 9-3 역 Carnot 사이클

그림 9-3(b)에서 q_L과 q_H는

$$q_L = \text{면적 } 2\text{-}3\text{-}3'\text{-}1' = T_L(s_3 - s_2) = T_L(s_4 - s_1) \cdots\cdots\cdots \text{ⓐ}$$
$$q_H = \text{면적 } 4\text{-}1\text{-}1'\text{-}3' = T_H(s_4 - s_1) \cdots\cdots\cdots\cdots\cdots\cdots\cdots\cdots\cdots \text{ⓑ}$$

과 같으므로 열역학 제2법칙에 의해 소요일 w는 위의 식 ⓐ와 ⓑ로부터

$$w = q_H - q_L = (T_H - T_L)(s_4 - s_1) = \text{면적 } 1\text{-}2\text{-}3\text{-}4\text{-}1 \cdots\cdots \text{ⓒ}$$

따라서 역 Carnot 사이클의 성적계수(cop)는 다음과 같다.

(1) 가열시 성적계수 : 열펌프를 가열이나 난방으로 사용하는 경우에 해당

$$cop_h = \frac{q_H}{w} = \frac{T_H(s_4 - s_1)}{(T_H - T_L)(s_4 - s_1)} = \frac{T_H}{T_H - T_L} \tag{9-4-1}$$

(2) 냉각시 성적계수 : 열펌프를 냉각으로 사용하거나 냉동기의 경우에 해당

$$cop_c = \frac{q_L}{w} = \frac{T_L(s_4 - s_1)}{(T_H - T_L)(s_4 - s_1)} = \frac{T_L}{T_H - T_L} \tag{9-4-2}$$

위의 식들은 4장 3절의 식 (4-3-2), (4-3-3)과 같다. 식 (9-4-1)에서 식 (9-4-2)를 빼면 가열과 냉각시 성적계수 사이에는 다음과 같은 관계가 있음을 알 수 있다.

$$cop_h - cop_c = 1, \quad cop_h = cop_c + 1 \tag{9-4-3}$$

예제 9-5

-30℃에서 30℃ 사이에서 이상적으로 작동하는 열펌프의 성적계수를 구하여라.

풀이 (1) 가열시 성적계수

t_H=30℃, t_L=-30℃이므로 식 (9-4-1)에서 가열시 성적계수는

$$cop_h = \frac{T_H}{T_H - T_L} = \frac{30+273}{30-(-30)} = 5.05$$

(2) 냉각시 성적계수는 식 (9-4-2) 또는 식 (9-4-3)에서

$$cop_c = \frac{T_L}{T_H - T_L} = \frac{(-30)+273}{30-(-30)} = 4.05$$

$$cop_c = cop_h - 1 = 5.05 - 1 = 4.05$$

예제 9-6

냉동능력이 5 kW인 냉동기의 응축온도가 40℃이고 소요동력이 1 kW이다. 이 냉동기가 역 Carnot 사이클로 작동한다고 가정하고 성적계수와 증발온도를 구하여라.

풀이 (1) 성적계수

Q_L=5 kW, W=1 kW이므로 식 (9-4-2)에서 성적계수는

$$cop_c = \frac{q_L}{w} = \frac{Q_L}{W} = \frac{5}{1} = 5$$

(2) 증발온도

t_H=40℃이므로 식 (9-4-2)에서 저열원의 온도(증발온도)는

$$T_L = T_H \frac{cop_c}{cop_c + 1} = (40+273) \times \frac{5}{5+1} = 260.83\ \mathrm{K}\ \ (\text{또는 } t_L = -12.17℃)$$

9-5 공기냉동사이클

공기를 냉매로 하는 공기냉동사이클(air refrigeration cycle)은 가스터빈의 기본사이클인 Brayton 사이클과 방향이 반대인 역 Brayton 사이클(reversed Brayton cycle)과 같다.

그림 9-4는 공기냉동사이클인 역 Brayton 사이클을 $P-v$ 및 $T-s$ 선도에 나타낸 것으로 2개의 가역단열변화와 2개의 정압변화로 이루어진 사이클이며, 그림 9-5는 공기냉동사이클을 응용하는 예를 나타낸 것이다. 그림 (a)는 공기냉방기나 냉동창고와 같은 밀폐형 공기냉동기가 이에 속하고 그림 (b)는 개방형 공기냉동기로 비행기의 냉방이 이에 해당된다.

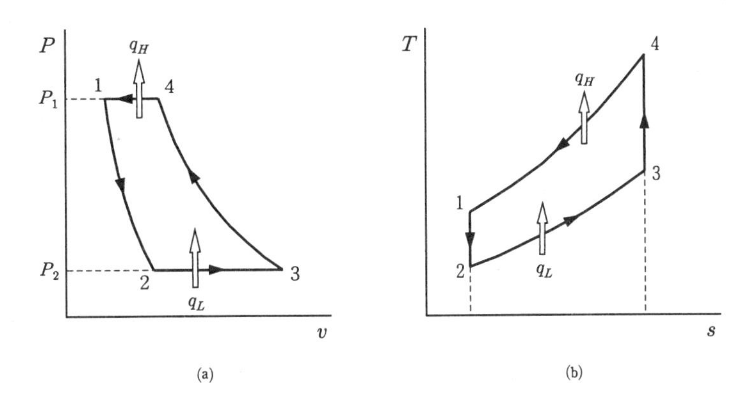

그림 9-4 역 Brayton 사이클

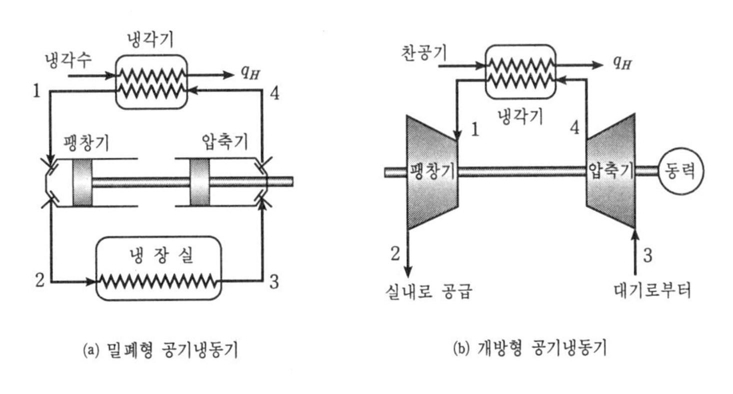

그림 9-5 공기냉동기 계통도

① 상태변화 1-2 : 팽창기에 의한 가역단열팽창과정으로 압력과 온도가 강하한다.

② 상태변화 2-3 : 단열팽창된 저온의 공기가 실내로 공급되어 정압 하에 실내의 더운 공기와 혼합 또는 열교환에 의해 냉장물이나 실내로부터 흡열(q_L)하여 온도가 상승한다. 이때 공기가 냉동물(저장물)로부터 흡수하는 열량은 아래와 같다.

$$q_L = c_p(T_3 - T_2) \quad \cdots\cdots\cdots\cdots \text{ⓐ}$$

③ 상태변화 3-4 : 압축기에 의한 가역단열압축과정으로 압력과 온도가 상승한다.

④ 상태변화 4-1 : 고온의 공기가 냉각기(열교환기)에서 정압 하에 방열하여 온도가 강하하는 과정으로 방열량(q_H)은 다음과 같다.

$$q_H = c_p(T_4 - T_1) \quad \cdots\cdots\cdots\cdots \text{ⓑ}$$

이상의 과정에서 압축기를 구동하는 소요일(w)은 식 ⓐ와 ⓑ로부터

$$w = q_H - q_L = c_p\{(T_4 - T_1) - (T_3 - T_1)\} \quad \cdots\cdots \text{ⓒ}$$

이므로 공기냉동사이클의 성적계수는 다음과 같다.

$$cop = \frac{q_L}{w} = \frac{T_3 - T_2}{(T_4 - T_1) - (T_3 - T_2)} = \frac{1}{\dfrac{T_4 - T_1}{T_3 - T_2} - 1} \quad (9\text{-}5\text{-}1)$$

그런데 상태변화 1-2, 3-4는 가역단열(등엔트로피) 변화이므로

$$\frac{T_1}{T_2} = \frac{T_4}{T_3} = \left(\frac{P_1}{P_2}\right)^{\frac{\kappa-1}{\kappa}} \Rightarrow \frac{T_1 - T_4}{T_2 - T_3} = \left(\frac{P_1}{P_2}\right)^{\frac{\kappa-1}{\kappa}} = \rho^{\frac{\kappa-1}{\kappa}} \quad (9\text{-}5\text{-}2)$$

따라서 공기냉동사이클의 성적계수는 다음 식과 같다.

$$cop = \frac{q_L}{w} = \frac{T_3 - T_2}{(T_4 - T_1) - (T_3 - T_2)} = \frac{1}{\rho^{\frac{\kappa-1}{\kappa}} - 1} \quad (9\text{-}5\text{-}3)$$

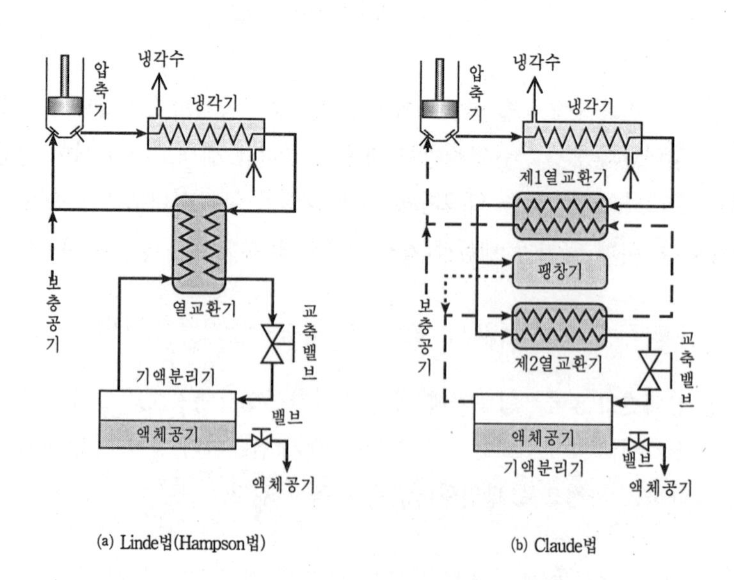

그림 9-6 공기냉동사이클을 이용한 공기의 액화장치

여기서 $\rho = P_1/P_2$는 공기냉동기 압축기의 압축비이다. 공기냉동사이클은 공기 이외에 수소, 헬륨, 질소, 산소 등 다른 가스에도 적용할 수 있으며, 대향유형 열교환기를 사용하는 경우에는 대단히 낮은 온도를 얻을 수 있어 각 종 가스의 액화에 이용되고 있다.(그림 9-6)

예제 9-7

역 Brayton 사이클로 작동하는 냉동능력이 3.5 kW인 공기냉동기의 압축기 입구 압력과 온도가 각각 100 kPa, 10℃이다. 압축기 출구에서의 온도가 120℃라면 냉동기의 성적계수와 소요동력은 몇 kW인가?

풀이 (1) 성적계수

그림 9-4에서 t_3=10℃, t_4=120℃이며 공기의 단열지수가 κ=1.4이므로 이 사이클의 압축비 ρ는 식 (9-5-2)로부터

$$\rho = \left(\frac{T_4}{T_3}\right)^{\frac{\kappa}{\kappa-1}} = \left(\frac{120+273}{10+273}\right)^{\frac{1.4}{1.4-1}} = 3.156$$

이므로 성적계수는 식 (9-5-3)으로부터

$$cop = \frac{q_L}{w} = \frac{1}{\rho^{(\kappa-1)/\kappa}-1} = \frac{1}{3.156^{(1.4-1)/1.4}-1} = 2.573$$

(2) 소요동력

Q_L=3.5 kW이므로 식 (9-5-3)에서 소요동력 W는

$$W = \frac{Q_L}{cop} = \frac{3.5}{2.573} = 1.36\ \text{kW}$$

9-6 증기압축 냉동사이클

증기압축식 냉동기는 현재 가장 많이 사용하는 형식이며 주요 구성요소는 그림 9-8 (a)와 같으며, 그림 9-7 (a)는 증기압축식 냉동사이클의 이상 사이클(역 Carnot 사이클)을 Mollier 선도 상에 나타낸 것이다. 그러나 역 Carnot 사이클의 4개 상태변화 중 등엔트로피 팽창과정(1-2)과 과열증기구역에서의 등온과정(그림 9-7 (a)에서 3-3′, 4-g 및 4′-g)은 실현이 곤란하여 그림 9-7 (b)와 같이 실현 가능한 교축팽창(1-2)과 정압과정(3-3′, 4-g 및 4′-g)으로 개량하여 증기압축 냉동사이클로 이용한다.

그림 9-8은 증기압축식 냉동기의 기본 구성요소의 계통도와 $T-s$ 및 Mollier($P-h$) 선도 상에 증기압축 냉동사이클을 나타낸 것이다. 사이클의 상태변화 과정은 다음과 같다.

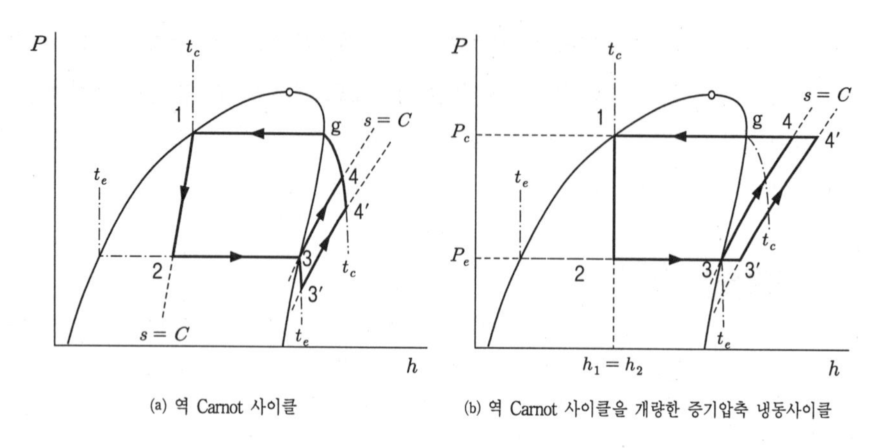

(a) 역 Carnot 사이클 (b) 역 Carnot 사이클을 개량한 증기압축 냉동사이클

그림 9-7 역 Carnot 사이클

① 상태변화 1-2 : 고온(t_c), 고압(P_c)의 냉매증기(상태 1)가 팽창밸브(expansion valve)에서 교축팽창(絞縮膨脹, throttling expansion)되어 저온(t_e), 저압(P_e)의 습증기로 되는 과정이다. 이때 냉매의 압력과 온도가 모두 떨어짐과 동시에 냉매의 일부가 증발하여 습증기(상태 2)로 된다 이 습증기를 flash gas라 한다. 교축팽창 중에는 외부와 열을 주고 받는 일이 없으므로 이 과정은 단열팽창인 동시에 등엔탈피 과정이 된다.

② 상태변화 2-3 : 증발기(蒸發器, evaporator)에서 정압(P_e) 하에 증발, 팽창하는 과정으로 습증기 구역에서는 등온(t_e)팽창 과정이기도 하다. 팽창밸브에서 증발압력(P_e)까지 감압된 냉매 습증기(상태 2)가 주위(냉동물)로부터 증발열을 흡수하여 증발한다. 이때 흡열하는 열이 냉동효과(q_L)이며 증발 후 냉매의 상태는 건도가 높은 습증기, 건포화증기(상태 3) 또는 과열증기 중 어느 하나로 된다. 다음 절에서 이에 대해 자세히 설명하도록 한다.

③ 상태변화 3-4 : 증발기에서 증발한 저온(t_e), 저압(P_e)의 냉매증기(상태 3)를 압축기(compressor)에서 가역단열압축하여 고온($t_4 \geq t_c$), 고압(P_c)의 과열증기(습압축의 경우는 건증기)로 되는 과정이다. 이 과정 중에 외부로부터 압축기를 구동하는 소요일(w_c)이 공급된다.

④ 상태변화 4-1 : 압축기에서 고온(t_4), 고압(P_c)으로 압축된 냉매증기(상태 4)가 응축기(凝縮機, condenser)에서 정압 하에 공기나 냉각수에 방열, 응축되어 포화수(상태 1)로 되는 과정이다. 이 때 방출되는 열(q_H)은 냉동효과(q_L)와 압축기 소요일(w_c)의 합과 같다.

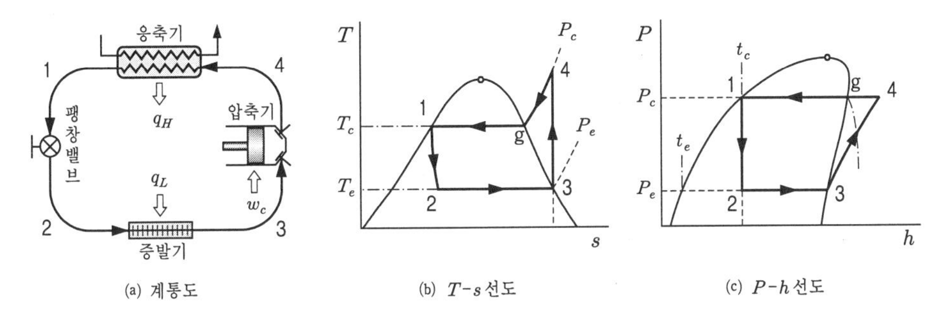

그림 9-8 증기압축 냉동사이클의 한 예(건압축 냉동사이클)

이와 같은 4개의 상태변화를 거쳐 한 사이클이 완성된다. 사이클 중 냉동효과와 응축기의 방열량은 정압변화이므로 9-3절을 참고로 하면 아래의 식 (9-6-1)과 (9-6-2)와 같음을 알 수 있으며, 압축기 소요일은 가역단열과정이므로 역시 9-3절을 참고로 하면 식 (9-6-3)이 됨을 알 수 있다.

$$\text{냉동효과 : } q_L = h_3 - h_2 = h_3 - h_1 \tag{9-6-1}$$

$$\text{응축기 방열량 : } q_H = h_4 - h_1 \tag{9-6-2}$$

$$\text{압축기 소요일 : } w_c = h_4 - h_3 \tag{9-6-3}$$

그러므로 증기압축 냉동사이클의 이론 성적계수는 다음과 같다.

$$cop = \frac{q_L}{w_c} = \frac{h_3 - h_1}{h_4 - h_3} \tag{9-6-4}$$

한편, 냉동효과, 성적계수 외에도 냉동기 설계에 고려하여야 할 사항으로 냉매 순환량과 압축기의 피스톤 배출량이 있다. 냉매의 역할은 저온부에서 열을 흡수하여 고온부로 방출함으로써 저온부의 온도를 낮추는 것임으로 냉매가 제 역할을 한다면 반드시 응축기에서 응축되어야 한다. 따라서 **냉매순환량**은 단위 시간당 응축기에서 응축되는 냉매의 질량으로 정의한다. one-line으로 구성되는 대부분의 1단압축 냉동 사이클에서는 냉매가 증발기가 아닌 다른 배관으로 by-pass되지 않으므로 증발기에서 증발하는 냉매의 질량($\dot{m}_e$)과 냉매순환량($\dot{m}$)이 같다. 그러므로 식 (9-3-3)에 의해 냉매순환량은 다음의 식으로 된다.

$$\dot{m} = \frac{Q_L}{q_L} = \frac{Q_L}{h_3 - h_1} \tag{9-6-5}$$

또 압축기의 종류와 관계없이 단위시간동안 흡입하여 압축할 수 있는 냉매의 체적을 **피스톤배출량**(piston displacement, V_c로 표기)이라 정의하며 압축기 설계에 중요한 인자이다. 피스톤배출량은 압축기 입구에서 냉매의 비체적과 질량의 곱이며, 그림 (9-7)에서 압축기 입구에서 냉매의 비체적을 v_3이라 하면 압축기로 유입되는 냉매의 질량이 $\dot{m}_e$이므로

$$V_c = \dot{m}_e v_3 \tag{9-6-6}$$

이다. 그러나 피스톤배출량 V_c는 이론적인 값으로 실제 피스톤배출량은 이보다 작다. 이들 사이의 비를 압축기의 **체적효율**(體積效率, volumetric efficiency, η_v로 표기)이라 하며 실제 피스톤배출량을 $(V_c)_{act}$으로 표기하면 다음 식으로 된다.

$$\eta_v = \frac{(V_c)_{act}}{V_c} \tag{9-6-7}$$

그리고 압축기가 냉매를 압축할 수 있는 비율, 즉 압축비($\rho = P_c / P_e$)에는 한계가 있다. 증발압력과 응축압력의 차이가 클수록 증발온도와 응축온도의 차가 크므로 하나의 압축기로 압축할 수 있는 증발온도보다 더 낮은 온도가 요구되는 경우에는 2개 이상의 압축기를 사용하여야 한다. 동일한 냉매 증기를 압축하는 압축기의 수에 따라 **1단압축 냉동사이클**(one stage compression cycle)과 **다단압축 냉동사이클**(multi-stage compression cycle)로 나누며 다단압축은 2~3단 압축이 대부분이다. 기본적인 1단압축 냉동사이클에는 압축 초 증기의 상태에 따라 습압축, 건압축, 과열압축 냉동사이클 등이 있으며 이들을 응용한 사이클로는 과냉각 사이클, 추가압축 사이클, 다효압축 사이클 등이 있다. 다단압축 냉동사이클도 구성요소에 따라 여러 가지 응용 냉동사이클이 있다.

단일 냉매만을 사용하여 아무리 압축기의 단수를 늘려도 초저온이나 극저온에 이를 수 없는 경우에는 그 온도에 적합한 2가지 이상의 냉매를 선택하여 각 냉매마다 독립된 냉동사이클을 구성하고 다시 각 사이클을 열교환기로 조합한 **다원(多元) 냉동사이클**(multi-stage cascade refrigeration cycle)이 이용되고 있다.

[1] 1단압축 냉동사이클의 기본사이클

(1) 습압축 냉동사이클(wet compression refrigeration cycle)

그림 9-9는 습압축 사이클을 나타낸 것으로 증발 후 냉매 증기의 상태가 건도가 높은 습증기(상태 3)이다. 이 습증기를 압축기에서 압축시켜 고온(t_c), 고압(P_c)의 건포화증기(상태 4)로 만드는 사이클을 습압축 냉동사이클이라 한다. 압축 후 냉매증기의 온도가 응축온도와 같아 그다지 높지 않고, 증발열 만큼만 방열하면 포화액으로 응축되므로 응축기를 공냉식(空冷式, air cooling type)으로 만들 수 있는 장점이 있으나 압축기로 들어가는 냉매가 습증기이므로 냉매 액적(液滴, liquid drop)이 유입되므로 액압축으로 인한 압축기 체적효율이 감소하는 단점이 있어 근래에는 거의 사용되지 않는다.

냉동효과(q_L), 압축기 소요일(w_c) 및 냉동기의 이론 성적계수(cop)는 식 (9-6-1), (9-6-3) 및 (9-6-4)와 같다.

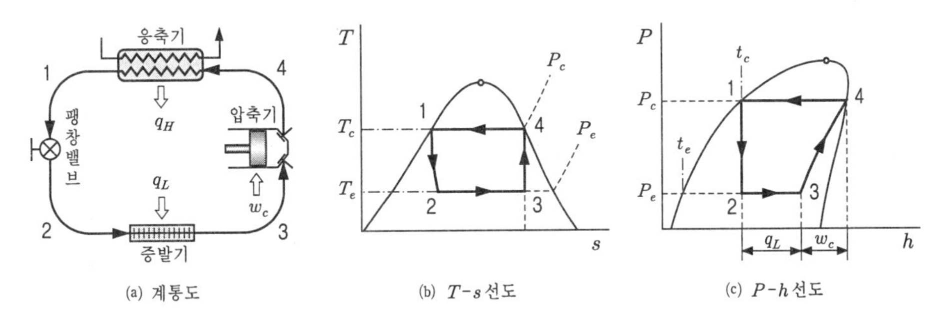

그림 9-9 습압축 냉동사이클

> **예제 9-8**
>
> 증발온도와 압축온도가 각각 -20℃와 30℃인 R-134a 증기압축식 냉동기가 습압축 사이클로 작동한다. 부록을 이용하여 냉동효과, 압축기 소요일 및 성적계수를 구하여라.

풀이 먼저 R-134a 냉매의 포화증기표를 이용하여 각 상태점의 엔탈피를 구하면

① 팽창 전, 후의 엔탈피

표에서 응축온도 t_c=30℃일 때 포화액의 엔탈피를 구하면 $h_1 = h_2$=241.46 kJ/kg이다.

② 압축 전(증발 후) 엔탈피

압축이 등엔트로피 과정이며 상태 4가 건포화증기이므로 증기표에서 t_c=30℃일 때 건포화증기의 엔트로피는 $s_3 = s_4$=1.7100 kJ/kgK이다. 또한 증발온도 t_e=-20℃에서 포화액과 건포화증기의 엔탈피와 엔트로피가 각각

h_f=174.24 kJ/kg, h_g=385.28 kJ/kg, s_f=0.9025 kJ/kgK, s_g=1.7362 kJ/kgK

이므로 5장의 예제 5-22와 같은 방법으로 압축 전 냉매 습증기의 엔트로피를 구하면

$$h_3 = h_f + \frac{s_3 - s_f}{s_g - s_f}(h_g - h_f) = 174.24 + \frac{1.7100 - 0.9025}{1.7362 - 0.9025} \times (385.28 - 174.24)$$
$$= 378.65 \text{ kJ/kg}$$

③ 압축 후(응축 전) 엔탈피
응축 전 증기의 상태가 건포화증기이고 응축온도가 t_c=30℃이므로 R-134a 증기표에서 h_4=413.47 kJ/kg이다.

(1) 냉동효과 : $q_L = h_3 - h_1 = 378.65 - 241.46 = 137.19$ kJ/kg

(2) 압축기 소요일 : $w_c = h_4 - h_3 = 413.47 - 378.65 = 34.82$ kJ/kg

(3) 성적계수 : $cop = \frac{q_L}{w_c} = \frac{137.19}{34.82} = 3.940$

(2) 건압축 냉동사이클(dry compression refrigeration cycle)

건압축 냉동사이클은 그림 9-8과 같이 증발이 완료된 건포화증기(상태 3)를 압축기에서 응축온도보다 높은 과열증기(상태 4)로 압축시킨 후 응축기에서 과열량(4-g 과정)과 증발열(g-1 과정)을 방열하여 포화액으로 응축시키는 냉동사이클이다. 습압축에 비해 응축기에서의 방열량이 증가함으로 응축기가 대형화 하나 냉매의 충분한 증발로 압축기의 체적효율을 개선할 수 있다. 현재 사용하는 냉동기의 대부분이 건압축 냉동사이클로 작동된다. 우리나라를 비롯한 많은 나라에서 건압축 냉동사이클을 표준사이클로 채택하고 있다.

건압축 냉동사이클의 냉동효과(q_L), 압축기 소요일(w_c) 및 냉동기의 이론 성적계수(cop)도 식 (9-6-1), (9-6-3) 및 (9-6-4)와 같다.

예제 9-9

증발온도와 응축온도가 각각 -20℃와 30℃인 R-134a 증기압축식 냉동기가 건압축 사이클로 작동한다. 이 사이클의 냉동효과, 압축기 소요일, 압축 후 냉매의 온도 및 성적계수를 구하여라.

풀이 먼저 부록에 수록된 R-134a 냉매의 Mollier 선도 상에 건압축 냉동사이클을 작도하고, 과열증기 구역에 있는 상태점 4의 엔탈피는 사이클에서 구하고 포화액(상태점 1)과 건포화증기(상태점 3)의 값은 포화증기표에서 구한다.

Mollier 선도 상에 건압축 사이클을 그리는 방법은 다음과 같다.

㉮ 증발온도(t_e)와 응축온도(t_c)에 맞는 증발압력선(P_e)과 응축압력선(P_c)을 긋는다.

㉯ 응축 후 냉매의 상태가 포화액이므로 응축온도선과 포화액선의 교점(상태점 1)을 구한다.

㉰ 팽창밸브에서 포화액이 등엔탈피팽창(교축팽창) 하므로 상태점 1을 지나는 등엔트로피선(수직선)을 긋고 증발압력선과의 교점(상태점 2)을 구한다.

㉱ 건압축 사이클에서 증발 후 냉매의 상태가 건포화증기이므로 증발압력선과 포화증기선의 교점(상태점 3)을 구한다.

㉲ 증발된 냉매인 건포화증기가 압축기에서 등엔트로피 압축됨으로 상태점 3을 지나며 이웃하는 등엔트로피선($s=1.70$과 $s=1.75$선)과 일정한 비율을 유지하도록 등엔트로피선($s_3=s_4$선)을 그어 응축압력선과의 교점(상태점 4)를 구한다.

이상과 같이 사이클을 작도한 후 h_1(포화액)과 h_3(건포화증기)은 포화증기표에서 구하고 압축 후의 엔탈피(h_4)는 상태점 4에 대해 보간법(5장 예제 5-15와 5-16 참조)으로 구한다. 물론 각 상태점들의 엔탈피를 모두 사이클에서 구하여도 되나 증기표를 이용할 수 있는 것은 가급적 증기표에서 구하는 것이 더 편리하다. 구한 결과는 아래와 같다.

$h_1=h_2=241.46$ kJ/kg, $h_3=385.28$ kJ/kg, $h_4=422.22$ kJ/kg

(1) 냉동효과 : $q_L=h_3-h_1=385.28-241.46=143.82\ \mathrm{kJ/kg}$

(2) 압축기 소요일 : $w_c=h_4-h_3=422.22-385.28=36.94\ \mathrm{kJ/kg}$

(3) 압축 후 냉매의 온도 : 보간법으로 구하면 $t_4=30+10\times(4.2/5.6)=37.5$℃

(4) 성적계수 : $cop=\dfrac{q_L}{w_c}=\dfrac{143.82}{36.94}=3.893$

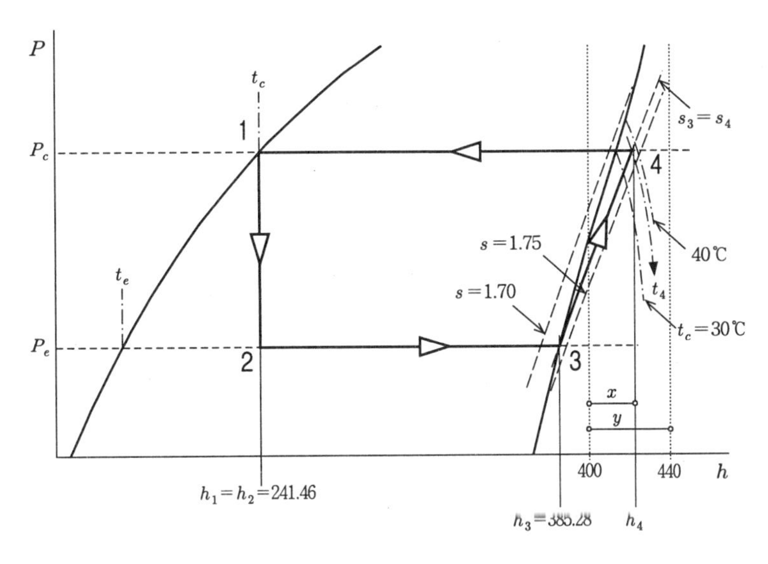

그림 건압축 냉동사이클의 계산 예(R-134a)

예제 9-10

예제 9-9에서 냉동기의 소요동력이 1 kW일 때 냉매순환량, 피스톤배출량 및 냉동능력을 구하여라.

풀이 (1) 냉매순환량

소요동력이 W_c=1 kW이고 예제 9-9 풀이에서 w_c=36.94 kJ/kg이므로 식 (9-3-5)에서

$$\dot{m}=\dot{m}_c=\frac{W_c}{w_c}=\frac{1}{36.94}=0.0271\ \text{kg/s}\ (\fallingdotseq 1.624\ \text{kg/min}=97.455\ \text{kg/h})$$

(2) 피스톤배출량

압축기 입구의 온도가 -20℃이고 건포화증기이므로 R-134a 포화증기표에서 압축기 입구에서 냉매의 비체적을 구하면 v_3=0.14641 m³/kg이다. 그러므로 식 (9-6-6)으로부터

$$V_c=\dot{m}_e v_3=1.624\times 0.14641=0.238\ \text{m}^3/\text{min}\ (\fallingdotseq 14.268\ \text{m}^3/\text{h})$$

(3) 냉동능력

식 (9-6-4)에서 $cop=q_L/w_c=Q_L/W_c$이고, 예제 9-9 풀이에서 cop=3.893, 문제에서 소요동력이 W_c=1 kW 이므로 냉동능력 Q_L은

$$Q_L=cop\,W_c=3.893\times 1=3.893\ \text{kW}$$

※ 또는 예제 9-9 풀이에서 냉동효과가 q_L=143.82 kJ/kg 이므로 식 (9-3-3)에서

$$Q_L=\dot{m}_e q_L=0.0271\times 143.82=3.898\ \text{kW}$$

로 앞의 방법과 계산상 오차가 있으나 앞의 결과가 더 정확한 값이다.

(3) 과열압축 냉동사이클(super-heated compression refrigeration cycle)

건압축 냉동사이클로 작동하는 냉동기에서 증발 후 냉매의 상태는 이론적으로는 건포화증기이다. 그러나 실제 증발과정에서는 증발속도를 아주 느리게 하지 않는 한 냉매 증기 속에 미세한 냉매 액적들이 많이 혼합되어 이 액적들이 압축기에서 증발함으로써 압축기의 체적효율을 감소시킨다. 그러므로 액적들을 줄이기 위해 동일한 압력 하에 액적들이 열을 흡수, 증발되도록 과열시키는 방법을 이용한다. 이러한 경우 압축기로 유입되는 냉매의 상태는 과열증기이며, 과열증기를 흡입하여 압축하는 사이클이 과열압축 냉동사이클이다.

그림 9-10은 과열압축 냉동사이클을 나타낸 것으로 냉동효과는 과열이 증발기 안에서 이루어지는가 아니면 증발기 밖에서 이루어지는가에 따라 달라진다.

$$q_L'=h_3'-h_1\ \text{(증발기 밖에서 과열)} \qquad (9\text{-}6\text{-}8)$$

$$q_L=h_3-h_1\ \text{(증발기 안에서 과열)} \qquad (9\text{-}6\text{-}9)$$

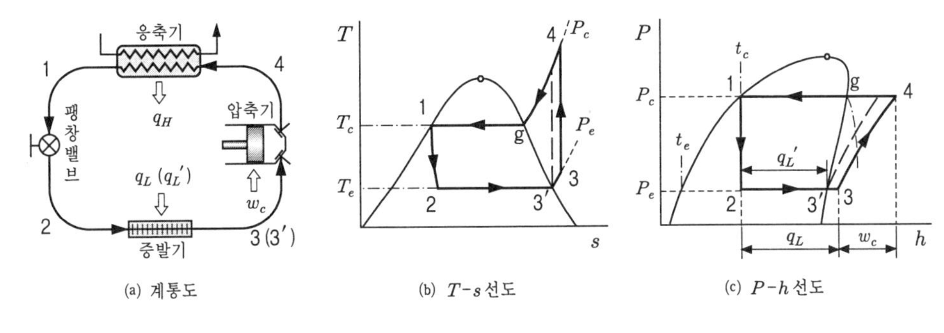

(a) 계통도 (b) $T-s$ 선도 (c) $P-h$ 선도

그림 9-10 과열압축 냉동사이클

따라서 성적계수는 다음과 같다.

$$cop' = \frac{q_L'}{w_c} = \frac{h_3' - h_1}{h_4 - h_3} \text{ (증발기 밖에서 과열)} \tag{9-6-10}$$

$$cop = \frac{q_L}{w_c} = \frac{h_3 - h_1}{h_4 - h_3} \text{ (증발기 안에서 과열)} \tag{9-6-11}$$

성적계수는 과열도(과열도, degree of super-heated)에 따라 다르며 보통 5℃를 표준으로 한다.

예제 9-11

증발온도와 압축온도가 각각 -20℃와 30℃인 R-134a 증기압축식 냉동기가 과열압축 사이클로 작동한다. 과열도가 5℃일 때 이 사이클의 냉동효과, 압축기 소요일, 압축 전 냉매의 비체적, 압축 후 냉매의 온도 및 성적계수를 구하여라.

풀이 예제 9-9와 같은 방법으로 R-134a Mollier 선도에 과열압축 냉동사이클을 먼저 그리고 포화액(상태점 1)과 건포화증기(상태점 3')의 엔탈피는 증기표에서 구하고 과열증기인 상태점 3과 4의 엔탈피는 사이클에서 보간법으로 구한다.

사이클 작도법 중 ㉮~㉰는 건압축 사이클과 같으며 ㉱는 상태점 3'을 구한 것이다.

㉲ 압축기 입구의 상태가 과열도(Δt_{sh})가 5℃인 과열증기이므로 즉 증발온도(-20℃)보다 5℃만큼 과열된 과열증기이므로 -15℃이다. 그러므로 과열증기 구역에서 증발압력선과 -15℃인 등온선의 교점(상태점 3)을 구한다.

㉳ 압축이 등엔트로피 과정이므로 예제 9-9 ㉲와 같은 방법으로 압축 후의 상태점 4를 구한다.

이상과 같은 방법으로 각 상태점의 엔트로피를 구한 결과는 아래와 같다.

$h_1 = h_2 = 241.46$ kJ/kg, $h_3' = 385.28$ kJ/kg, $h_3 = 389.43$ kJ/kg, $h_4 = 426.14$ kJ/kg

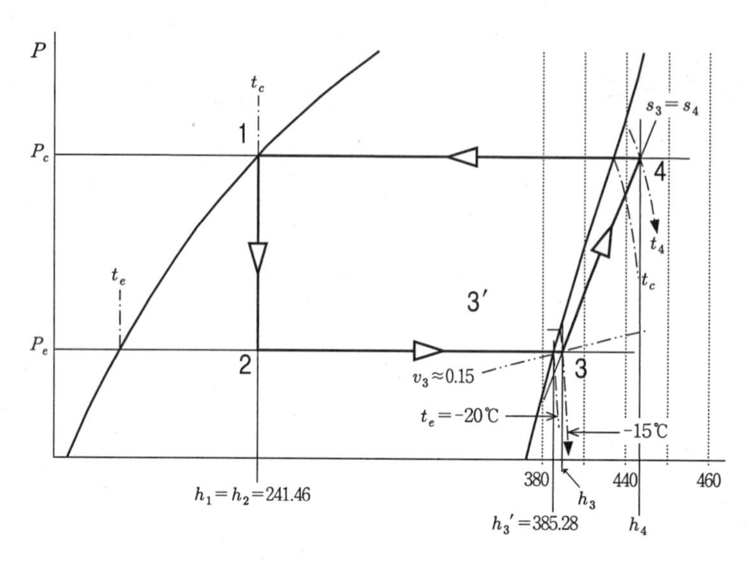

그림 과열압축 냉동사이클의 계산 예(R-134a)

(1) 냉동효과
- ▸증발기 밖에서 과열되는 경우 : $q_L' = h_3' - h_1 = 385.28 - 241.46 = 143.82\ \mathrm{kJ/kg}$
- ▸증발기 안에서 과열되는 경우 : $q_L = h_3 - h_1 = 389.43 - 241.46 = 147.97\ \mathrm{kJ/kg}$

(2) 압축기 소요일 : $w_c = h_4 - h_3 = 426.14 - 389.43 = 37.01\ \mathrm{kJ/kg}$

(3) 압축 전 냉매의 비체적 : 압축 전 냉매의 상태가 과열증기이므로 보간법으로 구해야 하나 선도에서 0.15 m³/kg인 비체적선과 상태점 3이 거의 일치하므로 v_3=0.15 m³/kg이다.

(4) 압축 후 냉매의 온도 : 보간법으로 구하면 t_4=42.0℃

(5) 성적계수
- ▸증발기 밖에서 과열되는 경우 : $cop' = \dfrac{q_L'}{w_c} = \dfrac{143.82}{37.01} = 3.886$
- ▸증발기 안에서 과열되는 경우 : $cop = \dfrac{q_L}{w_c} = \dfrac{147.97}{37.01} = 3.998$

(4) 과냉각 사이클(sub-cooled refrigeration cycle)

응축기에서 응축된 냉매 포화액을 정압 하에 응축온도 이하로 과냉각(過冷却, sub-cooled)시켜 팽창밸브에서 등엔탈피 팽창시키면 증발기 입구에서 냉매의 건도(상태점 2의 건도)가 감소됨으로 동일한 증발압력에서 냉동효과를 증대시킬 수 있다. 따라서 동일한 온도 범위에서 냉동사이클의 성적계수가 개선되며 이러한 사이클을 과냉각 사이클이라 한다.

포화온도 이하로 냉매 포화액을 과냉각시키는 방법은 소형 냉동기의 경우에는 응축기 자체에서 냉각수에 의해 과냉각시키며, 대용량의 냉동기에서는 열교환기를 이용하여 과냉각시킨다.

그림 9-11은 별도의 냉각 장치 없이 응축기 자체에서 냉각수 등에 의해 냉매를 과냉각시키는 경우의 과냉각 사이클을 나타낸 것이다. 그림에서 모든 조건(P_e, P_c, t_e, t_c, w_c)이 같아도 응축기에서의 과냉각(Δt_{sc})으로 냉동효과가 $\Delta q_L = h_1' - h_1$만큼 증가하였으므로 성적계수도 그 만큼 개선된다.

그림 9-12는 열교환기를 이용한 과냉각 사이클을 나타낸 것으로 열교환기의 효율을 무시할 경우(100% 효율), 응축냉매의 과냉각 열량(Δh_{sc})과 증발냉매의 과열량(Δh_{sh})이 열교환기에서의 교환열량으로 서로 같다. 즉 열교환기에서의 교환열량을 q_{HE}라 하면

$$q_{HE} = \Delta h_{sc} = \Delta h_{sh} \tag{9-6-12}$$

여기서 과냉각 열량은 $\Delta h_{sc} = h_1' - h_1$이며 과열량은 $\Delta h_{sh} = h_3 - h_3'$이다.

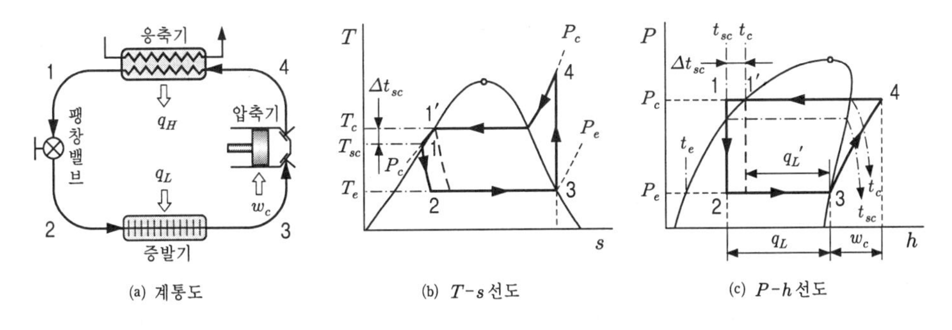

(a) 계통도 (b) $T-s$선도 (c) $P-h$선도

그림 9-11 과냉각 사이클(응축기에서의 과냉각)

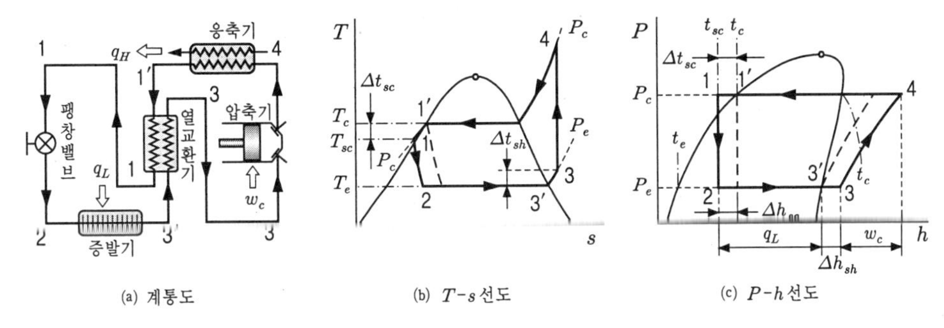

(a) 계통도 (b) $T-s$선도 (c) $P-h$선도

그림 9-12 과냉각 사이클(열교환기를 이용한 과냉각)

열교환기를 이용하는 과냉각 사이클의 경우 열교환기를 별도로 설치해야 하며 성적계수도 응축기에서 과냉각하는 과냉각 사이클에 비해 약간 떨어진다. 그러나 과냉각도에 알맞게 응축기의 냉각수를 더 증가시키지 않고 대용량의 냉동능력을 갖는 냉동기에 적합하다.

과냉각 냉동사이클은 실제 냉동기 설계의 기준이 되므로 각 국에서는 건압축 냉동사이클의 증발온도, 응축온도, 과냉각도, 과열도 등을 규격화하여 표준냉동사이클을 정한다.(표 9-1)

표 9-1 각 국의 표준냉동사이클

국가	표준냉동사이클
한국, 독일, 일본	표준 증발온도 : t_e =-15℃ 표준 응축온도 : t_c =30℃ 표준 과냉각도 : Δt_{sc} =5℃
미 국	표준 증발온도 : t_e =-15℃ 표준 응축온도 : t_c =30℃ 표준 과냉각도 : Δt_{sc} =5℃ 표준 과열도 : Δt_{sh} =5℃
영 국	냉각수 온도(입구) t_{in}=15℃ 냉각수 온도(출구) t_{out}=20℃ 브라인 온도(입구) t_{in}=0℃ 브라인 온도(출구) t_{out}=-5℃

예제 9-12

증발온도와 압축온도가 각각 -20℃와 30℃인 R-134a 증기압축식 냉동기가 과냉각도가 5℃인 과냉각 사이클로 작동한다. 응축기에서 과냉각과 열교환기에 의한 과냉각 두 가지에 대해 냉동효과, 압축기 소요일 및 성적계수를 구하여라. 단, 증발기 출구에서 냉매의 상태는 건포화증기이다.

풀이 (1) 응축기에서 과냉각이 일어나는 과냉각 사이클

증기표와 Mollier 선도를 이용하여 각 상태점들의 엔탈피를 구하면

h_1'=241.46 kJ/kg, $h_1=h_2$=234.29 kJ/kg, h_3=385.28 kJ/kg, h_4=422.22 kJ/kg

① 냉동효과 : $q_L = h_3 - h_1 = 385.28 - 234.29 = 150.99$ kJ/kg

② 압축기 소요일 : $w_c = h_4 - h_3 = 422.22 - 385.28 = 36.94$ kJ/kg

③ 성적계수 : $cop = \dfrac{q_l}{w_c} = \dfrac{150.99}{36.94} = 4.087$

(2) 열교환기에 의한 과냉각 사이클

증기표와 Mollier 선도를 이용하여 열교환기의 고온, 고압측(상태점 1과 1′)과 증발기 출구(상태점 3′)의 엔탈피를 구하면

$h_1' = 241.46$ kJ/kg, $h_1 = h_2 = 234.29$ kJ/kg, $h_3' = 385.28$ kJ/kg,

열교환기에서의 교환열량은 식 (9-6-12)에 의해 $q_{HE} = h_1' - h_1 = h_3 - h_3'$이므로

$$h_3 = h_3' + (h_1' - h_1) = 385.28 + (241.46 - 234.29) = 392.45\ \text{kJ/kg}$$

따라서 증발압력선 상에 $h_3 = 392.45$ kJ/kg이 되는 상태점 3을 잡고 그 점을 지나는 등엔트로피선과 응축압력선의 교점 4를 구하여 보간법으로 엔탈피를 구하면 $h_4 = 429.85$ kJ/kg

① 냉동효과 : $q_L = h_3' - h_1 = 385.28 - 234.29 = 150.99\ \text{kJ/kg}$

② 압축기 소요일 : $w_c = h_4 - h_3 = 429.85 - 392.45 = 37.40\ \text{kJ/kg}$

③ 성적계수 : $cop = \dfrac{q_l}{w_c} = \dfrac{150.99}{37.4} = 4.037$

※ 같은 조건 하에 응축기에서 과냉되는 경우와 열교환기에 의해 과냉되는 경우를 비교하면 응축기에서 과냉되는 사이클의 성적계수가 항상 약간 큰 것을 알 수 있다.

(5) 추가압축 냉동사이클(Plank cycle)

이산화탄소(CO_2)와 같이 임계압력이 낮은 냉매를 사용할 경우 응축기의 냉각수 온도가 냉매의 임계점보다 높을 경우는 임계점 이상에서의 증기압축 냉동사이클이 된다. 그림 9-13(b)와 (c)에서 응축기를 나온 냉매(상태점 5)를 팽창밸브로 보내면 점선을 따라 습증기로 변함으로 임계점 이상에서의 증기압축 냉동사이클이 되지만 건도가 높아 냉동효과가 매우 작다. 이런 경우 냉동효과를 개선하기 위해 응축기를 나온 과열증기 냉매를 다시 압축하고(5-6) 중간냉각기에서 응축온도까지 냉각(6-1)시킨 후 팽창시키면 증발기로 유입되는 냉매의 건도가 충분히 낮아져 냉동효과가 개선된다.

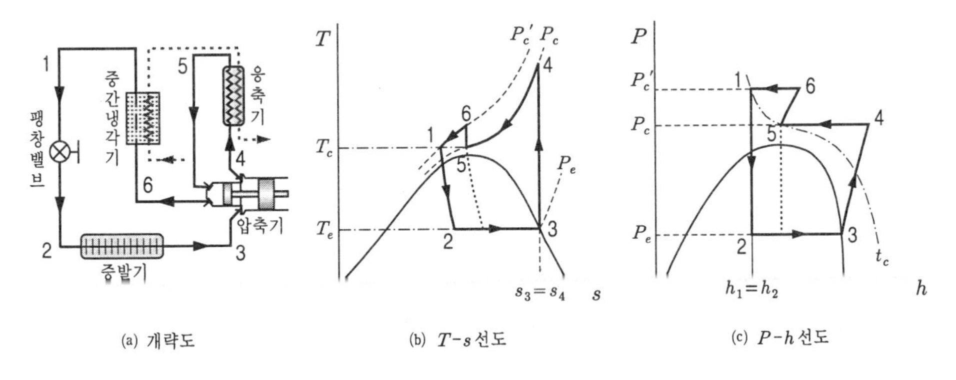

(a) 개략도 (b) $T-s$ 선도 (c) $P-h$ 선도

그림 9-13 추가압축사이클

냉동효과(q_L), 압축기 소요일(w_c), 응축기 방열량(q_c), 중간냉각기 방열량(q_i) 및 성적계수는 다음과 같다.

$$\left.\begin{aligned} q_L &= h_3 - h_1 \\ w_c &= (h_4 - h_3) + (h_6 - h_5) \\ q_{H,c} &= h_4 - h_5 \\ q_{H,i} &= h_6 - h_1 \\ cop &= \frac{q_L}{w_c} = \frac{h_3 - h_1}{(h_4 - h_3) + (h_6 - h_5)} \end{aligned}\right\} \quad (9\text{-}6\text{-}13)$$

여기서 고온도물체로 방출하는 열량(q_H)은 아래와 같다.

$$q_H = q_{H,c} + q_{H,i} = (h_4 - h_5) + (h_6 - h_1) \quad (9\text{-}6\text{-}14)$$

예제 9-13

증발온도가 -20℃인 이산화탄소 포화증기를 80 bar까지 단열압축하여 35℃로 냉각한 후 다시 100 bar까지 단열압축하여 35℃로 냉각하는 추가압축 냉동사이클의 냉동효과, 압축기 소요일 및 성적계수를 구하여라.

풀이 부록에 수록된 R-744(CO_2) 포화증기표와 Mollier 선도를 이용하여 사이클을 그리고 엔탈피를 구하면 다음과 같다.

$h_1 = h_2 = 289.49$ kJ/kg, $h_3 = 436.84$ kJ/kg, $h_4 = 499.19$ kJ/kg,
$h_5 = 346.06$ kJ/kg, $h_6 = 350.51$ kJ/kg

(1) 냉동효과

$$q_L = h_3 - h_1 = 436.84 - 289.49 = 147.35 \text{ kJ/kg}$$

(2) 압축기 소요일

$$w_c = (h_4 - h_3) + (h_6 - h_5) = (499.19 - 436.84) + (350.51 - 346.06) = 66.8 \text{ kJ/kg}$$

(3) 성적계수

$$cop = \frac{q_L}{w_c} = \frac{147.35}{66.8} = 2.206$$

일단압축 냉동사이클은 이 외에도 이산화탄소 냉매에 사용하던 다효(多效)압축 냉동사이클이 있으나 거의 사용하지 않으므로 생략하도록 한다.

[2] 다단압축 냉동사이클

한 대의 압축기로 -30℃ 이하의 저온을 얻으려면 증발압력이 대기압보다 훨씬 낮아지는 경우가 많다. 이렇게 낮은 압력을 응축압력까지 압축하려면 압축기의 압축비가 너무 커짐으로 압축 후 냉매의 온도가 높아져 체적효율과 압축효율이 감소함으로 냉동능력이 떨어진다. 또한 압축기가 과열되기 쉽고 윤활유가 변질될 염려가 있으며 압축기의 소비동력이 증가하여 성적계수가 떨어진다. 이를 방지하기 위해 두 대 이상의 압축기를 설치하여 여러 단(段)으로 나누어 압축을 하고 압축 단 사이에 중간 냉각을 실시하여 과열을 방지한다.

냉매와 압축기의 종류에 따라 차이가 있으나 다단압축에는 보통 2, 3단이 많이 이용되며 압축기 한 대의 압축비는 약 6~8 정도이다. 압축비가 이 값을 넘으면 2단압축, 약 20을 넘으면 3단압축을 하여야 한다.

(1) 2단압축 1단팽창 냉동사이클

2단압축 냉동사이클은 1단압축 냉동사이클과는 달리 응축기에서 응축된 냉매가 반드시 증발기에서 모두 증발하는 것이 아니라 응축냉매의 일부는 by-pass되어 다시 응축기로 들어간다. 따라서 응축기에서 응축되는 냉매를 기준으로 하는 것이 보다 편리하므로 앞으로 모든 계산은 응축 냉매액 1 kg(또는 냉매순환량 $\dot{m}$ kg/s)을 기준으로 한다.

그림 9-14는 2단압축1단팽창 냉동사이클을 나타낸 것으로 작동원리는 다음과 같다.

① 과정 7-8 : 압축된 고온, 고압의 냉매(상태점 7) 냉매 1 kg이 응축기에서 정압(응축압력 P_c) 하에 방열하여 1 kg의 포화액(상태점 8)으로 되는 과정

② 과정 8-1 : 응축된 고온, 고압의 냉매액(1 kg) 중 일부[(1-J) kg]를 보조팽창밸브로 보내고 나머지 J kg이 중간냉각기에서 열교환하여 과냉각(상태점 1)되는 과정

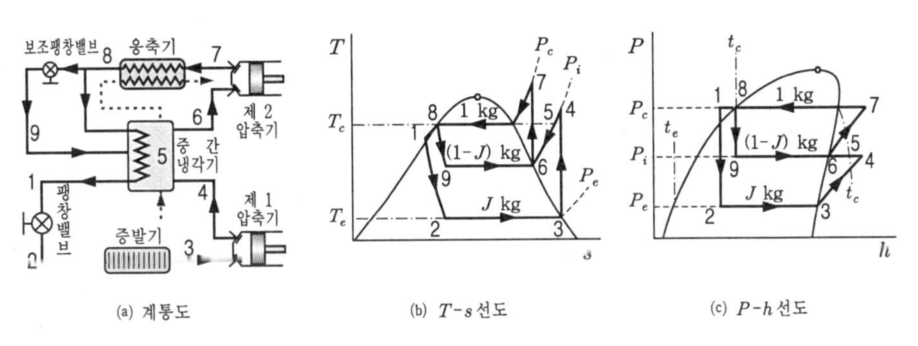

(a) 계통도 (b) $T-s$ 선도 (c) $P-h$ 선도

그림 9-14 중간냉각이 완전한 2단압축 1단팽창 냉동사이클

③ 과정 1-2 : 과냉각액(상태점 1) J kg이 팽창밸브에서 교축팽창되어 저온, 저압의 습증기(상태점 2)로 되는 과정

④ 과정 2-3 : 습증기(상태점 2) J kg이 증발기에서 정압(P_e) 하에 건포화증기(상태점 3)로 증발하는 과정

⑤ 과정 3-4 : 저온, 저압의 건포화증기(상태점 3) J kg이 저압압축기(제1압축기)에서 중간압력(P_i)의 과열증기(상태점 4)로 단열압축되는 과정

⑥ 과정 4-5 : 압축된 과열증기(상태점 4) J kg이 중간냉각기에서 정압(P_i) 하에 냉각수에 의해 과열도가 낮은 과열증기(상태점 5)로 냉각되는 과정으로 중간냉각 후 온도와 응축 후 온도가 같은 것이 이상적이다.($t_c = t_5 = t_8$)

⑦ 과정 5-6 : 중간냉각기에서 냉각수에 의해 냉각된 과열증기(상태점 5) J kg이 응축기에서 by-pass되어 온 (1-J) kg의 습증기(상태점 9)에 방열하여 정압(P_i) 하에 건포화증기(상태점 6)로 되는 과정이다. by-pass된 (1-J) kg의 습증기는 이 열을 흡수하여 건포화증기(상태점 6)로 증발한다.(과정 9-6)

⑧ 과정 6-7 : by-pass된 냉매와 합해 진 중간압력의 포화증기(상태점 6) 1 kg이 고압압축기(제2압축기)에서 고온, 고압(P_c)의 과열증기로 단열압축되는 과정

⑨ 과정 8-9 : by-pass된 (1-J) kg의 포화액(상태점 8)이 보조팽창밸브에서 교축팽창되어 중간압력(P_i)의 습증기(상태점 9)로 되는 과정

여기서 중간냉각기의 열평형을 고려하면

by-pass된 냉매가 증발하기 위해 흡수하는 열량 : $(1-J)(h_6 - h_9)$

중간냉각된 과열증기(상태점 5)의 방열량 : $J(h_5 - h_6)$

K kg의 포화액(상태점 8)이 중간냉각기를 지나며 방출하는 열량 : $J(h_8 - h_1)$

열손실이 없다고 가정할 때 중간냉각기에서 냉매들간의 흡열량과 방열량의 합은 같아야 함으로 증발기로 가는 냉매의 비율(J)을 구할 수 있다.

$$J(h_8 - h_1) + J(h_5 - h_6) = (1-J)(h_6 - h_9)$$

$$J = \frac{h_6 - h_8}{h_5 - h_1} \quad (\text{여기서 } h_8 = h_9) \tag{9-6-15}$$

따라서 냉동효과(q_L), 냉매순환량($\dot{m}$), 증발기에서 증발하는 냉매의 양($\dot{m}_e$), by-pass되는 냉매의 양($\dot{m}_b$) 등은 아래와 같다.

$$q_L = J(h_3 - h_1) = \frac{h_6 - h_8}{h_5 - h_1}(h_3 - h_1) \tag{9-6-16}$$

$$\left.\begin{aligned} \dot{m} &= \frac{Q_L}{q_L} = \frac{Q_L(h_5 - h_1)}{(h_6 - h_8)(h_3 - h_1)} \\ \dot{m}_e &= J\dot{m} = \frac{Q_L}{h_3 - h_1} \\ \dot{m}_b &= (1 - J)\dot{m} = \frac{Q_L\{(h_5 - h_1) - (h_6 - h_8)\}}{(h_6 - h_8)(h_3 - h_1)} \end{aligned}\right\} \tag{9-6-17}$$

그리고 압축기 소요일(w_{c1} 및 w_{c2}), 중간냉각기 방열량(q_{Hi}), 응축기 방열량(q_{Hc})은

$$\left.\begin{aligned} w_{c1} &= J(h_4 - h_3) = \frac{(h_6 - h_8)(h_4 - h_3)}{h_5 - h_1} \\ w_{c2} &= h_7 - h_6 \end{aligned}\right\} \tag{9-6-18}$$

$$\left.\begin{aligned} q_{Hi} &= J(h_4 - h_5) = \frac{(h_6 - h_8)(h_4 - h_5)}{h_5 - h_1} \\ q_{Hc} &= h_7 - h_8 \end{aligned}\right\} \tag{9-6-19}$$

와 같으므로 성적계수는 아래와 같다.

$$\begin{aligned} cop &= \frac{q_L}{w_c} = \frac{q_L}{w_{c1} + w_{c2}} \\ &= \frac{(h_6 - h_8)(h_3 - h_1)}{(h_6 - h_8)(h_4 - h_3) + (h_5 - h_1)(h_7 - h_6)} \end{aligned} \tag{9-6-20}$$

한편 중간냉각기에서의 압력(P_i, 이후 중간압력이라 함)은 저압압축기와 고압압축기의 압축비가 같은 것이 이상적이므로 저압압축기 압축비(ρ_1)와 고압압축기 압축비(ρ_2)로부터

$$\rho_1 = P_i/P_e, \quad \rho_2 = P_c/P_i \;\Rightarrow\; P_i = \sqrt{P_e P_c} \tag{9-6-21}$$

이 된다.

예제 9-14

증발온도가 -30℃, 응축온도가 30℃인 R-717 2단압축 1단팽창사이클에서 고압 압축기가 건포화증기를 단열압축한다. 중간냉각기에 의한 과냉각도가 5℃이고 냉동능력이 1 RT일 때 중간압력, 냉동효과, 냉매순환량, 제1압축기와 제2압축기의 소요동력 및 성적계수를 구하여라.

풀이 (1) 중간압력

R-717(암모니아) 포화증기표에서 t_e=-30℃일 때 증발압력이 P_e=119.46 kPa, t_c=30℃일 때 응축압력이 P_c=1166.93 kPa 이므로 식 (9-6-21)로부터 중간압력은

$$P_i = \sqrt{P_e P_c} = \sqrt{119.46 \times 1166.93} = 373.37\,\text{kPa}$$

(2) 냉동효과

먼저 포화증기표와 Mollier 선도를 이용하여 사이클을 그리고 엔탈피를 구하면 아래와 같다.

$h_1 = h_2$=315.54 kJ/kg, h_3=1422.46 kJ/kg, h_4=1572.17 kJ/kg, h_5=1543.33 kJ/kg, h_6=1456.64 kJ/kg, h_7=1616.81 kJ/kg, $h_8 = h_9$=339.04 kJ/kg

따라서 냉동효과는 식 (9-6-16)으로부터

$$q_L = J(h_3 - h_1) = \frac{h_6 - h_8}{h_5 - h_1}(h_3 - h_1) = \frac{1456.64 - 339.04}{1543.33 - 315.54} \times (1422.46 - 315.54)$$
$$= 0.910253382 \times (1422.46 - 315.54) = 1007.58\,\text{kJ/kg}$$

(3) 냉매순환량

냉동능력이 Q_L=1 RT=3.861 kW이므로 냉매순환량 $\dot{m}$은 식 (9-6-17)로부터

$$\dot{m} = \frac{Q_L}{q_L} = \frac{3.861}{1007.58} = 3.832 \times 10^{-3}\,\text{kg/s} = 0.2299\,\text{kg/min}$$

(4) 제1압축기 소요동력 : 식 (9-6-18)로부터

$$W_{c1} = \dot{m} w_{c1} = \dot{m}\, J(h_4 - h_3)$$
$$= (3.832 \times 10^{-3}) \times 0.910253382 \times (1572.17 - 1422.46) = 0.522\,\text{kW}$$

(5) 제2압축기 소요동력 : 식 (9-6-18)로부터

$$W_{c2} = \dot{m} w_{c2} = \dot{m}(h_7 - h_6) = (3.832 \times 10^{-3}) \times (1616.81 - 1456.64) = 0.614\,\text{kW}$$

(6) 성적계수 : 식 (9-6-20)으로부터

$$cop = \frac{Q_L}{W_c} = \frac{Q_L}{W_{c1} + W_{c2}} = \frac{3.861}{0.522 + 0.614} = 3.399$$

(2) 2단압축 2단팽창 냉동사이클

2단압축 1단팽창 사이클은 증발압력과 응축압력 차가 너무 커 한번에 팽창시키면 증발기 입구로 들어가는 냉매의 건도가 높아 증발할 수 없는 건포화증기를 많이 포함하고 있으므로 증발기 입구의 건도를 개선하여야 한다. 이를 위하여 중간압력까지 교축팽창시킨 후 건포화증기를 분리하여 포화액만 다시 증발압력까지 교축팽창시키는 사이클을 2단압축 2단팽창 냉동사이클이라 하며 그림 9-15와 같다.

그림에서 1 kg의 응축냉매(상태점 1)가 제1팽창밸브에서 교축팽창된 후 분리기로 들어가면 증기와 포화액으로 분리되어 위에는 상태점 2의 건도와 같은 x_2 kg의 건포화증기, 아래에는 (1-x_2) kg의 포화액이 모인다(상태점 2). 분리기 아래에 있는 포화액 (1-x_2) kg의 대부분인 $K(1-x_2)$ kg(상태점 3)이 제2팽창밸브에서 교축팽창되어 증발기로 들어간다(상태점 4). 증발기에서 증발된 후 제1압축기에서 압축된 $K(1-x_2)$ kg의 과열증기(상태점 6)는 중간냉각기에서 냉각된 후(상태점 7) 과열증기 상태로 분리기 하단으로 유입된다. 한편 분리기 아래에 남아 있는 포화액 $(1-K)(1-x_2)$ kg (상태점 3)은 중간냉각기에서 유입된 $K(1-x_2)$ kg의 과열증기로부터 열을 흡수하여 건포화증기(상태점 8)로 되며, 중간냉각기에서 유입된 $K(1-x_2)$ kg의 과열증기(상태점 7)은 열을 빼앗겼으므로 건포화증기(상태점 8)로 된다. 처음에 분리된 건포화증기 x_2 kg, 방열로 인해 건포화증기로 된 $K(1-x_2)$ kg, 아래에 있다가 흡열로 증발하여 건포화증기로 된 $(1-K)(1-x_2)$ kg이 모두 합쳐(1 kg) 다시 제2압축기에서 단열압축되어 응축기로 들어간다.

이상에서 분리기에서의 열평형을 고려하면 분리기에서 증발기로 가는 냉매액의 비율(K)을 구할 수 있다.

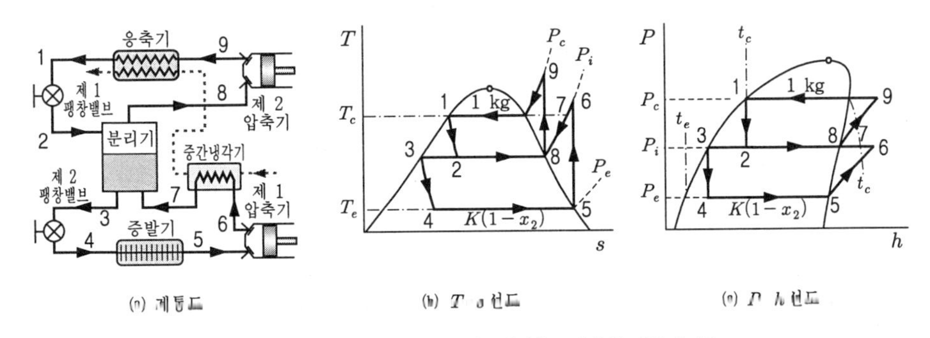

(a) 계통도 (b) T-s 선도 (c) P-h 선도

그림 9-15 중간냉각이 완전한 2단압축 2단팽창 냉동사이클

증발하는 $(1-K)(1-x_2)$ kg의 흡열량$=(1-K)(1-x_2)(h_8-h_3)$

유입된 과열증기 $K(1-x_2)$ kg의 방열량$=K(1-x_2)(h_7-h_8)$

분리기에서 열손실이 없다고 가정하면 위의 두 열량은 같으므로 K는 다음과 같이 계산된다.

$$K=\frac{h_8-h_3}{h_7-h_3} \tag{9-6-22}$$

또 처음에 분리되는 건포화증기와 포화액의 비율 x_2 및 $(1-x_2)$는 상태점 2의 건도와 습도와 같으므로

$$x_2=\frac{h_1-h_3}{h_8-h_3},\quad (1-x_2)=\frac{h_8-h_1}{h_8-h_3} \tag{9-6-23}$$

따라서 냉동효과(q_L), 냉매순환량($\dot{m}$), 압축기 소요일(w_{c1}, w_{c2}), 중간냉각기 방열량(q_{Hi}), 응축기 방열량(q_{Hc}), 성적계수(cop)는 다음과 같다.

$$\left.\begin{aligned} q_L &= K(1-x_2)(h_5-h_3)=\frac{h_8-h_1}{h_7-h_3}(h_5-h_3) \\ \dot{m} &= \frac{Q_L}{q_L}=\frac{Q_L(h_7-h_3)}{(h_8-h_1)(h_5-h_3)} \end{aligned}\right\} \tag{9-6-24}$$

$$\left.\begin{aligned} w_{c1} &= K(1-x_2)(h_6-h_5)=\frac{h_8-h_1}{h_7-h_3}(h_6-h_5) \\ w_{c2} &= h_9-h_8 \end{aligned}\right\} \tag{9-6-25}$$

$$\left.\begin{aligned} q_{Hi} &= K(1-x_2)(h_6-h_7)=\frac{h_8-h_1}{h_7-h_3}(h_6-h_7) \\ q_{Hc} &= h_9-h_1 \end{aligned}\right\} \tag{9-6-26}$$

$$\begin{aligned} cop &= \frac{q_L}{w_c}=\frac{q_L}{w_{c1}+w_{c2}} \\ &= \frac{(h_5-h_3)(h_8-h_1)}{(h_8-h_1)(h_6-h_5)+(h_9-h_8)(h_7-h_3)} \end{aligned} \tag{9-6-27}$$

예제 9-15

증발온도가 -30℃, 응축온도가 30℃인 R-717 2단압축 2단팽창사이클에서 고압 압축기가 건포화증기를 단열압축한다. 냉동능력이 1 RT일 때 냉동효과, 냉매순환량, 제1압축기와 제2압축기의 소요동력 및 성적계수를 구하여라. 단, 과냉각은 없다.

풀이 상태점 3의 엔탈피는 증기표를 이용하여 보간법으로 구하고 나머지 상태점의 엔탈피는 예제 9-14와 같으므로

$h_1 = h_2 = 339.04$ kJ/kg, $h_3 = h_4 = 183.19$ kJ/kg, $h_5 = 1422.46$ kJ/kg,
$h_6 = 1572.17$ kJ/kg, $h_6 = 1572.17$ kJ/kg, $h_7 = 1543.33$ kJ/kg,
$h_8 = 1456.64$ kJ/kg, $h_9 = 1616.81$ kJ/kg

(1) 냉동효과 : 식 (9-6-20)에서

$$q_L = \frac{h_8 - h_1}{h_7 - h_3}(h_5 - h_3) = \frac{1456.64 - 339.04}{1543.33 - 183.19} \times (1422.46 - 183.19)$$
$$= 1018.28 \text{ kJ/kg}$$

(2) 냉매순환량

$Q_L = 1$ RT$=3.861$ kW이므로 냉매순환량 $\dot{m}$은 식 (9-6-24)로부터

$$\dot{m} = \frac{Q_L}{q_L} = \frac{3.861}{1018.28} = 3.792 \times 10^{-3} \text{ kg/s} = 0.2275 \text{ kg/min}$$

(3) 제1압축기 소요동력 : 식 (9-6-25)를 이용하여 계산하면

$$W_{c1} = \dot{m}\, w_{c1} = \dot{m}\frac{h_8 - h_1}{h_7 - h_3}(h_6 - h_5)$$
$$= (3.792 \times 10^{-3}) \times \frac{1456.64 - 339.04}{1543.33 - 183.19} \times (1572.17 - 1422.46) = 0.466 \text{ kW}$$

(4) 제2압축기 소요동력 : 식 (9-6-25)에서

$$W_{c2} = \dot{m}\, w_{c2} = \dot{m}(h_9 - h_8) = (3.792 \times 10^{-3}) \times (1616.81 - 1456.64) = 0.607 \text{ kW}$$

(5) 성적계수 : 식 (9-6-27)을 이용하면

$$cop = \frac{Q_L}{W_{c1} + W_{c2}} = \frac{3.861}{0.466 + 0.607} = 3.598$$

[3] 다원압축 냉동사이클

왕복식 압축기를 갖는 냉동기에서 압축기의 흡입압력이 약 0.1 bar 이상 되지 않는 경우 체적효율이 너무 작아 동일한 냉매로 아무리 다단압축을 하여도 저온을 얻는데 한계가 있다. 따라서 원하는 저온을 얻기 위해서는 저온부에 포화압력이 비교적 높은

냉매를 이용하는 냉동사이클을, 고온부에는 포압압력이 비교적 낮은 냉매를 이용하는 냉동사이클을 채택하여 이들 두 사이클을 조합하여 사용한다. 이러한 냉동사이클을 다원(多元)압축 냉동사이클(cascade refrigeration cycle) 또는 다원냉동사이클이라 한다.

보통 -100℃ 정도까지는 2개의 냉동사이클을 조합한 2원냉동사이클, 그 이하의 온도에서는 온도에 따라 3원냉동사이클 또는 4원냉동사이클을 사용한다.(표 9-2)

그림 9-16은 저온부와 고온부 냉동사이클로 구성된 2원냉동사이클(binary refrigeration cycle)을 나타낸 것이다. 저온부 사이클과 고온부 사이클은 열교환기를 공유하여 하나의 사이클을 형성한다. 즉 저온부 사이클의 응축기에서 방출하는 열량을 고온부의 냉매가 모두 흡수, 증발하도록 저온부의 응축기와 고온부의 증발기를 하나의 열교환기 안에 설치한 것이다. 저온부 사이클에 사용하는 냉매는 임계점이 낮은 냉매를 사용할 수 있어 편리하다.

표 9-2 극저온용 증기압축 냉동사이클

증발온도	냉 매	방 식
-60℃ 정도까지	R-12 R-22	2단 또는 3단압축 1단 또는 2단압축
-80℃ 정도까지	R-22 R-22/R-12	2단압축 2원냉동
-100℃ 정도까지	R-22/R-13 R-22/R-170	2원냉동e 2원냉동
-130℃ 정도까지	R-22/R-1150 R-22/R-14	2원냉동 (R-22는 2단압축) 2원냉동 (R-22는 2단압축)
-170℃ 정도까지	R-50/R-22/R-1150 R-50/R-22/R-14/R-13	3 원냉동 (R-22는 2단압축) 4원냉동

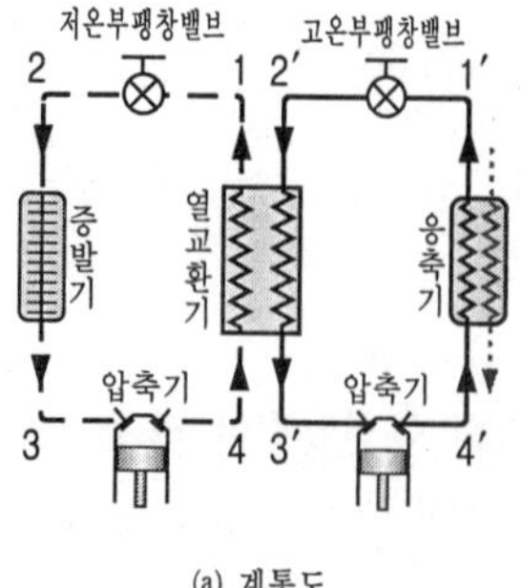

(a) 계통도

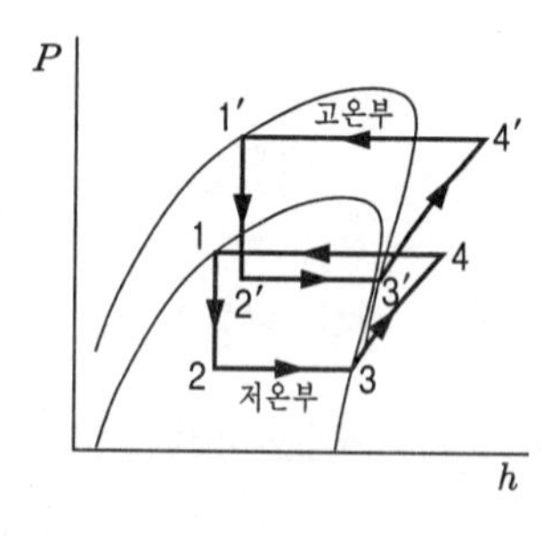

(b) $P-h$선도

그림 9-16 2원 냉동사이클

그림에서 저온부 증발기의 냉동능력을 Q_{Ll}, 고온부 냉동능력을 Q_{Lh}라 하면 저온부의 냉매순환량($\dot{m}_l$)과 고온부의 냉매순환량($\dot{m}_h$)은 각각

$$\dot{m}_l = \frac{Q_{Ll}}{h_3 - h_1}, \quad \dot{m}_h = \frac{Q_{Lh}}{h_3' - h_1'} \qquad (9\text{-}6\text{-}27)$$

이며, 열교환기에서 저온부 응축기의 방열량과 고온부 증발기의 흡열량이 같으므로

$$\dot{m}_l(h_4 - h_1) = \dot{m}_h(h_3' - h_1')$$
$$\frac{\dot{m}_h}{\dot{m}_l} = \frac{h_4 - h_1}{h_3' - h_1'} \qquad (9\text{-}6\text{-}28)$$

한편, 저온부와 고온부 사이클의 성적계수를 각각 cop_l, cop_h라 하면

$$cop_l = \frac{q_{Ll}}{w_{cl}} = \frac{h_3 - h_1}{h_4 - h_3}, \quad cop_h = \frac{q_{Lh}}{w_{ch}} = \frac{h_3' - h_1'}{h_4' - h_3'} \qquad (9\text{-}6\text{-}29)$$

이므로 2원냉동사이클의 성적계수(cop)는

$$cop = \frac{Q_{Ll}}{W_{cl} + W_{ch}} = \frac{Q_{Ll}}{\dot{m}_l w_{cl} + \dot{m}_h w_{ch}} = \frac{\dot{m}_l(h_3 - h_1)}{\dot{m}_l(h_4 - h_3) + \dot{m}_h(h_4' - h_3')}$$
$$= \frac{(h_3 - h_1)(h_3' - h_1')}{(h_4 - h_3)(h_3' - h_1') + (h_4 - h_1)(h_4' - h_3')} \qquad (9\text{-}6\text{-}30)$$

또는 식 (9-6-30)에 식 (9-6-1(9-6-29)를 대입하여 정리하면 다음과 같아진다.

$$cop = \frac{Q_{Ll}}{W_{cl} + W_{ch}} = \frac{(cop_l)(cop_h)}{(cop_l) + (cop_h)} + 1 \qquad (9\text{-}6\text{-}31)$$

[4] 흡수식 냉동사이클

증기압축식 냉동사이클에서는 냉매증기의 응축이 쉽도록 응축기의 냉각재(공기, 물 등) 온도보다 높은 온도로 냉매증기를 압축시키기 위해 기계적인 압축방식(압축기)을 선택한 것이다. 그러나 흡수식 냉동사이클(absorption refrigeration cycle)에서는 친화력을 갖는 두 물질(냉매와 흡수제)의 융해 및 유리(遊離)작용을 이용하여 압

축한다. 냉매가 흡수제에 융해되는 비율은 일반적으로 압력과 온도에 따라 다르다. 그러므로 흡수제를 필요한 만큼 가열하거나 냉각시키면 냉매증기가 흡수제에 흡수되거나 흡수제로부터 분리되는 양을 조절할 수 있으므로 흡수식 냉동사이클은 열압축(熱壓縮)을 하는 형식이다.

흡수식 냉동기는 1855년 프랑스의 F. Carré가 아황산가스를 이용하여 처음으로 흡수식 냉동기를 제작한 이후 많은 발전을 거듭하여 중대형 냉동기, 제빙산업, 원양어업, 공조기 등에 많이 사용되고 있는 냉동사이클이다. 대표적인 냉매와 흡수제로는 냉동, 냉장용으로 암모니아(NH_3)-물(H_2O)이 이용되며, 공기조화용으로 물(H_2O)-취화리튬(LiBr)이 많이 이용된다.

그림 9-17은 암모니아를 냉매, 물을 흡수제로 사용하는 암모니아 흡수식 냉동기의 계통도를 나타낸 것이다.

냉각기(증발기)에서 브라인으로부터 흡열하여 증발한 저온, 저압의 NH_3 증기가 흡수기로 유입되어 물(흡수제)에 흡수된다. NH_3 증기가 물에 흡수될 때 잠열을 물에 방출하므로 흡수가 진행됨에 따라 용해열에 의해 암모니아 수용액의 온도가 높아져 흡수 능력이 저하된다. 따라서 수용액의 온도상승을 막기 위해 냉각수로 냉각시킨다.

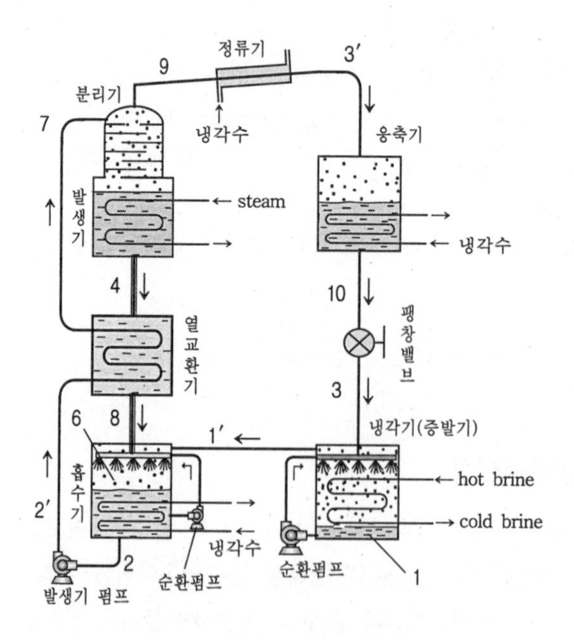

그림 9-17 NH_3-H_2O 흡수식 냉동기

NH_3가 물에 흡수됨에 따라 농도가 짙어진 암모니아 수용액은 펌프에 의해 고온, 고압의 발생기로 보내진다. 발생기로 가는 도중 열교환기에서 흡열하여 온도가 더욱 상승된 상태로 발생기로 유입된다. 발생기에서 수증기나 전열(電熱)에 의해 짙은 암모니아 수용액으로부터 NH_3 증기가 재생된다. 재생되는 NH_3 증기의 양에 따라 압력도 상승되어 발생기가 증기압축식의 압축기 역할을 한다. 이 때 재생된 NH_3 증기 속에는 수증기도 섞여 있으므로 수증기를 제거하여야 한다. 분리기와 정류기를 통과하며 증기가 냉각되면 수증기가 먼저 응축되어 발생기로 되돌아가고 순수한 NH_3 증기만이 응축기로 보내진다. 응축기에서 NH_3 증기가 방열, 응축되어 수액기에 고인 후 고온, 고압의 순수한 NH_3 냉매액만이 팽창밸브로 보내져 교축팽창하여 저온, 저압의 NH_3 냉매액으로 된 후 다시 냉각기(증발기)로 들어간다.

한편, 발생기에서 고온에 의해 NH_3 증기가 분리된 묽은 암모니아 수용액은 감압밸브에서 감압된 후 열교환기에서 발생기로 향하는 진한 수용액에 방열하며 온도가 내려간 후 흡수기로 보내진다. 흡수기로 유입된 묽은 수용액은 다시 냉각기로부터 유입된 NH_3 증기를 흡입하여 진한 암모니아 수용액으로 된다.

이상에서 흡수식 냉동기와 증기압축식 냉동기를 비교하면 흡수기, 발생기, 분리기, 정류기, 펌프 및 열교환기가 증기압축식 냉동기의 압축기의 역할을 한다고 볼 수 있다. 따라서 흡수식이 증기압축식에 비해 냉동장치가 너무 거대해지며 열효율(성능)도 낮다. 그러나 증기를 값싸게 얻을 수 있는 곳이나 배기열원 또는 태양열을 사용할 때에는 중요한 냉동수단이 될 수 있으며, 대용량에 유리하고 압축기의 소음이 없으므로 운전이 조용한 장점이 있다.

연습문제

[9-1] CH_3CH_2Cl(Ethyl Chloride)의 공식적인 냉매 이름은 무엇인가?

답 R-160

[9-2] R-152a와 R-728의 화학식은 무엇인가?

답 (1) CH_3CHF_2 (2) N_2

[9-3] 냉동능력이 1 RT, 냉매가 R-152a인 냉동기가 -20℃에서 증발하고 30℃에서 응축한다. 증발 전, 후와 압축 후 엔탈피가 각각 234.70 kJ/kg, 373.14 kJ/kg, 407.34 kJ/kg이다. 냉동효과, 증발하는 냉매의 양 및 소요동력을 구하여라.

답 (1) q_L=138.44 kJ/kg (2) $\dot{m}_e$=0.02789 kg/s (3) W_c=0.95 kW

[9-4] 시간당 40 MJ을 흡수할 수 있는 역 Carnot 사이클로 작동하는 냉동기가 있다. -15℃에서 열을 흡수하여 30℃에 방열한다면 소요동력은 얼마인가?

답 W_c=1.94 kW

[9-5] 역 Brayton 사이클로 작동하는 밀폐형 공기냉동기가 25℃~150℃ 사이에서 작동하고 있다. 냉동능력이 2 kW, 압축비가 3일 때 이론 성적계수, 공기의 순환량 및 냉동기의 소요동력은 얼마인가? 단, 공기의 비열비는 1.4이고 정압비열은 1.005 kJ/kgK이다.

답 (1) cop=2.712 (2) $\dot{m}$=0.124 kg/h (3) W=0.737 kW

[9-6] 건압축 사이클로 작동하는 암모니아 냉동기의 증발온도와 응축온도가 각각 -20℃, 30℃이다. 다음을 구하여라.

(1) 냉동효과 (2) 압축기 소요일 (3) 압축 후 냉매의 온도
(4) 응축기 방열량 (5) 성적계수

답 (1) q_L=1097.47 kJ/kg (2) w_c=266.19 kJ/kg (3) t_4=110℃
(4) q_H=1363.66 kJ/kg (5) cop=4.123

[9-7] 문제 9-6에서 냉동기의 냉동능력이 1 RT일 때 냉매순환량, 소요동력 및 피스톤배출량을 구하여라. 단, 체적효율은 무시한다.

답 (1) $\dot{m}=3.518\times10^{-3}$ kg/s (2) W_c=0.936 kW (3) V_c=0.131 m^3/min

[9-8] 증발온도와 응축온도가 각각 -20℃, 30℃인 암모니아 냉동기가 열교환기에 의해 5℃ 과냉각된다. 응축 후 냉매의 상태는 포화액이고 증발 후에는 건포화증기이다. 냉동능력이 1 RT일 때 다음을 구하여라.

(1) 냉매순환량 (2) 소요동력 (3) 피스톤배출량 (4) 성적계수

답 (1) $\dot{m}=3.481\times10^{-3}$ kg/s (2) W_c=0.948 kW (3) V_c=0.134 m^3/min (4) cop=4.073

[9-9] 문제 9-8에서 열교환기를 이용하여 응축액을 5℃ 과냉각시키는 사이클에 대하여 다음을 구하여라.

(1) 냉매순환량 (2) 소요동력 (3) 피스톤배출량 (4) 성적계수

답 (1) $\dot{m}=3.444\times10^{-3}$ kg/s (2) W_c=0.960 kW (3) V_c=0.136 m^3/min (4) cop=4.020

[9-10] 2단압축 1단팽창 냉동사이클로 작동되는 암모니아 냉동기의 증발온도와 응축온도가 각각 -40℃, 40℃이다. 제2압축기 입구의 냉매 상태가 건포화증기일 때 다음을 구하여라.

(1) 냉동효과 (2) 각 압축기 소요일 (3) 성적계수

답 (1) q_L=942.60 kJ/kg (2) w_{c1}=182.30 kJ/kg, w_{c1}=225.14 kJ/kg (3) cop=2.269

[9-11] 과냉각이 없는 2단압축 2단팽창 냉동사이클로 작동되는 암모니아 냉동기의 증발온도와 응축온도가 각각 -40℃, 40℃이다. 제2압축기 입구의 냉매 상태가 건포화증기일 때 다음을 구하여라.

(1) 냉동효과 (2) 각 압축기 소요일 (3) 성적계수

답 (1) q_L=994.19 kJ/kg (2) w_{c1}=157.21 kJ/kg, w_{c1}=225.14 kJ/kg (3) cop=2.600

10 가스 및 증기의 유동

10 T·H·E·R·M·O·D·Y·N·A·M·I·C·S 가스 및 증기의 유동

10-1 유체의 정상상태 유동

관(pipe)이나 노즐(nozzle), 오리피스(orifice) 내의 기체에 대한 상태변화, 증기 터빈이나 터보 압축기에서 기체의 작용 등 공학상 중요한 여러 문제에서는 지금까지 취급한 열역학적 상태량뿐만 아니라 유체의 속도도 고려하지 않으면 안 될 경우가 대단히 많다. 이러한 관점에서 여기서는 특히 열역학에 관계되는 유체의 유동문제를 생각해 보기로 한다.

관로에 유체가 흐를 때 유속 및 유동상태가 시간에 관계없이 일정한 것을 정상류(定常流, stationary flow)라 하고 이와는 달리 유동상태가 시간 및 장소에 따라 시시각각으로 변하는 유동을 비정상류(非定常流, nonstationary flow)라 한다. 일반적으로 유체가 관로를 흐를 때 그 유속은 그림 10-1과 같이 중심에서 최대값을 가지며 관벽에 가까워짐에 따라 감소되어 관벽에서 유속은 0이 된다.

물과 같은 유체가 관속을 비교적 저속으로 흐를 때 유체가 규칙적으로 흘러서 유선이 관로에 평행하게 되는 경우를 층류(laminar flow)라 하고 이와는 달리 유체의 흐름이 비교적 고속으로 흐를 때는 흐름의 선이 불규칙한 변화를 하면서 흐르게 되며 이것을 난류(亂流, turbulent flow)라 한다. 공업상의 응용에서는 대체로 난류가 일어난다고 생각해도 무방하다.

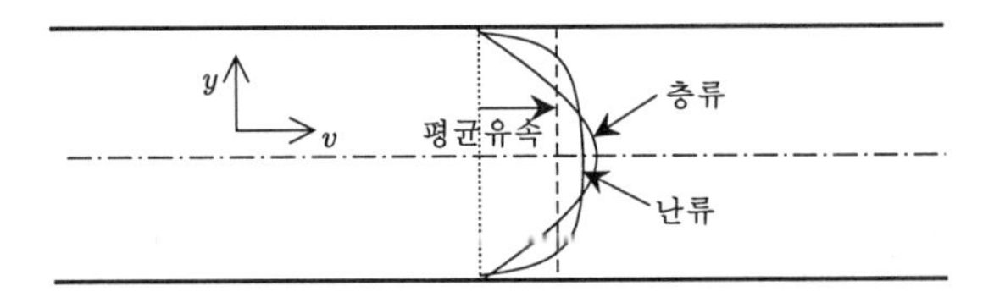

그림 10-1 관로를 흐르는 유체의 유속

[1] 유체 연속방정식

대부분의 경우 밀도변화와 압축효과가 무시되는 유동인 정상상태 유동이 유체유동의 원리를 설명하기에 적합하다. 따라서 유체유동의 원리 설명을 위하여 다음과 같은 조건을 만족하는 이상적인 정상유동을 생각해 보자.

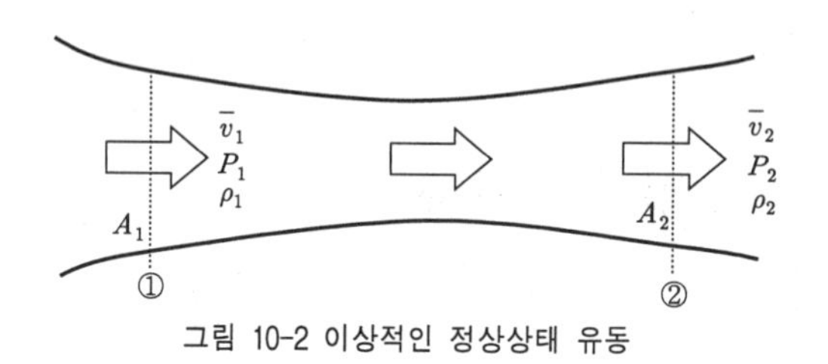

그림 10-2 이상적인 정상상태 유동

① 그림 10-2와 같은 관로에서 단면 1에서 단면 2를 흐르는 유체유동은 각 단면에 대하여 직각이라고 생각하고 이 단면을 거쳐 나가는 유동은 연속적이며 또한 층류라고 한다.

② 같은 단면 위에서는 모든 점에서 압력, 비체적 및 유속이 같다고 한다. 앞에서 말한 바와 같이 벽면에 가까워짐에 따라 속도는 감소되지만 실제의 경우 유속감소가 현저한 것은 벽면에 매우 가까운 부분에 불과하다. 단면 1을 통과하는 유체의 압력, 유속 및 밀도를 $p_1, \bar{v}_1, \rho_1$으로 하고 단면 2에서의 값을 각각 $p_2, \bar{v}_2, \rho_2$로 한다.

③ 유체는 유로를 완전히 충만하여 흐르면 단위시간에 각 단면을 흐르는 유량은 항상 일정하다. 단면 1 및 단면 2의 면적을 각각 A_1, A_2라고 하면 매초당 각 단면을 흐르는 질량유량($\dot{m}$)에 대하여는

$$\dot{m} = A_1\rho_1\bar{v}_1 = A_2\rho_2\bar{v}_2 \qquad (10\text{-}1\text{-}1)$$

또는 체적유량 $\dot{V}$ (m³/s)에 대하여는

$$\dot{V} = A_1\bar{v}_1 = A_2\bar{v}_2 \qquad (10\text{-}1\text{-}2)$$

즉 정상상태 유동은

$$\dot{m} = A\rho\bar{v} = C, \quad \dot{V} = A\bar{v} = C \qquad (10\text{-}1\text{-}3)$$

의 관계가 있다. 이 관계식을 유체의 연속방정식(equation of continuity)이라 한다.

예제 10-1

입구의 지름이 100 mm인 원형 유로에 밀도가 1000 kg/m³인 유체가 5 m/s로 유입되었다. 유입 유로의 단면적이 50 mm로 축소되었다. 정상유동라면 유로를 흐르는 질량유량 $\dot{m}$(kg/s)과 축소된 곳에서의 유속을 구하여라. 단, 물의 밀도는 1000 kg/m³이다.

풀이 식 (10-1-1)을 이용하기 위하여 우선 원형 유로의 입구 단면적을 A_1, 축소된 부분 단면적을 A_2라 하고 각각을 구하면

$$A_1 = \frac{\pi d^2}{4} = \frac{\pi \times 0.1^2}{4} = 0.00785\ \text{m}^2$$

$$A_2 = \frac{\pi d^2}{4} = \frac{\pi \times 0.05^2}{4} = 0.00196\ \text{m}^2$$

따라서 질량유량은 식 (10-1-1)로부터

$$\dot{m} = A_1 \rho_1 \bar{v}_1 = 0.00785 \times 1000 \times 5 = 39.25\ \text{kg/s}$$

축소된 부분의 속도는 식 (10-1-1)로부터

$$\bar{v}_2 = \frac{\dot{m}}{A_2 \rho_2} = \frac{39.25}{0.00196 \times 1000} = 20.026\ \text{m/s}$$

그러나 식 (10-1-1)에서 $\frac{\pi d_1^2}{4}\rho_1 \bar{v}_1 = \frac{\pi d_2^2}{4}\rho_2 \bar{v}_2$이고 지름이 100mm에서 50mm로 축소되므로 $d_2 = \frac{d_1}{2}$이고 이를 이용하여 다시 정리하면 $\frac{\pi d_1^2}{4}\rho_1 \bar{v}_1 = \frac{\pi}{4}\frac{d_1^2}{4}\rho_2 \bar{v}_2$이므로 정확한 속도는

$$\bar{v}_2 = 4\bar{v}_1 = 4 \times 5 = 20\ \text{m/s}$$

이다. 이러한 오차는 소수점 이하 계산에서 발생하는 것이다.

[2] 유체 유동의 일반 기초식

그림 10-3과 같은 관로 중에 임의의 두 단면 A_1 및 A_2를 유동의 방향에 직각으로 취한다. 그리고 유체는 이 관로 속을 충만하여 흐르며 또한 동일한 단면 위에서는 압력, 온도, 속도, 밀도, 내부에너지 및 엔탈피 등의 값이 대체로 같고 단면 1을 통과하는 유체는 이들에 대한 평균값을 $P_1, t_1, \bar{v}_1, \rho_1, u_1, h_1$이라 하고 단면 2에서의 값을 각각 $P_2, t_2, \bar{v}_2, \rho_2, u_2, h_2$라 하자. 정상류에 대해서는 단면 A_1에서 유체가 가지는 에너지총량은 단면 A_2에서 유체가 가지는 에너지총량과 같아야 한다. 질량유량 $\dot{m}$(kg/s)에 대하여 유체가 가지는 에너지는 열에너지, 운동에너지, 압력에너지, 위치에너지, 일 에너지이고 에너지 보존을 적용하면 다음과 같다.

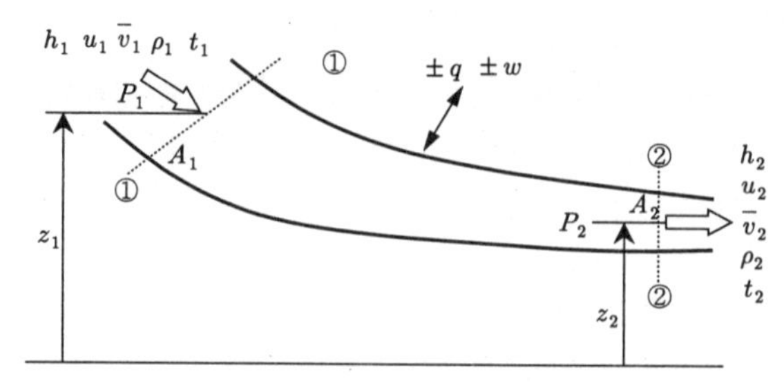

그림 10-3 임의관로에서 유체유동

$$u_1 + \frac{\bar{v}_1^2}{2} + \frac{P_1}{\rho_1} + gz_1 \pm q \pm w = u_2 + \frac{\bar{v}_2^2}{2} + \frac{P_2}{\rho_2} + gz_2 \qquad (10\text{-}1\text{-}4)$$

식 (10-1-4)에서 q와 w는 1과 2 사이에 공급된 열량과 외부에서 받은 일량을 뜻하며 z_1, z_2는 기준면으로부터의 높이이다. 이때 관로의 마찰일을 무시하고 식 (10-1-4)에서 엔탈피 정의식 $h = u + vP = u + P/\rho$ 로부터 내부에너지와 압력에너지를 엔탈피로 바꾸면

$$\pm q \pm w = (h_2 - h_1) + \frac{\bar{v}_2^2 - \bar{v}_1^2}{2} + g(z_2 - z_1) \qquad (10\text{-}1\text{-}5)$$

또 단면 A_1 및 A_2가 아주 가까이 접근하고 있다면 식 (10-1-5)는 미분형으로 다음과 같이 쓸 수 있다.

$$dq = dh + \bar{v}d\bar{v} + gdz + dw \qquad (10\text{-}1\text{-}6)$$

위 식은 열역학 제1법칙 식 $dq = dh - vdP = dh - dP/\rho$로부터

$$-\frac{1}{\rho}dP = \bar{v}d\bar{v} + gdz \pm dw \qquad (10\text{-}1\text{-}7)$$

이 식을 다시 적분하면

$$-\int_1^2 \frac{1}{\rho}dP = \frac{(\bar{v}_2^2 - \bar{v}_1^2)}{2} + g(z_2 - z_1) \pm w \qquad (10\text{-}1\text{-}8)$$

또는 $-\int_1^2 \frac{1}{\rho}dP$는 $\frac{1}{\rho}(P_1 - P_2)$이므로 공업일이고 이 때 외부에서 받은 일을

$w=0$이라 하면 식 (10-1-8)는 다음과 같이 쓸 수 있다.

$$\frac{1}{\rho}(P_1 - P_2) = \frac{(\bar{v}_2^2 - \bar{v}_1^2)}{2} + g(z_2 - z_1) \tag{10-1-9}$$

또는

$$\bar{v}d\bar{v} + gdz + \frac{dP}{\rho} = 0 \tag{10-1-10}$$

그리고 유체의 연속식 (10-1-1)을 미분하면 다음과 같다.

$$\rho\bar{v}dA + A\bar{v}d\rho + A\rho d\bar{v} = 0 \tag{10-1-11}$$

이 식을 질량유량으로 나누면 다음과 같다.

$$\frac{dA}{A} + \frac{d\rho}{\rho} + \frac{d\bar{v}}{\bar{v}} = 0 \tag{10-1-12}$$

이러한 식들은 유체의 유동에 대한 일반 기초식이며 마찰 손실이 있는 흐름에서도 적용된다. 위의 식 (10-1-9)에서 압력차가 그다지 크지 않다고 보면 비체적 v, 밀도 ρ가 일정하다고 할 때 평균압력에 대한 비체적, 밀도의 값을 각각 v_m, ρ_m이라 하면 다음과 같다.

$$\frac{P_1}{\rho_m} + \frac{\bar{v}_1^2}{2} + gz_1 = \frac{P_2}{\rho_m} + \frac{\bar{v}_2^2}{2} + gz_2 \tag{10-1-13}$$

이것은 유체역학에서의 Bernoulli의 방정식이며 기체의 경우에도 압력의 변화가 작을 때는 이 식을 쓸 수 있다. 기체의 경우 위치에너지를 무시할 수 있다면 $P_d = \rho_m \bar{v}^2/2$라 놓고 이것을 동압(動壓, dynamic pressure)이라고 한다. 이에 대하여 유체의 흐름과 평행인 면에 수직으로 작용하는 보통 압력을 정압(靜壓, static pressure)이라고 부른다. Bernoulli의 식은 높이가 일정한 경우에는 정압과 동압의 합은 어느 곳에서나 일정하게 된다. 이러한 정압과 동압의 합을 전압(全壓, total pressure)이라고 한다. 따라서 기체가 지나는 덕트 내부에서 피토관(pitot tube)관을 이용하여 동압을 측정하면 이때의 유속 $\bar{v}$ (m/s)는 다음과 같다

$$\bar{v} = \sqrt{\frac{2P_d}{\rho_m}} \tag{10-1-14}$$

예제 10-2

자유 유로의 출구의 높이가 10 m 낮은 곳이다. 입구에서 유체의 속도는 2 m/s 이고 엔탈피가 200 kJ/kg이다. 이 유체가 출구까지 유동하는 동안 엔탈피가 100 kJ/kg이 감소하였다. 출구에서 유체의 속도는 얼마인가? 단, 외부로 일과 열의 수수는 없는 정상류이다.

풀이 식 (10-1-5)에서 $q=0,\ w=0$이므로

$$0=(h_2-h_1)+\frac{\bar{v}_2^2-\bar{v}_1^2}{2}+g(z_2-z_1)$$

$$\bar{v}_2=\sqrt{\bar{v}_1^2-2(h_2-h_1)-2g(z_2-z_1)}$$

$$\bar{v}_2=\sqrt{4+2\times(100\times1000)+2\times9.8\times10}=447\ \mathrm{m/s}$$

10-2 유체의 압축성 유동

물과 같이 비압축성유체로 취급되는 유체와 다르게 가스나 증기의 경우 실제로 심각한 밀도변화를 수반하는 유동이 일어난다. 이를 압축성 유동(compressible flows)이라 부르고, 특히 고속의 가스나 증기를 다루는 장치에서 흔히 볼 수 있다. 압축성 유동을 설명하기 위하여 고속의 유체의 속도를 나타낼 수 있는 음속과 마하수에 관하여 알아보기로 한다.

[1] 음속과 마하수

압축성 유동을 설명하기 위해 음속(velocity of sound)은 중요한 요소이다. 음속은 소리라 하는 미소한 압력파가 공기와 같은 매질을 이동하는 속도이다. 압력파는 국부적인 압력상승을 일으키는 작은 교란에 의해 발생한다. 스피커의 진동판인 콘페이퍼(cone paper)의 진동이 이러한 교란작용이다. 발생된 음파(sonic wave)는 매우 적은 진폭을 가지는 것이 일반적이어서 유체의 온도나 압력에 별로 변화를 일으키지 못한다. 따라서 음파는 단열과정이면서 등엔트로피 과정으로 전파된다. 이러한 음파의 속도 $\bar{v}_s$(m/s^2)는 일정 엔탈피(s)에서 다음과 같다.

$$\bar{v}_s^2=\left(\frac{\partial P}{\partial\rho}\right)_s \qquad (10\text{-}2\text{-}1)$$

또는

$$\bar{v}_s^2 = \kappa\left(\frac{\partial P}{\partial \rho}\right)_T \qquad (10\text{-}2\text{-}2)$$

여기서 κ는 유체의 비열비이다. 만약 유체가 이상기체라 하면 식 (10-2-2)는 쉽게 미분이 가능하게 되어 음속 $\bar{v}_s$를 다음과 같이 나타낼 수 있다.

$$\bar{v}_s^2 = \kappa\left[\frac{\partial(\rho RT)}{\partial \rho}\right]_T$$
$$\bar{v}_s = \sqrt{\kappa RT} \qquad (10\text{-}2\text{-}3)$$

마하수 (Mach number) 또한 압축성 유동을 설명하기 위한 중요한 요소이다. 마하수는 유체 또는 정지유체속 물체의 이동속도에 대한 동일한 유체와 동일한 상태에서의 음속의 비를 말하며 다음과 같다.

$$Ma = \frac{\bar{v}}{\bar{v}_s} \qquad (10\text{-}2\text{-}4)$$

이러한 마하수를 이용하여 유체의 유동 상태를 나타낼 수 있다. $Ma=1$이면 음속(sonic), $Ma>1$이면 초음속 (super sonic), $Ma<1$이면 아음속(subsonic) 유동이라 한다.

[2] 일차원 등엔트로피 유동의 기초식

노즐, 터빈 날개의 통로 등과 같은 장치를 통과하는 유체는 비교적 속도가 빠르기 때문에 이 유로를 통과하는 동안 외부에 대하여 열 및 일의 출입이 없고 마찰 등을 무시하는 경우에는 단열유동, 즉 가역단열변화인 등엔트로피 과정으로 볼 수 있다. 따라서 위치에너지를 무시할 수 있다면 식 (10-1-5)에서 $q=0$, $w=0$, $z_1-z_2=0$이고 엔탈피의 변화량은 운동에너지의 변화량과 같게 된다.

$$h_2 - h_1 + \frac{(\bar{v}_2^2 - \bar{v}_1^2)}{2} = 0$$
$$h_1 - h_2 = \frac{(\bar{v}_2^2 - \bar{v}_1^2)}{2} \qquad (10\text{-}2\text{-}5)$$

이때의 엔탈피차 $h_1 - h_2$을 단열열낙차 또는 단열열강하(heat drop)라고 한다. 출구에서 분출속도는 식 (10-2-5)로부터 다음과 같이 정리할 수 있다.

$$\bar{v}_2 = \sqrt{2(h_1 - h_2) + \bar{v}_1^2} \tag{10-2-6}$$

또 입구속도 $\bar{v}_1$은 출구에서 분출속도 $\bar{v}_2$에 비하여 아주 작으므로 $\bar{v}_1$을 무시하면 식 (10-2-6)은 다음과 같이 정리할 수 있다.

$$\bar{v}_2 = \sqrt{2(h_1 - h_2)} \tag{10-2-7}$$

단열유동의 경우에는 이 식을 사용하면 아주 편리하다. 실제의 경우에는 관로에 마찰이 있으므로 마찰로 인한 속도에너지의 손실을 가져와 그의 엔탈피에 상당하는 열량이 유체자체에 회수된다. 이때 출구측 엔탈피를 h'_2라 하면 $h_2' > h_2$이므로 마찰이 없는 이상적인 분출속도를 $\bar{v}$, 마찰이 있는 경우의 속도를 $\bar{v}_r$라 하면 $\bar{v} > \bar{v}_r$가 된다. 이러한 이상적 속도와 실제속도의 비를 속도계수(velocity-coefficient)라 한다.

$$\psi = \frac{\bar{v}_r}{\bar{v}} \tag{10-2-8}$$

이러한 속도계수는 엔탈피차의 비로 다음과 나타낼 수 있으며 이를 노즐효율(nozzle efficiency)라 한다.

$$\eta_n = \phi^2 = \frac{h_1 - h_2'}{h_1 - h_2} \tag{10-2-9}$$

예제 10-3

공기의 기체상수 R=0.2872 kJ/kgK이다. 공기의 온도가 273 K이라면 이 공기를 매질로 하는 음속을 구하여라. 단, 273 K에서 공기의 비열비는 κ=1.4이다.

풀이 음속은 식 (10-2-3)으로부터

$$\bar{v}_s = \sqrt{\kappa RT} = \sqrt{1.4 \times (0.2872 \times 1000) \times 273} = 331.31 \text{ m/s}$$

예제 10-4

예제 10-3의 공기를 1,500 m/s로 날아가는 비행기가 있다. 비행기의 마하수를 구하여라.

풀이 마하수는 식 (10-2-4)로부터

$$Ma = \frac{\bar{v}}{\bar{v}_s} = \frac{1500}{331.31} = 4.53$$

10-3 압축성 유동에서 단면적과 속도 변화

압축성 유동에서 유체 유동단면적의 변화에 따른 유체의 속도변화를 알아보기 위하여 위치에너지를 무시하고 일의 작용이 없는 등엔트로피 유동에 대한 에너지 평형식 (10-2-5)를 미분형태로 표현하면 다음과 같다.

$$dh + \bar{v}d\bar{v} = 0 \tag{10-3-1}$$

여기서 $Tds = dh - vdP = dh - dP/\rho$이고 등엔트로피 과정이므로 $dh = dP/\rho$이다. 따라서 식 (10-2-10)은 다음과 같이 정리할 수 있다.

$$\frac{dP}{\rho} + \bar{v}d\bar{v} = 0 \tag{10-3-2}$$

이 식은 위치에너지의 변화를 무시할 수 있는 경우에 대한 Bernoulli 방정식의 미분형이기도 하다. 식 (10-3-2)를 $d\bar{v}$로 정리하여 기초식인 식 (10-1-12)에 대입하면 다음과 같은 식을 얻을 수 있다.

$$\frac{dA}{A} = \frac{dP}{\rho}\left(\frac{1}{\bar{v}^2} - \frac{d\rho}{dp}\right) \tag{10-3-3}$$

여기서 $\bar{v}_s^2 = \left(\frac{\partial P}{\partial \rho}\right)_s$ 이므로 다음과 같이 정리할 수 있다.

$$\frac{dA}{A} = \frac{dP}{\rho}\left(\frac{1}{\bar{v}^2} - \frac{1}{\bar{v}_s^2}\right)$$

$$\frac{dA}{A} = \frac{dP}{\rho\bar{v}^2}\left(1 - \left(\frac{\bar{v}}{\bar{v}_s}\right)^2\right) \tag{10-3-4}$$

$$\frac{dA}{A} = \frac{dP}{\rho\bar{v}^2}(1 - Ma^2)$$

이 식은 유로 내의 등엔트로피 유동에서 단면적에 따라 압력 변화를 설명하는 중요한 식이다. 아음속 유동이면 $Ma < 1$ 이고 식 (10-3-4)에서 $1 - Ma^2$은 양수이므로 dA와 dP는 같은 부호를 가져야 한다. 즉 유체의 압력은 유로의 단면적이 증가하면 증가하고, 유로의 단면적이 감소하면 압력도 감소해야 한다. 따라서 아음속에서는 유

로가 수축하는 아음속 노즐형태의 경우 압력은 감소하고 유로가 확대되는 아음속 디퓨져 형태에서 압력은 증가한다. 같은 방법으로 초음속의 경우 $Ma>1$ 이므로 초음속 노즐 형태의 경우 압력이 증가하고 초음속 디퓨져 형태에서는 압력이 감소한다.

$Ma<1$ 아음속 축소유로, 압력 감소
$Ma<1$ 아음속 확대유로, 압력 증가
$Ma>1$ 초음속 축소유로, 압력 증가
$Ma>1$ 초음속 확대유로, 압력 감소

또 식 (10-3-2)을 상수인 $\rho\bar{v}$로 정리하여 기초식인 식 (10-1-12)에 대입하고 앞서의 과정을 반복하면 다음과 같은 식을 얻을 수 있다.

$$\frac{dA}{A} = \frac{d\bar{v}}{\bar{v}}(1 - Ma^2) \qquad (10\text{-}3\text{-}5)$$

이 식으로 아음속과 초음속 등엔트로피의 노즐 또는 디퓨져의 형상을 결정할 수 있다. 즉 유동상태에 따라 다음과 같이 정리할 수 있다.

$Ma<1$ 아음속 유동, $\dfrac{dA}{d\bar{v}} < 0$

$Ma>1$ 초음속 유동, $\dfrac{dA}{d\bar{v}} > 0$

$Ma=1$ 음속 유동, $\dfrac{dA}{d\bar{v}} = 0$

따라서 아음속의 경우 단면적의 변화량에 대한 속도의 변화량이 음수이므로 유로를 통과하는 유속이 아음속이면 속도를 증가시키기 위하여 유로는 축소관 형태인 노즐형상를 가져야 한다. 또 초음속의 경우 유로를 통과하는 유속을 증가시키려면 확대관 형태인 디퓨져 형상을 가져야 한다. 로켓과 같은 초음속을 넘는 유체의 유동속도가 필요한 분출구가 확대관 형태인 디퓨져 형상을 가지고 있는 이유가 이것이다.

10-4 노즐에서의 유동

노즐은 이것을 통과하는 유체의 유동에 의하여 유체의 열에너지 또는 압력에너지를 운동에너지로 바꾸어 주는 장치이다. 이러한 노즐에서의 가스 및 증기의 유동을 해석하기위하여 이상기체가 노즐을 통하여 등엔트로피 유동하는 경우를 생각하자. 이러한 이상기체 등엔트로피 유동의 해석을 통하여 노즐을 통과하는 유체의 속도, 유량, 노즐의 형상을 결정할 수 있다.

[1] 노즐에서 압축성 유동

노즐 내에 유체가 흐를 경우 통과하는 시간이 짧기 때문에 열의 출입량도 대단히 적으므로 단열과정으로 보아도 무방하다. 따라서 노즐로부터 분출되는 속도는 식 (10-2-5)로부터 구할 수 있다. 이상기체인 경우는 비열이 일정하므로 이상기체 방정식을 대입하면 다음과 같이 정리할 수 있다.

$$\frac{(\bar{v}_2^2 - \bar{v}_1^2)}{2} = h_1 - h_2 = c_p(T_1 - T_2)$$

$$= \frac{\kappa}{\kappa - 1} R(T_1 - T_2) = \frac{\kappa}{\kappa - 1}(P_1 v_1 - P_2 v_2) \qquad (10\text{-}4\text{-}1)$$

$$= \frac{\kappa}{\kappa - 1} P_1 v_1 \left(1 - \frac{T_2}{T_1}\right)$$

마찰손실이 없는 가역단열변화인 등엔트로피 과정이라 하면

$$\frac{(\bar{v}_2^2 - \bar{v}_1^2)}{2} = \frac{\kappa}{\kappa - 1} P_1 v_1 \left\{1 - \left(\frac{P_2}{P_1}\right)^{\frac{\kappa - 1}{\kappa}}\right\} \qquad (10\text{-}4\text{-}2)$$

초속 v_1이 생략할 수 있을 만큼 작은 경우 분출속도는 다음과 같다.

$$\bar{v}_2 = \sqrt{\frac{2\kappa}{\kappa - 1} P_1 v_1 \left\{1 - \left(\frac{P_2}{P_1}\right)^{\frac{\kappa - 1}{\kappa}}\right\}} \qquad (10\text{-}4\text{-}3)$$

유량 $\dot{m}$ (kg/s)은 출구의 단면적을 A_2라 할 때

$$\dot{m} = A_2 \rho_2 \bar{v}_2 \ , \quad \frac{P_1}{\rho_1^{\kappa}} = \frac{P_2}{\rho_2^{\kappa}}$$

인 관계로부터

$$\dot{m} = A_2 \bar{v}_2 \rho_2 = A_2 \bar{v}_2 \rho_1 \left(\frac{P_2}{P_1} \right)^{\frac{1}{k}}$$

식 (10-3-3)을 대입하면

$$\dot{m} = A_2 \rho_1 \left(\frac{P_2}{P_1} \right)^{\frac{1}{k}} \sqrt{\frac{2k}{\kappa - 1} P_1 v_1 \left\{ 1 - \left(\frac{P_2}{P_1} \right)^{\frac{\kappa - 1}{\kappa}} \right\}}$$

$$\dot{m} = A_2 \sqrt{\frac{2\kappa}{\kappa - 1} P_1 \rho_1 \left\{ \left(\frac{P_2}{P_1} \right)^{\frac{2}{\kappa}} - \left(\frac{P_2}{P_1} \right)^{\frac{\kappa + 1}{\kappa}} \right\}} \qquad (10\text{-}4\text{-}4)$$

따라서 단면적 A_2는

$$A_2 = \frac{\dot{m}}{\sqrt{\frac{2\kappa}{\kappa - 1} P_1 \rho_1 \left\{ \left(\frac{P_2}{P_1} \right)^{\frac{2}{\kappa}} - \left(\frac{P_2}{P_1} \right)^{\frac{\kappa + 1}{\kappa}} \right\}}} \qquad (10\text{-}4\text{-}5)$$

이상에서 분축속도 $\bar{v}_2$, 유량 $\dot{m}$, 단면적 A_2는 노즐 입구의 유체의 상태 p_1, v_1, k가 일정이면 노즐 출구의 압력 p_2 또는 팽창비 p_2/p_1만의 함수이다.

[2] 노즐에서 압축성 유동의 임계값

유체의 내부에너지와 유동에너지의 조합을 엔탈피로 정의 하여 유체의 에너지를 쉽게 나타낼 수 있다. 특히 유체의 운동에너지와 위치에너지를 무시할 수 있는 검사체적에서는 엔탈피가 총에너지가 된다. 노즐을 통과하는 고속유동의 경우는 위치에너지는 무시할 수 있으나 운동에너지를 무시할 수 없다. 따라서 대부분의 고속유동에서 사용가능한 엔탈피와 같은 상태량을 정의할 필요가 있다. 고속유동에서 유체의

총에너지를 편리하게 나타내기 위하여 엔탈피와 운동에너지를 조합하여 총엔탈피(total enthalpy) 또는 **정체엔탈피**(stagnation enthalpy)라 하고 단위 질량당 다음과 같이 나타낼 수 있다.

$$h_t = h + \frac{\bar{v}^2}{2} \tag{10-4-6}$$

앞서 식(10-2-5)에서 언급한 것과 같이 속도의 증가는 엔탈피의 감소를 유발한다. 즉 정체엔탈피 h_t는 유체가 완전히 정지 상태에 이르면 유체의 엔탈피와 동일한 상태가 되며, 운동에너지가 엔탈피로 변환되어 유체 내부의 온도와 압력을 증가시키게 된다. 이렇게 유체가 정지하면서 모든 운동에너지가 엔탈피로 변환되는 과정을 **정체과정**(stagnation state)이라 하면 이때의 상태량을 **정체 상태량**(stagnation property)이라 한다.

따라서 이상기체의 **정체온도**(stagnation temperature) T_t는 식(10-4-6)에서 엔탈피를 c_pT로 바꾸어 쓸 수 있으므로 다음과 같이 나타난다.

$$\begin{aligned} c_pT_t &= c_pT + \frac{\bar{v}^2}{2} \\ T_t &= T + \frac{\bar{v}^2}{2c_p} \end{aligned} \tag{10-4-7}$$

여기서 비열 $c_p = \dfrac{\kappa R}{(\kappa-1)}$, 음속 $\bar{v}_s = \sqrt{\kappa RT}$, 마하수 $Ma = \dfrac{\bar{v}}{\bar{v}_s}$ 를 이용하여 식 (10-4-7)을 다시 정리하면

$$\begin{aligned} \frac{T_t}{T} &= 1 + \frac{\bar{v}^2}{2c_pT} \\ \frac{T_t}{T} &= 1 + \frac{\bar{v}^2}{2\dfrac{\kappa R}{(\kappa-1)}T} \\ \frac{T_t}{T} &= 1 + \left(\frac{\kappa-1}{2}\right)\frac{\bar{v}^2}{\bar{v}_s^2} \\ \frac{T_t}{T} &= 1 + \left(\frac{\kappa-1}{2}\right)Ma^2 \end{aligned} \tag{10-4-8}$$

또한 이상기체의 정체압력(stagnation pressure) P_t는 유체의 압력에 대하여 정체 과정이 등엔트로피 과정이므로 다음과 같은 관계를 가진다.

$$\frac{P_t}{P}=\left(\frac{T_t}{T}\right)^{\frac{\kappa}{\kappa-1}} \tag{10-4-9}$$

또는 식 (10-4-9)에 식 (10-4-8)을 대입하여 다음과 같이 나타낼 수 있다.

$$\frac{P_t}{P}=\left[1+\left(\frac{k-1}{2}\right)Ma^2\right]^{\frac{k}{k-1}} \tag{10-4-10}$$

임계값을 구하기 위하여 식 (10-4-4)와 식 (10-4-5)에서 단면적 A_2가 일정할 경우 유량 $\dot{m}$을 최대로 하거나, 유량 $\dot{m}$가 일정할 경우에 단면적 A_2를 최소 하는 조건을 고려하자. 이 조건을 만족시키려면 식 (10-4-4)와 식 (10-4-5)에서 $\left\{\left(\frac{P_2}{P_1}\right)^{\frac{2}{\kappa}}-\left(\frac{P_2}{P_1}\right)^{\frac{\kappa+1}{\kappa}}\right\}$ 가 최대이어야 하므로 다음 식을 만족하는 값을 구하면 된다.

$$\frac{d\left\{\left(\frac{P_2}{P_1}\right)^{\frac{2}{\kappa}}-\left(\frac{P_2}{P_1}\right)^{\frac{\kappa+1}{\kappa}}\right\}}{d\left(\frac{P_2}{P_1}\right)}=0 \tag{10-4-11}$$

여기서 $\dot{m}$을 최대로 하는 값을 구면 다음과 같다.

$$\left(\frac{P_2}{P_1}\right)^{\frac{\kappa-1}{\kappa}}=\frac{2}{\kappa+1} \tag{10-4-12}$$

P_1은 일정한 값을 가지므로 $\dot{m}$을 최대로 하는 압력 P_2를 임계압(critical pressure) P_c라 하고 다시 정리하면 다음과 같다.

$$P_c=P_1\left(\frac{2}{\kappa+1}\right)^{\frac{\kappa}{\kappa-1}} \tag{10-4-13}$$

임계압에서의 온도를 임계온도(critical temperature) T_c라 하면 등엔트로피 변화이므로 다음과 같이 정리할 수 있다.

$$T_c = T_1\left(\frac{2}{k+1}\right) \tag{10-4-14}$$

임계압력에서의 분출속도, 즉 임계분출속도 $\bar{v}_c$는 식 (10-4-13)을 식 (10-4-3)에 대입하여 정리하면 다음과 같다.

$$\bar{v}_c = \sqrt{\frac{2\kappa}{\kappa+1}P_1 v_1} \tag{10-4-15}$$

임계상태에서 비체적 v_c는 분출이 단열변화이므로

$$v_c = v_1\left(\frac{P_1}{P_c}\right)^{\frac{1}{\kappa}} = v_1\left(\frac{\kappa+1}{2}\right)^{\frac{1}{\kappa-1}} \tag{10-4-16}$$

또한 임계압력 P_c는 $P_1 v_1^\kappa = P_c v_c^\kappa$인 관계로부터

$$P_c = P_1\left(\frac{v_1}{v_c}\right)^\kappa \tag{10-4-17}$$

식 (10-4-15)에 식 (10-4-16), (10-4-17)을 대입하면

$$\bar{v}_c = \sqrt{\kappa P_c v_c} = \sqrt{\kappa R T_c} \tag{10-4-18}$$

가 되어 P_c, v_c의 상태에 있어서의 유속은 음속(sonic velocity)과 같게 된다. 따라서 마하수 $Ma = 1$이고 식 (10-4-10)으로부터 식 (10-4-13)과 같은 임계압력식을 구할 수 있다.

식 (10-4-4)의 질량유량 $\dot{m}$은 마하수의 $Ma = \frac{\bar{v}}{v_s}$ 관계를 이용하여 다음과 같이 간단하게 표현할 수 있다.

$$\dot{m} = \rho A\bar{v} = \left(\frac{P}{RT}\right)A\left(Ma\sqrt{\kappa RT}\right) = PAMa\sqrt{\frac{\kappa}{RT}} \tag{10-4-19}$$

임계유량인 최대유량을 구하기 위하여 식 (10-4-8)과 식 (10-4-10)에서 T와 p를 구하여 식 (10-4-19)에 대입하면 다음과 같이 정리할 수 있다.

$$\dot{m} = \frac{AMa\sqrt{\kappa/RT_t}}{[1+(\kappa-1)/2]^{(\kappa+1)/(2\kappa-1)}} \tag{10-4-20}$$

앞서 유도한 것과 같이 최대유량일 때 마하수 $Ma=1$이므로 마하수가 1인 부분은 최소단면적인 A_c이고 이 부분을 노즐의 목(throat)이라 부른다. 따라서 최소단면적인 A_c와 $Ma=1$을 식 (10-4-20)에 대입하면 최대유량 또는 임계유량 $\dot{m}_c$는 다음과 같이 나타낼 수 있다.

$$\dot{m}_c = A_c P_t \sqrt{\frac{\kappa}{RT_t}} \left(\frac{2}{\kappa+1}\right)^{\frac{(\kappa+1)}{2(\kappa-1)}} \tag{10-4-21}$$

그러므로 특정한 이상기체에 대해 목 부분 단면적이 주어지면 입구 유동의 정체온도, 정체압력에 의해 최대유량이 결정된다. 따라서 목부분의 단면적을 변화시키는 것 이외에도 정체온도 및 정체압력의 조절을 통해 유량을 조절할 수 있다. 즉 노즐에서 아음속으로 유동하는 이상기체의 정체온도를 증가시키면 단위면적당 질량유량이 감소하고 정체압력을 증가시키면 단위면적당 질량유량은 증가한다. 또 정체온도를 감소시키면 단위면적당 질량유량은 증가하고 정체압력을 감소시키면 단위면적당 질량유량은 감소한다.

수축 노즐의 경우 노즐 출구 영역의 압력인 배압(back pressure)이 임계압력 이하이면 출구압력은 임계압력과 같아진다. 또 목 부분의 유체 임계속도는 음속(노즐 내 음속은 온도에 따라 변하므로 위치에 따라 변한다는 점을 상기하자.)이고 최대유량이므로 노즐의 상류 유동에서는 임계압력보다 낮은 배압으로 인해 유량에 영향을 주는 경우는 없다.

[3] 수축-확대노즐

노즐의 형상은 유동방향으로 단면적이 감소하는 수축노즐이 일반적이다. 그러나 앞서 유도한 바와 같이 수축노즐에서 최대로 가소되는 속도는 음속($Ma=1$)이 한계이다. 따라서 초음속($Ma>1$)으로 가속하기 위하여 수축노즐의 목부분에 확대 디퓨저를 연결한 수축-확대 노즐의 형태로 만들어야 한다. 이러한 수축-확대 노즐은 로켓이나 초음속 항공기의 추진장치에 사용된다. 그러나 수축-확대 노즐을 통과한다고 모든 유체가 초음속이 되는 것은 아니다. 특히 배압이 충분한 범위에 있지 않으면 확대되는 부분에서 오히려 감속된다. 수축-확대 노즐에서 배압이 유동에 미치는 영향을 간단히 정리하면 다음과 같다.

① 정체압력 〉 배압 〉 임계압력

정체압력이 배압보다 크므로 노즐 전체에 걸쳐 아음속이다. 비록 수축부분에서 속도가 증가하더라도 $Ma < 1$인 아음속이다. 수축부분에서 증가된 속도는 확대 디퓨저 부분에서 감소하게 된다. 압력은 수축부에서 감소하여 확대부에서 속도의 감소에 따라 증가한다.

② 배압 = 임계압력

수축부 목에서의 속도는 음속이 된다. 그러나 확대 디퓨저 부분에서 속도는 아음속으로 감소된다. 수축부의 목에서 임계속도(음속)과 임계압력을 얻을 수 있고 배압을 감소시키면 질량유량을 최대값으로 얻을 수 있다.

③ 임계압력 〉 배압 〉 초음속임계압력

목에서 음속으로 가속되어 확대부에서 압력강하와 함께 초음속으로 가속된다. 그러나 확대부에서 음속을 돌파하면서 발생하는 충격파로 인해 속도는 갑자기 아음속으로 떨어지고 압력 또한 갑자기 상승한다. 특히 임계압력>배압=초음속임계압력의 경우 충격파는 출구면에서 발생한다.

④ 임계압력 〉 초음속임계압력 〉 배압

확대부에서 초음속으로 가속되며 충격파가 발생하지 않는다. 따라서 노즐을 통과하는 유동을 등엔트로피 유동으로 해석할 수 있다.

예제 10-5

800 kPa, 300 K로 유지되는 압력 탱크로부터 수축노즐을 통하여 비열비 $\kappa=1.4$, 기체상수 $R=0.2872$ kJ/kgK인 공기를 노즐을 통하여 분출하려 한다. 최대로 얻을 수 있는 분출속도를 구하여라. 또 음속을 구하여 임계속도와 비교하여 보아라.

풀이 임계속도 식 (10-4-14)을 이용하기 위하여 우선 초기 비체적을 구하면 이상기체 방정식으로부터

$$v = \frac{RT}{P} = \frac{(0.2872 \times 1000) \times 300}{(800 \times 1000)} = 0.1077\ \mathrm{m^3/kg}$$

식 (10-4-14)으로부터

$$\bar{v}_c = \sqrt{\frac{2\kappa}{k+1} P_1 v_1}$$

$$\bar{v}_c = \sqrt{\frac{2 \times 1.4}{1.4+1} \times (800 \times 1000) \times 0.1077} = 317.05\ \mathrm{m/s}$$

음속을 구하기 위하여 식 (10-4-17)을 이용하기 위하여 우선 식 (10-4-14)로부터

$$T_c = T_1\left(\frac{2}{\kappa+1}\right) = 300\left(\frac{2}{1.4+1}\right) = 250\ \mathrm{K}$$

식 (10-4-17)로부터

$$\bar{v}_c = \sqrt{\kappa R T_c} = \sqrt{1.4 \times (0.2872 \times 1000) \times 250} = 317.05\ \mathrm{m/s}$$

따라서 수축노즐의 음속은 최대분출 속도이다.

예제 10-6

예제 10-5에서 공기를 200 kg/s으로 노즐에서 분사한다면 이 노즐의 목면적, 즉 노즐의 최소면적을 구하여라.

풀이 식 (10-4-21)로부터 정체된 탱크에서는 정체온도와 정체압력을 구하면 식 (10-4-8)로부터 마하수가 1이면 되므로

$$\frac{T_t}{T} = 1 + \left(\frac{\kappa-1}{2}\right) Ma^2$$

$$T_t = 300 + 300\left(\frac{1.4-1}{2}\right)1^2 = 360\ \mathrm{K}$$

식 (10-4-10)으로부터 마하수가 1이면 되므로

$$\frac{P_t}{p} = \left[1 + \left(\frac{\kappa-1}{2}\right) Ma^2\right]^{\frac{\kappa}{\kappa-1}}$$

$$P_t = 800 \times \left[1 + \left(\frac{1.4-1}{2}\right)1^2\right]^{\frac{1.4}{1.4-1}} = 1514.3433\ \mathrm{kPa}$$

식 (10-4-21)로부터

$$\dot{m}_c = A_c P_t \sqrt{\frac{\kappa}{RT_t}} \left(\frac{2}{\kappa+1}\right)^{\frac{(\kappa+1)}{2(\kappa-1)}}$$

$$A_c = \frac{\dot{m}_c}{P_t \sqrt{\frac{\kappa}{RT_t}} \left(\frac{2}{\kappa+1}\right)^{\frac{(\kappa+1)}{2(\kappa-1)}}}$$

$$A_c = \frac{200}{1514.3433 \times 1000\sqrt{\frac{1.4}{(0.2872 \times 1000) \times 360}\left(\frac{2}{1.4+1}\right)^{\frac{(1.4+1)}{2(1.4-1)}}}} = 0.062\ \text{m}^2$$

예제 10-7

비열비 κ=1.4인 이상기체가 노즐을 등엔트로피 유동으로 통과한다. 노즐은 온도가 273 K인 거대한 저장고에 연결되어 초기속도는 무시할 정도로 작다고 한다. 초기압력이 200 kPa이고 분출압력(배압)이 100 kPa이었다. 분출속도와 분출 후 온도는 얼마인가? 또 임계속도와 마하수는 얼마인가? 이러한 분출압력을 얻기 위한 노즐의 형상은 어떤 것인가? 단, 공기의 기체상수 R=0.2872 kJ/kgK이다.

풀이 노즐의 등엔트로피 유동에서 출구속도는 식 (10-4-3)을 이용하기 위하여 우선 초기 비체적을 구하면 이상기체 방정식으로부터

$$v = \frac{RT}{P} = \frac{(0.2872 \times 1000) \times 273}{(200 \times 1000)} = 0.392\ \text{m}^3/\text{kg}$$

따라서 분출 속도는

$$\bar{v}_2 = \sqrt{\frac{2\kappa}{\kappa-1}P_1 v_1\left\{1-\left(\frac{P_2}{P_1}\right)^{\frac{\kappa-1}{\kappa}}\right\}}$$

$$\bar{v}_2 = \sqrt{\frac{2\times 1.4}{1.4-1}\times(200\times 1000)\times 0.392\times\left\{1-\left(\frac{100\times 1000}{200\times 1000}\right)^{\frac{1.4-1}{1.4}}\right\}} = 314\ \text{m/s}$$

분출온도는 등엔트로피 변화이므로

$$T_2 = T_1\left(\frac{P_2}{P_1}\right)^{\frac{\kappa-1}{\kappa}} = 273\times\left(\frac{100}{200}\right)^{\frac{1.4-1}{1.4}} = 223.95\ \text{K}$$

노즐의 등엔트로피 유동에서 임계속도는 임계비체적을 모르므로 식 (10-4-15)으로부터

$$\bar{v}_c = \sqrt{\frac{2\kappa}{\kappa+1}P_1 v_1}$$

$$\bar{v}_c = \sqrt{\frac{2\times 1.4}{1.4+1}\times(200\times 1000)\times 0.392} = 302.4\ \text{m/s}$$

마하수는 식 (10-2-4)로부터

$$Ma = \frac{\bar{v}}{\bar{v}_s} = \frac{314}{302.4} = 1.04$$

마하수가 1 이상이므로 초음속 유동이다. 이렇게 초음속유동을 얻기 위하여서는 수축-확대노즐의 형상이 필요하다.

10-5 관 내 유동

[1] 마찰손실

유체가 관 속을 흐를 경우 어떤 관에서든지 반드시 마찰저항이 발생한다. 이 마찰저항을 극복하기 위하여 일을 소비해야 하며 그 결과로 관을 따라서 연속적으로 압력이 떨어진다. 관속의 흐름에 대한 기초식에 의하면 흐름의 도중에서 유체는 마찰일 w_r이 발생하고 외부에 대하여는 일을 하지 않으며 또한 수평관이라고 가정하면 w=0, z=0 이므로 유체의 유동에너지 식은 식 (10-1-5)으로부터 미분형으로 나타내면 다음 식과 같이 된다.

$$\bar{v}d\bar{v}+\frac{dP}{\rho}+dw_r=0 \tag{10-5-1}$$

이 식은 외부와의 열의 교환의 유무에 관계없이 성립한다. 실험에 의하면 마찰손실은 관의 미소 길이 dl 사이를 유체가 흐를 경우에 마찰저항을 이기기 위한 일 dw_r은 관의 길이 dl와 유속 $\bar{v}$의 자승에 비례하고 관의 직경에 반비례한다.

$$dw_r=\lambda\frac{dl}{d}\frac{\bar{v}^2}{2} \tag{10-5-2}$$

단, d는 관의 지름, l은 관의 길이이다. λ는 비례상수로서 이것을 마찰계수라고 부른다. 만약 관이 원관이 아닐 때는 관의 단면적 A와 둘레길이 L과의 비, 즉

$$D=\frac{a}{L} \tag{10-5-3}$$

를 사용하면 된다. 여기서 D을 수력의 평균높이(hydraulic mean depth) 또는 수력반경(hydraulic radius)라고 한다.

원통관일 경우는 $D=d/4$와 같으므로 위의 식 대신에 D을 사용하면

$$dw_r=\zeta\frac{dl}{D}\frac{\bar{v}^2}{2},\quad \lambda=4\zeta \tag{10-5-4}$$

식 (10-5-1)에 식 (10-5-2)을 대입하면 다음과 같다.

$$\bar{v}d\bar{v}+\frac{dP}{\rho}+d\lambda\frac{dl}{d}\frac{\bar{v}^2}{2}=0 \qquad (10\text{-}5\text{-}5)$$

관의 길이가 그다지 길지 않거나 유속이 작을 경우 또는 관의 내부가 매끈하여 마찰이 적은 경우에는 압력강하가 적으며 따라서 체적의 변화 및 속도의 변화를 무시할 수 있다. 지금 식 (10-5-5)는 $d\bar{v}=0$이므로 다음과 같이 정리할 수 있다.

$$-\frac{dP}{\rho}=\lambda\frac{dl}{d}\frac{\bar{v}^2}{2} \qquad (10\text{-}5\text{-}6)$$

따라서 압력강하는 다음 식으로 표시된다.

$$\varDelta P=P_1-P_2=-\int_1^2 dP=\lambda\frac{\rho dl}{d}\frac{\bar{v}^2}{2} \qquad (10\text{-}5\text{-}7)$$

관의 양 지점의 높이차를 고려할 때에는 위의 압력강하식의 우변에 $g(z_2-z_1)$를 더하여 주어야 한다. 관 내 유동의 마찰계수 λ는 무차원수(dimensionless number)이며 실험에 의하여 유속, 관의 지름, 유체의 점성 등에 따라 달라진다. 공학상 주로 취급하는 난류영역에서는 관 내의 거칠음 정도에 따라 좌우된다. 관 내면이 매끈한 관에서 마찰계수 λ는 레이놀즈수(Reynolds number) Re만의 함수이다. $Re<2320$인 범위에서는 일반적으로 층류이고 이 경우에는 λ의 값은 관 내면의 평활도에는 관계없이 다음과 같다.

$$\lambda=\frac{64}{Re} \qquad (10\text{-}5\text{-}8)$$

$2320<R_e<3000$의 범위에서는 천이구역이고 $R_e<3000$이면 난류가 된다.

[2] 관내 등온 유동

관이 긴 경우에는 압력강하가 커지고 따라서 밀도의 변화 역시 커지며 유속도 변한다. 이 경우에는 해석적 해법을 사용할 수 있는 것은 이상기체에 한하며 증기와 같은 일반유체는 원시해법에 따를 수밖에 없다. 땅속에 묻힌 가스관은 그 길이 전체에 걸쳐서 온도라 일정하다고 생각할 수 있다. 여기서 이상기체의 특성식이 성립한다. 따라서 $p\bar{v}=const$를 미분하여 식(10-5-5)에 대입하면 다음과 같이 정리할 수 있다.

$$d\left(\frac{\bar{v}^2}{2}\right) - Pv\frac{d\bar{v}}{\bar{v}} + \lambda\frac{dl}{d}\frac{\bar{v}^2}{2} = 0 \qquad (10\text{-}5\text{-}9)$$

이 식을 적분하여 이상기체 특성식 $\frac{P_1}{P} = \frac{v}{v_1} = \frac{\bar{v}}{\bar{v}_1}$에 대입하면 다음과 같이 정리할 수 있다.

$$\frac{P_1v_1}{2}\left\{1 - \left(\frac{P_2}{P_1}\right)^2\right\} + \bar{v}_1^2\ln\frac{P_2}{P_1} = \frac{\bar{v}_1^2}{2}\lambda\frac{l}{d} \qquad (10\text{-}5\text{-}10)$$

위 식의 좌변의 제2항을 생략할 수 있을 경우 p_2에 관하여 다음과 같이 정리할 수 있다.

$$P_2 = P_1\sqrt{1 - \frac{\lambda}{P_1v_1}\frac{l}{d}\bar{v}_1^2} \qquad (10\text{-}5\text{-}11)$$

따라서 압력강하는 다음과 같다.

$$\Delta P = P_1 - P_2 = P_1\left(1 - \sqrt{1 - \frac{\lambda}{P_1v_1}\frac{l}{d}\bar{v}_1^2}\right) \qquad (10\text{-}5\text{-}12)$$

[3] 마찰손실이 발생하는 관내 압축성 유동

단면적이 일정한 관로는 공업적으로 널리 이용된다. 노즐과 같이 길이가 짧은 유로의 경우는 등엔트로피 유동으로 취급해도 되는 경우가 많지만 실제 가스 및 증기는 점성이 있고 따라서 등엔트로피 유동은 아니다. 이러한 짧은 유로에서 유체가 고속 유동할 때 마찰손실이 발생하는 흐름을 Fanno 흐름(Fanno flow)이라 한다. Fanno 흐름에서 연속방정식은 다음과 같다.

$$\frac{d\rho}{\rho} + \frac{d\bar{v}}{\bar{v}} = 0 \qquad (10\text{-}5\text{-}13)$$

압축성 유동이므로 식 (10-2-5)에서 $h + \frac{\bar{v}^2}{2} = const$이므로 이를 미분하여 $dh = c_p dT$를 대입하면 에너지식을 다음과 같이 나타낼 수 있다.

$$c_p dT + \bar{v}d\bar{v} = 0 \qquad (10\text{-}5\text{-}14)$$

또는 마하수를 이용하여 다음과 같이 정리할 수 있다.

$$\frac{dT}{T}+(\kappa-1)Ma^2\frac{d\bar{v}}{\bar{v}}=0 \tag{10-5-15}$$

마하수를 미분하고 식 (10-5-15) 대입하여 dT/T를 소거하고 적분하면 다음과 같이 마하수의 변화에 따른 속도비와 밀도비를 구할 수 있다.

$$\frac{\bar{v}}{\bar{v}_1}=\frac{Ma}{Ma_1}\left[\frac{1+\frac{\kappa-1}{2}Ma_1^2}{1+\frac{\kappa-1}{2}Ma^2}\right]^{\frac{1}{2}} \tag{10-5-16}$$

$$\frac{\rho}{\rho_1}=\frac{Ma_1}{Ma}\left[\frac{1+\frac{\kappa-1}{2}Ma^2}{1+\frac{\kappa-1}{2}Ma_1^2}\right]^{\frac{1}{2}} \tag{10-5-17}$$

위 식을 식 (10-5-13)에 대입하고 적분하면 마하수 변화에 대한 온도비를 구할 수 있다.

$$\frac{T}{T_1}=\frac{1+\frac{\kappa-1}{2}Ma_1^2}{1+\frac{\kappa-1}{2}Ma^2} \tag{10-5-18}$$

이 식에 식 (10-5-16), 식 (10-5-17)을 대입하고 적분하면 마하수 변화에 대한 압력비를 구할 수 있다.

$$\frac{P}{P_1}=\frac{Ma_1}{Ma}\left[\frac{1+\frac{\kappa-1}{2}Ma_1^2}{1+\frac{\kappa-1}{2}Ma^2}\right]^{\frac{1}{2}} \tag{10-5-19}$$

위 식들로부터 엔탈피의 변화는 다음과 같이 쓸 수 있다.

$$\Delta s=(s-s_1)=R\ln\frac{Ma}{Ma_1}\left[\frac{1+\frac{\kappa-1}{2}Ma_1^2}{1+\frac{\kappa-1}{2}Ma^2}\right]^{\frac{\kappa+1}{2(\kappa-1)}} \tag{10-5-20}$$

[4] 마찰손실은 없고 열교환이 있는 관내 압축성 유동

마찰손실이 있는 관로와 같이 실제 공업적으로 열교환이 있는 관로를 통과하는 압축성 유체를 접하게 된다. 마찰손실에 관하여서는 앞서 살펴보았으므로 열교환이 있는 일정한 단면적을 가지는 관내 이상기체의 압축성 유동을 생각하자. 마하수를 이용하면 상태량의 변화를 나타내는 것이 매우 유용하다. $Ma = \overline{v}/\overline{v}_s = \overline{v}/\sqrt{kRT}$ 이므로 $\overline{v} = Ma\sqrt{kRT}$ 를 이용하도록 한다. 또 이상기체의 유동이므로 $P = \rho RT$ 를 만족하므로 이 식들을 정리하면 다음과 같이 쓸 수 있다.

$$\rho\overline{v}^2 = \rho\kappa RTMa^2 = \kappa PMa^2 \tag{10-5-21}$$

또 마찰을 무시하고, 매우 고속의 난류이고, 외력이 없다고 한다면 운동량 방정식은 다음과 같다.

$$P_1 + \rho_1\overline{v}_1 = P_2 + \rho_2\overline{v}_2 \tag{10-5-22}$$

식 (10-5-22)에 식 (10-5-21)을 대입하여 정리하면 다음과 같이 마하수 변화에 대한 압력비를 얻을 수 있다.

$$\frac{P_2}{P_1} = \frac{1+\kappa Ma_1^2}{1+\kappa Ma_2^2} \tag{10-5-23}$$

단면적이 일정하므로 연속방정식 $\rho_1\overline{v}_1 = \rho_2\overline{v}_2$ 이고 $\overline{v} = Ma\sqrt{\kappa RT}$ 를 이용하면 다음과 같이 마하수 변화에 대하 온도비를 얻을 수 있다.

$$\frac{T_2}{T_1} = \left[\frac{Ma_2(1+\kappa Ma_1^2)}{Ma_1(1+\kappa Ma_2^2)}\right]^2 \tag{10-5-24}$$

또 같은 관계에서 다음과 같이 밀도비와 속도비를 얻을 수 있다.

$$\frac{\rho_2}{\rho_1} = \frac{\overline{v}_1}{\overline{v}_2} = \frac{Ma_1^2(1+kMa_2^2)^2}{Ma_2^2(1+kMa_1^2)^2} \tag{10-5-25}$$

예제 10-8

온도가 280 K인 땅속에 묻혀 있는 지름 100 mm인 관을 비체적 0.8 m^3/kg인 이상기체가 5 m/s의 속도로 흐르고 있다. 입구 압력이 900 kPa일 때 1 km 후의 압력강하를 구하여라. 단, 관의 마찰계수는 0.2이다.

풀이 땅 속에 묻혀 있는 관내를 흐르는 이상기체는 등온유동이라 할 수 있다. 따라서 등온유동의 압력 강하는 식 (10-5-12)에서

$$\Delta P = P_1\left(1-\sqrt{1-\frac{\lambda}{P_1 v_1}\frac{l}{d}\overline{v}_1^2}\right)$$

$$\Delta P = (900\times1000)\times\left(1-\sqrt{1-\frac{0.2}{(900\times1000)\times0.8}\times\frac{1000}{0.1}\times5^2}\right)$$

$$= 31812.23\ \text{Pa} = 31.8\ \text{kPa}$$

예제 10-9

$Ma=0.8$의 속도로 초기압력 500 kPa인 이상기체가 마찰이 있는 축소관을 통과한 후 $Ma=1$로 가속되었다. 이 관로에서 일어나는 압력 강하를 구하여라. 단, 이상기체의 비열비 $\kappa=1.3$이다.

풀이 마찰이 있는 관내 압축성 유동에서 압력강하는 식(10-5-19)로부터

$$P = P_1\left(1-\frac{Ma_1}{Ma}\left[\frac{1+\frac{\kappa-1}{2}Ma_1^2}{1+\frac{\kappa-1}{2}Ma^2}\right]^{\frac{1}{2}}\right)$$

$$P = (500\times1000)\left(1-\frac{0.8}{1}\left[\frac{1+\frac{1.3-1}{2}\times0.8^2}{1+\frac{1.3-1}{2}\times1^2}\right]^{\frac{1}{2}}\right) = 109504.21\ \text{Pa} = 109.5\ \text{kpa}$$

예제 10-10

열교환기 입구에서 $Ma=0.3$의 속도로 초기압력 500 kPa인 이상기체가 열교환기를 통과한 후 $Ma=0.1$로 감속되었다. 출구에서 압력을 구하여라. 단, 이상기체의 비열비 $k=1.3$이다.

풀이 열교환이 있는 관내 압축성 유동에서 압력강하는 식 (10-5-23)로부터

$$P_2 = P_1\left(\frac{1+\kappa Ma_1^2}{1+\kappa Ma_2^2}\right)$$

$$P_2 = (500\times1000)\left(\frac{1+1.3\times0.3^2}{1+1.3\times0.1^2}\right) = 551332.6\ \text{Pa} = 551.33\ \text{kPa}$$

연습문제

[10-1] 입구의 지름이 50 mm인 원형 유로에 밀도가 0.7 kg/m³인 유체가 3 m/s로 유입되었다. 유입 유로의 단면적이 1,000 mm로 확장되었다. 정상유동으로 보고 유로를 흐르는 질량유량 $\dot{m}$ (kg/s)과 확대된 곳에서의 유속을 구하여라.

답 $\dot{m}$ = 0.004116 kg/s ,$\bar{v}$ = 0.75 m/s

[10-2] 자유 유로의 출구의 높이가 2 m 낮은 곳이다. 입구에서 유체의 속도는 20 m/s이고 엔탈피가 300 kJ/kg이다. 이 유체가 출구까지 유동하는 동안 엔탈피가 100 kJ/kg이 감소하였다면 출구에서 유체의 속도는 얼마인가? 단, 외부로 일과 열의 수수는 없는 정상류이다.

답 $\bar{v}_2$=447.7 m/s

[10-3] 비열비가 κ=1.4인 공기의 온도가 350K 이라면 이 공기를 매질로 하는 음속을 구하여라. 단, 350K에서 공기의 밀도는 ρ=1.2922 kg/m³ 라고 하고 공기의 기체상수 R=0.2872 kJ/kgK이다.

답 $\bar{v}_s$=375.1 m/s

[10-4] 문제 10-3의 공기 속을 날아가는 탄환의 속도가 800 m/s이다. 이 탄환의 마하수를 구하여라.

답 Ma= 2.133

[10-5] 공기 압축탱크가 500 kPa, 330 K으로 유지된다. 압력탱크로부터 공기를 수축노즐을 통하여 분출하려 한다. 최대로 얻을 수 있는 분출속도와 음속을 구하여라. 단, 공기의 비열비와 기체상수는 각각 κ=1.4, R=0.2872 kJ/kgK라 가정한다.

답 (1) $\bar{v}_c$=332.6 m/s (2) $\bar{v}_s$=332.5 m/s

[10-6] 문제 10-5에서 공기를 200 kg/s으로 노즐에서 분사한다면 이 노즐의 목면적, 즉 노즐의 최소면적을 구하여라.

답 A_c= 0.104 m²

[10-7] 온도가 300 K인 저장탱크에 연결관 노즐을 통하여 비열비 $\kappa=1.4$인 이상기체가 노즐을 등엔트로피 유동으로 통과한다. 초기압력이 200 kPa이고 분출압력(배압)이 100 kPa이었다. 분출속도와 분출 후 온도는 얼마인가? 또 임계속도와 마하수는 얼마인가? 이러한 분출압력을 얻기 위한 노즐의 형상은 어떤 것인가? 공기의 기체상수 $R=0.2872$ kJ/kgK이다.

답 $\bar{v}_2=329.256$ m/s, $T_2=246.1$ K, $\bar{v}_c=317.122$ m/s, $Ma=1.038$, 수축-확대 노즐 형상

[10-8] 지름 1 m인 관을 온도 300 K인 등온유동으로 이상기체를 1 km 이동시켜야 한다. 비체적 0.8 m^3/kg인 이상기체가 5 m/s 속도로 흐르려면 초기 압력이 900 kPa일 때 1 km 후의 압력강하를 구하여라. 단관의 마찰계수는 0.2이다.

답 $\Delta p=$ 3.13 kPa

[10-9] $Ma=0.8$의 속도로 초기압력 500 kPa인 이상기체가 마찰이 있는 축소관을 통과한 후 $Ma=1$로 가속되었다. 이 관로에서 일어나는 압력 강하를 구하여라. 단, 이상기체의 비열비 $\kappa=1.4$이다.

답 $\Delta p=$ 112.186 kPa

[10-10] 열교환기 입구에서 $Ma=0.13$의 속도로 초기압력 500 kPa인 이상기체가 열교환기를 통과한 후 $Ma=0.11$로 감속되었다. 출구에서 압력을 구하라. 단, 이상기체의 비열비 $\kappa=1.40$이다.

답 $p_2=$ 503.3 kPa

11 전 열

11 T·H·E·R·M·O·D·Y·N·A·M·I·C·S 전 열

어떤 물체나 영역에서 온도차가 있을 때에는 그 온도차에 따라서 고온부로부터 저온부로 열이 이동하는 것은 열역학의 기초이론이나 경험에 의해서 잘 알 수 있다. 이와 같이 열에너지의 이동현상을 일반적으로 전열 또는 열전달(熱傳達, heat transfer)이라고 한다.

전열현상은 실제로 여러 가지의 열설비, 공업기기 등의 열계산에 있어서 매우 중요한 역할을 하지만 실용상의 많은 응용 예에서는 매우 복잡한 전열기구를 수반하고 있다. 그러나 이 장에서는 전열의 기초적인 개념을 이해하도록 하기 위하여 전열현상의 3가지 전열기구인 전도(傳導, conduction), 대류(對流, convection), 복사(輻射, radiation)로 분류하여 설명하고자 한다.

11-1 전 도

열전도(heat conduction)는 어떤 물체 내부에서나 서로 접촉하고 있는 물체사이에 온도차가 있을 경우에 발생하는 전열현상으로서, 미시적으로는 물체 내부의 분자나 전자가 갖고 있는 에너지가 인접한 분자나 전자에 전달되기 때문에 일어나는 열의 이동현상이다. 그림 11-1과 같은 물체에 대한 열전도를 고려해 보자. 물체의 x축 방향의 단면적을 A라 하고 길이의 변화량을 dx, 양 끝면의 온도를 T_1과 T_2라고 하고 y축 방향으로는 열의 이동은 없다고 가정한다. x축 방향으로의 열전달률(heat rate) q_x는 물체의 단면적 A에 정비례하고, 물체 길이의 변화량 dx에는 반비례하며, 온도의 변화량 $dT=(T_2-T_1)$에 정비례한다는 것을 경험을 통하여 알고 있다. 이러한

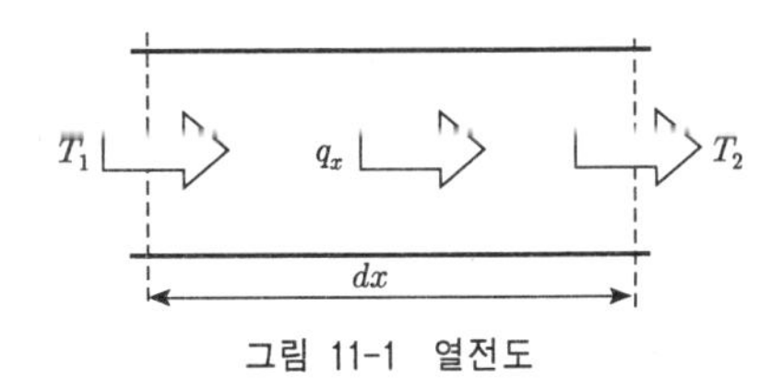

그림 11-1 열전도

경험적인 관계들은 실험적인 근거를 통하여 일반화되며 현상학적인 결과라 한다. 전도에 의한 전열의 현상학적인 결과들은 다음과 같이 비례식으로 나타낼 수 있다.

$$q_x \propto A\frac{dT}{dx} \tag{11-1-1}$$

이러한 비례관계는 물체의 재질이 금속, 유리, 콘크리트 등으로 변경된다 하더라도 유지된다는 것 또한 알 수 있으며 q_x값이 콘크리트보다 금속이 클 것이라는 것도 알 수 있다. 따라서 비례식을 등식의 관계로 나타내기 위한 비례상수를 k라 하면, 비례상수 k는 열전도율(thermal conductivity)로 물질에 따라서 결정되는 값이다. 비례상수 k를 이용하여 식 (11-1-1)을 등식으로 나타내면 다음과 같다.

$$q = -Ak\frac{dT}{dx} \tag{11-1-2}$$

여기서 $-\frac{dT}{dx}$는 온도구배(temperature gradient)라 하고, (—)의 부호는 x축 방향으로의 온도의 변화량 $dT = (T_2 - T_1)$가 음의 수를 갖는 다는 것을 의미한다. 즉 $T_1 > T_2$이라는 것을 나타내며 열은 높은 온도에서 낮은 온도 방향으로 이동한다는 것을 나타낸다. 이와 같은 물체내부의 열전도에 관한 식은 프랑스의 물리학자 Joseph Fourier의 실험(1822년)을 토대로 하였으므로 이를 Fourier 법칙(Fourier's law)이라 한다.

표 11-1 온도 300 k에서 각종 물질의 열전도율(k)

물 질	k (W/m℃)	물 질	k (W/m℃)
알루미늄	237	목 재	0.12~0.16
구 리	401	유 리	1.4
금	317	아스팔트	0.062
철	80.2	콘크리트	1.4
석고 보드	0.12	가 죽	0.159
시멘트 몰탈	0.72	종 이	0.180
시멘트 벽돌	0.72	경화 고무	0.13~0.16
외장용 벽돌	1.3	모 래	0.27
글래스 파이버	0.038~0.046	흙	0.27

비례상수로 쓰인 열전도율 k의 단위는

$$k=-\frac{q}{A}\frac{dx}{dT}=\left(\frac{\mathrm{W}}{\mathrm{m}^2}\frac{\mathrm{m}}{K}\right)=\mathrm{W/mK}\ \text{or}\ \mathrm{W/m℃}\ \text{or}\ \mathrm{kW/mK}\ \text{or}\ \mathrm{kW/m℃}$$

로 표시되며, 표 11-1은 각종 물질의 열전도율을 나타내었다.

예제 11-1

단면적이 3 m^{2}이고 길이가 2 m인 구리막대의 한쪽 끝의 온도가 50℃이고 다른 한쪽 끝의 온도가 10℃이다. 이 금속 막대를 통과하는 전도열량을 구하여라. 열전도율은 표 11-1에서 찾아 써라.

풀이 전도열량을 구하기 위하여 표 11-1로부터 구리의 열전도율 k는 401 W/m℃이고, 열전달률 q는 식 (11-1-2)로부터

$$q=-Ak\frac{dT}{dx}=-3\times 401\times\frac{(10-50)}{2}=24060\ \mathrm{W}$$

예제 11-2

벽 두께가 0.2m이고, 열전도율이 1.2 W/mK인 벽돌로 되어 있다. 내부의 벽면온도가 500 K이고 외부의 온도는 300 K이라면, 높이 1.5m 폭 2m인 벽을 통한 열 손실률은 얼마인가?

풀이 열손실률은 열전달률 q와 같으므로 식 (11-1-2)로부터

$$q=-Ak\frac{dT}{dx}=-(1.5\times 2)\times 1.2\times\frac{(300-500)}{0.2}=3600\ \mathrm{W}$$

11-2 대 류

유체는 불규칙 분자운동(random molecular motion, 확산)과 유체의 체적적(bulk) 또는 거시적인 운동(macroscopic motion)에 의해 가지고 있는 에너지가 전달된다. 유체의 확산과 체적유체운동인 흐름(flow)에 의해 에너지의 이동을 일으키는 두 가지 현상의 중첩에 의한 에너지 전달을 대류(convection)라 하며, 이러한 대류 현상에 의한 열에너지의 이동을 대류열전달(convective heat transfer)이라 한다. 이러한 대류열전달 중 이 장에서 중점적으로 다루는 내용은 흐르는 유체와 경계표면이 다른

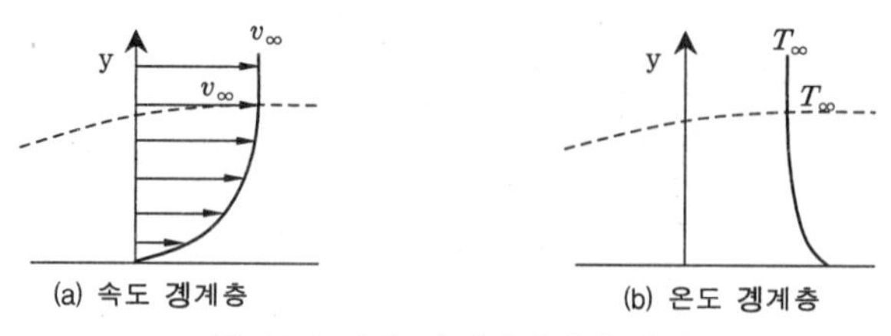

그림 11-2 대류 열전달에서의 경계층

온도일 때 그 사이에서 일어나는 열의 이동이다. 평면인 경계층과 이 경계표면을 수직 방향으로 지나는 유체 사이의 열의 이동을 고려하면, 그림 11-2(a)와 같이 경계표면의 저항성분으로 인한 유체흐름 속도의 발달을 나타낼 수 있다. 이 경우 유체흐름이 경계표면의 저항성분으로부터 영향을 받지 않는 거리에서의 속도를 v_∞라 하면 경계층의 저항성분에 따라 경계표면으로부터 일정한 거리에서부터 유체의 속도 v_∞가 나타나게 되고 최초로 v_∞의 속도가 나타나는 점들을 이어 연결하면 이를 속도 경계층(hydrodynamic boundary layer) 또는 수력학적 경계층(velocity boundary layer)이라 한다. 동일한 개념으로 경계표면과 유체의 온도가 다른 경우 무한유체의 온도를 T_∞라 하면, 경계표면으로부터 일정한 거리에서부터 유체의 온도 T_∞가 나타나게 되고 최초로 T_∞의 온도가 나타나는 점들을 이어 연결하면 이를 온도 경계층(thermal boundary layer)이라 한다. 온도 경계층은 속도 경계층과 동일하게 또는 크거나 작게도 나타난다. 이러한 속도경계층과 온도경계층을 통하여 불규칙 분자운동인 확산과 체적흐름에 의해 무한 유체로 에너지가 전달된다.

대류 열전달은 유체 흐름의 성질에 따라 분류된다. 유체의 흐름은 유체기계들에 의해 발생되는 강제대류(forced convection)와 유체 내부에서 온도변화에 의한 밀도차로부터 발생하는 부력에 의하여 일어나는 자유대류(free convection) 또는 자연대류(natural convection)가 있으며, 두 가지가 복합된 혼합 대류가 있다. 이러한 대류에 의해서 전달되는 에너지는 유체의 현열에너지(sensible energy) 또는 내부 열에너지(internal thermal energy)가 전형적이나, 잠열(latent heat)을 교환하는 대류과정도 있다. 일반적으로 잠열교환은 액체와 증기 사이의 상변화과정에서 발생하며 액체의 상변화인 비등(boiling)과 기체의 상변화인 응축(condensation)이 그 과정이다. 이때의 열전달을 비등열전달, 응축열전달이라 한다.

대류 열전달은 경계표면의 온도 T_s와 유체온도 T_∞ 사이의 온도차에 비례한다. 이러한 비례식은 다음과 같다.

표 11-2 대류 열전달계수의 대표적인 값

대류 조건		h(W/m^{2}K)
자유대류	기체	2 - 25
	액체	50 - 1000
강제대류	기체	25 - 250
	액체	100 - 20000
상변화	비등, 응축	2500 - 100000

$$T_s > T_\infty \text{일 때,} \quad q_h = Ah(T_s - T_\infty) \tag{11-2-1}$$

$$T_\infty > T_s \text{일 때,} \quad q_h = Ah(T_\infty - T_s) \tag{11-2-2}$$

이 식을 Newton의 냉각법칙(Newton's law of cooling)이라 한다. 이 식에서 A는 전열면적, 비례상수 h를 대류 열전달계수(convection heat transfer coefficient)라 한다. 대류 열전달계수는 표면의 기하학적 형상, 유체운동의 성질, 유체의 열역학적 물성값과 전달 물성값에 의해 결정되는 경계층 내부의 조건들에 의해 결정된다. 대류 열전달계수의 대표적인 값을 표 11-2에 나타내었다. 대류 열전달계수(h)는 이론적으로 또는 실험으로 구하고 있으나 상사법칙을 써서 무차원으로 표시하는 경우가 많다. 대표적인 것을 열거하면 다음과 같다.

강제대류에서는 고체의 기하학적 형상이 상사이면 Reynolds수를 일치시킴에 따라 상사유동이 얻어진다.

$$Re = \frac{VL}{\nu} \tag{11-2-3}$$

여기서 V는 대표유속 (m/s), L은 대표길이 (m), 단, 원관유로에서는 원관의 직경이다. ν는 $\nu = \frac{\mu}{\rho}$로 유체의 동점성 계수(m^2/s)이다.

자연대류에서는 유속을 알 수 없으므로 Re를 알기 위하여 온도차에 의한 부력과 점성력의 비를 취한 무차원 수를 사용한다. 이것을 Grashof 수(Gr)라고 하면

$$Gr = \frac{g\beta(T_s - T_\infty)L^3}{\nu^2} \tag{11-2-4}$$

여기서 g는 중력가속도, β는 유체의 체적팽창계수, L은 대표길이, ν는 유체의 동점성 계수, ΔT는 고체표면과 유체와의 온도차이다.

대류열전달이 상사로 되기 위해서는 유동이 먼저 상사이어야 하고, 유체 내의 온도분포나 열유량분포가 상사이어야 한다. 또한 유동과 온도분포의 관계로서 운동량이동과 열이동의 계수의 비를 표시하는 무차원수로서 Prandtl수(Pr)를 일치시킨다.

$$\mathrm{Pr} = \frac{\nu}{\bar{v}} = \frac{c_p \mu}{k} \tag{11-2-5}$$

여기서 $\bar{v}$는 온도전파속도로서 $\bar{v} = \dfrac{k}{c_p \rho}$이고, ν는 동점성 계수, c_p는 유체의 비열, ρ은 밀도, μ는 유체의 점성계수이고, k는 유체의 열전도율이다.

이상의 상사를 고려하여 열전달률을 나타내는 식을 구하므로 여기서 열전달률도 무차원 표시가 필요하다. 즉 Nusselt 수(Nu)는 다음과 같다.

$$Nu = \frac{hL}{k} \tag{11-2-6}$$

이론적 연구나 실험에 의하여 자연대류 및 강제대류일 때의 Nu는 다음과 같은 함수관계로 표시된다.

$$\text{자연대류}: \ Nu = f_1(Gr, \mathrm{Pr}) \tag{11-2-7}$$

$$\text{강제대류}: \ Nu = f_2(Re, \mathrm{Pr}) \tag{11-2-8}$$

식 (11-2-3), (11-2-4)와 같은 무차원수식을 쓰면 근사적으로 상사한 전열면의 Nusselt 수를 구할 수 있으므로 식 (11-2-6)에서 $h = Nu\dfrac{k}{L}$로부터 열전달계수를 구할 수 있다. 그리하여 이 h를 식 (11-2-1)에 대입하면 전열량 q를 계산할 수 있다.

예제 11-3

표면적이 3 m^2인 가열면의 온도가 150℃이고, 주위 공기의 온도가 10℃인 가열공간이 있다. 이 공간에서 발생하는 대류에 의한 열전달률을 구하여라. 대류열전달계수의 값은 10 W/m^2K 이다.

풀이 열전달률을 구하기 위하여 식 (11-2-1)로부터

$$q_h = Ah(T_s - T_\infty) = 3 \times 10 \times (150 - 10) = 4200 \text{ W}$$

예제 11-4

예제 11-3에서 Nusselt 수가 100이고, 공기의 열전도율은 13 W/mK, 대표길이가 4 m라면 열전달률을 구하여라.

풀이 식 (11-2-6)에서 $h = Nuk/L$로부터

$$h = Nu\frac{k}{L} = 100 \times \frac{13}{4} = 325 \ \text{W/m}^2\text{K}$$

열전달률을 구하기 위하여 식 (11-2-1)로부터

$$q_h = Ah(t_s - t_\infty) = 3 \times 325 \times (150 - 10) = 136.5 \ \text{kW}$$

11-3 복 사

열에너지는 전도나 대류와 같이 물질을 매체로 하여 전달될 뿐만 아니라 서로 떨어져 있는 2개의 물체 사이가 진공(vacuum)인 경우라도 빛과 같이 열에너지가 전자파의 형태로 물체로부터 복사되며, 이것이 다른 물체에 도달하여 열에너지로 변하는데 이러한 현상을 **복사열전달**(radiative heat transfer) 또는 **열복사**(thermal radition)라 한다.

복사선의 파장은 자외선과 같이 짧은 것부터 적외선, 열선과 같이 파장이 긴 것까지 분포되어 있으며, 분포상태는 물체표면의 물질이나 물체의 온도 등에 따라 다르다. 열복사선은 물질을 구성하는 분자운동에 의한 열에너지에 의하여 방출되는 것으로 진동하는 부분에 따라 파장이 다르다. 일반적으로 이 운동이 전자자체에 의한 것은 파장이 짧고, 분자 내의 원자의 진동에 의한 것은 파장이 길어지며, 결정의 격자진동에 의한 것은 파장이 아주 긴 영역에 속한다.

표면에서 방사된 복사는 표면과 접하고 있는 물체의 열에너지로부터 생기고 단위면적당 방출되는 에너지율을 **표면 방사력**(surface emissive power)이라 하며, 이러한 표면 방사력은 상한이 존재하며 Stefan-Boltzmann 법칙에 의해 주어진다. 흑체방사력 E_b는 흑체표면의 온도만에 의해서 구해진다는 것에서 Stefan은 1878년 실험에 의해서, 그리고 Boltzmann은 1884년 이론적으로 다음의 관계식을 유도하였다. 이 관계를 **Stefan-Boltzmann의 법칙**이라고 한다.

$$E_b = \sigma T_s^4 \tag{11-3-1}$$

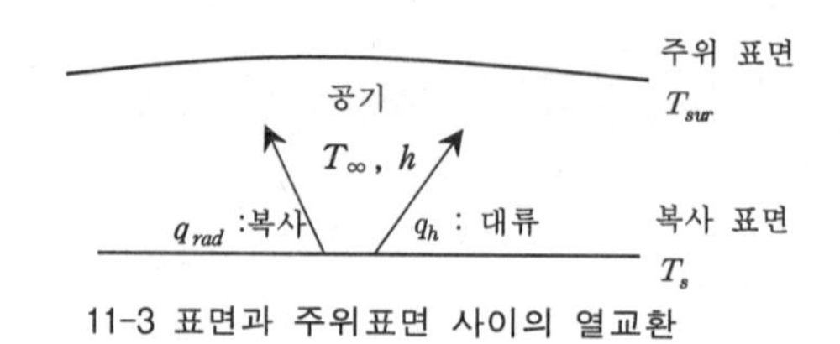

11-3 표면과 주위표면 사이의 열교환

여기서 T_s는 방사표면의 절대온도(K), σ는 Stefan-Boltzmann 상수(σ=5.67×10^{-8} W/m^{2}K^4)이다. 이렇게 방사력의 상한 값을 방사하는 이상적인 복사체를 흑체(black body)라 한다. 일반적인 경우 열복사 에너지가 물체에 도달하면, 그 일부는 표면에서 반사되고, 일부는 흡수되며, 나머지는 투과된다. 입사에너지 중에서 반사, 흡수, 투과되는 비율을 각각 반사율(reflectivity) r, 흡수율(absorptivity) a, 투과율(transmissivity) f라 하면 다음 식이 성립된다.

$$r+a+f=1 \tag{11-3-2}$$

고체나 액체에서는 투과는 일어나지 않는다고 볼 수 있으므로 다음과 같다.

$$f=0, \quad r+a=1 \tag{11-3-3}$$

특히 a=1, r=0, 즉 입사에너지를 모두 흡수하는 물체를 **완전흑체**(absolute black body)라 하고, 입사에너지 모두를 반사하는 물체(a=0, r=1)를 **완전백체**(absolute white body)라고 한다. 일반적으로 보통물체는 입사에너지의 일부를 반사하고, 일부를 흡수하는데 이와 같은 물체를 **회색체**(gray body)라 한다. 이러한 회색체가 임의의 온도하에서 회색체로부터의 방사력 E와 완전흑체로부터의 방사력 E_b의 비를 방사율(emissivity) ε 이라 한다.

$$\varepsilon = \frac{E}{E_b} \tag{11-3-4}$$

따라서 회색체는 방사력 $E=\varepsilon E_b$에 상당하는 에너지만 방출한다. 표 11-3에 각종 물질의 방사율을 나타내었다.

표 11-3 각종 물질의 방사율(ε)

물 질	온도(℃)	ε (방사율)
연 마 은	230~600	0.0198~0.0324
백 금 선	40~1200	0.36~0.192
Al 호 일	100	0.087
연 마 철	20	0.06
〃	540	0.12
〃	1093	0.22
콘크리트	20	0.63
흑색주철	20	0.7~0.8
녹 슨 은	20~540	0.79
roofing paper	20	0.91
적 벽 돌	20	0.93
석 면 판	40~370	0.93~0.945
연마유리	20	0.937
수 면	0~100	0.95~0.963
끄을음(매)	20~1650	0.97

그림 11-3에서 복사 열전달을 고려하면, 복사 표면의 절대온도가 T_s이고 주위 표면의 절대온도가 T_{sur}이고, $T_s > T_{sur}$인 회체표면 ($r = \varepsilon$)이라 가정하면 복사표면으로부터 주위표면으로 복사 열전달은 다음과 같이 정리할 수 있다.

$$q_{rad} = A\varepsilon\sigma(T_s^4 - T_{sur}^4) \tag{11-3-5}$$

여기서 A는 복사표면적(m²)이다. 또, 그림 11-3에서 복사표면으로부터 주위로 방출되는 총열량은 복사열전달에 의한 열량과 대류열전달에 의한 열량의 합이 되며 다음과 같다.

$$q_{tot} = q_{rad} + q_h = A\varepsilon\sigma(T_s^4 - T_{sur}^4) + Ah(T_s - T_\infty) \tag{11-3-6}$$

예제 11-5

표면 방사율이 0.75인 회체 표면의 온도가 15℃일 때 이 회체 표면의 표면 방사력을 구하여라.

풀이 회체의 방사력을 구하기 위하여 식 (11-3-4)와 (11-3-1)로부터

$$E = \varepsilon\sigma T_s^4 = 0.75 \times (5.67 \times 10^{-8}) \times (15 + 273)^4 = 292.56 \text{ W/m}^2$$

예제 11-6

표면적이 3 m²인 가열면의 온도가 60℃이고 주위를 둘러싼 벽의 온도가 20℃이다. 내부 공기의 온도가 23℃라면 가열면으로부터 주위로 방출되는 총 열전달률을 구하여라. 단, 공기의 대류열전달계수는 20 W/m²K이고, 방사율은 0.6이라 가정한다.

풀이 총열전달률을 구하기 위하여 식 (11-3-6)로부터

$$\begin{aligned} q_{tot} &= q_{rad} + q_h = A\varepsilon\sigma(T_s^4 - T_{sur}^4) + Ah(T_s - T_\infty) \\ &= 3\times 0.6\times(5.67\times 10^{-8})\times((60+273)^4-(20+273)^4)+3\times 20\times(60-23) \\ &= 2722.78\ \text{W} \end{aligned}$$

11-4 벽체를 통과하는 열전달

열이 한 유체에서 벽을 통하여 다른 유체로 전달되는 현상을 보통 열관류(over-all heat transfer) 또는 열통과(over-all transmission)라 한다. 이러한 열통과는 벽의 형상에 따라 또 벽을 구성하는 재질에 따라 그 정도가 차이를 가지게 된다. 벽체의 열통과율을 K라 하고, 벽의 면적을 A, 벽체를 사이에 둔 두 유체의 온도차를 $(T_{\infty,1} - T_{\infty,2})$이라 하면 벽체를 통과하는 열전달률은 다음과 같다.

$$q_k = KA(T_{\infty,1} - T_{\infty,2}) \tag{11-4-1}$$

[1] 평면벽을 통한 열전달

평면벽을 사이에 둔 양쪽의 유체의 온도가 서로 다른 그림 11-4와 같은 경우를 고려하자. 열통과율을 구하기 위하여 벽면 내부에서는 열발생이 없고, 열전도율은 벽면 내부에서 일정한 정상상태라고 가정한다. 에너지 보존의 법칙으로부터 이 벽을 통과하는 열량은 최초 $T_{\infty,1}$의 공기로부터 얻은 열량과 동일하다. 즉, 최초 공기와 벽 사이의 대류를 통한 열전달량, 벽체 내부를 흐르는 열전도에 의한 열전달량과 최종 공기와 벽 사이의 대류를 통한 열전달량은 같게 되며, 다음과 같이 나타낼 수 있다.

$$q_{h1} = q_{h2} = q_x = q_k \tag{11-4-2}$$

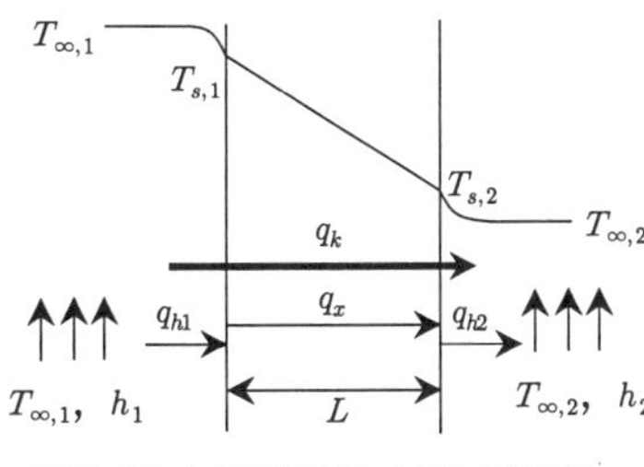

그림 11-4 평면벽을 통한 열전달

$q_{h1} = Ah_1(T_{\infty,1} - T_{s,1})$이므로 연립방정식으로 풀기 위하여 다시 정리하면

$$\frac{1}{h_1} = \frac{A}{q_{h1}}(T_{\infty,1} - T_{s,1}) \tag{11-4-3}$$

$q_{h2} = Ah_2(T_{s,2} - T_{\infty,2})$이므로 연립방정식으로 풀기 위하여 다시 정리하면

$$\frac{1}{h_2} = \frac{A}{q_{h2}}(T_{s,2} - T_{\infty,2}) \tag{11-4-4}$$

$q_x = A\frac{k}{L}(T_{s,1} - T_{s.2})$이므로 연립방정식으로 풀기 위하여 다시 정리하면

$$\frac{L}{k} = \frac{A}{q_x}(T_{s,1} - T_{s.2}) \tag{11-4-5}$$

여기서 식 (11-4-3) + 식 (11-4-4) + 식 (11-4-5) 하면 식 (11-4-2)에서 열전달률은 모두 같으므로 열전달률을 q 라 하면 다음과 같다.

$$\frac{1}{h_1} + \frac{L}{k} + \frac{1}{h_2} = \frac{A}{q}(T_{\infty,1} - T_{\infty.2}) \tag{11-4-6}$$

식 (11-4-6)을 다시 정리하면 다음과 같다.

$$q = \frac{A}{\frac{1}{h_1} + \frac{L}{k} + \frac{1}{h_2}}(T_{\infty,1} - T_{\infty,2}) \tag{11-4-7}$$

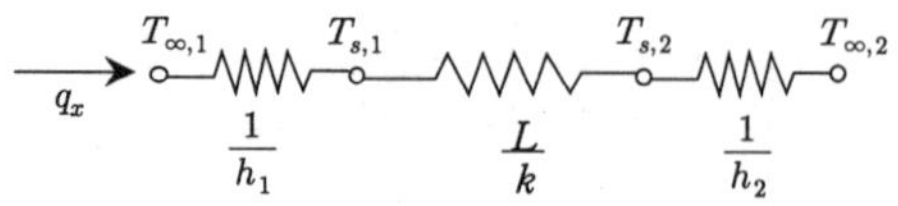

$$\xrightarrow{q_x} T_{\infty,1} \overset{\frac{1}{h_1}}{\text{—WW—}} T_{s,1} \overset{\frac{L}{k}}{\text{—WW—}} T_{s,2} \overset{\frac{1}{h_2}}{\text{—WW—}} T_{\infty,2}$$

그림 11-5 평면벽의 등가 열회로

여기서 $q = q_k = AK(T_{\infty,1} - T_{\infty,2})$이므로 다음과 같이 열통과율을 나타낼 수 있다.

$$\frac{1}{K} = \frac{1}{h_1} + \frac{L}{k} + \frac{1}{h_2} \tag{11-4-8}$$

$$K = \frac{1}{\left(\frac{1}{h_1} + \frac{L}{k} + \frac{1}{h_2}\right)} \tag{11-4-9}$$

여기서 $1/K$가 열통과계수의 역수이므로, 열을 통과시키지 않는 저항의 개념으로 바꾸어 생각할 수 있다. 또한 대류항은 대류열전달계수의 역수($1/h$), 전도항은 길이와 열전도계수의 역수로 나타나고 있어(L/k), 대류항과 전도항 역시 저항의 개념으로 바꾸어 생각할 수 있다는 것을 알 수 있다.

따라서 그림 11-4를 등가열회로로 나타내면 그림 11-5와 같이 나타낼 수 있다. 그림 11-5와 같이 등가열회로에서 각각의 저항성분은 직렬로 연결이 되어있으므로 직열로 연결된 전기저항의 계산과 동일한 방법으로 구할 수 있으며 저항의 직렬연결은 단순 합이므로 식 (11-4-8)과 동일하게 정리할 수 있다.

[2] 복합벽을 통한 열전달

일반적으로 벽체는 단일한 재료로 구성되는 경우보다는 복합적인 재료를 사용하여 구성되는 경우가 일반적이다. 이렇게 복합적인 재료를 다층으로 구성하여 벽체를 구성하는 경우 이 벽체를 통과하는 열전달을 고려하여 보자. 그림 11-6과 같은 각각 다른 재료를 다층으로 구성하고 벽체의 총합 열전달계수(overall heat transfer coefficient)를 U라 하고, 벽의 면적을 A, 벽체를 사이에 둔 두 유체의 온도차를 $(T_{\infty,1} - T_{\infty,2})$이라 하면 벽체를 통과하는 열전달률은 식(11-4-1)과 동일하다.

$$q_t = UA(T_{\infty,1} - T_{\infty,2}) \tag{11-4-10}$$

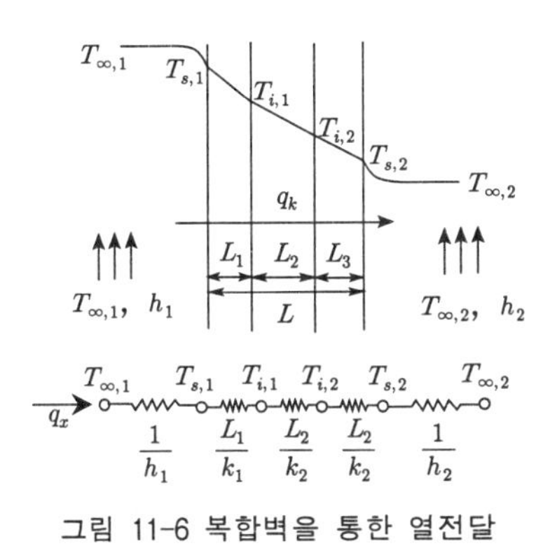

그림 11-6 복합벽을 통한 열전달

따라서 그림 11-6에 나타낸 것과 같이 앞서 언급한 평면벽에서의 열저항 등가 열회로를 그림과 같이 나타낼 수 있으며, 직렬 저항이므로 단순 합으로 구하여 정리하면 다음과 같다.

$$\frac{1}{U} = \frac{1}{h_1} + \frac{L_1}{k_1} + \frac{L_2}{k_2} + \frac{L_3}{k_3} + \frac{1}{h_2} = \frac{1}{h_1} + \sum \frac{L}{k} + \frac{1}{h_2} \qquad (11\text{-}4\text{-}11)$$

$$U = \frac{1}{\frac{1}{h_1} + \sum \frac{L}{k} + \frac{1}{h_2}} \qquad (11\text{-}4\text{-}12)$$

[3] 원통형벽을 통한 열전달

일반적으로 유체 이송에 사용되는 관로들은 원형관인 경우가 일반적이다. 이러한 원형관을 이용하여 난방 또는 냉방에 사용하는 유체를 이송하게 되면 이러한 관의 표면을 통하여 열이 외부로 또는 관 내부로 이동하게 된다. 이렇게 관 형태의 원통형 벽을 통한 열전달을 알아보기 위하여 그림 11-7과 같은 상황을 고려하자. 열의 흐름은 앞서 언급한 평면벽을 지나는 열전달과 동일하다. 단지 좌표계가 원통 좌표계로 전환이 된 것일 따름이다. 이러한 원통좌표계에서의 Fourier 법칙의 적절한 형태는 다음과 같다.

$$q_r = -Ak\frac{dT}{dr} = -k(2\pi rL)\frac{dT}{dr} \qquad (11\text{-}4\text{-}13)$$

여기서 $A = 2\pi rL$은 열전달 방향에 수직인 면적이고, 반지름 방향으로 열전달률

q_r이 일정하다. 따라서 식 (11-4-13)을 변수 분리하고 적분하면 열전달률 q_r을 다음과 같이 구할 수 있다.

$$q_r \frac{1}{r} dr = -k(2\pi L) dT$$

$$q_r \int_1^2 \frac{1}{r} dr = -k(2\pi L) \int_1^2 dT$$

$$q_r \ln \frac{r_2}{r_1} = -k(2\pi L)(T_2 - T_1) \tag{11-4-13}$$

$$q_r = \frac{k(2\pi L)(T_1 - T_2)}{\ln \frac{r_2}{r_1}}$$

또, 원통좌표계의 원통형벽이 복합벽인 경우를 고려하면 그림 11-7에서 보인 것과 같은 등가 열회로를 생각할 수 있다. 등가 열회로는 직렬연결이므로 단순 합으로 총합 열전달계수를 구할 수 있다.

$$\begin{aligned} \frac{1}{U} &= \frac{1}{r_1 h_1} + \frac{1}{k_1} ln \frac{r_2}{r_1} + \frac{1}{ka_2} ln \frac{r_3}{r_2} + \frac{1}{r_4 h_2} \\ &= \frac{1}{h_1} + \sum \frac{r_1}{k_n} ln \frac{r_{n+1}}{r_n} + \frac{r_1}{r_4 h_2} \end{aligned} \tag{11-4-14}$$

$$U = \frac{1}{\frac{1}{h_1} + \sum \frac{r_1}{k_n} ln \frac{r_{n+1}}{r_n} + \frac{r_1}{r_4 h_2}} \tag{11-4-15}$$

따라서 원통형 복합벽 내부 면적을 $A = 2\pi r_1 L$이라 하면 식 (11-4-13)은 다음과 같이 쓸 수 있다.

$$\begin{aligned} q_r &= AU(T_{\infty,1} - T_{\infty,2}) \\ &= \frac{(T_{\infty,1} - T_{\infty,2})}{\frac{1}{2\pi L r_1 h_1} + \frac{1}{2\pi L \kappa_1} ln \frac{r_2}{r_1} + \frac{1}{2\pi L \kappa_2} ln \frac{r_3}{r_2} + \frac{1}{2\pi L r_4 h_2}} \end{aligned} \tag{11-4-16}$$

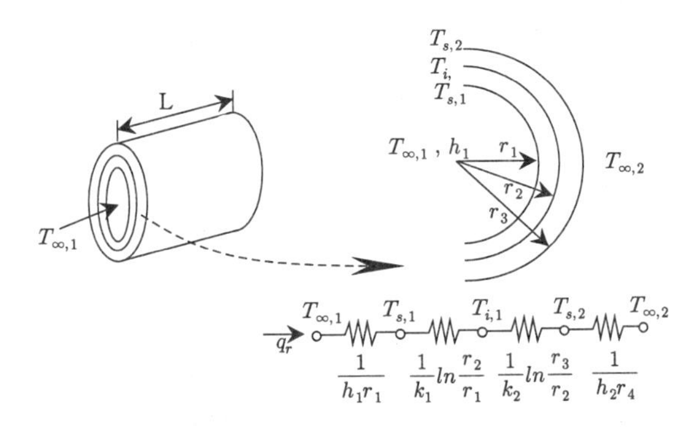

그림 11-7 복합 원통벽을 통한 열전달

예제 11-7

두께가 100 mm, 면적이 15 m^2인 벽체를 두고 내부 온도가 60℃이고 외부 온도가 20℃이다. 외부로 방출되는 총 열전달률을 구하여라. 단, 공기의 대류열전달계수는 내부 외부 동일하게 20 W/m^2K이고, 열전도율은 50 W/mK이라 가정한다.

풀이 총 열통과률을 구하기 위하여 식 (11-4-9)로부터

$$K = \frac{1}{(\frac{1}{h_1} + \frac{L}{k} + \frac{1}{h_2})} = \frac{1}{\frac{1}{20} + \frac{0.1}{50} + \frac{1}{20}} = 9.8 \text{ W/m}^2\text{K}$$

총 열전달률을 구하기 위하여 식 (11-4-1)로부터

$$q_k = KA(T_2 - T_1) = 9.8 \times 15 \times (60 - 20) = 5880 \text{ W}$$

예제 11-8

면적이 15 m^2인 벽체가 외벽은 두께가 100 mm, 열전도율이 50 W/mK인 콘크리트와 두께 50 mm, 열전도율 0.55 W/mK인 단열재, 내벽은 두께가 100 mm, 열전도율 75 W/mK인 벽돌벽으로 구성되어 있다. 대류열전달계수는 내부 외부 동일하게 20 W/m^2K 이라면 총합 열전달계수와 총합 열전달률을 구하여라. 단, 내부 온도는 300 K, 외부온도는 270 K이다.

풀이 총합 열전달계수를 구하기 위하여 식 (11-4-12)로부터

$$U = \frac{1}{\frac{1}{h_1} + \sum \frac{L}{k} + \frac{1}{h_2}} = \frac{1}{\frac{1}{20} + \frac{0.1}{50} + \frac{0.05}{0.55} + \frac{0.1}{75} + \frac{1}{20}} = 5.148 \text{ W/m}^2\text{K}$$

총합 열전달률을 구하기 위하여 식 (11-4-10)로부터

$$q_k = UA(T_2 - T_1) = 5.148 \times 15 \times (300 - 270) = 2316.6 \text{ W}$$

예제 11-9

내경이 100 mm이고 외경이 120 mm, 길이가 20 m인 동관 내부에 90℃물이 흐르고 있다. 동관 외부는 15℃의 공기이고 동관의 열전도계수는 120 W/mK이고 대류열전달계수는 내부 온수는 20 W/m²K, 외부 공기는 10 W/m²K이라면 열통과계수와 열전달률을 구하여라.

풀이 열통과계수를 구하기 위하여 식 (11-4-15)로부터

$$U=\frac{1}{\frac{1}{h_1}+\sum\frac{r_1}{k_n}ln\frac{r_{n+1}}{r_n}+\frac{r_1}{r_4h_2}}=\frac{1}{\frac{1}{20}+\frac{0.05}{120}ln\frac{0.06}{0.05}+\frac{0.05}{0.06\times10}}$$

$$=7.496\ \mathrm{W/m^2K}$$

열전달률을 구하기 위하여 식 (11-4-16)로부터

$$q_r=AU(T_{\infty,1}-T_{\infty,2})=(2\pi\times0.05\times20)\times7.496\times(90-15)=3532.41\ \mathrm{W}$$

또는

$$q_r=\frac{(T_{\infty,1}-T_{\infty,2})}{\frac{1}{2\pi Lr_1h_1}+\frac{1}{2\pi Lk_1}ln\frac{r_2}{r_1}+\frac{1}{2\pi Lk_2}ln\frac{r_3}{r_2}+\frac{1}{2\pi Lr_4h_2}}$$

$$=\frac{2\pi\times20\times(90-15)}{\frac{1}{0.05\times20}+\frac{1}{120}ln\frac{0.06}{0.05}+\frac{1}{0.06\times10}}=3532.28\ \mathrm{W}$$

11-5 열교환기

서로 다른 온도와 고체벽으로 분리된 두 유체들 사이의 열교환 과정은 많은 공업 응용분야에서 적용되어 왔다. 이러한 열교환을 수행하는 장치를 열교환기(heat exchanger)라 한다. 열교환기는 공기조화기, 냉동기, 보일러, 폐열회수 장치 등 여러 가지 형태로 사용된다. 이 장에서는 이러한 열교환기의 효율과 설계에 관하여 고려하고자 한다. 그림 11-8(a)와 같이 내부 유체의 흐름이 서로 같은 방향으로 흐르는 상태를 **병행류** 또는 **평행유동**이라 하며, 그림 11-8(b)와 같이 내부 유체의 흐름이 서로 반대 방향으로 흐르는 상태를 **대향류** 또는 **대향유동**이라 한다. 상부의 관로를 통하여 흐르는 고온의 온수가 하부의 관로를 통하여 흐르는 저온의 냉수에 열을 공급한다고 하자. 관 내부에서는 에너지 생성이 없으며, 주위로 손실되는 에너지를 무시할 수 있고, 위치에너지와 운동에너지의 변화들도 무시할 수 있을 만큼 작다고 가정하면, 관을 흐르는 물의 에너지 변화는 다음과 같이 나타낼 수 있다.

$$q_h = m_h(h_{h_i} - h_{h_o}) \quad (11\text{-}5\text{-}1)$$

$$q_c = m_c(h_{c_i} - h_{c_o}) \quad (11\text{-}5\text{-}2)$$

여기서 유체가 상변화를 일으키지 않고 일정 비열을 가진다고 가정하면 다음과 같이 쓸 수 있다.

$$q_h = m_h c_{p,h}(T_{h_i} - T_{h_o}) \quad (11\text{-}5\text{-}3)$$

$$q_c = m_c c_{p,c}(T_{c_i} - T_{c_o}) \quad (11\text{-}5\text{-}4)$$

입구와 출구에서 각각의 유체는 서로 다른 온도를 가지게 되며 이러한 두 유체간의 열교환을 통한 열전달률을 q라 하면 열전달률은 두 유체의 온도차로부터 다음과 같다.

$$q = UA\Delta T_m \quad (11\text{-}5\text{-}5)$$

여기서 U는 총합열전달률이고 A는 전열면적, ΔT_m은 평균 온도차이다. 평균 온도차는 대수 평균 온도차(LMTD, Log Mean Temperature)를 사용하며 다음과 같다.

$$T_m = \frac{\Delta T_2 - \Delta T_1}{\ln\dfrac{\Delta T_2}{\Delta T_1}} = \frac{\Delta T_1 - \Delta T_2}{\ln\dfrac{\Delta T_1}{\Delta T_2}} \quad (11\text{-}5\text{-}6)$$

여기서 그림 11-8(c)로부터 병행류의 온도차는 다음과 같다.

$$\left.\begin{aligned} \Delta T_1 &= T_{h_i} - T_{c_i} \\ \Delta T_2 &= T_{h_o} - T_{c_o} \end{aligned}\right) \quad (11\text{-}5\text{-}7)$$

또, 대향류의 온도차는 다음과 같다.

$$\left.\begin{aligned} \Delta T_1 &= T_{h_i} - T_{c_o} \\ \Delta T_2 &= T_{h_o} - T_{c_i} \end{aligned}\right) \quad (11\text{-}5\text{-}8)$$

이렇게 열교환기의 입출구 온도를 이용하여 대수평균온도차를 사용하면 쉽게 열교환기를 해석할 수 있으나, 단지 입구의 온도만 주어지는 경우 대수평균온도차를 사용하려면 무수한 반복 계산을 해야만 한다. 이러한 경우 유용도-NTU법(effectiveness-NTU method) 또는 ε-NTU법이라 불리는 방법을 사용하는 것이 바람직하다.

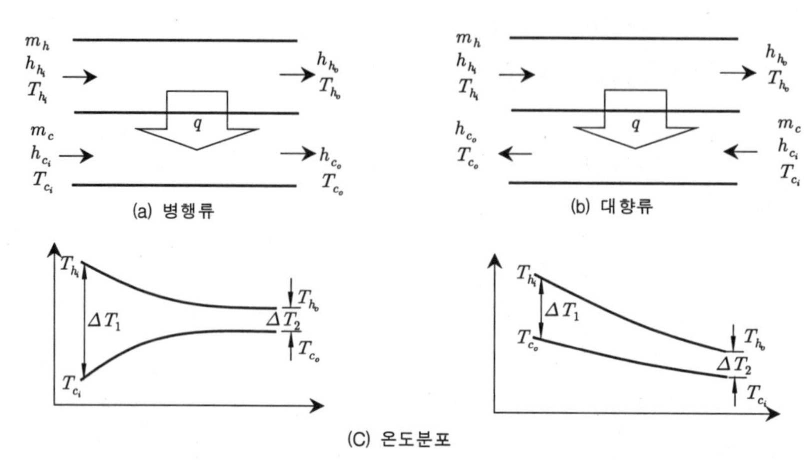

그림 11-8 열교환기 내부 유체흐름과 온도분포

열교환기의 유용도 ε 은 최대 가능 열전달률 $q_{\max}$, 실제 열전달률 q일 때 다음과 같이 정의할 수 있다.

$$\varepsilon = \frac{q}{q_{\max}} \tag{11-5-9}$$

따라서 유체의 평균 비열을 c_m 이라 하면 열교환기의 실제 열전달률 q는 다음과 같다.

$$q = \varepsilon c_m (T_{h,i} - T_{c,i}) \tag{11-5-10}$$

또한 어떠한 열교환기에 대해서도 유용도 ε은 다음과 같이 나타낼 수 있다.

$$\varepsilon = f\left(NTU, \frac{c_m}{c_{\max}}\right) \tag{11-5-11}$$

여기서 전달단위수(number of transfer unit, NTU)는 열교환기 해석에서 널리 사용되는 무차원 파라미터이며, 다음과 같이 정의된다.

$$NTU \equiv \frac{UA}{c_m} \tag{11-5-12}$$

식 (11-5-11)을 이용하여 병행류 열교환기에 대하여 정리하면 다음과 같은 식을 얻을 수 있다.

$$\varepsilon = \frac{1 - \exp[-NTU(1 + C_r)]}{1 + C_r} \quad (11\text{-}5\text{-}13)$$

여기서 $c_r = c_m / c_{\max}$ 또, 대향류 열교환기에 대하여 정리하면 다음과 같다.

$$c_r < 1, \quad \varepsilon = \frac{1 - \exp[-NTU(1 - C_r)]}{1 + C_r \exp[-NTU(1 - C_r)]} \quad (11\text{-}5\text{-}14)$$

$$c_r = 1, \quad \varepsilon = \frac{NTU}{1 + NTU} \quad (11\text{-}5\text{-}15)$$

예제 11-10

대향류열교환기의 온수 입구온도가 65℃이고 출구온도가 20℃이고 냉수 입구온도가 5℃, 출구온도가 18℃일 때 대수평균온도차를 구하여라.

풀이 대수평균온도차를 구하기 위하여 식 (11-5-6)으로부터

$$T_m = \frac{\Delta T_1 - \Delta T_2}{\ln\frac{\Delta T_1}{\Delta T_2}} = \frac{(65-18)-(20-5)}{\ln\frac{(65-18)}{(20-5)}} = 28.02℃$$

예제 11-11

예제 11-10에서 온수의 량을 1 kg/s이라 하고, 열통과계수가 120 W/m^{2}K라 하면 냉수 출구의 온도가 19℃가 되기 위한 전열면적을 구하여라. 단, 열손실은 없으며 물의 비열은 4.68 kJ/kgK라 가정한다.

풀이 온수가 내어 놓은 열량을 구하면

$$q_h = m_h c_p (T_{h_i} - T_{h_o}) = 1 \times 4.68 \times (65 - 20) = 210.6\ \text{kW}$$

대수평균온도차를 구하기 위하여 식 (11-5-6)으로부터

$$T_m = \frac{\Delta T_1 - \Delta T_2}{\ln\frac{\Delta T_1}{\Delta T_2}} = \frac{(65-19)-(20-5)}{\ln\frac{(65-19)}{(20-5)}} = 27.66\ ℃$$

전달된 열량은 온수가 내어 놓은 열량과 같으므로 $q_h = q$

$$q = UA\Delta T_m = 210.6$$

$$A = \frac{210.6 \times 1000}{120 \times 27.66} = 63.449\ \text{m}^2$$

연습문제

[11-1] 단면적이 5 m²이고 두께 20 mm인 재료를 통하여 5 kW의 열량이 전도된다. 뜨거운 면의 온도가 100℃이고 열전도율이 50 W/mK이라면 반대 면의 온도는 얼마인가?

답 99.6 ℃

[11-2] 안쪽면의 온도가 50℃이고 바깥면의 온도가 30℃ 뚜께 30 mm인 재료를 통하여 열이 이동하여 온도를 높이는 장치가 있다. 단위면적당 50 W/m²의 열이 전도된다면 이 재료의 열전도율은 얼마인가?

답 k=0.075 W/mK

[11-3] 가로 10m, 세로 3m인 측벽을 통하여 열손실이 발생한다. 내벽면의 온도가 30℃, 외벽면의 온도가 5℃이고 벽의 두께가 100 mm이라면 이 벽을 통한 열손실은 얼마인가? 단, 벽의 열전도율은 3 W/mK 이다.

답 q=22.5 kW

[11-4] 위 문제11-3에서 열손실을 반으로 줄이려면 벽의 열전도율을 얼마로 해야 하는가?

답 k=1.5 W/mK

[11-5] 1가스레인지가 용기에 2 kW의 열량을 공급한다. 용기 내부 유체의 열전달계수가 50 W/m²라면 용기 표면적이 3 m², 온도가 120℃라면 유체의 온도를 구하여라.

답 t_∞=106.67℃

[11-6] 표면적이 3 m², 방사율 0.8, 온도 150℃인 재료의 표면이 넓은 공간에 놓여 있다. 이 공간을 감싸고 있는 벽의 온도가 20℃라면 재료표면의 방사력(E)과 재료와 벽 사이의 복사 열전달률(q_{rad}) 을 구하여라.

답 (1) E=1452.23 W/m² (2) q_{rad}=3353.76 W

[11-7] 열전도를 통하여 2 kW의 열량이 면적 2 m^2인 벽표면으로 전달된다. 이 벽표면의 온도가 5℃이고 방사율 0.8이라면 이 벽에서 대류를 통하여 빠져나가는 열량을 구하여라. 단 주위 벽면의 온도는 19℃이라고 가정한다.

답 1873.243 W

[11-8] 외부측 표면의 온도가 100℃이고 내부측 표면의 온도가 85℃인 용기의 표면적이 5 m^2이고 두께가 100 mm, 열전도율은 30 W/mK이다. 내부 유체의 대류 열전달률이 60 W/m^2K라면 유체의 온도를 구하여라. 단 복사열전달은 무시한다.

답 10℃

[11-9] 외기의 온도가 -15℃인 겨울이다. 외벽은 10 mm의 몰탈, 100 mm의 콘크리트, 50 mm의 단열재, 100 mm의 벽돌로 구성된다. 몰탈의 열전도율은 5 W/mK, 콘크리트의 열전도율은 9 W/mK, 단열재의 열전도율 0.5 W/mK, 벽돌의 열전도율은 5 W/mK, 외벽 대류열전달계수는 20 W/m^2K, 내벽은 10 W/m^2K이다. 실내온도가 20℃이고 벽의 면적이 20 m^2라면 총합 열저항과 총합 열전달률을 구하여라.

답 (1) U=3.532 W/m^2K (2) q_t=2472.4 W

[11-10] 예제 11-9에서 열손실을 반으로 줄이기 위한 단열재의 두께를 구하여라.

답 192 mm

[11-11] 예제 11-9에서 만약 외부의 바람이 강하게 불어서 외벽측 대류열전달계수가 두 배가 되면 열손실은 어떻게 되는가?

답 239.4 W 증가된다.

[11-12] 대향류로 열교환기의 온수 입구온도가 80℃, 온수 출구온도가 50℃이고, 냉수 입구온도가 30℃이다. 온수의 유량이 10 kg이라 하고 열교환기의 열교환효율이 80%라면 냉수 출구온도를 45℃로 하기 위한 냉수 유량은 얼마인가?

답 16 kg

[11-13] 열교환기의 고온측에서 저온측으로 10 kW의 열량을 공급하고 있다. 20 kg의 냉수 입구온도가 15℃이고 출구온도를 20℃로 하기 위한 전열면적을 구하여라. 단, 열통과율은 30 W/m^2K, 온수 입구온도 80℃, 출구온도 60℃이다. 단, 열손실은 무시한다.

답 6.393 m^2

부 록

T·H·E·R·M·O·D·Y·N·A·M·I·C·S

부록 1. 단위계

우리나라의 계량단위는 1999년 2월 제정된 '국가표준기본법'과 2000년 1월에 개정된 '계량에 관한 법률'에 규정되었다. 이 법률들에 의해 국제표준단위계(SI 단위계)를 국가표준으로 채택하였다. 또한 '계량에 관한 법률' 제4조에 의해 비법정단위로는 계량 또는 광고도 할 수 없도록 규정하여, 국제표준단위계를 법적으로 강제시행 하도록 규정하였다.

부록 1-1. 절대단위계(물리단위계)

절대단위계(絶對單位系, system of absolute units)는 우주 어디에서나 변하지 않는 질량(mass)과 길이, 시간을 기본물리량으로 하고 나머지 물리량은 모두 유도물리량으로 정한 단위계로 물리단위계(physical unit system)이라고도 한다. 기본단위로서 길이(m), 질량(kg), 시간(s), 전류(A)를 채택한 MKS단위계와 기본단위로서 길이(cm), 질량(g), 시간(s)를 채택한 CGS단위계가 있다. 절대단위계에는 CGS, MKS, FSS, FPS 단위계 등이 있다.

부록 1-2. 중력단위계(공학단위계)

장소에 따라 변하는 중량(weight)과 길이, 시간을 기본물리량으로 하고 나머지 물리량은 모두 유도물리량으로 정한 단위계로 공학단위계(engineering unit system)이라고도 한다. 공학단위계에는 CGS, MKS, MKSA, FPS 단위계 등이 있다.

표 1-1 절대단위계

단위계	길이	질량	시간
CGS	cm	g	sec
MKS	m	kg	sec
FPS	ft	lb	sec
FSS	ft	slug	sec

표 1-2 중력단위계

단위계	길이	중량	시간
CGS	cm	gf	sec
MKS	m	kgf	sec
FPS	ft	lbf	sec

1 slug = 32 lb = 14.51495766 kg
1 ft = ⅓ yard = 0.3048 m
1 lb = 0.4535924277 kg

부록 1-3. 단위환산표

(1) 힘

N	kg_f	lb_f
1	0.101972	0.24809
9.80665	1	2.0462
4.44822	0.453592	1

(2) 압력

Pa	kg_f/cm^2	lb_f/in^2	mmHg	atm
1	1.1972×10^{-5}	1.45038×10^{-4}	7.50062×10^{-3}	9.86923×10^{-6}
98066.5	1	14.22233	735.559	0.967841
6894.76	0.0703070	1	51.7149	0.068046
133.322	1.35951×10^{-3}	0.0193368	1	1.31579×10^{-3}
1.01325×10^{5}	1.03323	14.6959	760	1

(3) 열, 일

J	$kg_f \cdot m$	$lb_f \cdot ft$	kcal	Btu
1	0.101972	0.737562	2.28846×10^{-4}	9.47817×10^{-4}
9.80665	1	7.23301	2.34228×10^{-3}	9.29491×10^{-3}
1.35582	0.138255	1	3.23882×10^{-4}	1.28507×10^{-3}
4186.8	426.935	3088.03	1	3.96832
1022.06	107.586	778.169	0.251996	1

(4) 동력

W	HP	PS	$kg_f \cdot m/s$	$lb_f \cdot ft/s$
1	1.34102×10^{-3}	1.35962×10^{-3}	0.101972	0.737562
745.700	1	1.01387	76.0402	550
735.499	0.9863200	1	75	542.476
9.80665	0.0131509	0.0133333	1	7.23301
1.35582	1.8181×10^{-3}	1.84340×10^{-3}	0.138255	1

T·H·E·R·M·O·D·Y·N·A·M·I·C·S

부록 2. 각종 재료의 열적 성질 – SI 단위

부록 2-1. 금속재료의 열적 성질

재료	300 K에서 물성값			
	융해점(K)	밀도(kg/m^3)	정압비열(J/kgK)	열전도율(W/mK)
구리	1358	8933	385	401
구리합금(10%Al)	1293	8800	420	52
구리합금(11%Su)	1104	8780	355	54
구리합금(30%Zn)	1188	8530	380	110
구리합금(45%Ni)	1493	8920	384	23
금	1336	19300	129	317
납	601	11340	129	138
니켈	1728	8900	444	90.7
마그네슘	923	1740	1024	156
몰리부덴	2894	10240	251	138
백금	2045	21450	113	71.6
붕소	2573	2500	1107	27.0
스테인레스강(AISI302)	1670	8055	480	15.1
스테인레스강(AISI304)	1670	7900	477	14.9
스테인레스강(AISI316)	1670	8238	468	13.4
스테인레스강(AISI347)	1670	7978	480	14.2
실리콘	1685	2330	712	148
아연	693	7140	389	116
알루미늄	933	2702	903	237
우라늄	1406	1906	116	27.6
은	1235	10500	235	429
이리듐	2720	22500	130	147
주석	505	7310	227	66.6
철	1810	7870	447	80.2
카드뮴	594	8650	231	96.8
카드뮴	594	8650	231	96.8
코발트	1769	8862	421	99.2
크롬	2118	7160	449	93.7
탄소강	7854	434	60.5	17.7
텅스텐	3360	19300	132	174
티타늄	1953	4500	522	21.9
팔라듐	1827	12020	244	71.8

부록 2-2. 비금속재료의 열적 성질

재료	300 K에서 물성값		
	밀도(kg/m³)	정압비열(J/kgK)	열전도율(W/mK)
가죽	998	-	0.159
경화고무 (고밀도)	1190	-	0.16
경화고무 (저밀도)	1100	2010	0.13
다공유리판	145	1000	0.058
단열점토벽돌	2645	960	1.0
모래	1515	800	0.27
목재(단풍나무, 오크)	720	1255	0.16
목재(전나무, 소나무)	510	1380	0.12
미네랄섬유판	265	-	0.049
바나나(수분함유율 75.7%)	980	3350	0.481
사과(수분함유율 75%)	840	3600	0.513
사람 근육	-	-	0.41
사람 지방층	-	-	0.2
사람 피부	-	-	0.37
석고보드	800	-	0.17
석면-시멘트 보드	1920	-	0.58
솜, 목화	80	1300	0.06
시멘트 몰탈	1860	780	0.72
시멘트 벽돌	1920	835	0.72
아스팔트	2115	920	0.062
외장 벽돌	2083	-	1.3
유리섬유 (종이마감)	16	-	0.046
유리섬유 (코팅마감)	32	-	0.038
유리판	2500	750	1.4
점토	1460	880	1.3
종이	930	1340	0.180
콘크리트	2300	880	1.4
콜크	120	1800	0.039
타일, 방음	290	1340	0.058
프라스틱보드 (고밀도)	1000	1300	0.170
프라스틱보드 (저밀도)	590	1300	0.078
하드보드(톱밥압착, 고밀도)	1010	1380	0.15
하드보드(톱밥압착,일반)	640	1170	0.094
합판	545	1215	0.12

T·H·E·R·M·O·D·Y·N·A·M·I·C·S

부록 3. H_2O(물) 증기표

부록 3-1. H_2O(물) 포화증기표(온도 기준)

온도	압력	비체적 (㎥/kg)		내부에너지 (kJ/kg)		비엔탈피 (kJ/kg)			비엔트로피 (kJ/kg·K)	
t ℃	P_s kPa	액(v_f)	증기(v_g)	액(u_f)	증기(u_g)	액(h_f)	증기(h_g)	증발열(h_{fg})	액(s_f)	증기(s_g)
0.01	0.6117	0.001000	206.0	0	2375	0	2501	2501	0	9.155
1	0.6571	0.001000	192.4	4.176	2376	4.177	2503	2498.823	0.01526	9.129
2	0.7060	0.001000	179.8	8.391	2378	8.392	2505	2496.608	0.03061	9.103
3	0.7581	0.001000	168.0	12.60	2379	12.60	2506	2493.400	0.04589	9.076
4	0.8135	0.001000	157.1	16.81	2380	16.81	2508	2491.19	0.06110	9.051
5	0.8726	0.001000	147.0	21.02	2382	21.02	2510	2488.98	0.07625	9.025
6	0.9354	0.001000	137.6	25.22	2383	25.22	2512	2486.78	0.09134	8.999
7	1.002	0.001000	128.9	29.43	2385	29.43	2514	2484.57	0.1064	8.974
8	1.073	0.001000	120.8	33.63	2386	33.63	2516	2482.37	0.1213	8.949
9	1.148	0.001000	113.3	37.82	2387	37.82	2517	2479.18	0.1362	8.924
10	1.228	0.001000	106.3	42.02	2389	42.02	2519	2476.98	0.1511	8.900
11	1.313	0.001000	99.79	46.21	2390	46.22	2521	2474.78	0.1659	8.875
12	1.403	0.001001	93.72	50.41	2391	50.41	2523	2472.59	0.1806	8.851
13	1.498	0.001001	88.06	54.60	2393	54.60	2525	2470.4	0.1953	8.827
14	1.599	0.001001	82.79	58.79	2394	58.79	2527	2468.21	0.2099	8.804
15	1.706	0.001001	77.88	62.98	2395	62.98	2528	2465.02	0.2245	8.780
16	1.819	0.001001	73.29	67.17	2397	67.17	2530	2462.83	0.2390	8.757
17	1.938	0.001001	69.00	71.36	2398	71.36	2532	2460.64	0.2534	8.734
18	2.065	0.001001	65.00	75.54	2400	75.54	2534	2458.46	0.2678	8.711
19	2.198	0.001002	61.26	79.73	2401	79.73	2536	2456.27	0.2822	8.688
20	2.339	0.001002	57.76	83.91	2402	83.91	2537	2453.09	0.2965	8.666
21	2.488	0.001002	54.48	88.10	2404	88.10	2539	2450.9	0.3107	8.644
22	2.645	0.001002	51.42	92.28	2405	92.28	2541	2448.72	0.3249	8.622
23	2.811	0.001003	48.55	96.46	2406	96.46	2543	2446.54	0.3391	8.600
24	2.986	0.001003	45.86	100.6	2408	100.6	2545	2444.40	0.3532	8.578
25	3.170	0.001003	43.34	104.8	2409	104.8	2547	2442.20	0.3672	8.557
26	3.364	0.001003	40.97	109.0	2410	109.0	2548	2439.0	0.3812	8.535
27	3.568	0.001004	38.75	113.2	2412	113.2	2550	2436.8	0.3952	8.514
28	3.783	0.001004	36.67	117.4	2413	117.4	2552	2434.6	0.4091	8.493
29	4.009	0.001004	34.72	121.5	2415	121.6	2554	2432.4	0.4229	8.473
30	4.247	0.001004	32.88	125.7	2416	125.7	2556	2430.3	0.4368	8.452
31	4.497	0.001005	31.15	129.9	2417	129.9	2557	2427.1	0.4505	8.432
32	4.760	0.001005	29.53	134.1	2419	134.1	2559	2424.9	0.4642	8.411
33	5.035	0.001005	28.00	138.3	2420	138.3	2561	2422.7	0.4779	8.391
34	5.325	0.001006	26.56	142.4	2421	142.5	2563	2420.5	0.4915	8.371
35	5.629	0.001006	25.21	146.6	2423	146.6	2565	2418.4	0.5051	8.352
36	5.948	0.001006	23.93	150.8	2424	150.8	2566	2415.2	0.5187	8.332
37	6.282	0.001007	22.73	155.0	2425	155.0	2568	2413.0	0.5322	8.313
38	6.633	0.001007	21.59	159.2	2427	159.2	2570	2410.8	0.5456	8.294
39	7.000	0.001008	20.52	163.3	2428	163.4	2572	2408.6	0.5590	8.274
40	7.385	0.001008	19.52	167.5	2429	167.5	2574	2406.5	0.5724	8.256

부록 3-1. H_2O(물) 포화증기표(온도 기준) (계속)

온도 t ℃	압력 P_s kPa	비체적 (㎥/kg) 액(v_f)	증기(v_g)	내부에너지 (kJ/kg) 액(u_f)	증기(u_g)	비엔탈피 (kJ/kg) 액(h_f)	증기(h_g)	증발열(h_{fg})	비엔트로피 (kJ/kg·K) 액(s_f)	증기(s_g)
41	7.788	0.001008	18.56	171.7	2431	171.7	2575	2403.3	0.5857	8.237
42	8.210	0.001009	17.66	175.9	2432	175.9	2577	2401.1	0.5990	8.218
43	8.651	0.001009	16.81	180.1	2433	180.1	2579	2398.9	0.6123	8.200
44	9.112	0.001010	16.01	184.2	2435	184.3	2581	2396.7	0.6255	8.181
45	9.595	0.001010	15.25	188.4	2436	188.4	2582	2393.6	0.6386	8.163
46	10.10	0.001010	14.53	192.6	2437	192.6	2584	2391.4	0.6517	8.145
47	10.63	0.001011	13.85	196.8	2439	196.8	2586	2389.2	0.6648	8.128
48	11.18	0.001011	13.21	201.0	2440	201.0	2588	2387.0	0.6779	8.110
49	11.75	0.001012	12.60	205.1	2441	205.2	2590	2384.8	0.6908	8.092
50	12.35	0.001012	12.03	209.3	2443	209.3	2591	2381.7	0.7038	8.075
51	12.98	0.001013	11.48	213.5	2444	213.5	2593	2379.5	0.7167	8.058
52	13.63	0.001013	10.96	217.7	2445	217.7	2595	2377.3	0.7296	8.040
53	14.31	0.001014	10.47	221.9	2447	221.9	2597	2375.1	0.7425	8.023
54	15.02	0.001014	10.01	226.1	2448	226.1	2598	2371.9	0.7553	8.007
55	15.76	0.001015	9.564	230.2	2449	230.3	2600	2369.7	0.7680	7.990
56	16.53	0.001015	9.145	234.4	2451	234.4	2602	2367.6	0.7808	7.973
57	17.34	0.001016	8.747	238.6	2452	238.6	2604	2365.4	0.7934	7.957
58	18.17	0.001016	8.368	242.8	2453	242.8	2605	2362.2	0.8061	7.940
59	19.04	0.001017	8.009	247.0	2455	247.0	2607	2360.0	0.8187	7.924
60	19.95	0.001017	7.667	251.2	2456	251.2	2609	2357.8	0.8313	7.908
61	20.89	0.001018	7.342	255.3	2457	255.4	2611	2355.6	0.8438	7.892
62	21.87	0.001018	7.033	259.5	2459	259.6	2612	2352.4	0.8563	7.876
63	22.88	0.001019	6.740	263.7	2460	263.7	2614	2350.3	0.8688	7.861
64	23.94	0.001019	6.460	267.9	2461	267.9	2616	2348.1	0.8813	7.845
65	25.04	0.00102	6.194	272.1	2462	272.1	2618	2345.9	0.8937	7.830
66	26.18	0.001020	5.940	276.3	2464	276.3	2619	2342.7	0.9060	7.814
67	27.37	0.001021	5.698	280.5	2465	280.5	2621	2340.5	0.9183	7.799
68	28.60	0.001022	5.468	284.7	2466	284.7	2623	2338.3	0.9306	7.784
69	29.88	0.001022	5.249	288.8	2468	288.9	2624	2335.1	0.9429	7.769
70	31.20	0.001023	5.040	293.0	2469	293.1	2626	2332.9	0.9551	7.754
71	32.58	0.001023	4.84	297.2	2470	297.3	2628	2330.7	0.9673	7.739
72	34.00	0.001024	4.65	301.4	2471	301.4	2630	2328.6	0.9795	7.725
73	35.48	0.001025	4.468	305.6	2473	305.6	2631	2325.4	0.9916	7.710
74	37.01	0.001025	4.295	309.8	2474	309.8	2633	2323.2	1.0040	7.696
75	38.6	0.001026	4.129	314.0	2475	314.0	2635	2321.0	1.0160	7.681
76	40.24	0.001026	3.971	318.2	2477	318.2	2636	2317.8	1.028	7.667
77	41.94	0.001027	3.820	322.4	2478	322.4	2638	2315.6	1.040	7.653
78	43.70	0.001028	3.675	326.6	2479	326.6	2640	2313.4	1.052	7.639
79	45.53	0.001028	3.537	330.8	2480	330.8	2641	2310.2	1.064	7.625
80	47.41	0.001029	3.405	335.0	2482	335.0	2643	2308.0	1.076	7.611
81	49.37	0.001030	3.279	339.2	2483	339.2	2645	2305.8	1.087	7.597
82	51.39	0.001030	3.158	343.4	2484	343.4	2646	2302.6	1.099	7.584
83	53.48	0.001031	3.042	347.6	2485	347.6	2648	2300.4	1.111	7.570
84	55.64	0.001032	2.932	351.8	2487	351.8	2650	2298.2	1.123	7.557
85	57.87	0.001032	2.826	356.0	2488	356.0	2651	2295.0	1.135	7.543
86	60.17	0.001033	2.724	360.2	2489	360.2	2653	2292.8	1.146	7.530
87	62.56	0.001034	2.627	364.4	2490	364.4	2655	2290.6	1.158	7.517
88	65.02	0.001035	2.534	368.6	2492	368.6	2656	2287.4	1.170	7.504
89	67.56	0.001035	2.445	372.8	2493	372.8	2658	2285.2	1.181	7.491
90	70.18	0.001036	2.359	377.0	2494	377.0	2660	2283	1.193	7.478

부록 3-1. H_2O(물) 포화증기표(온도 기준) (계속)

온도	압력	비체적 (㎥/kg)		내부에너지 (kJ/kg)		비엔탈피 (kJ/kg)			비엔트로피 (kJ/kg·K)	
t ℃	P_s kPa	액(v_f)	증기(v_g)	액(u_f)	증기(u_g)	액(h_f)	증기(h_g)	증발열(h_{fg})	액(s_f)	증기(s_g)
91	72.89	0.001037	2.277	381.2	2495	381.2	2661	2279.8	1.204	7.465
92	75.68	0.001037	2.198	385.4	2496	385.5	2663	2277.5	1.216	7.453
93	78.57	0.001038	2.123	389.6	2498	389.7	2664	2274.3	1.227	7.440
94	81.54	0.001039	2.050	393.8	2499	393.9	2666	2272.1	1.239	7.428
95	84.61	0.001040	1.981	398.0	2500	398.1	2668	2269.9	1.250	7.415
96	87.77	0.001040	1.914	402.2	2501	402.3	2669	2266.7	1.262	7.403
97	91.03	0.001041	1.850	406.4	2502	406.5	2671	2264.5	1.273	7.390
98	94.39	0.001042	1.788	410.6	2504	410.7	2672	2261.3	1.285	7.378
99	97.85	0.001043	1.729	414.8	2505	414.9	2674	2259.1	1.296	7.366
100	101.4	0.001043	1.672	419.1	2506	419.2	2676	2256.8	1.307	7.354
102	108.9	0.001045	1.564	427.5	2508	427.6	2679	2251.4	1.330	7.330
104	116.8	0.001047	1.465	435.9	2511	436	2682	2246.0	1.352	7.307
106	125.1	0.001048	1.373	444.4	2513	444.5	2685	2240.5	1.374	7.284
108	134.0	0.001050	1.288	452.8	2515	453.0	2688	2235.0	1.397	7.261
110	143.4	0.001052	1.209	461.3	2518	461.4	2691	2229.6	1.419	7.238
112	153.3	0.001053	1.1360	469.7	2520	469.9	2694	2224.1	1.441	7.216
114	163.7	0.001055	1.0680	478.2	2522	478.4	2697	2218.6	1.463	7.194
116	174.8	0.001057	1.0050	486.6	2524	486.8	2700	2213.2	1.485	7.172
118	186.4	0.001059	0.9460	495.1	2527	495.3	2703	2207.7	1.506	7.150
120	198.7	0.001060	0.8912	503.6	2529	503.8	2706	2202.2	1.528	7.129
122	211.6	0.001062	0.8402	512.1	2531	512.3	2709	2196.7	1.549	7.108
124	225.2	0.001064	0.7926	520.6	2533	520.8	2712	2191.2	1.571	7.087
126	239.5	0.001066	0.7482	529.1	2535	529.3	2715	2185.7	1.592	7.067
128	254.5	0.001068	0.7067	537.6	2537	537.9	2717	2179.1	1.613	7.046
130	270.3	0.001070	0.6680	546.1	2540	546.4	2720	2173.6	1.635	7.026
132	286.8	0.001072	0.6318	554.6	2542	554.9	2723	2168.1	1.656	7.007
134	304.2	0.001074	0.5979	563.1	2544	563.5	2726	2162.5	1.677	6.987
136	322.4	0.001076	0.5661	571.7	2546	572.0	2728	2156.0	1.698	6.968
138	341.5	0.001078	0.5364	580.2	2548	580.6	2731	2150.4	1.718	6.948
140	361.5	0.001080	0.5085	588.8	2550	589.2	2733	2143.8	1.739	6.929
142	382.5	0.001082	0.4823	597.3	2552	597.7	2736	2138.3	1.760	6.910
144	404.4	0.001084	0.4577	605.9	2553	606.3	2739	2132.7	1.780	6.892
146	427.3	0.001086	0.4346	614.5	2555	614.9	2741	2126.1	1.801	6.873
148	451.2	0.001088	0.4129	623.1	2557	623.6	2744	2120.4	1.821	6.855
150	476.2	0.001091	0.3925	631.7	2559	632.2	2746	2113.8	1.842	6.837
152	502.2	0.001093	0.3732	640.3	2561	640.8	2748	2107.2	1.862	6.819
154	529.5	0.001095	0.3551	648.9	2563	649.5	2751	2101.5	1.882	6.801
156	557.8	0.001097	0.3381	657.5	2564	658.1	2753	2094.9	1.902	6.784
158	587.4	0.001100	0.3220	666.1	2566	666.8	2755	2088.2	1.923	6.766
160	618.2	0.001102	0.3068	674.8	2568	675.5	2757	2081.5	1.943	6.749
162	650.3	0.001104	0.2925	683.5	2569	684.2	2760	2075.8	1.963	6.732
164	683.7	0.001107	0.2789	692.1	2571	692.9	2762	2069.1	1.982	6.715
166	718.5	0.001109	0.2661	700.8	2573	701.6	2764	2062.4	2.002	6.698
168	754.6	0.001112	0.2540	709.5	2574	710.3	2766	2055.7	2.022	6.682
170	792.2	0.001114	0.2426	718.2	2576	719.1	2768	2048.9	2.042	6.665
172	831.2	0.001117	0.2318	726.9	2577	727.8	2770	2042.2	2.061	6.649
174	871.8	0.001119	0.2215	735.7	2579	736.6	2772	2035.4	2.081	6.632
176	913.8	0.001122	0.2118	744.4	2580	745.4	2774	2028.6	2.100	6.616
178	957.5	0.001125	0.2026	753.2	2581	754.2	2775	2020.8	2.120	6.600
180	1003.0	0.001127	0.1938	761.9	2583	763.1	2777	2013.9	2.139	6.584

부록 3-1. H_2O(물) 포화증기표(온도 기준) (계속)

온도 t℃	압력 P_s kPa	비체적 (㎥/kg) 액(v_f)	증기(v_g)	내부에너지 (kJ/kg) 액(u_f)	증기(u_g)	비엔탈피 (kJ/kg) 액(h_f)	증기(h_g)	증발열(h_{fg})	비엔트로피 (kJ/kg·K) 액(s_f)	증기(s_g)
182	1050	0.001130	0.1856	770.7	2584	771.9	2779	2007.1	2.159	6.568
184	1098	0.001133	0.1777	779.5	2585	780.8	2781	2000.2	2.178	6.552
186	1149	0.001136	0.1702	788.3	2587	789.6	2782	1992.4	2.197	6.537
188	1201	0.001139	0.1631	797.2	2588	798.5	2784	1985.5	2.216	6.521
190	1255	0.001141	0.1564	806.0	2589	807.4	2785	1977.6	2.235	6.506
192	1311	0.001144	0.1499	814.9	2590	816.4	2787	1970.6	2.255	6.491
194	1369	0.001147	0.1438	823.7	2591	825.3	2788	1962.7	2.274	6.475
196	1429	0.001150	0.1380	832.6	2592	834.3	2789	1954.7	2.293	6.46
198	1491	0.001153	0.1325	841.5	2593	843.3	2791	1947.7	2.312	6.445
200	1555	0.001157	0.1272	850.5	2594	852.3	2792	1939.7	2.331	6.43
205	1724	0.001164	0.11510	872.9	2596	874.9	2795	1920.1	2.378	6.393
210	1908	0.001173	0.10430	895.4	2598	897.6	2797	1899.4	2.425	6.356
215	2106	0.001181	0.09468	918.0	2600	920.5	2799	1878.5	2.471	6.320
220	2320	0.001190	0.08609	940.8	2601	943.6	2801	1857.4	2.518	6.284
225	2550	0.001199	0.07840	963.7	2602	966.8	2802	1835.2	2.564	6.248
230	2797	0.001209	0.07150	986.8	2603	990.2	2803	1812.8	2.610	6.213
235	3063	0.001219	0.06530	1010	2603	1014	2803	1789	2.656	6.177
240	3347	0.001229	0.05970	1033	2603	1038	2803	1765	2.702	6.142
245	3651	0.001240	0.05465	1057	2603	1062	2802	1740	2.748	6.107
250	3976	0.001252	0.05008	1081	2602	1086	2801	1715	2.794	6.072
255	4323	0.001264	0.04594	1105	2600	1110	2799	1689	2.839	6.037
260	4692	0.001276	0.04217	1129	2599	1135	2797	1662	2.885	6.002
265	5085	0.001289	0.03875	1153	2596	1160	2793	1633	2.931	5.966
270	5503	0.001303	0.03562	1178	2594	1185	2790	1605	2.976	5.930
275	5946	0.001318	0.03277	1203	2590	1211	2785	1574	3.022	5.894
280	6417	0.001333	0.03015	1228	2586	1237	2780	1543	3.068	5.858
285	6915	0.001349	0.02776	1254	2582	1263	2774	1511	3.115	5.821
290	7442	0.001366	0.02555	1280	2577	1290	2767	1477	3.161	5.783
295	7999	0.001385	0.02353	1306	2570	1317	2759	1442	3.208	5.745
300	8588	0.001404	0.02166	1333	2564	1345	2750	1405	3.255	5.706
305	9209	0.001425	0.019930	1360	2556	1373	2739	1366	3.303	5.666
310	9865	0.001448	0.018330	1388	2547	1402	2728	1326	3.351	5.624
315	10556	0.001472	0.016850	1416	2537	1432	2715	1283	3.400	5.582
320	11284	0.001499	0.015470	1445	2526	1462	2701	1239	3.449	5.537
325	12051	0.001528	0.014180	1475	2513	1494	2684	1190	3.500	5.491
330	12858	0.001561	0.012980	1506	2499	1526	2666	1140	3.552	5.442
335	13707	0.001597	0.011850	1538	2483	1559	2645	1086	3.605	5.391
340	14601	0.001638	0.010780	1571	2464	1595	2622	1027	3.660	5.336
345	15541	0.001685	0.009769	1605	2443	1631	2595	964	3.718	5.276
350	16529	0.001740	0.008802	1642	2418	1671	2564	893	3.778	5.211
355	17570	0.001808	0.007868	1682	2388	1714	2527	813	3.844	5.138
360	18666	0.001895	0.006949	1726	2352	1762	2481	719	3.917	5.054
365	19821	0.002017	0.006012	1778	2304	1818	2423	605	4.001	4.950
370	21044	0.002215	0.004954	1844	2230	1891	2335	444	4.111	4.801
373.94	22062	0.002994	0.003227	1999	2034	2065	2105	40	4.377	4.439

부록 3-2. H_2O(물) 포화증기표(압력 기준)

압력	온도	비체적 (㎥/kg)		내부에너지 (kJ/kg)		비엔탈피 (kJ/kg)			비엔트로피 (kJ/kg·K)	
P kPa	t_s℃	액(v_f)	증기(v_g)	액(u_f)	증기(u_g)	액(h_f)	증기(h_g)	증발열(h_{fg})	액(s_f)	증기(s_g)
1.0	6.97	0.001000	129.20	29.30	2384	29.30	2514	2484.70	0.1059	8.975
1.5	13.02	0.001001	87.96	54.68	2393	54.68	2525	2470.32	0.1956	8.827
2.0	17.49	0.001001	66.99	73.43	2399	73.43	2533	2459.57	0.2606	8.723
2.5	21.08	0.001002	54.24	88.42	2404	88.42	2539	2450.58	0.3118	8.642
3.0	24.08	0.001003	45.65	101.00	2408	101.00	2545	2444.00	0.3543	8.576
3.5	26.67	0.001003	39.47	111.80	2411	111.80	2550	2438.20	0.3906	8.521
4.0	28.96	0.001004	34.79	121.40	2415	121.40	2554	2432.60	0.4224	8.473
4.5	31.01	0.001005	31.13	130.00	2417	130.00	2557	2427.00	0.4507	8.431
5.0	32.87	0.001005	28.19	137.70	2420	137.70	2561	2423.30	0.4762	8.394
5.5	34.58	0.001006	25.76	144.9	2422	144.9	2564	2419.1	0.4994	8.360
6.0	36.16	0.001006	23.73	151.5	2424	151.5	2567	2415.5	0.5208	8.329
6.5	37.63	0.001007	22.01	157.6	2426	157.6	2569	2411.4	0.5406	8.301
7.0	39.00	0.001008	20.52	163.3	2428	163.4	2572	2408.6	0.5590	8.274
7.5	40.29	0.001008	19.23	168.7	2430	168.7	2574	2405.3	0.5763	8.250
8.0	41.51	0.001008	18.10	173.8	2431	173.8	2576	2402.2	0.5925	8.227
8.5	42.66	0.001009	17.09	178.7	2433	178.7	2578	2399.3	0.6078	8.206
9.0	43.76	0.001009	16.20	183.2	2434	183.3	2580	2396.7	0.6223	8.186
9.5	44.81	0.001010	15.40	187.6	2436	187.6	2582	2394.4	0.6361	8.167
10	45.81	0.001010	14.67	191.8	2437	191.8	2584	2392.2	0.6492	8.149
15	53.97	0.001014	10.02	225.9	2448	225.9	2598	2372.1	0.7549	8.007
20	60.06	0.001017	7.648	251.4	2456	251.4	2609	2357.6	0.8320	7.907
25	64.96	0.001020	6.203	271.9	2462	272.0	2617	2345.0	0.8932	7.830
30	69.10	0.001022	5.228	289.2	2468	289.3	2625	2335.7	0.9441	7.767
35	72.68	0.001024	4.525	304.3	2472	304.3	2631	2326.7	0.9877	7.715
40	75.86	0.001026	3.993	317.6	2476	317.6	2636	2318.4	1.0260	7.669
45	78.71	0.001028	3.576	329.6	2480	329.6	2641	2311.4	1.0600	7.629
50	81.32	0.001030	3.240	340.5	2483	340.5	2645	2304.5	1.0910	7.593
55	83.71	0.001032	2.963	350.5	2486	350.6	2649	2298.4	1.119	7.561
60	85.93	0.001033	2.732	359.8	2489	359.9	2653	2293.1	1.145	7.531
65	87.99	0.001035	2.535	368.5	2492	368.6	2656	2287.4	1.170	7.504
70	89.93	0.001036	2.365	376.7	2494	376.8	2659	2282.2	1.192	7.479
75	91.76	0.001037	2.217	384.4	2496	384.4	2662	2277.6	1.213	7.456
80	93.49	0.001039	2.087	391.6	2498	391.7	2665	2273.3	1.233	7.434
85	95.13	0.001040	1.972	398.5	2500	398.6	2668	2269.4	1.252	7.414
90	96.69	0.001041	1.869	405.1	2502	405.2	2670	2264.8	1.270	7.394
95	98.18	0.001042	1.777	411.4	2504	411.5	2673	2261.5	1.287	7.376
100	99.61	0.001043	1.694	417.4	2506	417.5	2675	2257.5	1.303	7.359
125	106.0	0.001048	1.375	444.2	2513	444.4	2685	2240.6	1.374	7.284
150	111.3	0.001053	1.159	467.0	2519	467.1	2693	2225.9	1.434	7.223
175	116.0	0.001057	1.004	486.8	2524	487.0	2700	2213.0	1.485	7.171
200	120.2	0.001061	0.8857	504.5	2529	504.7	2706	2201.3	1.530	7.127
225	124.0	0.001064	0.7932	520.5	2533	520.7	2712	2191.3	1.571	7.088
250	127.4	0.001067	0.7187	535.1	2537	535.3	2716	2180.7	1.607	7.052
275	130.6	0.001070	0.6573	548.6	2540	548.9	2721	2172.1	1.641	7.021
300	133.5	0.001073	0.6058	561.1	2543	561.4	2725	2163.6	1.672	6.992
325	136.3	0.001076	0.5619	572.8	2546	573.2	2729	2155.8	1.700	6.965
350	138.9	0.001079	0.5242	583.9	2548	584.3	2732	2147.7	1.727	6.940
375	141.3	0.001081	0.4913	594.3	2551	594.7	2735	2140.3	1.753	6.917
400	143.6	0.001084	0.4624	604.2	2553	604.7	2738	2133.3	1.776	6.895
425	145.8	0.001086	0.4368	613.6	2555	614.1	2741	2126.9	1.799	6.875
450	147.9	0.001088	0.4139	[illegible]	2557	[illegible]	[illegible]	[illegible]	[illegible]	[illegible]
475	149.9	0.001090	0.3934	631.3	2559	631.8	2746	2114.2	1.841	6.838
500	151.8	0.001093	0.3748	639.5	2561	640.1	2748	2107.9	1.860	6.821

부록 3-2. H_2O(물) 포화증기표(압력 기준) (계속)

압력	온도	비체적 (m³/kg)		내부에너지 (kJ/kg)		비엔탈피 (kJ/kg)			비엔트로피 (kJ/kg·K)	
P kPa	t_s ℃	액(v_f)	증기(v_g)	액(u_f)	증기(u_g)	액(h_f)	증기(h_g)	증발열(h_{fg})	액(s_f)	증기(s_g)
525	153.7	0.001095	0.3580	647.5	2562	648.1	2750	2101.9	1.879	6.804
550	155.5	0.001097	0.3426	655.2	2564	655.8	2752	2096.2	1.897	6.789
575	157.2	0.001099	0.3285	662.6	2565	663.2	2754	2090.8	1.914	6.774
600	158.8	0.001101	0.3156	669.7	2567	670.4	2756	2085.6	1.931	6.759
625	160.4	0.001102	0.3036	676.6	2568	677.3	2758	2080.7	1.947	6.745
650	162.0	0.001104	0.2926	683.4	2569	684.1	2760	2075.9	1.962	6.732
675	163.5	0.001106	0.2823	689.9	2571	690.6	2761	2070.4	1.977	6.719
700	164.9	0.001108	0.2728	696.2	2572	697.0	2763	2066.0	1.992	6.707
725	166.4	0.001110	0.2639	702.4	2573	703.2	2764	2060.8	2.006	6.695
750	167.7	0.001111	0.2555	708.4	2574	709.2	2766	2056.8	2.019	6.684
775	169.1	0.001113	0.2477	714.3	2575	715.1	2767	2051.9	2.033	6.672
800	170.4	0.001115	0.2403	720.0	2576	720.9	2768	2047.1	2.046	6.662
825	171.7	0.001116	0.2334	725.6	2577	726.5	2770	2043.5	2.058	6.651
850	172.9	0.001118	0.2269	731.0	2578	732.0	2771	2039.0	2.070	6.641
875	174.2	0.001120	0.2207	736.3	2579	737.3	2772	2034.7	2.082	6.631
900	175.4	0.001121	0.2149	741.6	2580	742.6	2773	2030.4	2.094	6.621
925	176.5	0.001123	0.2094	746.7	2580	747.7	2774	2026.3	2.105	6.612
950	177.7	0.001124	0.2041	751.7	2581	752.7	2775	2022.3	2.117	6.603
975	178.8	0.001126	0.1991	756.6	2582	757.7	2776	2018.3	2.127	6.594
1000	179.9	0.001127	0.1944	761.4	2583	762.5	2777	2014.5	2.138	6.585
1250	189.8	0.001141	0.15700	805.2	2589	806.6	2785	1978.4	2.234	6.507
1500	198.3	0.001154	0.13170	842.8	2593	844.6	2791	1946.4	2.314	6.443
1750	205.7	0.001166	0.11340	876.1	2597	878.2	2795	1916.8	2.384	6.388
2000	212.4	0.001177	0.09959	906.1	2599	908.5	2798	1889.5	2.447	6.339
2250	218.4	0.001187	0.08872	933.6	2601	936.2	2800	1863.8	2.503	6.295
2500	224.0	0.001197	0.07995	958.9	2602	961.9	2802	1840.1	2.554	6.256
2750	229.1	0.001207	0.07272	982.5	2603	985.8	2803	1817.2	2.602	6.219
3000	233.9	0.001217	0.06666	1005.0	2603	1008	2803	1795.0	2.646	6.186
3250	238.3	0.001226	0.06151	1026	2603	1030	2803	1773	2.687	6.154
3500	242.6	0.001235	0.05706	1045	2603	1050	2803	1753	2.725	6.124
3750	246.6	0.001244	0.05318	1064	2602	1069	2802	1733	2.762	6.096
4000	250.4	0.001253	0.04978	1082	2602	1087	2801	1714	2.797	6.070
4250	254.0	0.001261	0.04676	1100	2601	1105	2800	1695	2.830	6.044
4500	257.4	0.001270	0.04406	1117	2600	1122	2798	1676	2.862	6.020
4750	260.8	0.001278	0.04164	1133	2598	1139	2796	1657	2.892	5.996
5000	263.9	0.001286	0.03945	1148	2597	1155	2794	1639	2.921	5.974
5250	267.0	0.001295	0.03746	1163	2595	1170	2792	1622	2.949	5.952
5500	270.0	0.001303	0.03564	1178	2594	1185	2790	1605	2.976	5.931
5750	272.8	0.001311	0.03398	1192	2592	1200	2787	1587	3.002	5.910
6000	275.6	0.001319	0.03245	1206	2590	1214	2785	1571	3.028	5.890
6250	278.3	0.001327	0.03104	1220	2588	1228	2782	1554	3.052	5.871
6500	280.9	0.001336	0.02973	1233	2586	1241	2779	1538	3.076	5.852
6750	283.4	0.001344	0.02851	1246	2583	1255	2776	1521	3.100	5.833
7000	285.8	0.001352	0.02738	1258	2581	1268	2773	1505	3.122	5.815
7250	288.2	0.001360	0.02632	1271	2578	1280	2769	1489	3.145	5.797
7500	290.5	0.001368	0.02533	1283	2576	1293	2766	1473	3.166	5.779
7750	292.8	0.001376	0.02440	1295	2573	1305	2762	1457	3.187	5.762
8000	295.0	0.001385	0.02353	1306	2570	1317	2759	1442	3.208	5.745
8250	297.2	0.001393	0.02270	1318	2568	1329	2755	1426	3.228	5.728
8500	299.3	0.001401	0.02192	1329	2565	1341	2751	1410	3.248	5.712
8750	301.3	0.001410	0.02119	1340	2562	1352	2747	1395	3.268	5.695
9000	303.3	0.001418	0.02049	1351	2559	1364	2743	1379	3.287	5.679

부록 3-2. H_2O(물) 포화증기표(압력 기준) (계속)

압력 P kPa	온도 t_s ℃	비체적 (㎥/kg)		내부에너지 (kJ/kg)		비엔탈피 (kJ/kg)			비엔트로피 (kJ/kg·K)	
		액(v_f)	증기(v_g)	액(u_f)	증기(u_g)	액(h_f)	증기(h_g)	증발열(h_{fg})	액(s_f)	증기(s_g)
9250	305.3	0.001427	0.01983	1362	2555	1375	2739	1364	3.306	5.663
9500	307.2	0.001435	0.01920	1373	2552	1386	2734	1348	3.324	5.647
9750	309.1	0.001444	0.01860	1383	2549	1397	2730	1333	3.343	5.632
10000	311.0	0.001453	0.01803	1394	2545	1408	2725	1317	3.361	5.616
10500	314.6	0.001470	0.01696	1414	2538	1429	2716	1287	3.396	5.585
11000	318.1	0.001489	0.01599	1434	2530	1450	2706	1256	3.430	5.554
11500	321.4	0.001507	0.01509	1454	2523	1471	2696	1225	3.464	5.524
12000	324.7	0.001526	0.01426	1473	2514	1491	2685	1194	3.497	5.494
12500	327.8	0.001546	0.01350	1492	2506	1512	2674	1162	3.529	5.464
13000	330.9	0.001566	0.01278	1511	2497	1532	2663	1131	3.561	5.434
13500	333.8	0.001588	0.01211	1530	2487	1551	2651	1100	3.592	5.403
14000	336.7	0.001610	0.01149	1548	2477	1571	2638	1067	3.623	5.373
14500	339.4	0.001633	0.01090	1567	2467	1591	2625	1034	3.654	5.342
15000	342.2	0.001657	0.01034	1585	2456	1610	2611	1001	3.685	5.311
15500	344.8	0.001682	0.009811	1604	2444	1630	2596	966	3.715	5.279
16000	347.4	0.001709	0.009309	1622	2432	1650	2581	931	3.746	5.246
16500	349.9	0.001738	0.008830	1641	2419	1670	2565	895	3.777	5.213
17000	352.3	0.001769	0.008371	1660	2405	1690	2547	857	3.808	5.179
17500	354.7	0.001803	0.007929	1679	2391	1711	2529	818	3.839	5.143
18000	357.0	0.001840	0.007502	1699	2375	1732	2510	778	3.872	5.106
18500	359.3	0.001881	0.007086	1719	2358	1754	2489	735	3.905	5.067
19000	361.5	0.001927	0.006677	1741	2339	1777	2466	689	3.940	5.026
19500	363.6	0.001979	0.006273	1763	2318	1801	2441	640	3.977	4.981
20000	365.7	0.002040	0.005865	1786	2295	1827	2412	585	4.016	4.931
20500	367.8	0.002113	0.005446	1812	2268	1855	2379	524	4.058	4.875
21000	369.8	0.002206	0.004996	1841	2234	1888	2339	451	4.106	4.808
21500	371.8	0.002347	0.004473	1879	2187	1930	2283	353	4.170	4.718
22000	373.7	0.002704	0.003647	1952	2093	2011	2173	162	4.295	4.545
22062	373.94	0.002994	0.003227	1999	2034	2065	2105	40	4.377	4.439

부록 3-3. H_2O(물) 과열증기표

P=0.01 [MPa] (45.81)

t ℃	v	u	h	s
45.81	14.67	2437	2584	8.149
50	14.87	2443	2592	8.174
100	17.20	2515	2687	8.449
150	19.51	2588	2783	8.689
200	21.83	2661	2880	8.905
250	24.14	2736	2977	9.101
300	26.45	2812	3077	9.283
350	28.75	2890	3178	9.451
400	31.06	2969	3280	9.609
450	33.37	3050	3384	9.758
500	35.68	3133	3490	9.900
550	37.99	3217	3597	10.03
600	40.30	3303	3706	10.16
650	42.60	3391	3817	10.29
700	44.91	3481	3930	10.41
750	47.22	3572	4044	10.52
800	49.53	3665	4161	10.63
850	51.83	3760	4279	10.74
900	54.14	3857	4398	10.84

P=0.05 [MPa] (81.32)

t ℃	v	u	h	s
81.32	3.240	2483	2645	7.593
100	3.419	2511	2682	7.695
150	3.890	2586	2780	7.941
200	4.356	2660	2878	8.159
250	4.821	2735	2976	8.357
300	5.284	2812	3076	8.539
350	5.747	2889	3177	8.708
400	6.209	2969	3279	8.866
450	6.672	3050	3383	9.015
500	7.134	3133	3489	9.157
550	7.596	3217	3597	9.291
600	8.058	3303	3706	9.420
650	8.519	3391	3817	9.544
700	8.981	3481	3930	9.663
750	9.443	3572	4044	9.777
800	9.905	3665	4160	9.888
850	10.37	3760	4278	9.996
900	10.83	3857	4398	10.10

P=0.1 [MPa] (99.61)

t ℃	v	u	h	s
99.61	1.694	2506	2675	7.359
100	1.696	2506	2676	7.361
150	1.937	2583	2777	7.615
200	2.172	2658	2875	7.836
250	2.406	2734	2975	8.035
300	2.639	2811	3075	8.217
350	2.871	2889	3176	8.387
400	3.103	2968	3279	8.545
450	3.334	3049	3383	8.695
500	3.566	3132	3489	8.836
550	3.797	3217	3596	8.971
600	4.028	3303	3706	9.100
650	4.259	3391	3817	9.223
700	4.49	3480	3929	9.342
750	4.721	3572	4044	9.457
800	4.952	3665	4160	9.568
850	5.183	3760	4278	9.676
900	5.414	3857	4398	9.780

P=0.2 [MPa] (120.2)

t ℃	v	u	h	s
120.2	0.8857	2529	2706	7.127
150	0.9599	2577	2769	7.281
200	1.0800	2655	2871	7.508
250	1.1990	2731	2971	7.710
300	1.3160	2809	3072	7.894
350	1.4330	2887	3174	8.064
400	1.5490	2967	3277	8.224
450	1.6650	3048	3382	8.373
500	1.7810	3131	3488	8.515
550	1.8970	3216	3595	8.650
600	2.0130	3302	3705	8.779
650	2.1290	3390	3816	8.903
700	2.2440	3480	3929	9.022
750	2.3600	3571	4043	9.137
800	2.4750	3665	4160	9.248
850	2.5910	3760	4278	9.355
900	2.7070	3856	4398	9.460

P=0.3 [MPa] (133.5)

t ℃	v	u	h	s
133.5	0.6058	2543	2725	6.992
150	0.6340	2571	2761	7.079
200	0.7164	2651	2866	7.313
250	0.7964	2729	2968	7.518
300	0.8753	2807	3070	7.704
350	0.9536	2886	3172	7.875
400	1.0320	2966	3275	8.035
450	1.1090	3048	3380	8.185
500	1.1870	3131	3487	8.327
550	1.2640	3215	3594	8.462
600	1.3410	3302	3704	8.591
650	1.4190	3390	3815	8.715
700	1.4960	3479	3928	8.834
750	1.5730	3571	4043	8.949
800	1.6500	3664	4159	9.06
850	1.7270	3759	4277	9.168
900	1.8040	3856	4397	9.272

P=0.4 [MPa] (143.6)

t ℃	v	u	h	s
143.6	0.4624	2553	2738	6.895
150	0.4709	2564	2753	6.931
200	0.5343	2647	2861	7.172
250	0.5952	2726	2964	7.380
300	0.6549	2805	3067	7.568
350	0.7140	2884	3170	7.740
400	0.7726	2965	3274	7.900
450	0.8311	3047	3379	8.051
500	0.8894	3130	3486	8.193
550	0.9475	3215	3594	8.329
600	1.0060	3301	3703	8.458
650	1.0640	3389	3815	8.582
700	1.1220	3479	3928	8.701
750	1.1790	3571	4042	8.816
800	1.2370	3664	4159	8.927
850	1.2950	3759	4277	9.035
900	1.3530	3856	4397	9.139

P=0.5 [MPa] (151.8)

t ℃	v	u	h	s
151.8	0.3748	2561	2748	6.821
200	0.4250	2643	2856	7.061
250	0.4744	2724	2961	7.272
300	0.5226	2803	3065	7.461
350	0.5702	2883	3168	7.635
400	0.6173	2964	3272	7.796
450	0.6642	3046	3378	7.947
500	0.7109	3129	3484	8.089
550	0.7576	3214	3593	8.225
600	0.8041	3300	3702	8.354
650	0.8505	3389	3814	8.478
700	0.8970	3479	3927	8.598
750	0.9433	3570	4042	8.713
800	0.9897	3664	4158	8.824
850	1.0360	3759	4277	8.932
900	1.0820	3855	4397	9.036

P=0.6 [MPa] (158.8)

t ℃	v	u	h	s
158.8	0.3156	2567	2756	6.759
200	0.3521	2639	2851	6.968
250	0.3939	2721	2958	7.183
300	0.4344	2801	3062	7.374
350	0.4743	2882	3166	7.548
400	0.5137	2963	3271	7.710
450	0.5530	3045	3376	7.861
500	0.5920	3128	3483	8.004
550	0.6309	3213	3592	8.140
600	0.6698	3300	3702	8.270
650	0.7085	3388	3813	8.394
700	0.7472	3478	3926	8.513
750	0.7859	3570	4041	8.628
800	0.8246	3663	4158	8.740
850	0.8632	3758	4276	8.847
900	0.9018	3855	4396	8.952

P=0.7 [MPa] (164.9)

t ℃	v	u	h	s
164.9	0.2728	2572	2763	6.707
200	0.3000	2635	2845	6.888
250	0.3364	2719	2954	7.107
300	0.3714	2799	3059	7.299
350	0.4058	2880	3164	7.475
400	0.4398	2961	3269	7.637
450	0.4735	3044	3375	7.789
500	0.5070	3127	3482	7.932
550	0.5405	3213	3591	8.068
600	0.5738	3299	3701	8.198
650	0.6071	3388	3813	8.322
700	0.6403	3478	3926	8.442
750	0.6735	3569	4041	8.557
800	0.7066	3663	4157	8.668
850	0.7398	3758	4276	8.776
900	0.7729	3855	4396	8.880

온도 : t(℃), 비체적 : v (m^3/kg), 비내부에너지 : u (kJ/kg), 비엔탈피 h : (kJ/kg), 비엔트로피 : s (kJ/kg·k)

부록 3-3. H_2O(물) 과열증기표(계속)

P=0.8 [MPa] (170.4)				
t ℃	v	u	h	s
170.4	0.2403	2576	2768	6.662
200	0.2609	2631	2840	6.818
250	0.2932	2716	2950	7.040
300	0.3242	2798	3057	7.234
350	0.3544	2879	3162	7.411
400	0.3843	2960	3268	7.573
450	0.4139	3043	3374	7.726
500	0.4433	3127	3481	7.869
550	0.4726	3212	3590	8.005
600	0.5019	3299	3700	8.135
650	0.5310	3387	3812	8.260
700	0.5601	3477	3925	8.379
750	0.5892	3569	4040	8.495
800	0.6182	3662	4157	8.606
850	0.6472	3758	4275	8.714
900	0.6762	3855	4395	8.818
950	0.7052	3953	4517	8.920
1000	0.7341	4053	4641	9.019

P=0.9 [MPa] (175.4)				
t ℃	v	u	h	s
175.4	0.2149	2580	2773	6.621
200	0.2304	2627	2834	6.754
250	0.2596	2713	2947	6.980
300	0.2874	2796	3054	7.177
350	0.3145	2877	3160	7.354
400	0.3411	2959	3266	7.517
450	0.3675	3042	3373	7.670
500	0.3938	3126	3480	7.814
550	0.4199	3211	3589	7.950
600	0.4459	3298	3699	8.080
650	0.4718	3387	3811	8.205
700	0.4977	3477	3925	8.325
750	0.5236	3569	4040	8.440
800	0.5494	3662	4157	8.551
850	0.5752	3757	4275	8.659
900	0.6010	3854	4395	8.764
950	0.6268	3953	4517	8.865
1000	0.6525	4053	4640	8.964

P=1.0 [MPa] (179.9)				
t ℃	v	u	h	s
179.9	0.1944	2583	2777	6.585
200	0.206	2622	2828	6.696
250	0.2327	2710	2943	6.926
300	0.258	2794	3052	7.125
350	0.2825	2876	3158	7.303
400	0.3066	2958	3264	7.467
450	0.3304	3041	3371	7.620
500	0.3541	3125	3479	7.764
550	0.3777	3210	3588	7.901
600	0.4011	3297	3699	8.031
650	0.4245	3386	3811	8.156
700	0.4478	3476	3924	8.275
750	0.4711	3568	4039	8.391
800	0.4944	3662	4156	8.502
850	0.5176	3757	4275	8.610
900	0.5408	3854	4395	8.715
950	0.5640	3953	4517	8.817
1000	0.5872	4053	4640	8.916

P=1.2 [MPa] (188)				
t ℃	v	u	h	s
188	0.1633	2588	2784	6.522
200	0.1693	2613	2816	6.591
250	0.1924	2705	2936	6.831
300	0.2139	2790	3046	7.033
350	0.2346	2873	3154	7.214
400	0.2548	2956	3261	7.379
450	0.2748	3039	3369	7.533
500	0.2946	3123	3477	7.678
550	0.3143	3209	3586	7.815
600	0.3339	3296	3697	7.946
650	0.3535	3385	3809	8.070
700	0.3730	3475	3923	8.190
750	0.3924	3567	4038	8.306
800	0.4118	3661	4155	8.418
850	0.4312	3756	4274	8.526
900	0.4506	3853	4394	8.630
950	0.4699	3952	4516	8.732
1000	0.4893	4052	4639	8.831

P=1.4 [MPa] (159)				
t ℃	v	u	h	s
195	0.1408	2592	2789	6.467
200	0.1430	2603	2803	6.497
250	0.1636	2699	2928	6.749
300	0.1823	2786	3041	6.955
350	0.2003	2870	3150	7.138
400	0.2178	2953	3258	7.305
450	0.2351	3037	3366	7.459
500	0.2522	3122	3475	7.605
550	0.2691	3208	3584	7.742
600	0.2860	3295	3695	7.873
650	0.3028	3384	3808	7.998
700	0.3195	3474	3922	8.118
750	0.3362	3566	4037	8.234
800	0.3529	3660	4154	8.346
850	0.3695	3756	4273	8.454
900	0.3861	3853	4393	8.559
950	0.4027	3951	4515	8.66
1000	0.4193	4052	4639	8.759

P=1.6 [MPa] (201.4)				
t ℃	v	u	h	s
201.4	0.1237	2595	2793	6.42
250	0.1419	2693	2920	6.675
300	0.1587	2782	3035	6.886
350	0.1746	2867	3146	7.071
400	0.1901	2951	3255	7.239
450	0.2053	3035	3363	7.395
500	0.2203	3120	3473	7.541
550	0.2352	3206	3583	7.679
600	0.2500	3294	3694	7.810
650	0.2647	3383	3806	7.935
700	0.2794	3473	3921	8.056
750	0.294	3566	4036	8.172
800	0.3087	3660	4153	8.283
850	0.3232	3755	4272	8.392
900	0.3378	3852	4393	8.497
950	0.3523	3951	4515	8.598
1000	0.3669	4051	4638	8.697

P=1.8 [MPa] (207.1)				
t ℃	v	u	h	s
207.1	0.1104	2597	2796	6.377
250	0.1250	2687	2912	6.609
300	0.1402	2777	3030	6.825
350	0.1546	2864	3142	7.012
400	0.1685	2948	3252	7.181
450	0.1821	3033	3361	7.338
500	0.1955	3119	3470	7.484
550	0.2088	3205	3581	7.623
600	0.2220	3293	3692	7.754
650	0.2351	3382	3805	7.880
700	0.2482	3473	3919	8.000
750	0.2613	3565	4035	8.116
800	0.2743	3659	4152	8.228
850	0.2872	3754	4271	8.337
900	0.3002	3852	4392	8.442
950	0.3131	3950	4514	8.544
1000	0.3261	4051	4638	8.643
1050	0.3390	4153	4763	8.739
1100	0.3519	4256	4890	8.833

P=2.0 [MPa] (212.4)				
t ℃	v	u	h	s
212.4	0.09959	2599	2798	6.339
250	0.1115	2680	2903	6.547
300	0.1255	2773	3024	6.768
350	0.1386	2860	3138	6.958
400	0.1512	2946	3248	7.129
450	0.1635	3031	3358	7.287
500	0.1757	3117	3468	7.434
550	0.1877	3204	3579	7.572
600	0.1996	3292	3691	7.704
650	0.2115	3381	3804	7.830
700	0.2233	3472	3918	7.951
750	0.2350	3564	4034	8.067
800	0.2467	3658	4152	8.179
850	0.2584	3754	4271	8.287
900	0.2701	3851	4391	8.392
950	0.2818	3950	4513	8.494
1000	0.2934	4050	4637	8.594
1050	0.3051	4152	4762	8.690
1100	0.3167	4256	4889	8.784

P=2.5 [MPa] (224)				
t ℃	v	u	h	s
224	0.07995	2602	2802	6.256
250	0.08705	2663	2881	6.411
300	0.09894	2762	3010	6.646
350	0.1098	2853	3127	6.842
400	0.1201	2940	3240	7.017
450	0.1302	3026	3352	7.177
500	0.1400	3113	3463	7.325
550	0.1497	3200	3574	7.465
600	0.1593	3289	3687	7.598
650	0.1689	3378	3800	7.724
700	0.1783	3469	3915	7.845
750	0.1878	3562	4031	7.962
800	0.1972	3656	4149	8.074
850	0.2066	3752	4268	8.183
900	0.216	3849	4389	8.288
950	0.2253	3948	4512	8.390
1000	0.2347	4049	4636	8.490
1050	0.244	4151	4761	8.586
1100	0.2533	4255	4888	8.680

온도 : t(℃), 비체적 : v (m^3/kg), 비내부에너지 : u (kJ/kg), 비엔탈피 h : (kJ/kg), 비엔트로피 : s (kJ/kg·k)

부록 3-3. H_2O(물) 과열증기표 (계속)

t ℃	P=3.0 [MPa] (233.9) v	u	h	s
233.9	0.06666	2603	2803	6.186
250	0.07063	2645	2857	6.289
300	0.08118	2751	2994	6.541
350	0.09056	2844	3116	6.745
400	0.09938	2934	3232	6.923
450	0.10790	3021	3345	7.086
500	0.11620	3109	3457	7.236
550	0.12440	3197	3570	7.377
600	0.13240	3285	3683	7.510
650	0.14050	3376	3797	7.637
700	0.14840	3467	3912	7.759
750	0.15630	3560	4029	7.876
800	0.16420	3654	4147	7.988
850	0.17200	3750	4266	8.097
900	0.17990	3848	4388	8.203
950	0.18770	3947	4510	8.305
1000	0.19550	4048	4634	8.404
1050	0.20330	4150	4760	8.501
1100	0.21110	4254	4887	8.595

t ℃	P=3.5 [MPa] (242.6) v	u	h	s
242.6	0.05706	2603	2803	6.124
250	0.05876	2624	2830	6.176
300	0.06845	2739	2978	6.448
350	0.0768	2836	3105	6.660
400	0.08456	2927	3223	6.843
450	0.09198	3016	3338	7.007
500	0.09919	3104	3452	7.159
550	0.1063	3193	3565	7.301
600	0.1133	3282	3679	7.436
650	0.1202	3373	3794	7.563
700	0.1270	3465	3909	7.685
750	0.1338	3558	4026	7.803
800	0.1406	3652	4145	7.916
850	0.1474	3749	4264	8.025
900	0.1541	3846	4386	8.130
950	0.1608	3946	4508	8.233
1000	0.1675	4046	4633	8.332
1050	0.1742	4149	4758	8.429
1100	0.1809	4253	4886	8.524

t ℃	P=4.0 [MPa] (250.4) v	u	h	s
250.4	0.04978	2602	2801	6.070
300	0.05887	2726	2962	6.364
350	0.06647	2827	3093	6.584
400	0.07343	2921	3214	6.771
450	0.08004	3011	3331	6.939
500	0.08644	3100	3446	7.092
550	0.09270	3190	3560	7.235
600	0.09886	3279	3675	7.371
650	0.10490	3370	3790	7.499
700	0.11100	3462	3906	7.621
750	0.11700	3556	4024	7.739
800	0.12290	3651	4142	7.852
850	0.12890	3747	4262	7.962
900	0.13480	3845	4384	8.067
950	0.14060	3944	4507	8.170
1000	0.14650	4045	4631	8.270
1050	0.15240	4148	4757	8.367
1100	0.15820	4251	4884	8.461

t ℃	P=4.5 [MPa] (257.4) v	u	h	s
257.4	0.04406	2600	2798	6.020
300	0.05138	2713	2944	6.285
350	0.05842	2819	3081	6.515
400	0.06477	2914	3206	6.707
450	0.07076	3006	3324	6.877
500	0.07652	3096	3440	7.032
550	0.08214	3186	3556	7.177
600	0.08766	3276	3671	7.313
650	0.09311	3368	3787	7.442
700	0.0985	3460	3903	7.565
750	0.1038	3554	4021	7.683
800	0.1092	3649	4140	7.796
850	0.1145	3745	4260	7.906
900	0.1197	3843	4382	8.012
950	0.125	3943	4505	8.115
1000	0.1302	4044	4630	8.214
1050	0.1354	4146	4756	8.311
1100	0.1406	4250	4883	8.406
1150	0.1458	4356	5012	8.498
1200	0.151	4463	5142	8.588

t ℃	P=5.0 [MPa] (263.9) v	u	h	s
263.9	0.03945	2597	2794	5.974
300	0.04535	2699	2926	6.211
350	0.05197	2809	3069	6.452
400	0.05784	2907	3197	6.648
450	0.06332	3001	3317	6.821
500	0.06858	3092	3435	6.978
550	0.07369	3182	3551	7.124
600	0.0787	3273	3667	7.261
650	0.08364	3365	3783	7.390
700	0.08852	3458	3900	7.514
750	0.09335	3552	4018	7.632
800	0.09816	3647	4138	7.746
850	0.1029	3744	4258	7.856
900	0.1077	3842	4380	7.962
950	0.1124	3941	4504	8.065
1000	0.1171	4043	4628	8.165
1050	0.1219	4145	4754	8.262
1100	0.1266	4249	4882	8.357
1150	0.1312	4355	5011	8.449
1200	0.1359	4462	5141	8.539

t ℃	P=6.0 [MPa] (275.6) v	u	h	s
275.6	0.03245	2590	2785	5.890
300	0.03619	2668	2886	6.070
350	0.04225	2790	3044	6.336
400	0.04742	2894	3178	6.543
450	0.05217	2990	3303	6.722
500	0.05667	3083	3423	6.883
550	0.06102	3175	3541	7.031
600	0.06527	3267	3659	7.169
650	0.06943	3360	3776	7.300
700	0.07355	3453	3894	7.425
750	0.07761	3547	4013	7.544
800	0.08165	3643	4133	7.658
850	0.08566	3740	4254	7.768
900	0.08964	3839	4377	7.875
950	0.09361	3939	4500	7.978
1000	0.09756	4040	4625	8.079
1050	0.1015	4143	4752	8.176
1100	0.1054	4247	4880	8.271
1150	0.1093	4353	5009	8.363
1200	0.1133	4460	5139	8.453

t ℃	P=7.0 [MPa] (285.8) v	u	h	s
285.8	0.02738	2581	2773	5.815
300	0.02949	2633	2840	5.934
350	0.03526	2770	3017	6.23
400	0.03996	2879	3159	6.45
450	0.04419	2979	3288	6.635
500	0.04816	3074	3411	6.800
550	0.05197	3168	3532	6.951
600	0.05566	3261	3651	7.091
650	0.05929	3354	3769	7.223
700	0.06285	3448	3888	7.349
750	0.06637	3543	4008	7.469
800	0.06986	3639	4128	7.584
850	0.07331	3737	4250	7.694
900	0.07675	3836	4373	7.801
950	0.08017	3936	4497	7.905
1000	0.08357	4038	4623	8.005
1050	0.08696	4141	4749	8.103
1100	0.09034	4245	4877	8.198
1150	0.09371	4351	5007	8.291
1200	0.09707	4458	5137	8.381

t ℃	P=8.0 [MPa] (295) v	u	h	s
295	0.02353	2570	2759	5.745
300	0.02428	2592	2786	5.794
350	0.02997	2748	2988	6.132
400	0.03434	2865	3139	6.366
450	0.03819	2968	3273	6.558
500	0.04177	3065	3399	6.727
550	0.04517	3160	3522	6.880
600	0.04846	3255	3642	7.022
650	0.05168	3349	3762	7.156
700	0.05483	3444	3882	7.282
750	0.05794	3539	4003	7.403
800	0.06101	3636	4124	7.518
850	0.06406	3734	4246	7.630
900	0.06708	3833	4369	7.737
950	0.07009	3933	4494	7.841
1000	0.07308	4035	4620	7.942
1050	0.07606	4138	4747	8.040
1100	0.07902	4243	4875	8.135
1150	0.08198	4349	5005	8.228
1200	0.08493	4456	5136	8.318

t ℃	P=9.0 [MPa] (303.3) v	u	h	s
303.3	0.02049	2559	2743	5.679
350	0.02582	2725	2957	6.038
400	0.02996	2849	3119	6.288
450	0.03352	2956	3258	6.487
500	0.03679	3056	3387	6.660
550	0.03989	3153	3512	6.816
600	0.04286	3248	3634	6.960
650	0.04575	3343	3755	7.095
700	0.04859	3439	3876	7.223
750	0.05138	3535	3997	7.344
800	0.05413	3632	4119	7.461
850	0.05686	3730	4242	7.572
900	0.05956	3830	4366	7.680
950	0.06225	3930	4491	7.784
1000	0.06492	4032	4617	7.886
1050	0.06758	4136	4744	7.984
1100	0.07022	4241	4873	8.079
1150	0.07286	4347	5003	8.172
1200	0.07549	4454	5134	8.262

온도 : t(℃), 비체적 : v (m^3/kg), 비내부에너지 : u (kJ/kg), 비엔탈피 h : (kJ/kg), 비엔트로피 : s (kJ/kg·k)

부록 3-3. H_2O(물) 과열증기표 (계속)

t℃	P=10 [MPa] (311) v	u	h	s	t℃	P=12 [MPa] (324.7) v	u	h	s	t℃	P=14 [MPa] (336.7) v	u	h	s
311	0.01803	2545	2725	5.616	324.7	0.01426	2514	2685	5.494	336.7	0.01149	2477	2638	5.373
350	0.02244	2700	2924	5.946	350	0.01722	2641	2848	5.761	350	0.01323	2568	2753	5.560
400	0.02644	2833	3097	6.214	400	0.02111	2799	3052	6.076	400	0.01724	2761	3002	5.946
450	0.02978	2945	3242	6.422	450	0.02415	2920	3210	6.303	450	0.02010	2894	3176	6.195
500	0.03281	3047	3375	6.599	500	0.02683	3028	3350	6.49	500	0.02254	3008	3324	6.393
550	0.03565	3145	3502	6.758	550	0.02930	3130	3482	6.655	550	0.02476	3114	3461	6.565
600	0.03838	3242	3626	6.904	600	0.03165	3229	3609	6.805	600	0.02684	3216	3592	6.719
650	0.04102	3338	3748	7.041	650	0.03391	3327	3734	6.945	650	0.02884	3316	3719	6.861
700	0.04360	3434	3870	7.169	700	0.03611	3424	3858	7.075	700	0.03076	3415	3845	6.994
750	0.04613	3531	3992	7.292	750	0.03826	3522	3981	7.199	750	0.03264	3514	3971	7.120
800	0.04863	3628	4114	7.408	800	0.04037	3621	4105	7.317	800	0.03448	3613	4096	7.239
850	0.05110	3727	4238	7.521	850	0.04246	3720	4230	7.431	850	0.03629	3713	4221	7.353
900	0.05355	3827	4362	7.629	900	0.04452	3820	4355	7.540	900	0.03808	3814	4347	7.463
950	0.05598	3928	4487	7.734	950	0.04657	3922	4481	7.645	950	0.03985	3916	4474	7.569
1000	0.05839	4030	4614	7.835	1000	0.0486	4025	4608	7.747	1000	0.04161	4020	4602	7.672
1050	0.06079	4134	4741	7.933	1050	0.05062	4129	4736	7.846	1050	0.04335	4124	4731	7.771
1100	0.06318	4238	4870	8.029	1100	0.05262	4234	4866	7.942	1100	0.04508	4230	4861	7.867
1150	0.06556	4345	5000	8.122	1150	0.05462	4341	4996	8.035	1150	0.04680	4337	4992	7.961
1200	0.06794	4452	5132	8.213	1200	0.05661	4449	5128	8.126	1200	0.04852	4445	5124	8.052

t℃	P=16 [MPa] (347.4) v	u	h	s	t℃	P=18 [MPa] (357) v	u	h	s	t℃	P=20 [MPa] (365.7) v	u	h	s
347.4	0.009309	2432	2581	5.246										
350	0.009766	2461	2617	5.304	357	0.007502	2375	2510	5.106	365.7	0.005865	2295	2412	4.931
400	0.01428	2719	2948	5.818	400	0.01192	2672	2886	5.688	400	0.00995	2618	2817	5.553
450	0.01705	2867	3140	6.094	450	0.01465	2838	3102	5.998	450	0.01272	2807	3062	5.904
500	0.01932	2988	3297	6.305	500	0.01681	2967	3270	6.222	500	0.01479	2945	3241	6.145
550	0.02135	3098	3440	6.483	550	0.0187	3082	3418	6.408	550	0.01657	3065	3396	6.339
600	0.02324	3203	3574	6.642	600	0.02043	3189	3557	6.572	600	0.01818	3175	3539	6.507
650	0.02503	3304	3705	6.787	650	0.02206	3293	3690	6.720	650	0.01969	3281	3675	6.659
700	0.02675	3405	3833	6.922	700	0.02363	3395	3820	6.858	700	0.02113	3385	3808	6.799
750	0.02842	3505	3960	7.050	750	0.02514	3496	3949	6.987	750	0.02252	3488	3938	6.930
800	0.03006	3605	4086	7.170	800	0.02662	3598	4077	7.109	800	0.02387	3590	4067	7.053
850	0.03166	3706	4213	7.286	850	0.02807	3699	4205	7.225	850	0.02519	3693	4196	7.171
900	0.03325	3808	4340	7.396	900	0.02949	3802	4333	7.337	900	0.02648	3796	4325	7.283
950	0.03481	3911	4468	7.503	950	0.03089	3905	4461	7.444	950	0.02776	3900	4455	7.391
1000	0.03636	4015	4596	7.606	1000	0.03228	4009	4591	7.548	1000	0.02902	4004	4585	7.495
1050	0.03790	4119	4726	7.706	1050	0.03366	4115	4721	7.648	1050	0.03027	4110	4715	7.596
1100	0.03942	4226	4856	7.803	1100	0.03502	4221	4852	7.745	1100	0.0315	4217	4847	7.693
1150	0.04094	4333	4988	7.897	1150	0.03638	4329	4984	7.839	1150	0.03273	4325	4979	7.788
1200	0.04245	4441	5120	7.988	1200	0.03773	4438	5117	7.931	1200	0.03395	4434	5113	7.880

t℃	P=25 [MPa] v	u	h	s	t℃	P=30 [MPa] v	u	h	s	t℃	P=35 [MPa] v	u	h	s
50	0.001001	205.8	230.8	0.6923	50	0.000999	205.1	235.1	0.6901	50	0.000997	204.4	239.3	0.6878
100	0.001031	412.2	438	1.288	100	0.001029	410.9	441.7	1.285	100	0.001027	409.6	445.5	1.281
150	0.001075	620.8	647.7	1.816	150	0.001072	618.7	650.9	1.811	150	0.001069	616.7	654.1	1.806
200	0.001135	834.2	862.6	2.296	200	0.00113	831.1	865	2.289	200	0.001126	828.1	867.5	2.282
250	0.001218	1057	1087	2.747	250	0.001211	1052	1088	2.737	250	0.001205	1047	1089	2.728
300	0.001346	1298	1331	3.192	300	0.001332	1289	1329	3.176	300	0.00132	1281	1327	3.161
350	0.001599	1584	1624	3.680	350	0.001553	1562	1609	3.644	350	0.001517	1544	1598	3.613
400	0.006005	2429	2579	5.140	400	0.002798	2069	2153	4.476	400	0.002105	1915	1989	4.214
450	0.009176	2721	2951	5.676	450	0.006737	2619	2821	5.442	450	0.004957	2497	2671	5.195
500	0.01114	2887	3166	5.964	500	0.00869	2824	3085	5.796	500	0.006932	2755	2998	5.633
550	0.01274	3021	3339	6.182	550	0.01018	2974	3280	6.040	550	0.008348	2926	3218	5.909
600	0.01414	3140	3494	6.364	600	0.01144	3103	3447	6.237	600	0.009523	3066	3399	6.123
650	0.01543	3252	3638	6.524	650	0.01259	3222	3599	6.407	650	0.01057	3191	3561	6.303
700	0.01664	3360	3776	6.670	700	0.01365	3334	3744	6.560	700	0.01152	3308	3712	6.462
750	0.0178	3466	3911	6.805	750	0.01466	3444	3883	6.700	750	0.01242	3421	3856	6.607
800	0.01892	3571	4044	6.932	800	0.01563	3551	4020	6.830	800	0.01328	3532	3996	6.741
850	0.02001	3675	4176	7.052	850	0.01656	3658	4155	6.953	850	0.0141	3641	4134	6.866
900	0.02108	3780	4307	7.167	900	0.01747	3765	4289	7.070	900	0.0149	3749	4271	6.985

온도 : t(℃), 비체적 : v (m^3/kg), 비내부에너지 : u (kJ/kg), 비엔탈피 h : (kJ/kg), 비엔트로피 : s (kJ/kg·k)

부록 3-3. H_2O(물) 과열증기표 (계속)

	P=40 [MPa]					P=45 [MPa]					P=50 [MPa]			
t℃	v	u	h	s	t℃	v	u	h	s	t℃	v	u	h	s
50	0.000995	203.7	243.6	0.6855	50	0.000993	203.1	247.8	0.6833	50	0.000991	202.5	252	0.681
100	0.001024	408.4	449.3	1.278	100	0.001022	407.1	453.1	1.274	100	0.00102	405.9	456.9	1.271
150	0.001066	614.8	657.4	1.801	150	0.001063	612.9	660.7	1.796	150	0.001061	611.0	664.0	1.791
200	0.001122	825.1	870	2.275	200	0.001119	822.2	872.6	2.269	200	0.001115	819.4	875.2	2.263
250	0.001199	1043	1091	2.719	250	0.001193	1038	1092	2.710	250	0.001187	1034	1094	2.701
300	0.001308	1273	1326	3.147	300	0.001298	1266	1325	3.134	300	0.001288	1260	1324	3.122
350	0.001488	1529	1589	3.587	350	0.001464	1516	1582	3.564	350	0.001442	1504	1576	3.543
400	0.001911	1855	1931	4.114	400	0.001803	1817	1898	4.051	400	0.001731	1788	1874	4.003
450	0.003691	2364	2512	4.945	450	0.002915	2246	2378	4.737	450	0.002487	2160	2285	4.590
500	0.005623	2682	2906	5.474	500	0.004633	2605	2813	5.321	500	0.00389	2528	2723	5.176
550	0.006985	2875	3154	5.786	550	0.005937	2823	3090	5.668	550	0.005117	2769	3025	5.556
600	0.008089	3027	3350	6.017	600	0.006982	2987	3301	5.918	600	0.006108	2947	3253	5.825
650	0.009053	3159	3522	6.208	650	0.007884	3128	3482	6.120	650	0.006957	3096	3443	6.037
700	0.009930	3282	3679	6.374	700	0.008697	3255	3647	6.293	700	0.007717	3229	3615	6.218
750	0.010750	3399	3828	6.524	750	0.009449	3376	3801	6.448	750	0.008416	3353	3774	6.378
800	0.011520	3512	3973	6.661	800	0.010160	3492	3949	6.589	800	0.009072	3472	3926	6.523
850	0.012260	3623	4114	6.790	850	0.010840	3606	4093	6.720	850	0.009697	3588	4073	6.656
900	0.012980	3733	4252	6.911	900	0.011490	3718	4235	6.843	900	0.010300	3702	4217	6.782

	P=55 [MPa]					P=60 [MPa]					P=70 [MPa]			
t℃	v	u	h	s	t℃	v	u	h	s	t℃	v	u	h	s
50	0.00099	201.8	256.3	0.6787	50	0.000988	201.2	260.5	0.6765	50	0.000984	200	268.9	0.672
100	0.001018	404.8	460.7	1.267	100	0.001016	403.6	464.6	1.264	100	0.001012	401.4	472.2	1.257
150	0.001058	609.2	667.3	1.787	150	0.001056	607.4	670.7	1.782	150	0.00105	603.9	677.4	1.773
200	0.001111	816.7	877.8	2.257	200	0.001108	814.1	880.6	2.251	200	0.001101	809	886.1	2.239
250	0.001182	1030	1095	2.693	250	0.001176	1026	1097	2.685	250	0.001167	1019	1100	2.67
300	0.001279	1253	1324	3.110	300	0.00127	1247	1323	3.099	300	0.001254	1236	1324	3.077
350	0.001424	1493	1571	3.524	350	0.001407	1483	1567	3.507	350	0.001377	1465	1562	3.475
400	0.001676	1765	1857	3.964	400	0.001633	1745	1843	3.932	400	0.001566	1713	1823	3.878
450	0.002242	2100	2223	4.488	450	0.002085	2055	2180	4.414	450	0.001892	1991	2124	4.308
500	0.003345	2456	2640	5.047	500	0.002952	2393	2570	4.936	500	0.002463	2294	2466	4.766
550	0.004469	2716	2962	5.450	550	0.003955	2665	2902	5.352	550	0.003224	2569	2795	5.178
600	0.005405	2907	3204	5.736	600	0.004833	2867	3157	5.653	600	0.003975	2789	3067	5.500
650	0.006207	3063	3405	5.960	650	0.005591	3031	3367	5.887	650	0.004648	2968	3293	5.752
700	0.006921	3202	3583	6.148	700	0.006265	3175	3551	6.081	700	0.005252	3123	3490	5.960
750	0.007576	3330	3747	6.312	750	0.006881	3308	3720	6.251	750	0.005804	3263	3669	6.139
800	0.008188	3452	3903	6.461	800	0.007456	3433	3880	6.403	800	0.006317	3394	3836	6.298
850	0.008769	3571	4053	6.598	850	0.007999	3553	4033	6.543	850	0.0068	3519	3995	6.443
900	0.009325	3686	4199	6.725	900	0.008519	3671	4182	6.673	900	0.00726	3640	4148	6.577

	P=80 [MPa]					P=90 [MPa]					P=100 [MPa]			
t℃	v	u	h	s	t℃	v	u	h	s	t℃	v	u	h	s
50	0.00098	198.8	277.3	0.6675	50	0.000977	197.7	285.6	0.6631	50	0.000973	196.6	293.9	0.6587
100	0.001008	399.2	479.8	1.250	100	0.001004	397.1	487.5	1.244	100	0.001	395.1	495.1	1.237
150	0.001046	600.6	684.2	1.764	150	0.001041	597.4	691.1	1.756	150	0.001036	594.3	697.9	1.748
200	0.001095	804.2	891.7	2.228	200	0.001088	799.6	897.5	2.217	200	0.001083	795.1	903.4	2.206
250	0.001157	1012	1104	2.655	250	0.001149	1005	1109	2.641	250	0.001141	999.1	1113	2.628
300	0.001240	1226	1325	3.058	300	0.001227	1216	1327	3.039	300	0.001215	1208	1329	3.022
350	0.001352	1450	1558	3.447	350	0.001331	1435	1555	3.421	350	0.001312	1423	1554	3.398
400	0.001516	1687	1809	3.834	400	0.001476	1666	1799	3.797	400	0.001443	1647	1791	3.764
450	0.001774	1946	2088	4.233	450	0.001691	1911	2063	4.175	450	0.001628	1882	2045	4.127
500	0.002188	2222	2397	4.647	500	0.002014	2169	2350	4.559	500	0.001893	2127	2316	4.490
550	0.002760	2489	2710	5.039	550	0.002457	2424	2645	4.929	550	0.002249	2371	2596	4.841
600	0.003384	2717	2988	5.367	600	0.002969	2653	2921	5.254	600	0.002672	2598	2865	5.158
650	0.003975	2908	3226	5.632	650	0.003483	2851	3164	5.525	650	0.003115	2799	3110	5.431
700	0.004517	3071	3433	5.851	700	0.003966	3022	3379	5.752	700	0.003546	2976	3331	5.664
750	0.005014	3219	3620	6.038	750	0.004416	3176	3573	5.947	750	0.003953	3135	3530	5.864
800	0.005477	3355	3793	6.204	800	0.004836	3318	3753	6.118	800	0.004336	3282	3715	6.041
850	0.005912	3485	3958	6.354	850	0.005232	3452	3923	6.273	850	0.004698	3420	3889	6.199
900	0.006326	3610	4116	6.491	900	0.005608	3580	4085	6.414	900	0.005042	3551	4056	6.344

온도 : t(℃), 비체적 : v (m^3/kg), 비내부에너지 : u (kJ/kg), 비엔탈피 h : (kJ/kg), 비엔트로피 : s (kJ/kg·k)

T·H·E·R·M·O·D·Y·N·A·M·I·C·S

부록 4. 냉 매

부록 4-1. 주요 냉매일람표

냉 매	화학명	화학식	분자량	비등점 (℃)	임계 온도 (℃)	임계 압력 kPa
R-11	Trichlorofluoromethane	CCl_3F	137.37	23.78	198.01	4402.6
R-12	Dichlorodifluoromethane	CCl_2F_2	120.92	-29.8	112.0	4157.6
R-13(1)	Chlorotrifluoromethane	$CClF_3$	104.47	-81.5*	28.8	3865
R-14(2)	Tetrafluoromethane(carbon tetrafluoride)	CF_4	88.01	-128	-45.7	3741
R-21	Dichlorofluoromethane	$CHCl_2F$	102.92	8.92	178.5	5168
R-22	Chlorodifluoromethane	$CHClF_2$	86.48	-40.8	96.0	4977.4
R-23(1)	Trifluoromethane	CHF_3	70.01	-82.2	25.9	4830
R-50(3)	Methane	CH_4	16.03	-161.6	-82.59	4598.8
R-113	1,1,2-trichloro-1,2,2-trifluoroethane	CCl_2FCClF_2	187.39	47.25	214.1	3437
R-114	1,2-dichloro-1,1,2,2-tetrafluoroethane	$CClF_2CClF_2$	170.93	3.55	145.7	3259
R-123	2,2-dichloro-1,1,1-trifluoroethane	$CHCl_2CF_3$	153	28.7	183.68	3668
R-134a	1,1,1,2-tetrafluoroethane	CH_2FCF_3	102.03	-26.5	101.1	4067
R-152a	1,1-difluoroethane	CH_3CHF_2	66.05	-25.0	113.26	4516.8
R-170	Ethane	CH_3CH_3	30.07	-88.63	32.73	5010.2
R-290	Propane	$CH_3CH_2CH_3$	44.09	-42.6	96.67	4235.93
R-C318	Octafluorocyclobutane	C_4F_8	200.04	-6.1	115.3	2781
R-600	Butane	$CH_3CH_2CH_2CH_3$	58.12	-0.38	150.8	3718.1
R-600a	Isobutane	$CH(CH_3)_3$	58.12	-12.1	135.92	3684.55
R-717	Ammonia	NH_3	17.03	-33.35	132.35	11353
R-718	Water	H_2O	18.02	100	374.15	22089
R-729	Air	air	28.96	-194.5	-140.65	3774.36
R-744	Carbon dioxide	CO_2	44.01	-78.52	31.06	7383.4
R-1150(1)	Ethene(ethylene)	C_2H_4	28.05	-103.7	9.5	5075
R-1270	Propene(propylene)	$CH_3CH=CH_2$	42.08	-47.7	91.75	4613

부록 4-1. 주요 냉매일람표(계속)

냉 매	조성성분 (질량%)	조성 오차범위	분자량	비등점 (℃)	임계 온도 (℃)	임계 압력 kPa
R-401A	R-22/R-152a/R-124 (53/13/34%)	±2 / +0.5~1.5 / ±1			96.67	4235.93
R-401B	R-22/R-152a/R-124 (61/11/28%)	±2 / +0.5~1.5 / ±1			103.68	4647.05
R-401C	R-22/R-152a/R-124 (33/15/52%)	±2 / +0.5~1.5 / ±1			110.07	4348.12
R-402A	R-125/R-290/R-22 (60/2/38%)	±2 / +0.1~1 / ±2			75.5	4134.7
R-402B	R-125/R-290/R-22 (38/2/60%)	±2 / +0.1~1 / ±2			87.05	4531.64
R-404A	R-125/R-143a/R-134a (44/52/4%)	±2 / ±1 / ±2			72.07	3731.5
R-406A	R-22/R-142b/R-600a (55/41/4%)	±2 / ±1 / ±1			114.49	4581
R-407A	R-32/R-125/R-134a (20/40/40%)	±2 / ±2 / ±2			82.36	4532.15
R-407B	R32/R125/R134a (10/70/20%)	±2 / ±2 / ±2			75.36	4130.29
R-407C	R32/R125/R134a (23/25/52%)	±2 / ±2 / ±2			86.74	4619.1
R-408A	R-22/R-143a/R-125 (47/46/7%)	±2 / ±1 / ±2			83.68	4341.83
R-409A	R-22/R-124/R-142b (60/25/15%)	±2 / ±2 / ±1			106.8	4621.76
R-410A	R-32/R-125 (50/50%)	+0.5~1.5 / +0.5~+1.5			74.67	5173.7
R-410B	R-32/R-125 (45/55%)	±1 / ±1			71.03	4779.5
R-500	R-12/R-152a (73.8/26.2%)		99.29	-33.3	105.5	4423
R-502	R-22/R-115 (48.8/51.2%)		112.0	-45.6	82.2	4081.8
R-507	R-125/R143a (50/50%)		98.9	-46.7	70.9	3793.56

부록 4-2. R-22($CHClF_2$, Chlorodifluoromethane) 포화증기표

온도 t℃	압력 P_s kPa	비체적 (m^3/kg)		비엔탈피 (kJ/kg)			비엔트로피 (kJ/kg·K)	
		액(v_f)	증기(v_g)	액(h_f)	증기(h_g)	증발열(h_{fg})	액(s_f)	증기(s_g)
-100	2.0750	0.0006366	8.00939	96.03	359.53	263.51	0.5316	2.0534
-50	64.3885	0.0006952	0.32461	144.94	383.93	238.99	0.7791	1.8501
-48	71.2787	0.0006980	0.29526	147.01	384.88	237.86	0.7883	1.8448
-44	86.8234	0.0007036	0.24564	151.19	386.76	235.57	0.8066	1.8347
-40	104.9496	0.0007093	0.20578	155.40	388.62	233.22	0.8248	1.8251
-38	115.0700	0.0007123	0.18881	157.52	389.54	232.01	0.8339	1.8205
-36	125.9446	0.0007153	0.17351	159.66	390.45	230.79	0.8429	1.8161
-34	137.6116	0.0007183	0.15969	161.80	391.36	229.55	0.8518	1.8117
-32	150.1096	0.0007214	0.14719	163.96	392.26	228.30	0.8608	1.8075
-30	163.4786	0.0007245	0.13586	166.13	393.15	227.02	0.8697	1.8034
-29	170.5022	0.0007261	0.13060	167.22	393.59	226.37	0.8741	1.8013
-28	177.7588	0.0007277	0.12558	168.31	394.03	225.72	0.8786	1.7993
-27	185.2535	0.0007293	0.12080	169.40	394.47	225.07	0.8830	1.7974
-26	192.9914	0.0007309	0.11623	170.50	394.91	224.41	0.8874	1.7954
-25	200.9780	0.0007325	0.11187	171.60	395.34	223.74	0.8918	1.7935
-24	209.2184	0.0007342	0.10772	172.70	395.77	223.07	0.8963	1.7916
-23	217.7179	0.0007358	0.10374	173.80	396.20	222.40	0.9007	1.7897
-22	226.4821	0.0007375	0.09995	174.91	396.63	221.72	0.9050	1.7879
-21	235.5163	0.0007392	0.09632	176.02	397.05	221.03	0.9094	1.7860
-20	244.8259	0.0007409	0.09286	177.13	397.48	220.34	0.9138	1.7842
-18	264.2935	0.0007443	0.08637	179.37	398.31	218.95	0.9226	1.7807
-16	284.9294	0.0007478	0.08042	181.61	399.14	217.53	0.9313	1.7772
-14	306.7785	0.0007514	0.07497	183.87	399.96	216.09	0.9399	1.7738
-12	329.8865	0.0007550	0.06996	186.14	400.77	214.63	0.9486	1.7705
-10	354.2995	0.0007587	0.06535	188.42	401.56	213.14	0.9572	1.7672
-8	380.0640	0.0007625	0.06110	190.71	402.35	211.64	0.9658	1.7640
-6	407.2272	0.0007663	0.05719	193.02	403.12	210.11	0.9744	1.7609
-4	435.8368	0.0007703	0.05357	195.33	403.88	208.55	0.9830	1.7578
-2	465.9408	0.0007742	0.05023	197.66	404.63	206.97	0.9915	1.7548
0	497.5878	0.0007783	0.04714	200.00	405.37	205.37	1.0000	1.7519
2	530.8268	0.0007825	0.04427	202.35	406.09	203.74	1.0085	1.7490
4	565.7074	0.0007867	0.04162	204.72	406.80	202.09	1.0169	1.7461
6	602.2794	0.0007910	0.03915	207.09	407.50	200.41	1.0254	1.7433
8	640.5932	0.0007955	0.03685	209.48	408.18	198.70	1.0338	1.7405
10	680.6996	0.0008000	0.03472	211.88	408.84	196.96	1.0422	1.7378
12	722.6499	0.0008046	0.03273	214.30	409.49	195.19	1.0506	1.7351
14	766.4959	0.0008094	0.03087	216.70	410.13	193.42	1.0589	1.7325
16	812.2898	0.0008142	0.02914	219.15	410.75	191.60	1.0672	1.7299
18	860.0842	0.0008192	0.02752	221.60	411.35	189.74	1.0756	1.7273
20	909.9324	0.0008243	0.02601	224.07	411.93	187.86	1.0839	1.7247
22	961.8882	0.0008295	0.02459	226.56	412.49	185.94	1.0922	1.7221
24	1016.0059	0.0008349	0.02326	229.05	413.03	183.98	1.1005	1.7196
26	1072.3404	0.0008404	0.02201	231.57	413.56	181.99	1.1087	1.7171
28	1130.9473	0.0008461	0.02084	234.10	414.06	179.96	1.1170	1.7146
30	1191.8829	0.0008519	0.01974	236.65	414.54	177.89	1.1253	1.7121
32	1255.2042	0.0008579	0.01871	239.22	415.00	175.78	1.1335	1.7096
36	1389.2358	0.0008705	0.01682	244.41	415.84	171.43	1.1500	1.7046
40	1533.5154	0.0008839	0.01514	249.67	416.57	166.90	1.1666	1.6995
50	1042.3138	0.0000310	0.01167	363.36	417.86	151.60	1.2081	1.6866
60	2426.5673	0.0009687	0.00900	277.58	418.10	140.52	1.2504	1.6722
80	3662.2884	0.0011181	0.00515	310.42	412.91	102.49	1.3422	1.6325
90	4442.5306	0.0012823	0.00357	332.60	402.67	70.07	1.4015	1.5945
96	4977.4000	0.0019060	0.00191	367.97	367.97	0.00	1.4958	1.4958

부록 4-3. R-134a(CH_2FCF_3, 1,1,1,2-Tetrafluoroethane) 포화증기표

온도 t℃	압력 P_s kPa	비체적 (m³/kg)		비엔탈피 (kJ/kg)			비엔트로피 (kJ/kg·K)	
		액(v_f)	증기(v_g)	액(h_f)	증기(h_g)	증발열(h_{fg})	액(s_f)	증기(s_g)
-80	3.91	0.0006549	4.00491	106.14	347.69	241.55	0.5974	1.8479
-79	4.23	0.0006561	3.71735	107.16	348.31	241.15	0.6026	1.8447
-78	4.58	0.0006572	3.45347	108.19	348.93	240.74	0.6079	1.8415
-77	4.95	0.0006583	3.21111	109.22	349.55	240.33	0.6131	1.8384
-76	5.34	0.0006595	2.98830	110.25	350.17	239.92	0.6184	1.8354
-75	5.76	0.0006606	2.78327	111.28	350.80	239.51	0.6236	1.8324
-74	6.21	0.0006618	2.59445	112.32	351.42	239.10	0.6289	1.8294
-73	6.69	0.0006630	2.42039	113.36	352.04	238.68	0.6341	1.8266
-72	7.20	0.0006641	2.25981	114.41	352.67	238.26	0.6393	1.8238
-71	7.74	0.0006653	2.11153	115.46	353.29	237.83	0.6445	1.8210
-70	8.31	0.0006665	1.97450	116.52	353.92	237.41	0.6497	1.8183
-69	8.92	0.0006677	1.84776	117.57	354.55	236.97	0.6549	1.8157
-68	9.57	0.0006689	1.73045	118.64	355.18	236.54	0.6601	1.8131
-67	10.26	0.0006701	1.62177	119.70	355.80	236.10	0.6653	1.8106
-66	10.99	0.0006713	1.52100	120.77	356.43	235.66	0.6704	1.8081
-65	11.76	0.0006725	1.42751	121.85	357.06	235.22	0.6756	1.8056
-64	12.57	0.0006738	1.34070	122.92	357.69	234.77	0.6808	1.8033
-63	13.43	0.0006750	1.26004	124.00	358.32	234.32	0.6859	1.8009
-62	14.34	0.0006762	1.18502	125.09	358.96	233.87	0.6911	1.7987
-61	15.30	0.0006775	1.11521	126.18	359.59	233.41	0.6962	1.7964
-60	16.32	0.0006787	1.05020	127.27	360.22	232.95	0.7014	1.7942
-59	17.39	0.0006800	0.98961	128.37	360.85	232.48	0.7065	1.7921
-58	18.51	0.0006812	0.93310	129.47	361.48	232.01	0.7116	1.7900
-57	19.70	0.0006825	0.88037	130.58	362.11	231.54	0.7167	1.7879
-56	20.95	0.0006838	0.83113	131.68	362.75	231.06	0.7218	1.7859
-55	22.26	0.0006851	0.78511	132.80	363.38	230.58	0.7270	1.7839
-54	23.64	0.0006864	0.74209	133.91	364.01	230.10	0.7321	1.7820
-53	25.10	0.0006877	0.70182	135.04	364.65	229.61	0.7372	1.7801
-52	26.62	0.0006890	0.66413	136.16	365.28	229.12	0.7423	1.7783
-51	28.22	0.0006903	0.62881	137.29	365.91	228.62	0.7473	1.7765
-50	29.90	0.0006917	0.59570	138.42	366.54	228.12	0.7524	1.7747
-49	31.66	0.0006930	0.56464	139.56	367.18	227.62	0.7575	1.7730
-48	33.50	0.0006944	0.53549	140.70	367.81	227.11	0.7626	1.7713
-47	35.43	0.0006957	0.50812	141.85	368.44	226.59	0.7676	1.7696
-46	37.45	0.0006971	0.48239	142.99	369.07	226.08	0.7727	1.7680
-45	39.56	0.0006985	0.45820	144.15	369.70	225.55	0.7778	1.7664
-44	41.77	0.0006998	0.43545	145.30	370.33	225.03	0.7828	1.7648
-43	44.08	0.0007012	0.41403	146.47	370.96	224.50	0.7879	1.7633
-42	46.50	0.0007026	0.39385	147.63	371.59	223.96	0.7929	1.7618
-41	49.01	0.0007041	0.37484	148.80	372.22	223.43	0.7979	1.7604
-40	51.64	0.0007055	0.35692	149.97	372.85	222.88	0.8030	1.7589
-39	54.38	0.0007069	0.34001	151.15	373.48	222.33	0.8080	1.7575
-38	57.24	0.0007083	0.32405	152.33	374.11	221.78	0.8130	1.7562
-37	60.22	0.0007098	0.30898	153.51	374.74	221.23	0.8180	1.7548
-36	63.32	0.0007113	0.29474	154.70	375.37	220.66	0.8231	1.7535
-35	66.55	0.0007127	0.28128	155.89	375.99	220.10	0.8281	1.7523
-34	69.91	0.0007142	0.26855	157.09	376.62	219.53	0.8331	1.7510
-33	73.40	0.0007157	0.25651	158.29	377.24	218.95	0.8381	1.7498
-32	77.04	0.0007172	0.24511	159.49	377.87	218.37	0.8431	1.7486
-31	80.81	0.0007187	0.23431	160.70	378.49	217.79	0.8480	1.7474
-30	84.74	0.0007202	0.22408	161.91	379.11	217.20	0.8530	1.7463

부록 4-3. R-134a(CH_2FCF_3, 1,1,1,2-Tetrafluoroethane) 포화증기표 (계속)

온도 t ℃	압력 P_s kPa	비체적 (m^3/kg)		비엔탈피 (kJ/kg)			비엔트로피 (kJ/kg·K)	
		액(v_f)	증기(v_g)	액(h_f)	증기(h_g)	증발열(h_{fg})	액(s_f)	증기(s_g)
-29	88.81	0.0007218	0.21438	163.13	379.73	216.61	0.8580	1.7452
-28	93.05	0.0007233	0.20518	164.35	380.35	216.01	0.8630	1.7441
-27	97.44	0.0007249	0.19645	165.57	380.97	215.40	0.8679	1.7430
-26	101.99	0.0007264	0.18817	166.80	381.59	214.79	0.8729	1.7420
-25	106.71	0.0007280	0.18030	168.03	382.21	214.18	0.8778	1.7410
-24	111.60	0.0007296	0.17282	169.26	382.82	213.56	0.8828	1.7400
-23	116.67	0.0007312	0.16571	170.50	383.44	212.94	0.8877	1.7390
-22	121.92	0.0007328	0.15896	171.74	384.05	212.31	0.8927	1.7380
-21	127.36	0.0007345	0.15253	172.99	384.67	211.68	0.8976	1.7371
-20	132.99	0.0007361	0.14641	174.24	385.28	211.04	0.9025	1.7362
-19	138.81	0.0007378	0.14059	175.49	385.89	210.40	0.9075	1.7353
-18	144.83	0.0007394	0.13504	176.75	386.50	209.75	0.9124	1.7345
-17	151.05	0.0007411	0.12975	178.01	387.11	209.10	0.9173	1.7336
-16	157.48	0.0007428	0.12471	179.27	387.71	208.44	0.9222	1.7328
-15	164.13	0.0007445	0.11991	180.54	388.32	207.78	0.9271	1.7320
-14	170.99	0.0007463	0.11533	181.81	388.92	207.11	0.9320	1.7312
-13	178.08	0.0007480	0.11095	183.09	389.52	206.44	0.9369	1.7304
-12	185.40	0.0007498	0.10678	184.36	390.12	205.76	0.9418	1.7297
-11	192.95	0.0007515	0.10279	185.65	390.72	205.08	0.9467	1.7289
-10	200.73	0.0007533	0.09898	186.93	391.32	204.39	0.9515	1.7282
-9	208.76	0.0007551	0.09534	188.22	391.92	203.69	0.9564	1.7275
-8	217.04	0.0007569	0.09186	189.52	392.51	202.99	0.9613	1.7269
-7	225.57	0.0007588	0.08853	190.82	393.10	202.29	0.9661	1.7262
-6	234.36	0.0007606	0.08535	192.12	393.70	201.58	0.9710	1.7255
-5	243.41	0.0007625	0.08230	193.42	394.28	200.86	0.9758	1.7249
-4	252.74	0.0007644	0.07938	194.73	394.87	200.14	0.9807	1.7243
-3	262.33	0.0007663	0.07659	196.04	395.46	199.42	0.9855	1.7237
-2	272.21	0.0007682	0.07391	197.36	396.04	198.68	0.9903	1.7231
-1	282.37	0.0007701	0.07135	198.68	396.62	197.95	0.9952	1.7225
0	292.82	0.0007721	0.06889	200.00	397.20	197.20	1.0000	1.7220
1	303.57	0.0007740	0.06653	201.33	397.78	196.45	1.0048	1.7214
2	314.62	0.0007760	0.06427	202.66	398.36	195.70	1.0096	1.7209
3	325.98	0.0007781	0.06210	203.99	398.93	194.94	1.0144	1.7204
4	337.65	0.0007801	0.06001	205.33	399.50	194.17	1.0192	1.7199
5	349.63	0.0007821	0.05801	206.67	400.07	193.40	1.0240	1.7194
6	361.95	0.0007842	0.05609	208.02	400.64	192.62	1.0288	1.7189
7	374.59	0.0007863	0.05425	209.37	401.21	191.84	1.0336	1.7184
8	387.56	0.0007884	0.05248	210.72	401.77	191.05	1.0384	1.7179
9	400.88	0.0007906	0.05077	212.08	402.33	190.25	1.0432	1.7175
10	414.55	0.0007927	0.04913	213.44	402.89	189.45	1.0480	1.7170
11	428.57	0.0007949	0.04756	214.80	403.44	188.64	1.0527	1.7166
12	442.94	0.0007971	0.04604	216.17	404.00	187.83	1.0575	1.7162
13	457.69	0.0007994	0.04458	217.54	404.55	187.01	1.0623	1.7158
14	472.80	0.0008016	0.04318	218.92	405.10	186.18	1.0670	1.7154
15	488.29	0.0008039	0.04183	220.30	405.64	185.34	1.0718	1.7150
16	504.16	0.0008062	0.04052	221.68	406.18	184.50	1.0765	1.7146
17	520.42	0.0008085	0.03927	223.07	406.72	183.66	1.0813	1.7142
18	537.08	0.0008109	0.03806	224.44	407.26	182.82	1.0859	1.7139
19	554.14	0.0008133	0.03690	225.84	407.80	181.96	1.0907	1.7135
20	571.60	0.0008157	0.03577	227.23	408.33	181.09	1.0954	1.7132

부록 4-3. R-134a(CH_2FCF_3, 1,1,1,2-Tetrafluoroethane) 포화증기표 (계속)

온도 t ℃	압력 P_s kPa	비체적 (m^3/kg)		비엔탈피 (kJ/kg)			비엔트로피 (kJ/kg·K)	
		액(v_f)	증기(v_g)	액(h_f)	증기(h_g)	증발열(h_{fg})	액(s_f)	증기(s_g)
21	589.48	0.0008182	0.03469	228.64	408.86	180.22	1.1001	1.7128
22	607.78	0.0008206	0.03365	230.05	409.38	179.34	1.1049	1.7125
23	626.50	0.0008231	0.03264	231.46	409.91	178.45	1.1096	1.7122
24	645.66	0.0008257	0.03166	232.87	410.42	177.55	1.1143	1.7118
25	665.26	0.0008283	0.03072	234.29	410.94	176.65	1.1190	1.7115
26	685.30	0.0008309	0.02982	235.72	411.45	175.73	1.1237	1.7112
27	705.80	0.0008335	0.02894	237.15	411.96	174.81	1.1285	1.7109
28	726.75	0.0008362	0.02809	238.58	412.47	173.89	1.1332	1.7106
29	748.17	0.0008389	0.02727	240.02	412.97	172.95	1.1379	1.7103
30	770.06	0.0008416	0.02648	241.46	413.47	172.00	1.1426	1.7100
31	792.43	0.0008444	0.02572	242.91	413.96	171.05	1.1473	1.7097
32	815.28	0.0008473	0.02498	244.36	414.45	170.09	1.1520	1.7094
33	838.63	0.0008501	0.02426	245.82	414.94	169.12	1.1567	1.7091
34	862.47	0.0008530	0.02357	247.28	415.42	168.14	1.1614	1.7088
35	886.82	0.0008560	0.02290	248.75	415.90	167.15	1.1661	1.7085
36	911.68	0.0008590	0.02225	250.22	416.37	166.15	1.1708	1.7082
37	937.07	0.0008620	0.02162	251.70	416.84	165.14	1.1755	1.7079
38	962.98	0.0008651	0.02102	253.18	417.30	164.12	1.1802	1.7077
39	989.42	0.0008682	0.02043	254.67	417.76	163.09	1.1849	1.7074
40	1016.40	0.0008714	0.01986	256.16	418.21	162.05	1.1896	1.7071
41	1043.94	0.0008747	0.01930	257.66	418.66	161.00	1.1943	1.7068
42	1072.02	0.0008779	0.01877	259.16	419.11	159.94	1.1990	1.7065
43	1100.67	0.0008813	0.01825	260.67	419.54	158.87	1.2037	1.7062
44	1129.90	0.0008847	0.01774	262.19	419.98	157.79	1.2084	1.7059
45	1159.69	0.0008882	0.01726	263.71	420.40	156.69	1.2131	1.7056
46	1190.08	0.0008917	0.01678	265.24	420.83	155.59	1.2178	1.7053
47	1221.05	0.0008953	0.01632	266.77	421.24	154.47	1.2225	1.7050
48	1252.63	0.0008989	0.01588	268.32	421.65	153.33	1.2273	1.7047
49	1284.82	0.0009026	0.01544	269.86	422.05	152.19	1.2320	1.7044
50	1317.62	0.0009064	0.01502	271.42	422.44	151.03	1.2367	1.7041
51	1351.05	0.0009103	0.01461	272.98	422.83	149.85	1.2414	1.7037
52	1385.10	0.0009142	0.01421	274.55	423.21	148.66	1.2462	1.7034
53	1419.80	0.0009182	0.01383	276.13	423.59	147.46	1.2509	1.7030
54	1455.15	0.0009223	0.01345	277.71	423.95	146.24	1.2557	1.7027
55	1491.16	0.0009265	0.01309	279.30	424.31	145.01	1.2604	1.7023
56	1527.83	0.0009308	0.01273	280.90	424.66	143.75	1.2652	1.7019
57	1565.17	0.0009351	0.01239	282.51	424.99	142.49	1.2700	1.7015
58	1603.20	0.0009396	0.01205	284.13	425.32	141.20	1.2747	1.7011
59	1641.92	0.0009441	0.01172	285.75	425.64	139.89	1.2795	1.7007
60	1681.34	0.0009488	0.01141	287.39	425.96	138.57	1.2843	1.7003
61	1721.47	0.0009536	0.01110	289.03	426.26	137.23	1.2892	1.6998
62	1762.33	0.0009585	0.01079	290.68	426.54	135.86	1.2940	1.6994
63	1803.90	0.0009635	0.01050	292.35	426.82	134.47	1.2988	1.6989
64	1846.22	0.0009687	0.01021	294.02	427.09	133.07	1.3037	1.6983
65	1889.29	0.0009739	0.00993	295.71	427.34	131.63	1.3085	1.6978
66	1933.11	0.0009794	0.00966	297.40	427.58	130.18	1.3134	1.6973
67	1977.70	0.0009850	0.00940	299.11	427.81	128.70	1.3183	1.6967
68	2023.07	0.0009907	0.00914	300.83	428.02	127.19	1.3232	1.6961
69	2069.24	0.0009966	0.00888	302.57	428.22	125.65	1.3282	1.6954
70	2116.20	0.0010027	0.00864	304.31	428.40	124.08	1.3331	1.6947

부록 4-3. R-134a(CH_2FCF_3, 1,1,1,2-Tetrafluoroethane) 포화증기표 (계속)

온도 t ℃	압력 P_s kPa	비체적 (m³/kg)		비엔탈피 (kJ/kg)			비엔트로피 (kJ/kg·K)	
		액(v_f)	증기(v_g)	액(h_f)	증기(h_g)	증발열(h_{fg})	액(s_f)	증기(s_g)
71	2163.97	0.0010090	0.00840	306.07	428.56	122.49	1.3381	1.6940
72	2212.56	0.0010155	0.00816	307.85	428.71	120.86	1.3431	1.6933
73	2261.99	0.0010222	0.00793	309.64	428.84	119.19	1.3482	1.6925
74	2312.27	0.0010291	0.00770	311.45	428.94	117.49	1.3532	1.6917
75	2363.40	0.0010363	0.00748	313.27	429.03	115.76	1.3583	1.6908
76	2415.41	0.0010437	0.00727	315.11	429.09	113.98	1.3635	1.6899
77	2468.30	0.0010514	0.00706	316.97	429.13	112.16	1.3686	1.6889
78	2522.08	0.0010595	0.00685	318.86	429.15	110.29	1.3738	1.6879
79	2576.78	0.0010679	0.00665	320.77	429.13	108.36	1.3791	1.6868
80	2632.41	0.0010766	0.00645	322.69	429.09	106.40	1.3844	1.6857
81	2688.98	0.0010857	0.00625	324.63	429.01	104.38	1.3897	1.6844
82	2746.51	0.0010953	0.00606	326.60	428.91	102.31	1.3951	1.6831
83	2805.02	0.0011054	0.00587	328.61	428.75	100.14	1.4005	1.6817
84	2864.51	0.0011159	0.00569	330.64	428.56	97.92	1.4061	1.6802
85	2925.02	0.0011271	0.00550	332.71	428.33	95.62	1.4116	1.6786
86	2986.56	0.0011390	0.00532	334.81	428.05	93.24	1.4173	1.6769
87	3049.15	0.0011515	0.00514	336.95	427.71	90.75	1.4231	1.6751
88	3112.81	0.0011649	0.00497	339.14	427.31	88.17	1.4289	1.6731
89	3177.58	0.0011793	0.00479	341.37	426.84	85.46	1.4349	1.6709
90	3243.47	0.0011948	0.00462	343.66	426.29	82.63	1.4410	1.6685
91	3310.52	0.0012116	0.00444	346.01	425.65	79.64	1.4472	1.6659
92	3378.75	0.0012300	0.00427	348.44	424.91	76.47	1.4537	1.6631
93	3448.22	0.0012502	0.00410	350.95	424.04	73.09	1.4603	1.6599
94	3518.95	0.0012728	0.00392	353.56	423.03	69.46	1.4672	1.6564
95	3591.01	0.0012983	0.00375	356.30	421.83	65.53	1.4744	1.6524
96	3664.44	0.0013277	0.00356	359.21	420.38	61.17	1.4820	1.6477
97	3739.35	0.0013624	0.00337	362.33	418.62	56.29	1.4902	1.6422
98	3815.83	0.0014051	0.00317	365.77	416.41	50.64	1.4992	1.6356
99	3894.03	0.0014610	0.00295	369.72	413.48	43.77	1.5095	1.6271
100	3974.24	0.0015443	0.00268	374.70	409.10	34.40	1.5225	1.6147
101	4057.05	0.0017576	0.00221	384.42	398.59	14.18	1.5482	1.5861
101.1	4067.00	0.0019523	0.00195	391.16	391.16	0.00	1.5661	1.5661

부록 4-4. R-152a(CH_3CHF_2, 1,1-Difluoroethane) 포화증기표

온도 t ℃	압력 P_s kPa	비체적 (m^3/kg)		비엔탈피 (kJ/kg)			비엔트로피 (kJ/kg·K)	
		액(v_f)	증기(v_g)	액(h_f)	증기(h_g)	증발열(h_{fg})	액(s_f)	증기(s_g)
-78	5.71	0.0009015	4.28438	113.17	442.63	329.46	0.6323	2.3205
-76	6.55	0.0009044	3.77420	114.88	444.19	329.31	0.6410	2.3113
-74	7.49	0.0009072	3.33344	116.62	445.77	329.15	0.6497	2.3025
-72	8.54	0.0009101	2.95158	118.37	447.35	328.98	0.6585	2.2940
-70	9.71	0.0009131	2.61985	120.14	448.93	328.79	0.6673	2.2857
-68	11.01	0.0009160	2.33091	121.94	450.52	328.58	0.6761	2.2777
-66	12.46	0.0009190	2.07860	123.76	452.12	328.36	0.6849	2.2700
-64	14.07	0.0009220	1.85772	125.60	453.72	328.12	0.6937	2.2625
-62	15.85	0.0009251	1.66389	127.47	455.33	327.86	0.7026	2.2553
-60	17.81	0.0009282	1.49340	129.36	456.93	327.58	0.7115	2.2483
-58	19.97	0.0009313	1.34309	131.27	458.55	327.28	0.7204	2.2416
-56	22.35	0.0009345	1.21029	133.21	460.17	326.96	0.7294	2.2350
-54	24.96	0.0009377	1.09270	135.17	461.79	326.61	0.7384	2.2287
-52	27.81	0.0009409	0.98836	137.16	463.41	326.25	0.7474	2.2226
-50	30.94	0.0009442	0.89558	139.18	465.03	325.85	0.7565	2.2167
-48	34.35	0.0009476	0.81293	141.23	466.66	325.43	0.7656	2.2110
-46	38.06	0.0009509	0.73915	143.30	468.29	324.99	0.7747	2.2054
-44	42.11	0.0009543	0.67317	145.41	469.92	324.51	0.7839	2.2001
-42	46.50	0.0009578	0.61405	147.54	471.55	324.01	0.7932	2.1949
-40	51.26	0.0009613	0.56099	149.70	473.18	323.48	0.8025	2.1899
-38	56.42	0.0009649	0.51329	151.89	474.81	322.92	0.8118	2.1851
-36	61.99	0.0009685	0.47032	154.12	476.44	322.32	0.8212	2.1804
-34	68.01	0.0009721	0.43156	156.37	478.06	321.69	0.8307	2.1758
-32	74.50	0.0009758	0.39654	158.66	479.69	321.03	0.8402	2.1714
-30	81.48	0.0009796	0.36485	160.98	481.31	320.33	0.8497	2.1671
-29	85.17	0.0009815	0.35013	162.15	482.12	319.97	0.8545	2.1651
-28	88.99	0.0009834	0.33612	163.34	482.93	319.60	0.8593	2.1630
-27	92.95	0.0009853	0.32277	164.53	483.74	319.21	0.8642	2.1610
-26	97.05	0.0009872	0.31004	165.72	484.55	318.82	0.8690	2.1590
-25	101.30	0.0009892	0.29791	166.93	485.35	318.42	0.8738	2.1570
-24	105.69	0.0009912	0.28634	168.14	486.16	318.01	0.8787	2.1551
-23	110.24	0.0009931	0.27530	169.37	486.96	317.59	0.8836	2.1532
-22	114.95	0.0009951	0.26476	170.60	487.76	317.16	0.8885	2.1513
-21	119.82	0.0009972	0.25470	171.84	488.57	316.72	0.8934	2.1495
-20	124.85	0.0009992	0.24509	173.09	489.37	316.27	0.8983	2.1477
-19	130.06	0.0010012	0.23591	174.35	490.16	315.81	0.9033	2.1459
-18	135.44	0.0010033	0.22713	175.62	490.96	315.34	0.9082	2.1441
-17	140.99	0.0010054	0.21875	176.89	491.75	314.86	0.9132	2.1424
-16	146.73	0.0010075	0.21072	178.18	492.55	314.37	0.9182	2.1407
-15	152.65	0.0010096	0.20305	179.47	493.34	313.86	0.9232	2.1390
-14	158.77	0.0010117	0.19570	180.78	494.13	313.35	0.9282	2.1374
-13	165.07	0.0010139	0.18867	182.09	494.91	312.82	0.9332	2.1357
-12	171.58	0.0010160	0.18194	183.41	495.70	312.29	0.9383	2.1341
-11	178.29	0.0010182	0.17549	184.74	496.48	311.74	0.9433	2.1325
-10	185.22	0.0010204	0.16931	186.08	497.26	311.18	0.9484	2.1309
-9	192.35	0.0010226	0.16339	187.43	498.04	310.61	0.9535	2.1294
-8	199.70	0.0010249	0.15771	188.79	498.81	310.02	0.9586	2.1279
-7	207.28	0.0010271	0.15226	190.16	499.59	309.43	0.9637	2.1263
-6	215.08	0.0010294	0.14704	191.54	500.36	308.82	0.9689	2.1249
-5	223.11	0.0010317	0.14203	192.92	501.12	308.20	0.9740	2.1234

부록 4-4. R-152a(CH_3CHF_2, 1,1-Difluoroethane) 포화증기표 (계속)

온도 t ℃	압력 P_s kPa	비체적 (m³/kg)		비엔탈피 (kJ/kg)			비엔트로피 (kJ/kg·K)	
		액(v_f)	증기(v_g)	액(h_f)	증기(h_g)	증발열(h_{fg})	액(s_f)	증기(s_g)
-4	231.38	0.0010340	0.13722	194.32	501.89	307.57	0.9792	2.1219
-3	239.90	0.0010363	0.13260	195.73	502.65	306.92	0.9844	2.1205
-2	248.66	0.0010387	0.12816	197.14	503.41	306.27	0.9896	2.1191
-1	257.67	0.0010411	0.12390	198.57	504.16	305.60	0.9948	2.1177
0	266.94	0.0010435	0.11981	200.00	504.91	304.91	1.0000	2.1163
1	276.47	0.0010459	0.11587	201.44	505.66	304.22	1.0052	2.1149
2	286.27	0.0010483	0.11209	202.90	506.41	303.51	1.0105	2.1136
3	296.34	0.0010508	0.10845	204.36	507.15	302.79	1.0158	2.1122
4	306.69	0.0010533	0.10496	205.83	507.89	302.05	1.0210	2.1109
5	317.32	0.0010558	0.10159	207.32	508.62	301.30	1.0263	2.1096
6	328.24	0.0010584	0.09835	208.81	509.35	300.54	1.0317	2.1083
7	339.45	0.0010609	0.09523	210.31	510.07	299.77	1.0370	2.1070
8	350.96	0.0010635	0.09223	211.82	510.80	298.98	1.0423	2.1057
9	362.78	0.0010661	0.08934	213.34	511.51	298.17	1.0477	2.1045
10	374.91	0.0010688	0.08655	214.87	512.23	297.35	1.0531	2.1032
11	387.35	0.0010715	0.08387	216.41	512.93	296.52	1.0584	2.1020
12	400.12	0.0010742	0.08128	217.96	513.64	295.67	1.0638	2.1007
13	413.21	0.0010769	0.07879	219.52	514.34	294.81	1.0692	2.0995
14	426.64	0.0010796	0.07638	221.09	515.03	293.94	1.0747	2.0983
15	440.40	0.0010824	0.07407	222.67	515.72	293.04	1.0801	2.0971
16	454.51	0.0010852	0.07183	224.26	516.40	292.14	1.0856	2.0959
17	468.97	0.0010881	0.06967	225.86	517.08	291.22	1.0910	2.0947
18	483.78	0.0010910	0.06759	227.47	517.75	290.28	1.0965	2.0935
19	498.95	0.0010939	0.06558	229.09	518.42	289.33	1.1020	2.0923
20	514.50	0.0010968	0.06364	230.72	519.08	288.36	1.1075	2.0912
21	530.41	0.0010998	0.06176	232.36	519.74	287.38	1.1130	2.0900
22	546.71	0.0011028	0.05995	234.01	520.38	286.38	1.1186	2.0888
23	563.39	0.0011058	0.05820	235.66	521.03	285.36	1.1241	2.0877
24	580.46	0.0011089	0.05651	237.33	521.66	284.33	1.1297	2.0865
25	597.93	0.0011120	0.05488	239.01	522.30	283.29	1.1352	2.0854
26	615.81	0.0011152	0.05330	240.70	522.92	282.22	1.1408	2.0842
27	634.09	0.0011184	0.05177	242.40	523.54	281.14	1.1464	2.0831
28	652.79	0.0011216	0.05030	244.10	524.15	280.04	1.1520	2.0819
29	671.91	0.0011249	0.04887	245.82	524.75	278.93	1.1577	2.0808
30	691.46	0.0011282	0.04749	247.52	525.35	277.83	1.1632	2.0797
31	711.45	0.0011316	0.04616	249.25	525.93	276.68	1.1688	2.0785
32	731.87	0.0011349	0.04486	251.00	526.52	275.52	1.1745	2.0774
33	752.75	0.0011384	0.04361	252.76	527.09	274.33	1.1802	2.0762
34	774.07	0.0011419	0.04240	254.52	527.65	273.13	1.1858	2.0751
35	795.86	0.0011454	0.04122	256.30	528.21	271.91	1.1915	2.0739
36	818.11	0.0011490	0.04008	258.08	528.76	270.68	1.1972	2.0728
37	840.84	0.0011526	0.03898	259.88	529.30	269.42	1.2030	2.0716
38	864.05	0.0011563	0.03791	261.68	529.83	268.15	1.2087	2.0705
39	887.74	0.0011600	0.03688	263.50	530.35	266.85	1.2144	2.0693
40	911.92	0.0011638	0.03587	265.33	530.86	265.54	1.2202	2.0681
42	961.78	0.0011715	0.03396	269.01	531.86	262.85	1.2317	2.0658
44	1013.70	0.0011795	0.03215	272.70	[illegible]	[illegible]	1.2433	2.0634
46	1067.71	0.0011877	0.03046	276.49	533.74	257.24	1.2549	2.0609
48	1123.87	0.0011962	0.02886	280.30	534.61	254.31	1.2666	2.0585
50	1182.24	0.0012049	0.02735	284.14	535.44	251.30	1.2783	2.0559

부록 4-4. R-152a(CH_3CHF_2, 1,1-Difluoroethane) 포화증기표(계속)

온도 t ℃	압력 P_s kPa	비체적 (m³/kg)		비엔탈피 (kJ/kg)			비엔트로피 (kJ/kg·K)	
		액(v_f)	증기(v_g)	액(h_f)	증기(h_g)	증발열(h_{fg})	액(s_f)	증기(s_g)
52	1242.86	0.0012140	0.02593	288.03	536.22	248.19	1.2901	2.0534
54	1305.79	0.0012233	0.02459	291.96	536.95	244.99	1.3019	2.0507
56	1371.09	0.0012330	0.02332	295.93	537.63	241.69	1.3137	2.0480
58	1438.80	0.0012430	0.02212	299.95	538.25	238.29	1.3257	2.0453
60	1508.98	0.0012534	0.02098	304.02	538.81	234.79	1.3376	2.0424
62	1581.69	0.0012643	0.01991	308.13	539.31	231.18	1.3497	2.0394
64	1656.97	0.0012755	0.01889	312.29	539.74	227.45	1.3618	2.0364
66	1734.89	0.0012873	0.01793	316.51	540.11	223.60	1.3739	2.0332
68	1815.49	0.0012996	0.01701	320.78	540.39	219.61	1.3862	2.0299
70	1898.83	0.0013124	0.01614	325.11	540.60	215.49	1.3985	2.0265
72	1984.97	0.0013259	0.01531	329.50	540.72	211.22	1.4110	2.0229
74	2073.95	0.0013400	0.01452	333.96	540.75	206.79	1.4235	2.0192
76	2165.83	0.0013549	0.01376	338.49	540.67	202.18	1.4362	2.0152
78	2260.66	0.0013707	0.01304	343.11	540.48	197.38	1.4490	2.0111
80	2358.51	0.0013873	0.01235	347.82	540.17	192.35	1.4620	2.0066
82	2459.41	0.0014050	0.01169	352.64	539.72	187.08	1.4752	2.0019
84	2563.43	0.0014238	0.01105	357.58	539.10	181.52	1.4886	1.9969
86	2670.61	0.0014440	0.01043	362.68	538.29	175.61	1.5024	1.9914
88	2781.02	0.0014657	0.00984	367.91	537.27	169.36	1.5165	1.9855
90	2894.69	0.0014891	0.00925	373.43	535.95	162.52	1.5313	1.9788
92	3011.70	0.0015145	0.00867	379.22	534.27	155.04	1.5467	1.9713
94	3132.07	0.0015423	0.00808	385.45	532.05	146.61	1.5632	1.9625
96	3255.88	0.0015729	0.00747	392.37	528.97	136.61	1.5815	1.9516
98	3383.17	0.0016071	0.00674	400.91	523.85	122.94	1.6040	1.9353

부록 4-5. R-717(NH_3, Ammonia) 포화증기표

온도 t℃	압력 P_s kPa	비체적 (m³/kg)		비엔탈피 (kJ/kg)			비엔트로피 (kJ/kg·K)	
		액(v_f)	증기(v_g)	액(h_f)	증기(h_g)	증발열(h_{fg})	액(s_f)	증기(s_g)
-77	6.41	0.0013633	14.86265	-140.94	1343.24	1484.19	-0.4613	7.1053
-76	6.94	0.0013654	13.80109	-136.64	1345.09	1481.73	-0.4394	7.0763
-74	8.10	0.0013697	11.93092	-128.03	1348.77	1476.80	-0.3960	7.0196
-72	9.43	0.0013740	10.34890	-119.41	1352.43	1471.84	-0.3529	6.9642
-70	10.94	0.0013783	9.00587	-110.78	1356.08	1466.85	-0.3102	6.9103
-68	12.65	0.0013827	7.86181	-102.13	1359.69	1461.83	-0.2679	6.8578
-66	14.57	0.0013871	6.88398	-93.48	1363.29	1456.76	-0.2259	6.8065
-64	16.74	0.0013915	6.04553	-84.81	1366.85	1451.66	-0.1843	6.7565
-62	19.17	0.0013961	5.32434	-76.13	1370.40	1446.53	-0.1430	6.7077
-60	21.90	0.0014006	4.70212	-67.44	1373.91	1441.35	-0.1020	6.6601
-59	23.38	0.0014029	4.42328	-63.09	1375.66	1438.74	-0.0817	6.6367
-58	24.94	0.0014052	4.16371	-58.73	1377.40	1436.13	-0.0614	6.6136
-57	26.58	0.0014075	3.92191	-54.37	1379.13	1433.50	-0.0412	6.5908
-56	28.32	0.0014099	3.69649	-50.01	1380.85	1430.86	-0.0211	6.5682
-55	30.15	0.0014122	3.48621	-45.65	1382.57	1428.21	-0.0010	6.5459
-54	32.08	0.0014146	3.28992	-41.28	1384.27	1425.55	0.0190	6.5239
-53	34.11	0.0014170	3.10656	-36.91	1385.97	1422.88	0.0388	6.5021
-52	36.24	0.0014194	2.93517	-32.53	1387.66	1420.19	0.0587	6.4805
-51	38.49	0.0014218	2.77486	-28.15	1389.35	1417.50	0.0784	6.4592
-50	40.85	0.0014242	2.62482	-23.77	1391.02	1414.79	0.0981	6.4382
-49	43.32	0.0014266	2.48431	-19.38	1392.68	1412.07	0.1177	6.4173
-48	45.92	0.0014290	2.35264	-14.99	1394.34	1409.33	0.1372	6.3967
-47	48.65	0.0014315	2.22917	-10.60	1395.99	1406.59	0.1567	6.3764
-46	51.51	0.0014340	2.11333	-6.20	1397.63	1403.83	0.1760	6.3562
-45	54.50	0.0014364	2.00458	-1.80	1399.25	1401.06	0.1953	6.3363
-44	57.64	0.0014389	1.90242	2.60	1400.87	1398.27	0.2146	6.3166
-43	60.93	0.0014414	1.80641	7.01	1402.48	1395.47	0.2338	6.2971
-42	64.36	0.0014440	1.71612	11.42	1404.08	1392.66	0.2529	6.2778
-41	67.96	0.0014465	1.63116	15.84	1405.67	1389.83	0.2719	6.2587
-40	71.71	0.0014491	1.55117	20.25	1407.25	1387.00	0.2909	6.2398
-39	75.63	0.0014516	1.47582	24.68	1408.82	1384.14	0.3098	6.2211
-38	79.73	0.0014542	1.40480	29.10	1410.38	1381.27	0.3286	6.2026
-37	84.01	0.0014568	1.33783	33.53	1411.93	1378.39	0.3474	6.1843
-36	88.47	0.0014594	1.27465	37.97	1413.46	1375.50	0.3661	6.1662
-35	93.12	0.0014621	1.21501	42.40	1414.99	1372.59	0.3847	6.1483
-34	97.97	0.0014647	1.15868	46.84	1416.51	1369.66	0.4033	6.1305
-33	103.02	0.0014674	1.10545	51.29	1418.01	1366.72	0.4218	6.1130
-32	108.28	0.0014701	1.05513	55.74	1419.50	1363.77	0.4403	6.0956
-31	113.76	0.0014728	1.00753	60.19	1420.99	1360.80	0.4587	6.0783
-30	119.46	0.0014755	0.96249	64.64	1422.46	1357.81	0.4770	6.0613
-29	125.38	0.0014782	0.91984	69.10	1423.92	1354.81	0.4953	6.0444
-28	131.54	0.0014810	0.87945	73.57	1425.36	1351.80	0.5135	6.0277
-27	137.95	0.0014837	0.84117	78.03	1426.80	1348.77	0.5316	6.0111
-26	144.60	0.0014865	0.80488	82.50	1428.22	1345.72	0.5497	5.9947
-25	151.50	0.0014893	0.77046	86.98	1429.64	1342.66	0.5677	5.9784
-24	158.67	0.0014921	0.73779	91.45	1431.04	1339.58	0.5857	5.9623
-23	166.11	0.0014950	0.70678	95.93	1432.42	1336.49	0.6036	5.9464
-22	173.82	0.0014978	0.67733	100.42	1433.80	1333.38	0.6214	5.9305
-21	181.82	0.0015007	0.64934	104.91	1435.16	1330.25	0.6392	5.9149
-20	190.11	0.0015036	0.62274	109.40	1436.51	1327.11	0.6570	5.8994

부록 4-5. R-717(NH_3, Ammonia) 포화증기표 (계속)

온도 t ℃	압력 P_s kPa	비체적 (m^3/kg)		비엔탈피 (kJ/kg)			비엔트로피 (kJ/kg·K)	
		액(v_f)	증기(v_g)	액(h_f)	증기(h_g)	증발열(h_{fg})	액(s_f)	증기(s_g)
-19	198.70	0.0015065	0.59744	113.89	1437.85	1323.95	0.6746	5.8840
-18	207.60	0.0015094	0.57338	118.39	1439.17	1320.78	0.6923	5.8687
-17	216.81	0.0015124	0.55047	122.90	1440.48	1317.59	0.7098	5.8536
-16	226.34	0.0015154	0.52866	127.40	1441.78	1314.38	0.7273	5.8386
-15	236.20	0.0015184	0.50789	131.91	1443.07	1311.15	0.7448	5.8238
-14	246.41	0.0015214	0.48810	136.43	1444.34	1307.91	0.7622	5.8091
-13	256.95	0.0015244	0.46923	140.94	1445.59	1304.65	0.7795	5.7945
-12	267.85	0.0015275	0.45123	145.46	1446.84	1301.38	0.7968	5.7800
-11	279.12	0.0015305	0.43407	149.99	1448.07	1298.08	0.8140	5.7657
-10	290.75	0.0015336	0.41769	154.52	1449.29	1294.77	0.8312	5.7514
-9	302.77	0.0015368	0.40205	159.05	1450.49	1291.44	0.8483	5.7373
-8	315.17	0.0015399	0.38712	163.58	1451.68	1288.09	0.8653	5.7233
-7	327.97	0.0015431	0.37285	168.12	1452.85	1284.73	0.8824	5.7094
-6	341.17	0.0015463	0.35921	172.66	1454.01	1281.35	0.8993	5.6957
-5	354.79	0.0015495	0.34618	177.21	1455.16	1277.95	0.9162	5.6820
-4	368.83	0.0015527	0.33371	181.76	1456.29	1274.53	0.9331	5.6685
-3	383.31	0.0015560	0.32178	186.32	1457.40	1271.09	0.9499	5.6550
-2	398.22	0.0015593	0.31037	190.87	1458.51	1267.63	0.9666	5.6417
-1	413.59	0.0015626	0.29944	195.43	1459.59	1264.16	0.9833	5.6284
0	429.41	0.0015659	0.28898	200.00	1460.66	1260.66	1.0000	5.6153
1	445.71	0.0015693	0.27895	204.57	1461.72	1257.15	1.0166	5.6022
2	462.48	0.0015727	0.26935	209.14	1462.76	1253.62	1.0332	5.5893
3	479.74	0.0015761	0.26014	213.72	1463.79	1250.07	1.0497	5.5764
4	497.50	0.0015795	0.25131	218.30	1464.80	1246.50	1.0661	5.5637
5	515.76	0.0015830	0.24284	222.89	1465.79	1242.91	1.0825	5.5510
6	534.54	0.0015865	0.23471	227.47	1466.77	1239.30	1.0989	5.5384
7	553.85	0.0015900	0.22692	232.07	1467.73	1235.66	1.1152	5.5259
8	573.70	0.0015936	0.21943	236.67	1468.68	1232.01	1.1315	5.5135
9	594.09	0.0015972	0.21224	241.27	1469.61	1228.34	1.1477	5.5012
10	615.04	0.0016008	0.20533	245.87	1470.52	1224.65	1.1639	5.4890
11	636.55	0.0016044	0.19870	250.48	1471.42	1220.94	1.1800	5.4768
12	658.64	0.0016081	0.19232	255.10	1472.30	1217.21	1.1961	5.4647
13	681.32	0.0016118	0.18619	259.72	1473.17	1213.45	1.2121	5.4527
14	704.59	0.0016155	0.18029	264.34	1474.02	1209.67	1.2281	5.4408
15	728.48	0.0016193	0.17462	268.97	1474.85	1205.88	1.2441	5.4290
16	752.98	0.0016231	0.16916	273.60	1475.66	1202.06	1.2600	5.4172
17	778.11	0.0016269	0.16391	278.24	1476.46	1198.21	1.2759	5.4055
18	803.88	0.0016308	0.15885	282.89	1477.24	1194.35	1.2917	5.3939
19	830.30	0.0016347	0.15398	287.53	1478.00	1190.46	1.3075	5.3823
20	857.38	0.0016386	0.14929	292.19	1478.74	1186.55	1.3232	5.3708
21	885.13	0.0016426	0.14477	296.85	1479.47	1182.62	1.3390	5.3594
22	913.56	0.0016466	0.14041	301.51	1480.17	1178.66	1.3546	5.3481
23	942.69	0.0016506	0.13621	306.18	1480.86	1174.68	1.3703	5.3368
24	972.52	0.0016547	0.13216	310.86	1481.53	1170.68	1.3859	5.3255
25	1003.07	0.0016588	0.12826	315.54	1482.19	1166.65	1.4014	5.3144
26	1034.34	0.0016630	0.12449	320.23	1482.82	1162.59	1.4169	5.3033
27	1066.35	0.0016672	0.12085	324.92	1483.43	1158.51	1.4324	5.2922
28	1099.11	0.0016714	0.11734	329.62	1484.03	1154.41	1.4479	5.2812
29	1132.64	0.0016757	0.11396	334.32	1484.60	1150.28	1.4633	5.2703
30	1166.93	0.0016800	0.11069	339.04	1485.16	1146.12	1.4787	5.2594

부록 4-5. R-717(NH_3, Ammonia) 포화증기표 (계속)

온도 t ℃	압력 P_s kPa	비체적 (m³/kg)		비엔탈피 (kJ/kg)			비엔트로피 (kJ/kg·K)	
		액(v_f)	증기(v_g)	액(h_f)	증기(h_g)	증발열(h_{fg})	액(s_f)	증기(s_g)
31	1202.01	0.0016844	0.10753	343.76	1485.70	1141.94	1.4940	5.2485
32	1237.88	0.0016888	0.10447	348.48	1486.21	1137.73	1.5093	5.2377
33	1274.56	0.0016933	0.10153	353.22	1486.71	1133.49	1.5246	5.2270
34	1312.06	0.0016978	0.09867	357.96	1487.19	1129.23	1.5398	5.2163
35	1350.38	0.0017023	0.09593	362.58	1487.65	1125.07	1.5547	5.2058
36	1389.55	0.0017069	0.09327	367.33	1488.09	1120.75	1.5699	5.1952
37	1429.58	0.0017115	0.09069	372.09	1488.50	1116.41	1.5850	5.1846
38	1470.47	0.0017162	0.08820	376.86	1488.89	1112.03	1.6002	5.1741
39	1512.24	0.0017210	0.08578	381.64	1489.26	1107.62	1.6153	5.1636
40	1554.89	0.0017257	0.08345	386.43	1489.61	1103.19	1.6303	5.1532
41	1598.45	0.0017306	0.08119	391.22	1489.94	1098.72	1.6454	5.1428
42	1642.93	0.0017355	0.07900	396.02	1490.25	1094.22	1.6604	5.1325
43	1688.33	0.0017404	0.07688	400.84	1490.53	1089.69	1.6754	5.1222
44	1734.67	0.0017454	0.07483	405.66	1490.79	1085.13	1.6904	5.1119
45	1781.96	0.0017505	0.07284	410.49	1491.02	1080.53	1.7053	5.1016
46	1830.22	0.0017556	0.07092	415.34	1491.23	1075.90	1.7203	5.0914
47	1879.45	0.0017608	0.06905	420.19	1491.42	1071.23	1.7352	5.0812
48	1929.68	0.0017660	0.06724	425.06	1491.59	1066.53	1.7501	5.0711
49	1980.90	0.0017713	0.06548	429.93	1491.73	1061.79	1.7650	5.0609
50	2033.14	0.0017767	0.06378	434.82	1491.84	1057.02	1.7798	5.0508
51	2086.41	0.0017821	0.06213	439.72	1491.93	1052.21	1.7947	5.0407
52	2140.72	0.0017876	0.06053	444.63	1491.99	1047.36	1.8095	5.0307
53	2196.09	0.0017932	0.05898	449.56	1492.03	1042.47	1.8243	5.0206
54	2252.52	0.0017988	0.05747	454.50	1492.04	1037.54	1.8391	5.0106
55	2310.03	0.0018046	0.05600	459.45	1492.02	1032.57	1.8539	5.0006
56	2368.64	0.0018103	0.05458	464.42	1491.98	1027.56	1.8687	4.9906
57	2428.35	0.0018162	0.05320	469.40	1491.91	1022.51	1.8835	4.9806
58	2489.19	0.0018221	0.05186	474.39	1491.81	1017.42	1.8983	4.9707
59	2551.15	0.0018282	0.05056	479.40	1491.68	1012.28	1.9131	4.9607
60	2614.27	0.0018343	0.04929	484.43	1491.52	1007.09	1.9278	4.9508
61	2678.55	0.0018404	0.04806	489.48	1491.33	1001.86	1.9426	4.9408
62	2744.01	0.0018467	0.04687	494.54	1491.12	996.58	1.9573	4.9309
63	2810.65	0.0018531	0.04571	499.61	1490.87	991.25	1.9721	4.9209
64	2878.50	0.0018595	0.04458	504.71	1490.58	985.87	1.9869	4.9110
65	2947.57	0.0018661	0.04348	509.83	1490.27	980.44	2.0016	4.9011
66	3017.86	0.0018727	0.04241	514.96	1489.93	974.96	2.0164	4.8911
67	3089.41	0.0018795	0.04137	520.12	1489.55	969.43	2.0312	4.8812
68	3162.22	0.0018863	0.04036	525.29	1489.13	963.84	2.0460	4.8713
69	3236.30	0.0018933	0.03937	530.49	1488.68	958.19	2.0608	4.8613
70	3311.68	0.0019003	0.03841	535.71	1488.20	952.49	2.0756	4.8513
71	3388.35	0.0019075	0.03748	540.95	1487.68	946.72	2.0905	4.8414
72	3466.35	0.0019148	0.03657	546.22	1487.12	940.90	2.1053	4.8314
73	3545.69	0.0019222	0.03568	551.51	1486.52	935.01	2.1202	4.8213
74	3626.38	0.0019297	0.03482	556.83	1485.89	929.06	2.1351	4.8113
75	3708.43	0.0019374	0.03398	562.17	1485.21	923.04	2.1500	4.8012
76	3791.86	0.0019452	0.03316	567.54	1484.49	916.95	2.1649	4.7912
77	3876.70	0.0019531	0.03236	572.94	1483.74	910.79	2.1799	4.7810
78	3962.94	0.0019612	0.03158	578.37	1482.93	904.56	2.1949	4.7709
79	4050.62	0.0019694	0.03083	583.83	1482.09	898.26	2.2099	4.7607
80	4139.74	0.0019778	0.03009	589.32	1481.19	891.87	2.2250	4.7505

부록 4-5. R-717(NH_3, Ammonia) 포화증기표 (계속)

온도 t℃	압력 P_s kPa	비체적 (m³/kg)		비엔탈피 (kJ/kg)			비엔트로피 (kJ/kg·K)	
		액(v_f)	증기(v_g)	액(h_f)	증기(h_g)	증발열(h_{fg})	액(s_f)	증기(s_g)
81	4230.32	0.0019863	0.02936	594.84	1480.26	885.41	2.2401	4.7402
82	4322.38	0.0019950	0.02866	600.40	1479.27	878.87	2.2553	4.7299
83	4415.94	0.0020039	0.02797	606.00	1478.23	872.24	2.2705	4.7195
84	4511.00	0.0020129	0.02730	611.63	1477.14	865.52	2.2857	4.7091
85	4607.60	0.0020222	0.02665	617.29	1476.00	858.71	2.3010	4.6986
86	4705.74	0.0020316	0.02601	623.00	1474.81	851.81	2.3164	4.6881
87	4805.45	0.0020412	0.02538	628.75	1473.56	844.81	2.3318	4.6775
88	4906.74	0.0020510	0.02477	634.54	1472.25	837.70	2.3473	4.6668
89	5009.63	0.0020611	0.02418	640.38	1470.88	830.50	2.3628	4.6561
90	5114.13	0.0020713	0.02359	646.26	1469.45	823.18	2.3785	4.6453
91	5220.28	0.0020819	0.02302	652.20	1467.95	815.76	2.3942	4.6343
92	5328.07	0.0020926	0.02247	658.18	1466.39	808.21	2.4100	4.6233
93	5437.54	0.0021036	0.02192	664.22	1464.76	800.55	2.4258	4.6122
94	5548.71	0.0021149	0.02139	670.31	1463.06	792.75	2.4418	4.6010
95	5661.58	0.0021265	0.02087	676.46	1461.28	784.82	2.4579	4.5897
96	5776.19	0.0021384	0.02036	682.67	1459.43	776.76	2.4741	4.5783
97	5892.56	0.0021506	0.01986	688.94	1457.49	768.55	2.4904	4.5667
98	6010.69	0.0021631	0.01937	695.29	1455.47	760.19	2.5068	4.5550
99	6130.63	0.0021760	0.01889	701.70	1453.37	751.67	2.5234	4.5432
100	6252.37	0.0021892	0.01842	708.18	1451.16	742.98	2.5401	4.5312
102	6501.41	0.0022169	0.01751	721.39	1446.47	725.08	2.5739	4.5066
104	6757.97	0.0022464	0.01663	734.94	1441.34	706.40	2.6084	4.4814
106	7022.27	0.0022780	0.01579	748.88	1435.73	686.85	2.6437	4.4552
108	7294.48	0.0023118	0.01497	763.35	1429.55	666.21	2.6801	4.4279
110	7574.83	0.0023484	0.01418	778.14	1422.84	644.70	2.7171	4.3997
115	8312.81	0.0024549	0.01229	818.04	1402.66	584.63	2.8159	4.3221
120	9107.10	0.0025942	0.01050	863.44	1375.74	512.30	2.9270	4.2301
125	9962.94	0.0027962	0.00870	918.54	1336.69	418.15	3.0604	4.1107
130	10888.47	0.0031860	0.00659	999.04	1263.91	264.87	3.2544	3.9114
132.35	11353.00	0.0042735	0.00427	1122.77	1122.77	0.00	3.5561	3.5561

부록 4-6. R-744(CO_2, Carbondioxide) 포화증기표

온도 t ℃	압력 P_s kPa	비체적 (m^3/kg)		비엔탈피 (kJ/kg)			비엔트로피 (kJ/kg·K)	
		액(v_f)	증기(v_g)	액(h_f)	증기(h_g)	증발열(h_{fg})	액(s_f)	증기(s_g)
-55	554.61	0.8515	0.06808	81.6	430.84	349.24	0.5283	2.1293
-45	833.62	0.8798	0.04594	102.57	433.99	331.42	0.6212	2.0739
-40	1006.67	0.8952	0.03819	113.07	435.19	322.13	0.6661	2.0477
-36	1163.09	0.9083	0.0331	121.36	435.95	314.59	0.7007	2.0273
-34	1247.67	0.9151	0.03086	125.51	436.26	310.75	0.7179	2.0172
-32	1336.68	0.9221	0.0288	129.66	436.51	306.85	0.7348	2.0073
-30	1430.28	0.9293	0.0269	133.83	436.71	302.89	0.7516	1.9973
-29	1478.84	0.933	0.026	135.91	436.79	300.88	0.76	1.9924
-28	1528.6	0.9368	0.02514	138	436.86	298.86	0.7684	1.9875
-27	1579.57	0.9406	0.02431	140.1	436.91	296.81	0.7767	1.9825
-26	1631.78	0.9444	0.02352	142.2	436.95	294.75	0.785	1.9776
-25	1685.24	0.9484	0.02275	144.31	436.97	292.66	0.7934	1.9727
-24	1739.98	0.9524	0.02201	146.42	436.97	290.55	0.8016	1.9678
-23	1796	0.9564	0.0213	148.55	436.96	288.42	0.8099	1.9629
-22	1853.34	0.9606	0.02061	150.67	436.94	286.26	0.8182	1.958
-21	1912	0.9648	0.01995	152.81	436.89	284.08	0.8265	1.9531
-20	1972	0.9691	0.01932	154.95	436.83	281.88	0.8347	1.9482
-19	2033.37	0.9734	0.0187	157.1	436.75	279.65	0.843	1.9433
-18	2096.13	0.9778	0.01811	159.26	436.65	277.39	0.8512	1.9384
-17	2160.29	0.9824	0.01754	161.43	436.54	275.11	0.8594	1.9334
-16	2225.87	0.987	0.01699	163.61	436.4	272.8	0.8677	1.9285
-15	2292.89	0.9917	0.01645	165.79	436.25	270.46	0.8759	1.9236
-14	2361.38	0.9965	0.01594	167.99	436.07	268.09	0.8841	1.9186
-13	2431.35	1.0014	0.01544	170.19	435.88	265.69	0.8923	1.9136
-12	2502.82	1.0064	0.01496	172.4	435.66	263.25	0.9005	1.9086
-11	2575.82	1.0115	0.0145	174.63	435.42	260.79	0.9088	1.9036
-10	2650.37	1.0167	0.01405	176.86	435.16	258.29	0.917	1.8985
-9	2726.48	1.0221	0.01361	179.11	434.87	255.76	0.9252	1.8934
-8	2804.18	1.0275	0.01319	181.37	434.56	253.19	0.9335	1.8883
-7	2883.49	1.0331	0.01278	183.64	434.22	250.58	0.9417	1.8832
-6	2964.43	1.0389	0.01239	185.93	433.86	247.93	0.95	1.878
-5	3047.03	1.0447	0.01201	188.23	433.46	245.23	0.9582	1.8728
-4	3131.31	1.0508	0.01163	190.55	433.04	242.5	0.9665	1.8675
-3	3217.29	1.057	0.01128	192.88	432.59	239.71	0.9749	1.8622
-2	3304.99	1.0633	0.01093	195.23	432.11	236.88	0.9832	1.8568
-1	3394.44	1.0699	0.01059	197.61	431.6	233.99	0.9916	1.8514
0	3485.67	1.0766	0.01026	200	431.05	231.05	1	1.8459
2	3673.54	1.0908	0.00963	204.86	429.85	225	1.017	1.8347
4	3868.79	1.1058	0.00904	209.82	428.49	218.68	1.0342	1.8232
6	4071.64	1.122	0.00847	214.89	426.96	212.07	1.0516	1.8113
8	4282.29	1.1393	0.00794	220.11	425.24	205.13	1.0694	1.799
10	4500.96	1.1582	0.00743	225.47	423.3	197.83	1.0875	1.7861
12	4727.91	1.1788	0.00695	231.03	421.09	190.06	1.1061	1.7726
14	4963.38	1.2015	0.00648	236.74	418.62	181.89	1.1251	1.7585
16	5207.67	1.2269	0.00604	242.7	415.79	173.09	1.1447	1.7434
18	5461.14	1.2555	0.00561	248.94	412.54	163.6	1.1652	1.7271
20	5724.18	1.2886	0.00519	255.53	408.76	153.24	1.1866	1.7093
22	5997.31	1.3277	0.00478	262.59	404.3	141.71	1.2093	1.6895
24	6281.16	1.3755	0.00436	270.32	398.86	128.54	1.2342	1.6667
26	6576.56	1.4374	0.00394	279.14	391.97	112.84	1.2623	1.6395
28	[illegible]	1.5259	0.00340	[illegible]	[illegible]	[illegible]	1.3071	1.6030
30	7206.51	1.6895	0.00289	306.21	366.06	59.85	1.3489	1.5464
31	7373.26	1.9686	0.00232	325.75	343.73	17.98	1.4123	1.4714
31.06	7383.4	2.1552	0.00216	335.68	335.68	0	1.4449	1.4449

부록 4-7. R-22 Mollier 선도

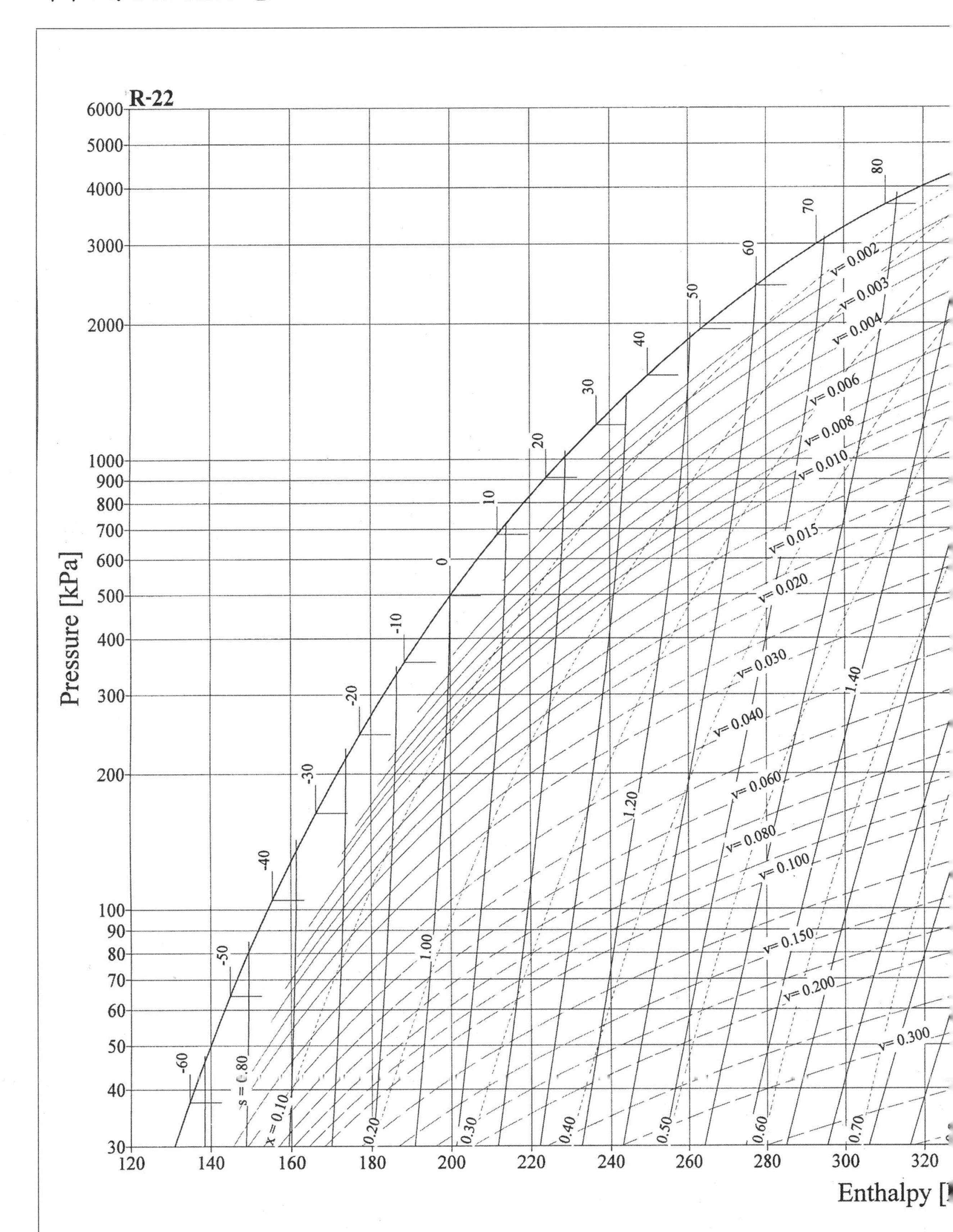

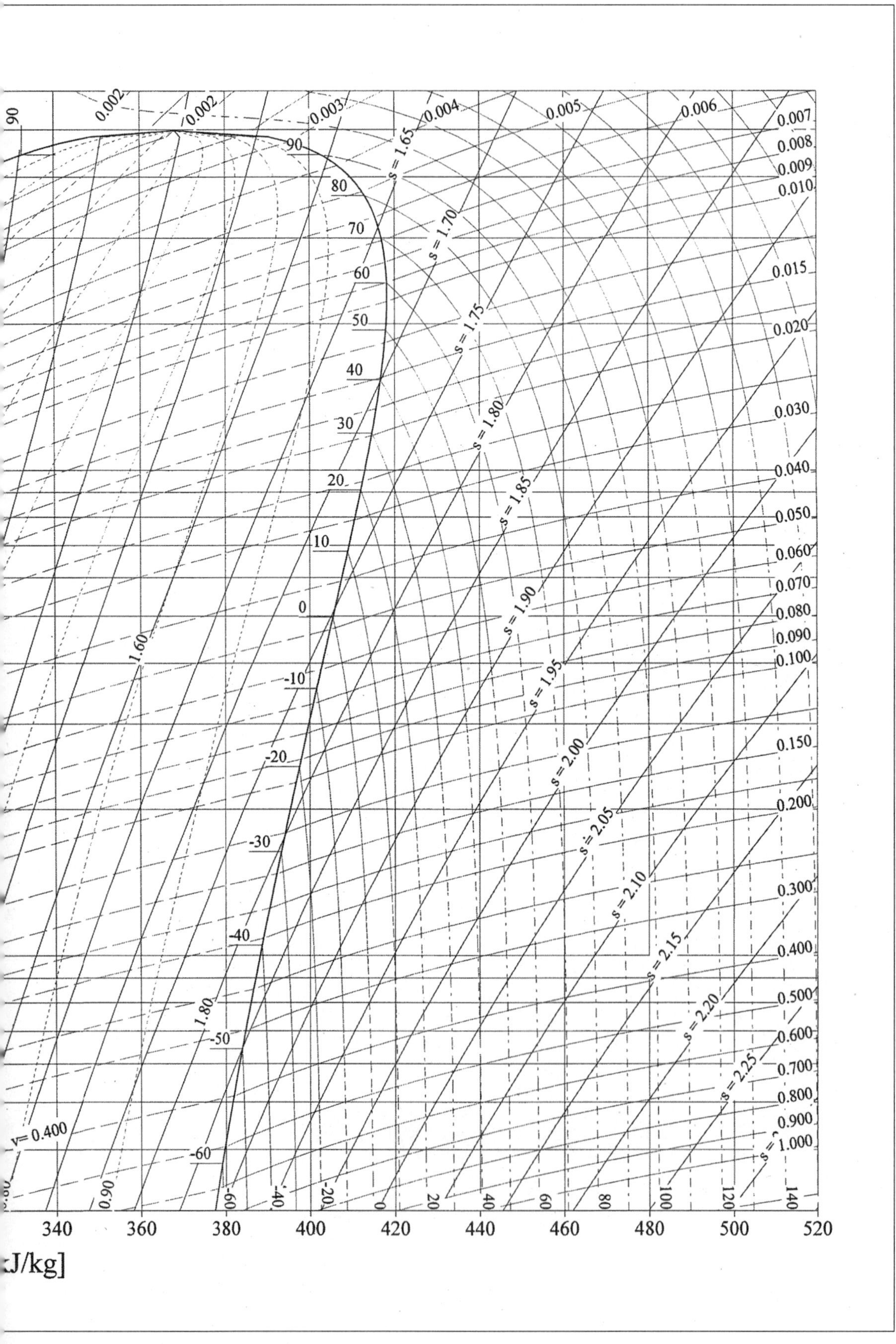

0.002
0.002
0.003
0.004
0.005
0.006
0.007
0.008
0.009
0.010
0.015
0.020
0.030
0.040
0.050
0.060
0.070
0.080
0.090
0.100
0.150
0.200
0.300
0.400
0.500
0.600
0.700
0.800
0.900
1.000
90
80
70
60
50
40
30
20
10
0
-10
-20
-30
-40
-50
-60
s = 1.65
s = 1.70
s = 1.75
s = 1.80
s = 1.85
s = 1.90
s = 1.95
s = 2.00
s = 2.05
s = 2.10
s = 2.15
s = 2.20
s = 2.25
1.60
1.80
v= 0.400
0.90
-60
-40
-20
0
20
40
60
80
100
120
140
340
360
380
400
420
440
460
480
500
520
J/kg]

부록 4-8. R-134a Mollier 선도

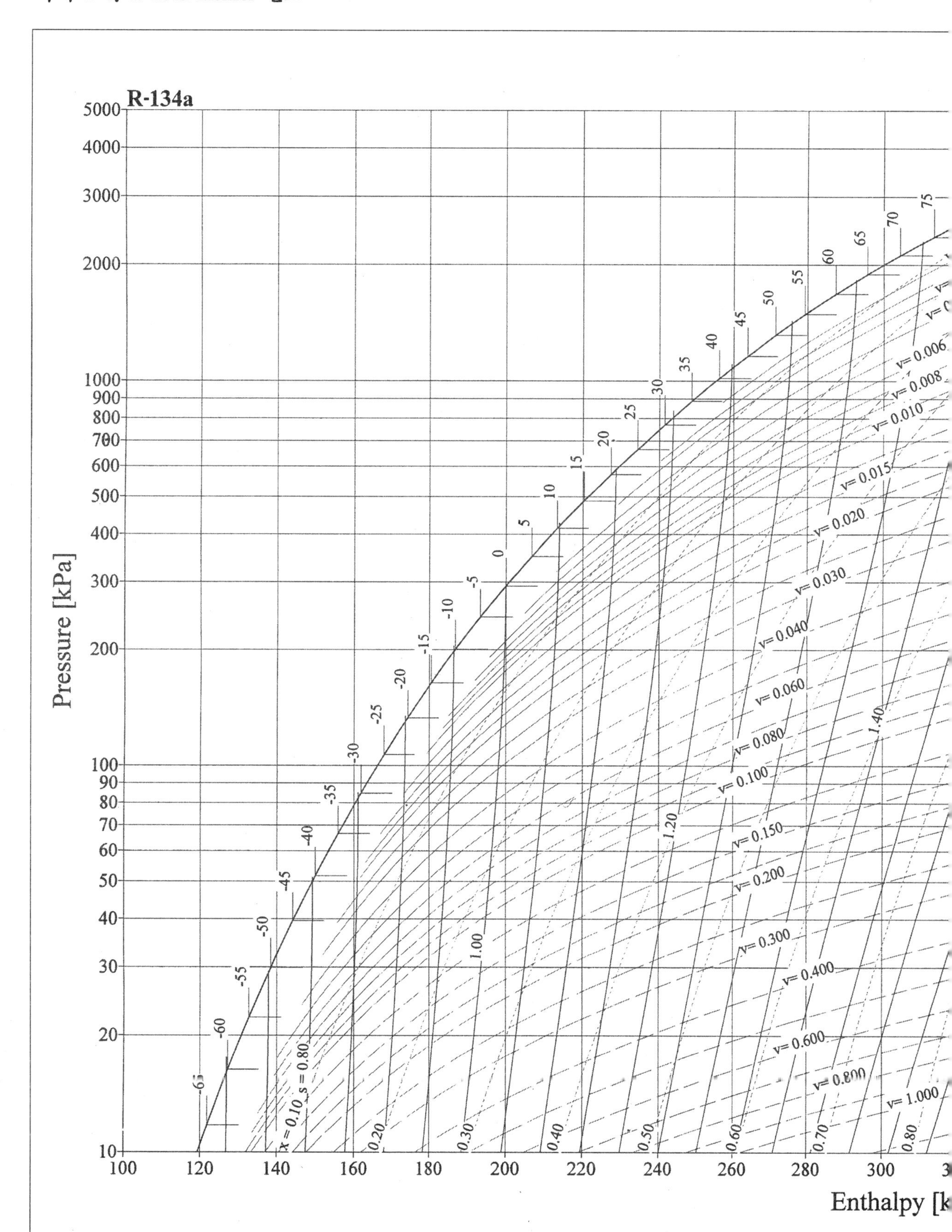

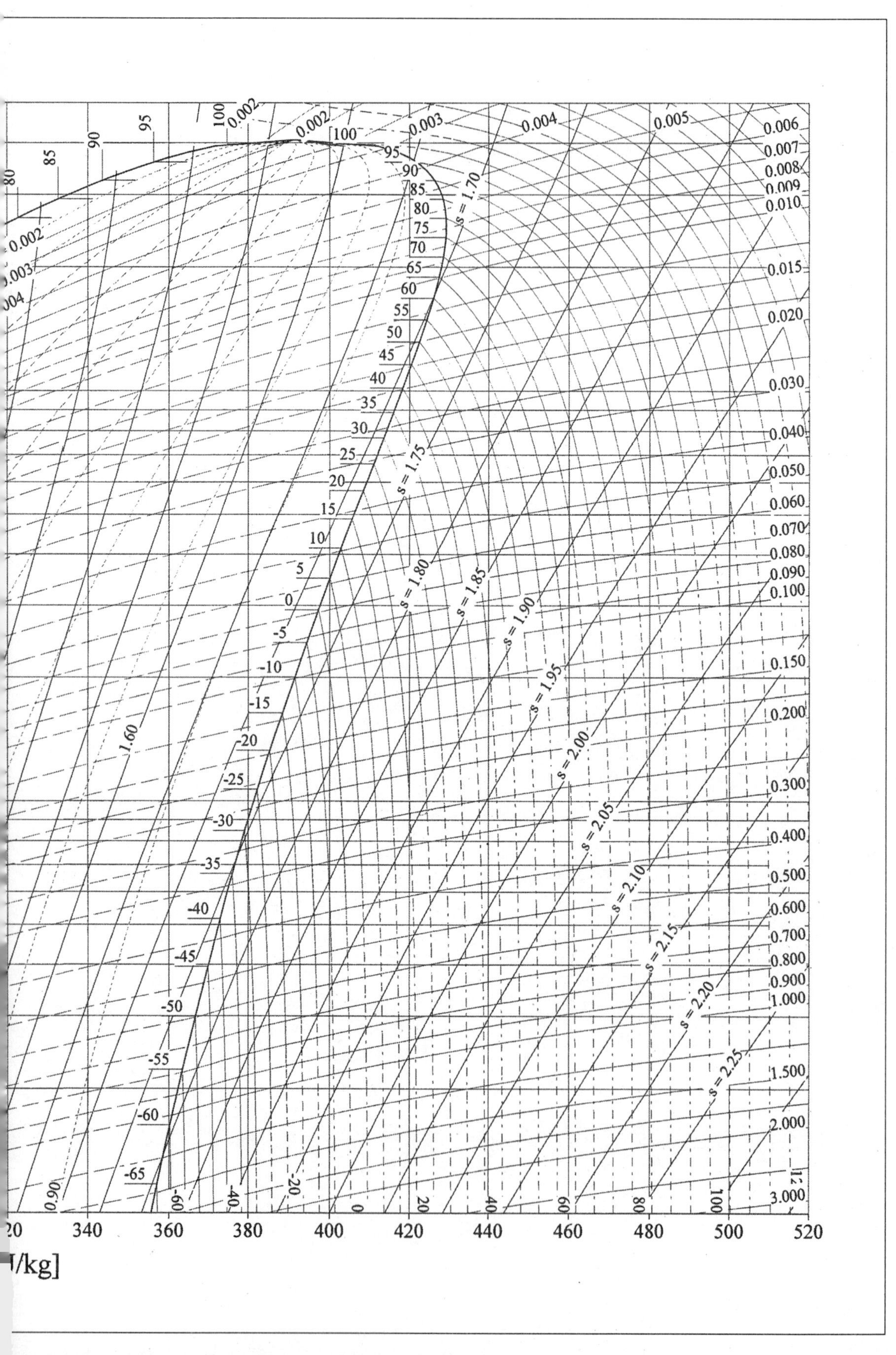
20
340
360
380
400
420
440
460
480
500
520
J/kg]
0.002
0.003
0.004
0.005
0.006
0.007
0.008
0.009
0.010
0.015
0.020
0.030
0.040
0.050
0.060
0.070
0.080
0.090
0.100
0.150
0.200
0.300
0.400
0.500
0.600
0.700
0.800
0.900
1.000
1.500
2.000
3.000
s = 1.70
s = 1.75
s = 1.80
s = 1.85
s = 1.90
s = 1.95
s = 2.00
s = 2.05
s = 2.10
s = 2.15
s = 2.20
s = 2.25
1.60
0.90
80
85
90
95
100
75
70
65
60
55
50
45
40
35
30
25
20
15
10
5
0
-5
-10
-15
-20
-25
-30
-35
-40
-45
-50
-55
-60
-65

부록 4-9. R-152a Mollier 선도

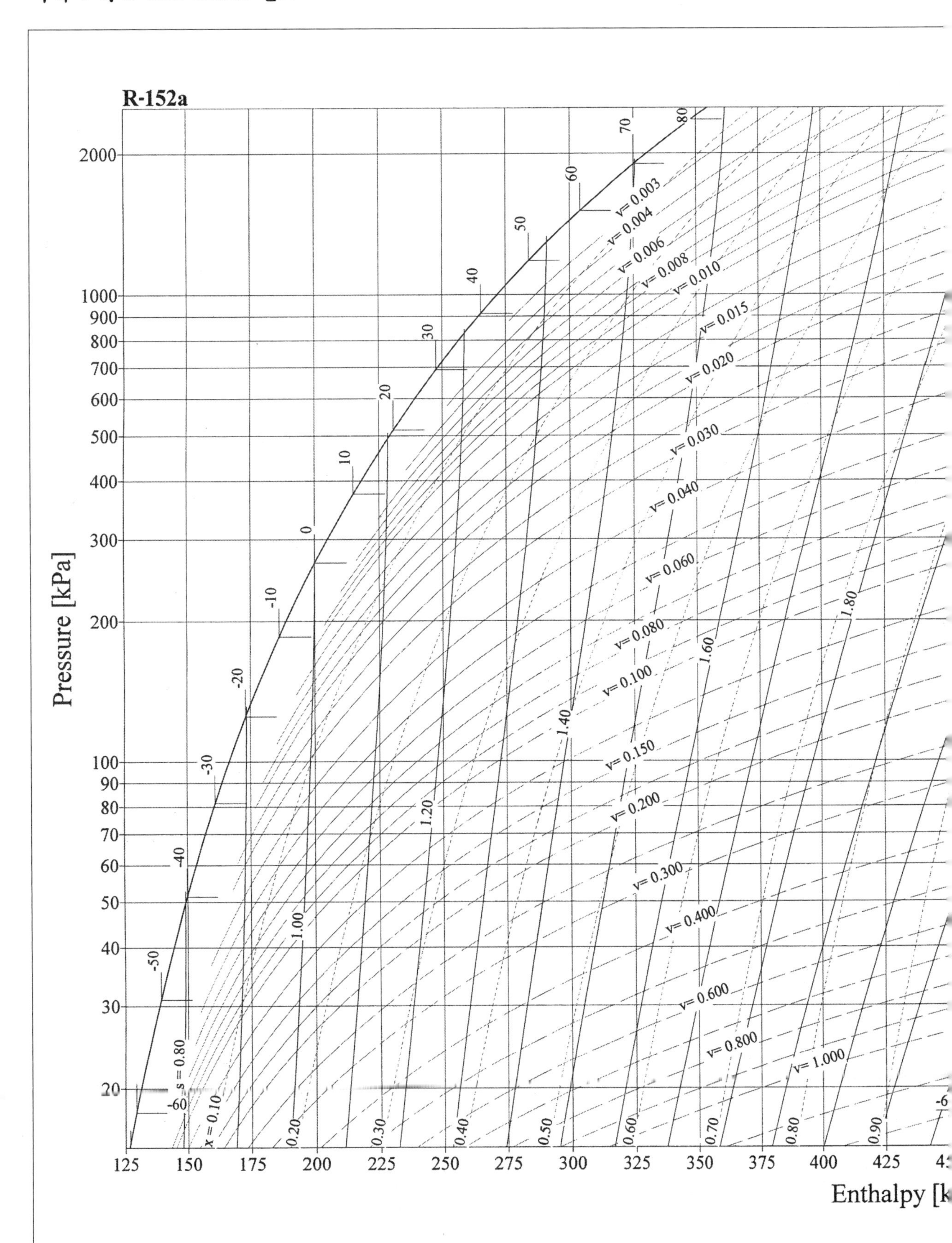

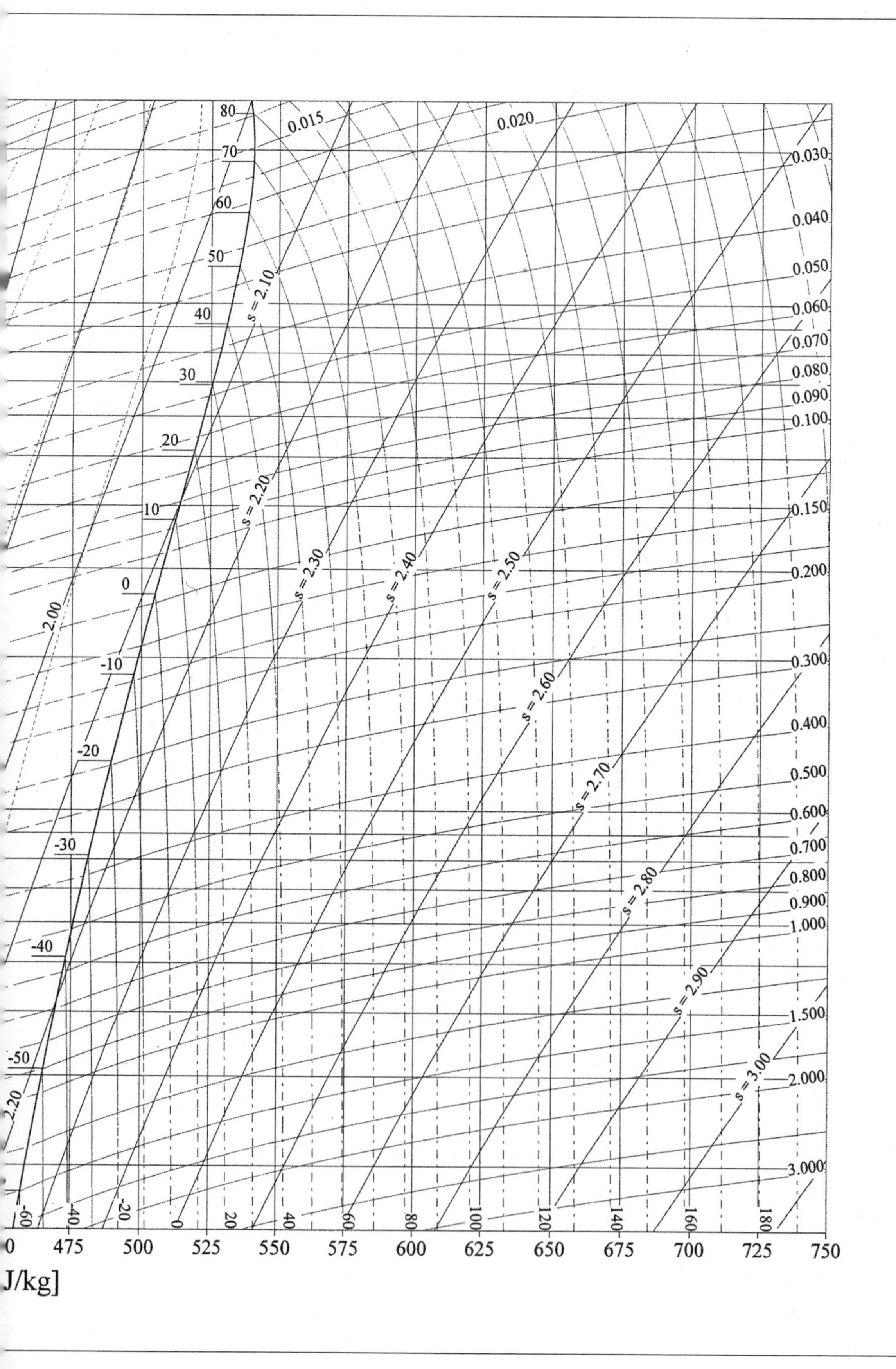
80
70
60
50
40
30
20
10
0
-10
-20
-30
-40
-50
-60
0.015
0.020
0.030
0.040
0.050
0.060
0.070
0.080
0.090
0.100
0.150
0.200
0.300
0.400
0.500
0.600
0.700
0.800
0.900
1.000
1.500
2.000
3.000
2.00
2.20
s = 2.10
s = 2.20
s = 2.30
s = 2.40
s = 2.50
s = 2.60
s = 2.70
s = 2.80
s = 2.90
s = 3.00
-60
-40
-20
0
20
40
60
80
100
120
140
160
180
0
475
500
525
550
575
600
625
650
675
700
725
750
J/kg]

부록 4-10. R-717 Mollier 선도

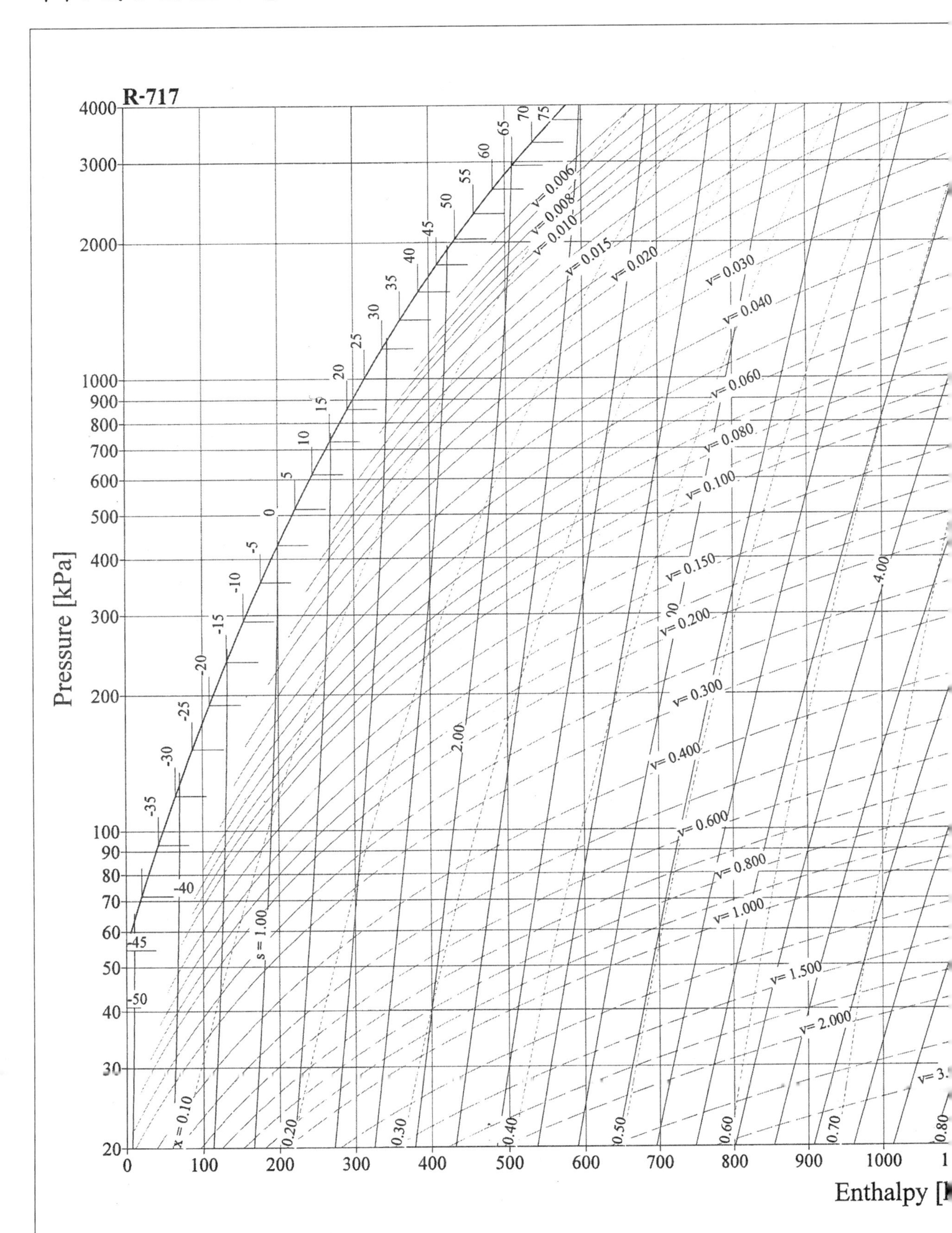

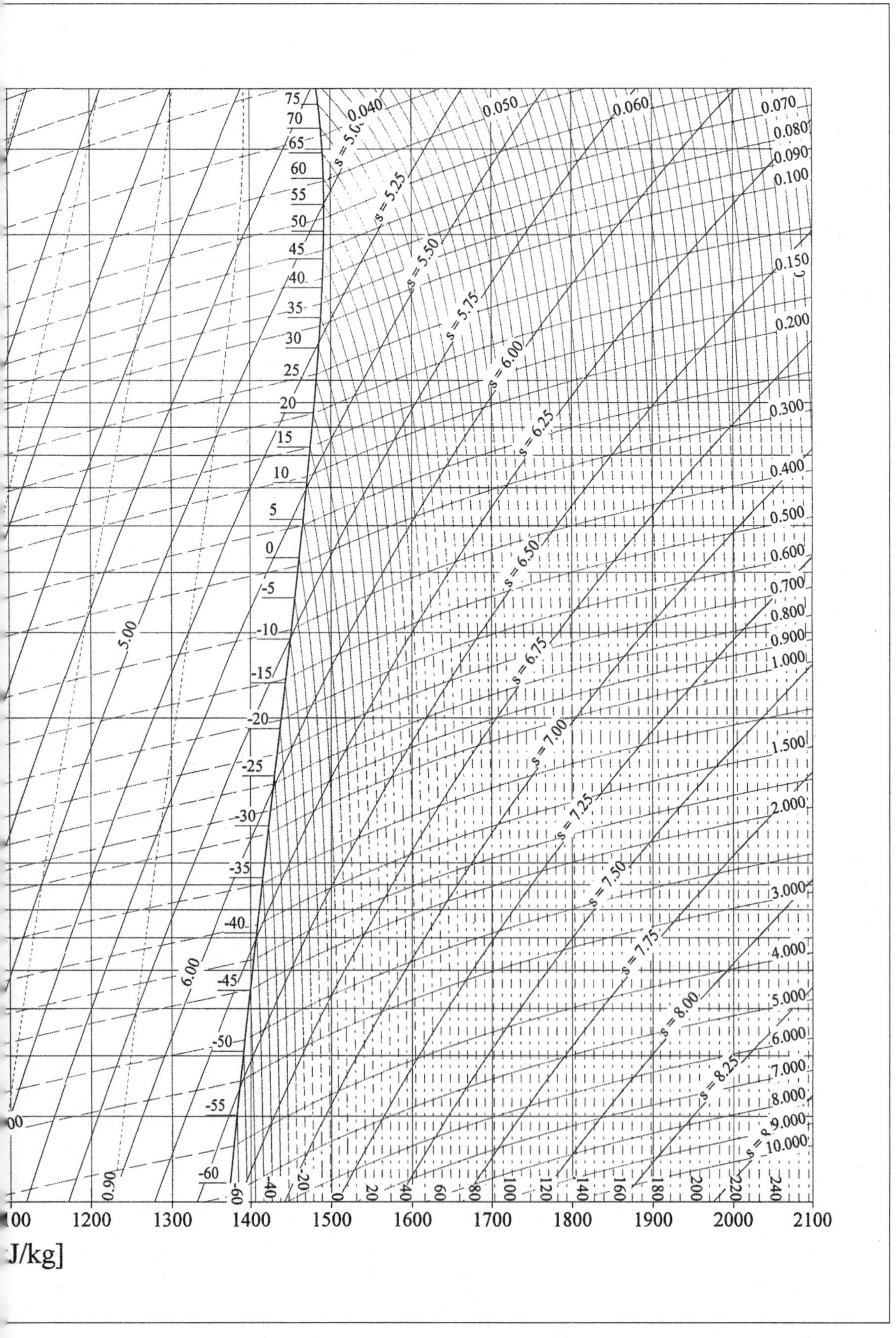
0.040
0.050
0.060
0.070
0.080
0.090
0.100
0.150
0.200
0.300
0.400
0.500
0.600
0.700
0.800
0.900
1.000
1.500
2.000
3.000
4.000
5.000
6.000
7.000
8.000
9.000
10.000
s = 5.25
s = 5.50
s = 5.75
s = 6.00
s = 6.25
s = 6.50
s = 6.75
s = 7.00
s = 7.25
s = 7.50
s = 7.75
s = 8.00
s = 8.25
5.00
6.00
0.90
75
70
65
60
55
50
45
40
35
30
25
20
15
10
5
0
-5
-10
-15
-20
-25
-30
-35
-40
-45
-50
-55
-60
1200
1300
1400
1500
1600
1700
1800
1900
2000
2100
J/kg]

부록 4-11. R-744 Mollier 선도

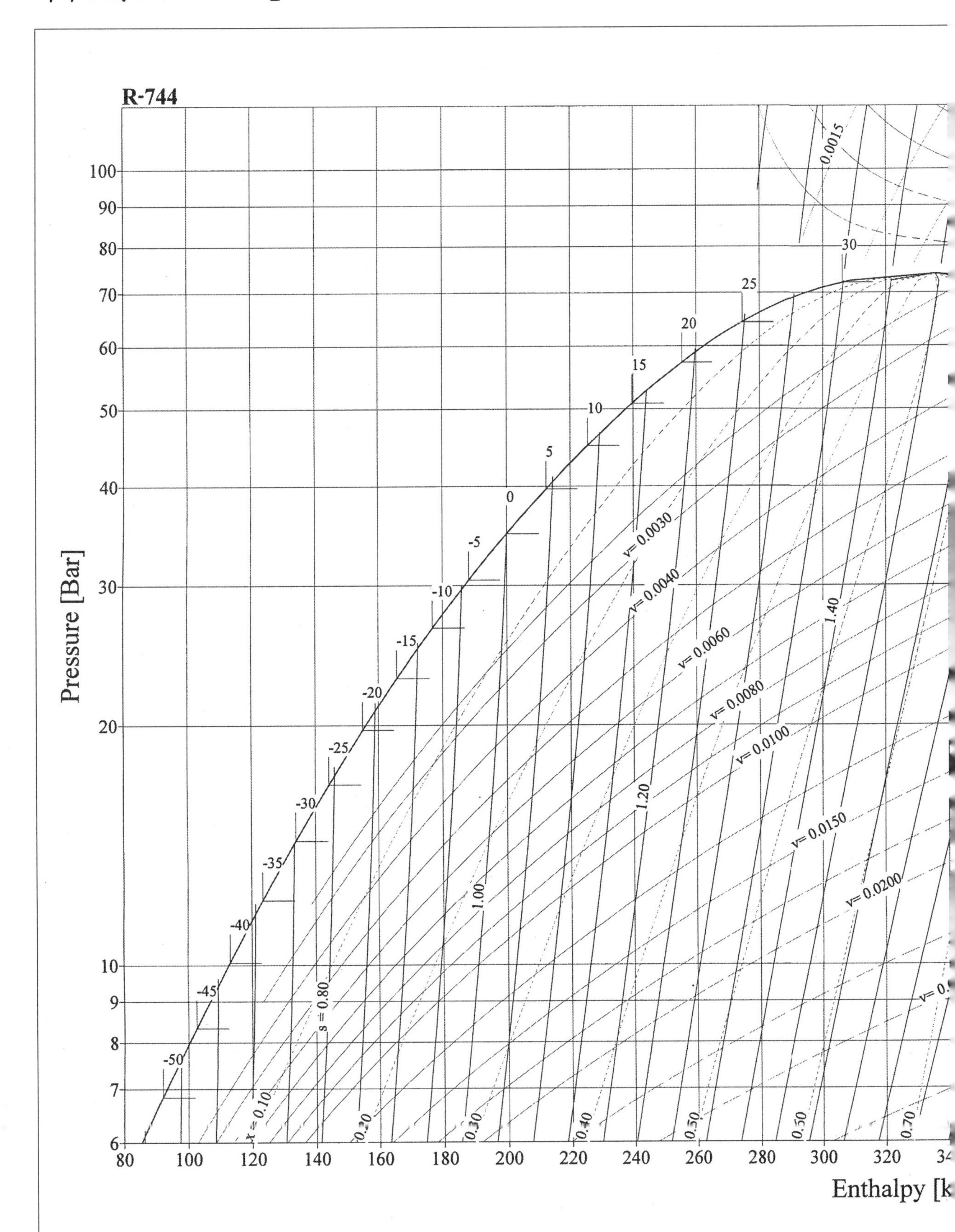

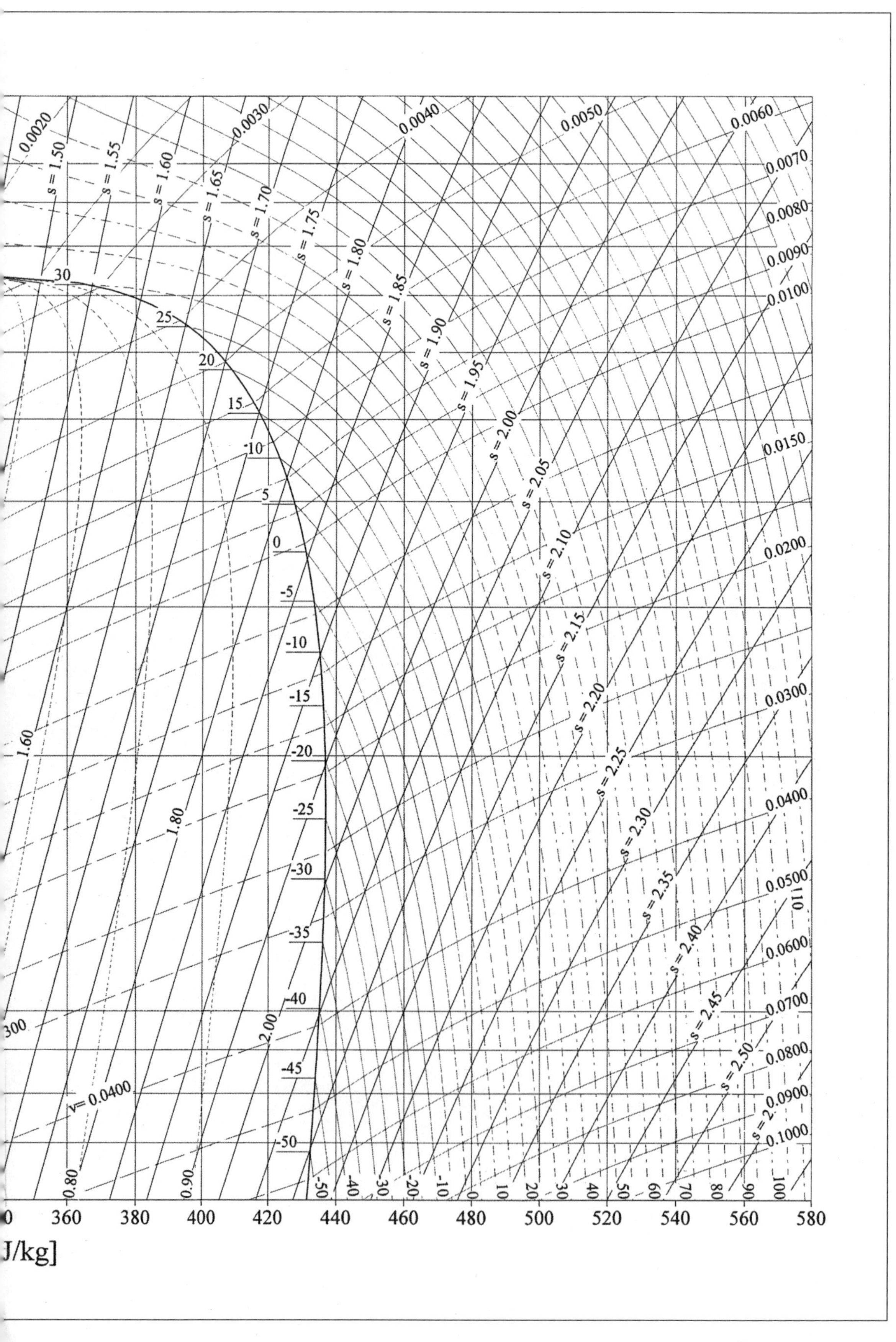
0.0020
0.0030
0.0040
0.0050
0.0060
0.0070
0.0080
0.0090
0.0100
0.0150
0.0200
0.0300
0.0400
0.0500
0.0600
0.0700
0.0800
0.0900
0.1000
s = 1.50
s = 1.55
s = 1.60
s = 1.65
s = 1.70
s = 1.75
s = 1.80
s = 1.85
s = 1.90
s = 1.95
s = 2.00
s = 2.05
s = 2.10
s = 2.15
s = 2.20
s = 2.25
s = 2.30
s = 2.35
s = 2.40
s = 2.45
s = 2.50
30
25
20
15
10
5
0
-5
-10
-15
-20
-25
-30
-35
-40
-45
-50
1.60
1.80
2.00
300
v= 0.0400
0.80
0.90
-50
-40
-30
-20
-10
0
10
20
30
40
50
60
70
80
90
100
110
360
380
400
420
440
460
480
500
520
540
560
580
J/kg]

T·H·E·R·M·O·D·Y·N·A·M·I·C·S

부록 5. 습공기

부록 5-1. 포화습공기표

온도	습 공 기										포화수증기 압력 (kPa)
	포화절대습도 (kg/kg')	비체적 (㎥/kg')			비엔탈피 (kJ/kg')			비엔트로피 (kJ/kg'·K)			
℃	x_s	v_a	v_{as}	v_s	h_a	h_{as}	h_s	s_a	s_{as}	s_s	
-30	0.0002335	0.6888	0.0003	0.6890	-30.150	0.571	-29.579	-0.12407	0.0024	-0.12171	0.03802
-28	0.0002870	0.6944	0.0003	0.6948	-28.140	0.703	-27.437	-0.11486	0.0029	-0.11198	0.04673
-24	0.0004295	0.7058	0.0005	0.7063	-24.120	1.055	-23.065	-0.09687	0.0043	-0.09261	0.06991
-20	0.0006345	0.7171	0.0007	0.7178	-20.100	1.563	-18.537	-0.07945	0.0062	-0.07324	0.10326
-18	0.0007678	0.7228	0.0009	0.7237	-18.090	1.895	-16.195	-0.07094	0.0075	-0.06348	0.12492
-16	0.0009264	0.7285	0.0011	0.7295	-16.080	2.289	-13.791	-0.06257	0.0089	-0.05362	0.15068
-14	0.0011144	0.7341	0.0013	0.7354	-14.070	2.758	-11.312	-0.05432	0.0107	-0.04363	0.18122
-12	0.0013369	0.7398	0.0016	0.7414	-12.060	3.314	-8.746	-0.04621	0.0127	-0.03346	0.21732
-10	0.0015996	0.7455	0.0019	0.7474	-10.050	3.971	-6.079	-0.03821	0.0152	-0.02305	0.25991
-8	0.0019088	0.7511	0.0023	0.7534	-8.040	4.745	-3.295	-0.03034	0.0180	-0.01236	0.30999
-6	0.0022718	0.7568	0.0028	0.7596	-6.030	5.657	-0.373	-0.02258	0.0213	-0.00131	0.36874
-4	0.0026972	0.7625	0.0033	0.7658	-4.020	6.726	2.706	-0.01494	0.0251	0.010159	0.43748
-2	0.0031945	0.7681	0.0039	0.7721	-2.010	7.978	5.968	-0.00742	0.0296	0.022139	0.51773
0	0.0037745	0.7738	0.0047	0.7785	0.000	9.440	9.440	0	0.0347	0.034716	0.61117
0	0.0037747	0.7738	0.0047	0.7785	0.000	9.441	9.441	0	0.0347	0.034712	0.6112
2	0.0043643	0.7795	0.0055	0.7849	2.010	10.931	12.941	0.007309	0.0399	0.047212	0.7060
4	0.0050342	0.7851	0.0064	0.7915	4.020	12.628	16.648	0.014513	0.0458	0.060280	0.8135
6	0.0057950	0.7908	0.0074	0.7982	6.030	14.558	20.588	0.021613	0.0524	0.073999	0.9353
8	0.0066567	0.7965	0.0085	0.8050	8.040	16.747	24.787	0.028612	0.0598	0.088447	1.0729
10	0.0076308	0.8021	0.0098	0.8120	10.050	19.226	29.276	0.035512	0.0682	0.103720	1.2280
12	0.0087309	0.8078	0.0113	0.8192	12.060	22.031	34.091	0.042316	0.0776	0.119928	1.4026
14	0.0099712	0.8135	0.0130	0.8265	14.070	25.198	39.268	0.049024	0.0882	0.137180	1.5987
16	0.0113672	0.8192	0.0150	0.8341	16.080	28.768	44.848	0.055640	0.0999	0.155583	1.8185
18	0.0129356	0.8248	0.0172	0.8420	18.090	32.785	50.875	0.062165	0.1131	0.175293	2.0643
20	0.0146970	0.8305	0.0196	0.8501	20.100	37.304	57.404	0.068601	0.1278	0.196446	2.3389
22	0.0166707	0.8362	0.0224	0.8586	22.110	42.376	64.486	0.074949	0.1443	0.219201	2.6448
24	0.0188814	0.8418	0.0256	0.8674	24.120	48.065	72.185	0.081212	0.1625	0.243747	2.9852
26	0.0213550	0.8475	0.0291	0.8766	26.130	54.442	80.572	0.087391	0.1829	0.270263	3.3633
28	0.0241186	0.8532	0.0331	0.8862	28.140	61.577	89.717	0.093488	0.2055	0.298973	3.7823
30	0.0272061	0.8588	0.0376	0.8964	30.150	69.561	99.711	0.099505	0.2306	0.330115	4.2462
32	0.0306509	0.8645	0.0426	0.9071	32.160	78.482	110.642	0.105443	0.2585	0.363954	4.7586
34	0.0344961	0.8702	0.0483	0.9184	34.170	88.456	122.626	0.111303	0.2895	0.400803	5.3242
36	0.0387815	0.8758	0.0546	0.9305	36.180	99.589	135.769	0.117087	0.3239	0.440958	5.9468
38	0.0435594	0.8815	0.0617	0.9432	38.190	112.021	150.211	0.122797	0.3620	0.484801	6.6315
40	0.0488893	0.8872	0.0697	0.9569	40.200	125.910	166.110	0.128435	0.4043	0.532772	7.3838
42	0.0548283	0.8928	0.0787	0.9716	42.210	141.409	183.619	0.134	0.4513	0.585297	8.2081
44	0.0614553	0.8985	0.0888	0.9873	44.220	158.729	202.949	0.139495	0.5035	0.642954	9.1110
46	0.0688513	0.9042	0.1001	1.0043	46.230	178.088	224.318	0.144922	0.5614	0.706335	10.0982
48	0.0771063	0.9099	0.1128	1.0226	48.240	199.727	247.967	0.15028	0.6258	0.776111	11.1754
50	0.0863379	0.9155	0.1271	1.0426	50.250	223.960	274.210	0.155573	0.6976	0.853126	12.3503
52	0.0966686	0.9212	0.1432	1.0644	52.260	251.118	303.378	0.1608	0.7775	0.938294	13.6293
54	0.1082533	0.9269	0.1613	1.0882	54.270	281.615	335.885	0.165963	0.8668	1.032744	15.0205
56	0.1212628	0.9325	0.1818	1.1143	56.280	315.909	372.189	0.171064	0.9667	1.137721	16.5311
58	0.1359035	0.9382	0.2050	1.1432	58.290	354.556	412.846	0.176103	1.0786	1.254737	18.1691
60	0.1524323	0.9439	0.2313	1.1752	60.300	398.245	458.545	0.181081	1.2046	1.385702	19.9439
64	0.1924286	0.9552	0.2955	1.2507	64.320	504.171	568.491	0.190861	1.5077	1.698589	23.9405
68	0.2445698	0.9665	0.3800	1.3466	68.340	642.602	710.942	0.200411	1.9004	2.100826	28.5967
70	0.2767222	0.9722	0.4325	1.4047	70.350	728.111	798.461	0.205102	2.1415	2.346577	31.1986
74	0.3578730	[illegible]	0.5050	1.5494	74.370	944.298	1018.668	0.214323	2.7474	2.961702	37.0063
78	0.4717325	0.9949	0.7545	1.7494	78.390	1248.242	1326.632	0.223333	3.5932	3.816499	43.7020
80	0.5470298	1.0006	0.8800	1.8805	80.400	1449.520	1529.920	0.227762	4.1507	4.37849	47.4135
90	1.4016825	1.0289	2.3186	3.3475	90.450	3740.249	3830.699	0.249174	10.4406	10.68982	70.1817

부록 5-2. 공기 Mollier 선도

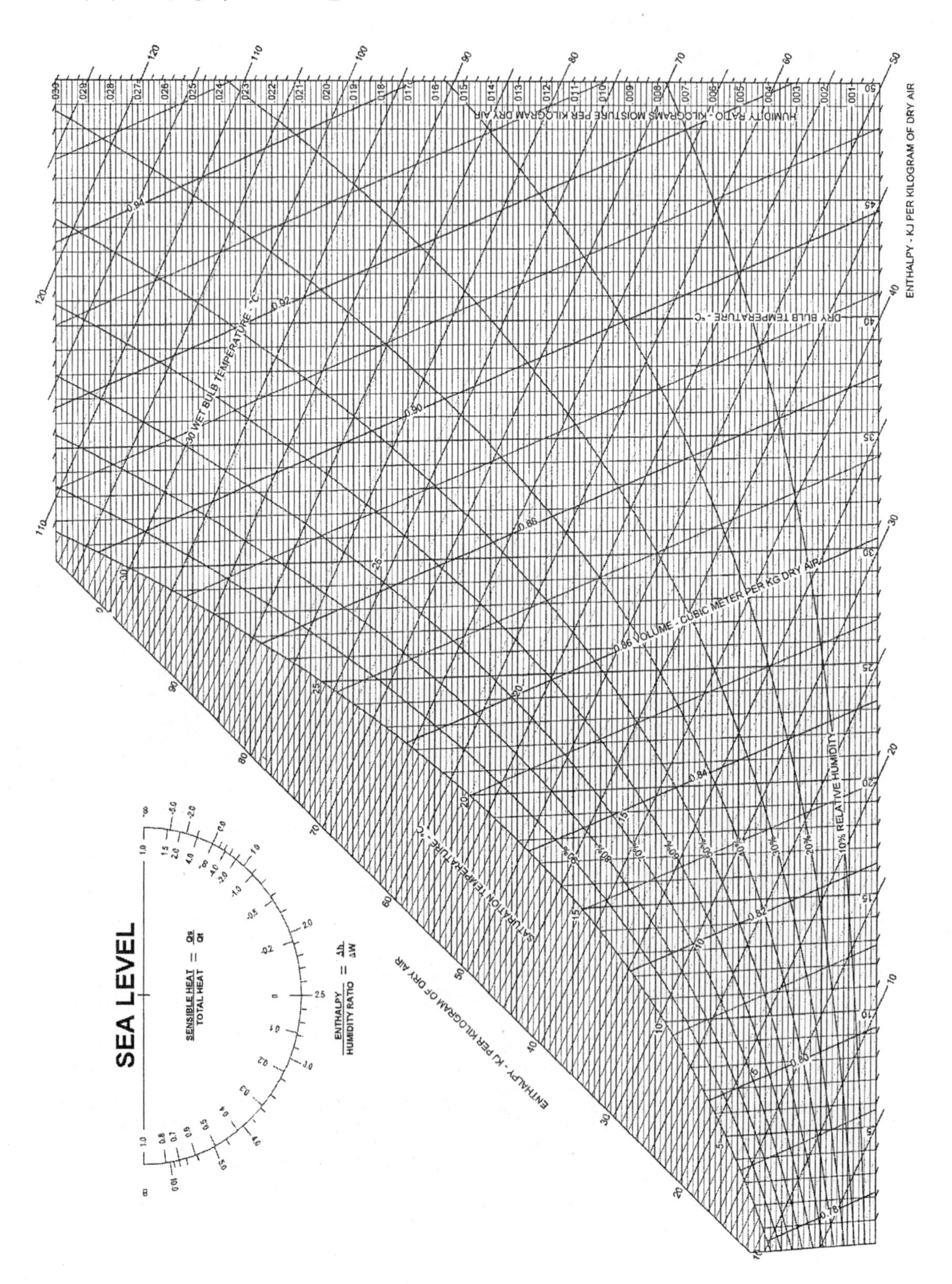

T·H·E·R·M·O·D·Y·N·A·M·I·C·S

INDEX 찾아보기

ㄱ

ㄴ

ㄷ

ㄹ

ㅁ

ㅂ

ㅅ

| ㅇ |

ㅈ

보고 싶은

공업열역학

정가 ‖ 20,000원

지은이 ‖ 최상곤 · 홍성은

펴낸이 ‖ 차 승 녀
펴낸곳 ‖ 도서출판 건기원

2008년 3월 20일 제1판 제1인쇄발행
2008년 8월 25일 제1판 제2인쇄발행
2014년 2월 25일 제2판 제1인쇄발행
2018년 3월 20일 제3판 제1인쇄발행
2019년 4월 10일 제3판 제2인쇄발행

주소 ‖ 경기도 파주시 산남로 141번길 59(산남동)
전화 ‖ (02)2662-1874~5
팩스 ‖ (02)2665-8281
등록 ‖ 제11-162호, 1998. 11. 24

ISBN 979-11-5767-318-6 93550